卓越工程师教育——焊接工程师系列教程

焊接结构理论与制造

第2版

贾安东　张玉凤　编著

机 械 工 业 出 版 社

本书是结合高等学校“卓越工程师教育”及现代焊接制造业对“焊接”专业、“材料成型及控制”专业毕业生的要求，使毕业生掌握焊接结构的理论与制造基础知识，具备从事焊接结构制造的基本技术素养而编写的教材。

本书主要内容有：绪论，焊接结构中的应力与变形，焊接结构的脆性断裂，焊接结构的疲劳，焊接结构在环境介质作用下的破坏及高温力学性能，焊接结构设计概论，梁、柱和桁架类焊接结构的设计与生产，典型焊接容器的设计与制造，汽车和列车车身结构的生产，复合结构及焊接机器件的生产。

本书可作为大学本科和高职、高专“焊接”“材料成型及控制工程”（焊接方向）专业相关课程的教材，硕士研究生“材料加工工程”专业相关课程的参考教材，卓越焊接工程师的培训教材，还可以供焊接及相关学科教师及工程技术人员参考。

图书在版编目（CIP）数据

焊接结构理论与制造/贾安东，张玉凤编著．—2 版．—北京：机械工业出版社，2017.10（2025.1重印）

卓越工程师教育．焊接工程师系列教程

ISBN 978-7-111-60254-5

Ⅰ.①焊…　Ⅱ.①贾…②张…　Ⅲ.①焊接结构－焊接工艺－高等学校－教材　Ⅳ.①TG44

中国版本图书馆 CIP 数据核字（2018）第 134397 号

机械工业出版社（北京市百万庄大街 22 号　邮政编码 100037）
策划编辑：何月秋　责任编辑：何月秋　王彦青
责任校对：樊钟英　封面设计：马精明
责任印制：常天培
北京机工印刷厂有限公司印刷
2025年1月第2版第6次印刷
184mm×260mm · 21.75 印张 · 530 千字
标准书号：ISBN 978-7-111-60254-5
定价：59.00元

卓越工程师教育——焊接工程师系列教程
编委会名单

序

教育部“卓越工程师教育培养计划”是贯彻落实《国家中长期教育改革和发展规划纲要（2010—2020年）》和《国家中长期人才发展规划纲要（2010—2020年）》的重大改革项目，也是促进我国高等工程教育改革和创新，努力建设具有世界先进水平和中国特色的现代高等工程教育体系，走向工程教育强国的重大举措。该计划旨在培养和造就创新能力强、适应经济社会发展需要的高质量各类型工程技术人才，为实现中国梦服务。

焊接作为制造领域的重要技术在现代工程中的应用越来越广，质量要求越来越高。为适应时代的发展与工程建设的需要，焊接科学与工程技术人才的培养进入了“卓越工程师教育培养计划”，本套“卓越工程师教育——焊接工程师系列教程”的出版可谓恰逢其时，一定会赢得众多的读者关注，使社会和企业受益。

“卓越工程师教育——焊接工程师系列教程”内容丰富、知识系统，凝结了作者们多年的焊接教学、科研及工程实践经验，必将在我国焊接卓越工程师人才培养、“焊接工程师”职业资格认证等方面发挥重要作用，进而为我国现代焊接技术的发展作出重大贡献。

单 平

编写说明

随着高等教育改革的发展，2010 年教育部开始实施“卓越工程师教育培养计划”，其目的就是要“面向工业界、面向世界、面向未来”，培养造就创新能力强、适应现代经济社会发展需要的高质量各类型工程技术人才，为建设创新型国家、实现工业化和现代化奠定坚实的人力资源优势，增强我国的核心竞争力和综合国力。

我国高等院校本科“材料成型及控制工程”专业担负着为国家培养焊接、铸造、压力加工和热处理等领域工程技术人才的重任。结合国家经济建设和工程实际的需求，加强基础理论教学和注重培养解决工程实际问题的能力成为了“卓越工程师教育计划”的重点。

在普通高等院校本科“材料成型及控制工程”专业现行的教学计划中，专业课学时占总学时数的比例在 10% 左右，教学内容则要涵盖铸造、焊接、压力加工和热处理等专业知识领域。受专业课教学学时所限，学生在校期间只能是初知焊接基本理论，毕业后为了适应现代企业对焊接工程师的岗位需求，还必须对焊接知识体系进行较系统的岗前自学或岗位培训，再经过焊接工程实践的锻炼与经验积累，才能成为焊接卓越工程师。显然，无论是焊接卓越工程师的人才培养，还是焊接工程师的自学与培训都需要有一套实用的焊接专业系列教材。“卓越工程师教育——焊接工程师系列教程”正是为适应高质量焊接工程技术人才的培养和需求而精心策划和编写的。

本系列教程是在机械工业出版社 1993 年出版的“继续工程教育焊接教材”系列与 2007 年出版的“焊接工程师系列教程”的基础上修订、完善与扩充的。新版“卓越工程师教育——焊接工程师系列教程”共 11 册，包括《焊接技术导论》《熔焊原理》《金属材料焊接》《焊接工艺理论与技术》《现代高效焊接技术》《焊接结构理论与制造》《焊接生产实践》《现代弧焊电源及其控制》《弧焊设备及选用》《焊接自动化技术及其应用》《无损检测与焊接质量保证》。

本系列教程的编写基于天津大学焊接专业多年的教学、科研与工程科技实践的积淀。教程取材力求少而精，突出实用性，内容紧密结合焊接工程实践，注重从理论与实践结合的角度阐明焊接基础理论与技术，并列举了较多的焊接工程实例。

本系列教程可作为普通高等院校“材料成型及控制工程”专业（焊接方向）本科生和研究生的参考教材；适用于企业焊接工程师的岗前自学与岗位培训；可作为注册焊接工程师认证考试的培训教材或参考书；还可供从事焊接技术工作的工程技术人员参考。

衷心希望本系列教程能使业内读者受益，成为高等院校相关专业师生和广大焊接工程技术人员的良师益友。本套教程中难免存在瑕疵和谬误，恳请各界读者不吝赐教，予以斧正。

编委会

前　言

本书是在2007年“焊接工程师系列教程”《焊接结构与生产》的基础上进行修改、补充和完善后改版而成。例如，在绪论中除回顾近年来随改革开放和国民经济的大发展，焊接生产和焊接结构的大发展外，增加了焊接结构制造的安全注意事项、焊接结构的工作图；在焊接结构的疲劳一章中，用“低周疲劳”取代了“应力疲劳和应变疲劳”，对应变疲劳有较深刻的阐述；用“焊接结构在环境介质作用下的破坏及高温力学性能”取代了原“焊接结构的应力腐蚀破坏”，增加了一些新内容；用“焊接结构设计概论”取代了原第5章，而原第5章中的焊接生产工艺过程设计内容将于新书《焊接生产实践》中介绍。为更全面介绍典型焊接结构的设计和制造，本书增加了两章内容：汽车和列车车身结构的生产、复合结构及焊接机器件的生产。

本书的主要内容有：绪论，焊接结构中的应力与变形，焊接结构的脆性断裂，焊接结构的疲劳，焊接结构在环境介质作用下的破坏及高温力学性能，焊接结构设计概论，梁、柱和桁架类焊接结构的设计与生产，典型焊接容器的设计与制造，汽车和列车车身结构的生产，复合结构及焊接机器件的生产。

本书可作为大学本科和高职、高专“焊接”“材料成型及控制工程”（焊接方向）专业相关课程的教材，硕士研究生“材料加工工程”专业相关课程的参考教材，卓越焊接工程师的培训教材，更适合刚入职的由传统“焊接工艺及设备”专业改为宽口径的“材料加工及成型”类专业的本、专科毕业生，到钢结构制造、造船、压力容器、焊接桥梁等企业、设计院所工作，进行入职培训用，也可供这类企业、设计院所对从事上述行业工作的技术人员进行培训和学习，使之适应焊接工程师的工作需要。

本书第1版由天津大学贾安东教授主编，霍立兴教授主审，单平教授和张玉凤教授分别编写了第1章和第2章，其余由贾安东教授编写；第2版由贾安东教授、张玉凤教授编著，贾安东教授编写了1、2、6、7、8、9、10章，张玉凤教授编写了3、4、5章。

本书在编写过程中参考了许多文献资料，有些是作者在工厂中工作收集的，这些文献资料对本书成书作用巨大，在此对原作者、工厂的工程技术人员表示衷心的感谢。

由于编著者水平有限，错误在所难免，敬请广大读者批评指正。

编著者

目　录

第1章 绪论

1.1 焊接结构和焊接生产的发展

焊接结构随焊接技术的发展而产生，从20世纪20年代开始得到了越来越广泛的应用。第一艘全焊远洋船是1921年建造的，但开始大量制造焊接结构是20世纪30年代以后。伴随焊接结构的发展也发生了一些事故，如20世纪30年代末有名的比利时全焊钢桥的断裂和第二次世界大战期间紧急建造的EC2货轮的断裂等。随着冶金和钢铁工业的发展，焊接新工艺、新材料、新技术不断涌现，促进了焊接技术和理论的发展，更重要的是国民经济和军事工业发展的需要，大大推动了焊接结构及焊接生产的迅猛发展。

1.1.1 焊接结构的发展

1）焊接结构向大型化、高参数、精确尺寸方向发展。如长382m、宽68m、高252m的50万t级巨型油轮；直径为33m、容积为20000m^{3}的大型球罐；国产核电站600MW反应堆压力壳，高达12.111m、内径3.85m、外径4.5m、壁厚从195～475mm，国外还有1480MW（我国2010年已有多台100万千瓦级反应堆压力容器交付使用）反应堆压力壳，高12.85m、直径5～5.5m、壁厚从200～600mm、重达483t；1.2GW电站锅炉工作压力为32.4MPa，温度为650℃；大型高炉，工作在热疲劳条件下，容积为5080m^3；阿波罗登月舱着陆发动机的延伸管，其入出口直径分别为860mm和1499mm，材质为铌合金，内表面涂耐高温抗氧化层，在1482℃高温下工作达1000s以上；560t热壁加氢反应器，壁厚达200～210mm、内径2m、筒体部件长20多米；众所周知，总发电装机容量达1820万kW的三峡电站，其26台70万kW水轮发电机组已全部并网发电，单台水轮机的座环、转轮——叶片、主轴、蜗壳等都是巨型焊接结构，如蜗壳，其进口直径就达12m，壁厚70～80mm，而水轮机叶片不仅焊接量大，而且要求精度高。与结构向大型化、高参数、精确尺寸方向发展相对应，数控切割、数控卷板、少切屑、无切屑和一次成形、精密成形的应用使得一些重型机械的主要部件在设计时采用焊接件，已经突破了将其作为毛坯的传统概念，这些焊接件采用先进的切割和焊接方法，不经机械加工或很少加工，即可直接进行装配，并保证必要的安装装配精度和公差要求。如近净形焊熔（焊熔工件达到或接近净加工尺寸外形）技术——特别适用于对材料有特殊要求或对形状有一定要求的场合，可获得或接近获得最终形状的零部件，故特别适用于零部件原型的开发。

2）焊接结构材料已从碳素结构钢转向采用低合金高强度结构钢、合金结构钢、特殊用途钢，工业发达国家采用了的而我国已经开发的微合金化控轧钢（如TMCP钢）、高强度细晶粒钢、精炼钢（如CF钢）、非微合金化的C－Mn钢、制造海洋平台基础导管架和高层、超高层建筑钢结构用的 Z 向钢。高强度和超高强度钢也开始广泛用于制造焊接结构，如高强管线钢 X80、X100、X120 钢，汽车车身用超轻型结构用钢，为发展建筑钢结构，武钢集团专门研发了高耐火性、耐气候腐蚀、高双向性和优良焊接性皆具备的高层建筑用钢 WGJ510C2；制造固体燃料火箭发动机壳的 4340 钢，抗拉强度可达 1765MPa 等。

与焊接结构的使用条件日益复杂和苛刻相对应，一些耐高温、耐腐蚀、耐深冷及脆性断裂的高合金钢及非钢铁合金也在焊接结构中获得了应用，如 3.5Ni、5.5Ni 及 9Ni 钢，不锈钢和耐热钢，铝及铝合合，钛及钛合金，还有用特殊合金制造输送液化天然气的货船和球罐等。

3）焊接结构的设计应依据其工作条件和要求分别按照有关的规范进行，接受有关部门的监督，但结构设计共同的发展趋势是采用计算机辅助技术进行优化设计，从而使结构更加经济合理，并且减少了设计的工作量。

1.1.2　焊接生产的发展

与以上焊接结构的发展趋势相适应，必然有以先进的焊接工艺为基础的焊接生产的发展。近年来焊接生产的主要发展趋势如下：

1）先进的优质、高产、低耗、廉价和清洁的焊接工艺不断发展并快速在焊接生产中获得应用。如在很多场合，CO_2 气体保护焊代替了焊条电弧焊；用富氩的混合气体保护焊、氩弧焊（MIG 焊和 TIG 焊）焊接高强度钢、大厚度的压力容器；热壁加氢反应器采用窄间隙焊；需要单面焊的压力容器和管道中常用 TIG 焊、STT（表面张力过渡法）焊打底；药芯焊丝气体保护焊已用于诸如造船、重型机械、大型储罐等焊接结构的空间焊缝；管道的高速旋转电弧焊，全自动的气电保护焊和脉冲闪光焊；在汽车制造业、航天航空、核设备的焊接中使用了激光焊、氩弧焊。一些传统的焊接工艺又有了新发展，如搅拌摩擦焊、活性焊剂氩弧焊，埋弧焊有了多丝（串联和并联），还有热丝、填金属粉、窄间隙埋弧焊等。即使采用焊条电弧焊的场合，也采用了高效焊接工艺，例如在长输管道的焊接中采用向下立焊方法对接、在造船焊接中采用重力焊、广泛应用铁粉焊条等。

2）包括上述先进焊接工艺在内的焊接机械化和自动化得到推广，焊接机器人得到应用。表 1-1 是 20 世纪 90 年代国外一些工业先进国家按焊接填充金属重量计算已达到机械化、自动化的水平，我国与之相比差距较大。但近年来有巨大进步，2004 年这一指标升至 35%。各行业不均匀，有资料介绍：造船业 2005 年，焊接效率为 80%，CO_2焊占 55%。

表 1-1　工业先进国家已达到机械化、自动化比例

国　别	苏联	美国	日本	德国	中国
机械化和自动化所占百分比	40%	55%	45%	64%	25%

高效、优质的机械化和自动化是靠相应的自动化设备和焊接材料支持的。像大型化的焊接成套设备，具有自动跟踪焊缝、检测、调整等功能，如长输管线的全位置气电自动焊的成套设备、脉冲闪光焊的成套设备，这不仅可以大幅度提高焊接质量和生产率，也为改善工人的劳动强度，进而向无人化生产铺平道路。又如大型储油罐壁焊缝自动焊机，特别是焊接机器人，目前在世界上所有的工业机器人中，50% 以上为焊接机器人，在一些劳动条件十分恶劣的场合，为摆脱对高级熟练焊工的依赖，进一步提高劳动生产率和质量，选择焊接机器人

是重要的途径。

3）焊接生产中的备料工艺有了重大进步。这是使整个生产工艺现代化、自动化和短流程的一个重要环节。例如广泛采用数控热切割，目前主要采用数控氧乙炔气割下料，如海上平台的导管架，全部管节点的构成管头各种空间曲线，都采用了精密的数控切割。有的工厂6mm以上的钢材大都采用数控热切割方法下料，使划线、下料实现了自动化，保证了零件的形状、尺寸正确，边缘光滑，不再需用边缘刨削来改善零件精度，80%以上的板料零件只需这道下料工序和修磨即可进入装配。一些工厂根据产品特点还保留了部分剪床下料，但由剪切向热切割、向数控切割过渡的趋向已十分明显。与上述变化相对应，热切割工艺与设备得到了很大发展，新的热切割工艺，如等离子弧切割、激光切割等获得应用。

备料生产中的材料成形工艺也有了很大变化，如制造圆筒容器所用的大量卷板工艺，已经开始采用数控卷板代替繁重的手工卷板。各种封头的成形工艺也有了很大进步。

4）加强了基本金属如钢材、铝合金等的表面处理和边缘处理，以保证热切割的连续、焊接及装配质量和成品涂饰质量。

综上所述焊接结构与焊接生产的发展趋势，不难看出无论在结构设计还是在焊接工艺、焊接设备、备料工艺与设备和焊接材料方面均有较大的发展。在图样设计方面采用了先进的技术标准、高性能的材料，在制造时采用了与技术标准和材料相适应的高质、高效、低成本的工艺，制造出了一流的产品，而焊接生产是整个生产制造过程中主要的一环，占有极重要的地位。现在我国已加入WTO，我国产品进入国际市场，面临着残酷激烈的竞争，我国机电产品，包括焊接结构能否在国际市场站住脚，争得一席之地，这与焊接生产的能力有很大关系，它往往是产品打入国际市场，在国内取代进口产品，能否成为与外商合作的伙伴，并参与国际竞争的首要条件之一。

1.2 焊接结构的特点、分类与相关标准

1.2.1 焊接结构的优点

焊接结构之所以能有巨大的发展，是与焊接结构的一系列优点分不开的。

1）采用焊接结构可以减轻结构的重量，提高产品的质量，特别是大型毛坯的质量（相对铸造毛坯）。相对铆接结构其接头效能较高，节省金属材料，节约基建投资，可以取得较大的经济效益。如120000kN水压机改用焊接结构后，主机重量减轻20%～26%，上梁、活动横梁减轻20%～40%，下梁减轻50%；某大型颚式破碎机改用焊接结构后，节约生产费用30多万元，成本降低了20%～25%。

2）焊接结构由于采用焊接连接，理论上其连接厚度是没有限制的（与铆接相比），这就为制造大厚度巨型结构创造了条件。采用焊接能使结构有很好的气密性和水密性，这是储罐、压力容器、船壳等结构必备的性能。焊接的热壁式加氢反应器和核容器就是极好的实例。

3）焊接结构多用轧材制造，它的过载能力、承受冲击载荷能力较强（与铸造结构相比）。对于复杂的连接，用焊接接头来实现要比用铆接简单得多，训练有素的焊接结构设计人员可以灵活地进行结构设计，并有多种满足使用要求的设计可供选择，简单的对接焊和角

焊就能构成各种焊接结构。

4）焊接结构可根据结构各部位在工作时的环境，所承受的载荷大小和特征，采用不同的材料制造，并采用异种钢焊接或堆焊制成。从而既满足了结构的使用性能，又降低了制造成本。如热壁式加氢反应器，内壁要有抗氢腐蚀能力，如全用抗氢钢卷制，贵而不划算。尿素合成塔则要耐包括尿素在内多种化工产品的腐蚀，故这类厚壁筒内壁采用堆焊（或内衬）不锈钢（或镍基合金）来制造。

5）节省制造工时，同时也就节约了设备及工作场地的占用时间，这也可以获得节约资金的效果。例如在现代化造船厂里，一个自重200000t的油轮，可在不到3个月的时间里下水，同样的油轮如用铆接制造，需要一年多的时间才能下水。与焊接结构的经济性相关，它还具有结构制造成品率高的特点，即焊接结构制造过程中一旦出现焊接缺陷，修复比较容易，很少产生废品。

1.2.2 焊接结构存在的问题

焊接结构也存在一些问题，这些问题正是本书要进行讨论的主要内容之一。

1）焊接结构中必然存在焊接残余应力和变形。绝大多数焊接结构都是采用局部加热的焊接方法制造，这样不可避免地将产生较大的焊接应力和变形。焊接应力和变形不仅将影响结构的外形和尺寸；在一定条件下，还将影响结构的承载能力，如强度、刚度和稳定性；给焊后加工也带来一些问题，如尺寸的稳定性和加工精度；同时还是导致焊接缺陷的重要原因之一。

2）焊接过程会局部改变材料的性能，使结构中的性能可能不均匀。尤其是某些高强度、超高强度钢，如微合金控轧钢有优良的性能，但它要求焊接过程实现焊缝金属洁净化和通过微合金化使之实现细晶粒化。一些金属材料焊接比较困难，这就导致了焊接缺陷，虽然焊接缺陷大多数能够修复，但是一旦漏检或修复不当则可能带来严重的问题，例如，形成应力集中，加之性能不均匀将更严重地影响结构的断裂行为，降低结构的承载能力。

3）焊接结构是一个整体，这一方面是气密、水密的前提，另一方面刚度大，在焊接结构中易产生裂纹，使之很难像铆接或螺栓连接那样在零件的过渡处被制止，由于这个原因和上述原因（焊接应力和变形、缺陷、大应力集中、性能不均匀等）导致焊接结构对脆性断裂和疲劳、应力腐蚀等环境因素导致的破坏特别敏感。

4）由于科学技术的进步，无损检测手段获得了重大发展，但到目前为止，经济而十分可靠的检测手段仍感缺乏。

1.2.3 焊接生产的特点

焊接生产过程是指采用焊接的工艺方法把毛坯、零件和部件连接起来制成焊接结构的生产过程。如上所述，各种各样的焊接结构都是焊接生产的产品，有许多就是最终的制成品，如大型球罐、全焊钢桥、热风炉、加氢反应器、蒸煮球、尿素合成塔等；更多则是最终制成品的主要部件或零件，如全焊船体、电站锅炉的锅筒、起重机的金属结构、压力容器的承压壳、油罐车的油罐和底架、内燃机车柴油机的焊接机体及水轮机的主轴、转轮和座环等。

在工厂中负担焊接生产的车间，如金属结构车间、装焊车间、总装车间等是工厂的主要车间之一，在一些情况下，它是初级产品、半成品的准备车间（如汽车制造厂的车体车间或车身车间)，是工厂最终产品的总装车间、涂饰车间或成品库的供应者，同时它也是工厂的备料车间（切割下料与冲压成形、零件机加工等)、机加工车间、某些中间仓库的“消费者”。它还必须由动力车间（包括变电站、空压站、锅炉房、氧乙炔站等）提供能源。总之，焊接生产和工业生产的其他部门有着紧密的联系，随着焊接结构和焊接生产的发展，焊接生产在工业生产中占有越来越重要的地位。

此外，焊接生产在工程建设和工程施工中也是最重要的环节之一，例如在石油化工企业的建设中，焊接工作量约占1/3；已于2005年交付投产的西气东输管线一线干线长4200km的管线，采用X70钢管，直径1016mm，压力10MPa，壁厚14.6~26.2mm，仅接头就有约40万个，共用钢材174万t，焊条5100t。还未计入各种附属设施、闸阀门、加温装置等的焊接接头。可见焊接生产的水平是加快基本建设速度，提高工程质量，保证建成的工程和企业很快投产、达产的重要保证。

1.2.4 焊接结构的分类

广泛采用的焊接结构难于用单一的方法将其分类。有时按制造焊接结构板件的厚度分为薄板、中厚板、厚板结构；有时又按最终产品分为飞机结构、油罐车、船体结构、客车车体等等；按采用的材料，可分为钢焊结构，铝、钛合金结构等等。按结构工作的特征，并与其设计和制造紧密相连，结构的分类及其各自的特点可简述如下：

1）梁、柱和桁架结构。分别工作在横向弯曲载荷下和纵向弯曲或压力下的结构可称为梁和柱。由多种杆件被节点连成承担梁或柱的载荷，而各杆件都是主要工作在拉伸或压缩载荷下的结构称为桁架。作为梁的桁架结构杆件分为上下弦杆、腹杆（又分竖杆和斜杆)，载荷作用在节点上，从而使各杆件形成只受拉（或压）的二力杆。实际上，许多高耸结构，如输变电钢塔、电视塔等也是桁架结构。

梁、柱和桁架结构是组成各类建筑钢结构的基础，如高层建筑的钢结构、冶金厂房的钢结构（屋架、吊车梁、柱等)、冶炼平台的框架结构等。它还是各类起重机金属结构的基础，如起重机的主梁、横梁，门式起重机的支腿、栈桥结构等等。用作建筑钢结构的梁、柱和桁架常常在静载下工作，如屋顶桁架。而作为起重机的金属结构，包括桥梁桁架和起重机桁架则在交变载荷下工作，有时还是在露天条件下工作，受气候环境与温度的影响，这类结构的脆性断裂和疲劳问题应引起很大关注。

2）壳体结构。它是充分发挥焊接结构水、气密特点，运用最广、用钢量最大的结构。它包括各种焊接容器、立式和卧式储罐（圆筒形)、球形容器（包括水珠状容器)、各种工业锅炉、废热锅炉、电站锅炉的锅筒、各种压力容器，以及冶金设备（高炉炉壳、热风炉、除尘器、洗涤塔等)、水泥窑炉壳、水轮发电机的蜗壳等。

壳体结构大多用钢板成形加工后拼焊而成，要求焊缝致密。一些承受内压或外压的结构一旦焊缝失效，将造成重大损失。

3）运输装备的结构。它们大多承受动载，有很高的强度、刚度、安全性要求，并希望重量最小，如汽车结构（轿车车体、载货车的驾驶室等)、铁路敞车、客车车体和船体结构等。而汽车结构全部、客车体大部分又是冷冲压后经电阻焊或熔焊组成的结构。

以上所述结构因失效会造成严重损失，这类结构的设计和制造、监察应按国家法规进行。

4）复合结构及焊接机器零件。这些结构或零件是机器的一部分，要满足工作机器的各项要求，如工作载荷常是冲击或交变载荷，还常要求耐磨、耐蚀、耐高温等。为满足这些要求，或满足零件不同部位的不同要求，这类结构往往采用多种材料与工艺制成的毛坯再焊接而成，有的就构成所谓的复合结构，常见的有铸－压－焊结构、铸－焊结构和锻－焊结构等。

复合结构的焊接可以在加工毛坯后完成，如挖掘机的焊接铲斗；而大多数是粗加工或未经机加工的毛坯焊接成结构后再精加工完成，如巨型焊接齿轮、鼓筒、汽轮发电机的转子和水轮机的焊接主轴、转轮和座环，60000kN 水压机的立柱、各梁、工作缸等。

1.2.5 焊接结构设计和制造的相关标准

焊接结构设计和制造不仅要依据焊接标准，而且由于焊接结构的广泛应用，焊接结构已成为各相关行业的产品、部件或毛坯，故这类标准除最基础标准外，还大量存在相关行业的标准。故相关行业的一些标准也是焊接结构设计和制造所必须遵循的。这里我们列举最重要和最常用的一些标准，以便在具体工作中参照执行，先列举与焊接结构设计有关的标准，然后是有关结构制造（施工）及验收（质量监控）的规范。有一些在下面的有关章节将会作进一步介绍。

1. 焊接基础标准

焊缝符号表示法（GB/T 324—2008）；焊接术语（GB/T 3375—1994）；

气焊、焊条电弧焊、气体保护焊和高能束焊的推荐坡口（GB/T 985.1—2008）；

埋弧焊的推荐坡口（GB/T 985.2—2008）；

焊接及相关工艺方法代号（GB/T 5185—2005）；

钢、镍及镍合金的焊接工艺评定试验（GB/T 19869.1—2005）；

金属材料熔焊质量要求（GB/T 12467.1～4—2009）；

钢熔化焊焊工技能评定（GB/T 15169—2003）。

2. 锅炉、压力容器、核电用容器常用标准及规程

压力容器安全技术监察规程；蒸汽锅炉安全技术监察规程；

热水锅炉安全技术监察规程；压力容器（GB/T 150.1～150.4—2011）；

钢制球形储罐（GB/T 12337—2014）；

钢制塔式容器（JB 4710—2000）；

液化石油气钢瓶（GB 5842—2006）；水管锅炉（GB/T 16507—2013）；

锅炉角焊缝强度计算方法（JB/T 6734—1993）；

工业锅炉焊接管孔（JB/T 1625—2002）；

2×600MW 压水堆核电厂核岛系统设计建造规范（GB/T 15761—1995）；

锅炉压力容器焊工考试规则（劳动部）；

压水堆核电厂核岛机械设备焊接规范（EJ/T 1027.1～1027.19 包括焊接材料验收、工艺评定、焊工的资格评定等 19 项）。

3. 造船和建筑工程行业常用标准及规程

钢质海船入级与建造规范；船舶焊缝代号（CB/T 860—1995）；

921A 等钢焊接坡口基本形式及焊缝外形尺寸（CB 1220—2005）；

船体结构焊接坡口型式及尺寸（CB/T 3190—1997）；
钢结构设计规范（GB 50017—2003）；
焊工考试规则（船检局）；
钢结构工程施工质量验收规范（GB 50205—2001）。

4. 水利、电力行业常用标准及规程

火力发电厂金属技术监督规程（DL/T 438—2016）；
电站钢结构焊接通用技术条件（DL/T 678—2013）；
火力发电厂焊接技术规程（DL/T 869—2012）
工业金属管道工程施工规范（GB 50235—2010）；
现场设备、工业管道焊接工程施工规范（GB 50236—2011）；
水工金属结构焊接通用技术条件（SL 36—2016）；
水工金属结构焊工考试规则（SL 35—2011）；
焊工技术考核规程（DL/T 679—2012）。

5. 铁路桥梁、机车车辆行业常用标准及规程

铁路桥梁钢结构设计规范（TB 10091—2017）；
机车车辆耐候钢焊接技术条件（TB/T 2446—1993）；
机车车辆焊接技术条件（包括新造和修理：TB/T 1580—1995 ~ 1581—1996）；
机车、动车用柴油机零部件 球墨铸铁曲轴（TB/T 1742—2011）。

6. 石油、天然气和其他一些行业常用标准及规程

海上固定平台规划、设计和建造的推荐做法 工作应力设计法（SY/T 10030—2004）；
浅海钢质固定平台结构设计与建造技术规范（SY/T 4094—2012）；
浅海钢质移动平台结构设计与建造技术规范（SY/T 4095—2012）；
石油天然气金属管道焊接工艺评定（SY/T 0452—2012）；
汽轮机焊接工艺评定（JB/T 6315—1992）；
工程机械 焊接件通用技术条件（JB/T 5943—1991）。

7. 部分有关焊接安全、卫生的国家标准、规程和规定

生产过程安全卫生要求总则（GB 12801—2008）；
生产设备安全卫生设计总则（GB 5083—1999）；
乙炔站设计规范（GB 50031—1991）；
溶解乙炔气瓶定期检验与评定（GB 13076—1991）；
电阻焊机的安全要求（GB 15578—2008）；
弧焊电源 防触电装置（GB 10235—2012）；
焊接与切割安全（GB 9448—1999）；
防护服装 阻燃防护 第2部分：焊接服（GB 8965.2—2009）；
气瓶安全监察规程（国家劳动总局字18号）；
职业眼面部防护 焊接防护 第1部分：焊接防护具（GB/T 3609.1—2008）；
工作场所有害因素职业接触限值（GBZ 2.1 ~ 2.2—2007）。

从以上所列有关标准和规范看（并非全部），由于条块分割，并非行业实际需要，有一些是重复的，以焊工考试（考核）规程最明显，这就造成了我国焊工证书五花八门，互不认可，这既造成资源浪费，又造成行业之间，我国和国外业界之间交流困难，GB/T 15169—2003标准的实施，进一步等同或等效采用国际标准的方式，将是未来我国焊工考核的发展方向。

1.3 焊接结构制造的安全注意事项

“安全第一，预防为主”是我国安全生产的方针，当然也是焊接生产——焊接结构制造的安全生产方针。在焊接生产过程中保护劳动者的人身安全和健康、保护环境不受破坏和干扰，而后者更关系到阻止人类的家园——地球生态恶化的进程。2010年11月17日上海发生了一起施工工寓楼火灾，造成53人遇难，70人受伤接受医疗的恶性事故，起因是无证焊工违规操作引发的。所以关注焊接生产安全十分重要，作为焊接专业人士必须了解焊接的危险、有害因素，安全与卫生的特点。

1.3.1 焊接的危险和有害因素

焊接通常是利用电能、化学能转换成热能加热和熔化金属形成焊接接头——制造焊接结构的。一旦失控，包括检修、补焊等作业就会酿成灾害和事故。焊接的主要危险和有害因素及可能造成的事故或伤害见表1-2。

表1-2 焊接的主要危险和有害因素及可能造成的事故或伤害

主要危险和有害因素	可能造成的事故或伤害
乙炔、电石、压缩纯氧、纯氢	爆炸、火灾
接触带电的焊接电源、焊钳、焊条、焊件	触电、火灾
气焊或切割火焰、电弧焰、熔渣或飞溅	灼伤、火灾
密闭容器或狭小空间作业（锅炉、容器——包括燃料和有毒物质、船舱、地沟内，潮湿等）	触电、急性中毒
水下作业	触电、溺水
高空作业	高处坠落、高处坠物
电弧烟尘及有毒气体、电弧光	尘肺、气管炎、锰和CO中毒、急性肺水肿；电光性眼炎、红外线白内障
放射性（α、β、γ、X光）	皮肤疾病、血液疾病
噪声	耳聋、血液系统病
操作强迫不适体位、热辐射	腰肌劳损、脊柱损伤

1.3.2 焊接生产的安全技术

针对焊接生产的危险和有害因素，其安全防范第一是用电安全。这是因为各种焊接设备一次侧电压（220/380V）和焊接空载电压（60～90V）都超过了安全电压，这就使操作人员有触电的危险。工人如果事先没有穿戴干燥的绝缘防护服、绝缘鞋和手套，而身体却接触了带电体——焊条、焊机（如外壳带电）、老化和绝缘层破坏的电缆、接电的工件，即会造成触电，甚至伤亡事故。安全用电要求焊机可靠地接地或接零，工作前首先检查场地和设备是否达到标准要求。加强个人防护：干燥完好的工作服、焊工手套、绝缘鞋，操作时如更换焊条、接触工件，尤其在容器、密闭船舱、金属构件上施焊时一定要“全副武装”，并有人监护。改变焊机接头、换接熔丝、搬动和检修焊机等操作一定要在切断电源的条件下进行。

第二，注意焊接的防火和防爆。由于焊条电弧焊的焊接飞溅可能引起火灾，造成人员和财产损失，这必须引起注意和重视。要求工作场地达到标准的要求，对操作工人进行防火安全和灭火装置及器具使用教育。大家都知道，发生燃烧有三个条件：氧和氧化剂、可燃物质、引火源。第一个条件很容易达到，因为空气中就存在着氧，而电焊飞溅、电火花和气焊、切割焰等就是火源，所以焊接场所存在易燃物质就非常危险。阻止上述三个条件同时存在即是防火和灭火的理论根据。如扑灭火灾，首先要切断火源、隔绝空气（隔绝氧）、冷却降温。用水扑灭一般火灾即是这个道理。但对电气火灾和燃油的火灾以及焊接生产发生的一些火险则需要采用干粉、二氧化碳、四氯化碳灭火器来扑灭。

焊接时物质形态发生变化，但当这种变化发生于瞬间，而且伴有释放大量的能量和大量的气体，使周围气压猛烈升高和产生剧烈声响则是爆炸。爆炸具有很大的破坏性，应当极力避免。前已述及在焊接生产中，经常会用到乙炔、电石、压缩纯氧、纯氢等易燃易爆物，因此必须了解乙炔、液化石油气、压缩纯氧、纯氢燃爆特性和它们的使用安全要求；要了解氧气瓶、液化石油气瓶、氢气瓶、气体减压器、乙炔气瓶、乙炔发生器、回火保险器的安全使用技术，爆炸着火事故的原因，进而防止事故的发生。

第三，了解水下、登高、管道内、密闭容器内焊接生产（焊接和切割）的安全技术，以足够的安全措施防触电、防溺水、防高空坠落、预防坠物打击和爆炸、起火等危险。要了解和坚决执行有关的安全生产条令。

1.3.3 焊接生产的劳动卫生

焊接生产接触有害物质和危险因素要通过劳动卫生加以防护。

第一，焊接烟尘和有毒气体的防护，焊条电弧焊、碳弧气刨和自保护焊会产生大量焊接烟尘，二氧化碳气体保护焊（特别是药芯焊丝）、氩弧焊、埋弧焊和电渣焊同样会有烟尘产生。比较而言埋弧焊和电渣焊的发尘量要低些。发尘的机理是金属和熔渣（药皮）的熔融-过热-蒸发-氧化-冷凝过程的结果，其含量相当复杂，采用通常的化学分析方法习惯将其表示为各种简单的氧化物和氟化物，焊接烟尘本身就有毒；此外焊接时还会产生臭氧、一氧化碳、氮氧化物和氟化氢。在电弧辐射短波紫外线作用下，以及高频发生器火花隙中空气中的氧被破坏，生成臭氧；氮氧化物也是在电弧作用下空气中的氮、氧分子分解，重新结合而成；而氟化氢则是焊条电弧焊的低氢型焊条药皮中的萤石（CaF）、石英（SiO_2）在电弧高温作用下与氢气形成的。焊接烟尘和有毒气体的主要危害是造成焊工尘肺、对呼吸系统造成危害，而CO则造成严重缺氧。目前的防护办法主要是通风除尘，对焊接车间设计时就要考虑换气通风量，焊接工位要有吸尘过滤设施。在根本上就要通过改进焊接材料和革新焊接工艺，从而改善焊接劳动卫生条件。如研制低尘无毒的焊接材料（焊条、焊丝、焊剂）、提高焊接机械化和自动化水平、避免在狭小空间焊接（如采用带衬垫的埋弧焊——单面焊双面成形）、在氩气中加入体积分数为0.3%的一氧化氮，使臭氧发生量降低90%等。

第二，弧光防护。防止弧光对眼睛、皮肤、纤维（如工作服）等的破坏，可采用设置防护屏（用玻璃纤维布、薄铁皮等制作，并涂以灰、黑无反光漆）；室内采用非反光-吸光壁；

采用个人防护——护目镜和防护服；工艺措施有：对弧光和烟尘强烈的等离子弧切割和焊接，采用密闭和强制排风的独立工作间，或水槽式切割工作台、水弧等离子弧切割工艺等。

第三，焊接噪声防护。来源于等离子弧切割、等离子弧喷焊-喷涂；还来自旋转直流弧焊发电机、风铲和大锤击打工件和钢板所产生的噪声。按标准，低频（$f<300$Hz）噪声允许90~100db，中频（$f=300\sim800$Hz）噪声允许85~90db，高频（$f>800$Hz）噪声允许75~80db。可以研究采用低噪声工艺，隔离噪声源，厂房结构和设备采用吸声和隔声层，拒绝风铲和锤击矫正来消除噪声。另外个人防护尚可采用戴耳塞或耳罩来隔绝噪声。

第四，高频电磁辐射和焊接放射性的防护。高频电磁辐射是在用高频振荡器来快速引燃电弧和等离子弧情况下瞬间产生的，可以用引燃后立即切断高频振荡器的办法来减小它的影响，也可用叠加高压脉冲办法取代高频振荡器；此外工件良好接地和屏蔽把线及电缆线也可得到改善。焊接工件的射线检测，氩弧和等离子弧的钍钨电极，真空电子束焊的X射线都会使操作者受到辐射伤害。防护办法是采用单室、个体防护和合理操作规范等。

1.4 焊接结构的图样表示法

焊接结构设计中大多采用缩小比例绘制的焊接结构图，机械制图的各项规定在这里都是适用的，为了简化图样上的焊缝，国家标准《焊缝符号表示法》（GB/T 324—2008）做出了规定，该标准修改采用国际标准ISO 2553（英文版）。GB/T 324—2008标准还引用了GB/T 5185—2005《焊接及相关工艺方法代号》；GB/T 12212—2012《技术制图 焊缝符号的尺寸、比例及简化表示法》；GB/T 16672—1996《焊缝 工作位置 倾角和转角的定义》；GB/T 19418—2003《钢的弧焊接头 缺陷质量分级指南》。除采用该标准规定的焊缝符号表示外，也可采用一般的技术制图方法表示。采用的焊缝符号应清晰地表示所要说明的信息，而且不使图样增加过多的注解。完整的焊缝符号包括：基本符号、指引线、补充符号、尺寸符号及数据等。

1.4.1 基本符号

基本符号是表示焊缝横截面的基本形式或特征的符号。主要因各种焊缝、接头和坡口的形式不同而不同。国标规定除电渣焊之外，熔焊（包括气焊、焊条电弧焊、气体保护焊、高能束焊/埋弧焊）的基本符号如图1-1所示。当然，既是设计，选择哪种坡口形式还可以按行业、企业标准，按焊件厚度、选定的焊接方法确定，并且有一选择区间。还有图1-1没有示出的较少用到的塞焊及槽焊缝的基本符号、钎焊连接的基本符号和汽车工业、客车车体等薄板结构采用的压焊，如点焊、缝焊和端焊缝的基本符号，堆焊缝的基本符号如图1-2所示。

1.4.2 补充符号

补充符号是用来补充说明有关焊缝或接头的某些特征，如表面形状、衬垫、焊缝分布、施焊点等特征的符号，在以后焊接结构设计中会了解，设计要求焊缝表面可以是平齐的、凹陷的、凸起的和圆滑过渡情形，不需确切地说明焊缝的表面形状时，可不用补充符号。补充符号是补充说明焊缝某些特征时采用的，包括带垫板符号、三面焊缝符号、周围焊缝符号、现场符号及尾部符号。补充符号见表1-3，其部分应用示例如图1-3所示。

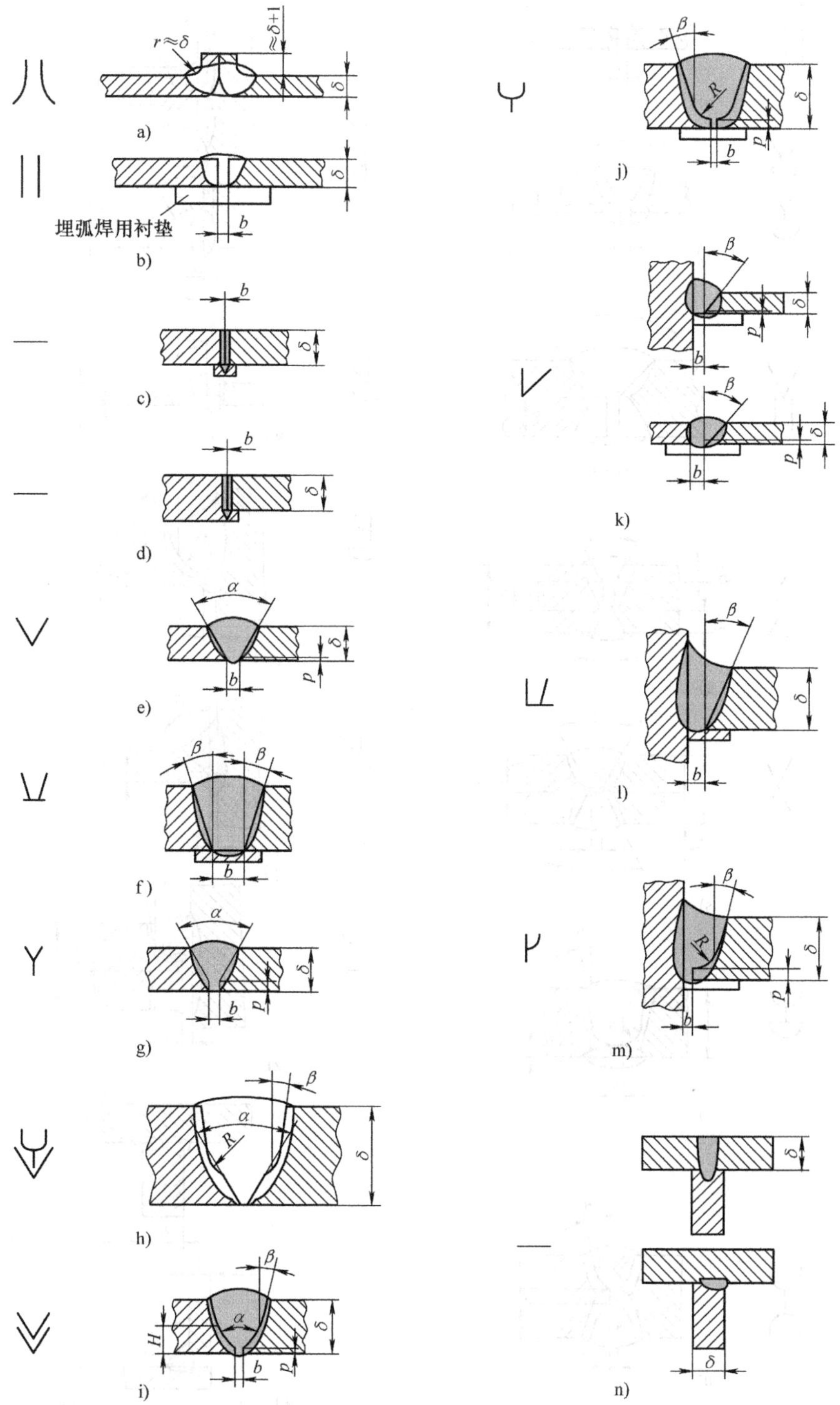

图1-1　常用熔焊（不包括电渣焊）——气焊、焊条电弧焊、气体保护焊、高能束焊/埋弧焊接头的基本符号和推荐坡口

a）~n）单面对接焊坡口

δ—工件厚度　α—坡口角度　b—根部间隙　β—坡口面角度　p—钝边　H—坡口深度　R—根部半径

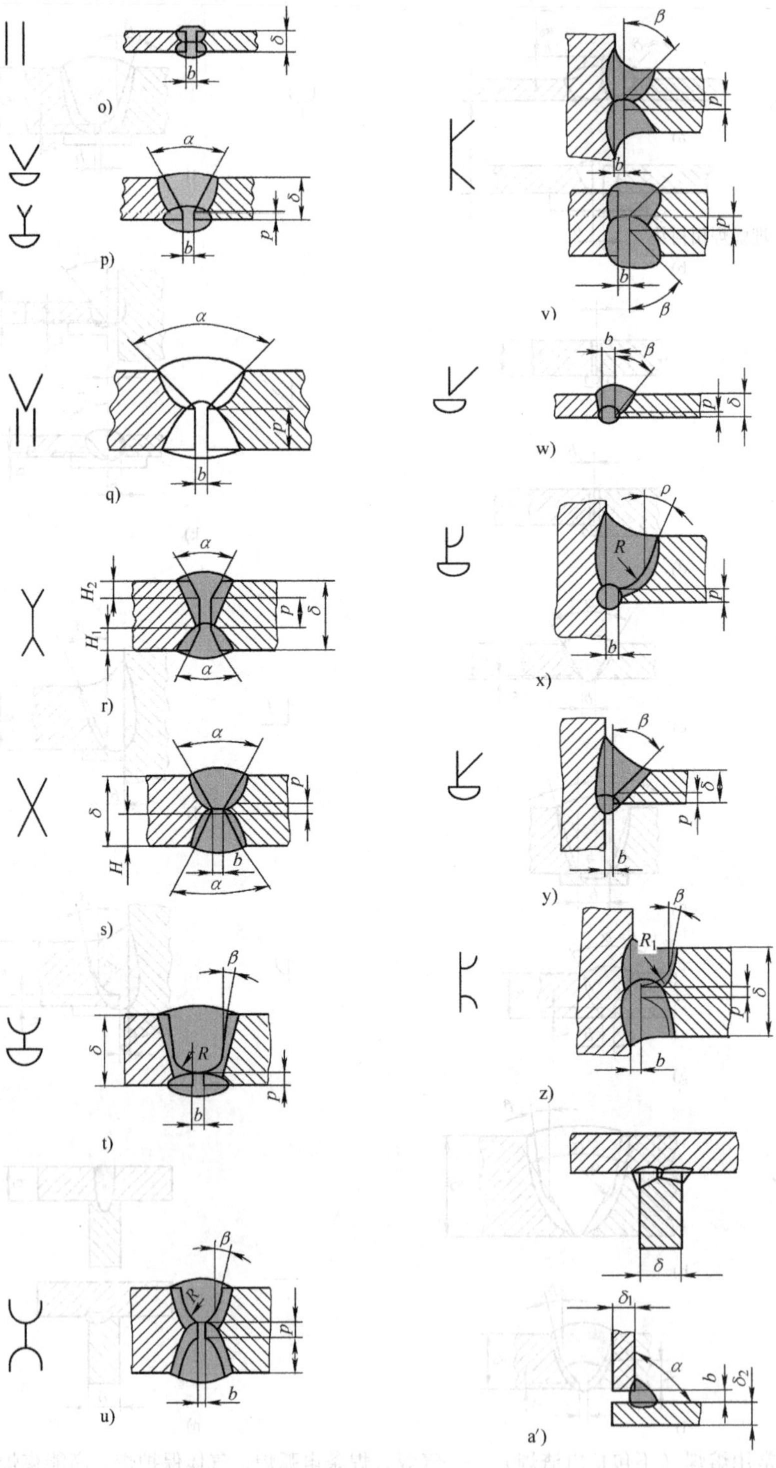

图 1-1　常用熔焊（不包括电渣焊）——气焊、焊条电弧焊、气体保护焊、高能束焊/埋弧焊接头的基本符号和推荐坡口（续）

o）~a′）双面对接焊坡口

δ—工件厚度　α—坡口角度　b—根部间隙　β—坡口面角度　p—钝边　H—坡口深度　R—根部半径

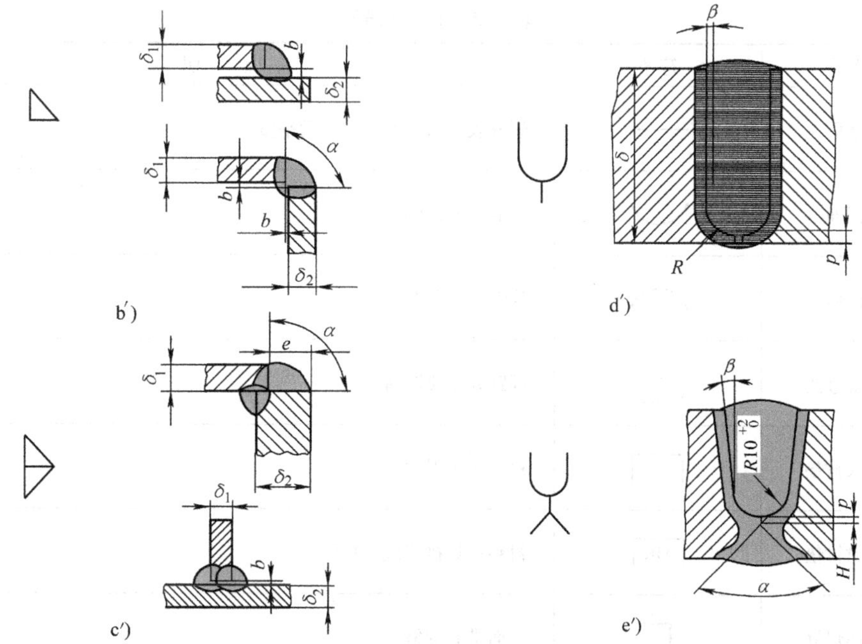

图1-1 常用熔焊（不包括电渣焊）——气焊、焊条电弧焊、气体保护焊、高能束焊/埋弧焊接头的基本符号和推荐坡口（续）

b′）～c′）角焊缝的接头形式

d′）窄间隙热丝焊坡口 e′）窄间隙埋弧焊坡口

δ—工件厚度 α—坡口角度 b—根部间隙 β—坡口面角度 p—钝边 H—坡口深度 R—根部半径

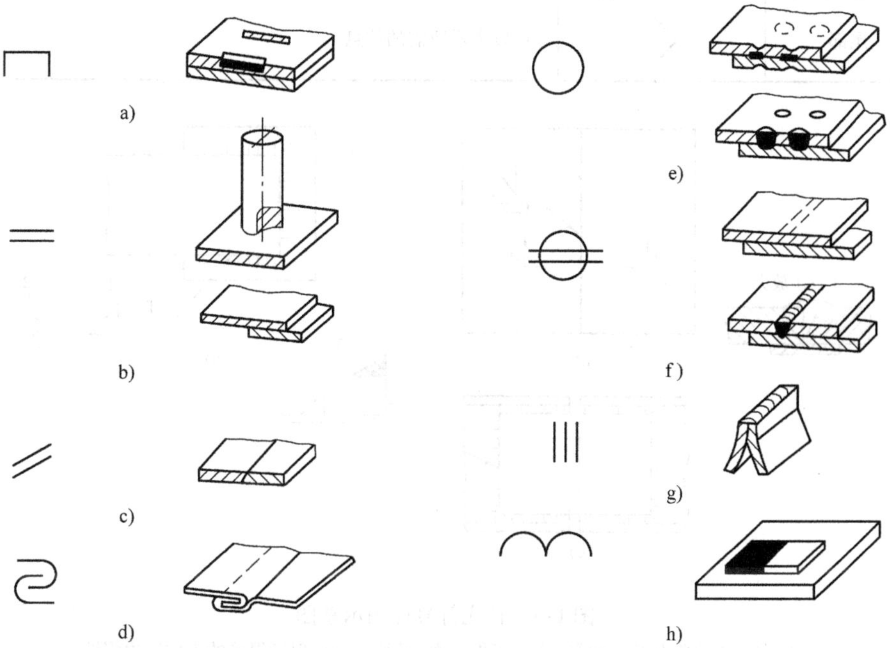

图1-2 在图1-1中尚未包括的焊缝基本符号

a）塞焊或槽焊焊缝 b）平面钎焊 c）斜面钎焊 d）折叠钎焊 e）点焊连接

f）缝焊连接 g）端焊缝连接 h）堆焊缝

表 1-3　补充符号

序号	名称	符号	说　明
1	平面	—	焊缝表面通常经过加工后平整
2	凹面	◡	焊缝表面凹陷
3	凸面	◠	焊缝表面凸起
4	圆滑过渡	⌣⌣	焊趾处过渡圆滑
5	永久衬垫	[M]	衬垫永久保留
6	临时衬垫	[MR]	衬垫在焊接完成后拆除
7	三面焊缝	⊏	三面带有焊缝
8	周围焊缝	○	沿着工件周边施焊的焊缝 标注位置为基准线与箭头线的交点处
9	现场焊缝	▶	在现场焊接的焊缝
10	尾部	<	可以表示所需的信息

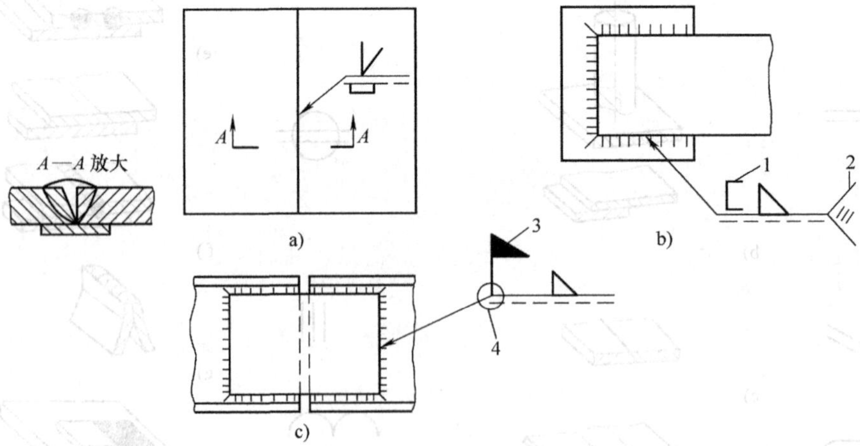

图 1-3　补充符号应用示意图

a）带衬垫的单面 V 形焊缝　b）工件三面带焊缝　c）现场焊接的工件周边焊缝

1—三面焊缝　2—尾部　3—现场焊接　4—周围焊缝符号

1.4.3 指引线、尺寸符号及数据

完整的焊缝符号表示方法需要由基本符号和指引线组成。必要时加上补充符号、焊缝尺寸符号和数据。指引线由箭头线和实线、虚线两条基准线两部分组成，如图 1-4a 所示。箭

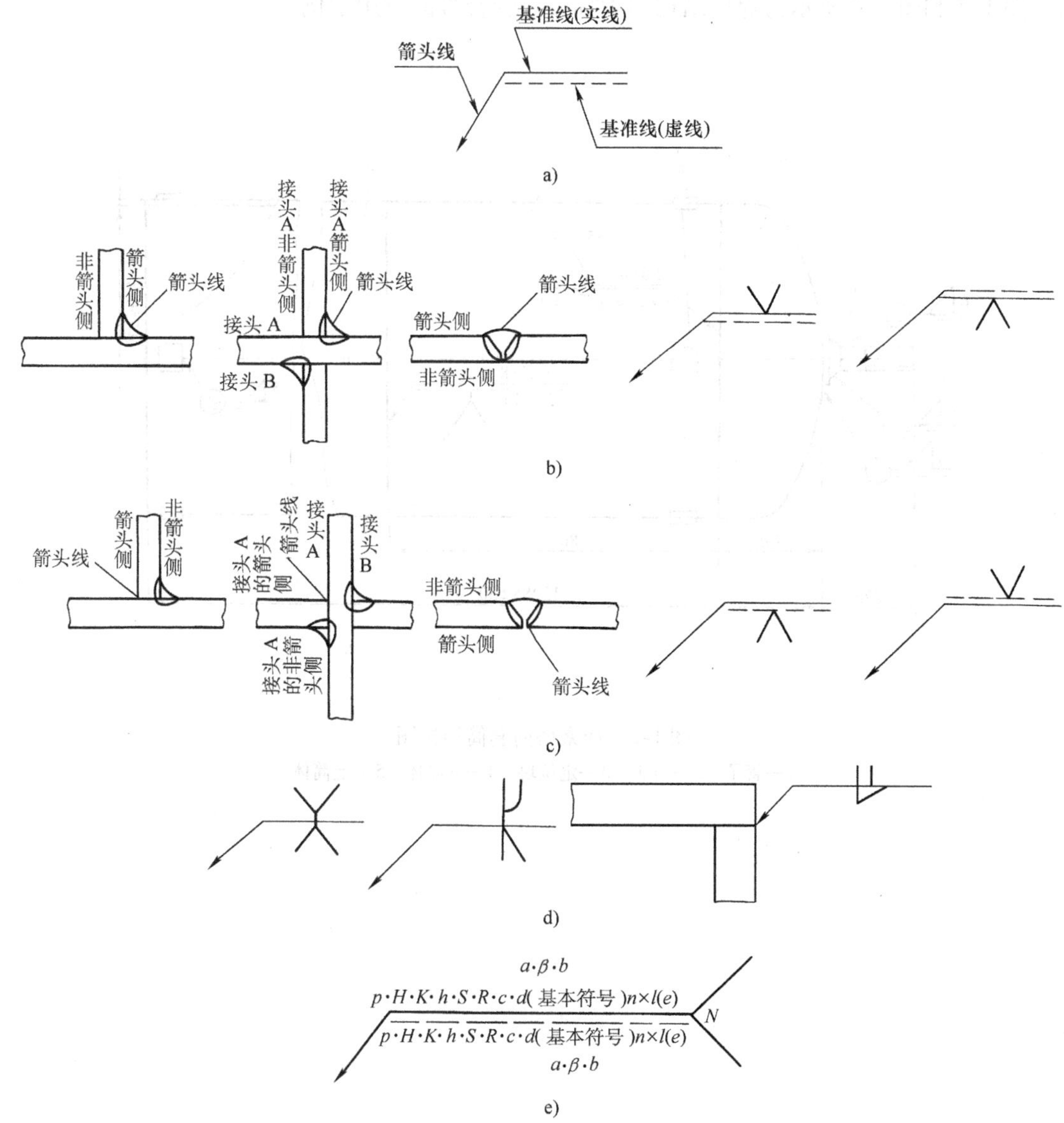

图 1-4 指引线的组成、用法和尺寸符号与数据的标注原则和次序

a）指引线 b）焊缝在接头箭头侧及标注符号位置示例 c）焊缝在接头非箭头侧及标注符号位置示例 d）对称和双面焊缝的标注 e）尺寸标注方法

注：1. 在基本符号右侧无任何标注，且无其他说明，意味着焊缝在整个工件长度上是连续的。

2. 在基本符号左侧无任何标注，且无其他说明，表示焊缝要完全焊透。

3. 塞焊缝和槽焊缝带斜边时，应标注孔底尺寸。

头线相对焊缝位置一般没有特殊要求。基准线一般要与图样的底边平行，必要时也可以与底边垂直。标准规定了基本符号相对基准线的位置，以确切地表示了焊缝的位置，如焊缝在接头的箭头侧，则将基本符号标在基准线的实线侧，如图 1-4b 所示。如焊缝在接头的非箭头侧，则将基本符号标在基准线的虚线侧，如图 1-4c 所示。标注对称焊缝或双面焊缝，则可不加虚线，如图 1-4d 所示。标准还规定了尺寸符号、数据标注原则和次序，如图 1-4e 所示。图 1-5 和图 1-6 所示为焊接结构图中标注焊缝符号的应用示例。

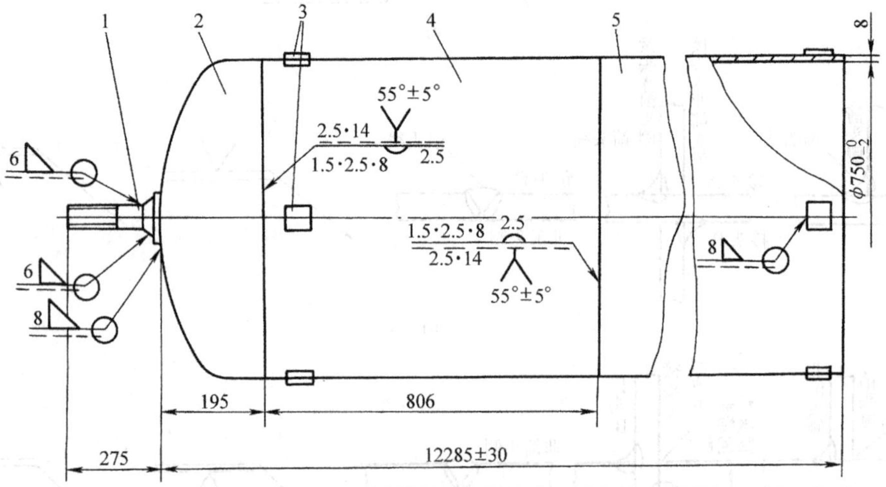

图 1-5　尿素塔内套筒结构图

1—管子　2—封头　3—定位块　4—下筒体　5—上筒体

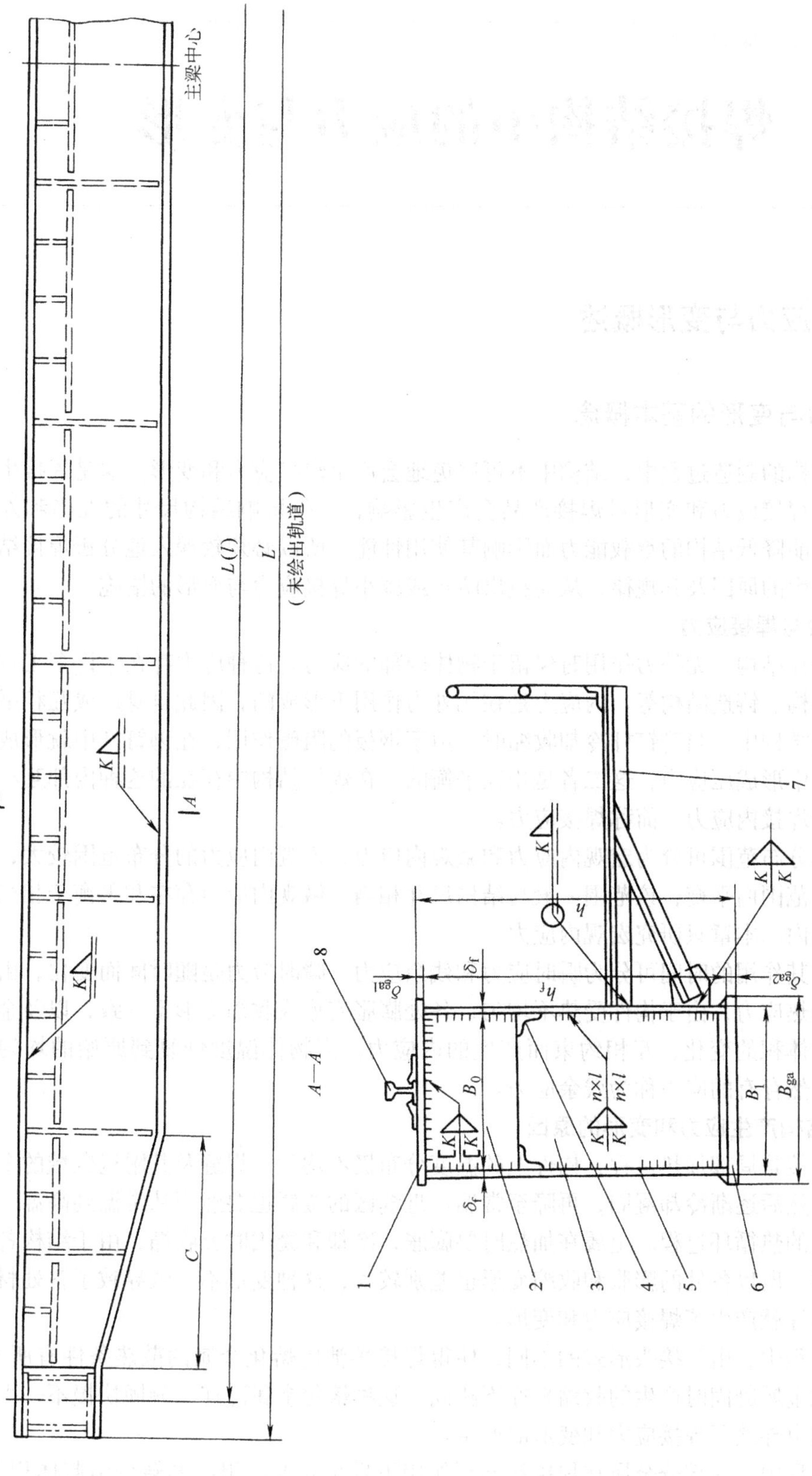

图 1-6 桥式起重机主梁焊接结构图

1—上盖板 2—小肋板 3—大肋板 4—水平加强肋
5—腹板 6—下盖板 7—走台结构 8—小车轨道

第2章 焊接结构中的应力与变形

2.1 焊接应力与变形概述

2.1.1 应力与变形的基本概念

在焊接结构的制造过程中，结构中不可避免地会产生焊接应力和变形，这是焊接生产所特有的问题。焊接应力和变形对焊接产品会产生影响，不仅影响结构尺寸的准确和外形美观，而且有可能降低结构的承载能力而影响其使用性能。所以必须较深入地分析焊接结构中应力与变形产生的原因及其规律，从而找出防止或减小焊接应力与变形的措施。

1. 内应力与焊接应力

内应力是在结构上无外力作用时保留于物体内部的应力。这种应力存在于许多工程结构中，如焊接结构、铸造结构等。内应力是在无外力作用下形成的，因此自身形成互相平衡的力系。如铆接结构中，当铆钉杆冷却收缩时，由于钢板的阻碍作用，在铆钉杆中就形成拉应力，而在钢板中形成压应力，这二者是相互平衡的。在焊接结构中存在的这种内部互相平衡的应力就称为焊接内应力，简称焊接应力。

应力按其分布范围可分为宏观内应力和微观内应力，宏观内应力的分布范围较大，内应力在这一较大范围内平衡，该范围一般与结构尺寸相当。微观内应力存在和平衡于相当于原子大小的范围内。本章只研究宏观内应力。

内应力按其作用的时间可分为瞬时应力和残余应力。瞬时应力是随时间而变化，由于温度差异引起的热应力，由于构件受热不均匀，各处膨胀变形或收缩变形不一致，以及金属组织的转变引起体积的变化，互相约束而产生的内应力。当物体温度恢复到原始的均匀状态后，构件中仍然存有的应力称为残余应力。

2. 焊接结构产生应力和变形的原因

结构的焊接是局部加热过程，构件上的温度分布极不均匀，焊缝及其附近区域的金属被加热至熔化，然后逐渐冷却凝固，再降至常温。近缝区的金属也要经历从常温到高温，再由高温降至常温的热循环过程。金属在加热时要膨胀，冷却和凝固时要收缩，由于结构各处的温度极不均匀，所以各处的膨胀和收缩变形也差别较大，这种变形不一致导致了各处材料的相互约束，这样就产生了焊接应力和变形。

在焊接过程中，由于接头形式的不同，使得焊接熔池内熔化金属的散热条件有所不同，这样使得熔化金属凝固时产生的收缩量亦不相同。这种熔化金属冷却、凝固快慢不一引起收缩变形的差别也导致了焊接应力和变形的产生。

在焊接过程中，一部分金属在焊接热循环作用下发生相变，组织的转变引起体积变化，如对低碳钢而言，奥氏体转变为铁素体或马氏体时，其体积将增大，这样也产生应力和变形，这种现象在焊接合金钢时尤为明显。

焊接时产生的应力和变形也受焊前加工工艺的影响，施焊前构件若经历冷冲压等工艺而具有较高的内应力，在焊接时由于应力的重新分布，则形成新的应力和变形。

以上所述的几种因素在焊接结构制造中是不可避免的，因此焊接结构中产生应力和变形是必然的。

3. 研究金属材料焊接应力与变形的若干假设

焊接一般为局部加热，热源又同时移动，因此距热源不同点处的温度是不同的。温度的不均匀造成了变形的不均匀。局部塑性变形是产生焊接残余应力和变形的主要原因，因此研究焊接应力与变形的产生即演变过程，必须要探讨构件上各点温度的分布情况。在整个加热和冷却过程中构件上各处的温度是变化的，这种温度变化的过程又称为热过程。

由于焊接过程的复杂性，使得焊接应力和变形的研究较为困难，为了使问题简化，通常做出以下假定。

（1）焊接温度场　通常将焊接过程中的某瞬间焊接接头中各点的温度分布状态称为焊接温度场。在焊接热源的作用下，构件上各点的温度在不断地变化，这是一个复杂的热循环过程，但可以认为达到某一极限热状态时，温度场不再改变，这时的温度场称为极限温度场。例如用一固定点热源加热一半无限大钢块，钢块上各点将以不同的速度升温，当达到某一时刻后各点的温度不再上升，此时等温面为同心半球面。同样用点热源加热一无限大钢板，在某一时刻钢板上的温度场也会达到一热极限状态。此时如果热源做匀速直线运动，则 t 瞬时在某一截面上出现的温度分布，将在 $t+\Delta t$ 瞬时出现在邻近的截面上，这样除了构件两端外，每个截面上温度分布的变化过程均相同，也就是热循环过程相同。

图2-1所示为一半无限大体上的极限温度场。图2-1a所示为距 $\xi-\xi$ 轴不同距离（η 值不同）的平行截面上的温度分布曲线；图2-1b所示为距 $\eta-\eta$ 轴不同距离（ξ 值不同）的平行截面上的温度分布曲线；图2-1c所示虚线表示距 $\xi-\xi$ 轴不同点处所达到的最高温度；图2-1d所示为不同深度的等温曲线，注意这里温度是以与温度呈正比的无量纲函数 F 来表示的。一般由于板件较薄，可以认为构件在厚度方向上的温度分布是均匀的。

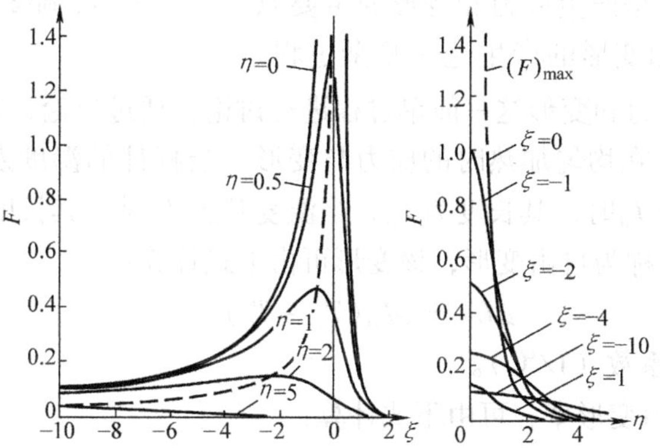

图2-1　半无限大体温度场

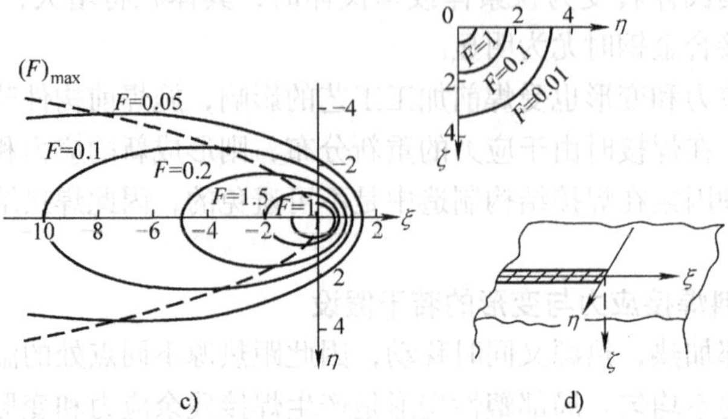

图 2-1 半无限大体温度场（续）

（2）有关力学和物理性能的假定

1）平截面假定。假定杆件在焊前所取的横截面焊后仍保持为平面。即杆件只发生伸长、缩短、弯曲，其横截面只发生平移或偏转等，永远保持为平面。

2）金属性能的假定。材料的某些物理性能，如线胀系数（α）、比热容（c）、热导率（λ）等均不随温度的变化而变化。

3）金属屈服强度的假定。低碳钢屈服强度随温度的变化如图 2-2 中的虚线所示，简化假定为图中实线所示的关系，即在 500℃以下时，同常温时的屈服强度，而 600℃以上时呈完全塑性状态，即屈服强度为零。

4）应力应变关系的假设。材料呈理想弹－塑性状态，即材料屈服后不发生强化。

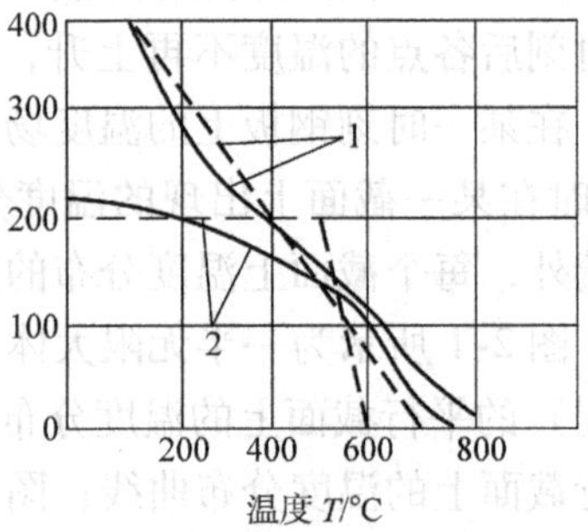

图 2-2 低碳钢屈服强度与温度的关系

1—钛合金 2—低碳钢

——实测曲线 －－－简化曲线

2.1.2 构件中焊接应力与变形的产生

1. 均匀加热时应力与变形的产生

焊接时不均匀的加热是产生应力和变形的主要原因，为了便于了解应力和变形的产生这一复杂过程，首先对均匀加热时产生应力和变形这一简单过程进行讨论，通过讨论，定义几个新的概念。

（1）不受约束的杆件在均匀加热时的应力与变形 当杆件的温度发生变化时，其尺寸将发生变化，如当温度为 T_0 时，其长度为 L_0，当温度升至 T_1 时，其长度为 L_1。这种不受任何约束自由产生出的变形称为自由变形，该变形可由下式计算：

$$\Delta L_T = \alpha L_0 (T_1 - T_0)$$

式中 α——金属的线胀系数（1/℃）。

其变形率 ε_T 称为自由变形率，可由下式计算：

$$\varepsilon_T = \Delta L_T / L_0 = \alpha (T_1 - T_0)$$

（2）受约束的杆件在均匀加热时的应力与变形

1）低碳钢热循环的最高温度小于 500℃时，如图 2-3a 所示，杆长为 L_0，与两刚性壁之

间留有间隙 b，温度随时间变化的关系为 $T=f(t)$。当杆件温度逐渐升高时，杆件将自由伸长变形，当自由变形量达到间隙量 b 时，自由变形开始受阻碍。若继续升温，杆件将受到压缩，压缩变形量为：

$$\Delta L = -(\Delta L_T - b)$$

式中负号表示受压缩。

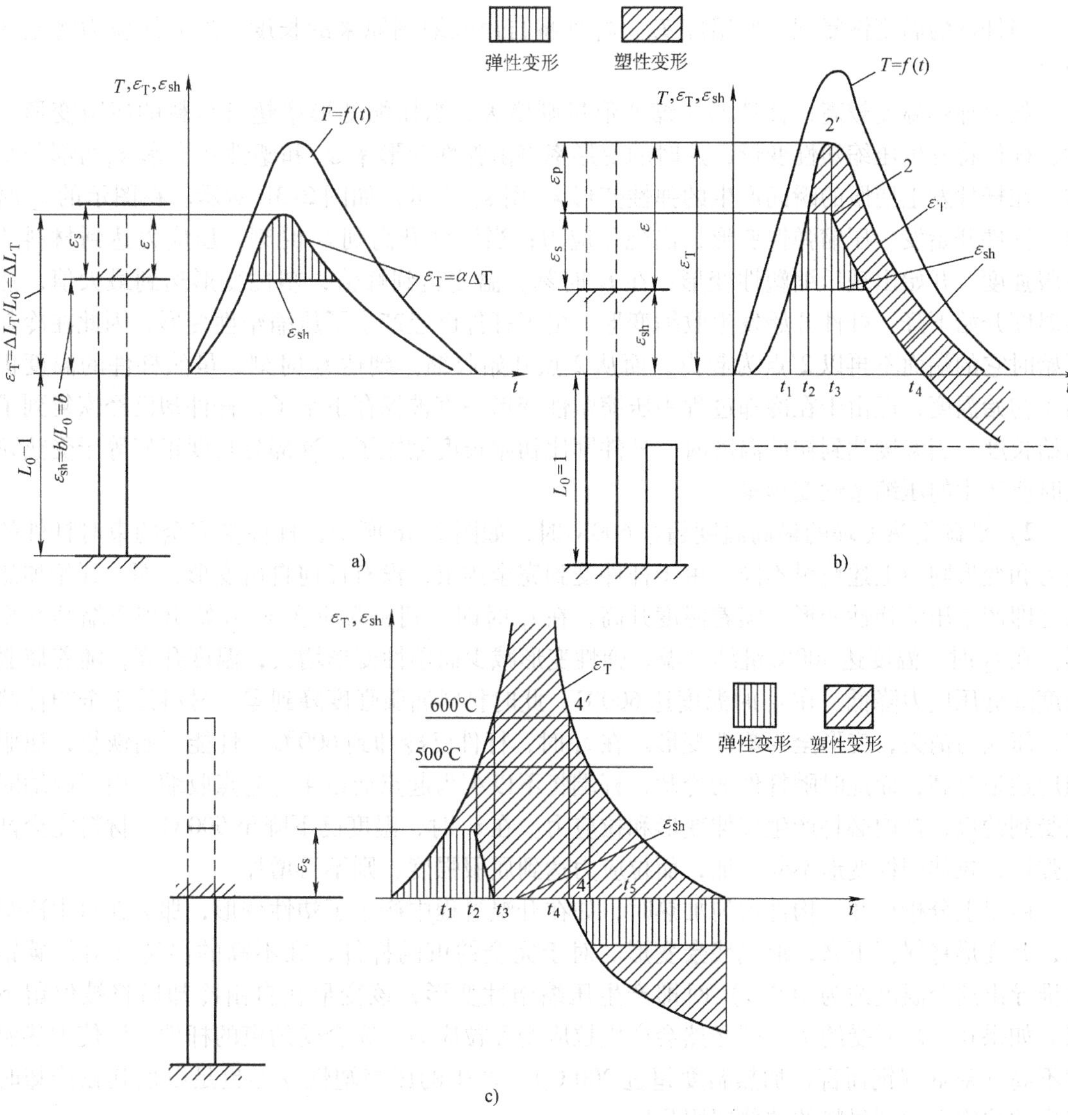

图 2-3　均匀加热的杆件在热循环作用下的应力和变形

由于杆件在膨胀时受到阻碍，不能完全自由地变形，表现出来的变形量正好就是间隙量 b，称 b 为实际变形，用 ε_{sh} 表示实际变形率。

$$\varepsilon_{sh} = b/L_0$$

未表现出来的那部分变形，即自由变形与实际变形的差值称之为内部变形，其变形率为：

$$\varepsilon = \Delta L/L_0 = \frac{b - \Delta L_T}{L_0}$$

如果加热温度较低，材料的变形仍在弹性范围内，由虎克定律可知，应力和应变为线性关系：

$$\sigma = E\varepsilon$$

当杆件的温度恢复到初始温度 T_0，杆件将自由收缩到原来的长度，这时压应力将全部消失。

如果加热温度较高，杆件的压缩变形量则增大，当压缩变形率超过材料的屈服变形率时，杆件将发生压缩塑性变形，这时的变形率将由弹性变形率 ε_e 和塑性变形率 ε_p 两部分组成，在杆件发生屈服的瞬间产生的弹性变形 ε_e 用 ε_s 表示，如图 2-3b 所示。在图示的 t_1 时刻，杆件开始发生压缩弹性变形，出现压应力；当温度升高到 t_2 时刻，压应力达到材料的屈服强度，开始出现压缩塑性变形；在 t_3 时刻，温度达到峰值，塑性变形达到最大值，然后温度开始下降，杆件开始发生收缩变形。由于杆件已经产生了压缩塑性变形，因此在冷却开始时它的端面不再以 2′点为起点，而从 2 点开始收缩。到达 t_4 时刻，虽然杆件的温度仍高于初始温度，但由于在冷却过程中压缩塑性变形一直被保存下来了，杆件却已经恢复到了初始长度。当温度达到初始温度时，杆件则比初始长度缩短了，这部分长度正好等于受热膨胀时所产生的压缩塑性变形量。

2）低碳钢热循环的最高温度超过 600℃时，如图 2-3c 所示，杆件受完全约束时杆件的应力和变形则与上述情况不同。由于杆件受到完全约束，没有任何自由变形，即一开始加热就立即产生压缩弹性变形。随着温度升高，在 t_1 时即达到屈服应变 ε_s 开始出现压缩塑性变形。在 t_2 时，温度达 500℃继续升温，弹性变形减少而塑性变形增大，温度升高，随着屈服强度降低压应力降低。在 t_3 时温度达 600℃，此时材料屈服强度降到零，材料处于全塑性状态，压应力消失，变形全为塑性变形。在 t_4 时，杆件已冷却到 600℃，性能开始恢复，屈服强度逐渐升高，而此时随杆件的冷却，杆端将不以 4′为起点而以 4 为起点收缩。由于收缩时又受到约束，杆内必将产生拉伸变形和拉应力。在 t_5 时，温度已下降至 500℃，材料完全恢复弹性，拉伸塑性变形不断增加，而拉应力达到屈服强度，则不再增加。

由以上分析可知，构件均匀加热时，如在升温过程中产生了塑性变形，那么在自由冷却时，此变形将保留下来，形成残余变形。对于完全约束的杆件，在不高的温度（对低碳钢可推导出这个温度约为 100℃）时即产生压缩塑性变形，该变形在自由冷却后将被保留下来。如果在冷却时受约束，则必然会产生拉应变和拉应力。完全受约束的杆件，即使加热温度不高（对低碳钢而言，加热温度超过 200℃），产生的压缩塑性变形也足以使其在冷却时产生的拉应力达到材料的拉伸屈服强度。

2. 长板条中心堆焊时的应力和变形

图 2-4 为低碳钢长板条中心堆焊时，某一截面在热源移动到这一截面时和热源移开冷却后的应力分布情况。由图 2-4a 中可以看出中心部分和边缘部分加热温度不同，其伸长变形不同，但又互相制约，于是有自由变形曲线上 *ac* 段为弹性变形区；*cd* 段应力达到屈服强度，同时存在着压缩塑性变形；*d* 点的温度已达到 500℃，材料的屈服强度开始下降，*de* 段应力逐渐由屈服强度下降为零；在 *e* 点压缩塑性变形达到最大值。图 2-4b 为完全冷却后的应力

变形情况。由于在加热过程中产生的压缩塑性变形将被部分保留下来，所以在堆焊区纤维变短，由于各纤维之间的相互约束，板条端部仍保持平直（见图2-4b中nn'位置），所以中部产生达到屈服强度的拉应力和拉伸塑性变形。而靠近两侧产生压应力，两者相互平衡。

3. 板边堆焊时焊接应力和变形的产生

如图2-5a所示，在低碳钢长板条一侧连续堆焊，由于板边纤维和邻近纤维的加热温度不同，其伸长变形亦不同，但各纤维又是相互制约的，就像上面所介绍的受约束的杆件一样，结果就必然会产生应力和变形。

在图2-5中宽度为W的板条板边堆焊达到极限温度场时，利用等温曲面可以得出任一截面的温度分布，如Ⅰ－Ⅰ截面，其温度分布是不均匀的，相应的截面上各条纤维的自由变形也是不均匀的，如图2-5a中ε_T曲线所示。

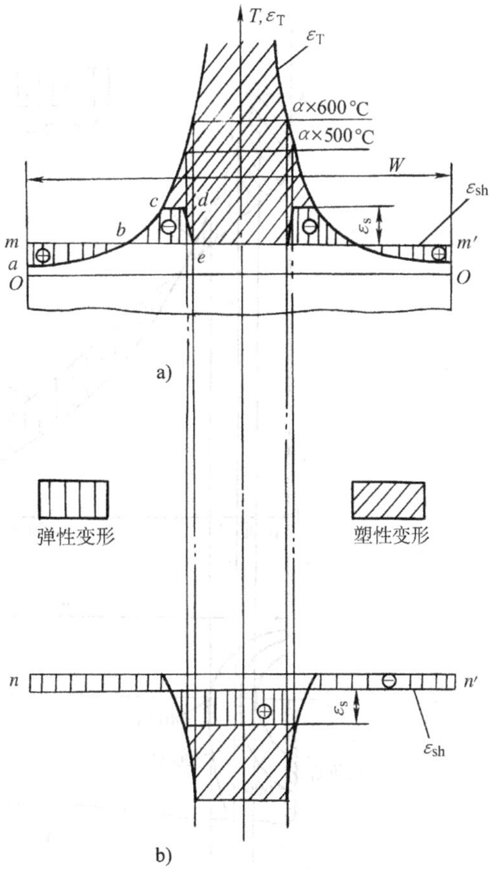

图2-4 低碳钢长板条中心堆焊时的应力变形情况

a）加热时 b）冷却后

由于各纤维的互相制约，Ⅰ－Ⅰ截面要保持平截面，它将移动并偏转至mm'，mm'为实际变形ε_{sh}的位置。显然，自由变形与实际变形不同，Ⅰ－Ⅰ截面上有些纤维要伸长，有些纤维则被压缩，当内应力平衡时，得到mm'的位置，如图2-5a所示，每一纤维的内部变形（率）为实际变形与自由变形之差，而内部变形决定了应力的大小，即

$$\varepsilon = \varepsilon_{sh} - \varepsilon_T, \sigma = E\varepsilon = E(\varepsilon_{sh} - \varepsilon_T)$$

当内部变形（率）$\varepsilon < \varepsilon_s$时，所有纤维只发生弹性变形，当$\varepsilon > \varepsilon_s$时，不但发生弹性变形，还将发生塑性变形。根据各纤维的变形情况，板条可分为四个区域：

1）完全弹性变形区。在此区域内各纤维的变形率均小于ε_s，冷却后没有残留的塑性变形。

2）$T \leqslant 500$℃的区域是弹性变形区和部分塑性变形区。冷却后塑性变形部分，即图2-5a中abc所示区域将保留下来。

3）500℃$\leqslant T <$600℃的区域是部分塑性变形到完全塑性变形区。根据材料屈服强度随温度变化的假定，在500℃时的应力可达到屈服强度，600℃时应力则降为零。冷却后塑性变形则全部保留下来，即图2-5a中$bced$所示的区域。

4）$T >$600℃的区域是完全塑性区。600℃以上纤维在伸长和缩短时都没有任何阻力，这就是说在600℃以上的温度冷却时的塑性变形将不会被保留下来，而600℃时所具有的塑性变形将一直保留下来，即图2-5a中$demg$所示区域。

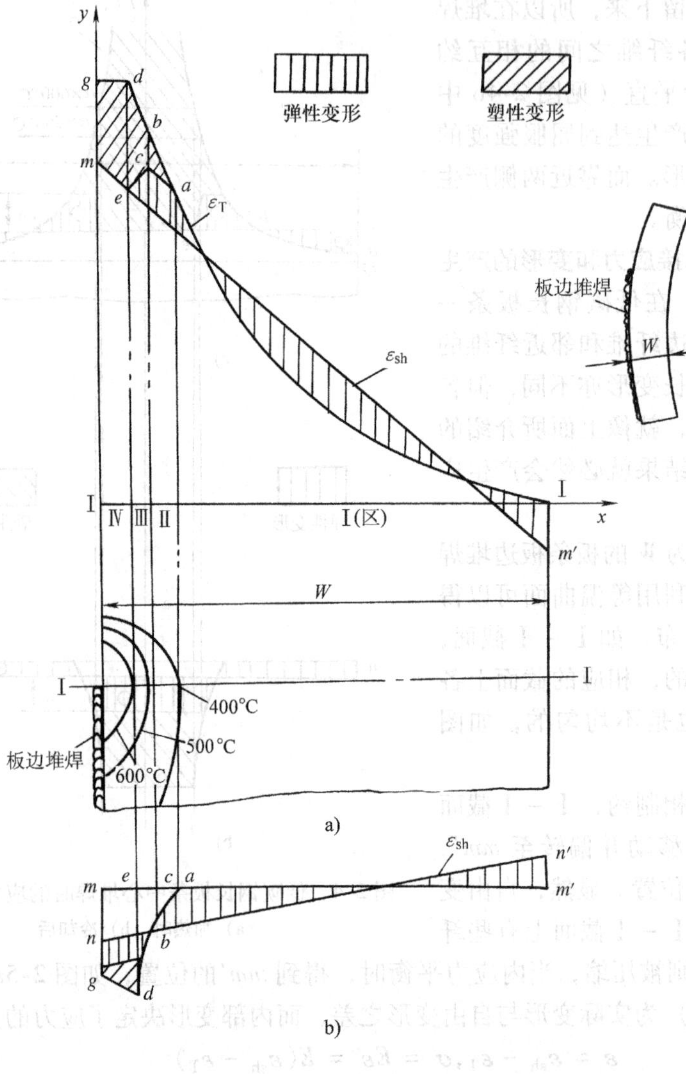

图2-5 板边堆焊的应力与变形

实际变形 ε_{sh}线的位置，无论加热和冷却都是根据内应力平衡得到的，根据内应力平衡条件，如假定纵轴为 y 轴，横轴为 x 轴，应力在 y 轴的投影为$\sum y$，应力对任意点取矩为$\sum M$，则有（式中 δ 指无穷小量）：

$$\sum y = \int_0^w \sigma \delta \mathrm{d}x = \int_0^w E(\varepsilon_{sh} - \varepsilon_T)\delta \mathrm{d}x = 0$$

$$\sum M = \int_0^w \sigma \delta x \mathrm{d}x = \int_0^w E(\varepsilon_{sh} - \varepsilon_T)\delta x \mathrm{d}x = 0$$

二式结果相当于图2-5a、b 中，各自在 ε_{sh}线上下有阴影线的面积（弹性变形）相互抵消，面积与心距离的乘积（矩）相互抵消。考虑到平截面假设，Ⅰ－Ⅰ截面由 mm'位置变到位于图2-5b 中 nn'位置。显然堆焊区出现拉应力，其值可达到屈服强度，同时会产生拉伸塑性变形。靠近堆焊和拉应力区为压应力区，远离堆焊区的另一侧又出现拉应力区，因为只有出现这种拉、压、拉交替分布的情况时，残余应力才能得到平衡。这时板条堆焊区不仅缩短，而且全板条出现弯曲变形，如图 2-5b 所示。

由以上分析可以看出，板条堆焊后其残余应力的分布和变形的大小完全取决于加热过程中所产生的压缩塑性变形区的大小和分布。因此，凡是影响压缩塑性变形区大小和分布的因素，如温度场、材料的热物理性能、板件的几何尺寸等都会对板条中的残余应力和变形产生影响。

以上分析均未考虑到相变时体积变化对应力和变形的影响，当材料的相变温度低于塑性温度时，相变的影响是不能忽略的。

4. 相变对应力和变形的影响

低碳钢的相变点 Ac_1 温度为 723℃，在此温度下材料呈完全塑性状态，此时奥氏体转变时发生的体积变化不受任何阻力，所以对以后的应力和变形不产生影响。有淬火倾向的合金钢则不同，这些钢在焊后出现了低温马氏体转变，马氏体转变温度决定于它们的化学成分和冷却速度，通常该温度为 200～300℃。这时材料已完全恢复弹性，马氏体转变时体积膨胀受到周围金属的阻碍，这样就产生了相变应力。如果焊缝金属和母材一样也发生低温马氏体转变，这样马氏体膨胀使得该区内的残余拉应力减小，甚至出现压应力，典型例子如图 2-6 所示。应该指出的是，这种低温马氏体的转变有时会延续很长时间，使应力的分布不断变化，近缝区的残余拉应力会逐渐增大，典型例子如图 2-7 所示，由此而引发裂纹的产生。

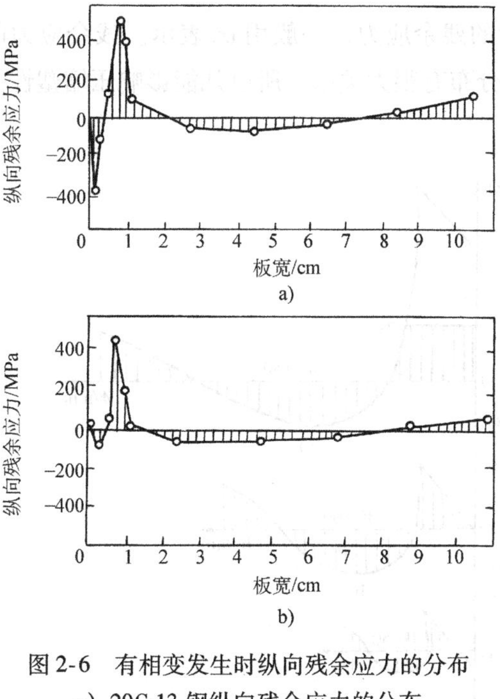

图 2-6　有相变发生时纵向残余应力的分布

a）20Cr13 钢纵向残余应力的分布

b）40Cr26Ni20 钢纵向残余应力的分布

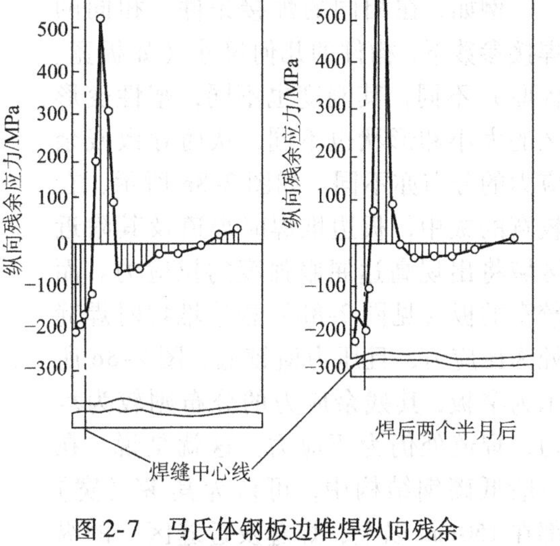

图 2-7　马氏体钢板边堆焊纵向残余应力与时间的关系

5. 影响焊接应力与变形的主要因素

经过以上讨论，可以总结影响焊接应力与变形的主要因素为两个方面：其一是焊缝及近缝区不均匀加热的范围和程度，也即产生热变形的范围和程度。包括焊缝尺寸、数量及位置，材料的热物理性能（热导率、比热容、线胀系数等），焊接工艺方法（如气焊、焊条电弧焊、埋弧焊、气体保护焊等）和参数（焊接电流、电弧电压、焊接速度及由这些参数决定的焊接热输入等）以及焊接操作方法（直通焊、分段跳焊、逆向分段焊等）因素。其二是焊件本身的刚度以及受到周围环境的拘束程度，也即阻止焊缝及其附近加热所产生热变形的程度。如焊接构件的尺寸和形状，焊接夹具的应用，焊缝的布置以及装配焊接顺序等。一般来说，焊接构件在拘束小的条件下，焊接变形大而应力小；反之，则焊接变形小而应力大。

2.2 焊接残余应力

在焊接过程全部结束，焊件完全冷却后残余在焊件中的内应力叫作焊接残余应力。残余应力是不可避免的，它的存在对结构的强度和使用性能有一定的影响。各国学者多采用一些简化假定来进行焊接残余应力的研究，包括其大小、方向、分布及影响因素，得出了大致相同的结论。近年来又采用有限元方法进行电算确定残余应力，取得了有价值的结果。

2.2.1 焊接残余应力的分布

1. 纵向残余应力的分布

纵向残余应力是指应力作用方向与焊缝平行的残余应力，一般用 σ_x 表示。残余应力的分布与焊接过程中形成的塑性压缩变形的大小和分布有很大关系，所以凡能影响压缩塑性变形的因素，都能影响残余应力的分布。

例如，在相同的焊接条件，相同的焊接参数下，构件的几何尺寸（如板宽、板厚）不同，其刚度也不同，塑性变形区的大小和形状也不同，从而导致残余应力的分布亦不同。如图 2-8a 所示，在较宽的板中，板边堆焊时焊道及其附近区域将出现高达屈服强度的拉应力。而较窄的板（见图 2-8b）板边堆焊时焊缝处为压应力，且压力值较低。图 2-8c 所示为窄板，其残余应力的分布则较为均匀，焊道处仍为压应力。这就是说，在一般低碳钢结构中，可认为其 W（宽）都在 150mm 以上，焊缝及近缝区中的纵向残余应力是拉应力，其数值一般可达到材料的屈服强度。邻近此区域的纵向残余应力为压应力，远处则又是拉应力

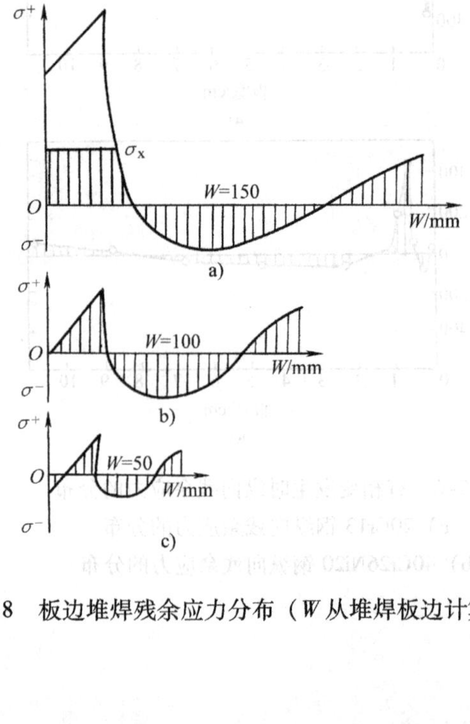

图 2-8 板边堆焊残余应力分布（W 从堆焊板边计算起）

区。由于板的宽度不同，塑性变形区的大小和形状也不同，从而导致残余应力的分布不同。

同样的板宽在不同的焊接参数下焊接，其残余应力也不同，这是由于不同的焊接参数所形成的温度场不同，使压缩塑性变形区的大小和分布有所差异。试验表明，当板宽为100mm时，板边堆焊的焊接速度固定为0.72m/min，焊接电流小于150A时，堆焊处出现拉伸残余应力；焊接电流超过150A时，堆焊处出现压缩残余应力。增大焊接速度与减小焊接电流的影响相近似。若以极限温度场600℃以上的受热区宽度 b_s 来衡量，当 $(b_s/W) < 0.15$ 时，残余应力的分布如图2-8a所示，$(b_s/W) > 0.15$ 时，残余应力的分布如图2-8b、c所示。

两块等宽度的低碳钢板对接焊时，残余应力的分布如图2-9a ~ c所示。当 $(b_s/W) < 0.15$ 时，焊件边缘出现压应力，焊缝及近缝区出现拉应力，如图2-9a所示。当板宽增大时，纵向压应力的数值变小并趋于均匀，如图2-9b所示。当板宽进一步增大时，板边处的压应力下降为零，如图2-9c所示。

两块板宽度不相等时，宽度相差越多，宽板中的应力分布越接近于板边堆焊时的分布情况，而窄板边缘处出现较大的压应力，如图2-9d所示。若两边宽度相差较小时，其应力分布近似于等宽板的分布规律，如图2-9e所示。

对接焊时板宽 W 与焊接参数对纵向应力的影响及其近似估算式如图2-10和表2-1所示。

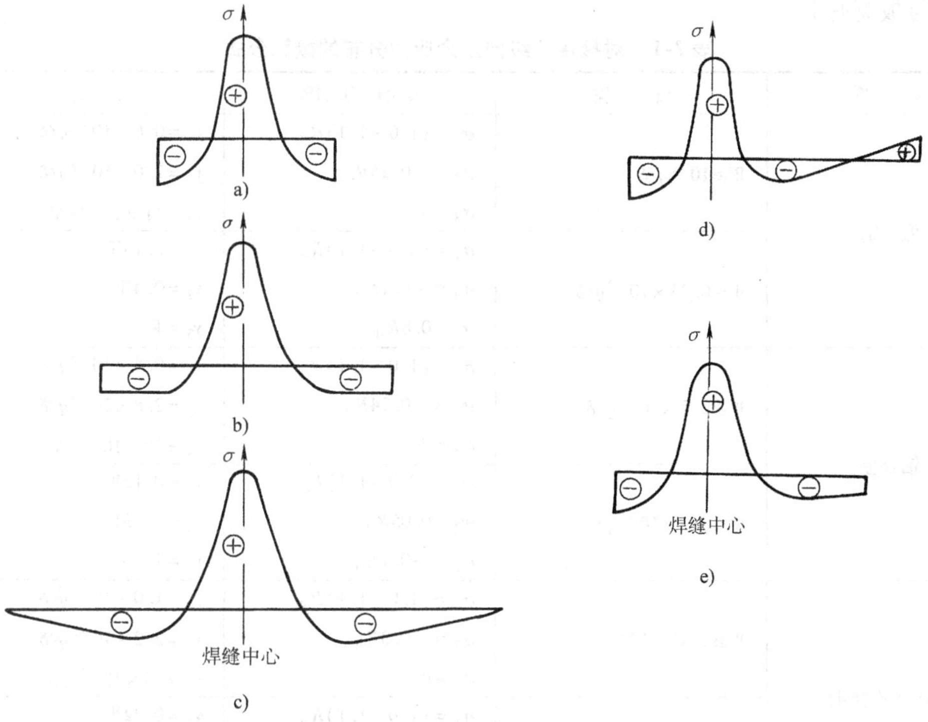

图2-9　钢板对接焊时纵向残余应力的分布

图2-10中分别给出了宽度为400mm和100mm两种尺寸的钢板对接后纵向应力的分布情况。由图2-10可以看出，残余应力的分布是由几个关键点的坐标位置来确定的，它们分

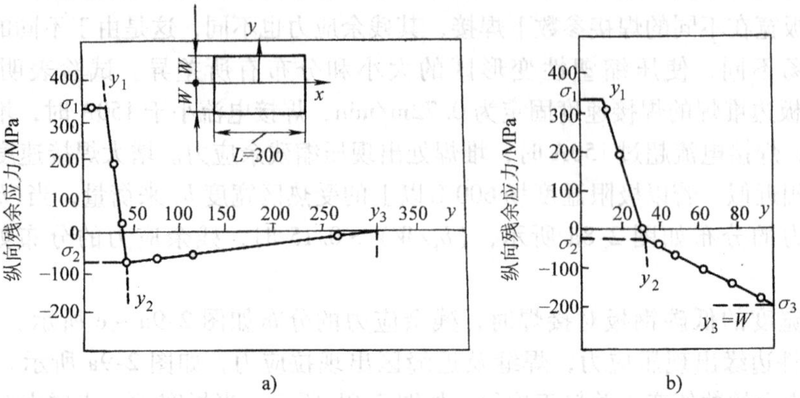

a) b)

图 2-10 低碳钢采用 CO_2 焊焊接（$q=12.56\text{kJ/cm}$）时纵向残余应力的分布

a）宽板 b）窄板

别为（y_1，σ_1）、（y_2，σ_2）、（y_3，σ_3），可由表 2-1 中的公式来计算。

表 2-1 中按照热输入和板厚之比 q/δ 与板宽 W 的关系将焊件分为宽板和窄板两种情况。表中应力的数值是用材料的屈服强度 R_{eL} 来表示的。对于宽板，y_1、y_2 和 y_3 三个坐标值都随焊接热输入的增加而变大，即热输入增加，残余应力分布范围变大，而窄板的 y_1、y_2、y_3 坐标只与板宽有关。

表 2-1 对接接头纵向残余应力分布的概算公式

材　料	板　宽	残余应力/MPa	位置/cm
低碳钢	$W \geqslant 10^{-2}q/\delta$	$\sigma_1=(1.0\sim1.1)R_{eL}$ $\sigma_2=-0.25R_{eL}$ $\sigma_3=0$	$y_1=0.6\times10^{-3}q/\delta$ $y_2=2.0\times10^{-3}q/\delta$ $y_3=11\times10^{-3}q/\delta$
	$W \leqslant 0.33\times10^{-2}q/\delta$	$\sigma_1=(0.9\sim1.1)R_{eL}$ $\sigma_2=-0.1R_{eL}$ $\sigma_3=0.8R_{eL}$	$y_1=0.18W$ $y_2=0.4W$ $y_3=W$
铝合金	$W \geqslant 2.7\times10^{-2}q/\delta$	$\sigma_1=(1.0\sim1.1)R_{eL}$ $\sigma_2=-0.24R_{eL}$ $\sigma_3=0$	$y_1=0.8\times10^{-3}q/\delta$ $y_2=2.8\times10^{-3}q/\delta$ $y_3=18\times10^{-3}q/\delta$
	$W \leqslant 0.9\times10^{-2}q/\delta$	$\sigma_1=(0.9\sim1.1)R_{eL}$ $\sigma_2=0.05R_{eL}$ $\sigma_3=-0.7R_{eL}$	$y_1=0.12W$ $y_2=0.33W$ $y_3=W$
奥氏体不锈钢	$W \geqslant 1.45\times10^{-2}q/\delta$	$\sigma_1=(1.0\sim1.1)R_{eL}$ $\sigma_2=-0.3R_{eL}$ $\sigma_3=0$	$y_1=1.0\times10^{-3}q/\delta$ $y_2=2.2\times10^{-3}q/\delta$ $y_3=15\times10^{-3}q/\delta$
	$W \leqslant 0.4\times10^{-2}q/\delta$	$\sigma_1=(1.0\sim1.1)R_{eL}$ $\sigma_2=-0.25R_{eL}$ $\sigma_3=-0.9R_{eL}$	$y_1=0.22W$ $y_2=0.45W$ $y_3=W$

注：1. q—焊接热输入(J/mm)。

2. δ—板厚(mm)。

焊接合金钢时，焊后出现马氏体的低温转变，此时焊件温度已低于全塑性温度，马氏体体积膨胀将受到周围金属的阻碍，产生相变应力，使得在发生相变的区域内出现压应力，这样与焊接加热时产生的压缩塑性变形所形成的拉应力相叠加和抵消，拉应力减小，甚至焊缝区出现压应力和临近区域中出现拉应力。这种低温马氏体转变往往延续较长时间，使残余应力的分布不断变化，近缝区拉伸残余应力会逐渐增大，超过材料的抗拉强度而产生裂纹。图2-7所示为马氏体钢板边堆焊后的情形。当时测得焊缝中心残余应力为－195MPa，近缝区拉应力为510MPa（见图2-7左）。经过两个半月后，近缝区的拉应力竟增至765MPa（见图2-7右）。

还有一些金属，如铝、铌及钽，因在很宽的温度区间屈服强度相当低，使压缩塑性区变得比较宽，冷却后形成相当宽的拉伸残余应力区。此外，铝的线胀系数比钢要大，这也导致产生过大的焊接残余应力和变形。

纵向残余应力沿焊缝长度方向上的分布与焊缝长短有关，图2-11所示为不同长度的焊缝中纵向残余应力的分布情况。当焊缝较短时，纵向残余应力的峰值较低，随着焊缝长度的增加，峰值应力也逐渐变大，但焊缝长度超过大约500mm时，峰值应力不再增加，出现了图中长焊缝中部的最高纵向残余应力平台，靠近焊缝两端为应力过渡区，端面上的纵向残余应力为零。

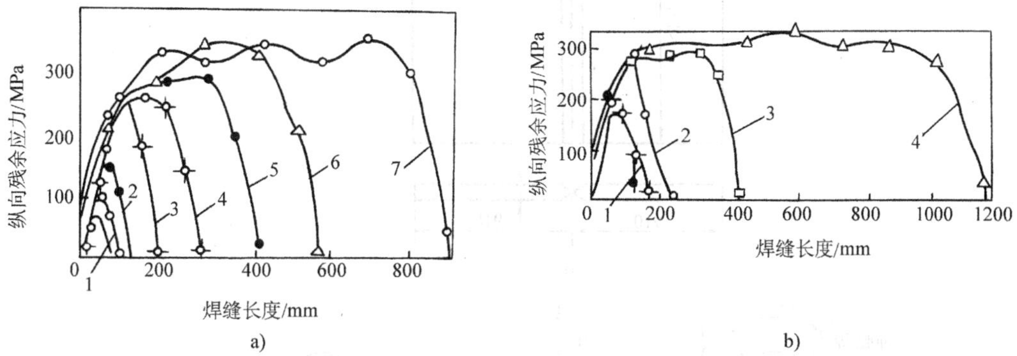

图2-11 纵向残余应力在焊缝长度方向上的分布

a）埋弧焊，1～7分别表示焊缝长度为100mm、150mm、200mm、300mm、450mm、600mm、900mm

b）焊条电弧焊，1～4分别表示焊缝长度为150mm、250mm、400mm、1200mm

2. 横向残余应力的分布

垂直于焊缝的应力为横向残余应力，一般用符号 σ_y 表示。横向残余应力的产生原因比较复杂，一般认为在焊接过程中，焊缝及近缝区金属横向收缩的先后次序不同，对接的两块板有产生平面内弯曲的趋势，使得焊缝区出现横向残余应力。同样，纵向收缩造成的板平面内弯曲的趋势也引起了横向残余应力，图2-12所示为这一情况的示意图。当把对接板由焊缝处裁开，每块板应发生类似板边堆焊情况的弯曲变形。如果使板保持平直，则必须在中部施加拉力，而在两端部施加压力。实际上焊缝的存在就是对两板施加作用使其平直，由此可以推断，焊缝上存在着中部为拉，而两端为压的残余应力。实际构件中存在的横向应力是各种因素综合作用的结果。这些因素引起横向应力的分布有时方向是相反的，板的宽窄对应力分布也有不同的影响，图2-13所示为1m长焊缝双面埋弧焊和焊条电弧焊时横向残余应力的分布，这也可以代表一般的情况。

横向残余应力的分布与施焊方向有关，在工程实际中经常采用的分段退焊法可使得横向残余应力出现拉压交替的分布状态，应力峰值并未降低，但分布较为均匀。

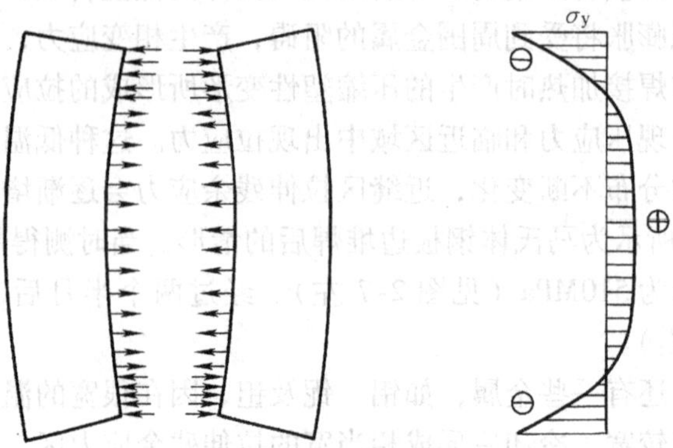

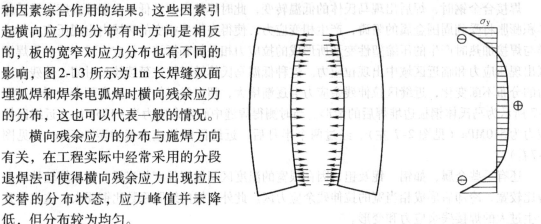

图2-12 纵向收缩引起横向残余应力

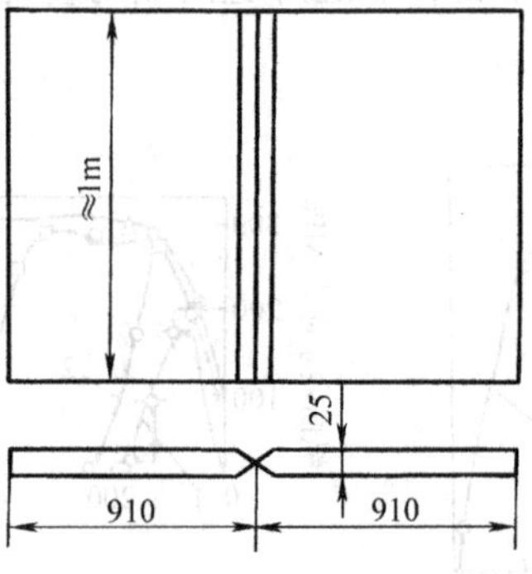

a)

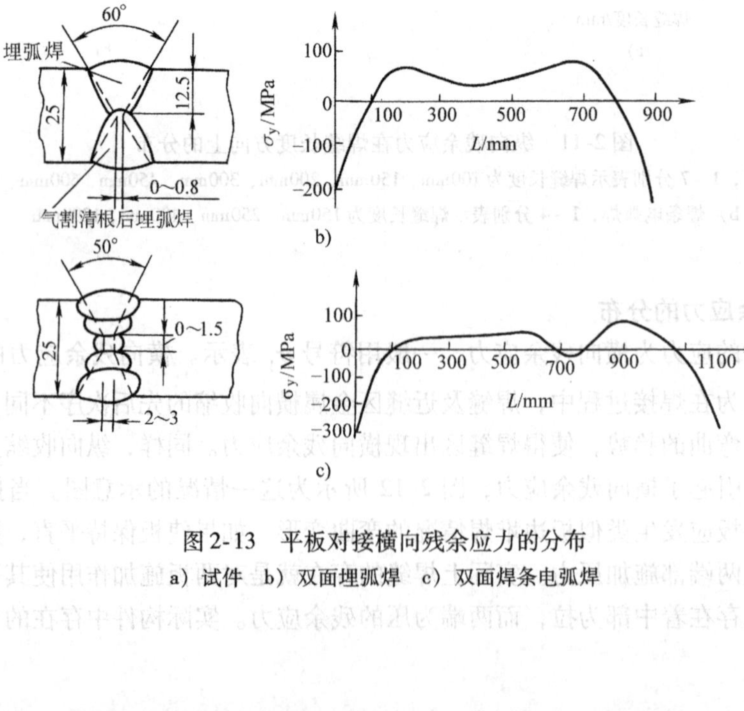

b)

c)

图2-13 平板对接横向残余应力的分布

a）试件 b）双面埋弧焊 c）双面焊条电弧焊

3. 特厚板中残余应力的分布

对于厚度较大的厚板焊接结构，横向应力和纵向应力沿厚度方向上的分布情况与板面不同，图2-14所示为2.25Cr1Mo钢埋弧焊时残余应力在板厚方向上的分布情况。由图示分布曲线可以看出，纵向残余应力和横向残余应力的峰值都出现在最后一层焊道下方某处。可以推断，在此峰值应力区有可能产生裂纹，并扩展至表面。所以可以认为这种残余应力的分布情况是该钢种产生横向裂纹的一个重要原因。

由图2-14还可以看出，55mm厚板和100mm厚板残余应力 σ_x 和 σ_y 的峰值几乎相同。所以，可以认为该种材料在埋弧焊条件下板厚达到一定程度时，残余应力的峰值将不受板厚变化的影响，趋于一个定值。

厚板中残余应力的分布与焊接方法密切相关，不同的焊接方法，焊缝的形成不同，残余应力的分布也有较大区别。如电渣焊焊缝表面由于水冷块的强制冷却作用而先期凝固冷却，而中心部位冷却缓慢，中心部位金属的收缩受到周围金属的约束，所以横向残余应力、纵向残余应力的峰值均出现在中心部位，表现为拉应力，如图2-15所示。

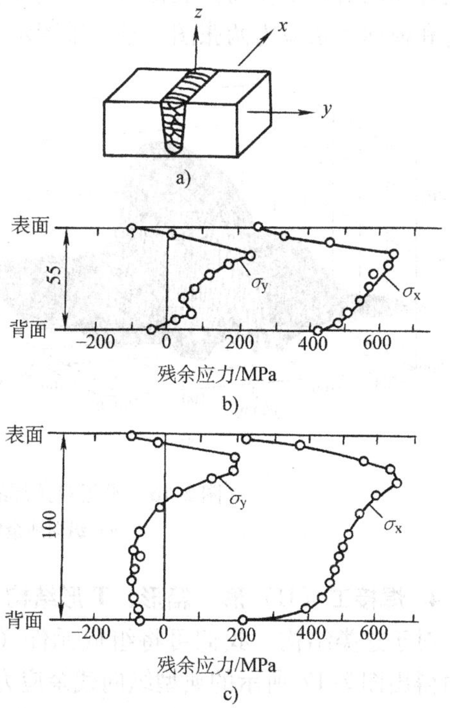

图2-14　2.25Cr1Mo钢多层埋弧焊焊缝金属中残余应力分布

a）试件　b）板厚为55mm　c）板厚为100mm

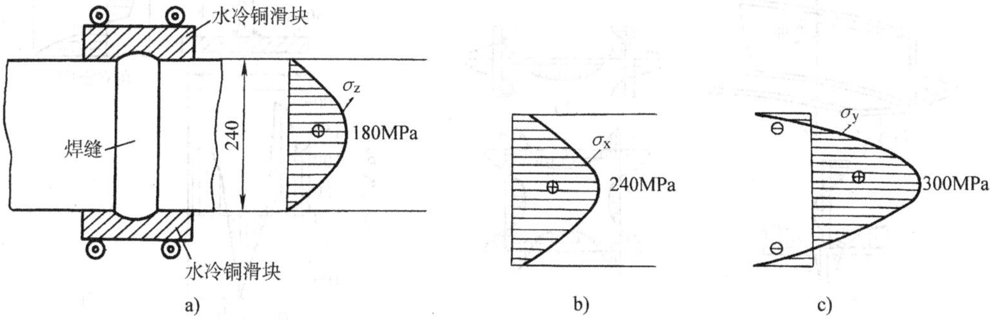

图2-15　电渣焊接头残余应力的分布

a）试件　b）纵向残余应力分布　c）横向残余应力分布

残余应力在板厚方向上的分布情况比较复杂，用试验的方法测量厚度方向的应力分布比较困难，误差较大，所以目前还未找出其较为明确的分布规律。国内外有些研究是利用有限元法进行热弹塑性计算来找出其分布规律的，但利用有限元法计算三维温度墙的演变，再进一步计算三维应力场的演变过程则要求计算机的容量必须足够大，且计算时间较长，所以目前这方面的研究工作尚开展得不多。这里有平板对接焊缝残余应力分布的数值分析结果，有纵向和横向残余应力两张图，是三维图示，可以和试验研究结果相比较，如图 2-16 所示。

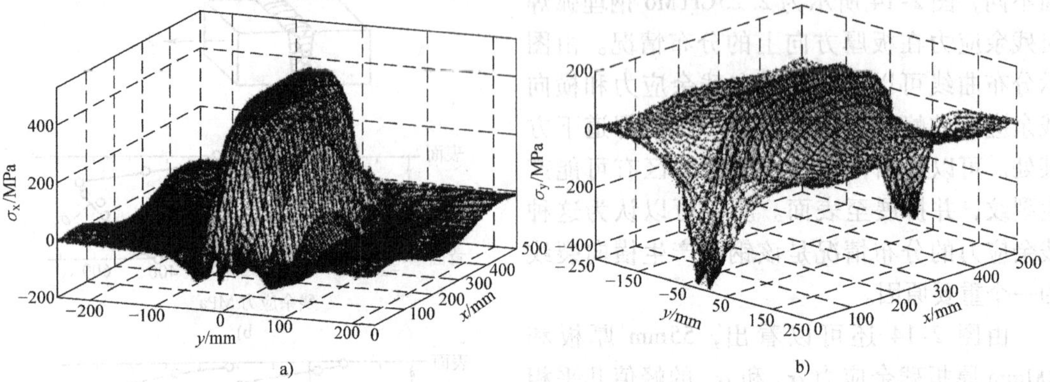

图 2-16 平板对接焊缝残余应力分布的数值分析结果

a）纵向残余应力 b）横向残余应力

4. 焊接工（H）形、箱形、T 形结构（通常制作梁、柱或桁架）中的残余应力

对于这类结构，我们可将组成元件（如腹板和翼板）看作是板边堆焊或板中心堆焊，从而得出图 2-17 所示的典型纵向残余应力分布图。焊缝及附近区域中总是产生纵向高达屈服强度的拉伸残余应力；而腹板中部、翼板边缘则产生压应力，这对于防止腹板的波浪变形和防止工（H）形、箱形梁由此导致的局部或整体失稳是非常不利的。

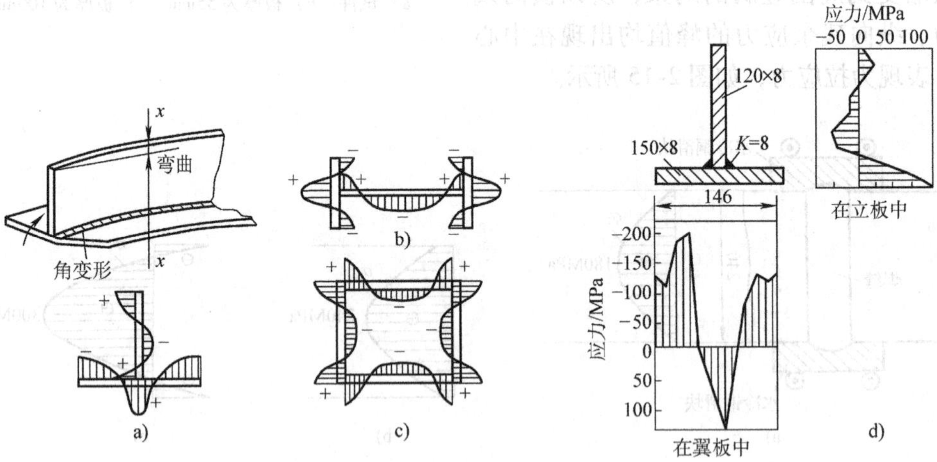

图 2-17 焊接工（H）形、T 形和箱形板构件中的焊接残余应力

a）T 形构件的残余应力和变形 b）工（H）形构件中的残余应力

c）箱形构件中的残余应力 d）实测 T 形构件中的残余应力

5. 拘束条件下焊接的残余应力

以上所讨论的焊接接头中的残余应力，都是在不受外部拘束的自由状态下焊接产生的应

力。但是在生产过程中构件往往是在拘束状态下焊接的，如构件在刚性固定的胎夹具上焊接，或者是构件本身刚度很大，在这种情况下焊接，构件中残余应力的分布将发生很大变化。

图 2-18a 所示为对接接头在刚性拘束条件下焊接的示意图，实际上在刚度大的条件下对接焊缝都可以假设为板端刚性固定。如果对接板可以自由收缩，那么板总宽（试件的拘束长度）L 将缩小为 $L-\Delta L_0$，在刚性拘束条件下板不能自由收缩，则焊后相当于拉长了 ΔL，这时板内产生了拉应力 $\sigma=E\Delta L/L$，图 2-18b 所示为应力称为拘束应力，当焊缝较短时，拘束应力大小不变，当焊缝较长时，拘束应力沿焊接方向逐渐增大，如图 2-18c 所示。

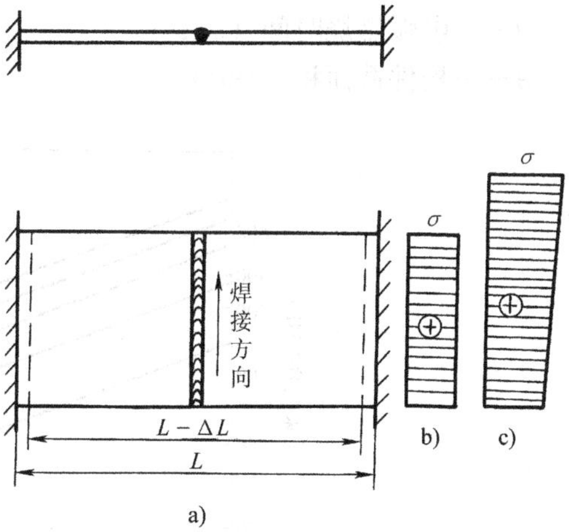

图 2-18　钢板对接的拘束情况

显然，拘束应力与拘束长度（两固定端之距离）有关，拘束长度越大，拘束应力越小。图 2-19 所示为对接接头横向拘束应力 σ 与拘束长度 L 之间的关系，图中两条曲线 1、2 分别表示板厚为 20mm、10mm 时的拘束应力，它可以用公式表示如下：

$$\sigma=550000/L(20\text{mm})\text{和}\sigma=337000/L(10\text{mm})$$

式中　L——拘束长度（mm）。

由图 2-19 所示曲线可以看出，板厚增大，拘束应力随之变大。拘束长度较短时，拘束应力可以达到相当高的水平以至于使某些屈服强度较低的钢材发生屈服，甚至于产生断裂。

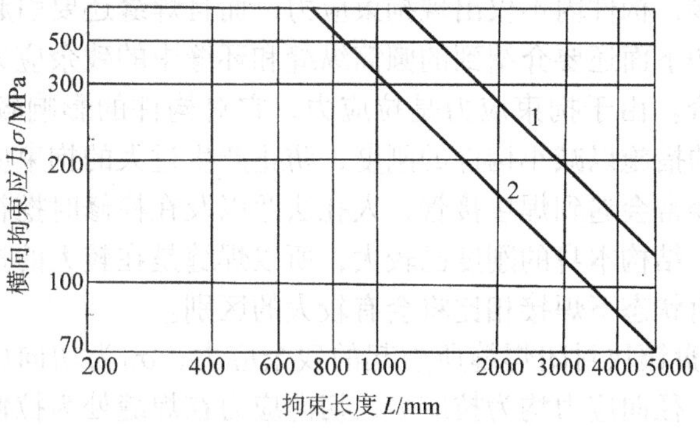

图 2-19　对接接头横向拘束应力与拘束长度的关系

1—板厚为 20mm　2—板厚为 10mm

图 2-20 所示为不同材质的钢管在刚性拘束下对接时，其拘束应力与拘束长度之间的关系。图中 1 ~5 各条曲线分别表示管截面上单位面积的热量。它等于焊接电弧燃烧发出的热量与热效率系数的乘积，热效率平均值为 0. 86。而电弧热量可由下式计算：

$$Q=\frac{UIt}{A}$$

式中　U——电弧电压（V）；

I——焊接电流（A）；

t——电弧燃烧时间（s）；

A——构件截面积（cm^2）。

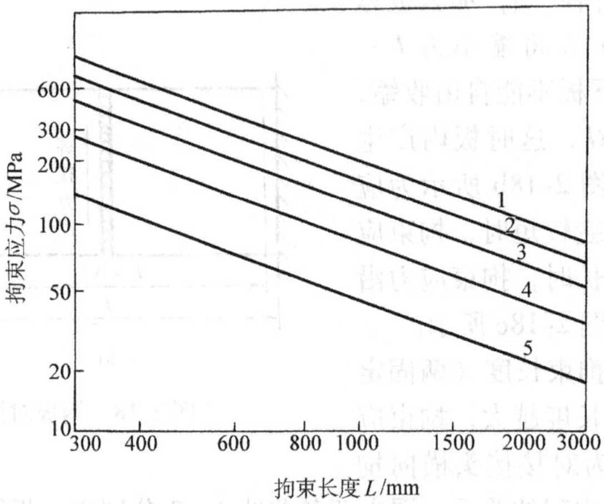

图 2-20　不同材质的钢管在拘束下对接时拘束应力与拘束长度之间的关系

1—42kJ/cm² 2—33.6kJ/cm² 3—25.2kJ/cm²

4—16.8kJ/cm² 5—8.4kJ/cm²

对于管道，拘束距离对拘束应力也有显著的影响。从图 2-20 还可以看出，焊接热输入增大，拘束应力则增大。

在拘束条件下焊接，构件内不仅出现拘束应力，而且焊缝还要引起与自由状态下焊接相似的焊接残余应力，如下面还要介绍到的圆筒纵缝和环缝中的残余应力。结构中的实际应力应是这两项应力的综合。由于拘束应力是拉应力，它对构件的影响较大，所以在实际生产中，有时需采取一定的措施以减小构件的刚度，防止产生过大的拘束应力。

在化工容器中，经常会遇到焊接接管、人孔法兰以及在检修时挖补镶块等封闭焊缝。由于这些焊缝在焊接时，结构本身的刚度已较大，所以焊缝是在较大的拘束下进行焊接的，这时焊接残余应力与自由状态下焊接相比将会有较大的区别。

图 2-21 所示为圆盘镶块封闭焊缝所引起的残余应力，σ_0 为切向应力，σ_r 为径向应力，由图中曲线可以看出，径向应力均为拉应力，切向应力在焊缝处为拉伸峰值应力，在镶块内为一几乎恒定的拉应力，向外侧逐渐下降变为压应力。这时应力的分布，即为焊缝在自由状态下产生的应力与拘束应力的综合结果。

同样，镶块的直径变化时，外板的拘束情况也会发生变化，所产生的拘束应力亦不相同。一般来说，镶块的直径变大，拘束应力下降。这样无论是切向应力，还是径向应力，峰值均随之下降。

6. 圆筒纵、环缝中的焊接残余应力

圆筒纵向焊缝在圆筒或圆锥壳体中引起的焊接残余应力的分布类似于平板对接时的分

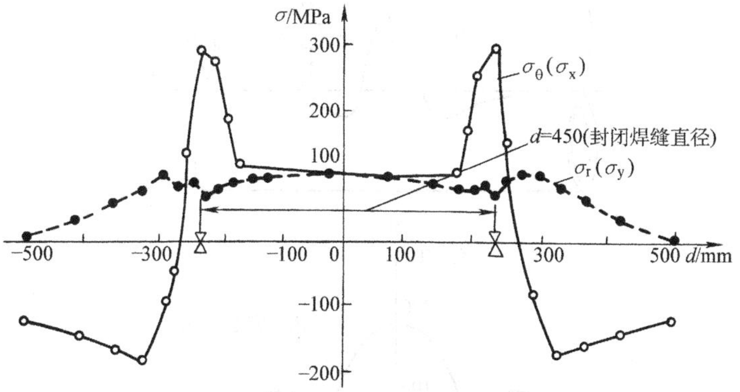

图 2-21　环形封闭焊缝残余应力分布

布。例如纵（轴）向应力 σ_x 沿圆周长度上的分布，可如圆筒沿圆周展开成平板对接，如图 2-22 所示，如虚线表示的理论值和实线表示的实测值在焊缝以外的差别表明了筒体滚圆成形时的弯曲应力对残余应力的影响，它造成内外表面上的差别。

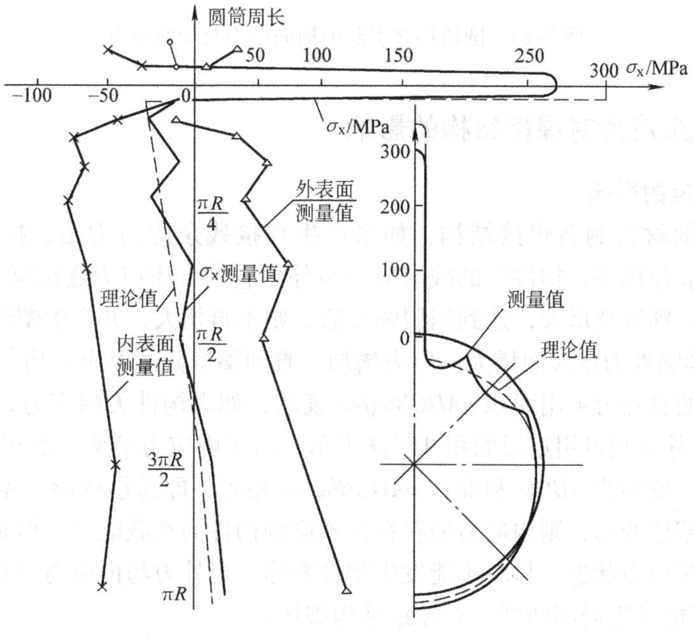

图 2-22　圆筒纵缝引起的纵向应力 σ_x 沿圆筒周向展开长度方向的分布

环焊缝在筒体上引起的残余应力分布与筒体刚度和材料有关。如图 2-23a 所示，沿圆周方向平行于环缝的应力 σ_θ 在筒体轴向（x）上的分布。理论分析和实测结果表明，环缝中的 σ_θ 值小于平板对接焊缝中相应的应力数值。这是由于环缝径向收缩，使部分应力释放的结果。环缝径向收缩还导致弯曲应力 σ_x的产生，弯曲应力 σ_x在筒体轴向（x）上的分布如图 2-23b 所示，一般内外表面上的分布是对称的。

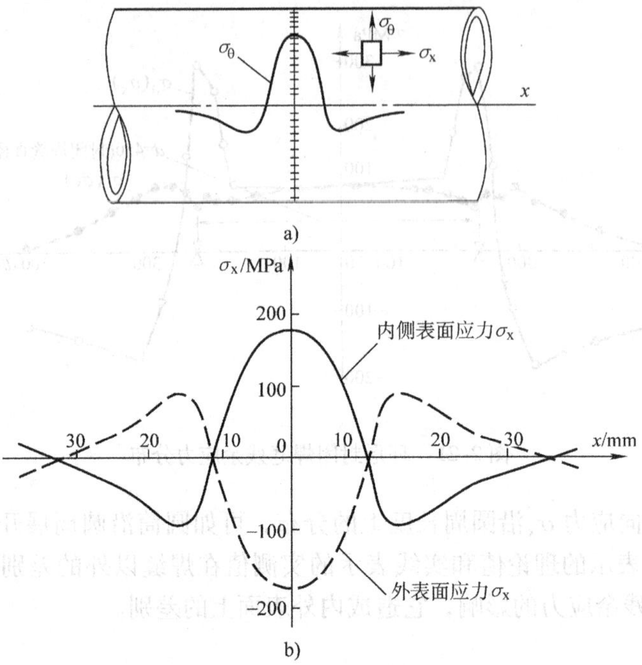

图 2-23 圆筒环缝引起的周向应力及弯曲应力

2.2.2 焊接残余应力对焊接结构的影响

1. 对结构强度的影响

用塑性很好的材料制造焊接结构，如果产生焊接残余应力为压、拉、压分布（见图2-24）在外载荷 p 作用下，构件中的残余应力与外力叠加，压应力逐渐减小，变为拉应力，拉应力相互叠加，则继续增大，达到屈服强度后，则不再增大，并产生塑性变形，其余未达到 R_{eL} 的区域继续随外力增大而增大。应力增加，直到整个截面上应力均匀，并都达到 R_{eL}，此时构件所承担的总外力可用面积 *aADCBbgfea* 表示，如果构件无内应力，截面上应力达到 R_{eL} 时所承担的总外力则可用矩形面积 *ABCD* 表示，由于内应力平衡，面积 *efg* 等于面积 *Aae* 和面积 *gbB* 之和，则面积 *ABCD* 和面积 *aADCBbgfea* 相等，即总承载能力不变。说明材料有足够的延性进行塑性变形，则内应力的存在并不影响构件的承载能力。但是如果材料处于脆性状态，如三向拉应力状态，材料不能发生塑性变形，当外力与内应力叠加达到材料的抗拉强度 R_m 时，则可能发生局部断裂，而导致结构破坏。

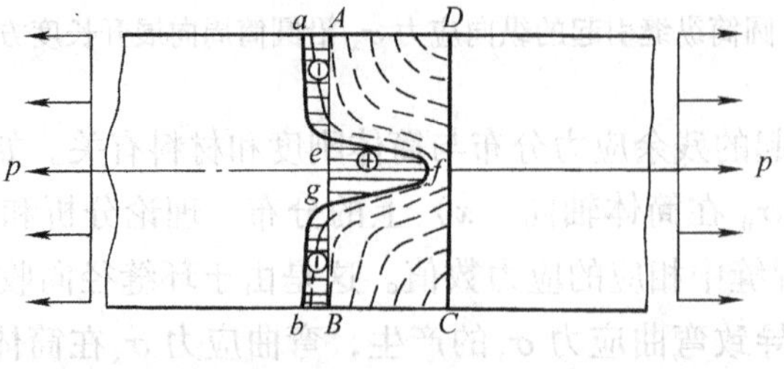

图 2-24 塑性好的材料内应力对承载能力影响示意图

实际上，对于脆性大、淬硬倾向大或刚度较大的焊接构件，焊接过程中或焊后常会发生焊接裂纹，焊接残余应力是产生焊接裂纹的重要原因之一。

2. 对结构加工尺寸精度的影响

对未经消除残余应力的焊接构件进行机加工时，由于切削去了一部分材料，破坏了构件中内应力的平衡。应力的重新分布使得构件变形、加工精度受到影响。因此对于精度要求高的构件，一定要先进行消除应力处理，然后再进行机械加工。如6000t水压机的上、中、下梁，侧梁及立柱都是大型焊件，都用焊后热处理来消除焊接残余应力，以提高其加工精度。有时也可以采用分次加工的方法来保证加工精度，即第一次加工时保留一定的加工裕量，加工后放松夹具，使焊件充分变形，重新按照变形后焊件的形状用调整垫铁垫好焊件再行紧固，然后进行第二次加工或第三次加工……，加工次数视精度要求而定。

3. 对压杆稳定性的影响

在承受纵向压缩的杆件中，焊接残余压应力与外加压应力相叠加，应力的叠加导致压应力区先期达到材料的屈服强度，使得该区丧失承载能力，这相当于减小了截面的有效面积，使得失稳临界应力的数值降低。如焊接工字形立柱，翼板中部为拉应力，边缘处为压应力，与外加压应力相叠加后，边缘处已达到屈服强度，该区应力不再增加，因而丧失了进一步承受外力的能力，这样只有翼板中部可以继续承受外力，从而使得有效截面的惯性矩大大减小。如能采取措施使翼板边缘处产生拉伸残余应力，使有效面积分布在远离中性轴的地方，这样有效截面的惯性矩并无显著减小，可使情况大为好转。

4. 对应力腐蚀的影响

应力腐蚀是拉应力与腐蚀介质共同作用下产生裂纹的一种现象。由于焊接结构在没有外加载荷的情况下就存在残余应力，因而在腐蚀介质作用下，结构虽无外力，也会发生应力腐蚀。应力腐蚀的机理有各种解释，一般认为，当构件受到一定大小的拉应力作用时，由于应力集中的作用，在I形裂纹尖端形成了一个很高的拉应力场，它阻止裂纹尖端表面钝化膜的形成，或者将裂纹尖端已形成的钝化膜破坏，使裂纹尖端暴露在腐蚀介质中，裂纹尖端材料不断地通过阳极过程溶解，裂纹向前扩展。应力腐蚀开裂是一种脆性破坏，对于高强度钢和超高强度钢尤为突出，如超高强度钢在水介质中都会发生应力腐蚀现象。有关应力腐蚀的机理在第5章中将详细介绍。对于可能发生应力腐蚀的焊接结构，应采取措施消除或减小焊接残余应力，也可以在焊缝区涂防腐材料加以保护。

2.2.3 预防和消除焊接残余应力的措施

1. 调整和减小焊接残余应力的方法

减小焊接残余应力和改善残余应力的分布可以从设计和工艺两个方面来解决问题，如果设计时考虑得周到，往往比单从工艺上解决问题要方便得多。如果设计不合理，单从工艺措施方面是难以解决问题的。因此，在设计焊接结构时要尽量采用能减小和改善焊接残余应力分布的设计方案，并采用一些必要的工艺措施，以使焊接残余应力对结构使用性能的不良影响降到最低程度。

（1）设计原则

1）尽量减小焊缝截面尺寸，在保证强度的前提下尽量减少填充金属的数量。

2）将焊缝尽量布置在最大工作应力区之外，防止残余应力与外加载荷产生的应力相叠加，影响结构的承载能力。

3）尽量防止焊缝密集、交叉。如图2-25所示的框架，为了防止腹板失稳，布置了若干肋板，如图2-25a所示这种布置由于焊缝密集，不仅施工不便，而且残余应力的分布范围很大。若按图2-25b所示方案布置肋板，残余应力的分布将得到明显改善。

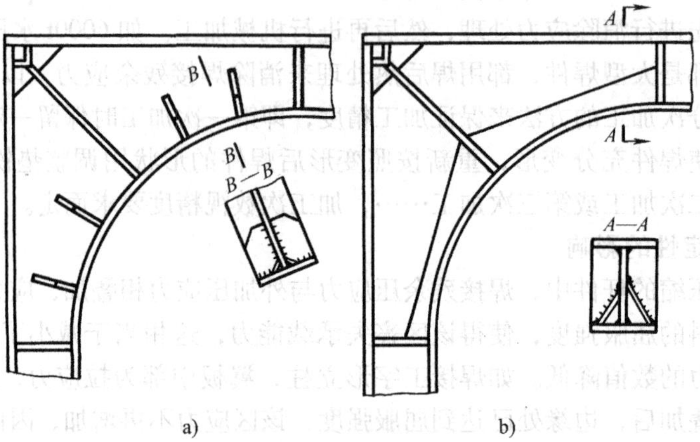

图2-25　框架转角处肋板的布置

图2-26所示为防止焊缝交叉的典型实例。焊缝交叉会在相交处形成三轴拉应力状态，即使高韧性的材料在三轴拉应力场中也会完全丧失塑性变形的能力。图2-26b所示情况可防止焊缝交叉，图2-26c所示情况将更为有利。这类实例可见以后各章。

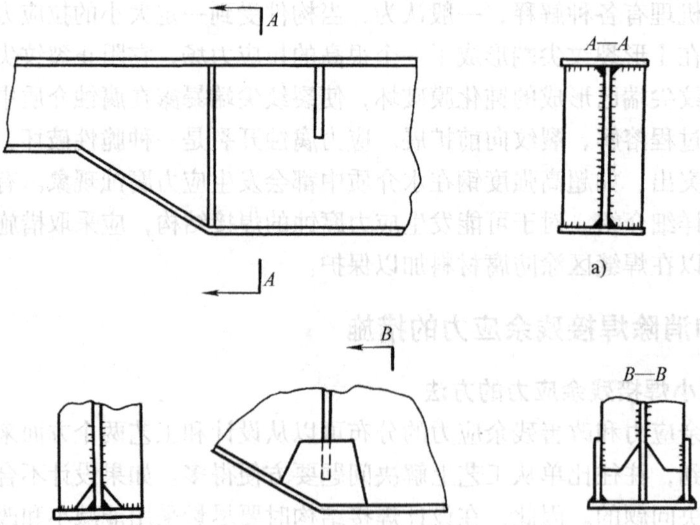

图2-26　起重机梁肋板的布置

4）采用局部降低刚度的方法，使焊缝能比较自由地收缩。图2-27所示为几种局部降低刚度减小残余应力的实例，图 2-27a 是采用在管板上开槽的方法，图 2-27b 是采用在焊接镶块时开槽的方法，图 2-27c 则是采用在钢柱内挖槽的方法来减小刚度。在焊接环形封闭焊缝时，可使内板预制变形，这样焊缝收缩时有较大的自由度，从而可减小焊接残余应力，如图 2-27d 所示。

5）采用合理的接头形式，尽量避免采用搭接接头，搭接接头应力集中较严重，与残余应力一起会造成不良影响。

（2）工艺措施

1）合理地选择装配焊接顺序。结构的装配焊接顺序对残余应力的影响较大，结构在装配焊接过程中的刚度会逐渐增加，因此应尽量使焊缝能在刚度较小的情况下焊接，使其有较大的收缩余地，装配焊接为若干部件，最后再将其总装。在安排装焊顺序时，应尽量先焊收缩量大的焊缝，后焊收缩量小的焊缝。

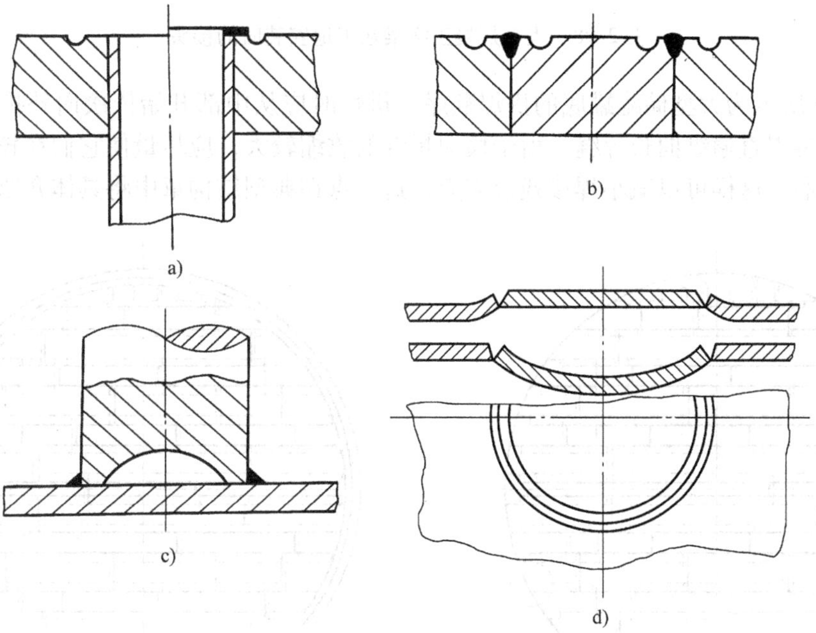

图 2-27　局部降低刚度的实例

a）排管板与接管的焊接　b）镶块的焊接

c）实心轴的封闭焊缝　d）封闭焊缝内板反变形法

根据构件的受力情况，先焊工作时受力大的焊缝，如工作应力为拉应力，则在安排装焊顺序时设法使后焊焊缝对先焊焊缝造成预先压缩作用，这样有利于提高焊缝的承载能力。

图 2-28 所示为大型焊接工字梁在工地安装时的接头。为减小焊接应力，在工地安装前，工字梁盖板与腹板的角焊缝有一段不焊接，即如图 2-28 所示上面的 1200mm 和下面的 800mm，如果先焊此角焊缝 3，再焊腹板对接焊缝 4 和盖板对接焊缝 1 和 2，则焊缝 4 和焊缝 1、2 在焊接时都处于较大的刚性拘束状态，其收缩时受到焊缝 3 的限制而产生较大的拉应力，因而会影响其承载能力。如果先焊 1 和 2 焊缝，它们均可以较自由地收缩，再焊 3、4 焊缝，这样可以使受力较大的焊缝 1 预先承受压应力，有利于提高工字梁的承载能力。

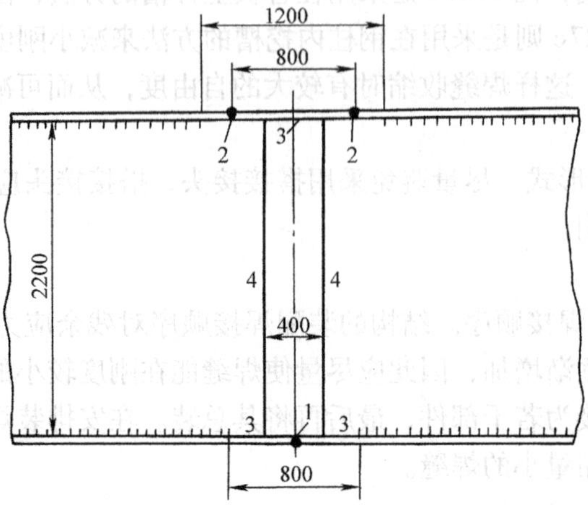

图 2-28　大型焊接工字梁在工地安装时的接头

图 2-29 所示为大型储罐罐底的拼焊顺序，拼焊时应从中部开始依次向外扩展，先焊横向短焊缝，再焊直通纵向长焊缝。由于横向焊缝的收缩较大，应尽量使它们在较为自由的条件下收缩变形，这样可以减小焊接残余应力，这一点在典型结构章中将具体介绍。

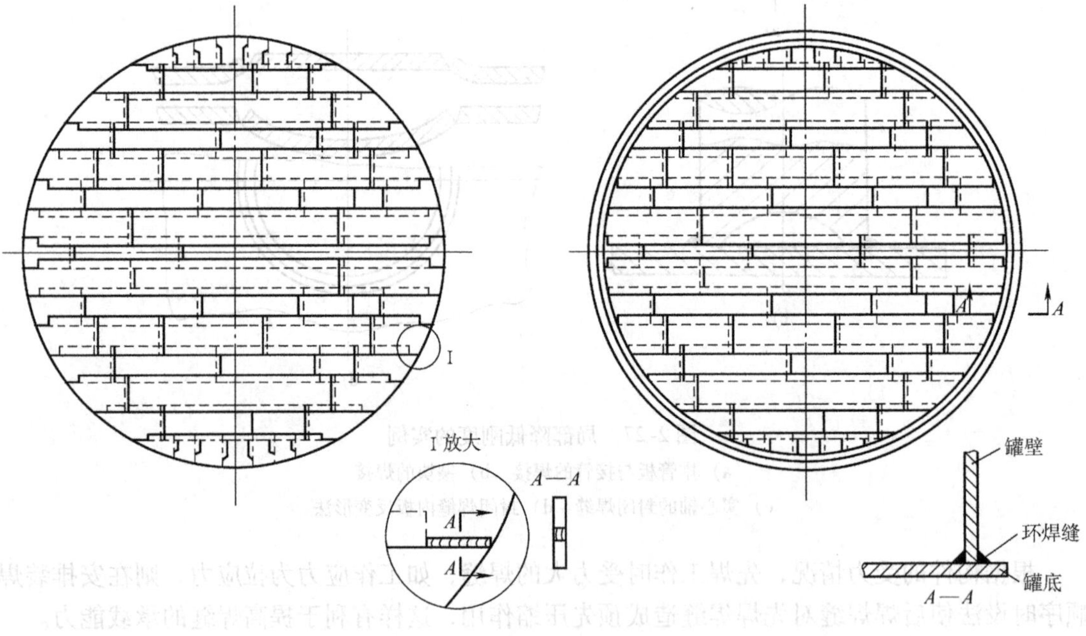

图 2-29　大型储罐底板的拼焊

2）用局部加热法减小应力。在焊接某些构件时，采用局部加热的方法使焊接处在焊前产生一个与焊后收缩方向相反的变形，这样在焊缝区冷却收缩时，加热区也同时冷却收缩，使得焊缝的收缩方向与其一致，这样焊缝收缩的阻力变小，从而获得降低焊接残余应力的效果。在补焊一些机床床身或箱体的铸造缺陷时，经常采用加热减小应力法。采用这一方法时，一般焊前局部加热温度较高，通常为600～800℃，且加热范围不得过小。图2-30所示为补焊轮辐时采用加热减小应力法加热区的位置，焊前在轮辐两侧的轮缘上同时加热，使焊接处在焊接时可以较为自由地膨胀，压缩塑性变形量减小。焊后冷却过程中，焊缝区金属与加热区的收缩方向相同，可以取得减小焊接残余应力的效果。加热减小应力法在补焊机床铸铁床身上的裂纹等缺陷时应用得相当普遍。

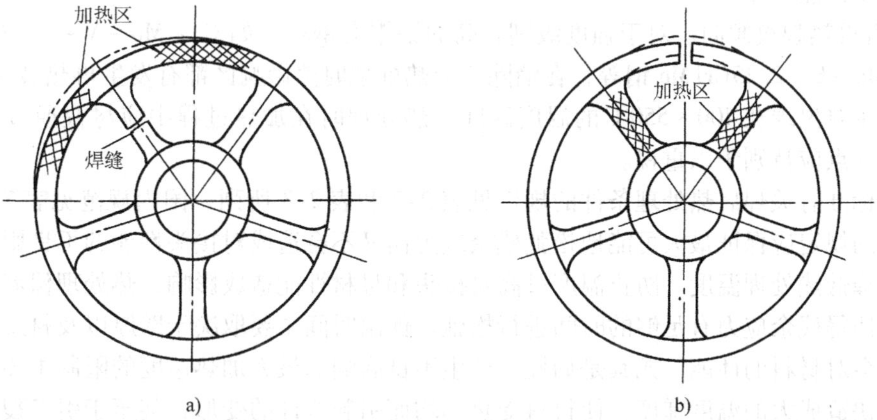

图2-30 轮辐断口的加热减小应力法焊接

3）锤击。锤击可以使焊缝得到延展，从而降低峰值拉应力。锤击可在500℃以上的热态下进行，也可以在300℃以下的冷态进行，以避免钢材的蓝脆。锤击可用锤子或锤头为一定直径的半球形风锤来进行，但施力应适度，以防止因用力过大而造成裂纹。

4）采用反变形减小残余应力。焊接封闭焊缝时，由于周围板的拘束力较大，拘束应力与残余应力叠加易形成裂纹，所以可采用图2-27d所示的反变形措施减小刚度，使焊缝可以较为自由地收缩。

2. 焊后消除焊接残余应力的方法

焊接残余应力的不利影响只在一定的条件下才表现出来，对于制造焊接结构常用的低碳钢和低合金钢，由于它们具有较高的韧性，残余应力在一般情况下并不影响其承载能力。但对于低温和动载下使用的结构、厚度超过一定限度的焊接结构（如锅炉和化工容器、核容器，有专门规程）、有应力腐蚀开裂危险的焊接结构，残余应力的不利影响则不能忽视，这时应消除结构的残余应力。此外，对于需要进行机加工的构件，也必须进行消除应力处理。否则会因残余应力释放而产生的变形影响机加工精度。消除残余应力的方法有若干种。

（1）整体热处理　整体热处理一般是将构件整体加热到回火温度，保温一定时间后再冷却。这种高温回火消除应力的机理是金属材料在高温下发生蠕变现象，并且屈服强度降低，使应力松弛，如果构件整体都加热到材料屈服强度为零的温度，残余应力将会完全消除。随着加热温度的提高和保温时间的延长，金属材料的蠕变更加充分。由于这种蠕变是在残余应力诱导下进行的，所以构件中的蠕变变形量总是可以等于热处理前构件中残余应力区内所存在的弹性变形，这些弹性变形在蠕变过程中完全消失，构件中的残余应力就不复存在了。另外，热处理还改善焊缝金属和焊接接头组织与性能，如电渣焊焊接接头通常要进行的正火－回火热处理，可以细化晶粒；对某些有延迟裂纹倾向的结构钢，热处理有驱氢作用。

焊后消除应力热处理也会带来一些问题：

1）母材和焊缝金属性能恶化。某些材料在热处理过程中长时间加热，会使其力学性能变差。如2.25Cr1Mo钢热处理时若加热时间过长，焊缝金属会出现粗大的铁素体组织，使其强度降低，低温用镍钢经消除应力热处理后，其断裂韧度将会下降。尤其应值得注意的是，有些厚壁容器，由于需经工序间热处理和最终消除应力热处理的反复加热，一般都会使材料的力学性能变差。

2）有再热裂纹倾向。对于强度级别较高的铬钼类钢材，如Cr－Mo－V－B、Cr－Mo－V、Cr－Mo－B、2.25Cr1Mo钢等，在消除应力热处理时热影响区都有发生再热裂纹的危险。再热裂纹主要出现在400～550℃的温度区间，热处理时在加热过程中应尽快通过这一温度范围，这一点应特别予以重视。

国外标准有关焊后热处理条件的规定见表2-2和表2-3所列，国内规范见表2-4。焊后处理温度的规定应保证最大可能地松弛残余应力而又不会造成对接头性能的不良影响。当前的趋势是降低热处理温度，防止温度过高对接头和母材性能造成影响，热处理保温时间应足够长，以使得残余应力有足够的时间进行松弛。保温时间主要取决于壁厚以及材质，保温时间过长，会对材料的性能，尤其是韧性，产生不良影响。最大加热速度的限制主要是为了防止加热过快造成大的温度梯度，使材料受热不均而引起构件的变形，甚至于引发裂纹。冷却速度的限制同样是为了防止构件中产生过大的温度梯度，从而防止焊件产生新的残余应力和变形。我国JB/T 6046—1992《碳钢、低合金钢焊接构件　焊后热处理方法》规定，加热速度应小于等于220×25/δ(℃/h)，且最大不超过220℃/h，δ为母材（或管壁）厚。冷却速度应小于等于275×25/δ(℃/h)，且不大于275℃/h，300℃以下可自然冷却。各国的标准还对加热和冷却时任意两点的温差作了规定，一般都给出了某一范围内任意两点的最大温差，如JB/T 6046—1992就规定加热件加热部分在4500mm范围内最大温差不得超过130℃，这样可以保证构件在热处理时各个部位的温度基本均匀。

表2-2　国外有关焊后热处理的规定　（单位：℃）

钢种＼标准	ISO	ASME	JIS	BS5500	BS2633
碳素钢	550～600	593～677	≥600	600±20	580～620
Cr-Mn钢	580～620	593～677	≥600	650～680	650～680
2.25Cr1Mo钢	625～750	677～760	≥680	630～670	690～720
3.5Ni钢	550～580	593～677		580～620	590～620

表2-3　国外焊后热处理规程的有关规定

规定＼标准			ISO	ASME	JIS	BS5500	BS2633
保温时间/h	碳素钢	相对板厚	δ/30	δ/25.4	δ/25	δ/24	δ/24
		最短时间	0.5	0.5	0.25	1	0.5
	合金钢	相对板厚	δ/25	δ/25.4	δ/25	—	—
		最短时间	1	0.5	0.25	1	0.5
最高出入炉温/℃			400	427	400	400	400

（续）

规定＼标准		ISO	ASME	JIS	BS5500	BS2633
最高加热速度/(℃/h)	相对板厚	220×25.4/δ	222×25.4/δ	220×25/δ	220×25/δ	220×25/δ
	最低	55	56	50	55	55
	最高	220	222	220	275	220
最高冷却速度/(℃/h)	相对板厚	275×25.4/δ	278×25.4/δ	275×25/δ	275×25/δ	275×25/δ
	最低	50	56	50	55	55
	最高	275	278	275	275	275
每米加热冷却最大温差/℃		150/4.57	139/4.6	130/4.5	150/4.5	—
保温中最大温差/℃		—	83	80	—	—
分段处理的最小重叠量/m		1.5	1.5	1.5	1.5 或 $\sqrt{R\delta}$	—

注：δ—板厚(mm)，R—管子半径(mm)。

表 2-4　常用压力容器和锅炉钢材推荐的焊后热处理规范

钢　号	需焊后热处理的条件及厚度 δ_{PWHT}/mm	焊后热处理温度/℃ 电弧焊	焊后热处理温度/℃ 电渣焊	回火最短保温时间/h
Q235-A、Q235-B、Q235-C、10、20、20R、20G、20g	根据母材的化学成分、焊接性能、厚度、焊接接头的拘束程度、容器使用条件和有关标准综合确定是否需要焊后热处理 压力容器，受压元件焊后热处理厚度 δ_{PWHT} 按如下规定选取：等厚度全焊透对接接头 δ_{PWHT} 取焊缝厚——亦即焊件钢材厚度，焊缝厚度不计余高。组合焊缝取对接与角焊缝厚度较大者。不等厚接头对接取较薄一侧母材厚度；在壳体上焊接管板、平封头、盖板、凸缘和法兰时，取壳体厚度。接管、人孔与壳体组焊，取接管颈部、壳体、封头、补强板和连接角焊缝等的厚度中较大者。接管与高颈法兰相焊取管颈厚度。管子与管板相焊取焊缝厚度。非受压元件与受压元件相焊接取焊缝厚度。焊接返修取填充处焊缝厚度	600~640	—	(1) 当厚度 $\delta_{PWHT}\leq$ 50mm 时，为 δ_{PWHT}25h，但最短时间不低于 1/4h (2) 当厚度 $\delta_{PWHT}\geq$ 50mm 时，为 $\left(2+\frac{1}{4}\times\frac{\delta_{PWHT}-50}{25}\right)$h
09MnD		580~620	—	
16MnR		600~640	900~930 正火后 600~640 回火	
Q345、16MnD、16MnDR			—	
15MnVR、15MnNbR		540~580	—	
20MnMo、20MnMoD		580~620	—	
18MnMoNbR、13MnNiMoNbR		600~640	950~980 正火后 600~640 回火	
20MnMoNb			—	
07MnCrMoVR、07MnNiCrMoVDR、08MnNiCrMoVD		550~590	—	
09MnNiD、09MnNiDR、15MnNiDR		540~580	—	
12CrMo、12CrMoG		≥600	—	(1) 当厚度 $\delta_{PWHT}\leq$ 125mm 时，为 δ_{PWHT}/25h，但最短时间不低于 1/4h； (2) 当厚度 $\delta_{PWHT}\geq$ 125mm 时，为 $\left(5+\frac{1}{4}\times\frac{\delta_{PWHT}-125}{25}\right)$h
15CrMo、15CrMoG		≥600	—	
15CrMoR			890~950 正火后≥600 回火	
12Cr1MoV、12Cr1MoVG、14Cr1MoR、14Cr1Mo		≥640	—	
12Cr2Mo、12Cr2Mo1、12Cr2Mo1R、12Cr2Mo1G		≥660	—	
1Cr5Mo		≥660	—	

整体热处理有以下两种形式：

1）炉内整体热处理：构件整体放入炉内进行热处理时，应将构件支承牢固，使焊件不能与火焰直接接触，以防止其过分氧化。构件入炉时控制炉温，构件装炉后逐渐升高炉温，以免产生过大的热应力。

2）整体内热处理（整体炉外热处理）：整体内热处理是将热源引入容器内进行加热，尺寸较大的容器一般采用高速喷嘴喷出燃气在容器内燃烧加热，最近也有用远红外电加热器加热的，尺寸较小的容器可以用内置电热元件进行加热。在热处理过程中，在容器的外部用绝热材料进行保温。

整体热处理可以处理几何尺寸相当大的焊接结构，如数千立方米的大型容器的现场热处理。我国在容器内热处理方面已积累了相当丰富的经验，在参考文献中列举了若干生产实例供参考。

（2）局部热处理　对于一些特大型筒形容器的组装环缝和一些重要管道等，通常采用局部热处理来降低结构的残余应力。局部热处理同时还可以改善焊接接头的性能。

国外有关标准对局部热处理也作了一些规定，一般技术条件上所提到的热处理宽度，实际上是指应达到热处理恒温温度的宽度，即均温带宽度。JB/T 6046—1992《碳钢、低合金钢焊接构件　焊后热处理方法》规定，对壳体上的环缝，或壳体与封头连接处的环缝进行局部热处理时，环缝每侧环形加热带的宽度应大于容器壁厚的2～3倍，对接管和其他附件与壳体或封头相连接的焊缝进行局部热处理时，环形加热带的宽度自接管或其他附件与容器相连接的焊缝算出，至少为容器壁厚的3～6倍以上。英国BS2633规定均温带宽度为1.5δ（δ为管壁厚），而加热宽度为2.5δ。ISOTC11规定，加热宽度为$2.5\sqrt{R\delta}$，R为管子半径（这里的加热宽度是指加热元件的直接作用范围，即加热器加热元件的长度或感应线圈的绕组宽度，它并不等于均温带宽度，均温带宽是加热宽度的一部分）。

在热处理管道或类似的焊接接头时，有以下几种加热方法：

1）电阻炉加热：采用电阻炉加热时，除安装炉体时应注意保温外，还应使炉外管道作适当长度的保温，以降低温度梯度。

2）感应加热：在实际生产中多采用工频感应加热或中频感应加热，这时也要注意加热段的保温，一般可用石棉布包扎。工频感应加热时加热速度较快，且加热过程中管子内外壁的温差远小于电阻炉加热法。由于中频感应加热时电流的趋肤效应强，使得管内外壁温差加大，故当管壁较厚时不宜采用。

3）远红外加热：采用远红外加热，管内外壁温差更小。可以利用不同尺寸的远红外加热元件组成加热器，这样使用更为方便。

4）采用高速喷嘴喷出燃气加热：和第一种方法同样要安装炉体并进行保温，例如6000t水压机的立柱对接环焊缝（丝极电渣焊的焊缝）的正火－回火热处理。

在局部热处理时和整体高温回火一样，对加热和冷却速度应进行控制。

局部回火处理带有局部加热的性质，因此消除残余应力的效果不如整体热处理。

应该指出，虽然局部热处理不能完全消除残余应力，但出于在某些场合不能进行整体热处理，或是只需对结构的某一部分进行热处理，所以局部热处理在生产实践中的应用仍相当广泛。

（3）振动法　如果使焊接构件在激振器的作用下发生谐振，那么经过若干时间后残余应力将逐渐降低，这种方法叫作振动消除应力法。振动法降低残余应力的机理有各种解释。比较客观能令人接受的解释是构件在发生谐振时振幅较大，振动引起的应力与残余应力叠加达到材料的屈服强度时，将发生应力松弛，从而使残余应力的峰值降低。

振动消除残余应力所需时间短，成本低，特别适合于处理那些再热裂纹敏感性高的材料制成的构件。某企业曾采用振动消除应力法为一个用 WEL－TEN80 钢制成的挂钩消除应力，该件焊后残余应力较高，且这种材料具有较高的再热裂纹敏感性，不宜进行消除应力热处理，故用此法。

采用振动处理时，将构件卧放，用四点软支撑将其架起，用激振器激振，振动频率为 80Hz，加速度为 $7.8\times9.8\mathrm{m/s^2}$。振动 20min 后，用盲孔法测量残余应力，结果表明，处理的两件挂钩残余应力峰值分别下降了 37.5% 和 36%。振动处理后材料的屈服强度略有提高，用超声检测未发现任何裂纹产生。

振动法消除残余应力有降低结构疲劳强度的危险，在选择这一方法时应予以充分注意。另外，国内外对于用这种方法消除焊接残余应力的效果亦存在争论，所以欧洲工业发达国家的一些合于使用原则的缺陷评定规范中，规定经过振动消除应力的结构仍要计算其残余应力，显然结构复杂的焊接结构，很难用此法均匀地消除焊接残余应力。

（4）爆炸法　爆炸消除应力是近年来发展起来的新技术，它是利用炸药爆炸时冲击波的能量使产生残余应力的相关区产生塑性变形，从而达到消除残余应力的目的。这种方法为大型焊接结构消除残余应力开辟了一条新的途径。

爆炸消除应力是一个不均匀的弹塑性变形过程，它与退火法消除残余应力有相近之处。退火法消除残余应力是利用金属在高温下的蠕变性能，使构件中的残余应力通过流变产生塑性变形而得到释放的。当蠕变量与构件中原来残存的残余弹性应变量相同时，应力则被全部消除。在蠕变过程中，塑性应变完全是残余应力诱导的。在爆炸条件下，材料的变形行为类似流体，材料对残余应力的抗力等于零。所以在残余应力的作用下，金属材料发生流变塑性变形。也就是说，在拉伸残余应力作用下，金属流变的结果产生伸长塑性变形，在压缩残余应力作用下产生缩短塑性变形，随着塑性变形的不断进行，残余应力逐渐得到释放，直至完全消失。这时爆炸消除残余应力的机理与退火处理相近似，这类爆炸称之为中性爆炸，它对于消除拉压两种残余应力有相同的作用。

此外还有一种比上述中性爆炸更剧烈的爆炸，爆炸的冲击波除了使金属材料形成流变特性，由残余应力诱导发生塑性变形外，强烈的冲击波本身还会使金属材料产生一定数量的流变变形，即产生一定数量的伸长塑性变形，这是由于金属材料在平面内向两个方向同时发生流变，这种爆炸称为硬爆炸。对于残余应力分布规律不明确的构件，采用中性爆炸较为有利，但对于残余应力分布规律较为明确的区域中采用硬爆炸更为适宜，它可以有针对性地在某些区域内造成一定的残余压应力，以改善此区域材料的某些使用性能，如提高抗应力腐蚀性能等。

爆炸消除应力时多采用橡胶炸药，炸药做成条形。在炸药和构件之间布置防烧蚀缓冲层，其目的是防止构件表面被炸药爆炸时的高温烧蚀，同时也可减小炸药爆炸时产生的压痕深度，防烧蚀缓冲层通常采用橡胶垫和油毛毡垫。

对于中厚板可以采用双面布药爆炸，这样可以改善消除应力的效果。

爆炸法消除应力消耗了金属材料的部分塑性，因此对于低温和动载下使用的结构要慎重选用。

（5）碾压法　碾压法也称为滚压法，它是用滚轮施加一定的压力在焊缝表面进行滚压，使焊缝金属产生局部塑性变形，来减小残余应力或改善其分布的一种方法。对于薄壁构件的环缝、直缝等规则焊缝，采用碾压处理可以达到与热处理相同的效果，甚至于使焊缝区产生压应力，从而提高了焊接接头的使用性能。

图2-31所示为薄壁筒体碾压法消除残余应力与热处理消除应力效果的比较。焊缝经碾压后出现了压应力，提高了承载能力和抗应力腐蚀能力。

碾压处理对焊缝的力学性能影响不大，对焊缝的金相组织也无明显的影响。碾压处理可与矫形处理同时进行，以获得较好的综合技术经济效益。

碾压处理多用于薄壁焊接结构，若结构尺寸较大，则不宜采用此工艺。另外采用此工艺要求焊缝表面成形良好，若焊缝成形不好，碾压前应将其打磨平齐后再碾压。

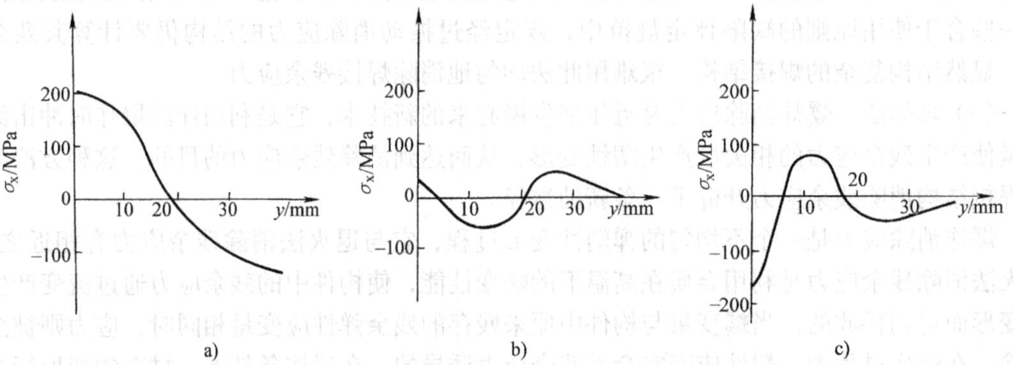

图2-31　碾压与热处理消除应力效果的比较

a）焊后残余应力分布　b）用固溶处理方法消除残余应力后的残余应力分布

c）使用13600N力滚压焊缝后残余应力的分布

（6）过载法　过载法即在构件上施加一定的拉应力，使其与焊缝区的拉伸残余应力相叠加，以便达到消除残余应力的目的，如图2-32所示。图2-32a所示为焊后残余应力的分布情形。加载后，构件中的应力在图2-32a曲线上叠加，原来已达到屈服强度的峰值应力不再增加（见图2-32b），材料发生拉伸塑性变形，正好与焊接时产生的压缩塑性变形相反，消除（部分消除）了导致产生残余应力的压缩塑性变形，卸载后应力峰值大为降低，如图2-32c所示。拉伸的塑性变形越大，消除的残余应力越多，这是因为焊接时发生的压缩塑性变形被抵消的越多。当加载使截面完全屈服时，则内应力被完全消除。

过载法消除残余应力是以消耗了构件的塑性储备为代价的，对于一般构件是不允许使其过载到发生完全屈服的，因此用过载法只能降低残余应力的峰值。

在实际生产中用过载法消除残余应力的典型实例，如压力容器的水压试验等。在容器焊后的水压试验时，采用1.3~1.5倍的设计应力试压，可以使容器的残余应力峰值降低30%左右。另外起重机的过载试吊和新建桥梁的超载运行都可达到同一目的。

（7）温差拉伸法　温差拉伸法采用低温局部加热使焊缝区产生拉伸，以减小其峰值应

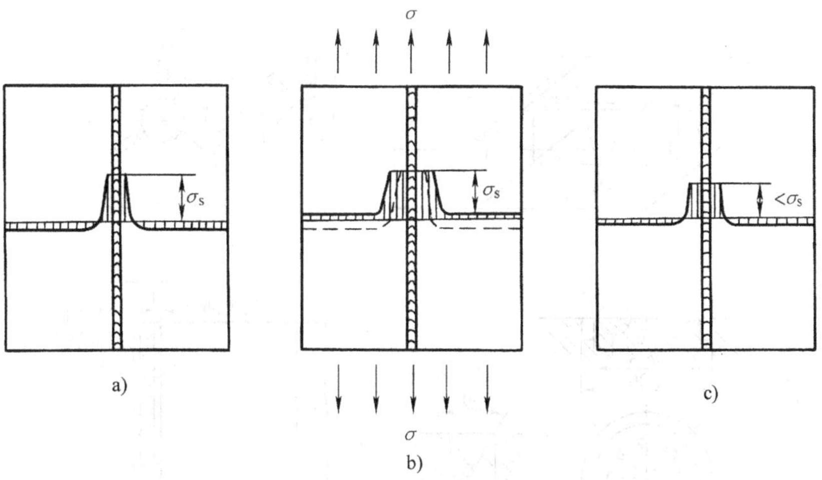

图2-32　过载法消除焊接残余应力的示意图

a）加载前焊接残余应力的分布　b）加载后焊接残余应力的分布　c）卸载后焊接残余应力的分布

力。它与过载法的原理相同，图2-33所示为温差拉伸法的示意图。气体火焰加热就形成了焊缝两侧温度高，焊缝区温度低的温差，由于加热区膨胀产生的拉伸作用，使焊缝区的峰值应力被部分释放。

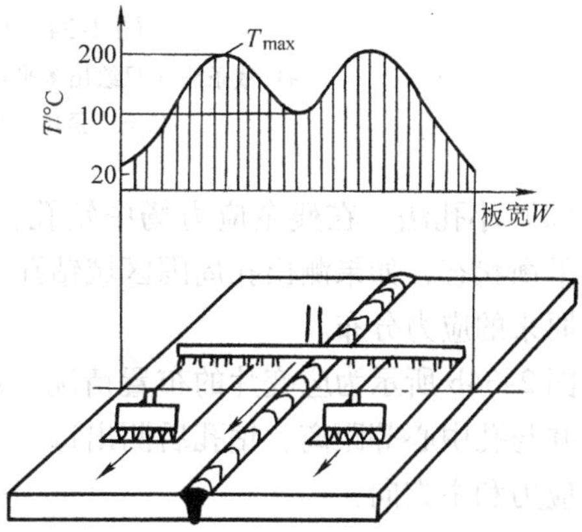

图2-33　温差拉伸法

2.2.4　焊接残余应力的测定

由于焊接残余应力对焊接结构的使用及结构加工尺寸精度的影响，有必要弄清结构中残余应力的大小与分布情况。虽然目前热弹塑性计算技术发展较快，已开发了若干种功能较强的软件，但用计算法分析各种结构的残余应力尚有一定困难，所以一般仍采用试验法测定焊接残余应力。

常用的残余应力测试方法可分为非破坏性测试方法（如X射线衍射法、超声波法）和破坏或局部破坏性方法（如裁条法、钻孔法等）；也可以分为机械方法和物理方法两大类。

1. 机械方法

机械方法是利用机械加工把试件切开或切去一部分，测定由此而释放的弹性应变来推算构件中原有的残余应力，所以又称应力释放法。

（1）裁条法　如图2-34a所示，裁条法是利用铣削或刨削把试件裁成15～18mm的板条。裁条前在板上贴上应变片或是钻出测量长度的标距孔，并记录原始读数。然后将板条切开，待应力释放后再测出应变值或标距孔的距离，根据应力－应变关系计算出残余应力。如当板条缩短时，即表示此处的残余应力为拉应力，反之，表示此处存在压应力。

此种方法和与之效果相同的局部裁条法（可减少加工量），皆可以获得较为准确的结果，但将试件全部破坏了，而且加工量较大。

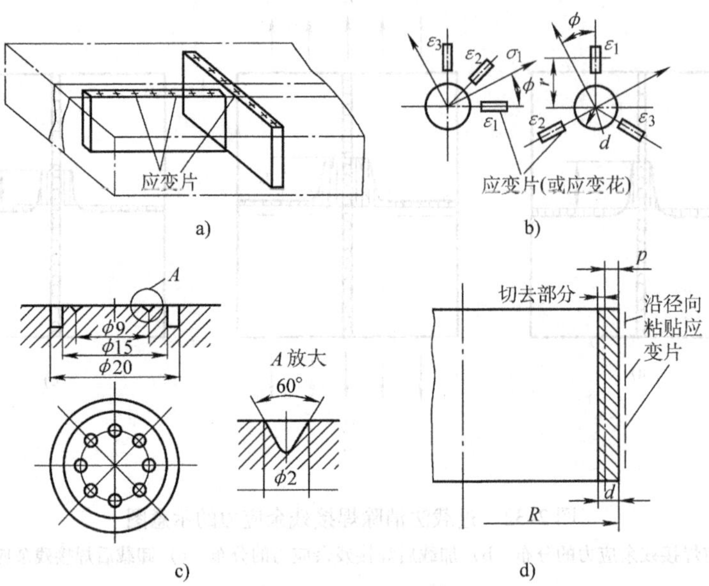

图 2-34 机械法测定残余应力

a）裁条法（只绘出多平行条中之一） b）小孔（盲孔）法

c）套孔（切槽）法 d）铣削法

（2）小孔法 在残余应力场中钻孔，部分应力则被释放，孔周围的应力将重新分布，达到平衡状态，如果测出孔周围区域钻孔前后应变的变化，根据弹性力学公式，则可以算出该处原来的应力分布。

图 2-34b 所示为应变片的布置情况，现常用左图状“应变花”。其 3 个应变片互成 45°角，并与孔中心等距离，钻孔后测出每一应变片的应变值，根据弹性力学的下列公式可计算出主应力和主方向：

$$\sigma_1=\frac{\varepsilon_1(A+B\sin\gamma)-\varepsilon_2(A-B\cos\gamma)}{2AB(\sin\gamma+\cos\gamma)}$$

$$\sigma_2=\frac{\varepsilon_2(A+B\cos\gamma)-\varepsilon_1(A-B\sin\gamma)}{2AB(\sin\gamma+\cos\gamma)}$$

$$\tan\gamma=\tan(-2\phi)=\tan\frac{\varepsilon_1+\varepsilon_3-2\varepsilon_2}{\varepsilon_3-\varepsilon_1}$$

式中 σ_1、σ_2——主应力；

ϕ——主应力与第一个应变片轴线的夹角；

γ——与 ϕ 有关的中间变量；

ε_1、ε_2、ε_3——三个应变片的应变值；

A、B——与应变片尺寸和其距孔中心距离（用应变片两端与孔中心距 r_1、r_2 表示）、孔的半径 R、被测材料的物理性能有关的系数，可有弹性力学解：

$$A=\frac{(1+\mu)R^2}{2r_2r_1E}$$

$$B=\frac{2R^2}{r_2r_1E}\left[-1+\frac{R^2(1+\mu)}{4}\times\frac{r_1^2+r_1r_2+r_2^2}{r_1^2r_2^2}\right]$$

（3）盲孔法　盲孔法与小孔法测残余应力的原理相同，但这种方法对结构只有很轻微的破坏，对于一般构件盲孔不需修补，它对结构的使用性能几乎没有影响。对于重要结构如压力容器等，可在应变测量后用电动手砂轮将其磨平。由于盲孔法对构件的破坏性比小孔法更小，所以小孔法在生产实践中已被盲孔法所取代。

盲孔法的测试过程与小孔法相同，钻孔直径一般为2～3mm，孔深与孔径相同时应变片的应变值即趋于稳定。

残余应力的计算公式与小孔法相同，式中A和B两个系数可由试验法标定得出。

在一般情况下，残余应力的方向是可以预先估计出来的，最大主应力的方向应与焊缝方向一致，即纵向残余应力就是最大主应力。σ_1与x轴重合，$\phi=0$，这样最大主应力的计算公式则简化为：

$$\sigma_x+\sigma_y=(\varepsilon_x+\varepsilon_y)/2A$$
$$\sigma_x-\sigma_y=(\varepsilon_x-\varepsilon_y)/2B$$

在简单拉伸条件下，横向应力$\sigma_x=0$，这样由上式可以得出：

$$A=(\varepsilon_x+\varepsilon_y)/2\sigma_x$$
$$B=(\varepsilon_x-\varepsilon_y)/2\sigma_x$$

用标定法确定系数A、B时，标定试件与应变片的粘贴部位如图2-35所示，图2-35b中d为标定试件孔径，应与实测盲孔的孔径相同，s为应变片中心与圆孔中心的距离，应等于$(r_2+r_1)/2$，r_2、r_1为应变片两端与孔中心的距离。

试件在万能材料试验机上加载，当孔深固定时，改变载荷大小记录应变值变化，根据以上公式，可计算出A、B值。试验应该按如下程序进行：在逐渐加深的若干个孔深下进行上述试验，分别计算出A、B值，直至趋于稳定。

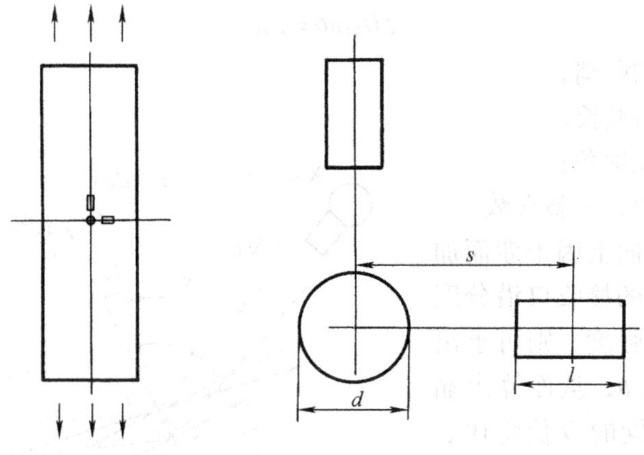

图2-35　标定试件

a）标定试件　b）局部放大图

d—孔径　l—应变片长　s—应变片中心到孔中心距

表2-5列出了低碳钢和Q345（16Mn）钢的标定系数A、B的参考值。

表2-5　低碳钢和Q345（16Mn）钢A、B标定系数的实测结果

应变片（宽×长） $b\times L$/mm	阻值/Ω	相对孔径 d/l	孔片相对中心距 s/d	A	B
2×2	120	1	2	−2.70	−5.00
4×2	120	1	2	−2.46	−4.77

影响盲孔法测量精度的主要因素是钻孔位置的偏斜和钻削时引起的附加变形等。孔径越小，要求相对位置的精度应越高。现在一般采用专门生产的应变花，三个电阻应变片的位置由应变花本身来保证。钻孔时可采用专门制造的磁力测钻台，用测钻台上的目镜对准应变花的中心则可以保证钻孔位置的准确性。

盲孔法所需的仪器设备较为简单，除钻孔设备外，只需配备应变仪即可进行现场测量。目前，我国已能生产专供盲孔法测量残余应力的应变花、磁力测钻台，配合精密的应变仪，盲孔法进行残余应力的测定得到了广泛应用，替代了小孔法。

（4）套孔法　套孔法（切槽法）是用套料钻加工环形槽使残余应力得到释放的方法。套钻前在孔心处粘贴应变片或打出标距孔，如图2-34c所示，套钻后重新测量。当已知主应力方向时按主应力方向相互垂直粘贴应变片，测出其应变，再代入公式算出主应力。

如果不知主应力的方向，可粘贴三片互成45°的应变片，按公式算出主应力和其方向。

（5）逐层铣削法　逐层铣削法也是一种完全破坏的方法。当具有残余应力的工件被铣去一层时，部分应力释放后残余应力重新分布，试件要发生变形，如果在对面（非铣削面）粘贴应变片，如图2-34d所示，则可以测出每铣削一层后对面的应变值，根据这些数值则可以推算出在不同铣削层上的残余应力。

2. 物理方法

（1）X射线衍射法　X射线衍射法的基本原理是当有内应力存在时，晶体的晶格就会变形，在X射线的照射下，表面有规律排列的晶面反射X射线。如果能满足条件：

$$2D\sin\theta = n\lambda$$

式中　D——晶面间的距离；

λ——X射线的波长；

θ——入射及反射角；

n——反射级数，为整常数。

则X射线在反射角方向上因干涉而加强，用X射线衍射仪的接收口沿分度环移动记录反射束的强度，则可求出入射（反、衍射）角θ，从而算出晶面之间的距离D。不同的D值将代表不同的内应力水平，X射线衍射法原理如图2-36所示。

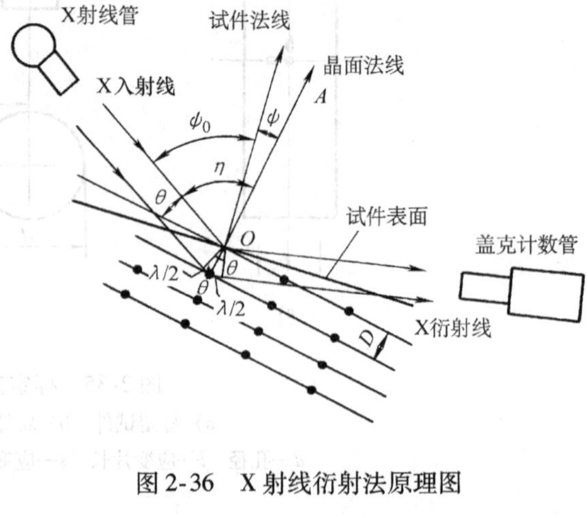

图2-36　X射线衍射法原理图

X射线衍射法是一种非破坏性测试方法，它对被测表面的要求较高，为了防止机械加工引起的局部塑性变形的影响，表面应进行电解抛光处理，处理时常用饱和食盐水溶液作为电解液。

X 射线衍射法已在实际生产中获得应用，目前我国已生产出可用于现场的轻便型 X 射线残余应力测试仪。此种方法的缺点是只能测量表层的残余应力，而且设备较为昂贵。

（2）超声波法　超声波法是根据金属的密度在应力作用下发生微小变化，而使得超声波在穿越时，其速度或衰减程度发生变化的原理来测量残余应力的。它采用试验标定的方法，确定某种材料应力对超声波衰减程度的影响，作出应力与衰减程度的相关曲线，再来比较和推算出构件中的残余应力水平，此法是目前有希望测大厚件中深层残余应力的方法。

此种方法目前在国外已有商品设备出售，国内在生产中尚未实际采用。

（3）磁性法　磁性法是一种非破坏性测试方法。当铁磁材料中存在着弹性变形时，它的磁导率将发生变化，如果能测出某一小范围内材料在不同方向上磁导率的变化，就可以估计出该处残余应力的数值和分布情况。

测量磁导率变化的传感器有多种形式，图2-37所示为一阻流圈式传感器。当被测物体与探头接触后形成磁回路，封闭磁回路的磁阻是探头铁心磁阻与被测物体磁阻之和，可由下式表示：

$$R=\frac{L_1}{\mu_1 A_1}+\frac{L_2}{\mu_2 A_2}$$

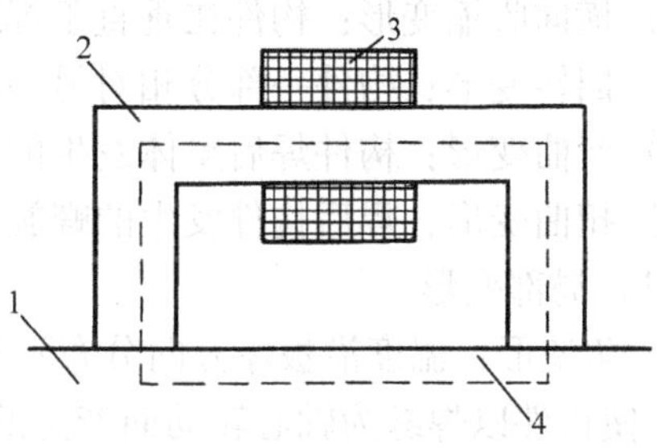

图 2-37　阻流圈式传感器原理

1—被测体　2—铁心　3—线圈　4—磁回路

式中　R——磁阻（H^{-1}）；

L_1、L_2——分别为铁心和被测物体的磁路有效长度（m）；

μ_1、μ_2——分别为铁心和被测物体的磁导率（H/m）；

A_1、A_2——分别为铁心和被测物体的有效面积（m^2）。

残余应力的存在使铁磁材料的磁阻发生变化，因此磁通随之变化，这样线圈的阻抗也发生变化。如果将线圈接入桥式电路的一个臂，当有应力存在时，原来无应力时平衡的桥路被破坏，此时桥路将有不平衡电流输出。同样采用试验标定法找出该种材料的应变值与不平衡电流之间的关系，则可以推算出实际被测物体上残余应力的大小和符号。转动探头，根据输出电流的极大值和极小值，可以确定主应力的方向。

磁性法测残余应力已在实际生产中获得应用，目前已有仪器出售。但由于该方法测量精确度不高，标定试验机（双向）稀少和标定困难，测量时由于探头与被测体的耦合情况变化较大，使得测量误差较大。

（4）密栅云纹法　该方法是在试件要测处先贴上或刻上条纹，试件受力后发生应变（包括焊接时产生的热应变），则工作栅和比较栅出现干涉，产生云纹。采用密栅云纹法能显示全场的应变情况，可以定性和定量地测得残余应力的大小和分布。国内有些单位用它进行瞬时热应力－应变的研究。由于目前缺乏大面积耐高温的密栅云纹片，而在试件上刻制密栅又比较困难，所以这种方法尚不能广泛应用。

2.3 焊接残余变形

焊接结束后残存于焊接结构中的变形与残余应力是同时存在的，焊接残余变形对焊接结构的质量及其使用性能均有较大的影响，它不但影响了结构的外形尺寸及其精度，使矫形工作量增加，提高了制造成本，而且还会降低结构的承载能力。

2.3.1 焊接残余变形的分类及其影响

1. 焊接残余变形的分类

焊接残余变形一般可分为以下两大类：

(1) 总体变形　总体变形是指整个结构形状发生的变化。

1）纵向收缩变形：构件沿焊缝方向上发生的变形如图2-38a左图所示。

2）横向收缩变形：构件在垂直于焊缝方向上发生的变形如图2-38a右图所示。

3）回转变形：构件一部分相对另一部分发生的回转如图2-38b所示。

4）弯曲变形：构件焊后整体发生的弯曲如图2-38c所示。

5）扭曲变形：焊后构件发生的螺旋形变形如图2-38e所示。

(2) 局部变形

1）角变形：温度沿板厚方向分布不均或熔化金属沿板厚方向收缩不同，以及两者同时存在，使板件以焊缝为轴心转动而产生的变形如图2-38d所示。

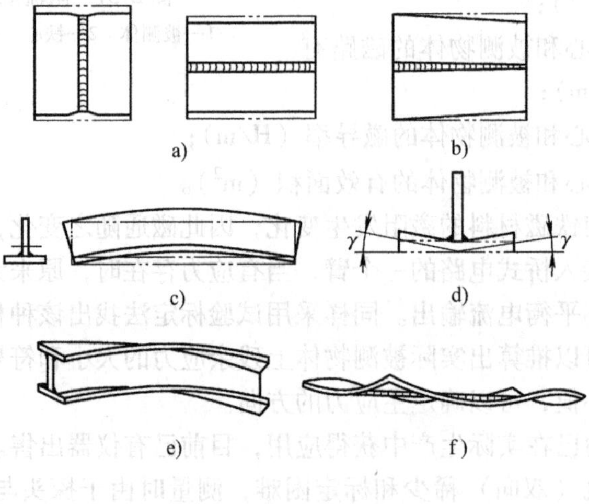

图2-38　焊接变形的主要类型

a）纵、横向收缩变形　b）回转变形　c）弯曲变形　d）角变形　e）扭曲变形　f）波浪变形

2）波浪变形：在薄板结构中压应力使其失稳而引起的变形如图2-38f所示。

2. 焊接残余变形对焊接结构的影响

如前所述焊接残余变形会造成构件形状和尺寸的变化，如纵向、横向收缩使构件尺寸变短，若超出构件尺寸公差允许的范围，会使构件报废。薄板结构的波浪变形会严重影响产品的外观。部件的焊接残余变形会影响后续结构的组装，对已变形的构件，要花大量的工时进行修整和铲割，从而降低产品制造的技术经济指标。焊接残余变形会影响后续机加工，为了保证焊后机加工所需的尺寸，往往要预留相当大的加工余量。这就增加了材料消耗和加工费用。有些构件发生焊接变形时，有可能严重影响其承载能力。如压力容器筒体或球体对接接头的角变形会引起较大的附加弯矩，使局部应力增大而导致裂纹的萌生或失稳扩展而造成结构的破坏。某些承压的柱体由于发生扭曲变形而使得承压能力大大降低，以至于在相当低的应力水平下发生失稳。

在发生焊接残余变形后，如果进行矫正则相当困难，有时甚至是不可能的。由以上分析可知，对于低碳钢和低合金结构钢焊制的构件，焊接变形比残余应力对结构件性能的影响更为显著。

2.3.2　各种焊接残余变形的产生及变形值的估算

1. 纵向、横向收缩变形的产生及变形值的估算

在焊接热循环作用下，焊缝及其附近的金属受热膨胀时受到周围金属的阻碍，产生压缩塑性变形，待其冷却后，这些压缩塑性变形区相当于使构件承受一压力，产生了纵向和横向收缩。

影响纵、横向收缩的因素较多，一般认为，凡影响焊缝及其附近材料压缩塑性变形区尺寸的因素均影响纵、横向收缩。

（1）金属材料性能的影响　材料的热物理性能不同时，纵、横向收缩变形量亦不同。材料的线胀系数越大，导热性能越差，焊接温度场越不均匀，压缩塑性变形区尺寸越大，焊后纵、横向收缩量也越大。如铝、不锈钢由于有较低碳钢大的线胀系数，故其变形比低碳钢要大。

（2）施焊方法、焊接热输入的影响　多层焊时，每次所用的热输入比单层焊时小得多，每层焊缝所形成的压缩塑性变形区也小，且各层焊缝压缩塑性变形区是相重叠的，如图2-39b所示，它们都小于单层焊时塑性变形区的尺寸，如图 2-39a 所示，所以多层焊比单层焊纵向收缩少。而且多层焊时，第一层的收缩量最大，以后每层收缩量递减。

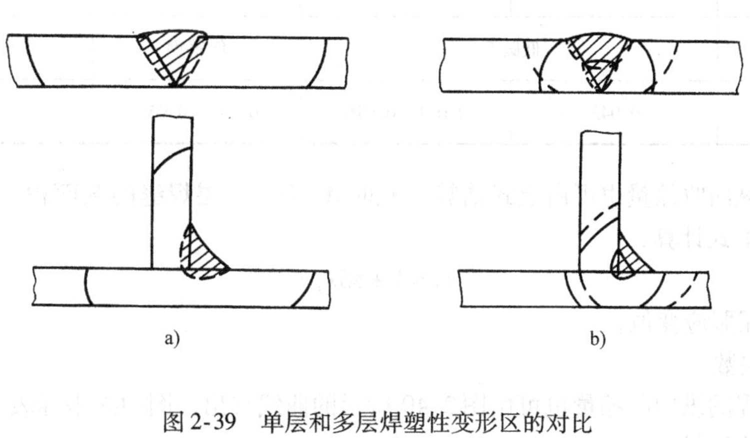

图 2-39　单层和多层焊塑性变形区的对比

a）单层焊　b）双层焊

实线为第一层焊缝产生的塑性变形区，虚线为第二层焊缝产生的塑性变形区焊接热输入增大，收缩变形量也随之增大。但焊接窄板条情况除外，因为板条窄，热输入大，焊件上的温度场反而趋于均匀。一般构件多是前一种情况。

(3) 焊缝截面积的影响　焊缝截面积的影响一般与焊件截面的大小结合在一起考虑。焊缝截面积直接影响到压缩塑性变形区的大小，因此它影响了收缩变形的大小。

对于梁、柱一类的细长（长为 L）杆件，在单层焊时其纵向收缩可用下式估算：

$$\Delta x = 0.86 \times 10^{-6} q_v L / A$$

式中　q_v——焊接热输入（J/cm），当施焊参数确定的条件下，焊接热输入用下式计算：

$$q_v = \eta I U / v$$

式中　U——电弧电压（V）；

I——焊接电流（A）；

v——焊接速度（cm/s）；

η——电弧的热效率，焊条电弧焊取0.7～0.8，埋弧焊取0.8～0.9，CO_2气体保护焊取0.7。

以上是试验和理论研究的结果。如果未确定焊接参数，则可参照焊缝截面积利用以下经验公式进行估算：

$$\Delta x = \frac{k_1 A_H L}{A}$$

式中　A_H——焊缝截面积（mm^2）；

A——构件截面积（mm^2）；

Δx——纵向收缩量（mm）；

L——构件长度（mm）；

k_1——系数，见表2-6。

表2-6　系数 k_1 的值

焊接方法	CO_2 气体保护焊	埋弧焊	焊条电弧焊	
材料	低碳钢		低碳钢	奥氏体钢
k_1	0.043	0.071～0.076	0.048～0.057	0.076

多层焊的纵向收缩量也可由上式估算，此时 A_H 为第一层焊缝的截面积，然后再乘以系数 k_2。k_2 可由下式计算：

$$k_2 = 1 + 85\varepsilon_s n$$

式中　ε_s——屈服应变值；

n——层数。

平板对接焊的纵向收缩量也可由图2-40所示的曲线查出，图中纵坐标表示的 Δx 是每米焊缝所产生的收缩量。

图2-41所示为焊接工字梁纵向收缩量与 A/A_H 之间的关系，由图中曲线可方便地求出纵向收缩的估计值来。

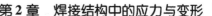

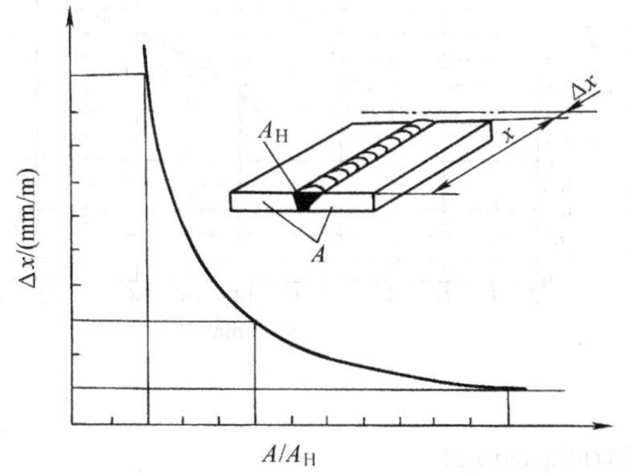

图 2-40　对接板的纵向收缩率

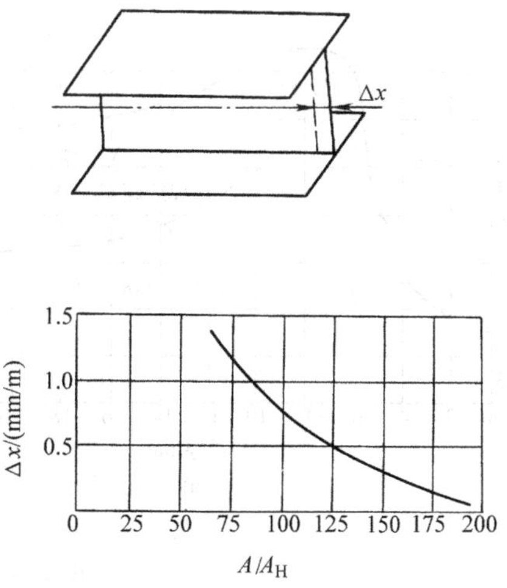

图 2-41　工字梁的纵向收缩率

同样粗略估计对接接头的横向收缩量 Δy 可由下列经验公式估算：

$$\Delta y = 0.2\frac{A_H}{\delta}$$

式中　δ——板厚（mm）。

以上各计算公式均含有焊缝横截面积 A_H 项，在一般构件条件下（相当于宽板），当焊缝横截面增加时，无论纵向收缩还是横向收缩均随之变大。这是由于焊缝截面变大，必定使得焊接热输入量增多，使焊接过程中塑性变形区的面积变大，从而使收缩量增加。所以，在保证强度的前提下，应尽量减小焊缝的截面尺寸。

（4）接头和坡口形式的影响　各种接头类型和坡口形式的横向收缩量的经验数据可由表 2-7 得出。在同样板厚条件下，双 V 形坡口比 V 形坡口的横向收缩小，这是由于焊缝截面尺寸减小的缘故。同理，断续焊缝比连续焊缝的横向收缩量小。直接由板厚确定横向收缩量是由于相对于某一板厚和一定的坡口形式，必有一合适的焊接工艺及参数，合适的焊接热输入，相对某一收缩量，该经验数据绘成曲线如图 2-42 所示。

表 2-7　各种接头类型和坡口形式的横向收缩量

接头形式	板厚/mm						
	3~4	4~8	8~12	12~16	16~20	20~24	24~30
	收缩量/mm						
V 形坡口对接	0.7~1.3	1.3~1.4	1.4~1.8	1.8~2.1	2.1~2.6	2.6~3.1	—
双 V 形坡口对接	—	—	—	1.6~1.9	1.9~2.4	2.4~2.8	2.8~3.2
单面坡口十字接头	1.5~1.6	1.6~1.8	1.8~2.1	2.1~2.5	2.5~3.0	3.0~3.5	3.5~4.0
单面坡口角焊缝	0.8			0.7	0.6	0.4	—
无坡口单面角焊缝	0.9			0.8	0.7	0.4	—
双面断续角焊缝	0.4	0.3		0.2	—		

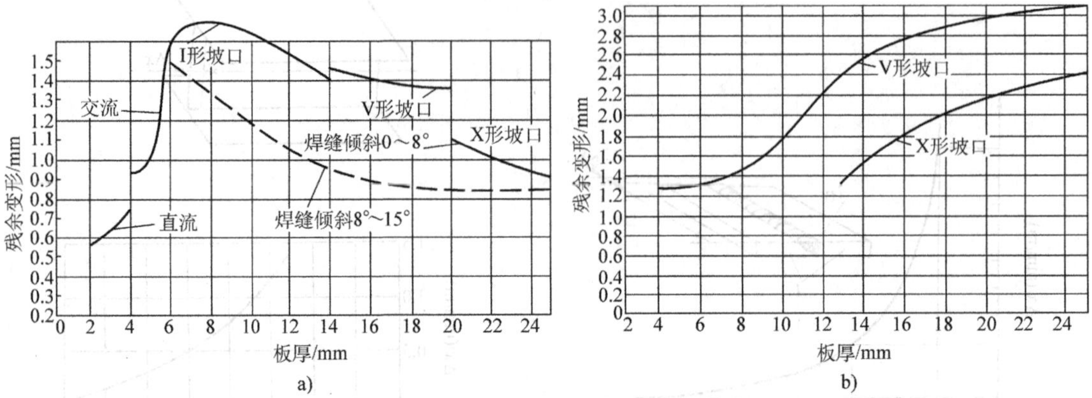

图 2-42 对接焊时的横向收缩

a）埋弧焊 b）焊条电弧焊

当焊接一定坡口的焊缝时，往往需要焊若干层焊道才可获得所需要的填充金属量。每一层焊道都引起一定量的横向收缩，总的横向收缩量应为第一层焊道的收缩量与以后各层的收缩量之和，第一层焊道的收缩量为钢板对接时的收缩变形值，而以后各层焊道的收缩变形相当于在以该焊道之前已焊各层总厚度为板厚的板上堆焊时的横向收缩变形，其变形的阻力显然大于第一层焊道，故横向收缩量比第一层小。总的横向收缩变形 Δy 与熔敷金属量 m 不成线性关系，而由下式表示：

$$\Delta y = \Delta y_1 + C\lg(m/m_1)$$

式中 Δy、Δy_1——分别为总的和第一层焊道的横向收缩量（mm）；

m、m_1——分别为总的和第一层焊道的熔敷金属量（kg）；

C——与 $H \cdot m/\delta$ 成正比的常数，这里 H 为比熔化热，它是熔敷单位质量金属所需的热量，δ 为板厚。

由此可以看出，采用坡口截面面积小的接头和比熔化热小的焊接方法都可以减少横向收缩。

接头形式对横向收缩的影响可从表 2-8 中看出，表 2-8 的经验数据适合于中等厚度的低碳钢板，数据是在板宽约为 15 倍板厚的区域内测出的。

表 2-8 不同接头形式的横向收缩

接头形式	对接焊缝	连续角焊缝	断续角焊缝
横向收缩/(mm/m)	0.15～0.3	0.2～0.4	0.0～0.1

（5）板厚的影响 对接平板冷却后的横向收缩量，应大约等于焊缝金属温度达到材料处于完全塑性温度时母材的膨胀量。由于板厚的不同，收缩过程有所不同，其中有一个临界板厚，当板厚小于这一临界厚度时，横向收缩量即为母材的膨胀量，可由下式计算：

$$\Delta y = \alpha q / c_p \delta$$

式中 α——线胀系数（1/℃）；

q——焊接热输入（J/cm）；

c_p——体积比热容 [J/(cm³·℃)];

δ——板厚 (cm)。

当板厚超过临界板厚 δ_c 时，横向收缩量成为与板厚无关的定值，如图 2-43 所示平板对接时横向收缩与板厚的关系。试件材料为低碳钢，焊接热输入为 16000J/cm，此时临界板厚为 20mm。

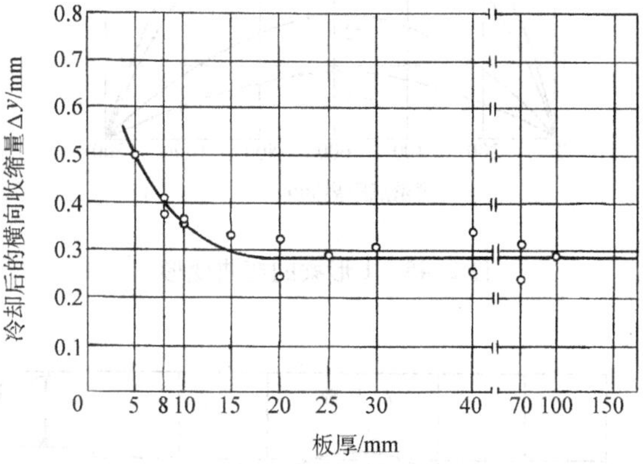

图 2-43　平板对接时横向收缩与板厚的关系

T 形接头角焊缝也会引起横向收缩，当焊脚尺寸不变时，盖板的厚度变化，横向收缩随之变化，如图 2-44 所示。

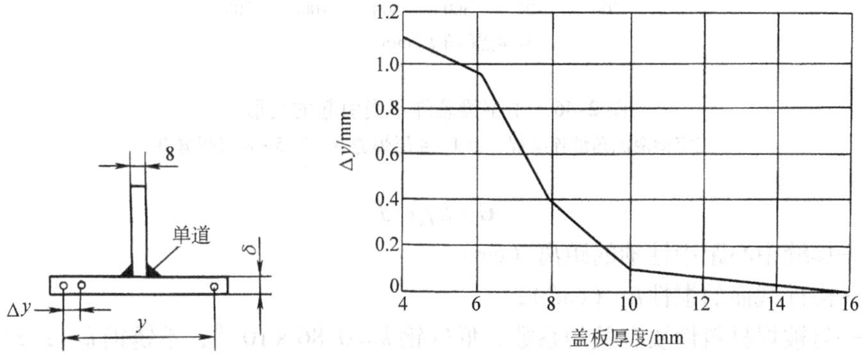

图 2-44　T 形接头角焊缝横向收缩与板厚的关系

2. 弯曲变形的产生及变形值的估算

当焊缝在构件中的位置不对称时，焊接的纵、横向收缩都能引起构件的弯曲变形，焊缝的收缩相当于给构件施加偏心载荷，因此焊缝的位置是影响弯曲变形的主要因素。

(1) 纵向收缩引起的弯曲变形　当焊缝与构件的中性轴不重合时，焊缝的纵向收缩会引起弯曲变形，在焊接 T 形构件时，这种变形是经常出现的。在焊接焊缝对称的工字梁时，如果采用的装配焊接顺序不当，仍有可能产生这种弯曲变形，如图 2-45 和图 2-46 所示。

弯曲变形的曲率可由下式估算:

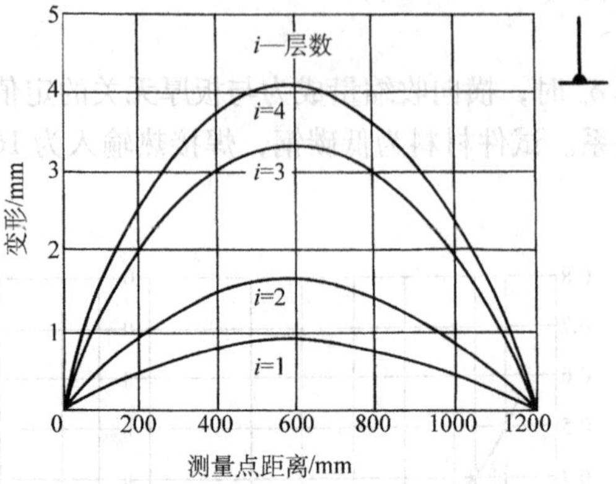

图 2-45 T 形梁的弯曲变形

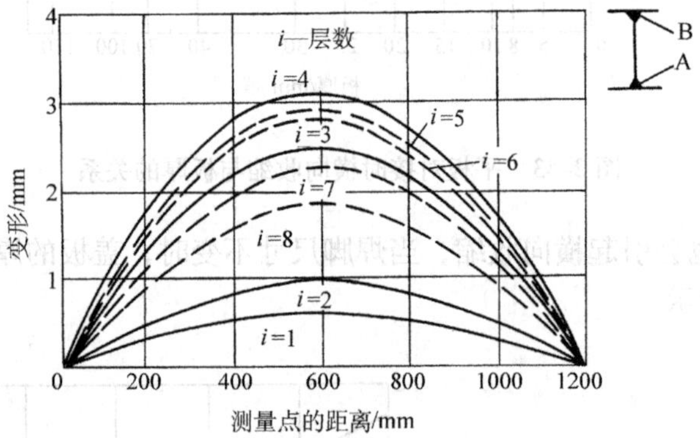

图 2-46 工字梁装焊不当引起的变形

工字梁两侧角缝连续焊，第 1 ~ 4 层焊缝 A，第 5 ~ 8 层焊缝 B

$$C = kq_v e/J$$

式中 e——焊缝中心距中性轴的距离（cm）；

J——构件截面的惯性矩（cm^4）；

k——与被焊材料性质有关的系数，低碳钢 $k = 0.86 \times 10^{-6}$；不锈钢 $k = 1.27 \times 10^{-6}$；

q_v——焊接热输入，$q_v = \eta UI/v$（J/cm）；

η——焊接热效率，埋弧焊 $\eta = 0.8 \sim 0.85$，焊条电弧焊 $\eta = 0.6 \sim 0.75$；

U——电弧电压（V）；

I——焊接电流（A）；

v——焊接速度（cm/s）。

根据挠度与曲率的关系，$f = CL^2/8$ 可得出构件的挠度为：

$$f = \frac{kq_v eL^2}{8EJ}$$

式中 L——构件长度（cm）；

f——挠度（cm）。

从上式可以看出，构件的挠度与焊缝的偏心距 e 及焊接热输入成正比，与构件的刚度 EJ 成反比。也即构件焊接时形成的压缩塑性变形量大小（焊后收缩力大小）和偏心程度有关。所以凡影响塑性区尺寸的因素均影响收缩力的大小，收缩力与焊脚尺寸成正比。图2-45所示为100mm×150mm的T形构件在1200mm长度上的挠度值，曲线上的数字表示角焊缝的层数。显然由于焊缝与中性轴不重合而产生弯曲变形，随着焊接层数的增加，焊脚尺寸变大，弯曲变形随之增加。

图2-46所示为工字梁由于装配焊接顺序不当所产生的弯曲变形，图中所示装焊顺序是先将腹板与一片盖板装配焊接成T形梁，这时发生较大的弯曲变形，待T形梁焊接完毕，再焊接另一盖板。另一盖板焊接时发生的弯曲变形，虽然可以将装焊T形梁时产生的弯曲变形抵消一部分，但由于此时工形截面的惯性矩远大于T形截面的惯性矩，所以两者不能相互抵消，如果先把腹板和两盖板定位焊成工字梁，并采用图2-47所示的焊接顺序，此时由于焊缝对称布置，上下两对角焊缝所引起的挠曲变形则可以相互抵消。

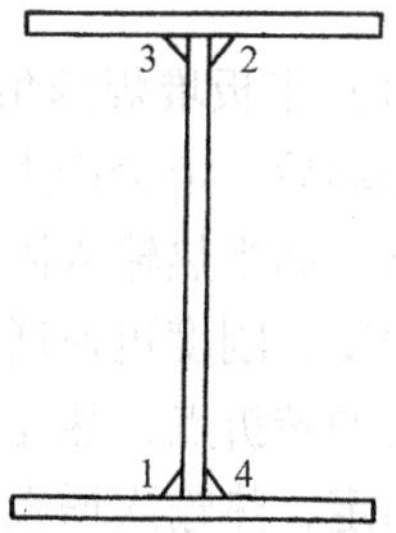

图2-47 工字梁合理的焊接顺序

当未确定焊接参数的条件下，单道焊缝引起构件弯曲变形挠度的经验估算值可由下式进行：

$$f=\frac{k_1}{8J}A_{\mathrm{H}}eL^2$$

多层焊时应再乘以与纵向收缩公式中相同的系数 k_2。

（2）横向收缩引起的弯曲变形 如果横向焊缝在结构上的分布不对称，横向收缩也可引起构件的弯曲变形，图2-48所示的工字梁上部布置了若干短肋板，肋板和腹板及肋板与盖板的角焊缝都分布在梁的中性轴的上部，它们的横向收缩都将使工字梁产生下挠。

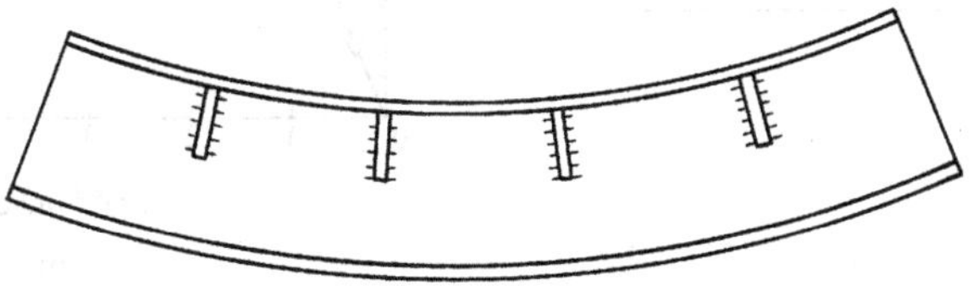

图2-48 工字梁上肋板横向收缩引起的弯曲变形

横向焊缝由于焊缝重心与构件重心不重合，引起弯曲变形，此时按下式可粗略估算弯曲曲率：

$$C'=k'q_{\mathrm{v}}e'B/\alpha J$$

式中 k'——和构件性质有关的系数，$k'=(1\sim3)k$；

α、B、e'——见图2-49；

q_{v}、J——意义同上。

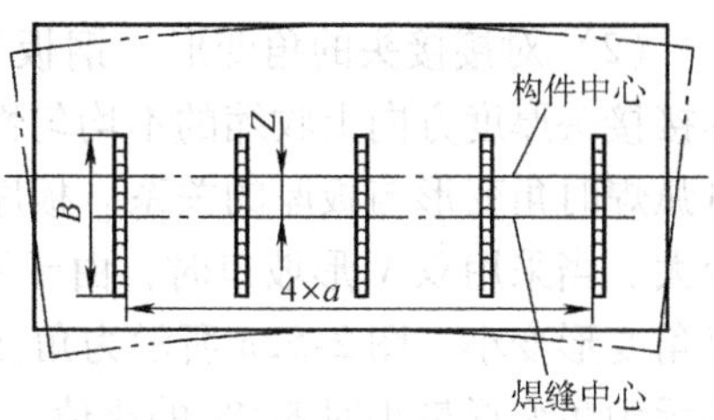

图2-49 横向焊缝引起弯曲残余变形

在装配焊接桥式起重机主梁时也会遇到上述问题，所以在编制焊接工艺时应特别注意。在实际生产中，首先要装配焊接箱形梁的上盖板和大小肋板，这样焊缝的横向收缩只引起上盖板长度的减小，只要在下料时预留出收缩量即可。然后再装配下盖板与腹板，这样防止了小肋板与上盖板焊缝的横向收缩引起主梁的弯曲变形。

3. 角变形的产生及变形值的估算

角变形多发生在中、厚板的对接焊和角焊时。这种变形是由于在厚度方向温度分布不均匀导致压缩塑性变形量在厚度方向上不一致，或者是熔化金属在厚度方向上收缩量不一致而引起的。

（1）平板堆焊的角变形　平板堆焊时，如果焊接面产生的压缩塑性变形比背面大，那么在冷却后一定会产生角变形。角变形的大小与焊接热输入、板厚等因素有关，应综合考虑其影响。如当热输入固定，则随板厚的增加，厚度上的温差增大，角变形增加，板厚增大到一定程度，刚度迅速增加，使板的变形阻力变大，角变形开始减小，即出现一个与焊接热输入有关的转折点，热输入越大，转折点越往板厚增加的方向移动，如图2-50a 所示。同理，板厚固定，热输入增大，压缩塑性变形区增大，角变形增加，热输入增大到一定程度，正背面的温差逐渐变小，角变形反而减小，也有一转折点。综合两者结果，可得图 2-50b 所示的结果。

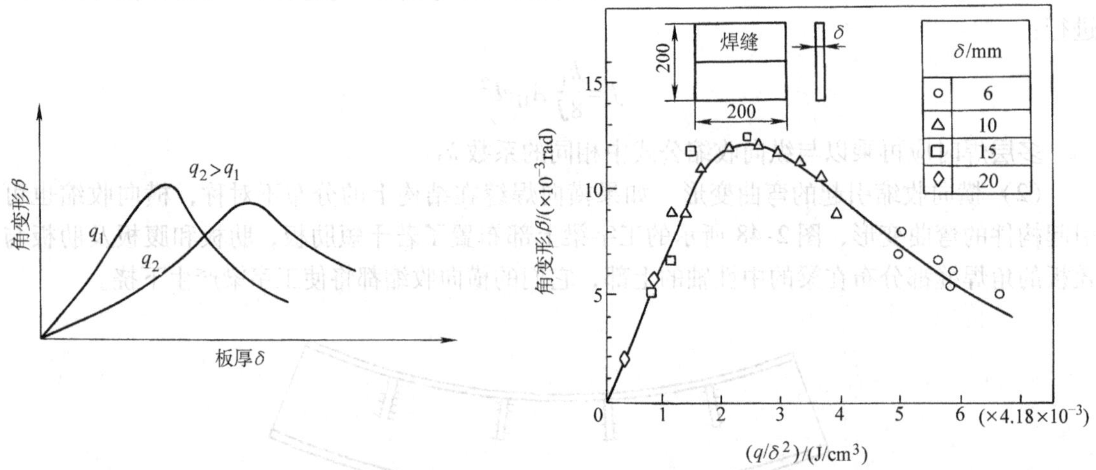

a)　　　　　　　　　　b)

图 2-50　角变形与热输入和板厚的关系

a）示意图　b）熔化极气体保护焊在四种不同厚度板上堆焊的结果 $1° = (\pi/180)$ rad

（2）对接接头的角变形　钢板对焊时，接头坡口角度对角变形的影响最大。V 形坡口焊接接头厚度方向上收缩的不均匀性最大，所以角变形最大，图 2-51 所示为 V 形坡口焊条电弧焊时角变形与板厚的关系。板厚增加时，厚度方向上收缩的不均匀性变大，角变形随之变大。当采用双 V 形坡口时，由于正、背两面焊接引起的角变形可以相互抵消一部分，所以角变形变小。图 2-52a 所示为角变形与坡口几何参数 δ_1、δ_2 和 δ_3 之间的关系，图 2-52b 所示为角变形最小时 δ_1:δ_3 的比值。例如，当板厚为 20mm 时，使角变形最小的坡口形状应是 δ_1: δ_3 =7:3。这时熔敷金属量之比大约为 49:9。随着板厚的增加，背面焊缝熔敷金属量与正面焊道（最后完成的焊道）熔敷金属量的比值逐渐减小，板厚约为 32mm 时，δ_1:δ_3 = 5:5，上述熔敷金属的比值趋于 1:1，坡口为对称的双 V 形。

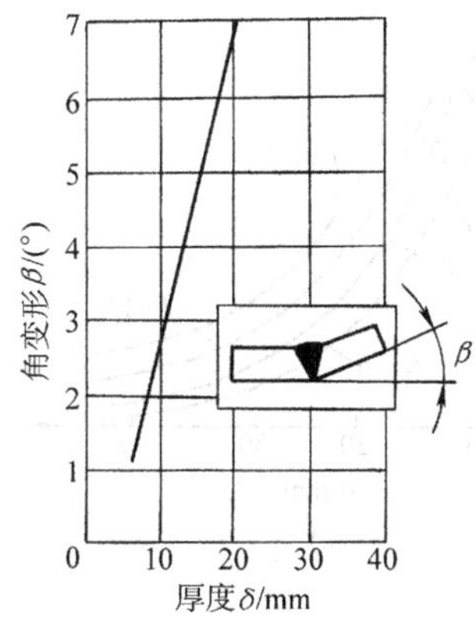

图 2-51　V 形坡口焊条电弧焊时角变形与板厚的关系

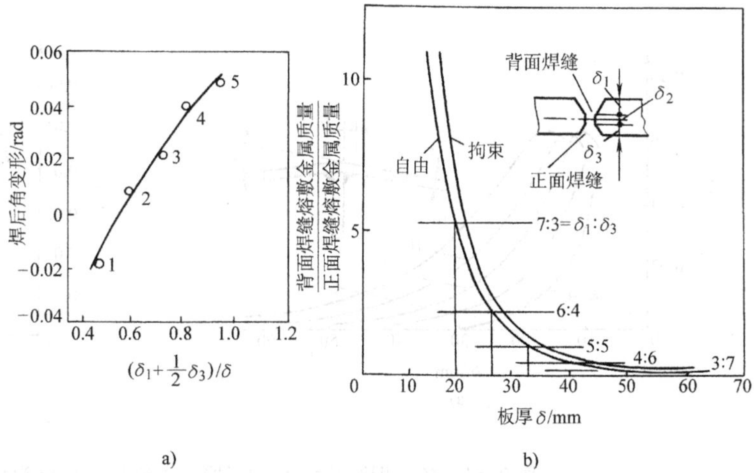

图 2-52　坡口几何形状对角变形的影响

角变形的大小，不仅与坡口形状有关，而且和焊接方式有关。一般来说，多层焊比单层焊脚变形大，图 2-53 所示为角变形与焊接层数的关系。试件板厚为 40mm，采用埋弧焊单面焊接，图中Ⅰ为三丝埋弧焊一次焊完；Ⅱ为第一层用双丝埋弧焊、第二层用单丝埋弧焊两层焊；Ⅲ为每层都用单丝埋弧焊三层焊，Ⅳ为用单丝埋弧焊焊四层。显然层数越多，角变形量变大。

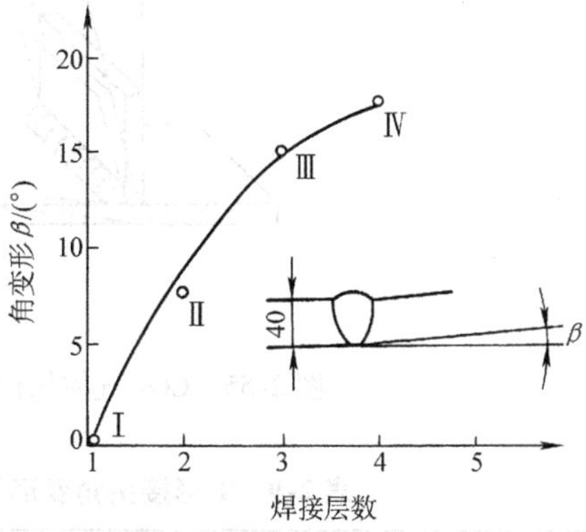

图 2-53　角变形与焊接层数的关系

由以上分析可知，V 形坡口多层焊的角变形量最大，角变形量与坡口的角度有关，坡口角度越大，变形量越大。V 形坡口一次焊完的角变形可由下式估算：

$$\beta = 0.0176\tan(\theta/2)$$

式中　θ——坡口角度（°）。

（3）角焊缝产生的角变形　T 形接头的角变形包括两个方面，以工字梁为例，焊接盖板与腹板的角焊缝时，腹板和盖板之间相当于 90°的坡口，腹板和盖板之间的变形就相当于 90°坡口对接焊缝的角变形。另外，盖板本身的变形又相当于平板堆焊时引起的角变形，角焊缝引起的变形是这两方面的综合结果。

图 2-54 所示为各种板厚和焊脚尺寸的 T 形接头角变形曲线，图 2-55 所示为 CO_2 气体保护焊角焊缝的角变形与熔化面积示意图。

表 2-9 中列出了 T 形接头角变形值 β 与焊脚尺寸 K 和板厚 δ 之比的关系。

有研究 CO_2 气体保护焊角焊缝盖板侧熔化面积 A_G、腹板侧熔化面积 A_S 分别与盖板和腹板角变形β、α的关系。图2-54所示结果表明：腹板一侧熔化面积增加并不引起腹板角变形的增加，而盖板一侧熔化面积的增加使得盖板的角变形明显增大。

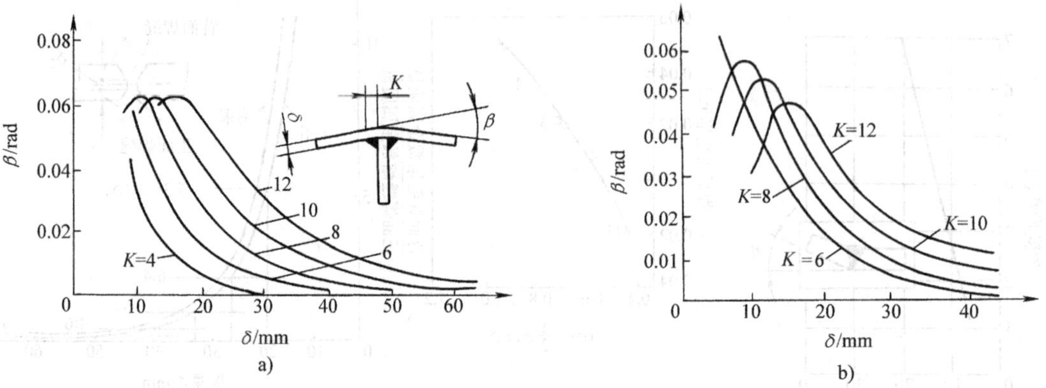

图2-54 各种焊脚尺寸K和板厚δ之比与T形接头角变形的关系

a）低碳钢 b）铝镁合金

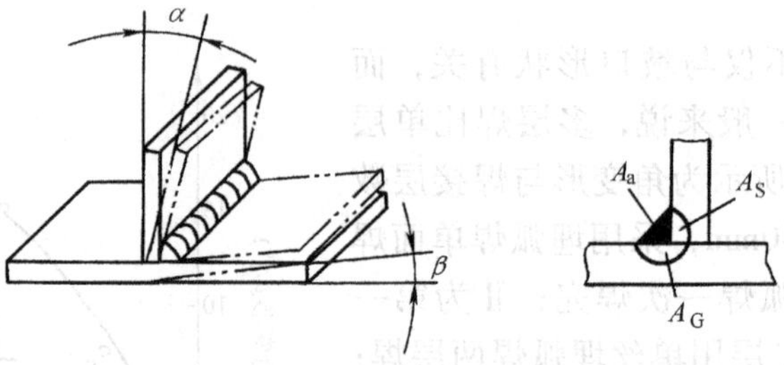

图2-55 CO_2气体保护焊角焊缝的角变形与熔化面积示意图

表2-9 T形接头角变形值β与焊脚尺寸K和板厚δ之比的关系

K/δ	≤0.5	0.7	>0.7
β	≤2°	8°~10°	>10°

而埋弧焊时，盖板侧熔化面积A_G、腹板侧熔化面积A_S与角变形的关系与CO_2气体保护焊的结果正好相反，腹板侧熔化面积的增加，使得腹板角变形值α增大。并且埋弧焊引起的角变形比CO_2气体保护焊大。

图2-56所示为焊接方法和焊道数对角变形的影响。

角变形可以通过反变形来预防，也可以用刚性固定法来限制角变形，这将在下一节详细介绍。

4. 波浪变形的产生

波浪变形是一种失稳变形，在焊接薄板时，远离焊缝的压缩残余应力超过了失稳临界应力，薄板就出现波浪变形，这不但严重影响了产品的外观，而且降低了构件的承载能力。桥式起重机箱形梁的腹板，在焊接大小肋板的角焊缝时，若将肋板刚性固定，则如图2-57所

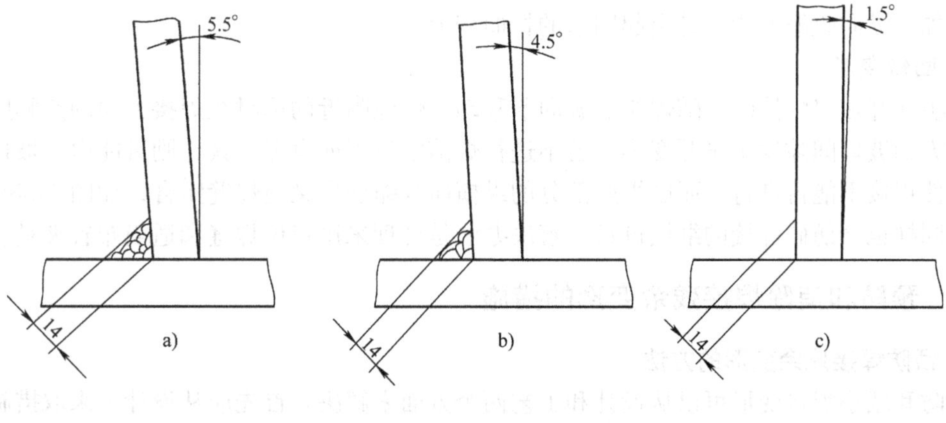

图2-56 焊接方法和焊道数对角变形的影响

a）CO_2 焊 ϕ1.6mm 焊丝 8 道焊 b）埋弧焊 ϕ2mm 焊丝 4 道焊 c）1×15mm 带极埋弧焊 1 道焊

示，会造成腹板波浪变形，承载能力显著下降。

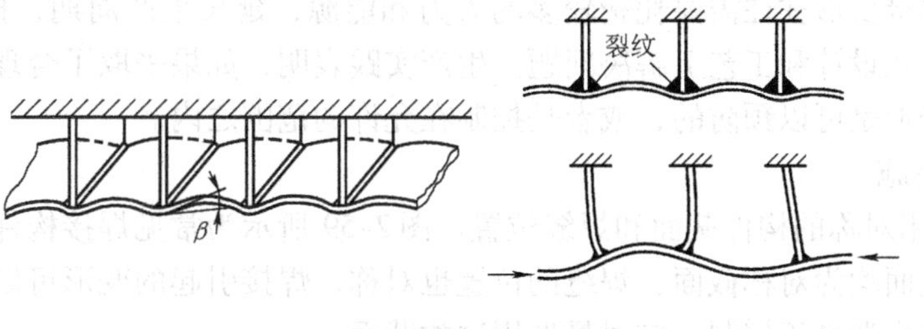

图2-57 腹板由于肋板角焊不当呈波浪变形并导致失稳示意图

平板的失稳临界应力与板厚和板宽之比的平方成正比，还与板边的约束状态有关。板的边界自由度越高，板的宽度越大，其失稳的临界应力值越低。图2-58为焊接时不发生失稳变形的最小板厚（临界板厚）与板的形状、尺寸的关系。

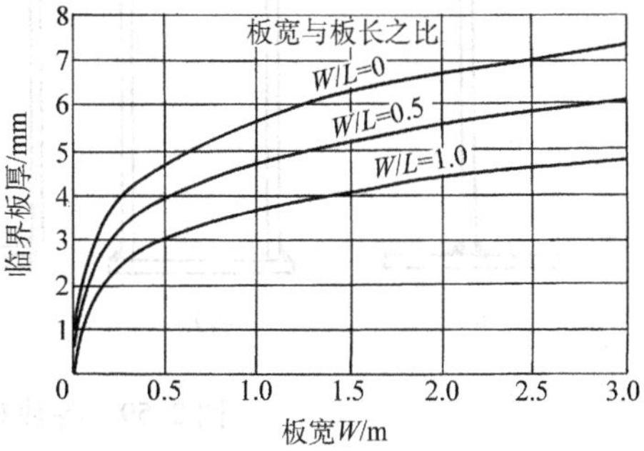

图2-58 低碳钢薄板产生波浪变形的临界板厚与板的形状和尺寸的关系

防止波浪变形可以从两方面着手，由于焊接残余压应力是引起波浪变形的外因，所以凡是能降低残余压应力的措施都可以减小波浪变形。另外提高板的刚度，如压制凸肋、增加骨架的数量、减少板的自由宽度等均可以减小和防止波浪变形。

5. 扭曲变形

一些梁、拄、杆件和框架类结构，如果施焊工艺不当会造成难于矫正的扭曲变形，如图2-38e所示即为工字梁发生的扭曲变形。图中的工字梁有四条纵向角焊缝（又称为腰缝），当定位焊缝焊毕，若同时向同一个方向焊接两条焊缝，如前所述，或在夹具中施焊，则可以减少或防止扭曲变形。若焊接方向和顺序不同，因角焊缝引起的角变形在焊缝长度方向逐渐增大，加上纵向收缩不均，易引起图示的扭曲变形。

6. 回转变形

钢板在开坡口焊接时，随焊接热源向前移动，熔池附近的母材在焊接方向的热膨胀，使热源前方的坡口间隙发生张开变形。若不进行焊前定位焊或设置卡具，则可能由于坡口过于张开，使焊接不能再进行。而已焊好部分的纵横向收缩变形又使焊缝闭合，如图2-38b表明那样，同样也会妨碍焊接的继续进行。解决办法是合理采用定位焊缝和适当布置夹具。

2.3.3 预防和消除焊接残余变形的措施

1. 预防焊接残余变形的方法

预防和减小焊接变形可以从设计和工艺两个方面来解决。首先应从设计上采取措施，在设计上充分估计制造中可能发生的焊接变形，选择合理的设计方案防止和减小焊接变形，因为从设计上解决问题比采用工艺措施要方便得多。另一方面，即使在设计上采取了必要措施来防止焊接变形，如果在生产中采用的工艺不当，也会导致较大的焊接变形，从而影响产品的质量。

焊后矫正焊接变形往往需要耗费较多的人力和能源，延长生产周期，提高产品的成本。所以，应立足于在设计和工艺上解决问题。生产实践表明，如果采取了合理的设计方案和工艺路线，焊接变形是可以预防的，或者是控制在允许的范围之内。

（1）设计措施

1）尽量选用对称的构件截面和焊缝位置。图2-59所示为常见焊接构件的截面形状和焊缝位置。这些截面均为对称截面，焊缝的位置也对称，焊接引起的变形可以相互抵消，只要工艺正确，焊接变形易于控制，应尽量选用这类截面。

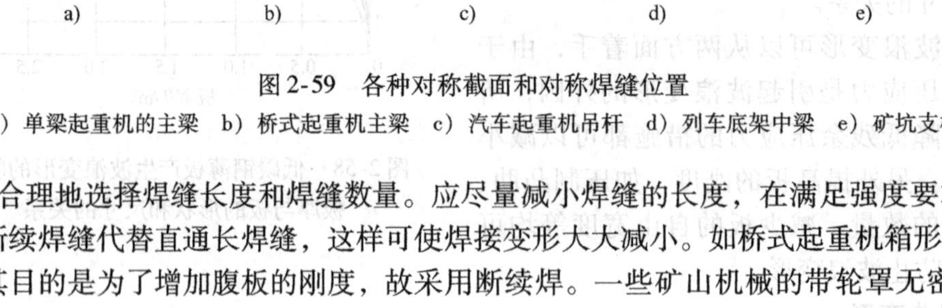

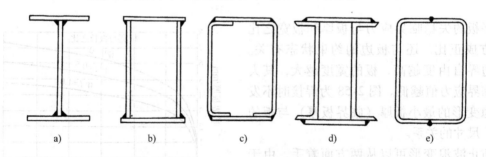

图2-59　各种对称截面和对称焊缝位置

a）单梁起重机的主梁　b）桥式起重机主梁　c）汽车起重机吊杆　d）列车底架中梁　e）矿坑支柱

2）合理地选择焊缝长度和焊缝数量。应尽量减小焊缝的长度，在满足强度要求的前提下，用断续焊缝代替直通长焊缝，这样可使焊接变形大大减小。如桥式起重机箱形梁中的大肋板，其目的是为了增加腹板的刚度，故采用断续焊。一些矿山机械的带轮罩无密封要求，可用断续焊缝代替连续焊缝。

在设计时也应该尽量减少焊缝的数量，如图2-60所示的轴承座，采用图2-60a所示的结构，肋板密集。变为图2-60b所示的形式，用槽钢代替肋板，焊缝的数量大大减少，轴承座的位置精度很容易保证。

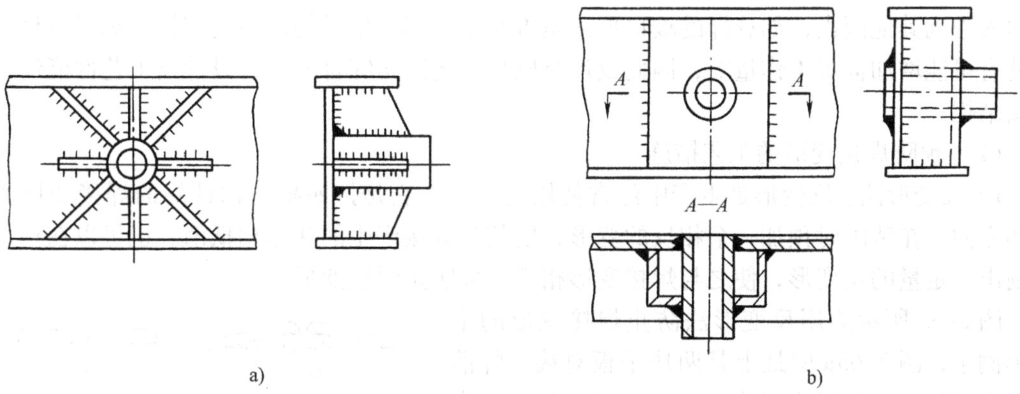

图 2-60　轴承座的加固形式

3）尽量减小焊缝的截面尺寸。焊接变形与熔敷金属的数量有很大关系，所以应尽量减小焊缝截面尺寸。在条件许可的情况下。用双 U 形坡口和双 V 形坡口来代替 V 形坡口，熔敷金属量减少，且焊缝在厚度方向对称，收缩一致，可减小焊接变形。

角焊缝引起的焊接变形较大，所以要尽量减小角焊缝的焊脚尺寸。当钢板较厚时，开坡口的焊缝比角焊缝的熔敷金属量小，板厚不同时，坡口应开在薄板上，如图 2-61 所示。显然图 2-61c 所示比图 2-61a、b 所示的焊缝尺寸大大减小，这样有利于减小焊接变形。

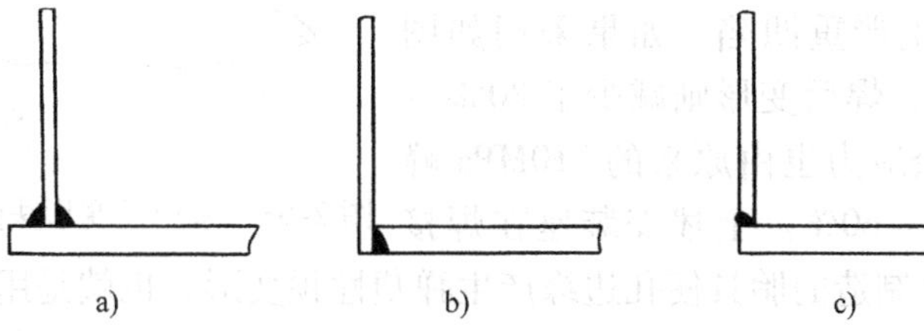

图 2-61　角接时不同的接头形式

4）选用轧制型材、锻件、铸件和钣金成形件构成最佳焊接结构。如用压型板代替焊接肋板，又如图 2-62 所示多为型材构成的梁、柱或杆件，由于焊缝布置不同，明显分出优劣。

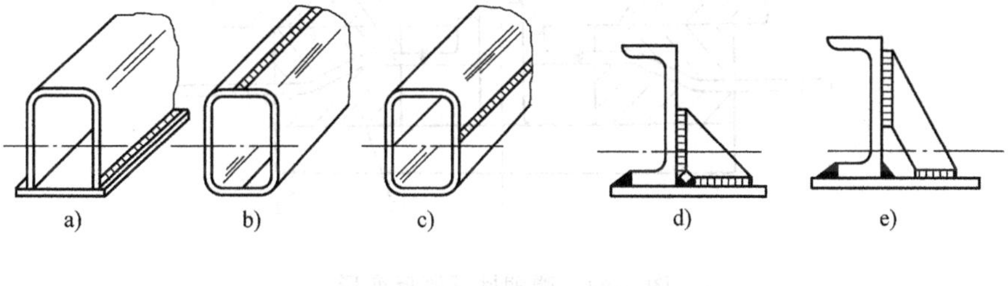

图 2-62　主要以型材构成焊件的焊缝布置

a）、d）不合理　b）、c）、e）合理

上面介绍的注意事项仅仅是设计时应考虑的原则，在针对具体产品制定设计方案时，还必须考虑到其他因素，如选择的坡口形式是否便于施焊，如果构件不能翻转，选择对称的坡口就有可能增加仰焊工作量等，因此设计时应与工艺因素综合考虑，设计出工艺性能优良的焊接结构。

（2）预防焊接变形的工艺措施

1）反变形法：反变形是生产中经常使用的方法。它是按照事先估计好的焊接变形的大小和方向，在装配时预加一个相反的变形，使其与焊接产生的变形相抵消。也可以在构件上预制出一定量的反变形，使之与焊接变形相抵消来防止焊接变形。

图2-63所示为用反变形法防止焊接变形的最简单例子，图2-63a中最上是两块平板对接，焊前将接头处垫起，使两块板成一定的角度，且使这个角度与焊接产生的角变形相同，这样焊后正好使板保持平直。图2-63b所示为工字梁的两盖板，为防止角变形而采用反变形。图2-63c所示为一在薄壁结构上焊接安装座等零件时所采取的反变形措施。焊前使开孔处壳壁外翻，与焊后下陷量相同，然后再进行焊接，这样既防止了焊接变形，同时也减小了焊接残余应力。

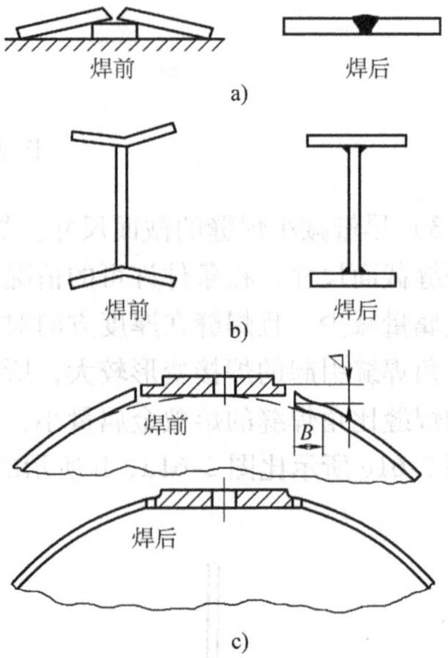

图2-63 采用反变形法防止焊接变形的实例

如飞机扩散器筒体，其壁厚为1.5mm，需要在筒体上焊接若干个安装座，如果不采取反变形措施，焊后将使筒体产生严重凹陷。如果采用如图2-63c所示的预制翻边，焊后变形则减少了80%～90%。同时，焊接残余应力也由原来的310MPa峰值拉应力下降了50%～60%。上述安装座在焊接时，还可采用专门设计制造的胎具使孔边缘产生弹塑性预变形，也就是用专门的模具使孔边产生弹性变形和少量的塑性变形，如图2-64所示，由于刚性约束，焊接过程中的变形被限制了，模具松开卸载后，由于弹性变形的恢复和塑性变形的补偿，使筒体保持平直，不再出现下陷。壁厚越薄，回弹量越大，则越能显示这种预制反变形方法的优越性。

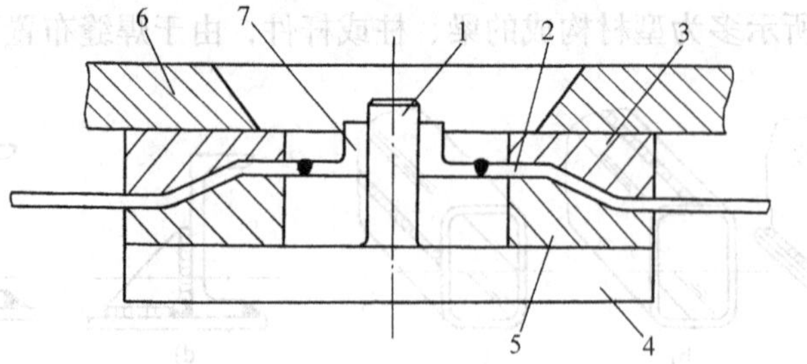

图2-64 弹塑性预制反变形

1—芯轴 2—壳体 3—上模 4—底座 5—下模

6—上压板 7—安装座

反变形法的另一个应用实例是焊接锅炉集箱上的管接头时，由于接管都集中在集箱的一侧，因此接管焊完后锅炉集箱会发生弯曲变形，如图2-65a所示的双点画线所示。如果在焊前按图2-65b所示的方式，将两个锅炉集箱同时装卡在焊接转胎上，使其在外力作用下产生图示的反变形，然后开始焊接，焊后由于接管焊缝的收缩使锅炉集箱产生的弯曲变形与预制反变形相互抵消，使集箱保持平直。

对于截面形状不规则的构件，由于焊缝位置不对称，仅从焊接方法和安排焊接顺序方面采取措施来防止变形则相当困难，此时如采用反变形法则更为适宜。如自卸载重车的副车架，其形状尺寸如图2-66所示，它由冲压槽钢装焊而成。当焊接完成后则出现明显的旁弯，焊后矫形相当困难，因此采用图2-66c所示的反变形措施，用U形卡子使两根梁固定在反变形模板上，使其产生与焊后旁弯变形相反的弹塑性预变形。在焊接时由两人同时施焊，焊后放松U形卡，车架梁发生回弹，可以使其保持平直。

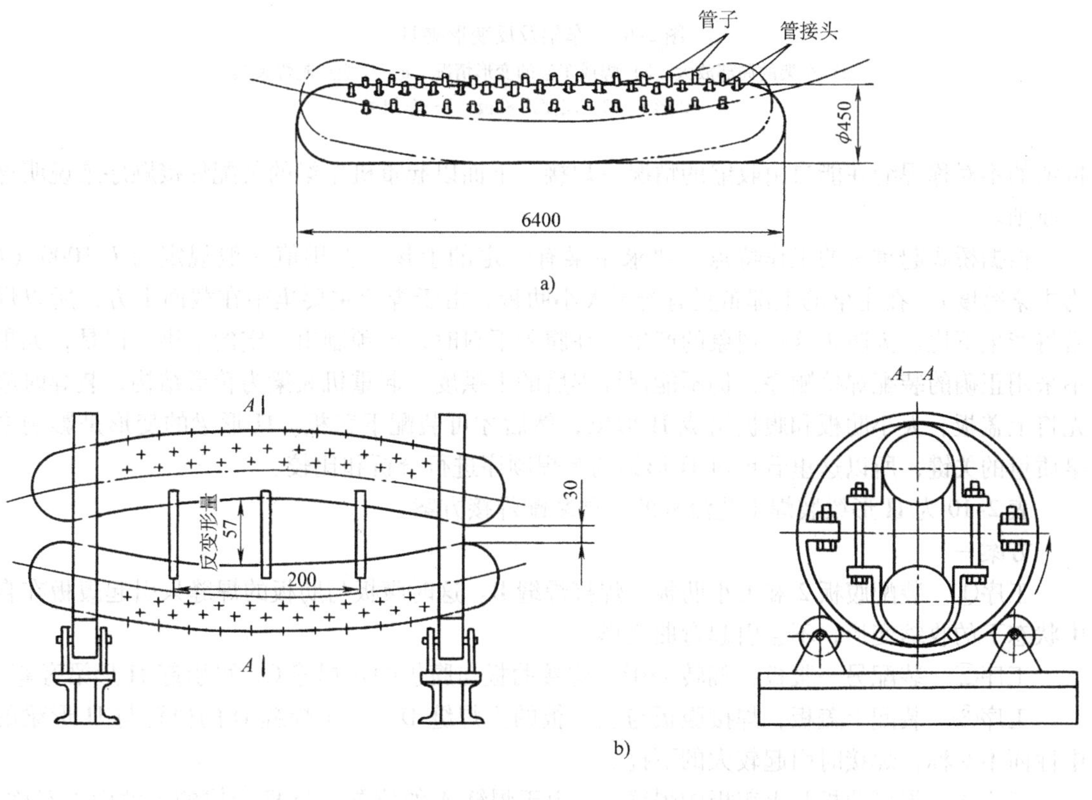

图2-65 锅炉集箱焊接变形及采用反变形的焊接转胎

a）焊接后的弯曲变形 b）用焊接转胎预制反变形

2）选择合理的装配焊接顺序：装配焊接时，由于焊缝的位置对于所组成的构件截面中性轴的位置是变化的。也就是说，对于任何一条焊缝，由于零件的装配顺序不同，焊缝到截面中性轴的距离也不同，因此这条焊缝所引起的焊接变形对于不同的装配焊接顺序是不同的。在各种可能的装配焊接顺序中，总可以找出一个引起焊接变形最小的方案。要选择出变形最小的装配焊接顺序，首先要弄清每一条焊缝在所拟定的装配焊接顺序下，所引起构件变形的大小和方向，这样才可以使各条焊缝引起的变形相互抵消，或者是使那些变形不能相互

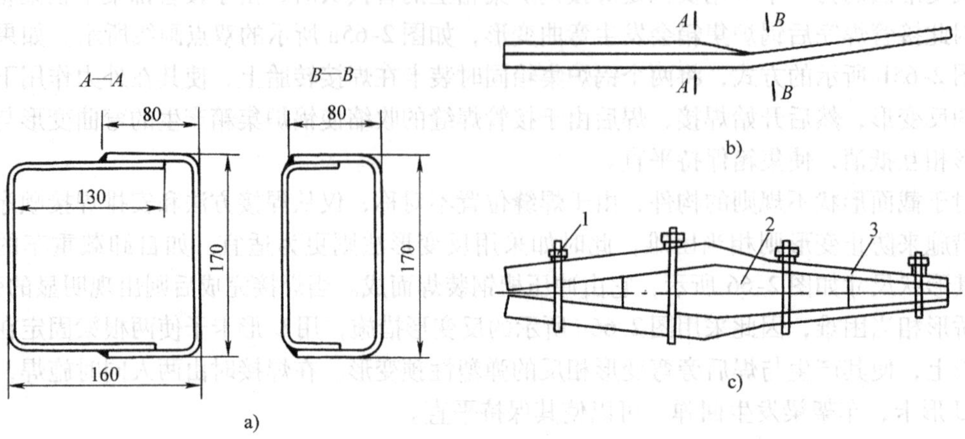

图 2-66 车架及反变形夹具

a）车架的局部放大 b）焊成车架的变形情况 c）反变形施焊夹具

1—U 形卡 2—反变形模板 3—车架梁

抵消的不对称焊缝在能自由收缩的情况下焊接，下面以起重机主梁的装配焊接顺序来说明这一原则。

根据桥式起重机的工作特点，要求主梁有一定的上拱，上拱值一般规定为 $L/1000$（L 为主梁跨度）。在主梁的上部布置有若干大小肋板，由于焊缝主要集中在截面上方，所以焊后将产生下挠。为防止这一现象的产生，在腹板下料时，已预制出一定的上拱。但是，如果不采用正确的装配焊接顺序，仍不能保证焊后的上拱度。起重机大梁为箱形结构，装焊时应先将上盖板、大小肋板和腹板组成 Π 形梁，然后才可装配下盖板。Π 形梁的变形是影响主梁质量的关键，所以这里着重对 Π 形梁的装焊顺序进行分析和比较。

表 2-10 为 Π 形梁装焊工艺流程的三种装配焊接方案。

方案一

工序① 装配腹板 2 和大小肋板，焊接焊缝 B。这时腹板与肋板的焊缝只引起腹板在自由状态下的收缩变形，不会引起弯曲变形。

工序② 装配另一腹板，翻转 180°，焊接肋板与腹板的角焊缝 C，可引起 Π 形梁旁弯。

工序③ 装配上盖板，焊接腹板与上盖板的主焊缝 D。由于焊缝 D 的位置与 Π 形梁的中性面不对称，焊接时引起较大的下挠。

工序④ 焊接肋板与上盖板的焊缝 A。由于焊缝 A 的位置也与 Π 形梁的中性面不对称，焊缝的收缩也引起较大的下挠。

方案二

工序① 将腹板、大小肋板和盖板全装配好，焊接腹板与盖板的主焊缝 D，由于焊缝 D 位于 Π 形梁中性面以上，焊接后纵向收缩会使其产生较大的下挠。

工序② 焊接盖板与肋板的焊缝 A。同样，焊缝 A 的横向收缩也引起下挠。

工序③ 焊接肋板与腹板的焊缝 B。焊缝 B 位于 Π 形梁中性面的上方，其收缩变形同样引起下挠变形。另外 B 焊缝的收缩还会引起 Π 形梁的旁弯变形。

表 2-10　Π 形梁装焊工艺流程的三种装配焊接方案

工序	方案		
	Ⅰ	Ⅱ	Ⅲ
①	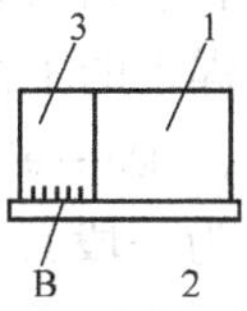	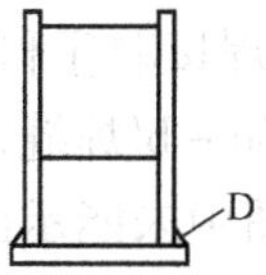	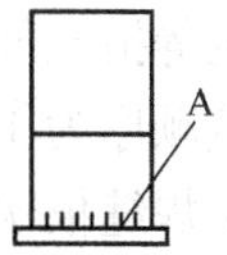
②	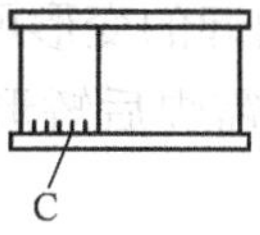	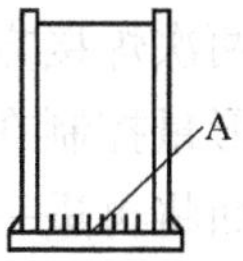	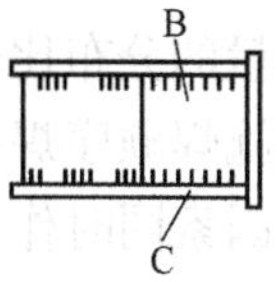
③	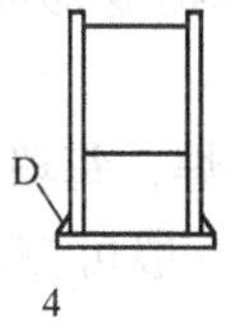	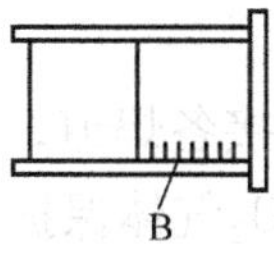	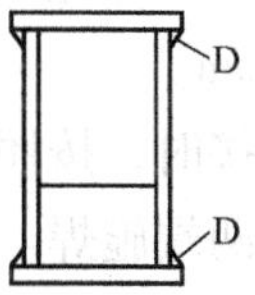
④	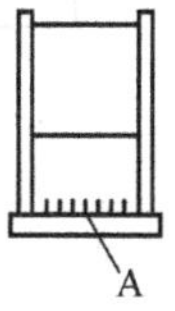	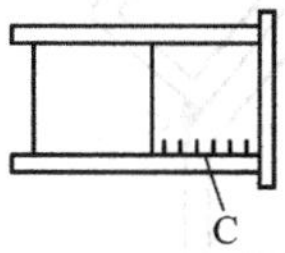	—

注：A—上盖板与大、小肋板的角焊缝　B、C—两腹板分别与大、小肋板的连续和断续角焊缝　D—盖板与腹板之间的主角焊缝　1—大肋板　2—腹板　3—小肋板　4—上盖板。

工序④　翻转 180°，焊接肋板与另一腹板的焊缝 C，焊缝 C 也位于 Π 形梁中性面的上方，焊后收缩引起 Π 形梁下挠。但它引起的旁弯可与焊缝 B 引起的旁弯相抵消一部分。

方案三

工序①　装配肋板与盖板，焊接焊缝 A。焊缝 A 收缩引起的盖板变形很容易矫正，它引起的盖板收缩量可在下料时留出。

工序②　装配左右腹板，焊接焊缝 B、C。由于 B、C 位于 Π 形梁的中性面上方，故焊接收缩会引起一定的下挠。

Π 形梁装配完后，先不焊接上盖板与腹板的主焊缝 D，待与下盖板装配完后，再焊接腹板与两盖板的四道主焊缝。这时由于焊缝基本上对称于箱形梁的中性面，焊接收缩引起的弯曲变形可以相互抵消，引起的下挠可以被克服。

比较上述三种方案，可以看出：不同的装配焊接顺序所引起的焊接变形是不同的。方案三的变形最小，方案二的变形最大，方案一介乎两者之间。在考虑装配焊接顺序时，还应同时兼顾施焊条件和生产效率，如 Π 形梁全部装配完再焊接盖板与肋板的焊缝 A，这样焊接较为困难。在采用方案一时，由于构件的刚度小，翻转次数又较多，所以需要较长的焊接装配辅助时间，影响焊接生产率。

下面列举几个用合理的装配焊接顺序减小焊接变形的实例：

例1：图2-67所示为履带式钻机臂杆的截面形状，该臂的截面形状较为复杂，且焊接变形要求很严，臂长4m，挠曲变形要求控制在0.5mm之内。焊接时除采用小的焊接参数、刚性固定等措施外，还采用如下焊接顺序和交替均匀分布焊工的工艺。

焊接顺序为①c－c′焊缝，②b－b′焊缝，③d－d′焊缝，④a－a′焊缝，由二人同时施焊。每条通长焊缝依次分为16段（图中未能示出，即250mm为一段）。二人对称的按照下述顺序从左向右焊接每段长度的一半。顺序为4、13，8、9，3、14，7、10，2、15，6、11，1、16，5、12。然后按照相反的顺序，自右向左焊接每一段焊缝的另外一半。这样不仅每次施焊时热量的分布比较均匀，而且两次焊接方向相反，所引起的变形可以相互抵消一部分。按照上述施焊顺序焊接后，弯曲变形量控制在0.35mm，无需焊后矫形。当然焊接变形的控制是若干因素同时作用的结果，后面将再进一步说明。

例2：大型工字梁的截面如图2-68所示，梁长为14m，高为400～600mm，盖板宽为400～800mm，板厚为15～40mm的Q345（16Mn）钢，焊接变形要求在全长上的弯曲变形小于6mm。

焊接时，按照图示的顺序焊接各焊道，并采用分段跳焊，每段长为300～400mm，从梁中部向两端施焊。焊接时采用CO_2气体保护焊，焊后变形一般可控制在要求的范围内。

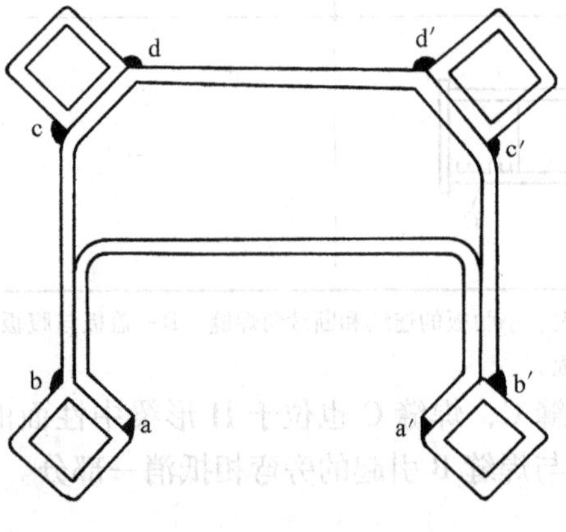

图2-67 钻机臂杆截面形状及分段顺序

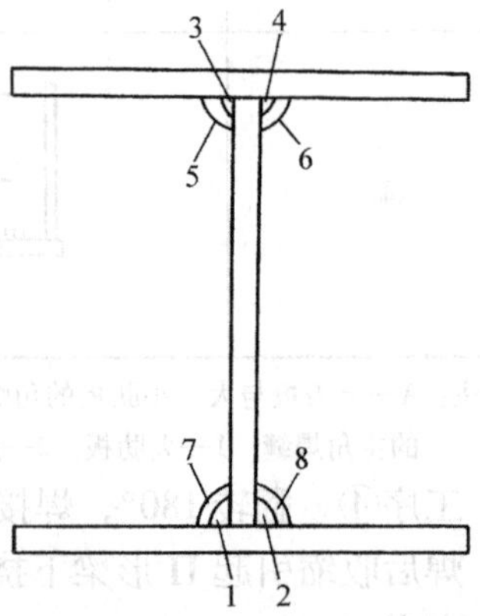

图2-68 工字梁截面形状及焊接顺序
1～8为焊接顺序

例3：图2-69所示为5t龙门式起重机主梁结构图。该梁由主要零件1、4、5组成（见图2-69 A－A），全长28m。焊完后全梁中部两支腿间应有18mm预制上挠（上拱）。支腿以外悬臂应有10～11mm的上挠（上跷）。

该梁有三种施焊次序：

第一，三件一起装配定位焊后，进行焊接。采用这种方案预制上挠很困难，同时必须有大吨位起重机翻转焊件，否则钢管1与连接板4焊缝需要仰焊。

第二，先将工字钢用火焰预制出所要求的上挠（中部预制22.5mm，悬臂预制10mm），然后装配连接板，焊接的角焊缝则使预制上挠发生减小的变化。然后装配圆筒，焊接两者间角焊缝。

第三，先将圆筒与连接板焊接，焊接可以分段进行（即在每一截面圆筒上分别焊接连接板）。

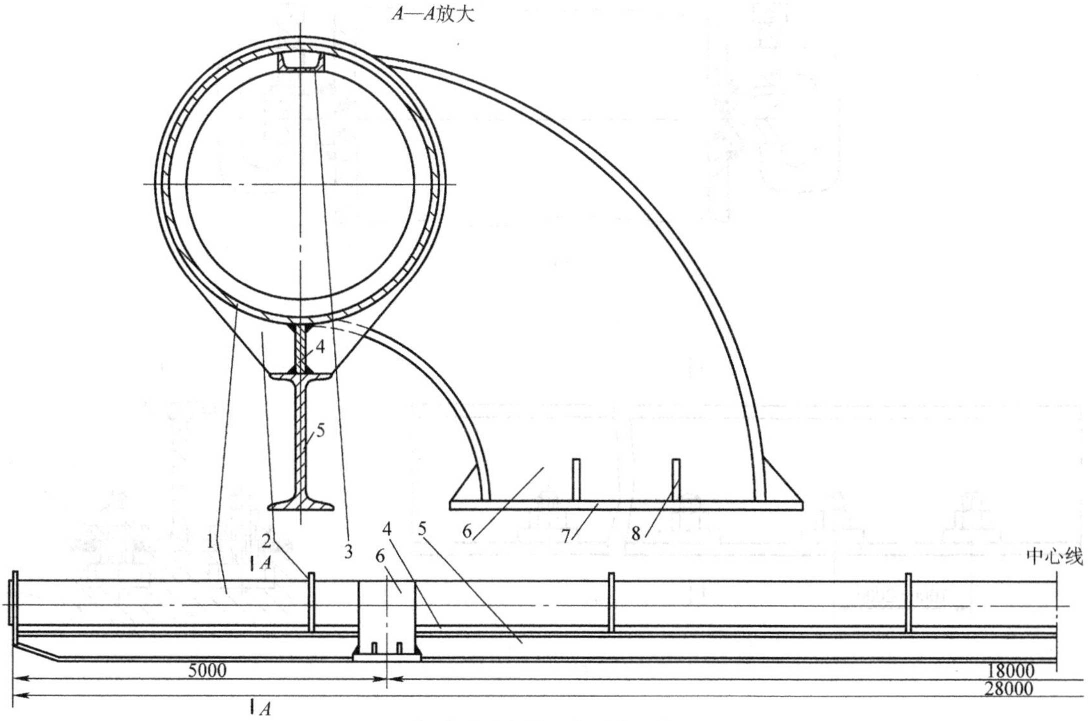

图 2-69　龙门吊车钢管与型钢组合主梁

1—钢管（ϕ630mm×7mm）　2—肋板　3—槽钢　4—连接板　5—30 工字钢

6—连接支腿的弯头　7—法兰板　8—三角肋板

然后将各个分段分别往用火焰加热预制好上挠的工字钢上装配。这样先焊连接板对圆筒的角焊缝，形成分段组成希望的上挠，再焊连接板与工字钢间的角焊缝，这也对保证预制上挠有利。同时所有焊缝可处于船形角焊和平角焊焊缝位置，对于工地建造时没有大型起重设备比较有利。因此，施工时采用了第三种施焊顺序。

3）刚性固定法：刚性固定法是将焊件固定在有足够刚性的胎夹具上，或是临时装焊支撑，以增加构件的刚度来减小焊接变形。对于大批生产的构件，一般都专门设计制造装焊胎夹具等刚性固定构件，以减小其焊接变形，尤其是减小或防止波浪变形和角变形的产生。在设计这类专用胎夹具时，一般应考虑适当地采用反变形措施，因此这类胎夹具防止或减小变形是刚性固定和反变形两种措施的共同结果。

图 2-70 所示为刚性固定法的两个简单例子。图 2-70a 所示为焊接法兰时采用的刚性固定法，两个法兰背对背用夹具固定，这样可以减小角变形，也可以将法兰压紧在平台上。

图 2-71 所示为焊接大型工字梁时，防止盖板角变形所采用的刚性固定法。大型工字梁的盖板较宽，可达 1000mm 以上，盖板与腹板的角焊缝将引起盖板发生明显的角变形。如果在焊前使盖板预制出反变形则需要吨位较大的压力加工设备，因此在实际生产中多采用加临

时支撑的刚性固定法。工字梁腹板、盖板装配完后，每隔400~500mm临时定位焊上一根支撑杆，以增加其局部刚性，这样不仅可以减小盖板的角变形，而且由于截面刚性的增加而防止了扭曲变形的产生。

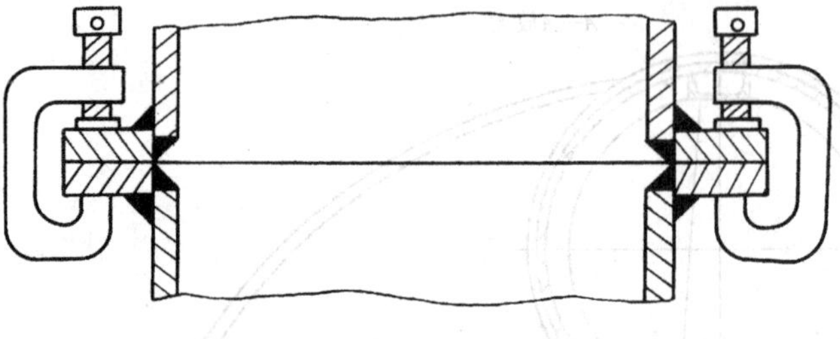

a)

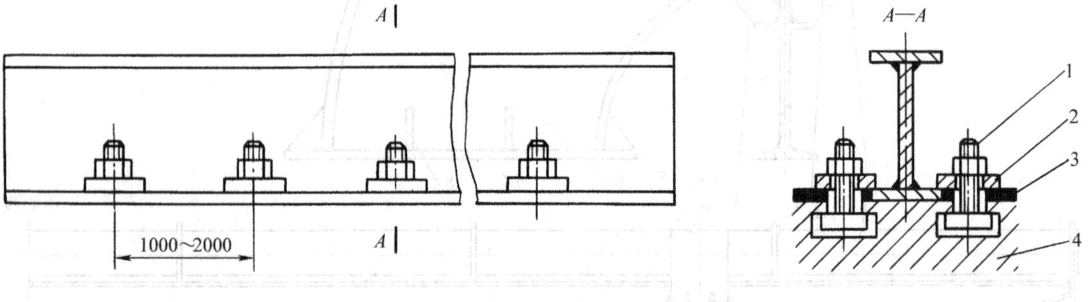

b)

图2-70 刚性固定法实例

a）焊接法兰时采用的刚性固定 b）焊接工字梁的刚性平台

1—固定螺钉 2—垫圈 3—垫铁 4—刚性平台

图2-72所示为汽车横梁及其焊接夹具。汽车横梁的形状比较复杂，如图2-72a所示，在立肋板与拱形板焊接时，焊缝的收缩将使得与车架铆接的角形铁之间的距离缩小。在成批生产时，一般采用专门设计的装配焊接转胎来防止这一变形，如图2-72b所示，胎具适当将角形铁之间的距离加大，预留出变形量Δb，焊后可保证横梁的尺寸精度。由于梁在转胎上被刚性固定，所以焊接时不必再考虑各道焊缝的焊接顺序，从而提高了焊接生产率。

在成批生产某种构件的焊接车间中，大都有各种专门设计的装配焊接装备，如生产机车、敞车底架和转向架、大马力柴油机焊接机身、各类工程机械车架等专用翻转机。它们不仅可以使构件刚性固定，控制焊接变形，而且可以通过不断变换构件的空间位置使大多数焊缝都处于便于施焊的位置，提高焊接效率，又易于保证焊接质量。若干个平台、夹具、翻转机串联，则可以形成生产流水线。

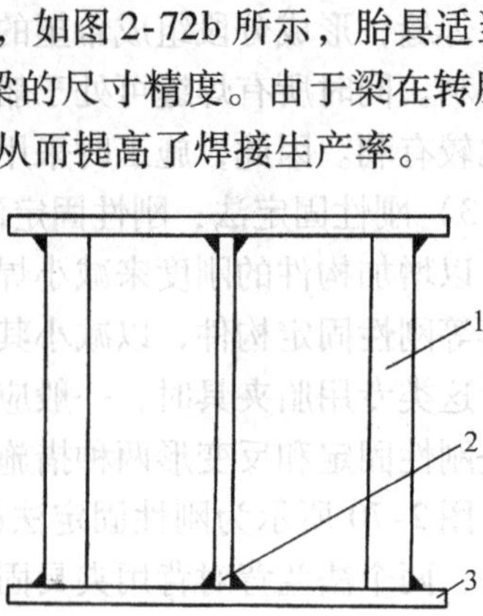

图2-71 工字梁盖板的局部刚性固定

1—腹板 2—支撑杆 3—盖板

刚性固定法增加了构件的刚度，不可避免地增大了焊缝的拘束度，使得焊接应力增大，所以在焊接裂

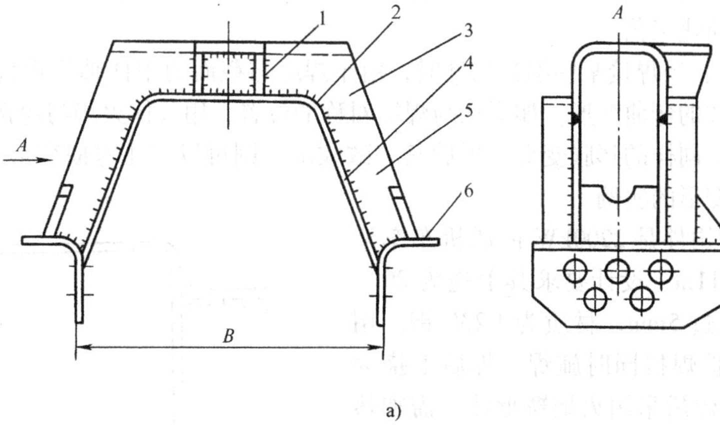

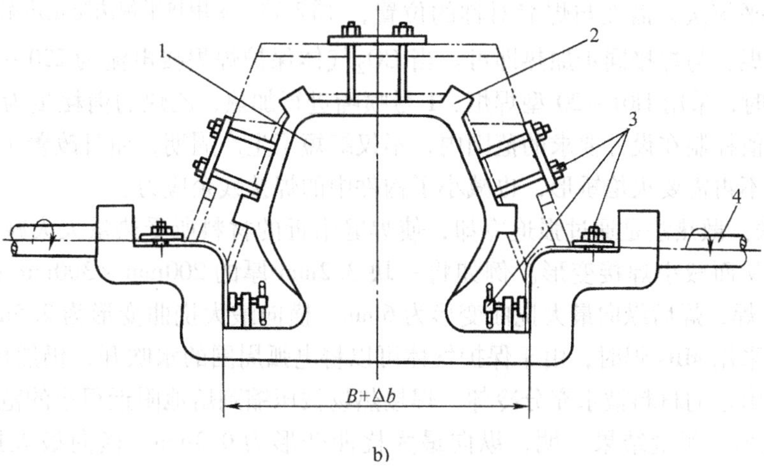

图2-72 汽车横梁及其焊接夹具

a）汽车横梁 1、2—焊缝 3—槽形板 4—拱形板 5—主肋板 6—角形铁

b）焊接时用的夹具 1—胎架 2—定位铁 3—螺旋压紧器 4—回转轴

纹敏感性高的材料时，应尽量不采用这种方法。同时，刚性固定法减小焊接变形是靠增加近缝区的塑性变形来达到的，它消耗了材料的塑性储备。对于高韧性材料制成的构件，采用这一方法不会影响结构的使用性能，但对于韧性差的材料，过多地消耗了材料的塑性储备将是危险的，这一点在采用刚性固定法时应特别予以重视。

4）预拉伸法：这种方法多用于薄板平面构件。这种方法是在焊前将薄板用机械方法拉伸或用加热方法使之伸长；然后再与其他构件（如框架或肋条）装配焊接在一起。故焊接是在有预张力或预先膨胀的条件下进行的，焊后去除预张力或冷却回复，此时薄板已为焊接在一起的其他构件（如框架或肋条）固定，则有效地降低了板中残余应力，减少了出平面的变形（如波浪变形）。常用的除拉伸（SS）法、加热（SH）法外，还将两者结合为拉伸加热（SSH）法。对于面积较大的壁板结构，SS法要求有专门设计的机械装置和配套的焊接自动化设备。在用SH法中也可让电流通过面板，产生电阻热来取代附加的间接加热的加热器加热，从而简化工艺。

5）热平衡法：当焊接某些细长构件时，由于焊缝与截面的中性轴不重合，故焊缝的纵向收缩会引起构件的弯曲变形，如果在与焊缝对称的位置，用气体火焰与焊接同步加热，使加热区和焊缝产生同样的膨胀变形，焊后其一致收缩，则可以防止弯曲变形。图2-73为热平衡法防止焊接变形的实例。

图2-73所示构件是2200kW内燃机车车架边梁，其长度为11m，设计要求其上挠为20~22mm，旁弯不超过5mm，材质为Q235钢。用两台CO_2气体保护焊机同时施焊，焊后上挠为46~50mm。如果焊后采用火焰矫形法，需加热20~22个点，加热温度为600~650℃，才可将上挠值矫正到设计要求的范围内，需耗费较多工时。采用热平衡法只需在与焊缝对称的位置，布置氧乙炔焊炬，与焊接同步加热即可。当CO_2气体保护焊焊接电流为220~230A。电弧电压为28~30V时，采用H01-20型焊炬、1号喷嘴进行加热，乙炔的消耗量为450~500L/h。这样可将上挠值控制在设计要求的范围内，不仅缩短了生产周期，而且改善了工人的劳动条件。同时由于不再需要火焰矫形，也减小了构件中的焊接残余应力。

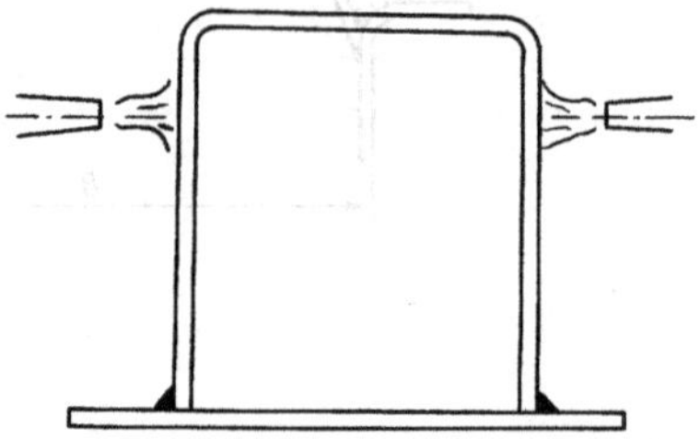

图2-73 采用热平衡法防止边梁箱形结构变形

6）散热法：散热法是通过强迫冷却，使焊缝附近的材料所受热量大大减少，缩小焊接热场的分布，从而减小焊接变形。例如将一块3.2mm厚的200mm×300mm的低碳钢板对接，采用MIG焊，焊后纵向最大挠曲变形为6mm，横向最大挠曲变形为2.5mm。如果将此板放入水中，采用MIG焊时，由于保护气体可以将电弧周围的水吹开，仍然可以进行焊接。这时由于焊缝附近的材料被水充分冷却，焊接热场被压缩到熔池附近很小的范围内，所以焊后变形明显减小。测量结果表明，纵向最大挠曲变形为0.3mm，横向最大挠曲变形仅为0.1mm。散热法焊接还可以在保护气体周围用水帘冷却，也可以达到减小焊接变形的目的。

图2-74所示为散热法减小焊接变形的实例。在补焊ϕ18mm小孔时，由于与它邻近的大孔需安装轴承，几何精度要求较高，不允许补焊小孔时发生变形。因此，在施焊前在小孔底部放置一纯铜板散热垫，利用纯铜的高导热性能将焊接热场范围压缩，以尽量减小大孔的变形。在焊接时还应采用尽量小的焊接热输入，每层焊完后立即锤击。

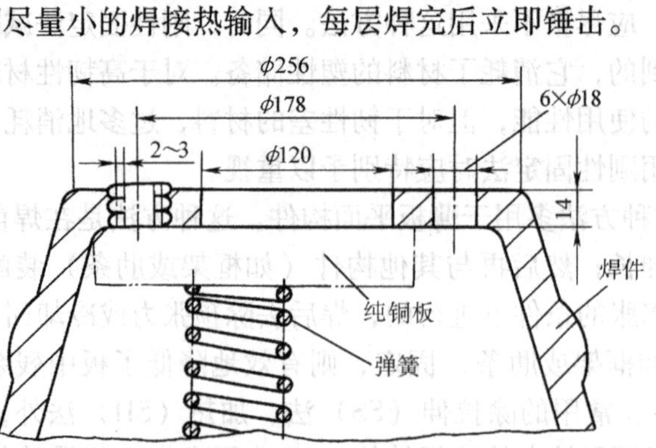

图2-74 散热法补焊小孔

散热法减小焊接变形的另一工程实例如图2-67所示，即在前述的钻机臂焊接时，在臂上的方孔中通水冷却，使得在焊接各道焊缝时，焊接热可以迅速散失，再配以小的焊接热输入和合理的焊接顺序，钻机臂的弯曲变形仅为0.35mm。

散热法不适合于焊接具有淬硬性的钢材，否则将会引发焊接裂纹。

7）合理地选择焊接方法和焊接参数：各种不同的焊接方法所产生的焊接变形不同。一般来说，能量集中，焊接热输入小，焊后变形也小。真空电子束焊焊接能量集中，焊缝很窄，所以变形极小。一些精加工后的机械零件，为了保证其尺寸精度，可以采用真空电子束焊接。发电机汽轮机的叶片，其尺寸精度要求也很高，也经常采用真空电子束焊。采用等离子弧焊、氩弧焊也可减小焊接变形。采用CO_2气体保护焊代替氧乙炔气焊和焊条电弧焊，也可以减小焊接变形。

同一种焊接方法，焊接热输入不同时，焊接变形也不同。如焊条电弧焊采用小直径焊条，用小的焊接电流多层焊所引起的焊接变形，比用粗焊条、大电流单层焊引起的焊接变形小得多。另外在满足焊缝尺寸的前提下，对焊接参数进行调整，也可以减小焊接变形。

图2-75所示为起重机臂杆的截面形状，臂杆为薄壁箱形结构，上下盖板厚5mm，腹板为4mm钢板压制成槽形，材质为Q390（15MnTi）。焊接时采用能量较为集中的CO_2气体保护焊，焊接参数如下：

焊接电流170～190A；

电弧电压24～25V；

焊接速度20m/h。

焊后腹板全长产生失稳波浪变形，直线度达6～8mm，这不仅影响外观，而且影响使用性能。矫正这些波浪变形相当困难。

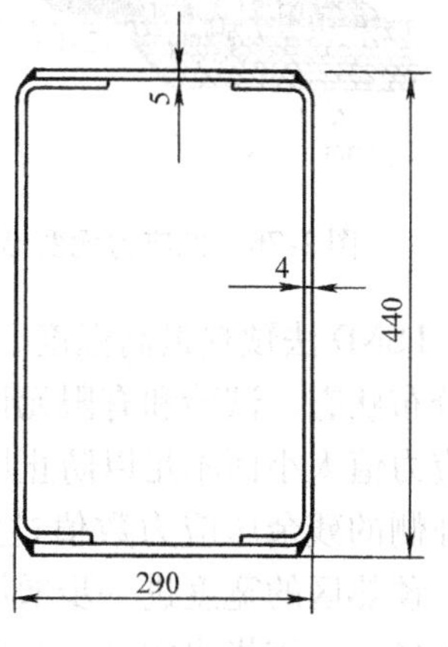

图2-75 起重机臂杆截面

现调整焊接参数如下：

焊接电流180～200A；

电弧电压25V；

焊接速度25m/h。

虽然调整后的焊接参数使焊接热输入略为降低，但原工艺参数已接近临界值，故调整后，焊接速度提高，仍使残余应力降低，使其小于失稳临界应力，波浪变形则不再产生。

8）低应力无变形焊接法：低应力无变形焊接法是专门防止薄板焊接波浪变形的一种新的焊接方法。它的基本原理如图2-76所示。在施焊前距焊缝一定距离处用电加热器预热一定宽度，如图2-76a中2，在达到一定温度时开始焊接。在焊接坡口下方布置铜液冷垫块1，以便将焊接热迅速疏散。在预热区的两侧，用机械或气动夹紧装置使板刚性固定。这样在焊接时有图2-76b所示的预置温度场曲线T，距焊缝中心H有最高温度T_{max}，因而产生预置拉伸效应，产生应力分布如σ曲线。F_1、F_2为焊缝两侧的压紧力，有效防止失稳和保证在焊接高温区的拉应力。图2-76c所示为实际温度场。焊后形成了如图2-76d所示的残余应力分布状态，在焊缝区残余拉应力的峰值比用普通焊接法焊接所产生的残余拉应力峰值降低可达2/3。图2-76e所示为常规焊后残余塑性应变（曲线1）和本法（LSND）（曲线2）焊后残余塑性应变的对比。

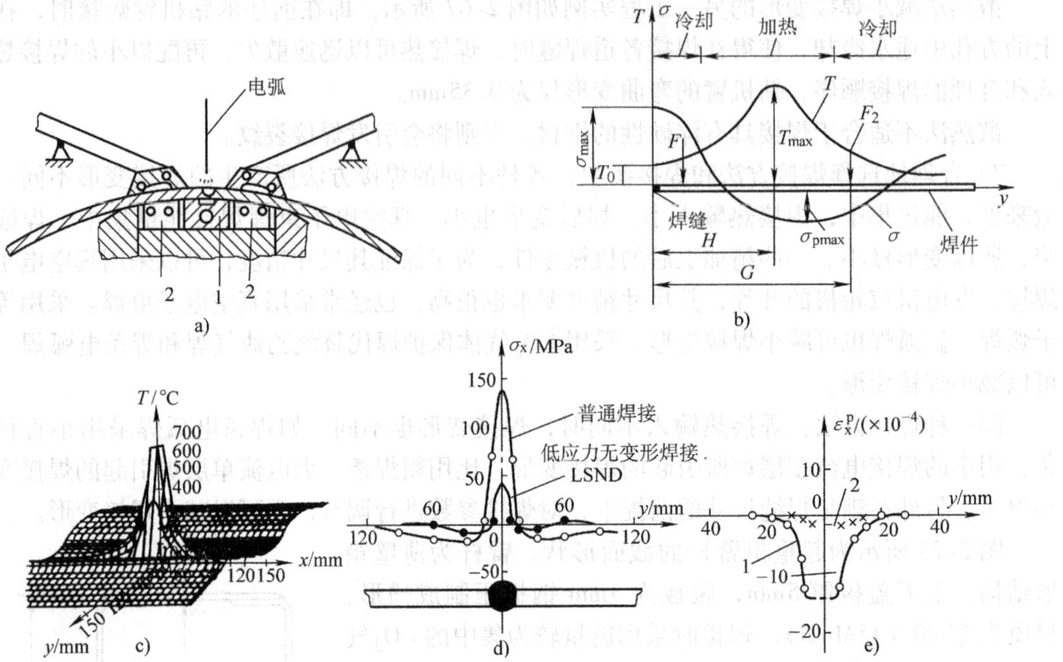

图 2-76 低应力无变形焊接法（LSND 法）工艺原理、实施方案及在铝合金上实测对比

LSND 法预热最高温度、预热区的宽度、预热区至焊缝的距离都会影响到焊接残余应力的分布状态。试验和有限元计算的结果表明，当预热温度低于 150℃时，预热区出现的残余拉应力值太小而不足以防止压缩失稳变形的产生。预热温度过高既不经济，同时又使得预热区外侧的残余压应力数值过大，而又有可能引起压缩失稳变形。最佳预热温度为 300℃左右。预热区的宽度进一步增加，对残余应力的峰值无显著影响，只是加宽了预热区的残余拉应力场。应该指出的是：在进行预热和焊接时，必须施加足够的压紧力，否则不足以防止薄板的失稳变形。

2. 焊后消除焊接残余变形的方法

在焊接结构的制造过程中，虽然采取了各种措施，但焊接变形总是不能避免。通常矫正结构变形的方法有两种：即机械矫正法和火焰加热矫正法。机械法是一种冷矫正方法，它是用机械力使部分金属得到延伸，产生拉伸塑性变形，使变形的构件恢复到所要求的形状。火焰加热矫正法是一种热塑性法，它利用火焰加热金属时产生的膨胀导致压缩塑性变形，冷却后的收缩作用，使构件恢复到所要求的形状。

机械矫正法需要专用的大型油压机或水压机等设备，所以在实际生产中只用于尺寸较小的、成批生产的构件的矫形。火焰加热矫正法不需要专门的设备，简单方便，它适用于单件生产的构件，或者是大型构件的矫正。

机械矫正变形和火焰加热矫正变形都要发生一定的塑性变形，也就是说它们都要消耗一部分材料的塑性储备，所以对于韧性较差的材料，采用这两种方法都应特别注意，防止矫正变形过程中出现新的缺陷。

（1）机械矫正法 机械矫正法矫正梁的弯曲变形的典型实例如图 2-77 所示。利用三点弯曲使构件产生一个与焊接变形方向相反的变形，使梁恢复平直。

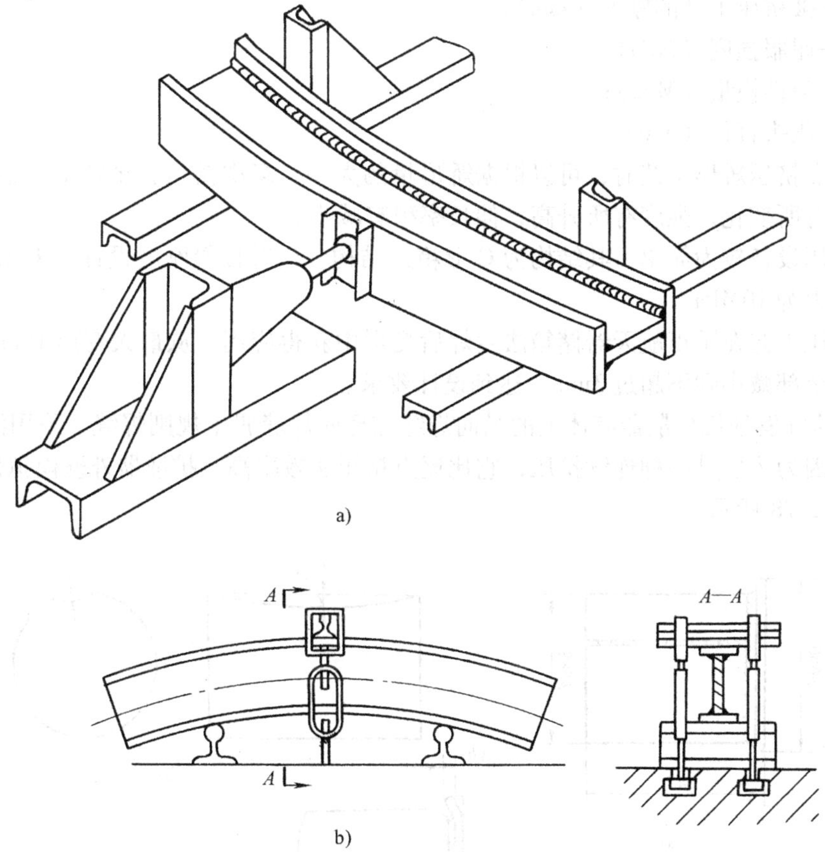

图2-77　机械矫正法矫正梁的弯曲变形

a）用千斤顶　b）用拉紧器

对于薄板结构产生的焊接变形可采用滚压焊缝或逐点挤压焊缝的方法使其延伸而消除焊接变形。对于直焊缝、圆周焊缝等规则焊缝，采用滚压法矫形效果好，效率高。对于非平面曲线和不规则曲线形的焊缝，则不能采用滚压工艺，这时可采用逐点挤压法来压延焊缝，从而达到矫正变形的目的，下面分别举例说明。

例1：铝合金薄壳上焊有封闭焊缝时，会引起很大的焊接变形和残余应力，它不仅影响外观，而且影响后续加工和使用性能，所以焊后必须矫形。

采用逐点挤压矫形工艺时，挤压矫形参数可根据以下原则来确定：

1）压头与金属的接触面积（压头直径 d）较小时，材料的延展效果较高，但压头直径过小时，会造成永久压痕，影响表面质量，一般取压头直径为10mm左右。

2）压点距离的大小决定了挤压的重叠率。压点的重叠率高，金属的横向延展量增加，提高压点的重叠率对提高挤压矫形效果是有利的。但材料受重叠挤压有可能发生加工硬化，因而又限制了延展效果的提高，一般取压点距离为压头直径的一半。

3）挤压力可由下式估算：

$$p=[(1300\sim1400)+(40\sim50)d\sqrt{\delta R_{eL}^2/E}]\times10$$

式中 p——挤压力（MPa）；

δ——被挤压工件的厚度（mm）；

R_{eL}——屈服强度（MPa）；

E——弹性模量（MPa）；

d——压头直径（mm）。

采用逐点挤压矫形工艺时，可以根据矫形量的大小，多次挤压直至矫平。逐点挤压后，材料的性能有所变化，强度有所升高，伸长率稍有减小。

逐点挤压设备较为简单，其结构为C形箱式结构，机臂按等刚度设计，采用液压加载，最大工作压力为10MPa。

逐点挤压工艺在矫正航天器储箱法兰焊后变形中获得应用。从最大变形18mm，挤压三遍后，变形全部减小到不超过3mm，达到设计要求。

例2：喷气发动机扩散器筒体上的纵向焊缝和环向焊缝属于规则焊缝，采用滚压矫形法更为适宜，因为滚压是一种连续挤压，它比逐点挤压法效率高。扩散器外壁模拟件及纵、环缝变形如图2-78所示。

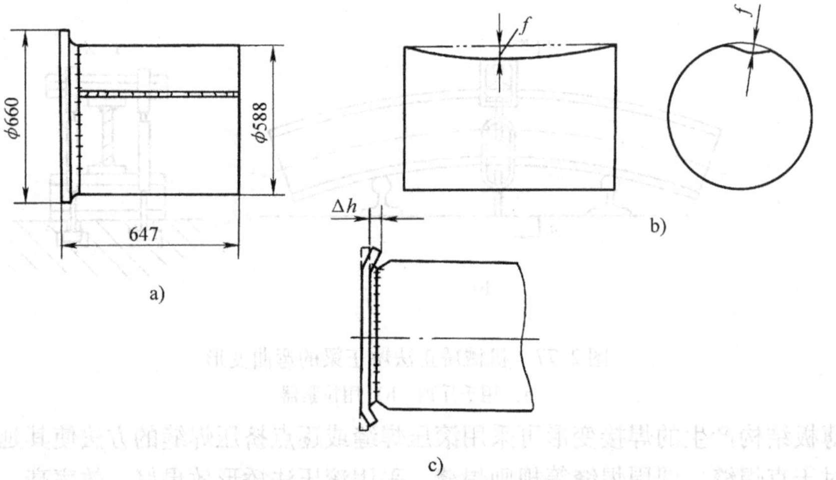

图2-78 扩散器外壁模拟件

a）扩散器外壁模拟件的形状尺寸 b）扩散器筒体纵向焊缝引起的变形

c）筒体与安装边对接环缝所引起的变形（Δh）

筒体纵向焊缝滚压前后变形量的测量值见表2-11。

表2-11 筒体纵向焊缝滚压前后变形量的测量值

焊缝号	滚压规范	变形量 f/mm		变形量 Δ/mm	
		滚压前	滚压后	滚压前	滚压后
1	$F=12000$kN 滚压焊缝及近缝区	1.36	0.26	1.95	0.34
2		1.65	0.39	2.00	0.49
3		1.20	0	2.34	0.15
4		1.09	0	2.17	0.15
5		0.90	0	2.17	0.15

由表 2-11 所列数据可以看出，焊后变形得到了明显的矫正。同样，滚压安装边和环缝后，角变形 Δh 从原来的 0.34 ~2.02mm 降低为 ±0.2mm 范围以内。

如前所述，滚压矫形还可以降低焊接残余应力水平，甚至于在焊缝造成压应力，从而改善了接头的承载能力和抗疲劳破坏能力。

（2）火焰加热矫正法　火焰加热矫正法是利用气体火焰加热构件的伸长部分，使其在较高温度下发生压缩塑性变形，冷却后收缩而变短，这样使构件的变形得到矫正。火焰加热时要注意加热温度不宜过高，因为温度过高会使金属表面质量受到损坏。温度过低时，由于压缩塑性变形量小，矫正效率不高，加热温度一般应为 650 ~800℃。下面举几个生产中的实例来说明。

例 1：车厢外蒙皮为 1mm 厚的 Q235 钢板，骨架为型钢焊接的格状框架，每一格尺寸为 600mm ×600mm。薄板蒙皮与骨架焊接后出现外拱，在 600mm × 600mm 范围内出现高达 15mm 的外拱，严重影响了车厢的外观，此时无法采用机械法矫形，只有使用火焰加热来进行矫正。

采用火焰加热时，加热点应分布均匀，如图 2-79 所示，点距不得过小，首先不应加热上拱最高点，应在图 2-79 所示的Ⅱ区内加热若干点，加热点的直径不得太大，一般为 10mm 左右，以防止加热点处产生变形。如果仅加热Ⅱ区中的各点，变形仍未完全矫正，可将加热区再向外扩展到Ⅲ区。为了提高矫形效果，可采用喷水急冷。

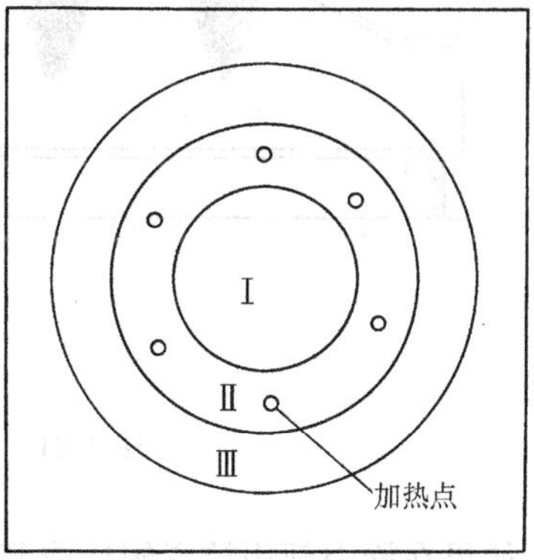

图 2-79　矫正薄板变形时加热点的布局

在用火焰加热法矫正薄板外拱时，如果加热点过多，容易使外拱进一步增大，加热时金属自由膨胀而不受压缩，从而降低了加热时的压缩塑性变形量。为了防止上述情况，可以采用刚度较大的带孔厚板压在外拱处，用焊炬从板上的孔眼处进行加热。由于加热时薄板的外拱被限制了，因而加热点处的压缩塑性变形量增大了，这样增强了矫形效果。

例 2：工字梁焊后弯曲变形超出允许值，需进行矫形。

若采用机械矫正因工字梁的抗弯刚度较大，则需要较大吨位的压力机。在生产实践中多采用火焰加热矫正法进行矫正。

工字梁在加热时应在盖板上用气体火焰呈矩形加热，在腹板上加热区呈三角形，如图 2-80 所示。

为了防止工字梁旁弯，加热盖板时用两把焊炬从中部向两边缘加热。腹板上也用两把焊炬在腹板两面同时加热一个三角形。在矫形时只需把工字梁按上拱方向两端简单支承，在加热时由于梁本身的自重，加热区会发生较大的压缩塑性变形，矫形效果较为明显。

例 3：桥式起重机的箱形梁由于焊接时工艺不当而上拱度不够时，可以采用火焰加热矫形法增加其上拱度。

按照图 2-81 所示情况将梁的两端简支起来，用焊炬同时在梁两侧面的对应位置加热倒三角，再用两把焊炬在下盖板与箱形梁内肋板相接处加热条形区，从中间向两侧加热，以防止发生旁弯。

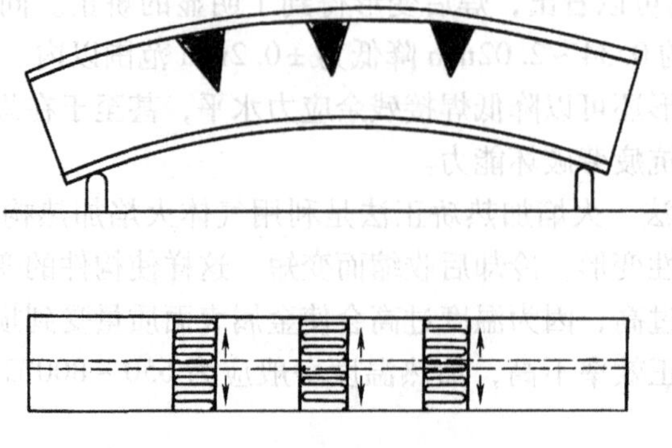

图 2-80 工字梁弯曲变形的火焰矫正

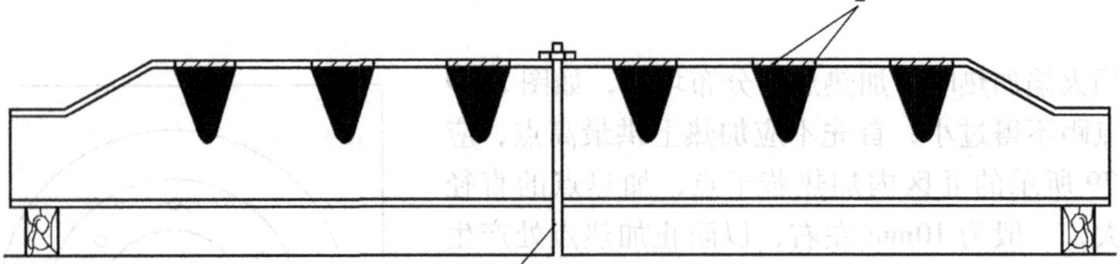

图 2-81 桥式起重机箱形梁上拱度不足的矫正

1—拉紧器 2—加热区

如果在梁中部用拉紧螺栓或其他类型的拉紧器在加热前施加一个向下的力，使梁下挠值为所需矫正值的 1.3 ~ 1.4 倍，这样只需加热少量的加热区即可取得显著的矫正效果，可以大大节省矫形所需工时和可燃气体的消耗。

例 4：厚壁筒体在焊后产生椭圆时，可以采用火焰加热矫形来矫正，图 2-82 所示为矫正厚壁筒椭圆时的加热方法。

加热时沿筒体轴线方向进行加热，在椭圆短轴的顶点部位，应在筒的内壁进行加热（见图 2-82a），加热区不得贯穿壁厚，这样在冷却收缩时，会使该处的曲率变大。同样道理，在加热椭圆长轴顶点处，应在筒的外壁加热（见图 2-82b），这样在冷却收缩时，会使该处的曲率变小。每次加热后都用样板检查，可重复加热直至合乎要求。

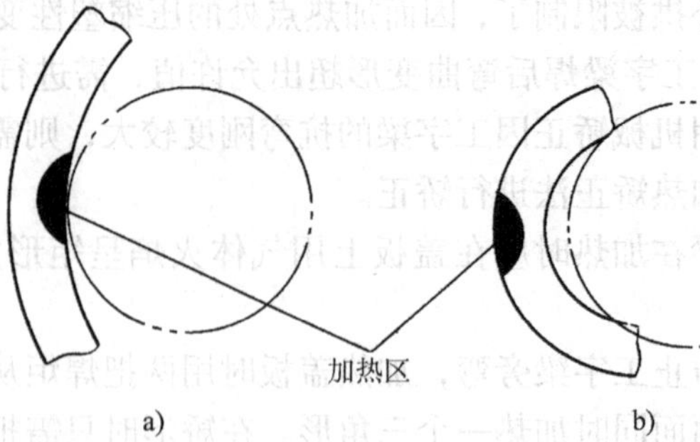

图 2-82 矫正厚壁筒椭圆的加热方法

a）椭圆短轴的矫正 b）椭圆长轴的矫正

第3章 焊接结构的脆性断裂

3.1 结构的脆性断裂事故及其特征

自从焊接结构广泛应用以来，许多国家都发生过一些焊接结构的脆性断裂事故。虽然发生脆性断裂事故的焊接结构数量与安全工作的焊接结构数量相比是很少的，但其后果是严重的，甚至是灾难性的，所以脆性断裂引起了世界范围有关人员的高度重视。目前脆性断裂事故已趋于减少，但并未杜绝，如1979年12月18日，我国吉林液化石油气厂的球罐发生了连锁性爆炸（死伤86人，损失约627万元）；1972年1月，大型轮船（船长189m）建成9个月后在纽约的杰弗逊港断成两截并沉没；1992年1月26日，我国黑龙江省某糖厂的4000m^3糖蜜罐的罐体突然发生破裂等。

下面比较详细地介绍几起典型焊接结构脆性断裂事故，以便了解脆性断裂的概貌，并可得到相关经验。

在许多严重的事故中，最为典型的事例是1938年3月14日比利时阿尔贝特运河上Hesselt桥的断塌事故。这座桥是用比利时生产的st－42转炉钢焊制成的，其跨度为74.52m，仅使用了14个月，就在桥上仅有一辆电车和一些行人的载荷作用下发生了断塌。事故发生时气温为－20℃，仅仅6min桥身就突然断为三截。时过不久，在1940年1月19日和25日，该运河上另外两座桥梁也发生了局部脆性断裂。总计从1938—1940年在所建造的50座桥梁中共有10余座桥梁出现了脆性断裂事故。另外，在加拿大、法国也都曾发生过类似的桥梁脆性断裂事故。

1946年美国海军部公开的资料表明，在第二次世界大战期间，美国制造的4694艘船中，在970艘船上发现了1442处裂纹。这些裂纹多出现在万吨级的“自由型”货轮上，其中24艘甲板横断，1艘船舶的船底发生完全断裂；另有8艘从中部断为两截，其中4艘沉没。值得提出的是Schenectady号T－2型油轮，该船于1942年10月建成，在1943年1月16日于装备码头停泊时发生突然断裂事故，当时海面平静，天气温和，其甲板的计算应力只有70MPa。

在1944年前后，发生了几起球形和圆筒形容器的脆性断裂事故，如1944年10月22日，美国俄亥俄州克利夫兰煤气公司液化天然气储藏基地发生了储罐起火爆炸事故。该基地装有3台内径为17.4m的球罐和1台直径为21.3m、高为12.8m的圆筒形储罐，这些罐的内层用质量分数为3.5%的Ni钢制成。事故是由圆筒形储罐引起的，首先在圆筒形罐的1/3～1/2高处出现开裂并喷出气体和液体，接着起火，然后储罐爆炸，20min后1台球罐因底脚过热而倒塌爆炸，造成128人死亡，损失680万美元。1971年，西班牙马德里一台

$5000m^3$球形煤气储罐在水压试验时出现三处开裂而破坏，死伤15人。

我国在1979年12月18日发生了一起较为严重的球罐爆炸事故，一台$400m^3$球罐在上温带与赤道带的环缝熔合区发生破裂并迅速扩展为13.5m的大裂口，球罐内冲出的液化石油气形成的巨大气团遇到明火引燃，其附近的球罐被加热，4h后发生爆炸，一块20t重的碎片打在另一台$400m^3$的球罐上，导致了连锁性爆炸，使整个罐区成为一片火海。焊接结构脆性破坏的典型事例见表3-1。

表3-1　焊接结构脆性破坏的典型事例

日期	结构类别、地点	破坏简况和主要原因
1944年10月20日	圆筒形压力容器（直径24m，高13m） 美国俄亥俄州	双层容器，内层用质量分数为3.5%的Ni钢制成。选材不当，造成低温脆性断裂
1962年	原子能电站压力容器法国chion	用厚100mm的锰钼钢焊制，环焊缝热影响区出现严重裂纹，沿母材扩展
1965年	储氨罐英国	用厚度为150mm的Mn-Cr-Mo-V钢板和锻钢制造，从一侧的10mm三角形裂纹处引起破坏。应力退火温度控制不好，造成脆化及锻钢件偏析带
1968年4月	球形容器（容积$2226m^3$）日本德山	用厚29mm的800MPa级高强度钢焊制。在修补时，焊接热输入过大，造成熔合区脆化
1974年12月	圆筒形大型石油储罐 日本	用厚12mm的600MPa级强度钢焊制。在环形板与罐壁拐角处的底角部有13m长的裂纹，使大量油溢出
1975年5月10日	容积为$1000m^3$的球罐 我国岳阳石油化工厂	用厚34mm的15MnVR钢焊制。制造时存有较大的角变形、错边、咬边。一半焊缝采用酸性焊条焊接，造成焊缝和热影响区塑性很差，在超载情况下发生爆炸
1962年1月3日	直径2.2m、高21m的水洗塔 我国吉林化学工业公司	用厚44mm的苏联CT3钢制成。介质为H_2和CO_2混合气体，在正常操作条件下发生爆炸，裂成43个碎片，最远一块飞出180m，重1550kg，最重一块3420kg，飞至60m以外，死伤多人，直接经济损失272万元（人民币） 焊缝、热影响区的冲击韧度很低，造成低应力脆性断裂
1979年12月18日	$400m^3$石油液化气储罐（球罐） 我国吉林煤气公司	用厚28mm的15MnVR钢焊制，北温带与赤道带的环缝熔合线开裂，迅速扩展至13.5m，液化石油气冲出至明火处引起爆炸
1992年1月26日	$4000m^3$糖蜜罐 我国黑龙江省某糖厂	罐底与罐壁的连接焊缝有较长的未焊透。罐体位置正处在风口，北面向风，破裂时有偏北风，气温为-17℃，南侧和西南侧罐体根部又被焦炭覆盖，造成温差，导致附加应力。在不利因素综合作用下，使罐体突发脆性断裂

根据对脆性断裂事故调查研究的结果，发现它们都具有如下特征：

1）断裂一般都在没有显著塑性变形的情况下发生，具有突然破坏的性质。

2）破坏一经发生，瞬时就能扩展到结构大部或全体，因此脆性断裂不易发现和预防。

3）结构在破坏时的应力远远小于结构设计的许用应力。

4）通常在较低温度下发生。

焊接结构的特点决定了它的脆性断裂可能性比铆接结构大。由于焊接结构的应用范围很广，虽然发生的脆性断裂事故不算太多，但损失很大，有时甚至是灾难性的，所以研究脆性断裂问题对于保证焊接结构的可靠性、推广焊接结构的应用范围是有着重大意义的，特别是随着焊接结构向大型化、高强化、深冷方向的发展，对于进一步研究焊接结构的脆性断裂问题就显得更为迫切、更为重要了。

已有的研究和试验表明，造成焊接结构脆性断裂的根本原因主要是材料选用不当、设计不合理和制造时有缺陷等，因此，了解金属材料的性质和焊接结构的特点是非常必要的。

3.2　金属材料脆性断裂的能量理论

大量的研究和试验表明，固体材料的实际断裂强度只有它的理论断裂强度的1/10～1/1000。为什么会有这样巨大的差异呢？葛里菲斯（Griffith）认为，在任何固体材料里本来就存在着一定数量的大小裂纹和缺陷，从而导致固体材料在低应力下发生脆性断裂。如果能使裂纹减少或者使其尺寸降低，则物体的强度便会增加。他从理论上并用试验证实了这一点。

葛里菲斯取一块厚度为1单位的“无限”大平板为研究模型，先使平板受到单向均匀拉应力 σ（见图3-1），然后将其两端固定，以杜绝外部能源。设想在这块平板上出现一个垂直于拉应力 σ 方向、长度为 $2a$ 穿透板厚的裂纹。切开裂纹后，平板内储存的弹性应变能将有一部分被释放出来，其释放量设为 U。又由于裂纹出现后有新的表面形成，要吸收能量，设其值为 W，此两种能量可以分别计算出来。裂纹释放的能量：

$$U=\frac{\pi a^2\sigma^2}{E} \tag{3-1}$$

另一方面，设裂纹的单位表面积吸收的表面能为 γ，则形成裂纹所需的总表面能为

$$W=4\gamma a \tag{3-2}$$

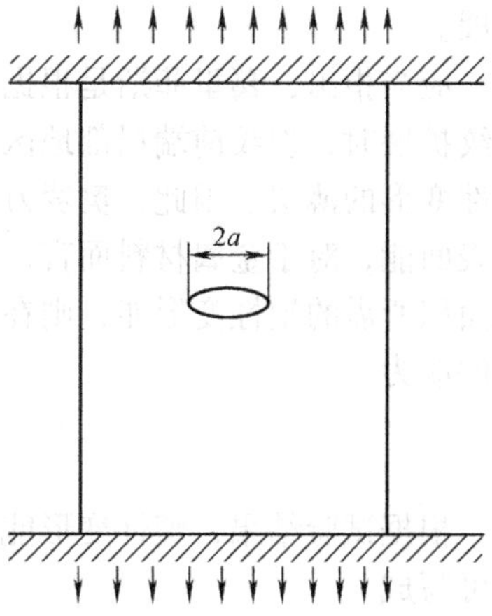

图3-1　葛里菲斯裂纹体模型

因此，裂纹体的能量改变总量为

$$E=-\frac{\pi a^2\sigma^2}{E}+4\gamma a \tag{3-3}$$

这个能量改变总量随裂纹长度 a 的变化曲线如图3-2所示，其变化率为

$$\frac{\partial E}{\partial a}=\frac{\partial}{\partial a}\left(-\frac{\pi a^2\sigma^2}{E}+4\gamma a\right)=-\frac{2\pi a\sigma^2}{E}+4\gamma \tag{3-4}$$

变化率 $\frac{\partial E}{\partial a}$ 随着裂纹长度而变化，见图3-2。裂纹扩展的临界条件是

$$\frac{\partial E}{\partial a}=0$$

$$即\ -\frac{2\pi a\sigma^2}{E}+4\gamma=0$$

此时系统能量随 a 的变化出现极大值。此前，裂纹扩展，其系统能量增加，即裂纹每扩展一微量所能释放的能量小于裂纹每扩展一微量所需要的能量，因此裂纹不能扩展；此后，裂纹扩展，其系统能量减少，即释放的能量大于裂纹扩展所需要的能量，因此裂纹将继续自动扩展，导致发生脆性破坏。

因此可以把$\frac{\pi a\sigma^2}{E}$看成是使裂纹扩展的推动力，而 2γ 是裂纹扩展的阻力，当推动力大于阻力时，$\frac{\pi a\sigma^2}{E}\geqslant 2\gamma$，裂纹自动扩展。但当推动力小于阻力时，$\frac{\pi a\sigma^2}{E}\leqslant 2\gamma$ 裂纹则不能自动扩展。

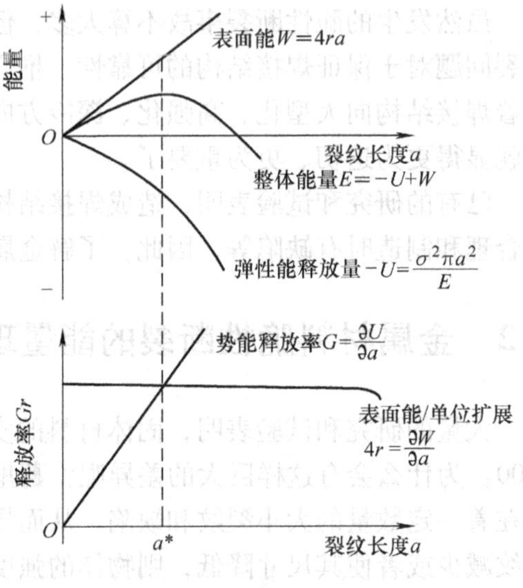

图 3-2 系统能量与裂纹扩展的关系

应当指出，葛里菲斯是根据玻璃、陶瓷等脆性材料推导的能量公式。在金属材料中，当裂纹扩展时，裂纹前端局部地区要发生一定的塑性变形。X 射线分析证实了金属断裂表面有塑性变形的薄层。因此，奥罗万（Orowan）提出，裂纹扩展所释放的变形能不仅用于前述的表面能，对于金属材料而言，更重要的是用于裂纹扩展前的塑性变形。设 p 为裂纹扩展单位面积所需的塑性变形能，则在葛里菲斯能量方程里应以 $p+\gamma$ 来代替 γ。裂纹扩展的临界条件应为

$$-\frac{\pi a\sigma^2}{E}+2(\gamma+p)=0 \tag{3-5}$$

根据试验结果，塑性变形能 p 比 γ 大得多，因此 γ 可忽略不计，此时裂纹扩展的临界条件可写成

$$-\frac{\pi a\sigma^2}{E}+2p=0 \tag{3-6}$$

塑性变形是阻止裂纹扩展的主要因素。由能量原理可以看出，结构的断裂条件不仅决定于工作应力 σ 的大小，还取决于原始裂纹长度 a。这个结论和欧文（lrwin）分析裂纹前端应力应变场，考虑裂纹尖端应力集中，建立新的裂纹扩展临界条件是完全一致的。在此基础上发展了断裂力学。

3.3 金属材料脆性断裂及其影响因素

3.3.1 金属材料断裂的基本概念

断裂是指金属材料受力后局部变形量超过一定限度时，原子间的结合力受到破坏，从而

萌生微裂纹，继而发生扩展使金属断开。其断裂表面的外观形貌称为断口，它记录着有关断裂过程的许多信息。多晶体金属材料的断裂途径可以是穿晶或沿晶断裂及混晶断裂。

传统上，不同断裂机制的断裂特点均可以应用断裂方式、断裂性态和断裂形貌等术语来描述。“方式”是指在多晶体材料中断裂路径的走向，它可以是穿晶的或沿晶界的。穿晶方式可以是循解理面、滑移面或晶体学面的分离等。从宏观上看，穿晶断裂可以是延性断裂，也可以是脆性断裂（低温下的穿晶断裂），而沿晶断裂则多数是脆性断裂。沿晶断裂是晶界上一薄层连续或不连续的脆性第二相、夹杂物破坏了晶界的连续性所造成，如应力腐蚀、氢脆、淬火裂纹等均是沿晶断裂。“性态”是表达断裂前材料的变形能力。延性是指在断裂前材料产生一定的塑性变形，而脆性则指断裂前不发生或很少发生塑性变形。当然，脆性和延性的概念是相对的，它依赖于所采用的标准和所采用的判断方法，还依赖于材料。“形貌”术语是指用肉眼或在显微镜下在断口上所见到的现象。描述形貌的典型用词（如“纤维状”“人字纹”和“海滩波纹状”等）表征了断裂裂纹产生后的断口特征。它在一定程度上反映了裂纹扩展的性能。

对应不同的断裂机制（如解理断裂或剪切断裂等），它们的断裂方式、性态和断裂形貌是不一样的。通常解理断裂总是呈现脆性的，但有时在解理断裂前也显示一定的塑性变形，所以解理断裂和脆性断裂不是同义词，前者是指断裂机制，后者则指断裂的宏观形态。

3.3.2　典型的断裂机制

解理断裂为一种在正应力作用下所产生的穿晶断裂，通常沿特定的晶面即解理面分离。解理断裂多见于体心立方、密集六方金属和合金中（在钢中，一般 100 面为解理面），面心立方晶体很少发生解理断裂。只有在特殊的情况下，面心立方金属（如 Al 等）才能发生解理断裂。

有关解理裂纹的形成和扩展已提出许多模型，它们大多与位错理论相联系，如甄纳（Zener）－斯特罗拉位错塞积理论、柯垂尔（Cottrell）位错反应理论等。一种广为人们接受的观点是：解理断裂是当材料的塑性变形过程严重受阻，材料不易发生变形而被迫从特定的结晶学平面（解理面）发生分离的断裂。

解理断裂通常呈现脆性，不产生或产生很小的宏观塑性变形。解理断口具有两个最突出的宏观形貌特征，即小平面（或称刻面）和放射状或人字状条纹。

解理断口平齐，断口上的结晶面在宏观上呈无规则取向，当断口在强光下转动时，可见到闪闪发光的特征。一般称这些发光的小平面为“小刻面”。另外，解理断口具有人字条纹或放射状条纹，人字纹尖峰指向裂纹源，如图 3-3 所示。

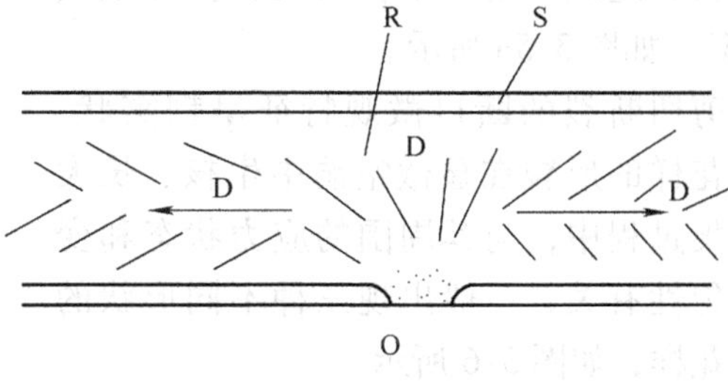

图 3-3　人字条纹示意图

D—扩展方向　O—裂源　S—剪切唇　R—放射条纹

解理断口的微观形貌常出现的有河流状花样、舌状花样和扇形花样等。在河流花样中，河流汇合方向就是裂纹扩展方向，如图 3-4 所示。

解理裂纹扩展所消耗的能量较小，其扩展速度 v 往往与在该介质中的纵向声波速度 c_0 相

图 3-4　解理断口的微观特征——河流状花样

当。例如，对于钢来说，$c_0 = 5020\text{m/s}$，观测到的 v/c_0 值范围为 0.13～0.32，因此往往造成脆性断裂构件的瞬时整体破坏。

剪切断裂是在切应力作用下，沿滑移面的滑移方向而造成的断裂。一种称作滑移或纯剪断，此时金属在外力作用下沿最大切应力的滑移面滑移，至一定程度而断裂。这种断裂常发生在纯的单晶体中。对于钢铁等工程结构材料多发生微孔聚集型断裂，在外力的作用下，因强烈滑移、位错堆积，在局部地方常产生显微空洞，这种空洞在切应力作用下不断长大、聚集连接，并同时产生新的微小空洞，最后导致整个材料的断裂。

剪切断裂的断口宏观形貌是纤维状，颜色发暗，有滑移变形的痕迹。对于纯剪切断口，其断口平面与拉伸轴线大致成45°角，表面平滑，如图 3-5b 所示；对于微孔聚集型断裂的断口（又称杯锥状断口），杯底部分一般是与主应力方向垂直的平断口，断口平面并非平直，而是由许多细小的凹凸小斜面组成，这些小斜面又和拉伸轴线成45°，如图 3-5a 所示。

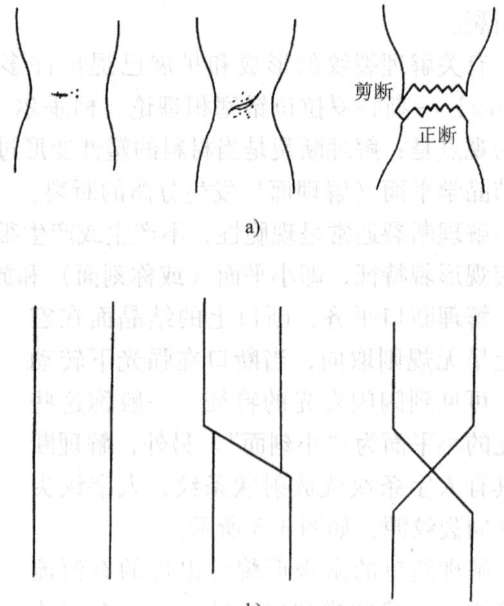

图 3-5　剪切断裂宏观形貌
（从左至右表示断裂过程）
a）微孔聚集型断裂示意图　b）纯剪断的示意图

剪切断裂的断口微观特征呈韧窝状。韧窝花样的形貌在显微空洞中生核、长大和聚集过程中，与其周围的应力状态和变形均匀性有关，一般出现三种不同形状的韧窝花样，如图 3-6 所示。

正交韧窝的形态是等轴或圆形窝，在两个相匹配的断口表面上，韧窝的形状是相同的，其形成原因是在拉应力作用下，最大主应力方向垂直于断口的表面，并且应力在整个断口表面上的分布是均匀的，因此在垂直于主应力的杯底中心部分生核的显微空洞向各方向均匀长大，最后形成等轴韧窝，见图3-6a。剪切韧窝形态呈抛物线花样，两个相匹配的断口表面上韧窝拉长方向是相反的，如图3-6b所示。撕裂韧窝形态也呈抛物线花样，但两个相匹配的断口表面上韧窝拉长方向是一致的，如图3-6c所示，其拉长韧窝的形成是由于显微空洞在生核和长大过程中，四周所承受的应力和变形不均匀所致。

实际金属材料的断裂由于内部及外部原因（缺陷、性能、受力状态等）均较复杂，因此断裂常常不是单一的机制，其断口亦为混合形貌构成。在焊接宽板拉伸试验的试样断口上，常常可以在预制的裂纹根部看到，对应延性启裂的纤维状断口形貌呈指甲状，随后变为快速扩展导致的放射状形貌——人字纹区，断口两侧及端部会有剪切唇出现。

另外，除了面心立方材料外，所有其他点阵类型的金属材料均同时存有解理面及滑移面，当外界条件变化时，便可能由解理断裂向剪切型断裂转化，或者相反。这一点对于研究金属断裂问题是十分重要的。

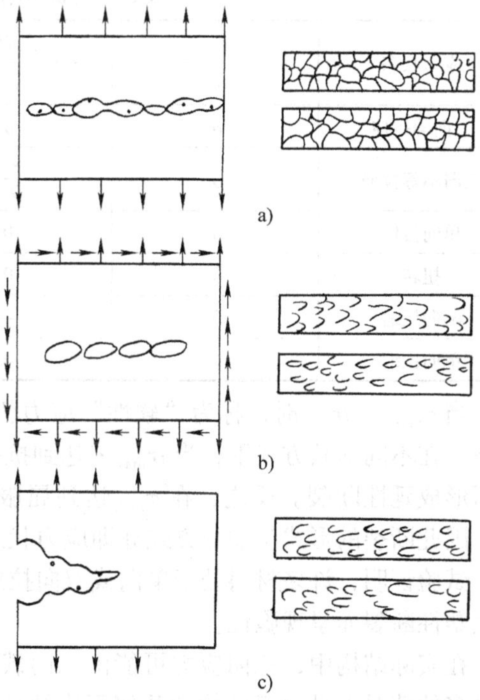

图3-6　三种不同形状的韧窝示意图
a）正交韧窝　b）剪切韧窝　c）撕裂韧窝

综上所述，在描述金属材料的脆性断裂特征时，除了3.1节介绍的4点外，还具有脆性断裂的断口形貌特征，即断裂平面一般近似地垂直于板材表面，塑性变形很小，因此其厚度减少不多，一般不超过3%。脆性断裂的断口一般是发亮的晶粒断口，断口上常有人字纹或放射状花样，对许多断口形貌检查表明，在靠近板材表面处常常出现狭窄的剪切断裂区（俗称剪切唇，它是造成板材厚度减少的主要部位）和在晶粒状断口内夹杂着一些由于剪切造成的纤维的局部区域。另外，脆性裂纹一般为扩展速度极快的解理裂纹，因此很难预防。

3.3.3　影响金属材料脆性断裂的主要因素

同一种材料在不同条件下可以显示出不同的破坏形式，研究表明，最重要的影响因素是温度、应力状态和加载速度等。这就是说，在一定温度、应力状态和加载速度条件下，材料呈脆性破坏，而在另外的温度、应力状态和加载速度条件下材料又可能呈现延性破坏。下面将讨论这些因素的影响。

1. 应力状态的影响

物体在受外载时，不同的截面上产生不同的正应力σ和切应力τ。在主平面作用最大正应力σ_{max}（另一个与之相垂直的主平面上作用有最小正应力σ_{min}），与主平面成45°角的平面上作用有最大切应力τ_{max}。σ_{max}和τ_{max}与加载方式有关，通常用$\alpha=\tau_{max}/\sigma_{max}$来表示应力状态的软硬程度，$\alpha$ 称为软性系数。τ_{max} 是按最大切应力理论 $\tau_{max}=\dfrac{\sigma_1-\sigma_3}{2}$ 计算，而 σ_{max} 是按第二强度理论计算：

$$\sigma_{max}=\sigma_1-\mu(\sigma_2+\sigma_3)$$

式中，μ 为泊松比，而 $\sigma_1>\sigma_2>\sigma_3$。表 3-2 列举了几种不同加载方式下的 α 值。

表 3-2 几种不同加载方式下的 α 值

应力状态	主应力			α
	σ_1	σ_2	σ_3	
三向等拉伸	σ	σ	σ	0
三向不等拉伸	σ	$\frac{8}{9}\sigma$	$\frac{8}{9}\sigma$	0.1
单向拉伸	σ	0	0	0.5
扭转	σ	0	$-\sigma$	0.8
两向压缩	0	$-\sigma$	$-\sigma$	1
单向压缩	0	0	$-\sigma$	2

当 $\tau_{max}\gg\sigma_{max}$ 时，称为“软性”应力状态，反之当 $\tau_{max}\ll\sigma_{max}$ 时，称为“硬性”应力状态。在不同加载方式下，当 σ_{max} 未达到抗拉强度前，τ_{max} 先达到屈服强度，则发生塑性变形而形成延性断裂。反之，在 τ_{max} 达到屈服强度前，σ_{max} 先达到抗拉强度，则发生脆性断裂。因此断裂的形式与加载方式亦即应力状态有关。

试验证明，许多材料处于单向或双向拉应力时，呈现延性；当处于三向拉应力时，不易发生塑性断裂而呈现脆性。

在实际结构中，三向应力可能由三向载荷产生，但更多的情况下是由于结构的几何不连续性引起的。虽然整个结构处于单向或双向拉应力状态下，但其局部地区由于设计不佳，工艺不当，往往出现了局部三向应力状态的缺口效应。图 3-7 所示为构件受均匀拉应力时其中一个缺口根部出现高值的应力和应变集中情况。缺口越深、越尖，其局部应力和应变也越大。

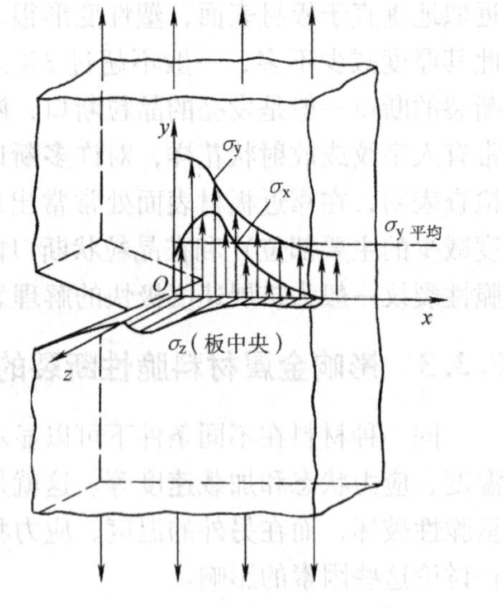

图 3-7 缺口根部应力分布示意图

在受力过程中，缺口根部材料的伸长必然要引起此材料沿宽度和厚度方向的收缩，但由于缺口尖端以外的材料受到的应力较小，它们将引起较小的横向收缩，由于横向收缩不均匀，缺口根部横向收缩受阻，结果产生横向和厚度方向的拉应力 σ_x 和 σ_z，导致缺口根部形成了三向应力状态。同时，研究也表明，在三向应力情况下，材料的屈服强度较单向应力时高，即缺口根部材料的屈服强度提高，从而使该处材料变脆，因此脆性断裂事故多起源于具有严重应力集中效应的缺口处。而在试验中也只有引入这样的缺口才能产生脆性行为。

2. 温度的影响

金属的脆性断裂在很大程度上取决于温度。通常，金属在高温时具有良好的变形能力，当温度降低时变形能力减小。金属这种低温脆化的性质称为“低温脆性”。苏联物理学家约菲（А·Ф·ИОФФе）用岩盐试验最早指出，低温脆性是金属材料屈服强度随温度降低而急剧增加的结果。

任何金属材料都有两个强度指标——屈服强度和抗拉强度。抗拉强度 R_m 随温度变化很小，而屈服强度 R_{eL} 却对温度变化十分敏感。温度降低，屈服强度急剧升高，故两曲线相交于一点，交点对应的温度为 T_k（见图3-8）。当温度高于 T_k 时，$R_m > R_{eL}$，对于无缺口试件承受单轴拉伸时，先屈服再断裂，为延性断裂，即此时材料处于塑性状态；当温度低于 T_k 时，若对材料加载，在破断前只发生弹性变形，不产生塑性变形，故材料呈现脆性断裂，即此时材料处于脆性状态。

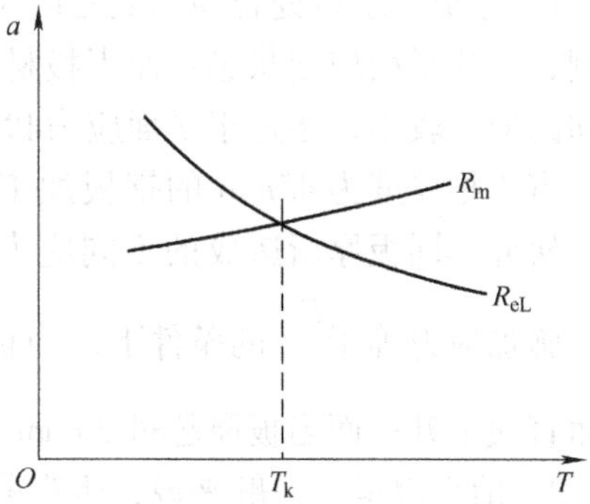

图3-8 R_{eL} 和 R_m 随温度变化示意图

从一个状态向另一个状态转变的温度 T_k 称为韧脆转变温度。在其他条件相同时，T_k 越低，则材料处于延性状态的温度范围越广；反之，一切促成 T_k 升高的因素均将缩小材料塑性状态的范围，增大材料产生脆性断裂的趋势。因此 T_k 是衡量材料抗脆性破坏的重要参数。

应当说明，由于材料化学成分的统计性，韧脆转变温度实际上不是一个温度而是一个温度区间。另外，体心立方晶格和密集六方晶格的金属及其合金才具有低温脆性，而面心立方晶格的金属及其合金（如奥氏体类型的不锈钢）是没有低温脆性的，即可以在很低温度下工作而不发生脆性断裂。

3. 加载速度的影响

试验证明，加载速度对材料的破坏也是有影响的，即提高加载速度能促进材料脆性破坏，其作用相当于降低温度，原因是钢的屈服强度不仅取决于温度，而且还取决于加载速度或应变速率。换言之，随着应变速率的提高，材料的屈服强度提高。

应当指出，在同样的加载速率下，当结构中有缺口时，应变速率可呈现出加倍的不利影响。因为应力集中的影响，应变速率比无缺口结构高得多，从而大大降低了材料的局部塑性。这也说明了为什么结构钢一旦产生脆性断裂，就很容易产生扩展现象。因为当缺口根部小范围金属材料发生断裂时，则在新裂纹尖端处立即受到高应力和高应变的载荷。换言之，一旦缺口根部开裂，就有高的应变速率，而不管其原始加载条件是动载的还是静载的，此后随着裂纹加速扩展，应变速率更急剧增加，致使结构最后破坏。延性-脆性转变温度与应变速率的关系如图3-9所示。

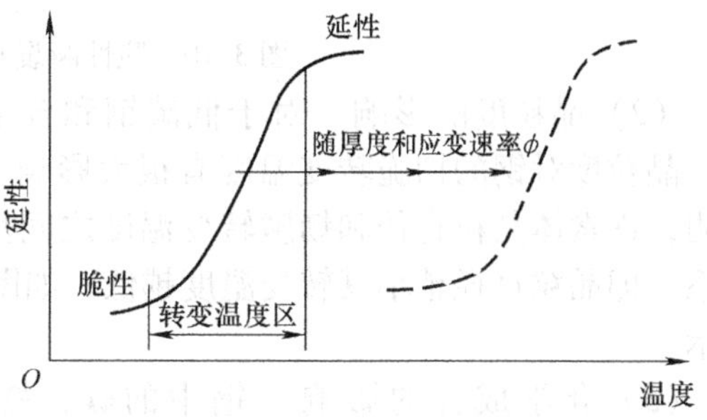

图3-9 延性-脆性转变温度与应变速率的关系

4. 材料状态的影响

除了上述的应力状态、温度、加载速度等外界条件对材料的断裂形式有很重要的影响外，材料的本身状态对其延性－塑性转变温度也有重要的影响。了解这些影响，对焊接结构选材是非常重要的。

（1）厚度的影响　厚度对脆性破坏的不利影响可由以下两种因素来决定：

1）厚板在缺口处容易形成三向拉应力，因为沿厚度方向的收缩应力和变形受到较大的限制，形成平面应变状态；而当板材比较薄时，材料在厚度方向能比较自由地收缩，故厚度方向的应力较小，接近于平面应力状态。如前所述，平面应变状态的三向应力使材料变脆。

有人把厚度为45mm的钢板加工制成板厚分别为10mm、20mm、30mm、40mm厚的试件，研究不同板厚所造成的不同应力状态对脆性破坏的影响，发现在预制40mm长的裂纹时，施加应力等于$\frac{R_{eL}}{2}$的条件下，当板厚小于30mm时，发生脆性断裂的转变温度随板厚增加而直线上升；而当板厚超过30mm后，脆性转变温度增加得较为缓慢。

2）冶金因素。一般来说，生产薄板时压延量大，轧制终了温度较低，组织细密；相反，厚板轧制次数较少，终轧温度较高，组织疏松，内外层均匀性较差。

图3-10所示为由试验测得的脆性断裂开始温度与板厚的关系。由图3-10可见：当钢板由50mm增加到150mm时，板厚每增加1mm，其脆性断裂开始温度上升率约为0.17℃/mm；钢板由150mm增加到200mm时，板厚每增加1mm，其开始温度上升率约为0.52℃/mm。这表明，钢板越厚，其低温脆性倾向越显著。

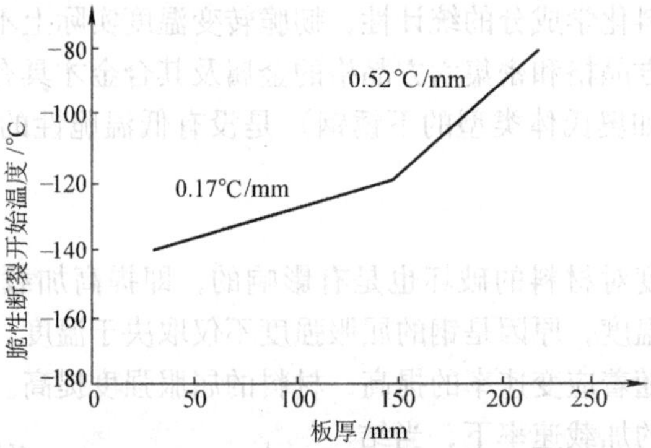

图3-10　脆性断裂开始温度与板厚的关系

（2）晶粒度的影响　对于低碳钢和合金钢来说，晶粒度对钢的韧脆转变温度有很大影响。研究表明，铁素体晶粒直径和韧脆转变温度之间呈线形关系，即晶粒直径越小其转变温度越低，如图3-11所示。

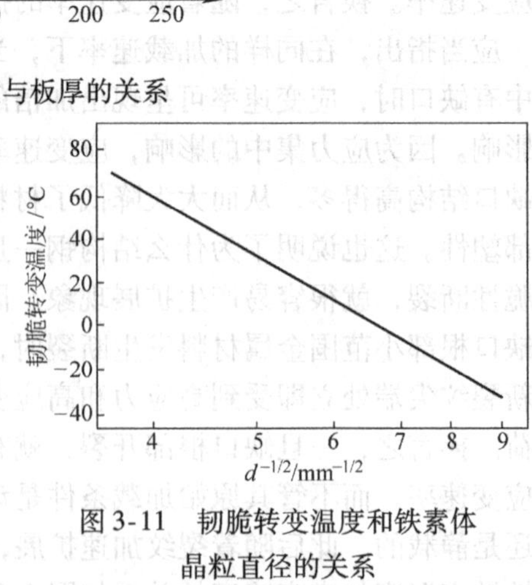

图3-11　韧脆转变温度和铁素体晶粒直径的关系

（3）化学成分的影响　钢中的碳、氮、氧、硫、磷均增加钢的脆性。图3-12所示为碳含量对钢的韧脆转变温度的影响。

合金元素锰、镍可以改善钢的脆性，降低韧脆转变温度，钒、钛元素在加入量适当时，也有助于

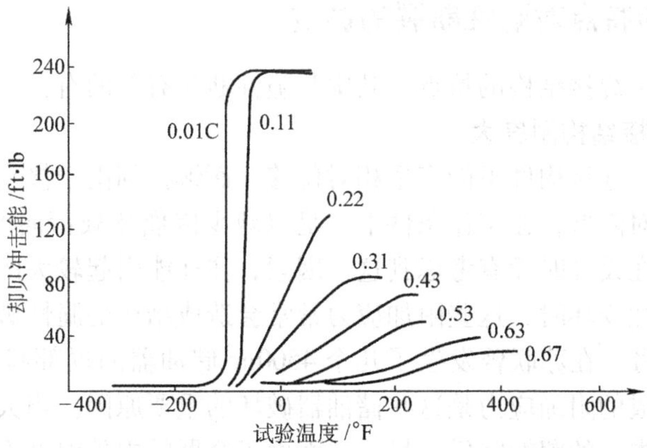

图 3-12　碳含量对钢的韧脆转变温度的影响

$1\text{ft}\cdot\text{lb}=1.356\text{N}\cdot\text{m}$，$1°\text{F}=\frac{5}{9}\text{K}$

减少钢的脆性。图 3-13 所示为合金元素对钢的韧脆转变温度的影响。

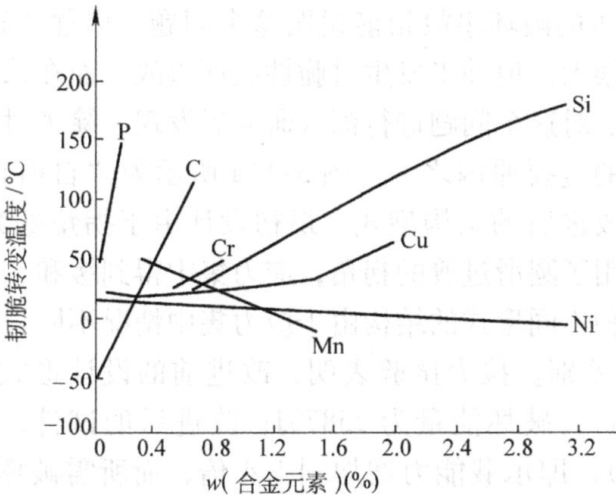

图 3-13　合金元素对钢的韧脆转变温度的影响

3.4　影响焊接结构脆性断裂的因素

焊接结构脆性断裂事故的发生除了由于材料选用不当之外，结构的设计和制造不合理也是发生脆性断裂的重要原因。从国际焊接学会第 X 委员会发起的对脆性破坏事故的调查资料中分析可见，在 60 个脆性破坏事故的实例中，有 11 例是由于设计不佳所致，9 例是由于焊接缺陷所致，可见焊接结构的设计和制造在脆性断裂事故中的重要性。

在设计中尽量避免和降低应力集中，并在制造过程中加强管理和检查，防止工艺缺陷，是减少和消除脆性破坏事故的重要措施。为了合理设计和制造焊接结构，必须对焊接结构的特点有充分的了解。

3.4.1　焊接结构的特点对脆性断裂的影响

在绪论中已探讨了焊接结构的特点，其中与脆性断裂有关的有：

1. 焊接结构比铆接结构刚度大

焊接为刚性连接，连接构件不能产生相对位移。而铆接则由于接头有一定相对位移的可能性，而使其刚度相对降低，在工作条件下，足以减少因偶然载荷而产生附加应力的危险。在焊接结构中，由于在设计时没有考虑到这一因素，往往能引起较大的附加应力，特别是在温度降低而材料的塑性变坏时，这些附加应力常常会造成结构的脆性破坏。

例如1947年12月，在苏联曾发生了几个4500m^3储油器的局部脆性断裂事故。研究结果认为温度不均所造成的附加应力是这些储油器破坏的重要原因。当大气温度下降到-42℃后，一方面由于材料本身的塑性降低，另一方面由于容器的内外温度不同，底部和筒身的温度不一样，筒身的向风面与背风面的温度也有差别，在筒身就形成了复杂的附加应力场，因而造成结构的破坏。

另外，焊接结构比铆接结构刚度大，所以对应力集中特别敏感，如果设计中采用了应力集中系数很高的搭接接头，或采用了骤然变化的截面，当温度降低时，结构就有发生脆性断裂的危险。

美国“自由轮”所发生的破坏事故很能说明这个问题。以往当这种形式的船舶采用铆接结构时，虽然应力集中很大，但并未发生过脆性破坏事故，而在采用了焊接结构后，却发生了一系列脆性破坏事故。对这个问题进行深入研究后发现，除了材料选用不当外，船体设计不合理也是造成其破坏的重要原因之一。图3-14a所示为“自由轮”甲板舱口部位的最初设计，图3-14b所示为改进后的结构型式。最初设计由于拐角处为一尖角，应力集中很大，改进后的设计由于采用了圆滑过渡的拐角，应力集中得到缓和。采用与实物尺寸相同的试件进行试验，证明这两种不同形式的结构由于应力集中情况不同，承载能力大不相同，破坏时所需的能量亦有很大差别。拉力试验表明，改进前的设计形式其承载能力为6500kN（计算应力相当于166MPa），破坏能量为25870J；改进后的试件，其承载能力为9100kN（计算应力相当于225MPa），即承载能力增加到1.4倍，而所需破坏能量达660520J，几乎增加了25倍。

2. 焊接结构具有整体性

这一特点为设计制造合理的结构提供了广泛的可能性，因此整体性强是焊接结构的优点之一，但是如果设计不当，或制造不良，这一优点反而可能增加焊接结构脆断的危险。因为焊接结构的整体性，它将给裂纹的扩展创造十分有利的条件。当焊接结构工作时，一旦有不稳定的脆性裂纹出现，就有可能穿越接头扩展至结构整体而使结构整体破坏。而对铆接结构来说，当出现不稳定的脆性裂纹后，只要扩展到接头处，就可自然止住，因而避免了更大灾难的出现。因此在某些大型焊接结构中，有时仍保留少量的铆接接头，其道理就在于此，如在一些船体中，甲板与舷侧顶列板的连接就是这样处理的。

3.4.2　焊接结构制造工艺的特点对脆性断裂的影响

在焊接结构脆性破坏事故中，裂纹起源于焊接接头的情况是很多的，因此在制造时对于焊接接头部位必须给予充分注意。一般来说，焊接过程可给焊接结构的接头带来如下一些不

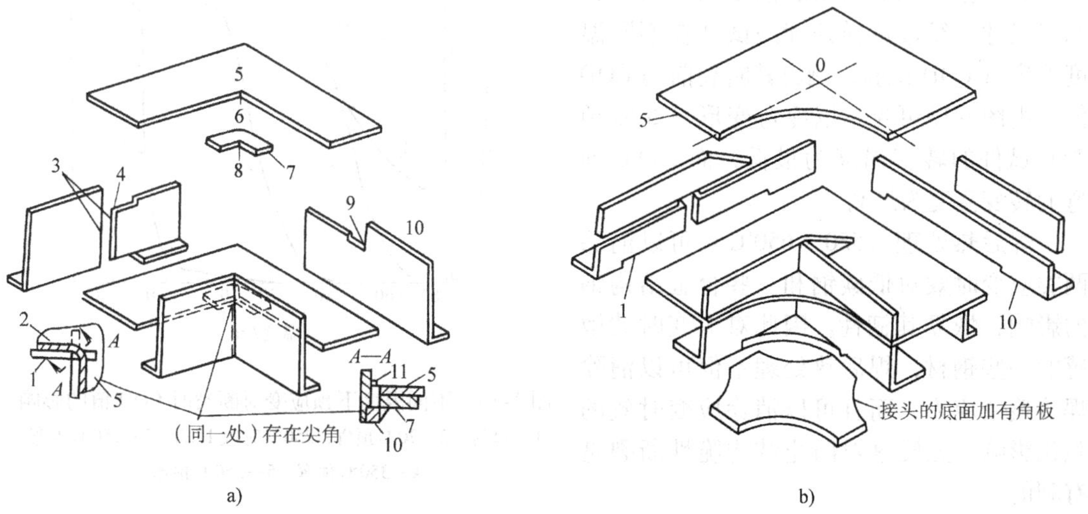

图3-14 “自由轮”甲板舱口设计对比

a) 最初设计 b) 改进后设计

1—纵桁材 2—角焊缝 3—双角焊缝T形接头 4—缺口1 5—甲板 6—缺口2 7—叠板 8—缺口3 9—缺口4 10—舱口端梁 11—舱板的焊缝

利影响：

1. 两类应变时效引起的局部脆性

焊接结构制造过程一般包括切割、冷热成形（剪切、弯曲、矫正等）、焊接等工序，其中一些工序可能提高钢材韧脆转变温度，使材料变脆。例如，在焊接结构生产过程中的剪切、冷作矫形、弯曲等，经过冷加工产生了一定的塑性变形，随后又经160～450℃温度范围的加热就会引起应变时效，导致脆化。另一类应变时效是，在焊接时，近缝区某些刻槽即缺口尖端附近或多层焊道中已焊完焊道中的缺陷附近，金属受到热循环和热塑变循环（150～450℃）的作用，产生焊接应力-应变集中，导致较大的塑性变形，也会引起应变时效。一般称此时效为动应变时效，亦称热应变脆化。

研究表明，许多碳-锰低强度结构钢对应变时效脆化比较敏感，它将大大降低钢材的塑性，提高材料的韧脆转变温度，从而促进焊接结构的脆性破坏。由于应变时效导致焊接结构脆性破坏的实例是常见的，如某储油罐的脆性破坏事故，破坏始于罐体和底板的连接处，扩展后达到顶部。破坏后对钢材的检查发现，这种钢材对应变时效非常敏感，离钢材剪切边缘不同距离处缺口韧性有急剧的变化。钢板本身对应于V形夏比冲击试验34J/cm^{2}的转变温度为-8℃，但距剪切边缘6mm处转变温度为53℃，距剪切边缘20mm处为36℃。由此可见，该结构的破坏原因主要是剪切引起冷作应变，而随后进行的焊接工序又引起应变时效所致，因此应该对焊接接头的应变时效区予以充分注意。

对比两类应变时效对脆性的影响，发现动应变时效的影响往往更为不利。图3-15所示为某碳-锰钢在不同温度下预应变对断裂时COD值（裂纹张开位移）的影响。试验分4组进行，一组是在20℃下预弯，再在250℃下时效1/2h（模拟冷变形引起的应变时效），其他3组试件分别在150℃、250℃和350℃下热弯（模拟动应变时效）。所有试件的预弯处理是先使缺口张开约 0.1mm，然后向里弯曲到原来尺寸。经过这样处理的试件在不同温度下进行 COD 试验，测出其断裂前的 COD 值。由图3-15可见，以冷弯变形（20℃预弯）试件的转变温度为最低，而 250℃预弯的转变温度为最高。

焊后热处理（550～650℃）可以消除两类应变时效对低碳钢和一些合金结构钢的影响，恢复其韧性。因此对应变时效敏感的一些钢材，焊后热处理不但可以消除焊接残余应力，而且可以消除应变时效的脆化影响，无疑这对防止结构脆性断裂是有利的。

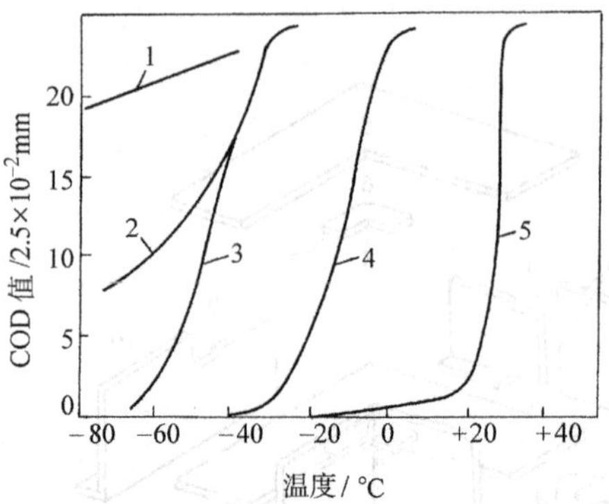

图 3-15 不同温度下预应变对断裂时 COD 值的影响
1—母材 2—20℃预弯，250℃时效 1/2h 3—150℃预弯
4—350℃预弯 5—250℃预弯

2. 焊接接头金相组织改变对脆性的影响

焊接过程是一个不均匀的加热过程，在快速加热和冷却的条件下，使焊缝和近缝区发生了一系列金相组织的变化，因而就相应地改变了接头部位的缺口韧性。图 3-16 所示为某碳－锰钢焊接接头不同部位的 COD 试验结果。由图 3-16 可见，该接头的焊缝和热影响区具有比母材高的转变温度，因而它们成为焊接接头的薄弱环节。

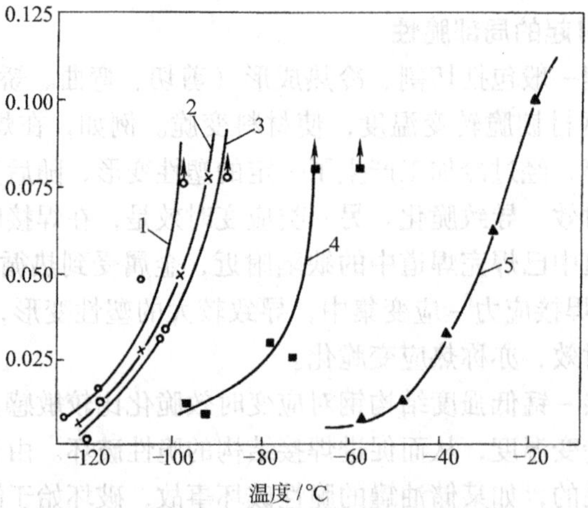

图 3-16 某碳－锰钢焊接接头不同部位的 COD 试验结果
1—母材 2—母材热应变时效区 3—细晶粒热影响区
4—粗晶粒热影响区 5—焊缝

热影响区的显微组织主要取决于钢材的原始显微组织、材料的化学成分、焊接方法和焊接热输入。当焊接方法和钢种选定后，热影响区的组织主要取决于焊接参数即焊接热输入。因此，合理地选择焊接热输入是十分重要的，尤其是对高强度钢。实践证明，对于高强度钢，过小的焊接热输入易造成淬硬组织而引起裂纹，过大的焊接热输入又易造成晶粒粗大和脆化，降低其韧性。图 3-17 所示为不同焊接热输入对某碳－锰钢热影响区冲击韧度的影响。

随着焊接热输入的增加，该区的韧－脆转变温度相应地提高，从而增加了脆性断裂的危险性。在这种情况下，可以采用多层焊，以适当的焊接参数焊接来获得满意的韧性。

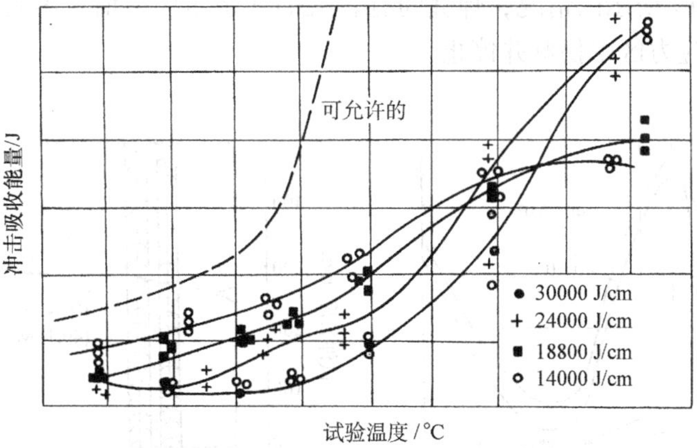

图3-17 不同焊接热输入对某碳－锰钢焊接接头的热影响区冲击韧度的影响

日本德山球形容器（2226m^3）的脆性断裂事故就是由于采用了过大的焊接热输入而造成的。该容器采用HT80高强度钢焊接，板厚为30mm，焊后进行水压试验时破裂。按工艺规定，应采用的焊接热输入为48kJ/cm，但由于冬期施工，焊接时采用了偏高的预热温度，焊接热输入也偏大。事故分析表明，脆性断裂起源点的焊接热输入为80kJ/cm，大大超过了规定的热输入，致使焊缝和热影响区的韧性显著降低。

3. 焊接缺陷的影响

在焊接接头中，焊缝和热影响区是最容易产生各种缺陷的地方。根据美国对船舶脆性断裂事故的调查，40%的脆性断裂事故是从焊缝缺陷处开始的。焊接缺陷如裂纹、未焊透、夹渣、咬边、气孔等都可成为脆性断裂的发源地。我国吉林某液化石油气厂的球罐破坏事故表明，断裂的发源地就在焊缝的焊趾部位，该部位存有潜在裂纹，且在使用中进一步扩展而导致脆性破坏。

焊接缺陷均是应力集中部位，尤其是裂纹，它通常比人工缺口尖锐得多。裂纹的影响程度不但与其尺寸、形状有关，而且与其所在部位有关。如果裂纹位于高值拉应力区则容易引起低应力破坏。若在结构的应力集中区（如压力容器的接管处）产生焊接缺陷就更加危险。因此最好将焊缝布置在应力集中区以外。

4. 焊接残余应力的影响

焊接过程存在不均匀的热场，因而冷却后在结构中必然产生焊接残余应力。根据日本的大板试验，当工作温度高于材料的韧脆转变温度时，拉伸残余应力对结构的强度无不利影响，但是当工作温度低于韧脆转变温度时，拉伸残余应力则有不利影响，它将和工作应力叠加共同起作用，在外加载荷很低时，发生脆性破坏，即所谓低应力破坏。

由于拉伸残余应力具有局部性质，一般它只限于在焊缝及其附近部位，离开焊缝区其值迅速减小，所以此峰值拉伸残余应力有助于断裂的产生。随着裂纹的增长离开焊缝一定距离后，残余应力急剧减小。当工作应力较低时，裂纹可能中止扩展；当工作应力较大时，裂纹将一直扩展至结构破坏。图3-18和图3-19所示为木原博等考查穿过两平行焊接接头的开裂路径的例子。图3-18中由于焊缝距离近，所以两平行焊缝间的残余应力为拉应力，在试件上有一个较宽的残余拉应力区，因此，在40.2MPa的均匀拉应力下脆性开裂穿过了整个试件的宽度。对图3-19所示的情况，焊缝间有较大的残余压应力值，因此，在29.4MPa平均应力下，裂纹在压应力区中拐弯并停止。

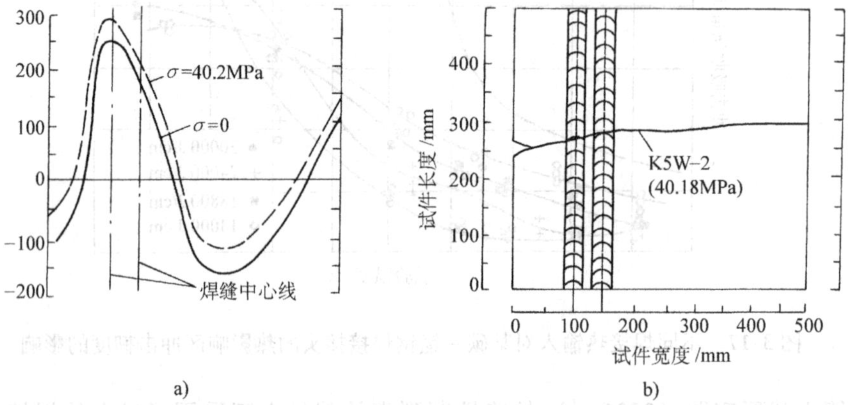

图3-18　近距离平行焊接接头试件的开裂路径和纵向残余应力分布

a）残余应力分布图　b）试件图

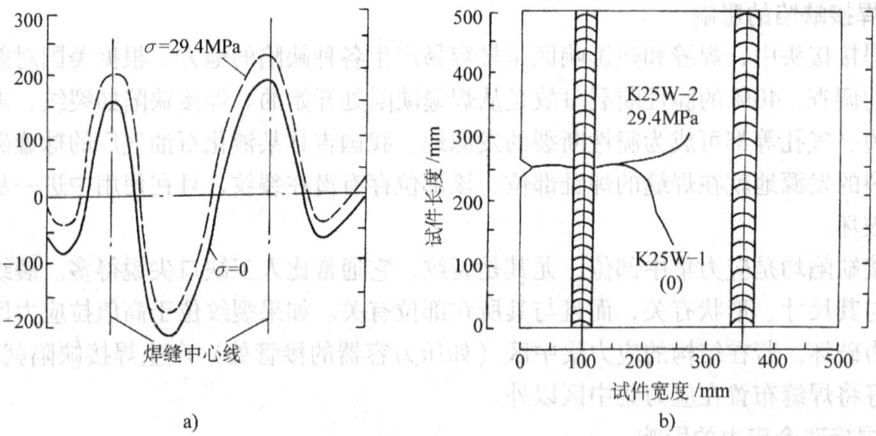

图3-19　远距离平行焊接接头试件的开裂路径和纵向残余应力分布

a）残余应力分布图　b）试件图

残余应力对脆性断裂裂纹扩展方向的影响如图3-20所示。若试件未经退火，试验时也不施加外力，冲击引发裂纹后，裂纹在残余应力作用下，将沿平行焊缝方向扩展（N30W－3），随着外加应力的增加，开裂路径越来越接近与外加应力方向垂直的试件中心线。如果试件残余应力经退火完全消除，则开裂路径与试件中心线重合（N30WR－1）。

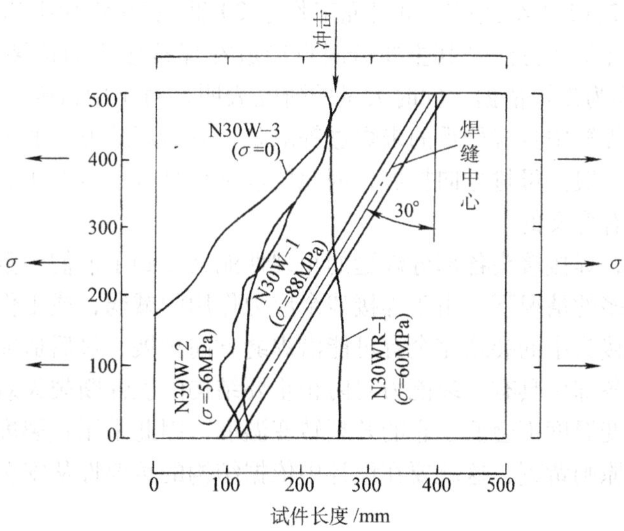

图3-20 裂纹扩展路径

3.5 焊接结构防脆性断裂设计准则及相关的评定方法

3.5.1 焊接结构防脆性断裂的设计准则

焊接结构脆性断裂往往是在瞬时内完成的，但是大量研究表明，它仍是由两个阶段组成的，即在结构某个部位，如焊接或冶金缺陷处，焊接冷裂纹、热裂纹、安装施工裂纹、咬边、未焊透等缺陷处首先产生一脆性裂纹（即不稳定裂纹），然后该裂纹以极快的速度扩展，部分或全部地贯穿结构件，造成脆性失效。前一阶段为断裂的产生阶段或引发阶段，后一阶段为扩展阶段。失稳扩展的裂纹在一定条件下可能停止下来，即止裂，如当裂纹进入了拉应力较低的区域，没有足够的能量来维持裂纹进一步扩展，或者裂纹进入到韧性较好的材料（或同一材料，但温度较高，韧性增加）受到较大的阻力，无法继续扩展。对于一种材料来说，有一个脆性裂纹引发的临界温度，即开裂温度和止住裂纹扩展的止裂温度。开裂和止裂温度的高低可以用来衡量材料的抗开裂性能和止裂性能，即开裂和止裂的临界温度越低，材料的抗开裂性能和止裂性能就越好。一般来说，对于对应变速率敏感的材料（如C－Mn型中低强度钢），其抗开裂性能的转变温度低于止裂性能的转变温度；对于高强度钢，由于它对应变速率不敏感，因此其开裂和止裂温度相差不多或相同，但是在任何情况下，止裂转变温度不会低于它的开裂转变温度。

由于脆性断裂是由两个阶段组成的，因此为了防止结构发生脆性破坏，相应地有两个设计准则：一为防止裂纹产生准则（即“开裂控制”）；二为止裂性能准则（即“扩展控制”）。前者是要求焊接结构最薄弱的部位（即焊接接头处）具有抵抗脆性裂纹产生的能力，即抗开裂能力；后者要求如果在这些部位产生了脆性小裂纹，其周围材料应具有将其迅速止住的能力。显然，后者比前者要求苛刻些。

国际焊接学会2912小组经过大量研究工作于20世纪70年代提出，防止焊接结构脆性破坏事故有效而又经济的方法是其主要着眼点应放在焊接接头的抗裂纹产生能力上（即开裂控制），并以此作为设计依据。同时大量的研究表明，对于中低强度钢来说，由于残余应力的作用，除非在焊缝中具有严重的未焊透等缺陷，或沿焊缝方向的工作应力很高以外，脆性裂纹一旦产生，一般向母材方向扩展，因此要求母材具有一定的止裂性能，这对防止焊接结构脆性断裂也是有意义的。

但是，近年来，焊接接头各部分焊缝的止裂性能又受到了人们的重视。这是因为在采用高强度钢种日益增多的情况下，由于焊接残余应力作用的减弱，或工作应力的提高以及焊接冶金因素等原因，接头中的裂纹完全有可能沿焊缝方向扩展，最后造成结构破坏，因此，此时要求焊缝或接头各部位具有止裂能力对防止重要结构的脆性断裂失效是必要的。由于在任何情况下，止裂转变温度不会低于它的开裂转变温度，因此采用止裂准则进行设计时，对材料的要求将比开裂原则苛刻，这就要在设计中依据结构的重要性从安全和经济两个角度进行全面考虑。

通过对脆性断裂事故的大量试验分析研究，证实焊接结构的抗脆性破坏性能是不能完全依靠常规的光滑试验方法来反映的。大量脆性断裂事故是在低温下发生的，低温易使材料变脆，大厚度、存有残余应力、大应变速率，特别是有缺口都加剧了低温的不利影响，而应变速率可用降低温度来描述，故在一定温度下对具有缺口的试样进行的试验最能反映金属材料和结构抗脆性破坏的能力。

3.5.2 断裂评定方法

如前所述，金属材料的断裂除与材料本质特性等内在因素有关外，还与温度、加载速度、应力状态等外加因素有关。在这些因素中，温度是个主要因素。为此，试验时一般是在试样上开出不同的人工缺口以造成局部不同的应力集中状态，然后在保持一定加载速度的条件下研究材料的性质与温度之间的关系，并以此来评定材料或结构的韧脆行为，这种方法通常称为转变温度方法。另一类方法为断裂力学方法，同样是在一定温度下，在具有缺口的试样上进行，通过试验测定材料的临界应力强度因子 K_{IC}、临界裂纹张开位移 δ_C 和 J 积分临界值 J_{IC} 等，并作为断裂判据。

1. 转变温度方法

这种方法是建立在试验和使用经验上的，因此不论是在实验室还是在实际工程中都积累了丰富的数据，而且一些相关的试验方法简单，其结果便于工程实际的直接应用，具有其独特的优越性，所以至今，虽然断裂力学已有了很大发展，但还不能完全取代它。

确定材料韧脆转变温度特性的转变温度试验方法有很多。但应当说明，对于一种材料，采用不同试验方法所得到的韧脆转变温度并不相同，即使是同一试验方法，若试样形式不同（如缺口形状和尺寸不一等），其结果也不相同。

2. 断裂力学方法

由于构件在加工、制造、安装和使用过程中不可避免地会产生缺陷，并且许多缺陷应用现代技术尚不能准确地、经济地检验出来，而许多缺陷的修复既昂贵又危险，因此，只有承认裂纹的存在，研究裂纹扩展的条件和规律才能更有效地防止脆性断裂事故。断裂力学就是从构件中存在宏观裂纹这一点出发，利用线弹性力学和弹塑性力学的分析方法，对构件中的裂纹问题进行理论分析和试验研究的一门学科。

断裂力学提出了一些新的力学指标，如K_{IC}、δ_C、J_{IC}，用它们作为安全设计的依据。例如，K因子即应力强度因子，它是反映线弹性体裂纹尖端应力场强度的力学参量。对于拉伸加载的应力强度因子$K_I = Q\sigma\sqrt{\pi a}$（其中$Q$为裂纹修正系数，如无限大板的穿透裂纹$Q=1$，内部圆裂纹$Q=4/\pi^2$等），它反映了应力强度因子$K$与应力$\sigma$和裂纹半长$a$的关系。当裂纹开始进入临界状态，即开始不稳定的扩展时，此时的应力强度因子就应该用其临界值K_{IC}来表示。临界值的应力强度因子K_{IC}是工程材料的一种新的特性，通常称作平面应变断裂韧度。每一种工程材料断裂韧度的具体数值可通过试验方法测定。

应力强度因子和断裂韧度的关系相当于应力和屈服强度R_{eL}或抗拉强度R_m的关系。有了应力强度因子K_I，犹如在材料力学中找到了危险点的工作应力，而有了断裂韧度就犹如测出了材料的强度指标R_{eL}和R_m一样。在材料力学中，应力是由外载造成的，而屈服强度是材料的特性，当应力达到屈服强度时，材料就失效。在断裂力学中，K_I是由外载和裂纹几何形状所决定的，而K_{IC}也是材料的特性，当K_I值等于K_{IC}值时，材料断裂。显然材料断裂的条件是$K_I = K_{IC}$。应当指出，断裂韧度不是一个材料的绝对常数，它随一些因素如温度、加载速度等而变化，从这一点上看它也和屈服强度的性质差不多。

应力强度因子是建立在线弹性断裂力学基础上的，对于解决高强度钢和超高强度钢的断裂问题是很有成效的。而对于中低强度钢，由于裂纹尖端总是存在着或大或小的塑性区，当小范围屈服时，经过修正线弹性断裂力学的分析方法和结论尚可应用，但当大范围屈服时，线弹性断裂力学的分析方法和结论就不适用了。对于中低强度钢，将以弹塑性断裂力学为基础，以临界裂纹张开位移 COD（δ_C）值和J积分的临界值J_{IC}（延性断裂韧度）作为断裂判据。

总之，通过断裂力学的分析，把构件内部的裂纹大小和构件工作应力以及材料抵抗断裂的能力即断裂韧度定量地联系起来，从而可对含裂纹构件的安全性和寿命给出定量或半定量的估算，这就为工程构件的安全设计、制定合理的验收标准和选材原则提供了新的理论基础。

K_{IC}、δ_C和J_{IC}这些力学参量均可通过试验方法予以确定。目前国内外已颁布了若干相应的测试标准。我国相关的标准有 GB/T 4161—2007《金属材料　平面应变断裂韧度K_{IC}试验方法》，GB/T 21143—2014《金属材料　准静态断裂韧度的统一试验方法》。国际上，在 20 世纪 90 年代，英国焊接研究所提出了一个测试上述三个参量的统一标准草案 BS7448，受到了国际焊接学会的重视，并予以推广应用。现已被国际标准局（ISO）采用，其编号为 ISO/TC 164/SC4—N400。

该标准共分为四个部分，其中与脆性断裂相关的三部分为：Part Ⅰ为“测定金属材料K_{IC}、极限 COD 值和极限J积分值方法”、PartⅡ为“测定金属材料焊缝K_{IC}、极限 COD 值和极限J积分值方法”以及PartⅣ“测定金属材料裂纹稳定扩展的断裂阻力曲线以及启裂值的方法”。可以说这是一部国际上通用的材料和焊缝的断裂力学参量测定标准，已经在实际工程中得到应用。

本章主要介绍转变温度方法，对于断裂力学方法，读者可参阅其他相关书籍与资料。

3.5.3 典型试验方法介绍

相应于上述设计要求，可以通过有关试验测出材料的抗开裂性能或止裂性能，供设计者参考应用。一般来说，凡是反映裂纹产生前韧度参量指标的试验皆属于开裂型试验；反之，凡是测量脆性裂纹产生后韧性指标的试验皆为止裂型试验。

1. 抗开裂性能试验

（1）威尔斯（Wells）宽板拉伸试验　这是20世纪五六十年代由英国焊接研究所提出的试验方法。该试验是大型试验中用得比较多的一种，由于这种方法能在实验室内重现实际焊接结构的低应力断裂现象，同时又能在板厚、焊接残余应力、焊接热循环、焊接工艺等造成的影响等方面模拟实际焊接结构，所以这种试验方法不但可以用来研究脆性断裂机理，而且也可作为选材的基本方法。该试验又可分为单道焊缝宽板拉伸试验和十字焊缝宽板拉伸试验两种。

1）单道焊缝宽板拉伸试验。该试验所用的试件尺寸为原板厚×915mm×915mm（我国采用500mm×500mm）方形试件。

在施焊成方形试件前把两块915mm×456mm板材的待焊边加工成双V形坡口，并在板中央坡口边中部用细锯条开出一道和坡口边缘平行的、尖端宽度为0.15mm、深为5mm的缺口，如图3-21所示。细锯口目前多采用线切割机开出。

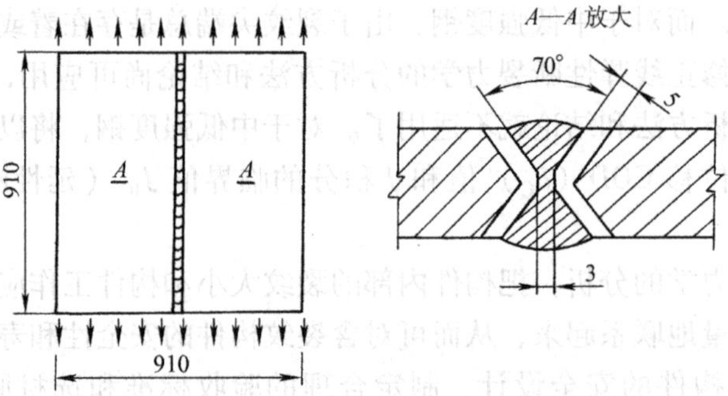

图3-21　单道焊缝宽板拉伸试件及缺口图

在焊接对接焊缝时，缺口尖端不但在焊接残余拉应力场内，而且还在热场温度下产生应变集中，造成动应变时效。对于某些钢种来说，这种动应变时效大大提高了缺口尖端的局部脆性。应当说明，在开裂型试验中，裂纹尖端局部材质的韧性是起决定性作用的，即它决定着构件的抗开裂性能。

最后，将如此制备好的系列试件在大型拉力试验机上分别在不同温度下进行拉伸试验，测出并绘制出整体应力应变和温度之间的关系曲线。图3-22所示为国产钢材09MnTiCuRE和06MnNb的宽板拉伸试验结果。

2）十字焊缝宽板拉伸试验。某些低合金钢和高强度钢对动应变时效不敏感，而熔合区、热影响区或焊缝往往是焊接接头的最脆部位，因此缺口应开在这些区域内进行试验，这时应采用如图3-23所示的十字焊缝宽板拉伸试件进行试验。制备这种试件时，首先是焊接与拉伸载荷垂直的横向焊缝，然后在焊缝、热影响区或熔合区相应部位开出缺口，再焊接纵

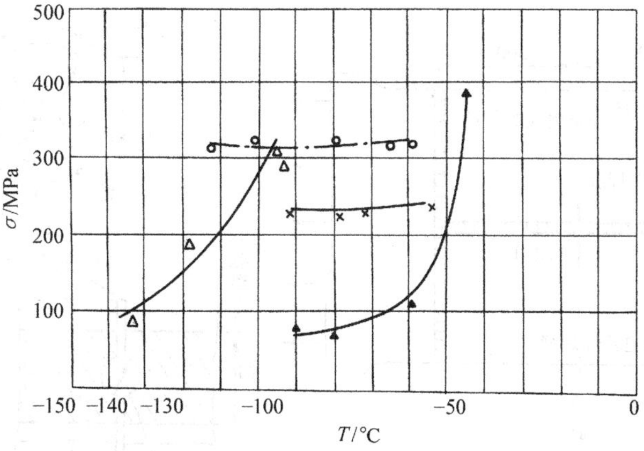

图3-22　宽板拉伸试验的典型应力-温度关系曲线

09MnTiCuRE：▲焊态○热处理×预拉伸

06MnNb：△焊态

向焊缝。试验方法与单道焊缝试验时相同。

3）Wells宽板拉伸试验的评定标准。Wells宽板拉伸试验可以测定以开裂准则为依据的材料最低安全使用温度。根据英国对压力容器接管部位应变值的研究，规定碳锰钢和低碳钢以试验中在510mm标距上能产生0.5%整体塑性应变时的温度作为这一临界温度，而对于强度较高的钢材一般以对应产生4倍屈服强度应变时的温度作为这一临界温度。这一标准已为英国石油公司材料委员会接受。

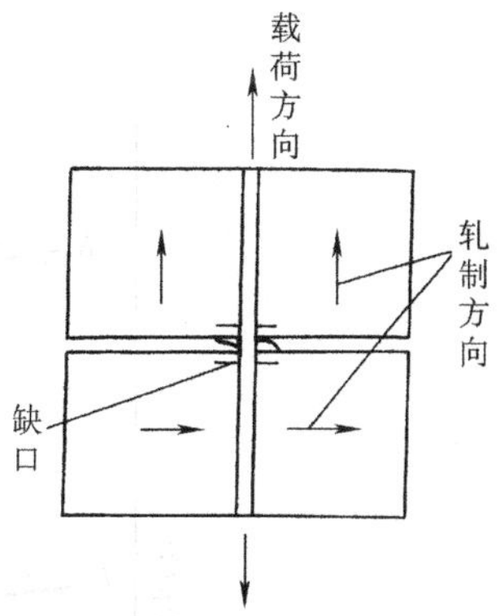

图3-23　十字焊缝宽板拉伸试件

（2）日本大阪拉伸试验　该试验由木原博等人在1959年提出，现在日本已标准化。制备试件时，首先将两块25mm×500mm×1000mm的板件用自动焊焊成一块25mm×1000mm×1000mm的试件，然后在焊缝中央钻一个直径为10mm的圆孔，并在直径上开出一个与载荷方向垂直的尖锐圆弧半径为0.1mm的缺口，缺口长度为36mm。图3-24所示为该试件的尺寸和缺口。试验方法与Wells宽板拉伸试验相同，其典型试验结果如图3-25所示。由图3-25可见，当试件上没有尖锐缺口存在时，在所有试验温度下断裂应力均达到材料的抗拉强度，如图中*PQR*曲线所示；当试件上有缺口但没有焊接残余应力存在时，其断裂应力最低为屈服强度，如*PQST*曲线所示。若试件上有缺口和残余应力时，将发生如下两种断裂形式：当试验温度高于$T_a \sim T_f$时，试件中的焊接残余应力对试件的断裂强度没有影响，断裂形式为塑性断裂；当试验温度低于$T_a \sim T_f$时，残余应力将产生不利影响，断裂形式为脆性断裂。可见当实际结构的工作温度低于大阪拉伸试验所确定的$T_a \sim T_f$温度时，对其进行消除焊接残余应力的热处理是合理的。

在日本，钢板的最低使用温度原则上是根据大阪拉伸试验时断裂应力为1/2屈服强度时的温度规定的。

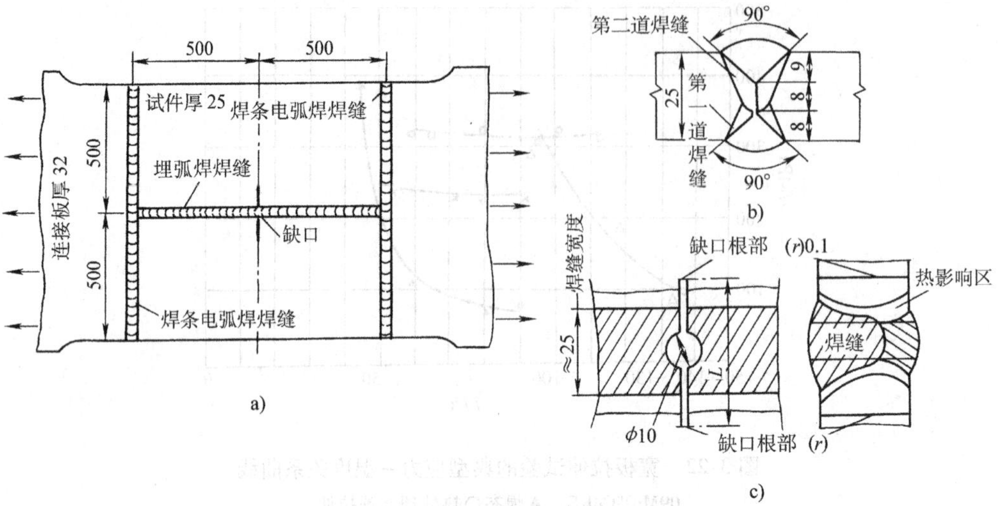

图3-24 日本大阪拉伸试件及缺口图

a）试件 b）坡口及焊缝剖面 c）缺口

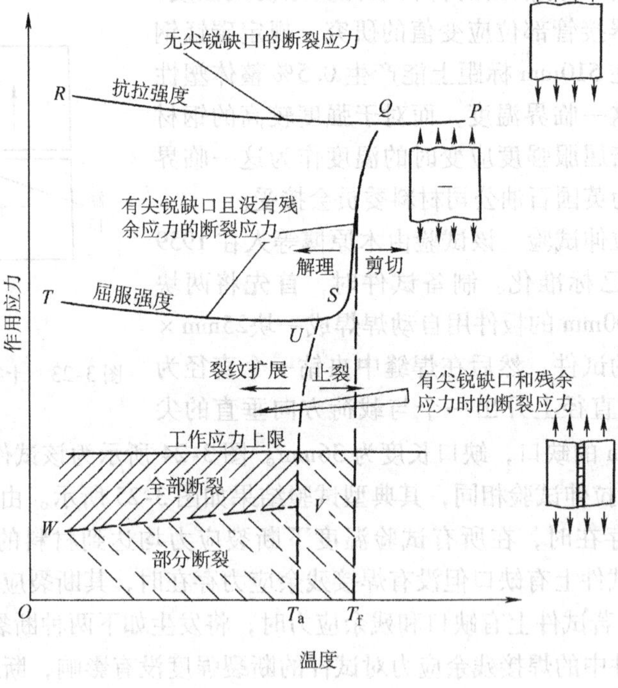

图3-25 大阪拉伸试验结果

另外，日本木原博、增渊兴一用和Wells同样的方法做了先开缺口后焊接的纵向焊接接头试件的静载拉伸试验。由于他们先后都在采用带缺口宽板焊接接头的静载拉伸试验模拟低应力脆性断裂方面获得了成功，所以这种试验一般也称为威尔斯－木原试验。

（3）深缺口试验　该试验方法是由日本秋田、池田提出的。这一方法能估算静载条件下母材和焊接接头脆性开裂的特性。在日本，它是制定低温钢标准的基础试验。

深缺口试件分为两类：一类为母材试件，另一类为焊接接头试件。在焊接接头试件中可把缺口开在所研究的部位上。图3-26所示为各类试件的形式和尺寸。机械缺口开在长度中央处，深度可为100mm、140mm和180mm（或80～120mm）。图3-26所示的尺寸为标准试件尺寸。

对于母材试件，可在加工好的试件两侧开出长为80mm的缺口，缺口尖端为长2～3mm、宽0.2mm的细槽（见图3-26a）。

对于亚临界热影响区试件（研究动应变时效时采用），焊缝坡口形式为K形，即在两块边板上开坡口，中间板不开坡口。制备试件时先在中间板两直边中部开出深为5mm的细缺口，再把两侧边板和中间板焊好，然后在两个边板上开出粗缺口，并将其与中间板细缺口沟通，如图3-26b所示。

热影响区试件是先将焊缝（焊缝坡口为K形或V形）焊好，然后再用粗、细锯在焊缝直边热影响区部位开出粗细相连的缺口（见图3-26c）。

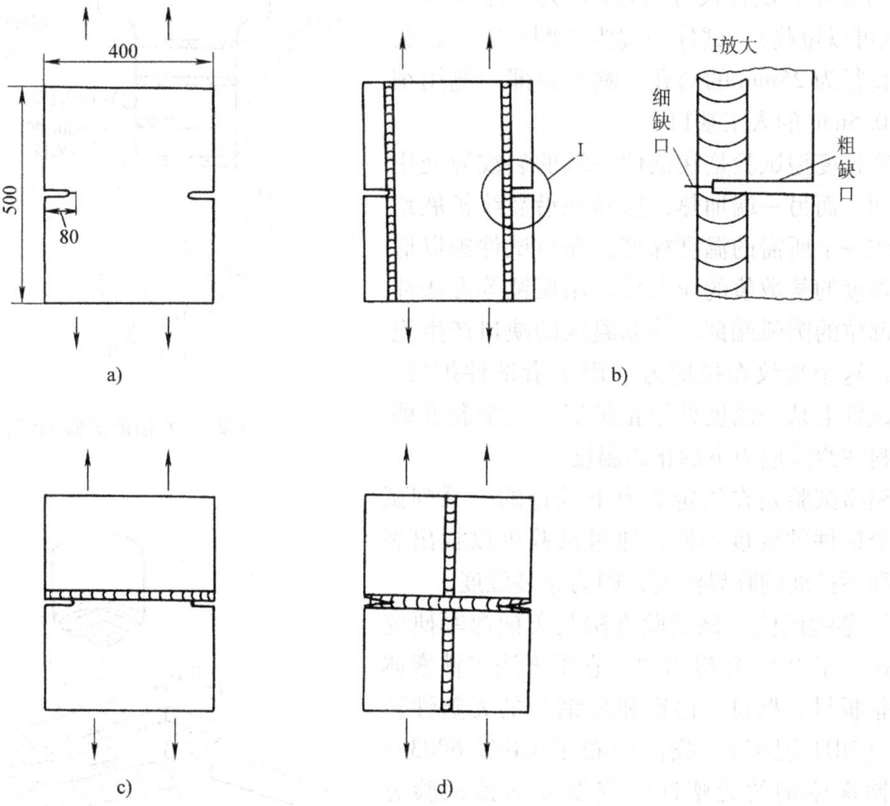

图3-26　深缺口试件

a）母材试件　b）亚临界热影响区试件　c）热影响区试件　d）焊缝试件

对于焊缝试件，首先施焊和载荷方向平行的纵向焊缝，然后再焊接与其垂直的横向焊缝，最后在横向焊缝上按热影响区试件一样的方法开出缺口（见图3-26d）。

试验方法与前述的宽板拉伸试验相同。通过试验可求得在一定裂纹长度情况下的脆性断裂温度。为了确定不同长度缺口与断裂应力和温度的关系曲线，需采用若干组缺口深度不同的深缺口试件。此外，试板两侧裂纹长度的误差也会给试验结果带来误差。

2. 止裂性能试验

目前，在实际应用中，大多数采用转变温度型方法。它可粗略地分为以罗伯逊试验为代表的包括ESSO、双重拉伸试验在内的大型试验方法和美国海军研究所（NRL）开发的落锤、动态撕裂等一系列中小型试验方法。

（1）罗伯逊（Robertson）试验　该试验是测定止裂温度的典型方法，试验目的是确定在某一应力下，脆性裂纹在钢板中扩展时被制止的临界温度。它可以分为等温型和温度梯度型试验两种。

试件形式如图3-27所示。试件两端为卡头连接板Ⅰ，试件与连接板之间焊有两块比试件厚度要薄的屈服板Ⅱ。这样，当试件内部应力还处在弹性范围内时，屈服板已屈服，以使试件中的应力达到均匀分布。试件尺寸（mm）为板厚×76×510（也可以短些），试件一端为半圆皇冠形，头部钻有直径为25mm的圆孔，圆孔内部一侧用细锯开出0.5mm的人工缺口。

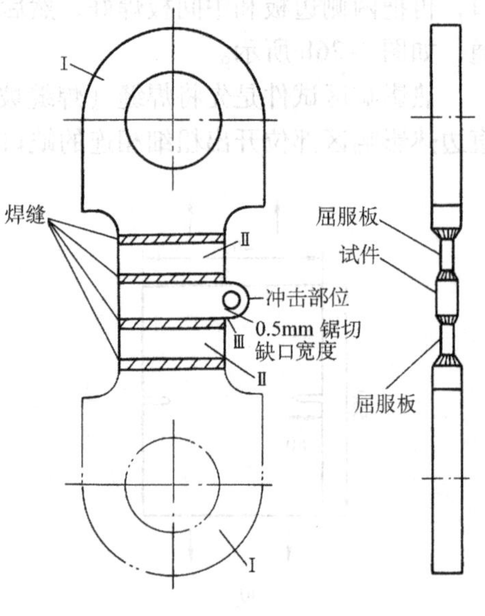

图3-27　罗伯逊试验的试件

温度梯度型试验是在试件一端的裂纹源处用液氮冷却，而另一端加热，这样在沿裂纹扩展路径上造成一个所需的温度梯度。在对试件施以低于屈服强度的某数值的应力后，用摆锤等方法冲击低温部位的圆弧端部，使低温区的缺口产生脆性裂纹，这个裂纹在拉应力作用下沿试件扩展。裂纹在试件上某一温度处停止扩展，这个温度即为该材料在给定应力下的止裂温度。

等温型试验是在给定应力下进行的一系列试验。每个试件的温度不同，通过试验可以找出裂纹扩展和不扩展的临界温度，即为止裂温度。

（2）落锤试验　该试验方法是美国海军研究所（NRL）于1952年提出的。它用来测定铁素体钢（包括板材、型材、铸钢和锻钢）的无塑性转变温度（NDT温度）。我国颁布了GB/T 6803—2008《铁素体钢的无塑性转变温度落锤试验方法》。无塑性转变（NDT）温度是指按标准试验时，标准试样发生断裂的最高温度，它表征含有小裂纹的钢材在动态加载屈服应力下发生脆性断裂的最高温度。

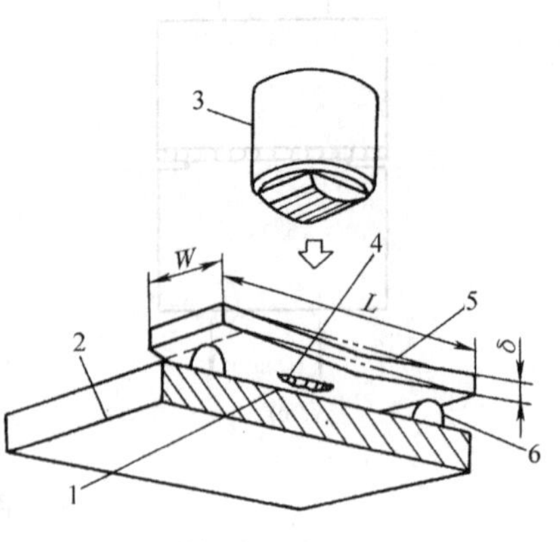

图3-28　落锤试验示意图

1—止挠块　2—砧座　3—锤头
4—脆性焊道　5—试件　6—支座

落锤试验是动载简支弯曲试验，如图3-28所示。按规定，试件及辅助试件的尺寸见表3-3。

表3-3　落锤试件尺寸　　（单位：mm）

名称	标准试件型号			辅助试件型号		
	P－1	P－2	P－3	P－4	P－5	P－6
试件厚度 δ	25±2.5	20±1.0	16±0.5	12±0.5	38±4	50±4
试件宽度 W	90±2.0	50±1.0	50±1.0	50±1.0	90±2.0	90±2.0
试件长度 L	360±10	130±10	130±10	130±10	360±10	360±10

试验时从受拉伸的表面中心平行长边方向堆焊一段长为60~65mm、宽为12~16mm、高为1.5~2.5mm的脆性焊道，堆焊焊条可采用4~5mm的EDPMn3－15（如D127）焊条。然后在焊道中央垂直焊道方向锯开一个人工缺口，再把试件缺口朝下放在砧座上。砧座两支点中部有限制试件在加载时产生挠度的止挠块。试验时在不同温度下用锤头（是一个半径为2mm的半圆柱体，硬度不小于50HRC）冲击，根据试件类型及试验钢材的屈服强度按标准选择落锤能量，试验温度应是5℃的整数倍。对于厚度超过试件尺寸的材料，只从一面机加工到标准厚度，保留一个轧制表面，并以该面作为受拉伸表面。

对接焊接头的落锤试件，其坡口形式根据试板厚度和试验考核内容选用V形坡口、K形坡口或X形坡口。制备试板时应防止产生挠曲和平面错位，试板两面的焊缝余高亦应机加工到与试件表面平齐。缺口应开在接头中焊缝金属或热影响区的上方。

根据规定，试验以裂纹源焊道形成的裂纹扩展到受拉面的一个或两个棱边判为断裂，反之，裂纹未扩展到受拉面的棱边为未断裂。NDT温度的确定是用一组试件（6~8块）进行系列温度试验，然后测出试件断裂的最高温度。在比该温度高5℃时应至少测试两个试件，并且均为未断裂，则将该试件断裂的最高温度确定为NDT温度。

研究表明，落锤试验中所测定的NDT温度是材料的止裂特性。如前所述，凡是衡量裂纹产生前参数的，称为开裂型试验。例如，Wells宽板拉伸试验是确定试样断裂前产生0.5%塑性变形所对应的温度，因此该温度是开裂温度。反之，凡是以裂纹产生后的参量作为衡量指标的称为止裂型试验。对于落锤试验来说，它的引裂是依靠在试样上堆焊一道脆性焊道来达到的，即该脆性焊道在试件内引起若干微裂纹作为引裂源。试验时，在一定温度下对试样进行冲击，产生脆性裂纹后，如果该裂纹没有扩展到试样端部，则认为试样未裂。继续冷却其他试样，从中找出一个温度，在此温度下冲击时裂纹扩展到试样一个端部，才算裂开。显然NDT不是衡量裂纹产生前的参数，而是出现脆性裂纹后，看其是否扩展到试样端部而定出NDT温度的，也就是说，它是确定材料是否能将脆性裂纹止住的温度。显而易见，落锤试验属于止裂试验范畴。落锤试验可代替昂贵的大型止裂试验方法研究材料的止裂性能。

落锤试验具有方法简单，试验结果重复性好，能在一定程度上模拟焊接结构实际情况的特点，因此在国内外受到很大重视。落锤试验不仅可以作为科研单位的研究手段，同时也可以作为工厂的验收方法。在某些结构中，人们已把NDT温度定为材料的安全使用温度。

应当指出，落锤试验的引裂方法即在试件上堆焊脆性焊道时，对材料将起到一定的热处理作用，由于堆焊会产生热影响区，致使受影响的材料比未受影响的板材有更大的抵抗断裂性能的反常现象，因此，对热作用比较敏感的材料，在轧制状态的有关试件上堆焊脆性焊道后，再进行板材有关规范所要求的热处理，这样才可得到较真实的试验结果。

（3）动态撕裂试验 简称DT试验。该试验是由美国海军研究所（NRL）于1962年开创的一种新型工程试验方法。大量试验数据表明，DT试验在揭示金属材料的冲击抗力和温度转变特性方面优于夏比冲击试验，是工程应用上一种较理想的测定金属材料全部转变区断裂特征的试验方法。该试验的主要特点是：

1）试件的断裂韧带较长，因此可以提供足够长的断裂扩展路径，充分揭示金属材料抵抗撕裂的能力。

2）试件开有11.5mm长的机械缺口，在缺口尖端又用刀片压入0.25mm深，使缺口既尖又脆，再加之施以动态冲击载荷，这就构成了非常苛刻的试验条件。

3）试验装备、试件制备以及试验程序均较简单，因而具有方便及成本低的特点。

1973年，该方法被列入美国军用标准，以后又扩大了应用范围，1977年列入ASTM标准（ASTM604—1977），1980年进行了修订，把试件规格由16mm厚改为5~16mm厚，1983年又进行了修订，增加了断口测量项目。我国自1974年开始引进DT试验方法，经过多年试验研究已制定了国标GB/T 5482—2007《金属材料动态撕裂试验方法》。

试件外形尺寸（mm）为$\delta \times 40 \times 180$，试件厚度$d$为5~16mm，厚度大于16mm的材料应加工成16mm厚的试件。试件尺寸如图3-29所示。试件缺口可用铣削或线切割等方法加工，但一组试件必须采用同一种机加工方法。对加工好的试件，需用硬度大于60HRC的刀片压制缺口，压入深度为（0.25±0.13）mm，而该压制深度应作为名义净截面（$W-a$）的一部分。试件缺口尺寸及公差见图3-30和表3-4。

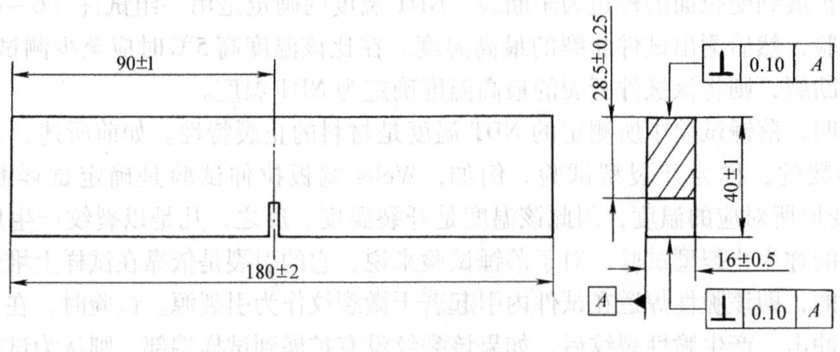

图3-29 动态撕裂试件尺寸

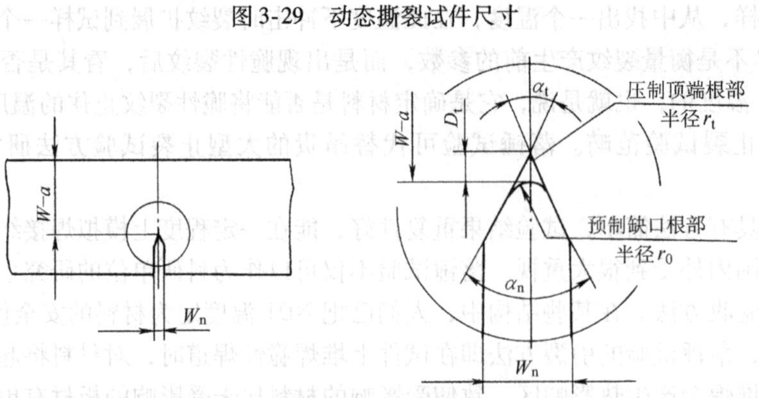

图3-30 动态撕裂试件缺口形状及尺寸

表3-4　缺口尺寸和公差　　（单位：mm）

缺口几何尺寸	尺寸	公差
净宽（$W-a$）	28.5	±0.25
机加工缺口宽度 W_n	1.6	±0.1
机加工缺口根部角度 α_n	60°	±2°
压制顶端深度 D_t	0.25	±0.13
压制顶端角度 α_t	40°	±5°
压制顶端根部半径 r_t	<0.0025	—

在我国的标准中有焊接接头动态撕裂试验的内容，其取样部位如图3-31所示。焊缝试件缺口轴线应与焊缝表面垂直，并位于焊缝中心处；对于熔线试件，缺口开在1/2厚度平面与熔区交界的 M 处；对于近缝区各部位缺口位置，根据技术条件要求开在 M 点以外的 H 点。

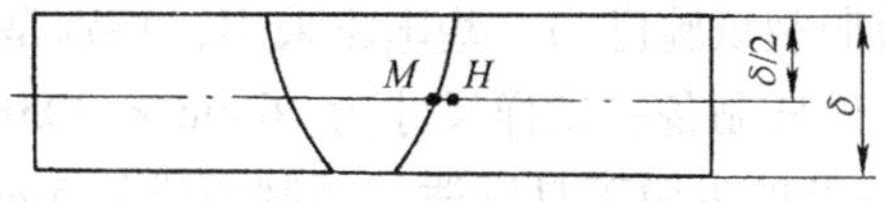

图3-31　焊接接头取样位置

试验在冲击试验机上进行（美国ASTM标准规定在摆锤式或落锤式试验机上进行），在每个试验温度下至少试验两个动态撕裂试件，试验时测出DTE（动态撕裂能量），DTE与温度的关系曲线如图3-32所示。在ASTM E604—1983标准中增加了断口剪切面积测量项目。

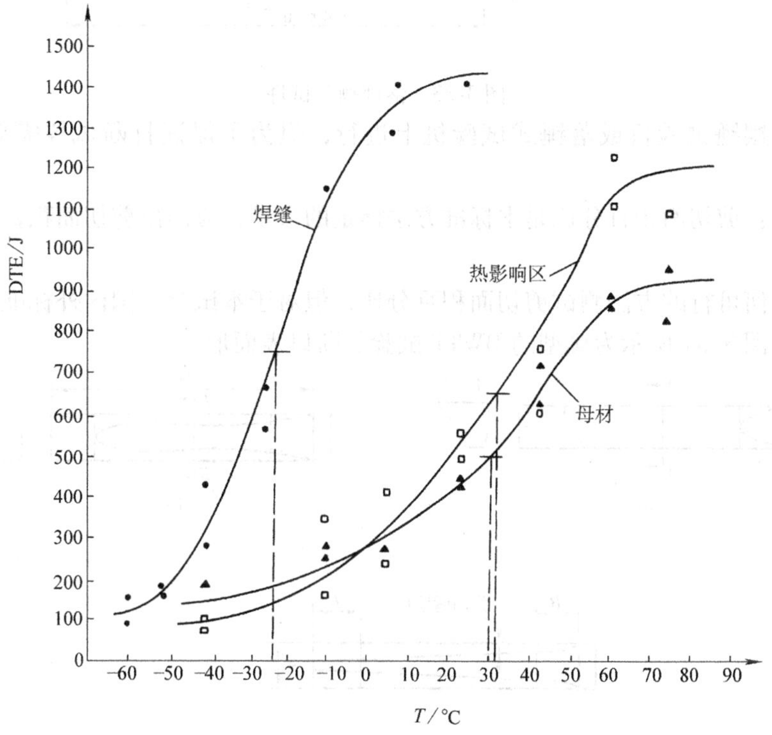

图3-32　一种低合金钢焊接接头的动态撕裂能量与温度关系曲线

●焊缝　▲母材　□热影响区

（虚线为1/2动态撕裂能量峰值所对应的温度）

目前，我国标准中增加了25mm、32mm和40mm厚板的试件作为大厚度钢板防断设计的参考，另外还增加了纤维断面率的测定内容。

（4）落锤撕裂试验（DWTT——Drop Weight Tearing Test） 这种试验最早是由美国海军研究所提出的。美国“巴特尔纪念”研究所于1963年9月发表数据，证实落锤撕裂试验结果与管线服役性能之间有较好的相关性，即证明了落锤撕裂试验的断口形貌与压力容器中的断裂扩展形貌相当一致。之后，该方法在评定管道止裂性能试验中得到推广。

1974年，该方法正式列为ASTM E436—1974标准，并于1980年重新修订。同时美国石油学会也制订了相应的DWTT推荐方法（API RP5L3）。我国于1986年开始制订相关标准，并于1988年颁布了GB/T 8363—1987 DWTT试验标准，现已由GB/T 8363—2007所替代。落锤撕裂试验已为一些国家采用，特别是用于输送管道的板材质量检验中。

试样制备：试样尺寸为76mm × 305mm × B，如图3-33所示。注意缺口为利用倾角为45° ±2°的尖锐工具钢凿刀压制而成的5mm ±0.5mm深度的缺口（不能采用机械加工缺口）。

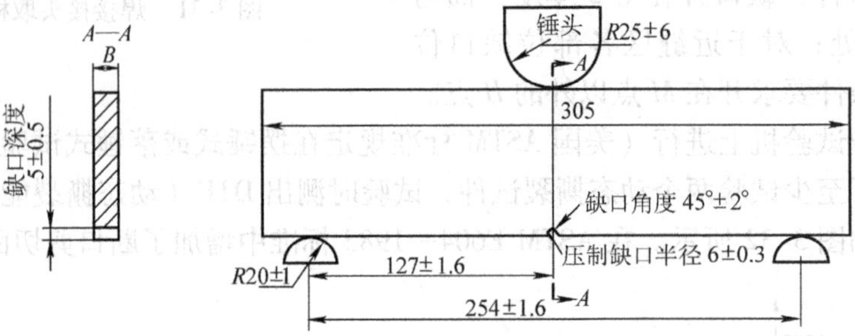

图3-33 落锤撕裂试件

试验可在摆锤试验机或落锤式试验机上进行，但为了保证打断试样需要具有一定的能量。

试验评定：剪切面积百分比是本标准方法标定的参量，应画出剪切面积百分比与温度的关系曲线。

可采用任何可行的方法测试剪切面积百分比，但对于本试验，国内外标准均提出了具体的测试方法。图3-34所示为典型的DWTT试验的断口表面形貌。

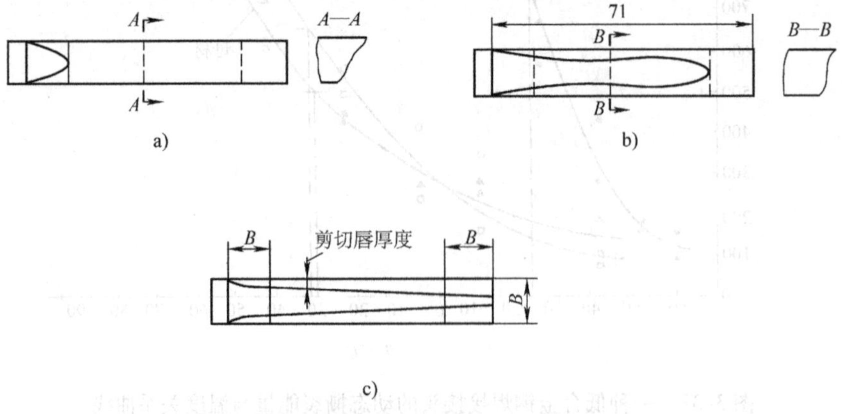

图3-34 典型的DWTT试验的断口表面形貌

a）100%剪切 b）≈45%剪切 c）<45%剪切

对于图3-34a、b所示的两种情况，即剪切面积在45%～100%时，可采用下式估算剪切面积百分比：

$$S_a\% = \frac{(70-2B)B-0.75A\overline{B}}{(70-2B)B}\times 100\%$$

式中 A——距缺口一个厚度 B 处晶状断口的宽度；

B——距缺口 B 和无缺口端面 B 二者距离之间晶粒断口的长度。

对于图3-34c所示的情况，即剪切面积小于45%时，按照我国标准规定需测出扣去 $2B$ 之后中央处的总剪切唇厚度（上下两个剪切唇之和），取其平均值，除以试样厚度并乘以100%即为剪切面积的百分比值。

在美国石油学会输送管道落锤撕裂试验的推荐方法中，把板厚从美国ASTM的20mm扩展到40mm，并规定当管道壁厚等于或小于19mm时，试样厚度应为全厚度；当板厚大于20mm时，可采用全板厚试样（此时计算剪切面积时 B 值仍取20mm），也可采用从一个表面或两个表面减薄厚度的试样（最薄可为20mm），但试验温度应比规定的试验温度低。具体的温度降低值见表3-5。

表3-5 减薄试样的温度降低值

规定的管壁厚/mm	试验温度降低值/℃
19～22	12
22～28	7
28～30	1

试样可以在管子上直接切取，其长度应沿管子圆周方向。同时试样可以完全压平，或在试样中心25～50mm处保持原有曲率，但采用不压平的试验结果更可取。

3.6 防止焊接结构发生脆性断裂的途径

综上所述，造成结构脆性断裂的基本因素是：材料在工作条件下韧性不足，结构上存在严重的应力集中（设计上的或工艺上的）和过大的拉应力（工作应力、残余应力和温度应力等）。如果能有效地减少或控制其中某一因素，则结构发生脆性断裂的可能性可显著降低或排除。一般地说，防止结构脆性断裂可着眼于选材、设计和制造三个途径上。

3.6.1 正确、合理地选用材料

选择材料的基本原则是既要保证结构的安全使用，又要考虑经济效果。一般地说，应使所选用的钢材和焊接用材料保证在使用温度下具有合格的缺口韧性。即要保证结构在工作条件下，焊缝、热影响区、熔合区等薄弱部位具有足够的抗开裂性能，也要使母材具有一定的止裂性能。另外在选材时还要考虑材料费用和结构总体费用的对比关系：当某些结构材料的费用与结构整体费用相比所占比重很少时，选用优良韧性材料是值得的，而对一些结构，材料的费用是结构的主要费用时，就要对材料费用和韧性要求之间的关系作详细的对比、分析研究，另外选材时还要考虑到一旦结构断裂其后果的严重性。

通常采用冲击试验方法进行材料的选择和评定。冲击试验是在不同温度下对一系列试件

进行试验找出其韧脆性特性与温度的关系。常用的有夏比V形缺口冲击试验和夏比U形缺口冲击试验。两种试件的尺寸均为10mm×10mm×55mm，缺口深度均为2mm，其区别在于缺口形式的不同。V形缺口的缺口尖端半径为0.25mm，U形缺口的缺口半径为1mm。目前多采用夏比V形缺口冲击试验。由于冲击试验方法简单，试件小，容易制备，费用低，因此不论作为材料质量控制，还是对事故进行分析研究，在各国都得到了普遍采用。

V形缺口冲击试验在研究焊接船舶脆性断裂事故时曾被大量采用，积累了许多有参考价值的数据。U形缺口试件在有些国家用得较多，但试验结果表明，V形缺口试件比U形缺口试件更能反映脆性断裂问题的实质。所以，近年来我国多采用夏比V形冲击试验进行材料的验收和评定，并相应制定了有关标准如GB/T 229—2007《金属材料夏比摆锤冲击试验方法》。

图3-35所示为由冲击试验得出的某半镇静低碳钢[$w(C)=0.18\%$，$w(Mn)=0.54\%$，$w(Si)=0.07\%$]冲击韧度和温度的关系曲线（图中锁眼型冲击试验在美国曾被广泛地作为工业性试验，现已由V形冲击试验所代替）。钢材在一定温度下的韧性，常用以下几种方法进行评定。

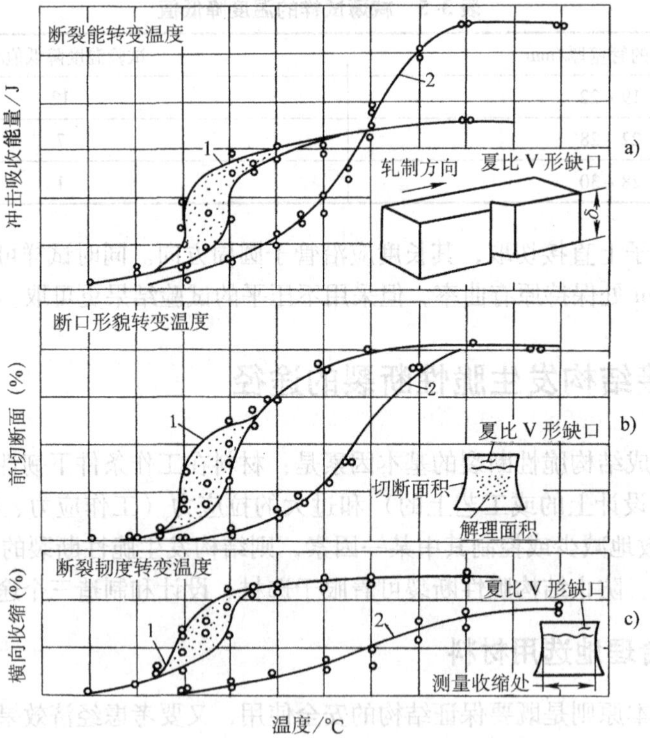

图3-35　冲击试验及其评定标准

a）冲击吸收能量　b）断口形貌　c）横向收缩

1—锁眼夏比　2—V形夏比

（1）能量标准　试验证明，随着温度的上升，打断试件所需的冲击吸收能量也显著上升，可以用它来衡量材料的韧脆转变温度，如图3-35a所示。一般认为，这种能量转变主要取决于裂纹产生前和裂纹开始扩展时缺口根部的塑性变形值。当塑性变形较小时，需要较小的冲击吸收能量，而变形较大时，则需要较大的冲击吸收能量。这意味着在这个转变温度区间以上，只有当缺口根部发生了一定的塑性变形后，才会开裂，而在这个温度区间以下时，缺口根部塑性变形很小，甚至没有塑性变形就会开裂。显而易见，此塑性变形能量和缺口根部形状是有关系的。由图3-35a可见，锁眼缺口冲击试件比V形缺口冲击试件测得的转变温度值低。由于冲击韧度在一定温度区间内是逐渐变化的，所以一般取对应某一固定冲击吸收能量时的温度为转变温度。有的标准则取对应最大冲击吸收能量1/2的温度为转变温度等。

（2）断口标准　以试件断口形貌来衡量转变温度特性，一般称为断口形貌转变温度。它标志着金属特性这样一个变化，即在温度较低时，试件具有扩展快、吸收能量低的解理断口，而在温度较高时，将由扩展慢、吸收能量高的剪切破坏断口所代替。它是衡量开裂后裂纹扩展行为的标志，表示了金属由晶粒状破坏向纤维状剪切破坏的转变（见图3-35b）。在试验中，当裂纹扩展时，其前沿金属所承受的加载速率较高，故断口形貌转变温度是不会低于断裂能转变温度的。在实际工作中，常以断口晶粒状断面百分率达到某一百分数（如50%）的温度作为转变温度。

（3）延性标准　测量冲击试件缺口根部厚度随温度的变化，具体地说是测量随着温度增加缺口根部的横向收缩量或无缺口表面的横向膨胀量（见图3-35c）。对应于3.8%的侧向膨胀率的温度是通常采用的转变温度。

应当指出，到目前为止不同国家不同部门，对冲击值的要求是不一致的。例如早期美国通过对二次世界大战期间发生脆性断裂事故的船上钢板进行V形缺口冲击试验的大量研究结果，提出船用钢板在-6℃下，20J冲击吸收能量的要求，而英国劳氏船级社在分析了几种船舶大量脆性破坏事例后提出用0℃时的47J的冲击吸收能量及30%纤维状断口形貌作为对焊接船舶外壳用钢的判据。近年来美国船级社（ABS）的规范对不同类别、不同厚度的钢材规定了在不同温度（低于平台所处海域最低的日平均温度30℃）下冲击吸收能量应满足表3-6的规定。其中Ⅰ类钢是指屈服强度$R_{eL}<280MPa$，Ⅱ类钢是指屈服强度为$280<R_{eL}<420MPa$，Ⅲ类钢是指屈服强度为$420<R_{eL}<700MPa$。美国石油学会APIRP2A对钢材的冲击吸收能量提出了与上述相同的要求。而英国BS6235规定，对于不同级别钢材和不论焊态还是热处理状态，均要求V形缺口冲击吸收能量为27J，我国《钢质海船入级与建造规范》对各级钢的冲击吸收能量也有相应的要求，如对Ⅱ级钢要求0℃的冲击吸收能量≥27J，Ⅲ级钢要求0℃的冲击吸收能量≥47J，Ⅳ级钢要求-10℃的冲击吸收能量≥61J。总之，在选材时要根据结构类型及相应的设计规范规定进行。

表3-6　美国船级社（ABS）对各类钢材冲击吸收能量的规定

钢类	壁厚	冲击吸收能量	
		J	ft · lb
Ⅰ	$6\leqslant\delta<19$	20	15
Ⅱ	$\delta\geqslant19$	27	20
Ⅱ Ⅲ	$\delta\geqslant6$	34	25

英国焊接研究所在对碳钢和碳锰钢进行宽板拉伸试验的基础上，提出了用这类钢材制造低温容器暂行规定的建议。该规定将宽板拉伸试验的临界温度作为结构的最低设计温度。并确定了每种板厚的碳钢和碳锰钢的最低设计温度与夏比冲击的能量不小于27J（对于$\sigma_b<450MPa$钢材）或40J（对于$\sigma_b\geqslant450MPa$钢材）的转变温度的对应关系，如图3-36和图3-37所示。

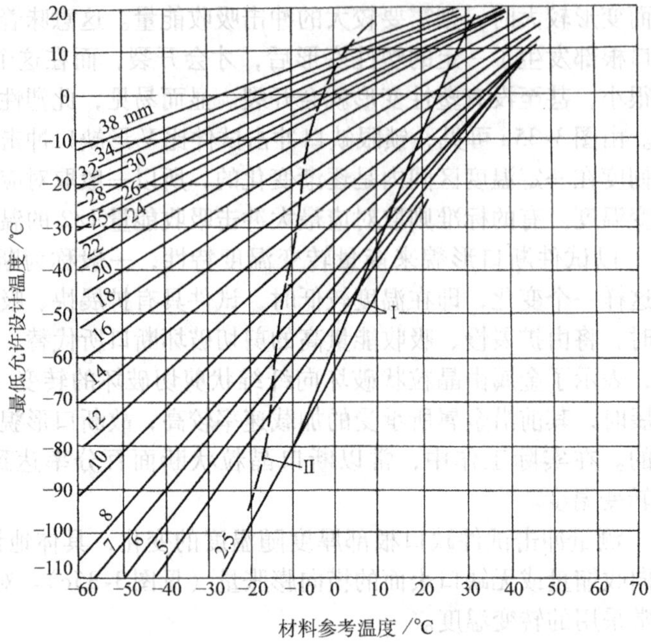

图3-36 焊态构件最低设计温度及参考厚度

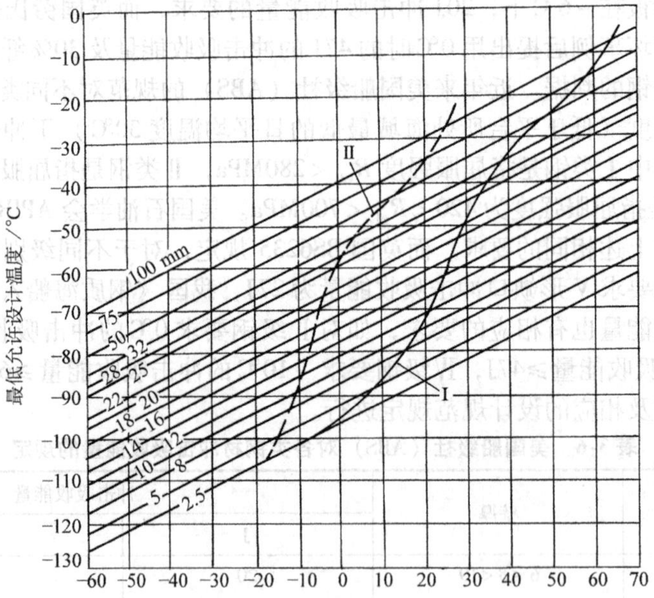

图3-37 焊态热处理构件最低设计温度及参考厚度

图中纵坐标是最低允许设计温度（宽板拉伸试验的临界温度），横坐标为材料的参考温度，即冲击试验达到上述冲击吸收能量的转变温度。图中对于 R_m <450MPa 的碳素钢和碳锰钢，参考厚度（名义厚度）与最低设计温度的交点在Ⅰ线之右可免作冲击试验，而对于最低含锰量与最高含碳量之比等于或大于4的正火钢，参考厚度与最低设计温度的交点在Ⅱ线

以右可免作冲击试验。据图3-36和图3-37曲线，即可在设计制造工作在某个设计温度下的容器时，根据板厚确定该钢材的冲击试验验收温度，在该温度下试验合格的钢材，可用于该设计温度下的温度，该建议已纳入英国标准BS5500附录D。

在上述初选的基础上，可根据防脆性断裂设计准则进行相关试验，确定工作的合理温度或根据国内国际已颁布的“合于使用”准则的焊接缺陷验收标准等确定允许的缺陷尺寸。

3.6.2　采用合理的焊接结构设计

设计有脆性断裂倾向的焊接结构，应当注意以下几个原则：

1. 尽量减少结构或接头部位的应力集中

1）在一些构件截面改变的地方，必须设计成平滑过渡，不要形成尖角，如图3-38所示。

2）在设计中应尽量采用应力集中系数小的对接接头，尽量避免采用应力集中系数大的搭接接头。图3-39a所示的设计不合理，过去曾出现过这种结构在焊缝处破坏的事故，而改成图3-39b所示的形式后，由于减少了焊缝处的应力集中，承载能力大为提高，爆破试验表明，断裂从焊缝以外开始。

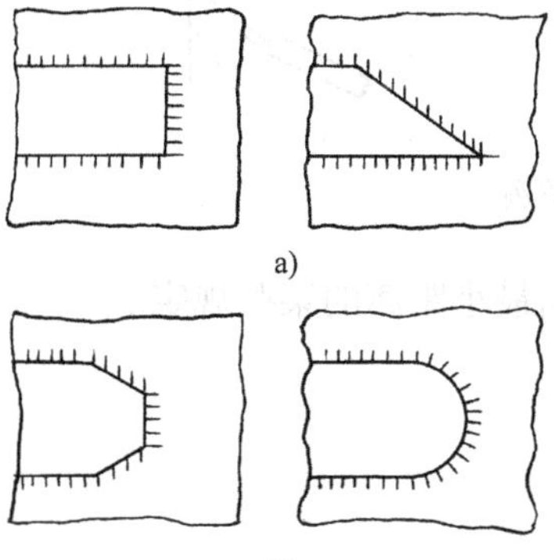

a)

b)

图3-38　尖角过渡和平滑过渡的接头

a）不可采用　b）可以采用

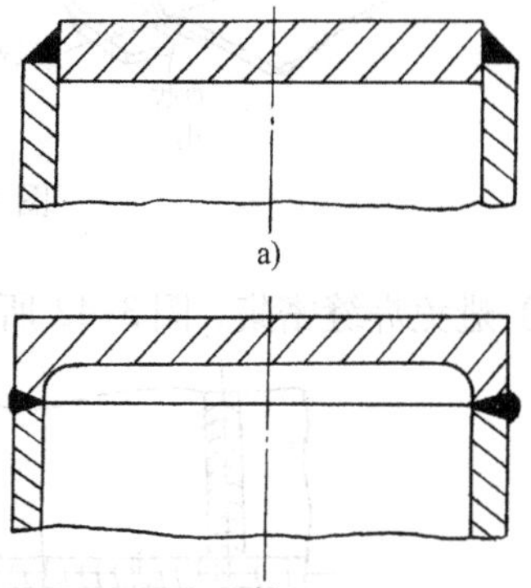

a)

b)

图3-39　封头设计时合理与不合理的接头

a）不合理　b）合理

3）不同厚度构件的对接接头应当尽可能采用圆滑过渡，如图3-40所示。

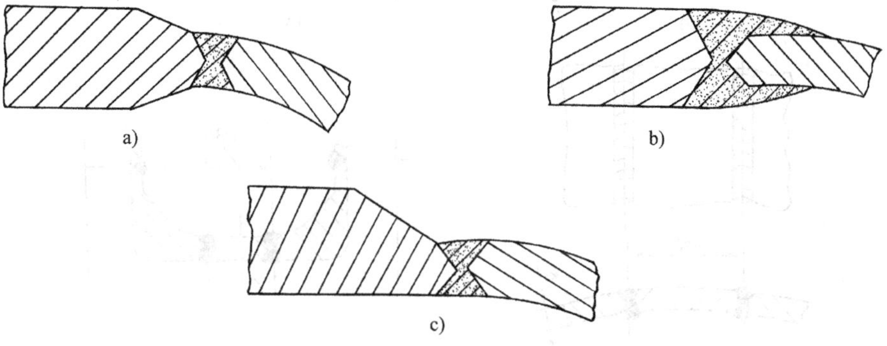

a)

b)

c)

图3-40　不同板厚的接头设计方案

a）可以采用　b）最好　c）不可以采用

4）应将焊缝布置在便于焊接和检验的地方，以便消除造成工艺应力集中（缺陷）的因素，如图3-41所示。

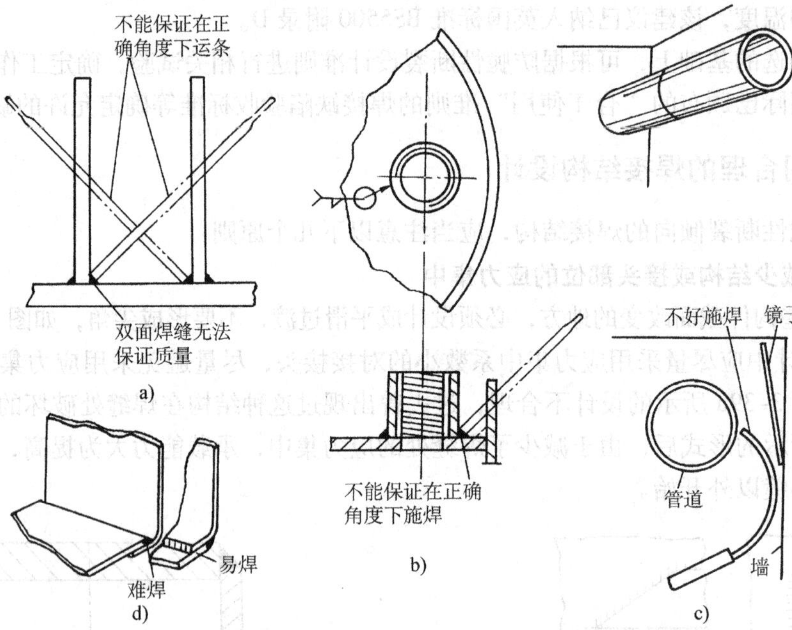

图3-41　不易施焊的焊态部位举例

5）避免焊缝密集，图3-42所示为焊接容器中焊缝之间最小距离的某些规定。

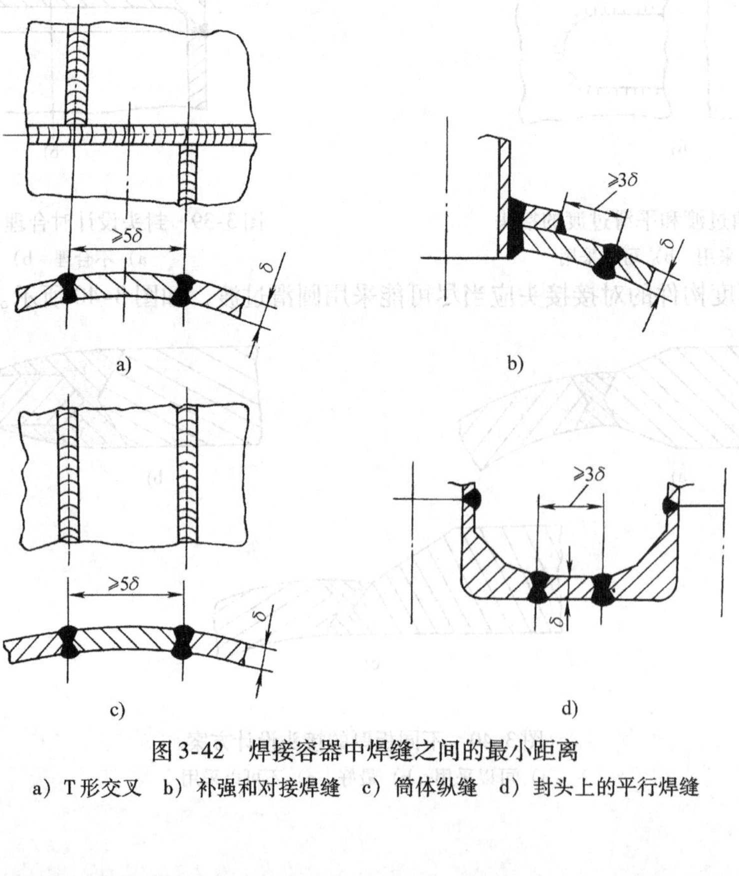

图3-42　焊接容器中焊缝之间的最小距离

a）T形交叉　b）补强和对接焊缝　c）筒体纵缝　d）封头上的平行焊缝

2. 尽量减少结构的刚度

在满足结构的使用条件下，应当减少结构的刚度，以期减少应力集中和附加应力的影响。例如前面曾提到的比利时阿尔拜特运河上桥梁脆性断裂事故，这些桥为“威廉德式桥”，它们的缺点是腹杆和弦杆交接处刚度大（见图3-43a）。设计者采用了将铸钢块或锻钢块焊在弦杆的盖板上，使腹杆的盖板与弦杆的盖板通过铸钢块或锻钢块上的对接焊缝连接起来（见图3-43b），这种设计极不合理，因为焊接时在该处的拘束应力极大，该运河上桥梁脆性断裂事故也正起源于此。如果采用如图3-43c所示的连接形式，腹杆的盖板和弦杆的盖板之间不焊接。这样大大降低了接头的刚度，避免了产生高值拘束应力，对防止脆性断裂事故是有利的。

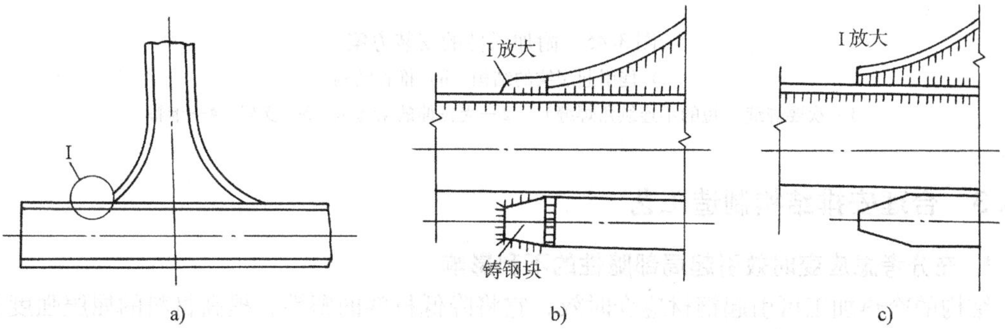

图3-43　威廉德式桥立杆和弦杆的连接

a）立杆和弦杆连接处　b）局部放大不合理的连接　c）局部放大改进的连接

在压力容器中，经常要在容器的器壁上开孔，焊接接管。为了避免焊缝在此处刚度过大则可开缓和槽，如图3-44所示。

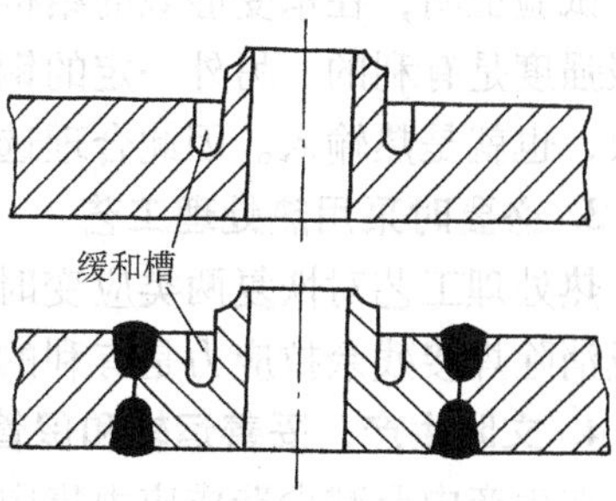

图3-44　容器开缓和槽举例

3. 不采用过厚的截面

由于焊接可以连接很厚的截面，所以有些设计者在焊接结构中常会选用比一般铆接结构厚得多的截面。但应该注意，采用降低许用应力值的设计，结果使构件厚度增加，从而增加了脆性断裂的危险性，因此是不恰当的。因为增大厚度会提高钢材的转变温度，又由于厚板轧制程度少，冷却比较缓慢，一般情况下含碳量也比较高，晶粒较粗且疏松。同时厚板不但加大了结构的刚度，而且又容易形成三轴应力，所以厚板的转变温度一般都比薄板高，有些试验证明，钢板厚度每增加1mm，转变温度将提高1℃。

4. 重视附件或不受力焊缝的设计

对于附件或不受力焊缝的设计，应和主要承力焊缝一样的给予足够重视。因为脆性裂纹一旦由这些不受到重视的接头部位产生，就会扩展到主要受力的元件中，使结构破坏。例如，有一艘T-2油轮的破坏，裂纹就是由焊到甲板上的小托架处开始的，因此对于一些次要的附件亦应该仔细考虑，精心设计，不要在受力构件上随意加焊附件。如图3-45a所示的支架被焊接到受力构件上，焊缝质量不易保证，极易产生裂纹。图3-45b所示的方案采用了卡箍，避免了上述缺点，有助于防止脆性断裂。

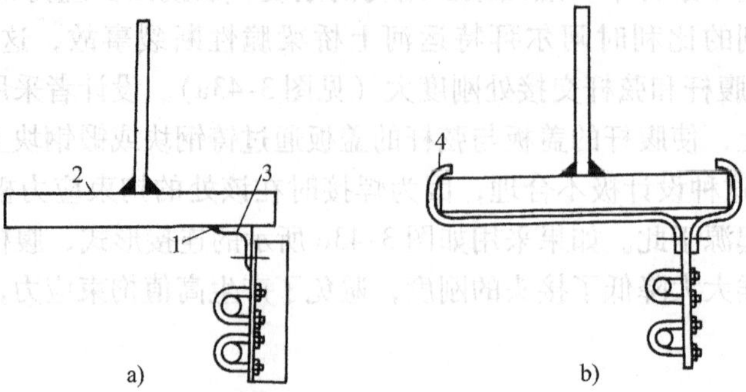

图3-45 附加元件的安装方案

a）能引起裂纹的结构 b）推荐结构

1—次要焊缝（短的不连续角焊缝） 2—受拉伸的梁盖板 3—支架 4—卡箍

3.6.3 合理安排结构制造工艺

1. 充分考虑应变时效引起局部脆性的不利影响

结构的冷热加工可引起钢材应变时效，它将降低材料的塑性，提高材料的屈服强度及韧脆转变温度和降低材料的缺口韧度。因此对于应变时效敏感的材料，应不造成过大的塑性变形量，并在加热温度上予以注意或采用热处理消除之。

2. 合理选择焊接材料、焊接方法和工艺

试验证明，在承受静载的结构中，保证焊缝金属和母材韧度大致相等，适当提高焊缝的屈服强度是有利的。另外一定的钢种和焊接方法来说，热影响区的组织状态主要取决于焊接参数，也就是热输入。因此合理选择热输入是十分必要的，特别是高强度钢更是如此。

3. 必要时采用热处理工艺

热处理工艺对恢复两类应变时效（应变时效和动应变时效）所造成的韧性损伤，对减小或消除焊接残余拉应力是有利的。

4. 文明生产，妥善运输和保管

在生产中要减少造成应力集中的几何不连续性，如角变形和错边。还要采取措施防止产生焊接缺陷，如裂纹、未焊透、咬边、夹渣。在焊接过程中，不要在工件上随便引弧或焊一些质量不高的工艺附件，否则在去掉附件后要仔细磨削施焊处。因为一些脆性断裂就是由这些肉眼难以观察到的潜伏裂纹开始的。

另外在运输和保管过程中，应当注意不使结构中产生较大的附加应力、温差应力等要撞击结构表面，以免擦伤。上述都是有利于减少或防止结构脆性断裂的措施。

第4章 焊接结构的疲劳

4.1 焊接结构的疲劳概述

疲劳断裂是金属结构失效的一种主要形式。大量统计资料表明，工程结构失效约 80%以上是由疲劳引起的。在某些工业部门，疲劳可占断裂事件的 80% ~90% 。对于承受循环载荷的焊接构件有 90% 以上的失效应归咎于疲劳破坏。

在我国，疲劳失效也相当普遍，在能源、交通等部门都很严重。而且随着新材料、新工艺的不断出现，将会提出许多疲劳强度的新问题需要研究解决。因此了解掌握疲劳的基本规律及设计方法，对于减少和防止疲劳断裂事故的发生具有实际意义。

4.1.1 疲劳断裂事例

疲劳断裂事故最早发生在 19 世纪初期，随着铁路运输的发展，机车车辆的疲劳破坏成为工程上遇到的第一个疲劳强度问题。以后在第二次世界大战期间发生了多起飞机疲劳失事事故。1954 年英国彗星喷气客机由于压力舱构件疲劳失效引起飞行失事，更引起了人们的广泛关注，并使疲劳研究上升到新的高度。

结构由铆接连接发展到焊接连接后，对疲劳的敏感性和产生裂纹的危险性更大。焊接结构的疲劳往往是从焊接接头处产生的。图 4-1 ~ 图 4-3 所示为焊接结构产生疲劳破坏的事例。

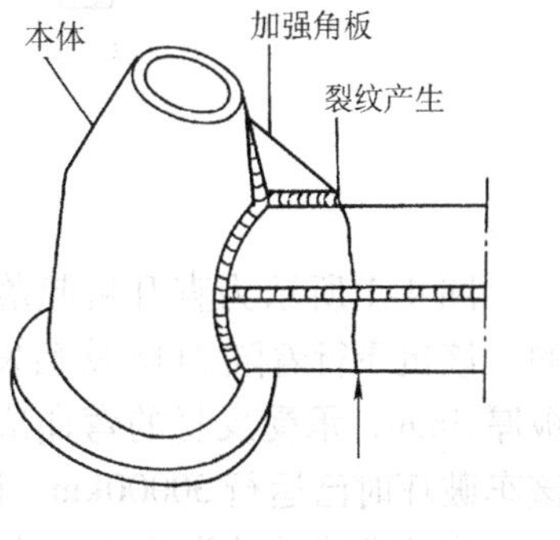

图 4-1 直升机起落架的疲劳断裂图

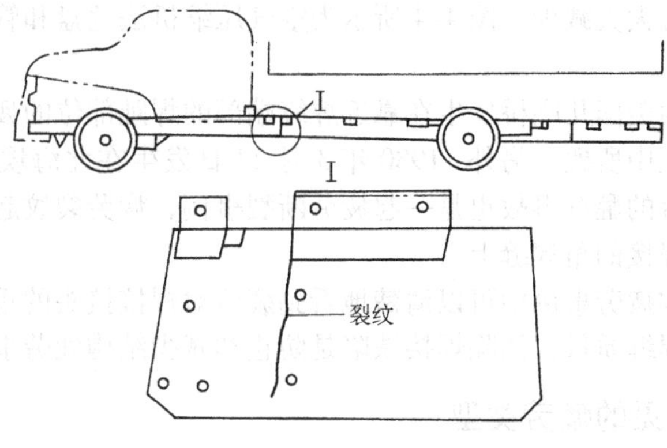

图 4-2 载货汽车底架纵梁的疲劳断裂

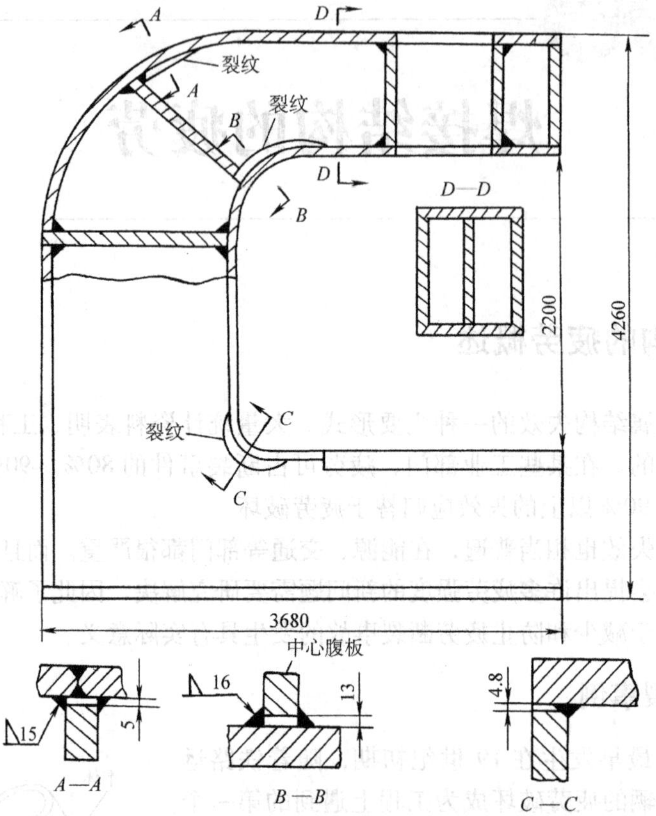

图 4-3　水压机焊接机架的疲劳断裂

图 4-1 所示为直升机起落架的疲劳断裂图。裂纹是从应力集中很高的角接板尖端开始的，该机飞行着陆 2118 次后发生破坏。图 4-2 所示为载货汽车底架纵梁的疲劳断裂，该梁板厚 5mm，承受反复的弯曲应力，在角钢和纵梁的焊接处，因应力集中很高而产生裂纹。该车破坏时已运行 30000km。图 4-3 所示为 4000kN 水压机焊接机架疲劳断裂的事例。很明显，疲劳裂纹是从设计不良的焊接接头的应力集中点产生的。

如果在设计中，将易导致疲劳破坏的应力集中系数高的角焊缝改为应力集中较小的对接焊缝后，疲劳事故就可大大减少。图 4-4 所示为空气压缩机法兰盘和管道连接处产生裂纹就是一个例子。

又如图 4-5 所示为美国几座桥发生在靠近焊缝端部的焊趾部位的疲劳裂纹，这是由于裂纹部位有较高的应力集中所致。另外，1980 年 3 月 27 日发生在北海埃科菲斯克油田亚历山大 · 基兰德号海上平台的翻沉事故也是一起疲劳断裂事例，疲劳裂纹起源于平台的一条桩腿上的漏水检查仪支管焊接的角焊缝上。

从上述的焊接结构疲劳事例中可以清楚地看到疲劳对焊接接头的重要影响。因此采用合理的接头设计，提高焊缝质量，消除焊接缺陷是防止和减少结构疲劳事故的重要措施。

4.1.2　焊接结构常见的疲劳类型

在循环应力和应变作用下，在一处或几处产生局部永久性累积损伤，经一定循环次数后

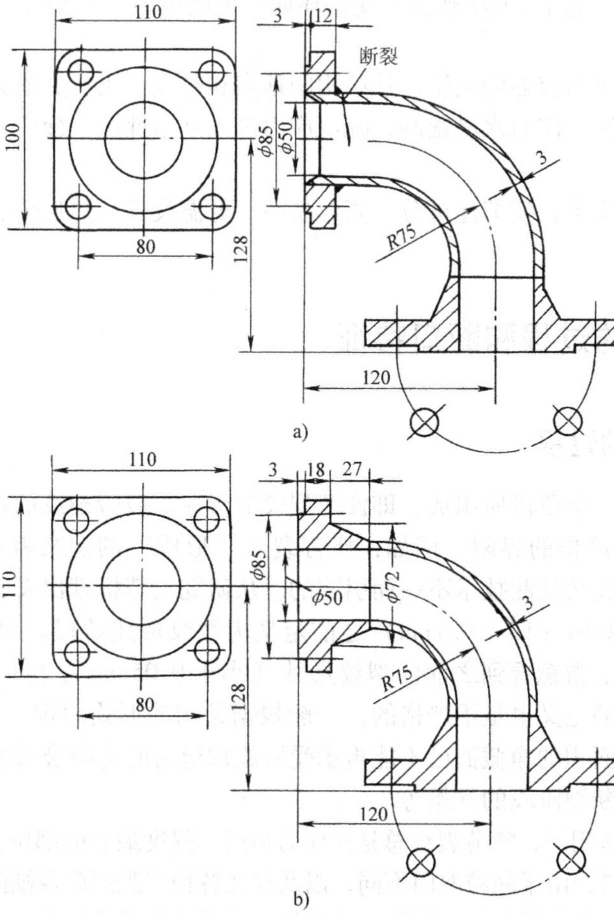

图4-4 空气压缩机的疲劳断裂

a）原设计方案 b）改进后方案

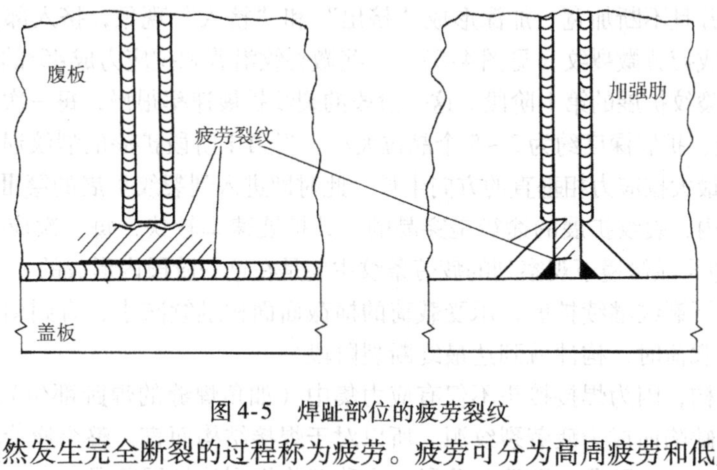

图4-5 焊趾部位的疲劳裂纹

产生的裂纹或突然发生完全断裂的过程称为疲劳。疲劳可分为高周疲劳和低周疲劳。

高周疲劳是指材料在低于屈服强度的循环应力作用下，经 10^5 以上循环次数而产生的疲劳。高周疲劳受应力幅控制，故又称为应力疲劳。低周疲劳是材料在接近或超过其屈服强度的循环应力作用下，经低于10^5次塑性应变循环而产生的疲劳。低周疲劳受应变幅控制，故又称为应变疲劳。

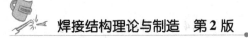

一般焊接结构如压力容器的接管、管结构的顶点和鞍点、飞机起落架等，由于循环荷载的作用，在应力集中区，应力水平很高，峰值应力进入到塑性区，疲劳寿命低，是典型的低周疲劳。

在不同的工作环境下，疲劳还可分为高温疲劳、低温疲劳、热疲劳、腐蚀疲劳和随机疲劳等。

4.2 疲劳断裂的过程和断口特征

4.2.1 疲劳断裂的过程

疲劳断裂一般由三个阶段所组成，即疲劳裂纹的形成，疲劳裂纹的扩展及断裂。当然在这三个阶段之间没有严格的界限。例如，疲劳裂纹"形成"的定义就带有一定的随意性，这主要是因为采用的裂纹检测技术不一而引起的。从研究疲劳机理出发，有人采用电子显微镜，把裂纹长大到1000Å（1Å＝0.1nm）之前定义为裂纹形成阶段。但从工程实用角度出发，则一般又以低倍显微镜看到之前的裂纹尺寸（小于0.05mm左右）定义为裂纹形成阶段。同样，最后断裂的定义也是不严格的，一般根据结构的形式而定。例如对于承力构件，可以定义为扣除裂纹面积的净截面已不能再承受所施加应力时为断裂阶段，而对于压力容器则把出现泄漏时定为断裂阶段的开始等。

材料在循环载荷作用下，疲劳裂纹总是在应力最高、强度最弱的部位上形成。对于承受循环载荷作用的金属材料，由于晶粒取向不同，以及存在各种宏观或微观缺陷等原因，每个晶粒的强度在相同的受力方向上是各不相同的，当整体金属还处于弹性状态时，个别薄弱晶粒已进入塑性应变状态，这些首先屈服的晶粒可以看成是应力集中区。一般认为，具有与最大切应力面相一致的滑移面的晶粒首先开始屈服，出现滑移，随着循环加载的不断进行，滑移线的量加大成为滑移带，并且不断加宽、加深形成"挤出"和"挤入"现象，挤入部分向滑移带的纵深发展，从而形成疲劳微裂纹（见图4-6）。这些微裂纹沿着和拉应力成45°的最大切应力方向传播，这是疲劳裂纹扩展的第1阶段。这一阶段的裂纹扩展速率很慢，每一次应力循环大约只有0.1μm数量级，扩展深度约为2～5个晶粒大小。当第Ⅰ阶段扩展的裂纹遇到晶界时便逐渐改变方向转到与最大拉应力相垂直的方向生长，此时即进入到裂纹扩展的第Ⅱ阶段，如图4-7所示。在该阶段内，裂纹扩展的途径是穿晶的，其扩展速率较快，每一次应力循环大约扩展μm数量级，在电子显微镜下观察到的疲劳条纹主要是在这一阶段内形成的。

在循环加载下裂纹继续扩展，承受载荷的横截面面积继续减小，直到剩余有效面积小到不能承受施加的载荷时，构件就到达最终断裂阶段。

对于焊接结构，因为焊接接头不仅有应力集中（如角焊缝的焊趾部位），而且这些部位易产生各种焊接缺陷而成为疲劳裂纹源。所以对于焊接结构而言，整个疲劳过程中主要的时间是属于疲劳裂纹扩展阶段，即第Ⅱ阶段，亦称亚临界裂纹扩展阶段。

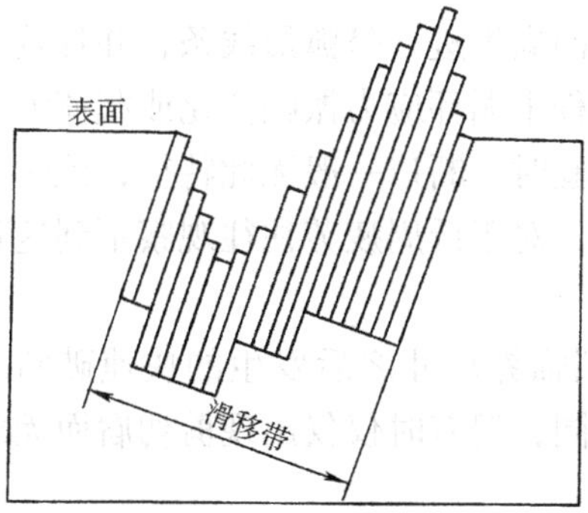

图4-6 滑移带示意图

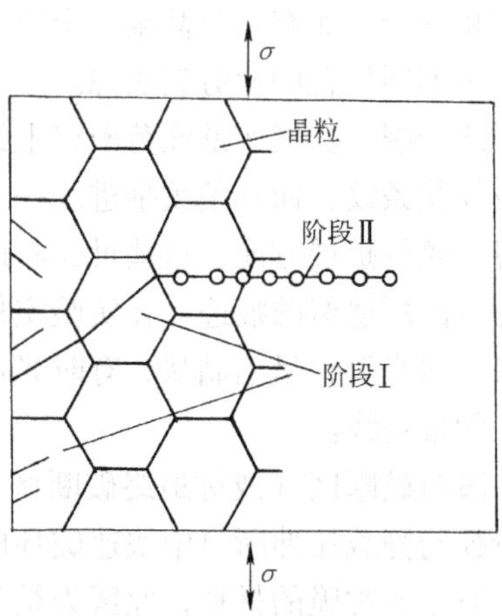

图4-7 疲劳裂纹扩展过程示意图

有关疲劳裂纹的扩展机理有多种模型可以描述，目前广泛流行的一种模型是塑性钝化模型，如图4-8所示。当卸载时，裂纹闭合，其尖端处于尖锐状态。开始加载时，在切应力下，裂纹尖端上下两侧沿45°方向产生滑移，使裂纹尖端变钝，当拉应力达到最高值时，裂纹停止扩展，开始卸载时，裂纹尖端的金属又沿45°继续卸载时，裂纹尖端处由逐渐闭合到全部闭合，裂纹锐化，这样每经过一个加载、卸载循环后，裂纹由钝化到锐化并向前扩展一段长度 Δa^*。在断口表面上就会遗留下一条痕迹，这就是在金相断口图上通常看到的疲劳条纹或称疲劳辉纹。

综上所述，亚临界裂纹扩展过程就是裂纹反复锐化和钝化的过程。

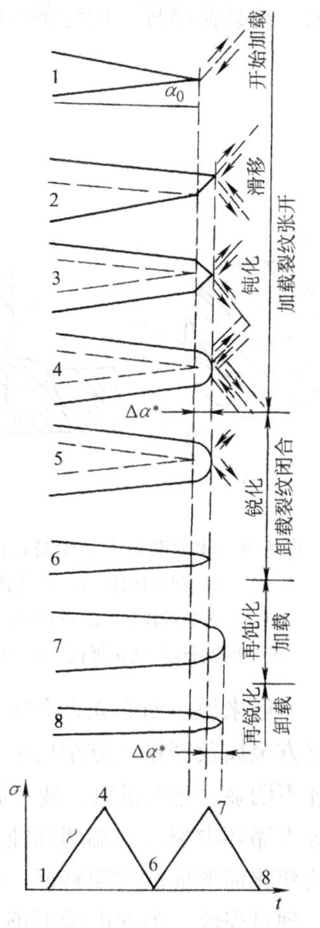

图4-8 疲劳裂纹扩展机理示意图
1—加载 2～4—继续加载裂纹尖端钝化
5～6—卸载裂纹尖端锐化 6～7—重复2～4
7～8—重复5～6

4.2.2 疲劳断口的特征

在进行疲劳断口的宏观分析时，如不计及疲劳裂纹加速扩展区一般把断口分成三个区，这三个区与疲劳裂纹的形成、扩展和瞬时断裂三个阶段相对应，分别称为疲劳裂纹源区、疲劳裂纹扩展区和瞬时断裂区，如图4-9所示。

疲劳裂纹源区是疲劳裂纹的形成过程在断口上留下的真实记录。由于疲劳裂纹源区一般很小，所以宏观上难以分辨疲劳裂纹源区的断面特征。疲劳裂纹源一般总是发生在表面，但如果构件内部存在缺陷，如脆性夹杂物等，也可在构件内部发生。疲劳源数目有时不止一个，而有两个甚至两个以上，对于低周疲劳，由于其应变幅值较大，断口上常有几个位于不同位置的疲劳裂纹源。

疲劳裂纹扩展区是疲劳断口上最重要的特征区域。其宏观形貌特征常呈现为贝壳状或海滩波纹状条纹，而且条纹推进线一般是从裂纹源开始向四周推进，呈弧形线条，并且垂直于疲劳裂纹的扩展方向。这些贝壳状的推进线是在使用过程中循环应力振幅变化或载荷大小改变等原因所遗留的痕迹。在实验室作恒应力或恒应变试验时，断口一般无此特征，此时疲劳断口变得光滑，呈细晶状，有时光洁得犹如瓷质状一般，对于低周疲劳往往观察不到这种贝壳状的推进线。

瞬时破断区（或称最终破断区）是疲劳裂纹扩展到临界尺寸之后发生的快速破断。它的特征与静载拉伸断口中快速破坏的放射区及剪切唇相同，但有时仅仅出现剪切唇而无放射区。对于非常脆的材料，此区为结晶状的脆性断口。

用电子显微镜观察到的微观断口形貌主要是疲劳裂纹扩展第二阶段内形成的。其微观特征是疲劳条纹，又称疲劳辉纹。它通常是明暗交替的有规则相互平行的条纹，一般每一条纹代表一次载荷循环。疲劳条纹的间距在0.1～0.4μm之间，疲劳辉纹如图4-10所示。

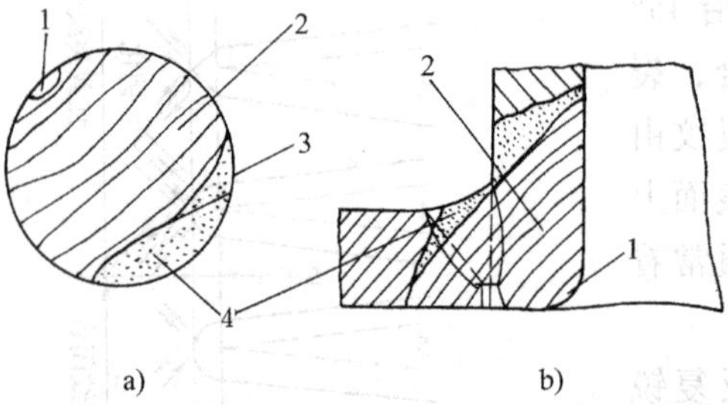

图4-9　疲劳断口上三个特征区的示意图
a）圆形试件　b）角接接头
1—疲劳裂纹源区　2—疲劳裂纹扩展区
3—疲劳裂纹加速扩展区　4—瞬时断裂区

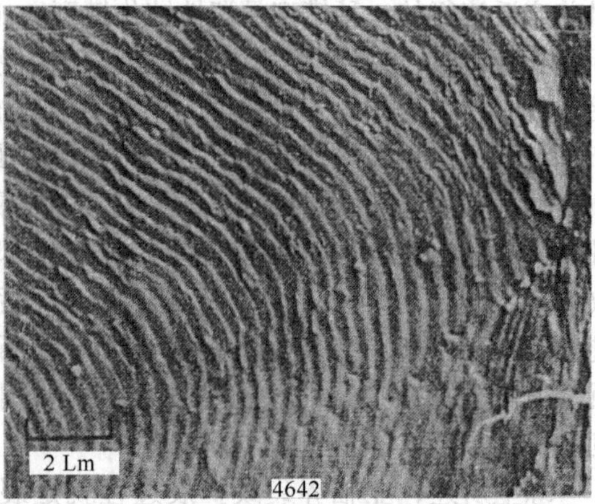

图4-10　裂纹疲劳扩展的辉纹

一般来说，面心立方金属（如铝及铝合金、不锈钢）的疲劳条纹比较清晰、明显。体心立方金属及密排六方结构金属的疲劳条纹远不如前者明显，如钢的疲劳条纹短而不连续，轮廓不明显。应当指出，疲劳辉纹与宏观断口上看到的贝壳状条纹并不是一回事，辉纹是一次应力循环中裂纹尖端塑性钝化形成的痕迹，而贝壳状条纹正如前述是循环应力振幅变化或载荷变化而形成的宏观特征。相邻的贝纹线之间可能有成千上万条辉纹。有时在宏观断口上看不到贝壳纹，但在电镜下仍可看到疲劳辉纹。

另外，从宏观上看一些构件，尤其是薄板件，其断口上并无明显的贝壳状花纹，却有明显的疲劳台阶。在一个独立的疲劳区内，两个疲劳源向前扩展相遇就形成一个疲劳台阶，因此疲劳台阶也是疲劳裂纹扩展区的一个特征。

4.3 疲劳载荷及设计方法

4.3.1 应力循环特征及 $S-N$ 曲线

1. 应力循环特征的表述方法

一般焊接结构所承受的疲劳载荷大多是一种随机载荷。但是，在实验室里，长期以来多是用正弦应力或正弦应变进行加载。现代的疲劳试验设备已发展到能产生矩形波、三角波等波形。随着计算机技术的发展，近年来可用计算机控制，按实际结构载荷加载。现以常用的正弦波加载来说明最大应力 σ_{max}、最小应力 σ_{min}、应力幅 σ_a、平均应力 σ_m和应力范围 $\Delta\sigma$ 的定义。这些参数之间的关系及应力比 R 的关系为：

$$\sigma_m = \frac{\sigma_{max} + \sigma_{min}}{2}$$

$$\sigma_a = \frac{\sigma_{max} - \sigma_{min}}{2}$$

$$\sigma_{max} = \sigma_m + \sigma_a$$

$$\sigma_{min} = \sigma_m - \sigma_a$$

$$R = \frac{\sigma_{min}}{\sigma_{max}} \quad (-1 \leqslant R < 1)$$

式中，拉应力取正值，压应力取负值。$R=-1$ 时，为对称循环应力，其疲劳极限或疲劳强度用 σ_{-1}表示；$R=0$ 时，为脉动循环应力，其疲劳极限或疲劳强度用 σ_0表示；$R \neq \pm 1$ 的各种循环应力，统称为不对称循环应力，其疲劳极限或疲劳强度用 σ_R表示。

由于 $\sigma_{max}=\sigma_m+\sigma_a$，$\sigma_{min}=\sigma_m-\sigma_a$。因此可以把任何循环载荷看作是某个不变的平均应力（恒定应力部分）和应力振幅（交变应力部分）的组合。

2. $S-N$ 曲线

疲劳强度是建立在试验基础上的一门科学。要研究某一构件的疲劳强度，最好是对该构件进行疲劳试验，这样才能正确地评价其真实的疲劳特性。但是，这样做除了费用太大、不方便等外，有时还是难以实现的。所以，实际多用结构简单、造价低廉的标准试样进行疲劳试验。

试验时一般是在控制载荷或应力的试验条件下，记录试样在某一循环应力作用下到达断裂时的循环次数 N。对一组试样施加不同应力幅的循环载荷，就得到一组破坏时的循环数。以循环应力中的最大应力 σ 为纵坐标，断裂循环次数 N 为横坐标，根据试验数据绘出 $\sigma-N$ 曲线，如图 4-11 所示。若在控制应变的条件下试验，可得到应变 - 寿命曲线，即 $\varepsilon-N$ 曲线。$\sigma-N$ 曲线和 $\varepsilon-N$ 曲线统称为 $S-N$ 曲线。

图 4-11 所示为光滑试样在对称循环（$R=-1$）应力试验条件下得到的 $S-N$ 曲线，图中的点是试验数据点。图 4-11a 表示每一应力水平用一个试样得到，曲线用最小二乘法绘出。图 4-11b 表示每一应力水平用一组试样得到，如果在每一应力水平下取足够多的数据，那么所作的 $S-N$ 曲线通常穿过中值点，由曲线可得某一应力水平下的寿命，称“中值疲劳寿命”。曲线的水平段表示材料经无限次应力循环而不破坏，与此相对应的最大应力则表示

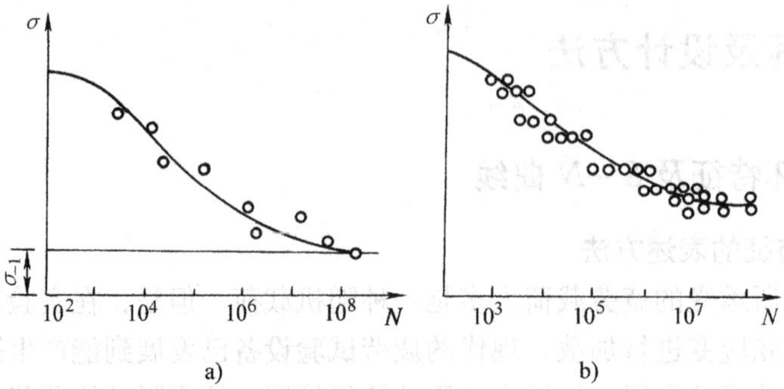

图4-11 典型的S-N曲线

光滑试样在对称循环应力下的疲劳极限σ_{-1}，应当说明，疲劳极限的下标通常用应力比R的数值表示。例如$R=-1$时的疲劳极限为σ_{-1}。$R=0$时的疲劳极限为σ_0，应力比为任意R值时的疲劳极限应写为σ_R。

若将S-N曲线绘于双对数坐标系上，可以近似地看作由两条直线表示（见图4-12），一条是斜直线，一条是平行于横坐标轴的直线。两直线交点的横坐标用N_0表示，称为"循环基数"，两直线交点的纵坐标就是疲劳极限σ_{-1}，所以指定循环基数N_0（N_0一般取10^7或更高）下的中值疲劳强度即疲劳极限。当$\sigma_{max}>\sigma_{-1}$时，试样经有限次应力循环就发生破坏，当$\sigma_{max}<\sigma_{-1}$时，试样经无限次应力循环（一般$N<10^7$）也不破坏。对结构钢在室温空气中试验时，其S-N曲线有一水平渐近线，而有的材料如铝合金则没有明显的水平线。若为N（小于10^7）次应力循环，对应于斜直线上的最大应力或应力幅，称为N次循环的中值疲劳强度。

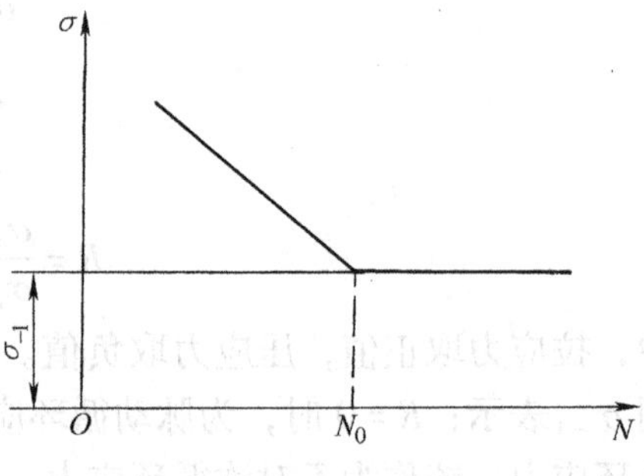

图4-12 双对数坐标的S-N曲线

上述的S-N曲线是在对称应力循环条件下得到的，它也可以由不对称应力循环的试验得到，当然此时S-N曲线也有所改变，所得到的疲劳极限将是相应应力循环下的疲劳极限。

另外，从图4-11b可以看出，用几个试样在同一应力水平下进行的疲劳试验，所得到的寿命的离散性是比较大的，其原因很多，如工艺上的因素、金属内部结构的因素和试验条件等，因此从本质上看，疲劳寿命是个概率统计量。通过对图4-11b的分析及大量的统计资料表明，金属材料的疲劳寿命数据符合对数正态分布规律，或者说，如对每个疲劳寿命取对数，则这些数据符合正态分布。若将各级应力水平下疲劳寿命的分布曲线上存活率相等的点用曲线画出，就得到给定存活率的一组S-N曲线，统称为P-S-N曲线，如图4-13所示。

曲线AB为存活率$P=50\%$的疲劳曲线，也就是常规疲劳设计中通常给出的S-N曲线；曲线CD为存活率$P=99\%$的疲劳曲线；曲线GH为存活率$P=90\%$的疲劳曲线；而曲线EF对应的存活率仅为1%。

曲线EF因存活率太低，不能用于疲劳强度设计。如用曲线GH作为构件的设计基准，

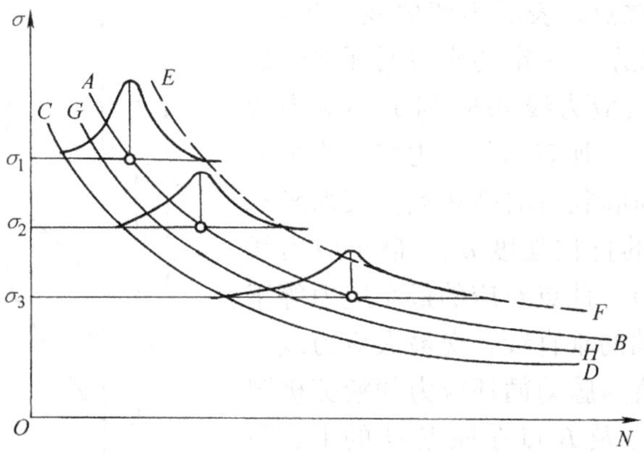

图4-13　$P-S-N$曲线

则该构件在规定的使用条件下和规定的使用期限内不发生疲劳破坏的概率为90%，如用曲线CD作为设计基准，则在上述要求下构件安全使用的概率是99%。究竟是以曲线GH作为设计基准，还是以曲线CD作为设计基准，应根据可靠性要求和经济性要求综合考虑。对于一般的焊接结构，其设计疲劳曲线的存活率取97.7%；对特殊重要的结构，存活率取99.99%。

3. 疲劳图

$S-N$曲线可以由对称循环应力的试验得到，也可以由不对称循环应力的试验得到；当应力比R改变时，所得的$S-N$曲线也改变。于是，在规定的破坏循环寿命下，可以根据不同的应力比R得到疲劳极限，画出疲劳极限曲线图，简称疲劳图。常用的疲劳图有如下形式：

1）$\sigma_a-\sigma_m$图如图4-14所示，其纵、横坐标分别代表σ_a和σ_m。曲线ACB为疲劳极限图限，即在曲线ACB以内的任意点，表示不发生疲劳破坏，在这条曲线以外的点，表示经一定的应力循环次数后即发生疲劳破坏。图中A点是对称循环应力下发生疲劳破坏的临界点，该点的纵坐标值为对称循环应力下的疲劳极限σ_{-1}。B点为静载强度破坏的点，其横坐标值为抗拉强度σ_b。由原点O作与横坐标轴成45°角的直线，并与曲线ACB交于C点，则$\overline{OD}=\overline{DC}$，因$\sigma_{max}=\sigma_m+\sigma_a$，所以有

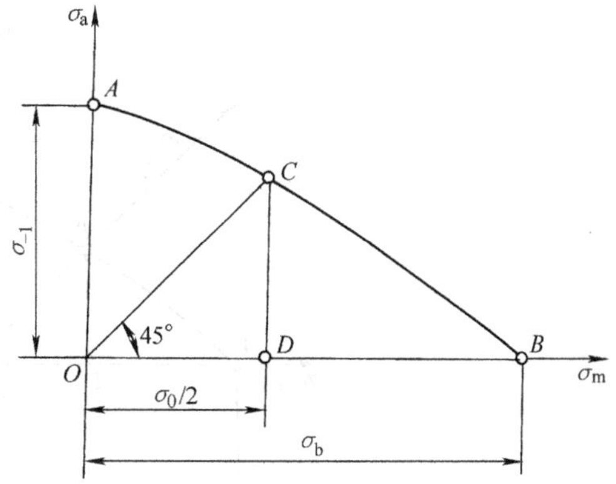

图4-14　$\sigma_a-\sigma_m$表示的疲劳图

$$\overline{OD}=\overline{DC}=\frac{\sigma_0}{2}$$

式中　σ_0——脉动循环应力的疲劳极限。

2）σ_{max}（σ_{min}）$-\sigma_m$图如图4-15所示，横坐标为平均应力σ_m，纵坐标为最大应力和最小应力。图中曲线ADC为最大应力σ_{max}线，曲线BEC为最小应力σ_{min}线。在ADC与BEC

所包围的区域内的任意点，表示不产生疲劳破坏，在这区域以外的点，表示经一定的应力循环次数后要发生疲劳破坏。最大应力线 *ADC* 与最小应力线 *BEC* 相交于 *C* 点，即 *C* 点所表示的应力状态为最大应力等于最小应力，为静载荷的破坏点，其纵坐标和横坐标都等于材料的抗拉强度 σ_b。最小应力线 *BEC* 与横轴相交于 *E* 点，此点对应的最小应力等于零，从 *E* 点作横坐标轴的垂直线，交最大应力线于 *D* 点，*D* 点的纵坐标值为脉动循环应力的疲劳极限 σ_0。纵坐标轴上的 *A* 点及 *B* 点在原点 *O* 的上、下方，其平均应力 $\sigma_m=0$，所以其纵坐标值为对称循环的疲劳极限 σ_{-1}。在该疲劳图上可以用作图法求出任何一种应力比 *R* 下的疲劳强度，例如自 *O* 点作一与水平线成 α 角的直线，则直线与图形上部曲线的交点的纵坐标就是该应力比下的疲劳强度 σ_R。

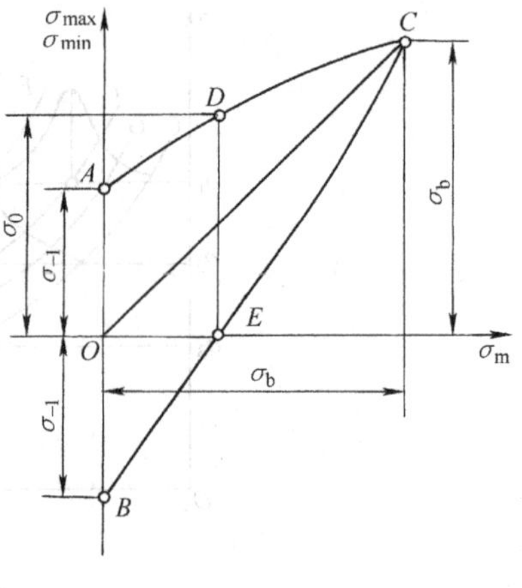

图 4-15 $\sigma_{max}(\sigma_{min})-\sigma_m$ 表示的疲劳图

3）$\sigma_{max}-\sigma_{min}$ 图如图 4-16 所示，其纵坐标为 σ_{max}，横坐标为 σ_{min}。曲线 *ABCD* 以下的各点是不产生疲劳破坏的点，由原点向左与横坐标轴倾斜 45°的直线表示 $R=-1$，与曲线 *ABC* 交于 *B* 点，*B* 点的纵坐标值为对称循环的疲劳极限 σ_{-1}，曲线 *ABC* 与纵坐标交于 *C* 点，*C* 点的 $\sigma_{min}=0$，其纵坐标值为 $R=0$ 脉动应力循环的疲劳极限 σ_0，在原点以右与横坐标成 45°角的直线表示静载 $R=+1$，*D* 点 $\sigma_{max}=\sigma_{min}$ 其值为静载抗拉强度。设计时使用的疲劳图区段接近直线，因此实际应用时，有了 σ_{-1} 和 σ_0 对应的 *B*、*C* 两点即可连一直线，然后过 *D* 点作横坐标轴的平行线，二线相交成为一条折线，用折线代替曲线 *BCD*，应用于工程实际。

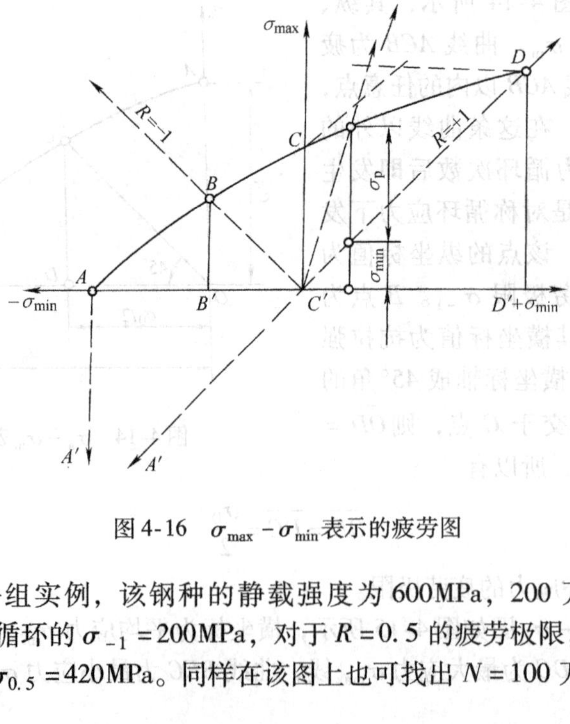

图 4-16 $\sigma_{max}-\sigma_{min}$ 表示的疲劳图

图 4-17 所示为一组实例，该钢种的静载强度为 600MPa，200 万次脉动循环的 $\sigma_0=310$MPa，而对称应力循环的 $\sigma_{-1}=200$MPa，对于 $R=0.5$ 的疲劳极限，根据 *ADBC* 线的交点（即 *D* 点）即可找出 $\sigma_{0.5}=420$MPa。同样在该图上也可找出 $N=100$ 万次的各种应力比的疲

劳极限值。

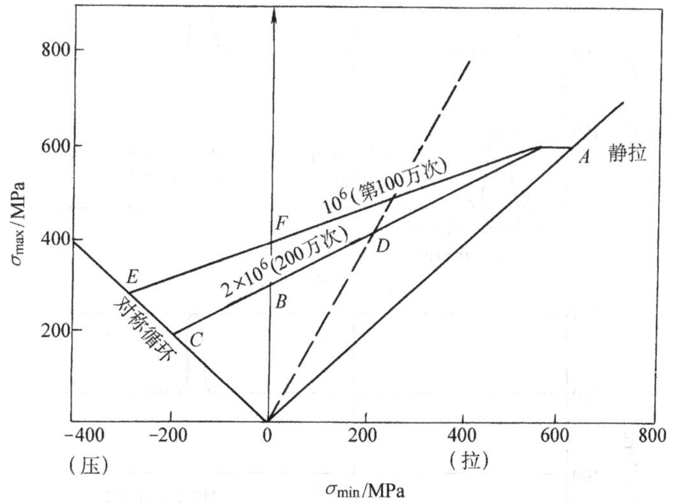

图4-17 疲劳图的应用实例

4. 应力范围概念及其在焊接结构疲劳强度研究中的作用

令
$$\Delta\sigma=\sigma_{max}-\sigma_{min}$$

则 $\Delta\sigma$ 定义为应力范围，显然 $\Delta\sigma=2\Delta\sigma_a$，即应力范围为两倍的应力振幅。

由于焊接结构焊缝及其附近作用存有达到或接近屈服强度的残余应力，因此在施加常幅应力循环作用的接头中，焊缝附近所承受的实际循环应力将是由材料的屈服应力（或接近屈服应力）向下变化，而不管其原始作用的应力比如何。例如，若名义应力循环为 $+\sigma_1$ 到 $-\sigma_2$，则其应力范围为 $\sigma_1+\sigma_2$。但实际接头中的实际应力范围将是由 R_{eL} 变到 $R_{eL}-(\sigma_1+\sigma_2)$。这一点在研究焊接结构疲劳强度时是非常重要的，它导致焊接结构疲劳强度设计规范以应力范围代替应力比 R。

为了更清楚地叙述这一问题，可以举一数字例题说明之。若假定材料的屈服应力为300MPa，承受脉动循环载荷 $R=0$（见图4-18a）其应力范围为100MPa，则其实际应力范围上限值为屈服应力300MPa，下限为300MPa－（100+0）MPa=200MPa，因此其实际应力范围为200~300MPa。若仍以相同材料为例，但承受交变循环载荷 $R=-1$（见图4-18b），其应力范围为±50MPa，同样，其实际应力范围上限仍为300MPa，下限为300MPa－(50+50)MPa=200MPa，因此实际应力范围仍为200~300MPa。这清楚地说明，实际应力范围和与其相关的疲劳循环次数、疲劳强度只与施加的应力范围有关，而与最大、最小循环应力值以及应力比无关。这就意味着焊接接头的疲劳性能只能用应力范围概念来表达。

应当指出，在没有焊接残余应力存在时，例如对于消除应力试样，假如在试样缺口尖端的应力也低于屈服强度，即未产生塑性变形，则名义应力比 R 同样也是实际应力循环特征，这时可以说应力比仍是决定试样（构件）的疲劳强度重要参量。

4.3.2 疲劳设计

对于承受疲劳载荷的结构，疲劳设计是在对结构进行强度设计并确定了各构件截面尺寸

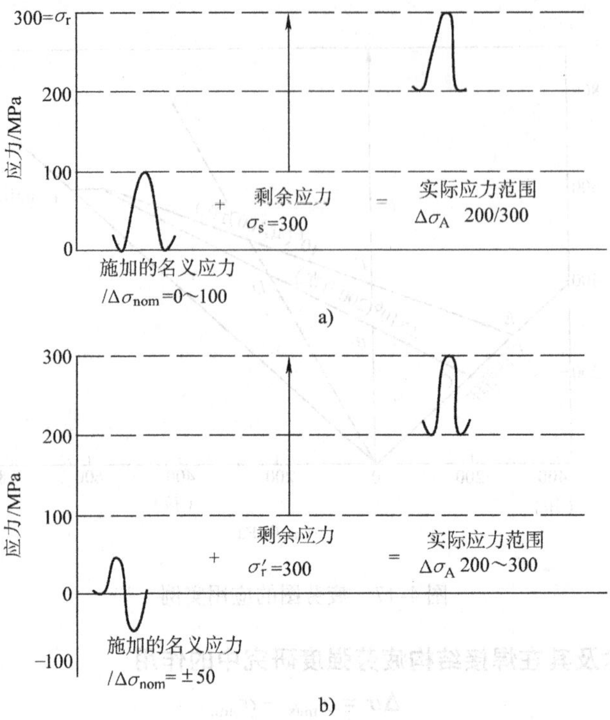

图4-18　焊接接头中名义应力和实际应力范围的关系

和连接细节后，为了避免疲劳破坏而需进行的工作。实践证明，正确的疲劳设计和制造是防止疲劳破坏的最有效措施。

疲劳设计方法有容许应力设计法、疲劳极限状态设计法等。

1. 容许应力设计法

该方法是把各种构件和接头的试验疲劳强度除以一个安全系数作为容许应力（如疲劳极限、非破坏概率95%的2×10^6次的疲劳强度），使设计载荷引起的最大应力小于容许应力。从而确定构件断面尺寸的设计方法。

下面仅就我国《钢结构设计规范》对焊接结构疲劳计算的规定作一简介。

GB 50017—2003《钢结构设计规范》已取代了GBJ 17—1988《钢结构设计规范》，该标准规定对于承受动力载荷重复作用的钢结构构件及其连接，当应力变化的循环次数$N\geqslant5\times10^4$次时，要求进行疲劳计算。计算时按常幅疲劳和变幅疲劳分别进行计算。容许应力范围按构件和连接类别以及应力循环次数确定。设计时应避免采用应力集中严重的连接形式。应力按弹性状态计算。应力循环中不出现拉应力的部位可不进行疲劳计算。

（1）常幅疲劳　常幅疲劳是指所有应力循环的应力范围保持常量的疲劳，规定按式（4-1）计算：

$$\Delta\sigma\leqslant[\Delta\sigma] \tag{4-1}$$

式中　$\Delta\sigma$——对于焊接结构，应力范围$\Delta\sigma=\sigma_{max}-\sigma_{min}$，对于非焊接结构为折算应力范围，$\Delta\sigma=\sigma_{max}-0.7\sigma_{min}$；

σ_{max}——计算部位每次应力循环中的最大拉应力（取正值）；

σ_{min}——计算部位每次应力循环中的最小拉应力或压应力（拉应力取正值，压应力取负值）；

$[\Delta\sigma]$——容许应力范围（MPa）。

根据表3-1的连接形式类别 $[\Delta\sigma]$，按下式计算：

$$[\Delta\sigma]=\left(\frac{C}{n}\right)^{1/\beta} \tag{4-2}$$

式中 n——应力循环次数；

C，β——查表4-1确定的系数，根据表4-2构件和连接的类别。

表4-1 参数 C、β

构件和连接类别	1	2	3	4	5	6	7	8
C	1940×10^{12}	861×10^{12}	3.26×10^{12}	2.18×10^{12}	1.47×10^{12}	0.96×10^{12}	0.65×10^{12}	0.41×10^{12}
β	4	4	3	3	3	3	3	3

表4-2 构件和连接的分类

项次	简图	说明	类别
1	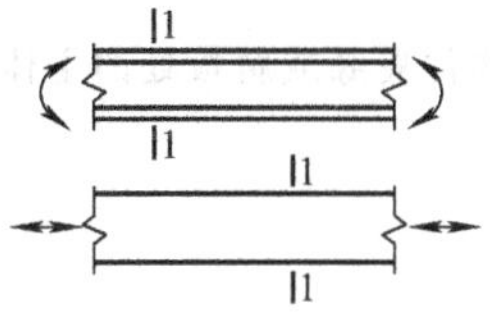	无连接处的主体金属 （1）轧制型钢 （2）钢板 a. 两边为轧制边或刨边 b. 两侧为自动、半自动切割边（切割质量标准应符合现行国家标准《钢结构工程施工质量验收规范》GB 50205）	1 1 2
2	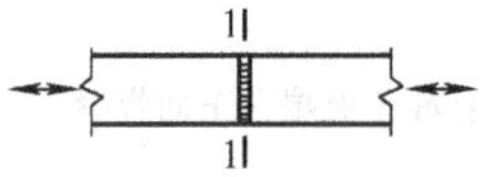	横向对接焊缝附近的主体金属 （1）符合现行国家标准《钢结构工程施工质量验收规范》GB 50205的一级焊缝 （2）经加工、磨平的一级焊缝	 3 2
3	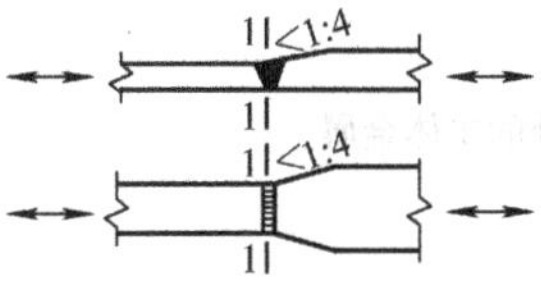	不同厚度（或宽度）横向对接焊缝附近的主体金属，焊缝加工成平滑过渡并符合一级焊缝标准	2
4	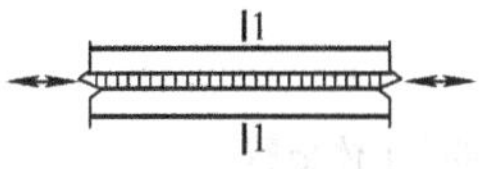	纵向对接焊缝附近的主体金属，焊缝符合二级焊缝标准	2
5	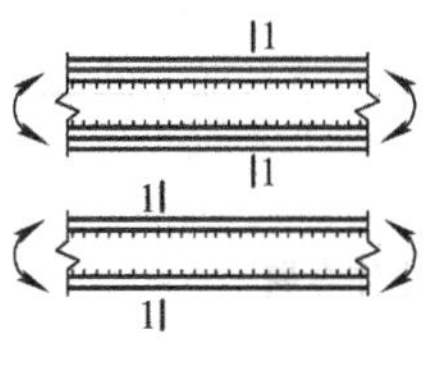	翼缘连接焊缝附近的主体金属 （1）翼缘板与腹板的连接焊缝 a. 自动焊，二级T形对接和角接组合焊缝 b. 自动焊，角焊缝，外观质量标准符合二级 c. 手工焊，角焊缝，外观质量标准符合二级 （2）双层翼缘板之间的连接焊缝 a. 自动焊，角焊缝，外观质量标准符合二级 b. 手工焊，角焊缝，外观质量标准符合二级	 2 3 4 3 4

（续）

项次	简　　图	说　　明	类别
6	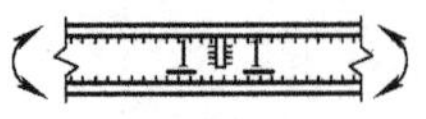	横向加劲肋端部附近的主体金属 （1）肋端不断弧（采用回焊） （2）肋端断弧	 4 5
7	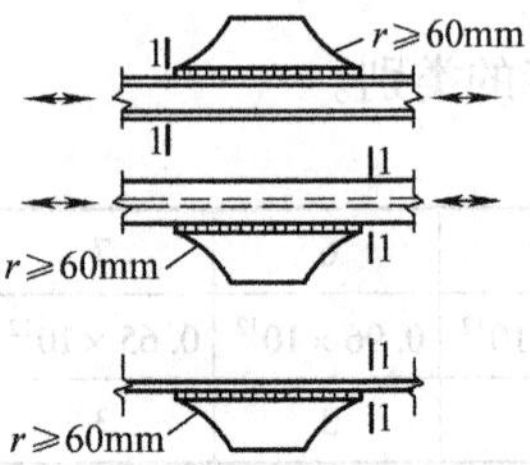	梯形节点板用对接焊缝焊于梁翼缘、腹板以及桁架构件处的主体金属，过渡处在焊后铲平、磨光、圆滑过渡，不得有焊接起弧、灭弧缺陷	5
8	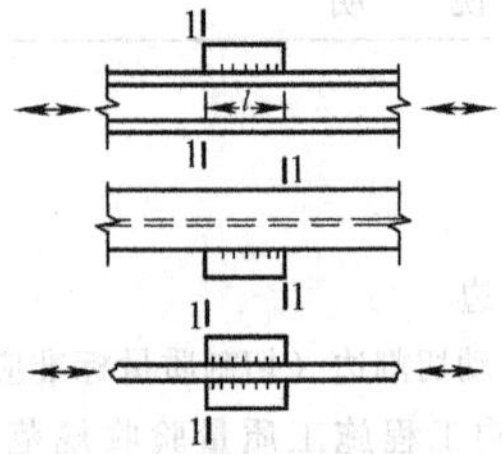	矩形节点板焊接于构件翼缘或腹板处的主体金属，$l>150\text{mm}$	7
9	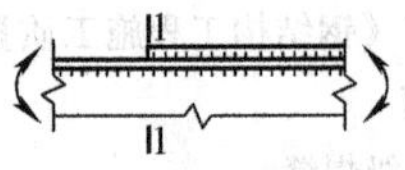	翼缘板中断处的主体金属（板端有正面焊缝）	7
10	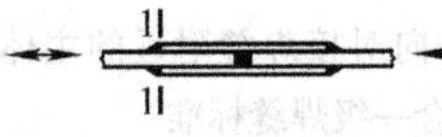	向正面角焊缝过渡处的主体金属	6
11	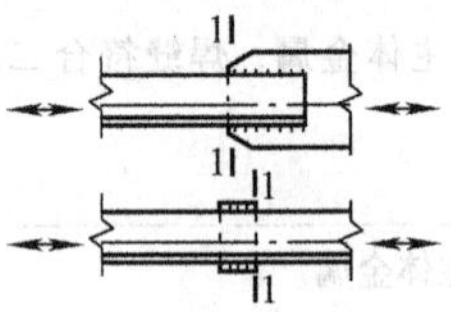	两侧面角焊缝连接端部的主体金属	8
12	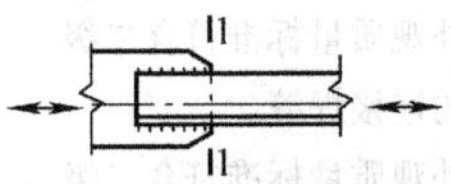	三面围焊的角焊缝端部主体金属	7

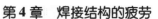

（续）

项次	简　图	说　明	类别
13	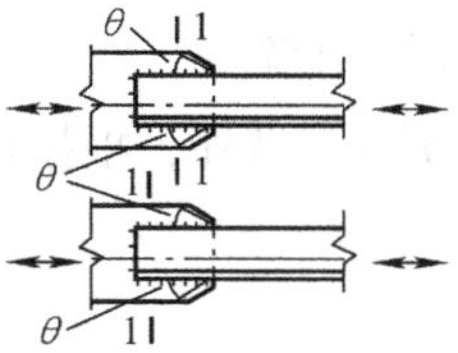	三面围焊或两侧面角焊缝连接的节点板主体金属（节点板计算宽度按应力扩散角 θ 等于30°考虑）	7
14	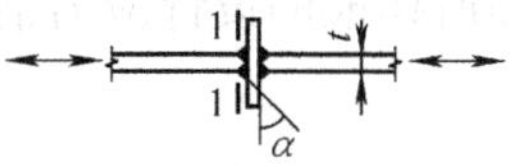	K形坡口T形对接与角接组合焊缝处的主体金属，两板轴线偏离小于 $0.15t$，焊缝为二级，焊趾角 $\alpha\leqslant45°$	5
15	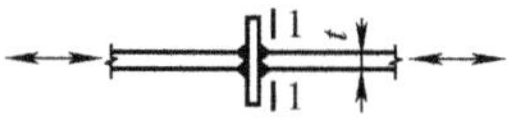	十字接头角焊缝处的主体金属，两板轴线偏离小于 $0.15t$	7
16	角焊缝	按有效截面确定的剪应力幅计算	8
17	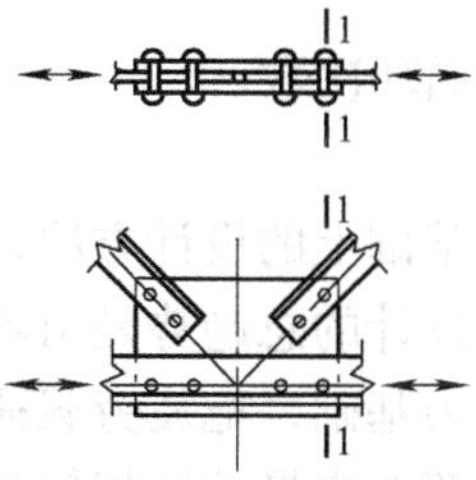	铆钉连接处的主体金属	3
18	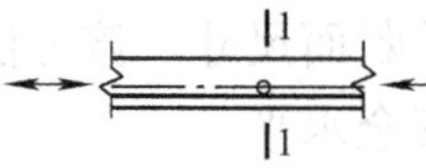	螺栓和虚孔处的主体金属	3
19	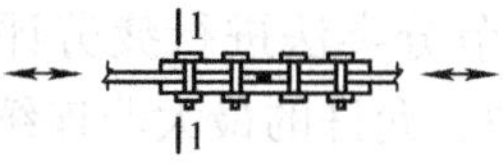	高强度螺栓摩擦型连接处的主体金属	2

注：1. 所有对接焊缝及T形对接和角接组合焊缝均需焊透。所有焊缝的外形尺寸均应符合现行标准《钢结构焊缝外形尺寸》JB 7949 的规定。

2. 角焊缝应符合本规范第 8.2.7 条和 8.2.8 条的要求。

3. 项次16中的剪应力幅 $\Delta\tau=\tau_{\max}-\tau_{\min}$，其中 $\tau_{\min}$ 的正负值为：与 $\tau_{\max}$ 同方向时，取正值；与 $\tau_{\max}$ 反方向时，取负值。

4. 第17、18项中的应力应以净截面面积计算，第19项应以毛截面面积计算。

需要说明的是：非焊接构件和连接一般不存在很高的残余应力，其疲劳寿命不仅与应力范围有关，还与名义最大应力有关。因此，在常幅疲劳计算公式内，引入非焊接部位折算应力范围时应考虑 $\sigma_{\max}$ 的影响。折算应力范围计算公式为：$\Delta\sigma=\sigma_{\max}-0.7\sigma_{\min}$，

若按 $\sigma_{\max}$ 计算的表达式为：$\sigma_{\max}=\dfrac{[\sigma_0^{\mathrm{P}}]}{1-k\dfrac{\sigma_{\min}}{\sigma_{\max}}}$

即
$$\sigma_{max}-k\sigma_{min}=[\sigma_0^P]$$

式中 k——系数，按原规范规定；对于母材：Q235 钢取 0.5，Q345 钢取 0.6；

对于角焊缝：Q235 钢取 0.8，Q345 钢取 0.85；

$[\sigma_0^P]$——应力比 $R=0$ 时的疲劳容许拉应力，其值与［$\Delta\sigma$］相当。

［$\Delta\sigma$］是试验值，已包含动载效应，取值相当于 0.79［σ_0^P］。另外，根据试验数据统计分析，取 $k=0.7$，因此得

$$\Delta\sigma=\sigma_{max}-0.7\sigma_{min} \tag{4-3}$$

（2）变幅疲劳　是指应力循环内的应力范围随机变化的疲劳。若能预测结构在使用寿命期间各种荷载的频率分布、应力范围水平以及频次分布总和所构成的设计应力谱，则可将其折算为等效常幅疲劳，按下式进行计算：

$$\Delta\sigma_e=[\Delta\sigma]' \tag{4-4}$$

式中 $\Delta\sigma_e$——变幅疲劳的等效应力范围，按下式确定：

$$\Delta\sigma_e=\left[\frac{\sum n_i(\Delta\sigma_i)^\beta}{\sum n_i}\right]^{\frac{1}{\beta}}$$

式中 $\sum n_i$——以应力循环次数表示的结构预期使用寿命；

n_i——预期寿命内应力范围水平达到 $\Delta\sigma_i$ 的应力循环次数。

容许应力范围与常幅疲劳的［$\Delta\sigma$］相同。

容许应力设计方法是建立在大量的试验资料和多年经验基础上的设计方法，当疲劳载荷引起的应力偏差很大时，它往往是不经济的。目前工程结构设计的总趋势是由容许应力设计法向极限状态设计法过渡。极限状态设计法是以可靠性理论为基础，把疲劳载荷和各种接头的疲劳强度看作为按一定概率密度函数分布的变量，根据这两个变量的期望值和可能的变异性计算出结构设计寿命终止时的存活概率，据此来决定构件的断面尺寸。该方法并不意味着结构设计寿命终了时结构立即报废，而是反映结构抗疲劳的安全水平。

2. 焊接结构件考虑细节类型的设计方法

（1）疲劳强度设计曲线　一般的焊接结构通常采用细节分类法进行疲劳评定。细节类型的划分考虑了接头的形式，以及构造细节的局部应力集中、允许的最大非连续性的尺寸和形状、受力方向、冶金效应、残余应力、疲劳裂纹形状，在某些情况下还考虑了焊接工艺和焊后的改进措施。

国际焊接学会第ⅩⅢ委员会ⅩⅢ-1539-94 和第ⅩⅤ委员会ⅩⅤ-845-94 联合提供的标准，两年后，ⅩⅢ-1539-96 和ⅩⅤ-845-96 又对 1994 年的文件标准做了修改和补充，2002 年又加入了不少新数据，在此处给出新版本ⅩⅢ-1539-96 和ⅩⅤ-845-96 的内容（2002 年 6 月发布）。它对老版本做了大量修改，例如对钢质结构以 15 条 $S-N$ 曲线代替了ⅩⅢ-1539-94（ⅩⅤ-845-94）标准中的 12 条 $S-N$ 曲线来分类，也就是说新版本给出了详尽的不同细节类型划分的设计疲劳强度曲线，如图 4-19 所示，此处“疲劳强度”的意义是指给定一定循环次数（如 200 万次）的应力范围。添加了铝合金的不同接头的 $S-N$ 曲线分类（见图 4-20）等，但其出发点保持不变，它指出了在 200 万次（2×10^6次）循环次数下特定的疲劳强度，并将其定为疲劳级别 FAT。如 $S-N$ 曲线的 125 表示其在 2×10^6 循环次数下的以应力范围（最大最小应力之差）表征的疲劳强度为 125MPa，112 则表示在相同应力循环次数下的

疲劳强度为112MPa等。图上同时还示出以500万次循环次数定出的疲劳极限，它可用图上纵坐标的$\Delta\sigma$推算（图中未示出相应值）。各条$S-N$曲线具有相同的m值，即具有相同的斜率（除非特殊指明，一般$m=3$），它与循环次数之间的关系可用统一疲劳方程表示为

$$N=\frac{C}{\Delta\sigma^{m}} \tag{4-5}$$

式中，C为常数，它决定$S-N$曲线的位置。

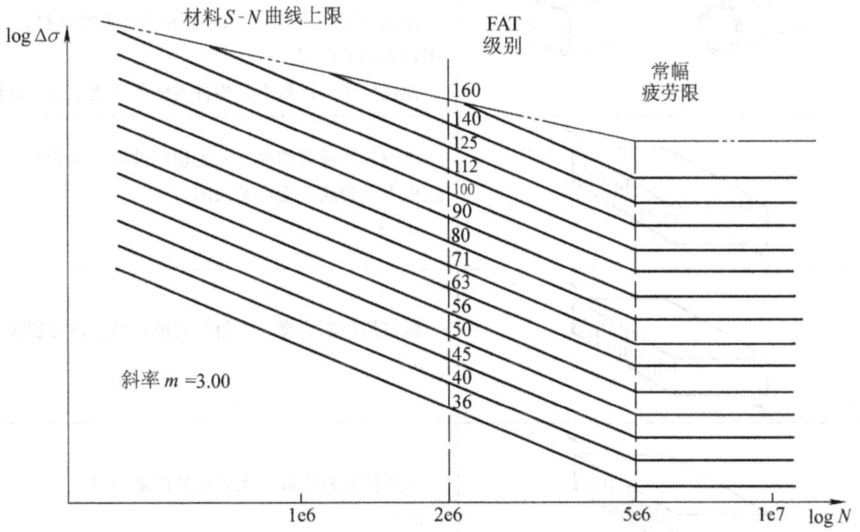

图4-19 用应力范围表示的焊接接头的疲劳强度曲线

注：1e6，2e6，…，1e7，等即1×10^{6}，2×10^{6}，…，1×10^{7}等，以下各图皆同。

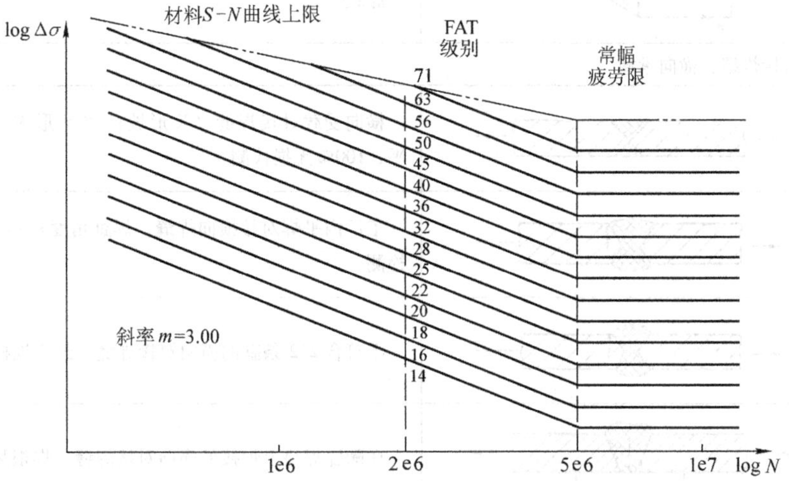

图4-20 铝结构件的疲劳强度

（2）细节类别 具体的不同钢结构件的FAT值由表4-3给出。

表4-3 钢结构件的疲劳强度

类别	结构细节	说明	FAT
100	构件非焊接部分		
111	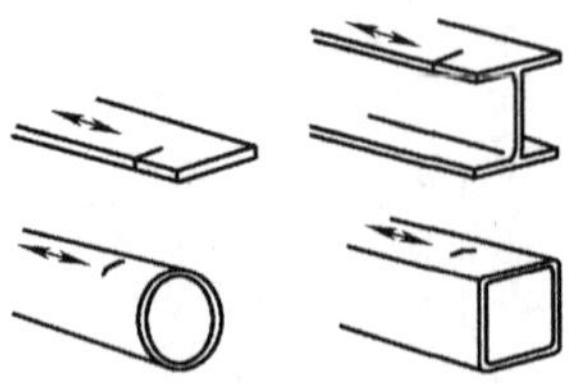	轧制和冲压产品 1）板材和扁平件 2）轧制截面 3）无缝空心截面件 $m=5$ 在试验验证的情况下，对强度较高的钢材，需采用较高的FAT值 在任何循环次数下，构件的疲劳性能不高于此值	160
121	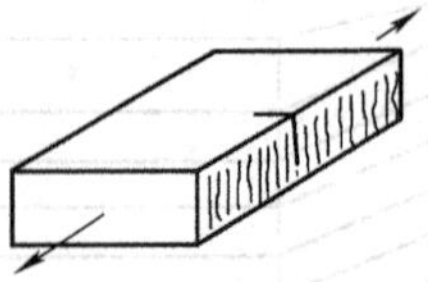	机械气切或剪切料，但无切割波痕，尖角打磨掉，经检查无裂纹，无可见缺陷 $m=3$	140
122	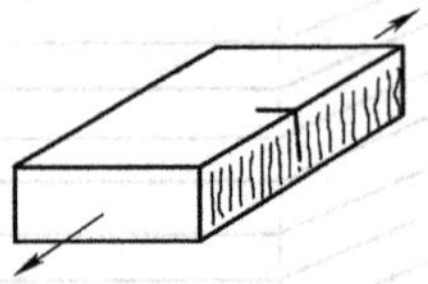	机械热切割边缘，尖角打磨掉，经检查无裂纹 $m=3$	125
123	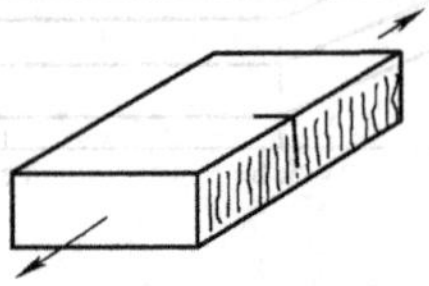	手工热切割边缘，无裂纹和严重缺口 $m=3$	100
124	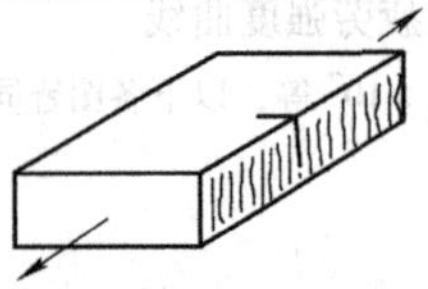	手工热切割边缘，不控制质量，缺口不深于0.5mm $m=3$	80
200	对接焊缝，横向承载		
211		横向受载对接焊缝（X形坡口或V形坡口），磨平，100%无损检测	125
212	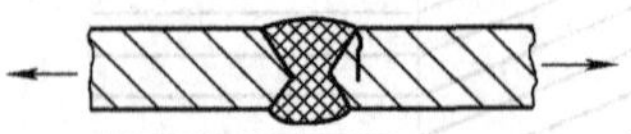	工厂内平焊对接横向焊缝，焊趾角度≤30°，无损检测	100
213	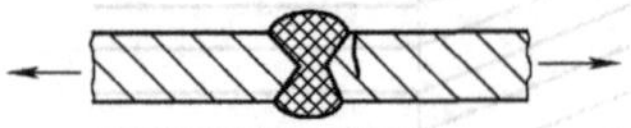	不符合212条款的横向对接焊缝，经无损检测	80
214	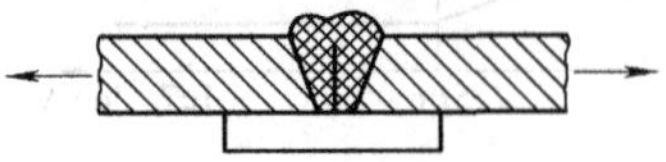	在陶瓷焊垫上焊接的横向对接焊缝，焊根裂纹	80
215	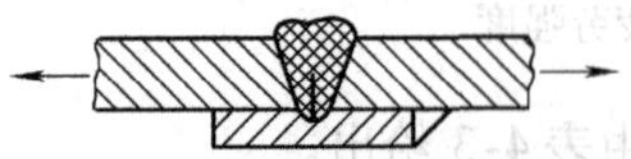	不除去垫板的横向对接焊缝	71

（续）

类别	结构细节	说明	FAT
216	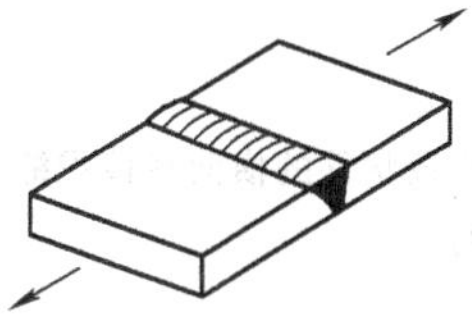	无垫板单面焊，包括激光焊的横向对接焊缝，焊透 根部无损检测 不采用无损检测	 71 45
217		局部焊透的横向对接焊缝，分析建立在焊缝最大截面处应力的基础上，不考虑加高厚度，此细部不推荐用于承载元件。建议用断裂力学验证（3.8.5.2）	45
221	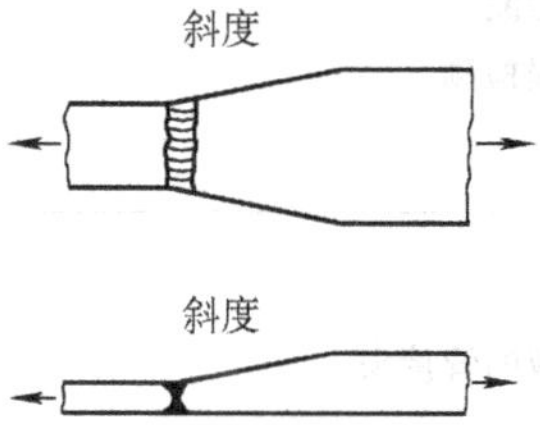	横向对接焊缝，打磨平，厚度和宽度平滑过渡 斜度1:5 斜度1:3 斜度1:2 有平面度误差时见3.8.2①	 125 100 80
222	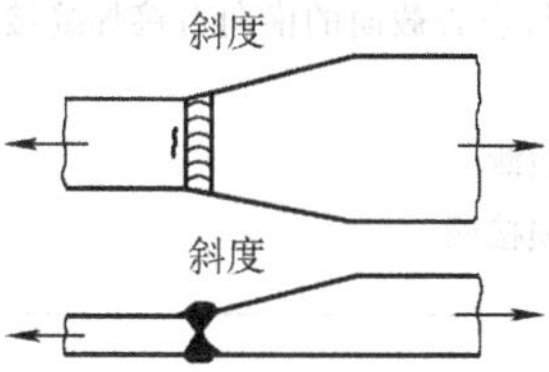	工厂内水平施焊的横向对接焊缝，控制焊缝形状，无损检测，厚度和宽度平滑过渡 斜度1:5 斜度1:3 斜度1:2 有平面度误差时见3.8.2①	 100 90 80
223	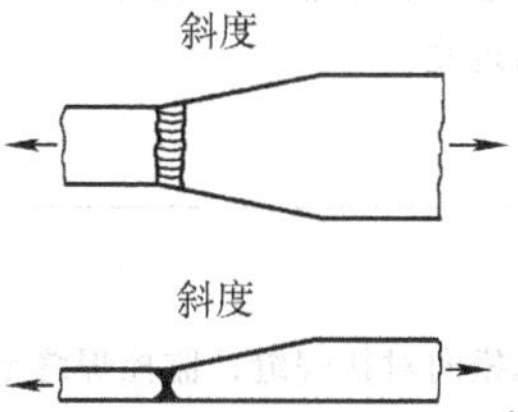	横向对接焊缝，无损检测，厚度和宽度平滑过渡 斜度1:5 斜度1:3 斜度1:2 有平面度误差时见3.8.2①	 80 71 63
224		不具光滑过渡的不同厚度的横向对接焊缝，中心对正 如焊缝形状相当于中等斜率过渡时，见222条款	71
225		由三块板组成的T形接头 根部裂纹	71
226	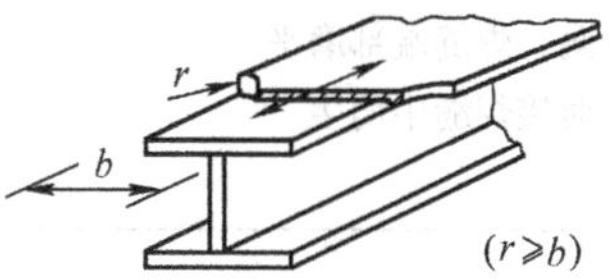	横向对接焊缝的翼板，焊缝在装配前焊接，打磨平，圆滑过渡，无损检测	112

（续）

类别	结构细节	说明	FAT
231	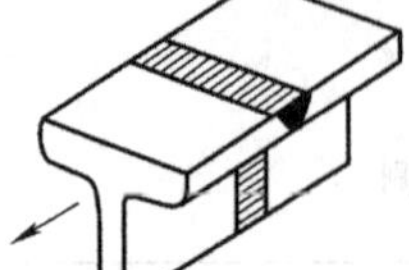	轧制截面或非板状件的横向对接焊缝接头，焊缝磨平，无损检测	80
232	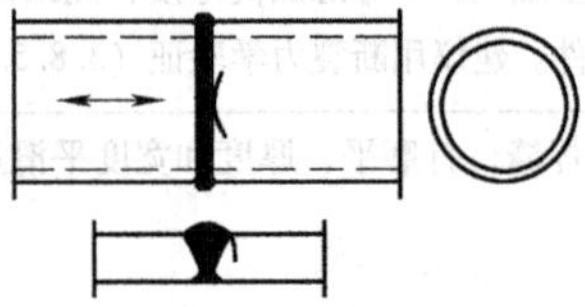	圆形空心截面的横向对接接头，单面焊，焊透 根部无损检测 不采用无损检测	 71 45
233	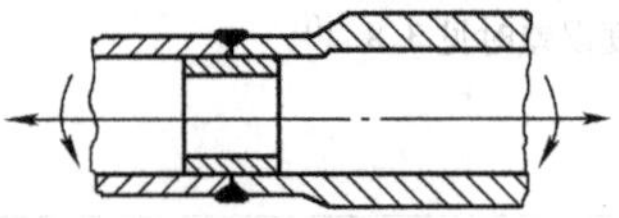	有永久垫板的管接头	71
234	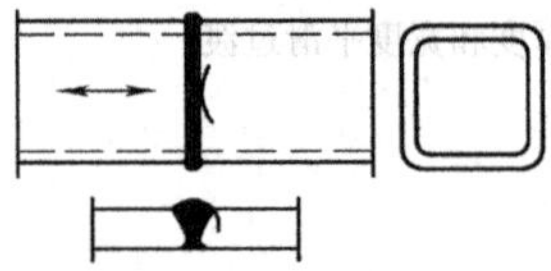	（长）方形空心截面的横向对接焊缝接头，单面焊，焊透 根部无损检测 不采用无损检测	 56 45
241	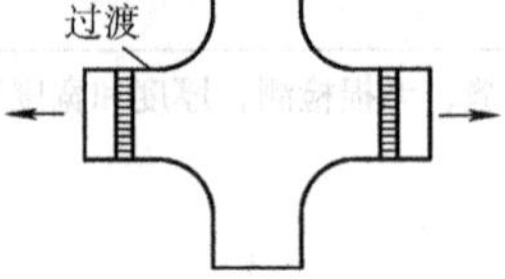	横向对接打磨平的焊缝，接头接合处100%无损检测，圆角平滑过渡	125
242	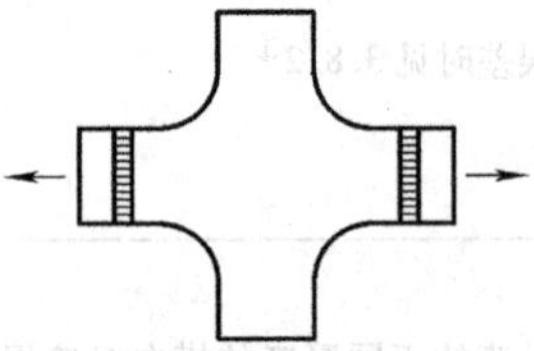	厂内平焊的横向对接焊缝，监控焊缝形状，接头接合处无损检测，圆角平滑过渡	100
243	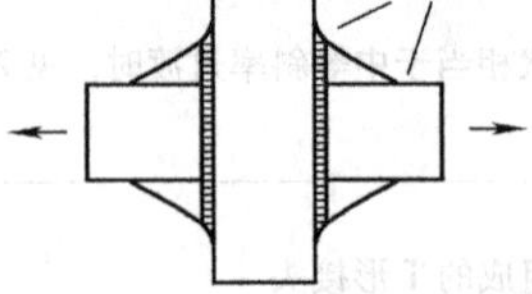	焊有角接板并经打磨十字接头的横向对接焊缝，接头接合处经无损检测，焊缝端部磨平裂纹需在对接焊缝中萌生	80
244	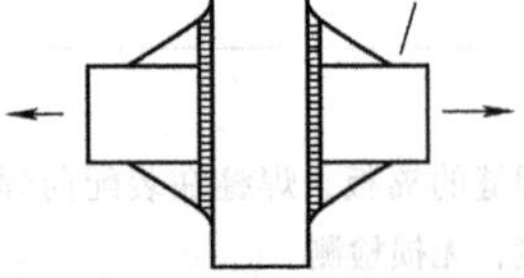	焊有角接板十字接头的横向对接焊缝，接头接合处经无损检测，焊缝端部磨平 裂纹需在对接焊缝中萌生	71

（续）

类别	结构细节	说　明	FAT
245	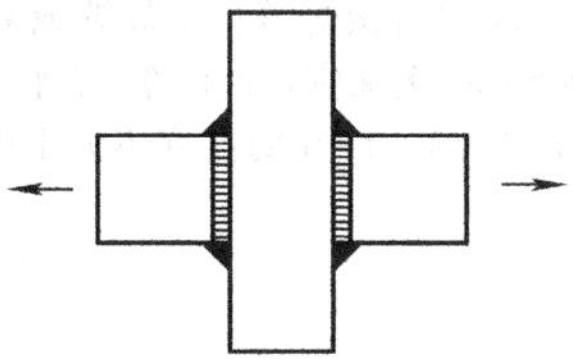	十字接头横向对接焊缝 裂纹需在对接焊缝中萌生	50
300	承载纵焊缝		
311	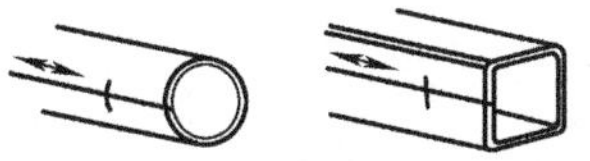	空心截面的自动纵向焊缝，无起弧和熄弧部位， 有起弧和熄弧部位	125 90
312	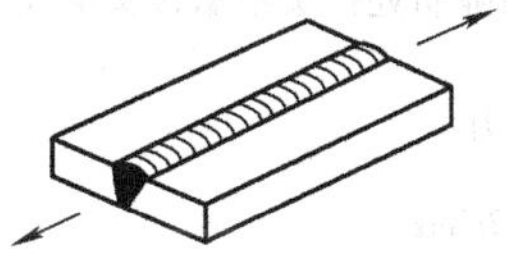	纵向对接焊缝，平行于载荷方向将两面打磨平，100% 无损检测	125
313	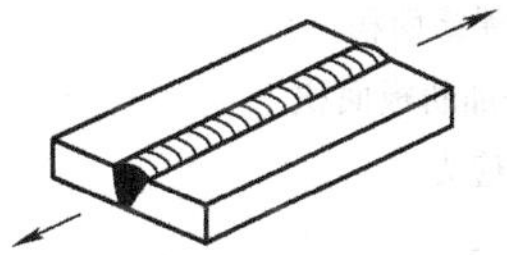	纵向对接焊缝，无损检测，无熄弧和起弧部位 有熄弧和起弧部位	125 90
321	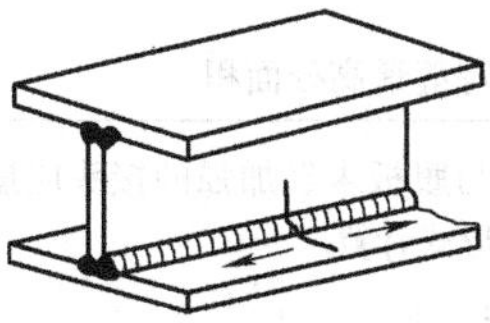	无熄弧和起弧部位的全熔透 K 形坡口自动连续纵向焊缝（计算翼缘中的应力范围），无损检测	125
322	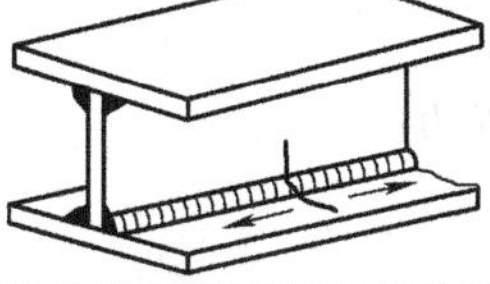	无熄弧和起弧部位的连续自动纵向双面焊角焊缝（计算翼缘中的应力范围）	100
323	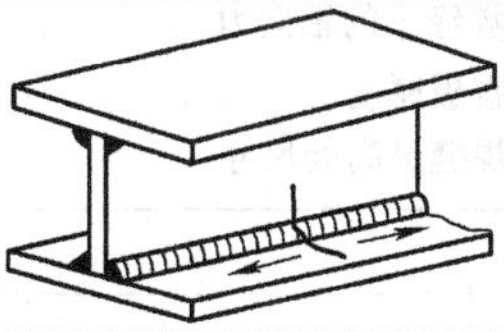	连续手工纵向角焊缝或对接焊缝(计算翼缘中的应力范围)	90
324	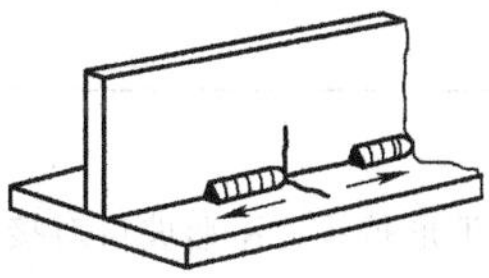	断续纵向角焊缝（在翼缘焊缝端部按名义应力 σ 计算，在腹板焊缝端部按切应力 τ 计算） $\tau/\sigma=0$ 0.0～0.2 0.2～0.3 0.3～0.4 0.4～0.5 0.5～0.6 0.6～0.7 >0.7	 80 71 63 56 50 45 40 36

（续）

类别	结构细节	说明	FAT
325	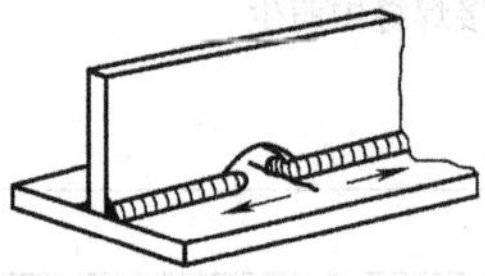	具有碗孔的纵向对接焊缝，角焊缝或断续焊缝（在翼缘焊缝端部按名义应力 σ 计算，在腹板焊缝端部按切应力 τ 计算）。碗孔的高度不大于腹板高度的40% $\tau/\sigma=0$ 0.0～0.2 0.2～0.3 0.3～0.4 0.4～0.5 0.5～0.6 >0.6	 71 63 56 50 45 40 36
331	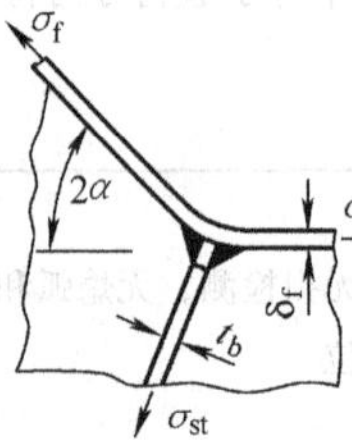	在翼缘与加强肋处接头根据接头形式应按411～414条款计算 加肋板的应力： $\sigma=\sigma_f\dfrac{A_f}{\sum A_{st}}2\sin\alpha$ 式中　A_f——翼缘面积 A_{st}——加肋板面积 焊缝最高处应力： $\sigma_w=\sigma_f\dfrac{A_f}{\sum A_w}2\sin\alpha$ 式中　A_w——焊缝最高处面积	
332	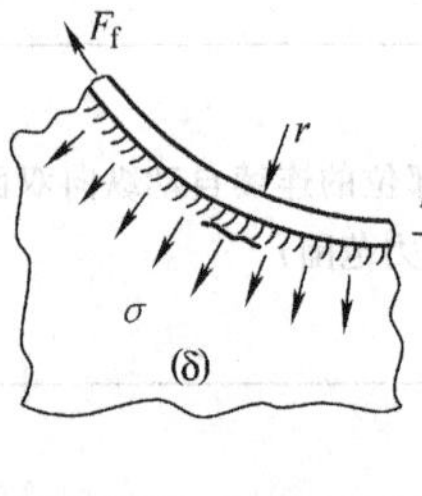	弯曲型翼缘与腹板未经加强的接头应按411～414条款根据接头形式计算 腹板中应力： $\sigma=\dfrac{F_g}{r\delta}$ 焊缝最高处应力： $\sigma_w=\dfrac{F_f}{r\sum a}$ 式中　F_f——翼缘中的轴向力 δ——腹板厚度 a——焊缝最高处尺寸	
400	十字接头和/或T形接头		
411	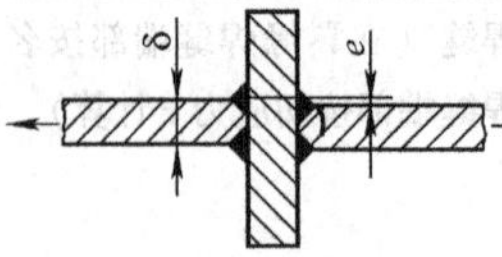	十字接头或T形接头，K形坡口对接焊缝熔透，无层状撕裂，不平度 $e<0.15\delta$，打磨平焊趾，有焊趾裂纹	80
412	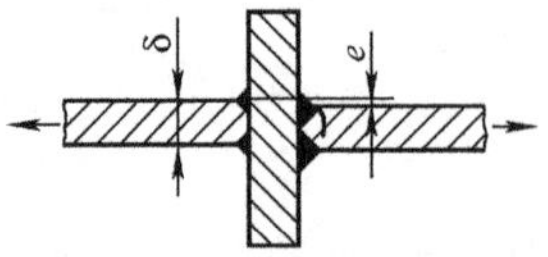	十字接头或T形接头，K形坡口对接焊缝熔透，无层状撕裂，不平度 $e<0.15\delta$，有焊趾裂纹	71

（续）

类别	结构细节	说明	FAT
413	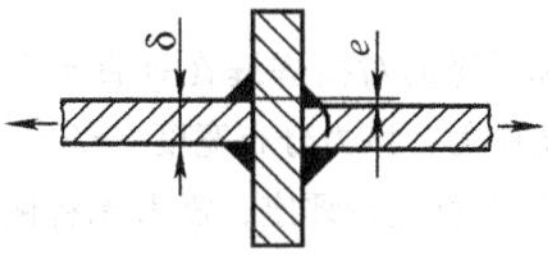	十字接头或T形接头，角焊缝或局部焊透K形坡口对接焊缝，无层状撕裂，平面度误差 $e<0.15\delta$ 有焊趾裂纹	63
414	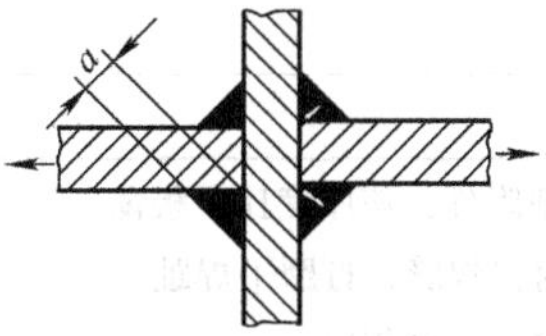	十字接头或T形接头，角焊缝或包括焊趾打磨，局部焊透K形坡口对接焊缝 接头有焊根裂纹 分析建立在焊缝最高处的应力基础上	45
415	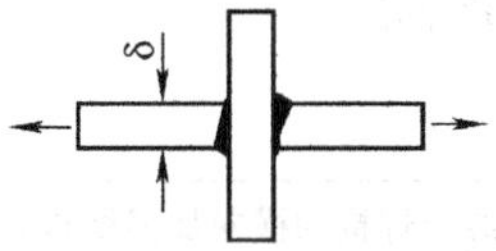	激光焊接十字或T形接头，单边焊接 平面度误差 $e<0.1\delta$ 根部无损检测 非无损检测	 71 45
421	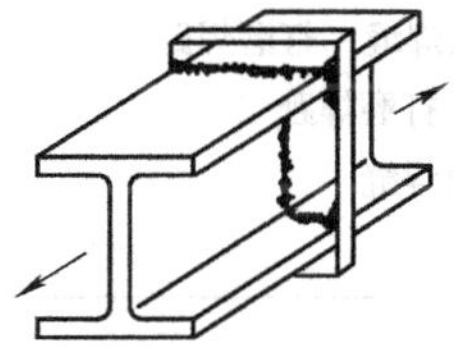	具有中间板的轧制截面接头，角焊缝，有焊缝根部裂纹 分析建立在焊缝最高处的应力基础上	45
422	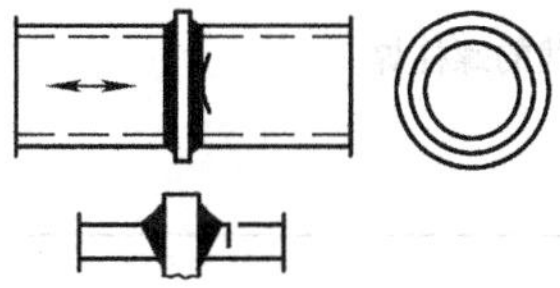	具有中间板的圆形空心截面接头，单面对接焊缝，有焊趾裂纹 壁厚大于8mm 壁厚小于8mm	 56 50
423	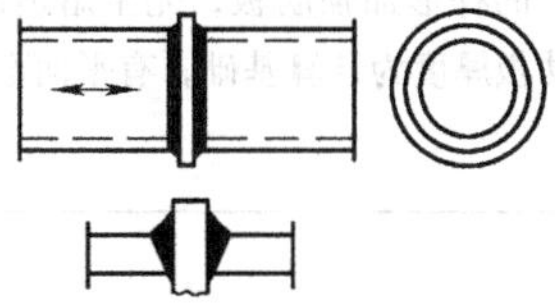	具有中间板的圆形空心截面接头，角焊缝，有根部裂纹。分析建立在焊缝最高处应力的基础之上 壁厚大于8mm 壁厚小于8mm	 45 40
424	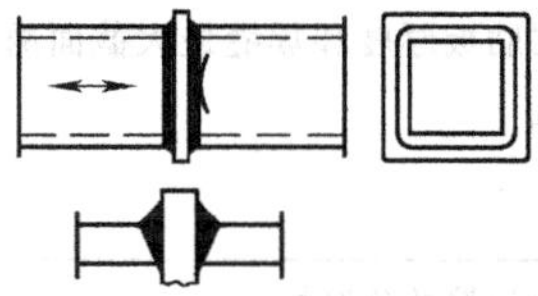	（长）方形空心截面接头单面对接焊缝，有焊趾裂纹 壁厚大于8mm 壁厚小于8mm	 50 45
425	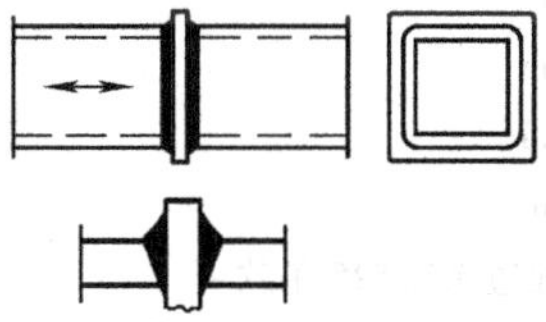	具有中间板的（长）方形空心截面接头。角焊缝，有根部裂纹 壁厚大于8mm 壁厚小于8mm	 40 36

（续）

类别	结构细节	说明	FAT
431	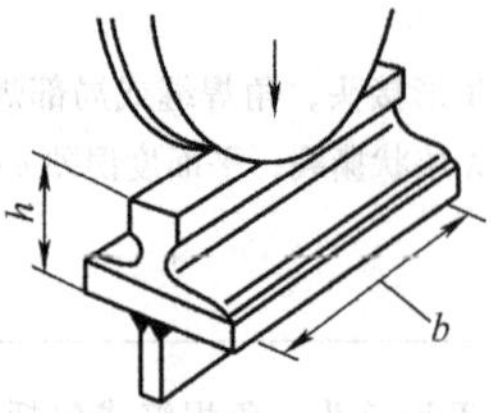	连接腹板和翼缘的对接焊缝在垂直于焊缝的腹板平面内承受集中力，该力分布宽度 $b=2h+50\text{mm}$ 按 411 ~414 条款进行评定，需考虑将偏心载荷当成局部弯曲	80
500	非承载附件		
511	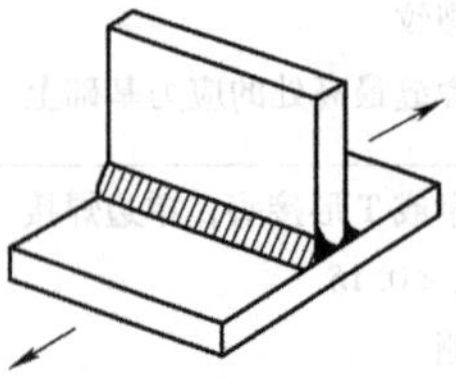	横向非承载附件，该厚度比主板薄 K 形坡口对接焊缝，打磨平焊趾 双面角焊缝，打磨焊趾 焊接状态的角焊缝 比主板厚时	 100 100 80 71
512	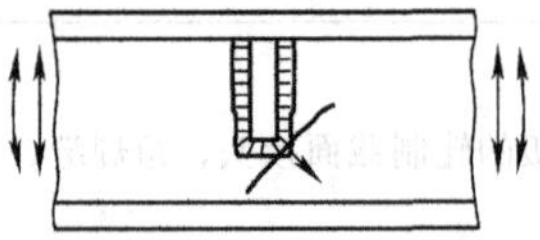	梁腹板或翼缘上焊接的横向加强肋板，比主板薄。对腹板上的焊缝端部采用主应力 K 形坡口对接焊缝，打磨焊趾 双面角焊缝，打磨焊趾 焊接状态的角焊缝 比主板厚时	 100 100 80 71
513	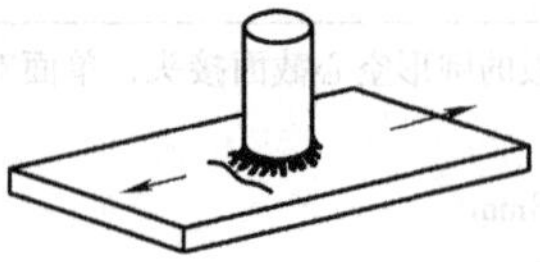	焊态非承载的螺柱焊	80
514	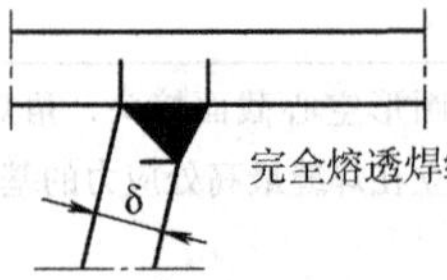	焊于甲板上的梯形加强肋板，完全熔透的对接焊缝，以加强肋板厚度为计算基础，有平面弯曲	71
515	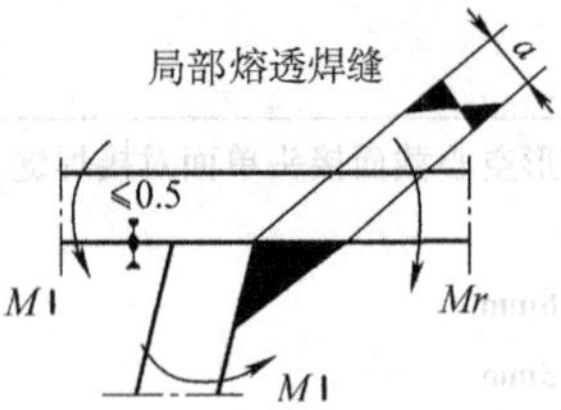	焊于甲板上的梯形加强肋板，角焊缝或局部焊透焊缝，以加强肋板厚度和焊缝最大截面两者中的小者为计算基础	45
521	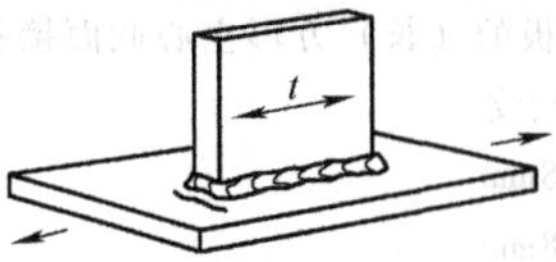	纵向角焊缝焊接的角接板 短于 50mm 短于 150mm 短于 300mm 长于 300mm 角接板至板边缘见 525 条款	 80 71 63 50

（续）

类别	结构细节	说明	FAT
522	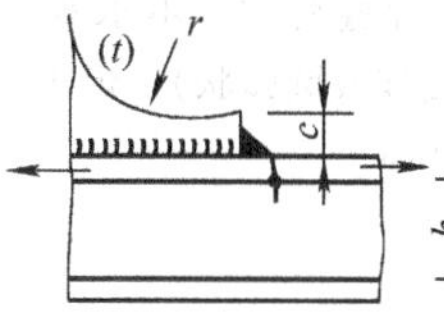	纵向角焊缝焊接的角接板，圆弧过渡，角焊缝端部加强和打磨，$c<2\delta$，最大为25mm $r>150\text{mm}$	90
523	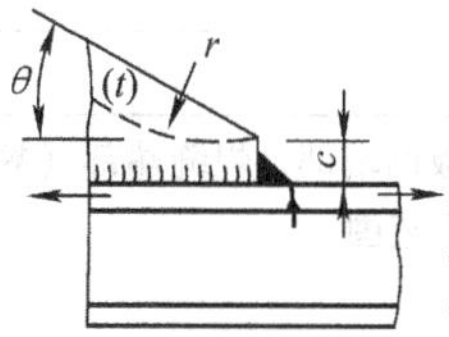	焊于梁翼缘和平板上的纵向角焊缝的角接板，平滑过渡（剪切端部成圆弧状），$c<2\delta$，最大为25mm $r>0.5h$ $r<0.5h$ 或 $\varphi<20°$	 71 63
524	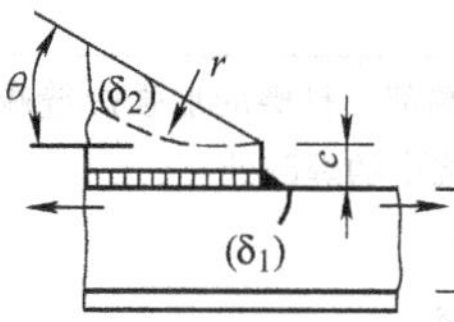	纵向侧平面角接板，焊于平板上或梁翼缘边缘处，平滑过渡（剪切端部成圆弧状） $c<2\delta_2$，最大为25mm $r>0.5h$ $r<0.5h$ 或 $\varphi<20°$ 对于 $t_2<0.7\delta_1$ 者，FAT提高12%	 50 45
525	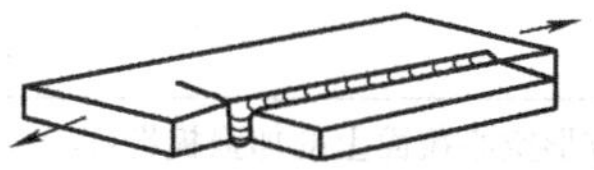	纵向侧平面角接板，焊于平板上或梁翼缘边缘外 短于150mm 短于300mm 长于300mm	 50 45 40
526	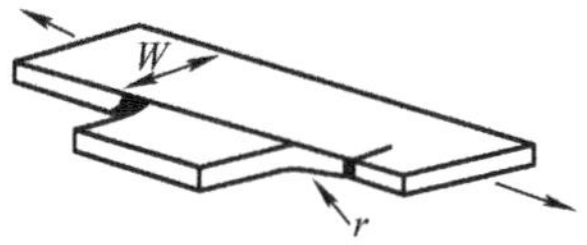	纵向侧平面角接板，焊于平板边缘或梁翼缘边缘处，打磨成圆弧过渡 $r>150$ 或 $r/w>1/3$ $1/6<r/w<1/3$ $r/w<1/6$	 90 71 50
531	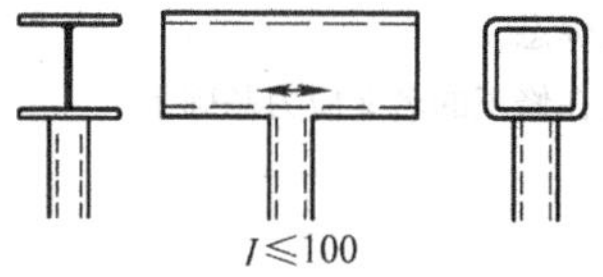	圆形或（长）方形空心截面，用角焊缝焊于其他截面上。平行于应力方向的截面宽度<100mm，或类似纵向附件	71
600	盖板接头		
611	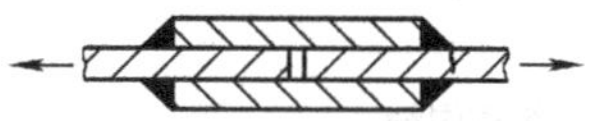	角焊缝焊接的横向承载的盖板接头 母材处疲劳 焊缝最大截面处疲劳 应力循环比 $0<R<1$	 63 45
612	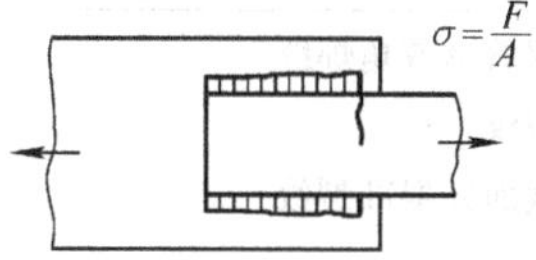	单面角焊缝纵向承载的盖板接头 母材处疲劳 焊缝处疲劳（以最大焊缝长度为40倍焊脚为基础计算）	 50 50

（续）

类别	结构细节	说明	FAT
613	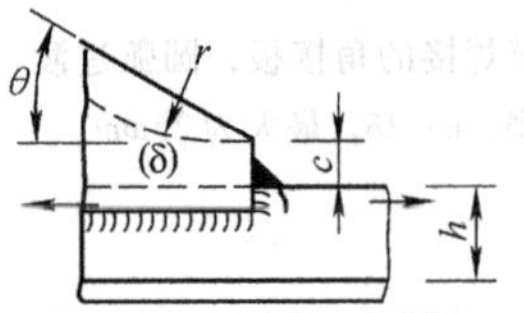	盖板接头，角焊缝焊接，不承载，平滑过渡（$\varphi<20°$的剪切端部或圆弧状），焊于承载元件上 $C<2\delta$，最大为25mm 焊于平的杆件上 焊于球状截面 焊于角截面上	 63 56 50
700	加强板		
711	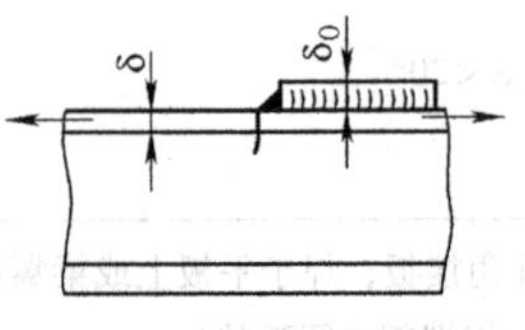	I形梁上长叠板的端部，焊缝端部（翼缘上焊缝端部处为计算应力范围） $\delta_D \leqslant 0.8\delta$ $0.8\delta<\delta_D \leqslant 1.5\delta$ $\delta_D>1.5\delta$	 56 50 45
712	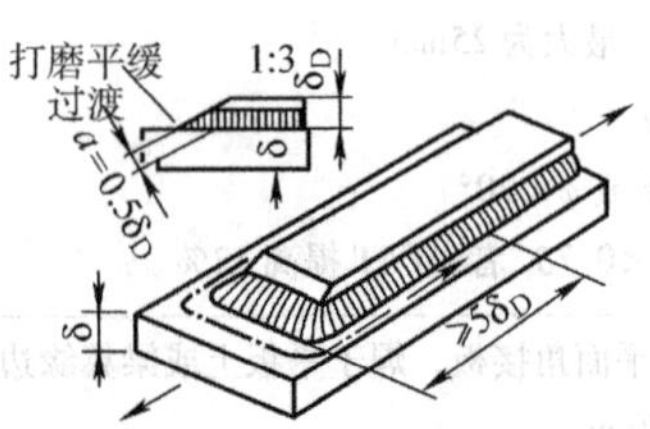	梁上长叠板的端部，打磨的加强焊缝端部（应力范围计算处为翼缘中的焊趾处） $\delta_D \leqslant 0.8\delta$ $0.8\delta<\delta_D \leqslant 1.5\delta$ $\delta_D>1.5\delta$	 71 63 56
721	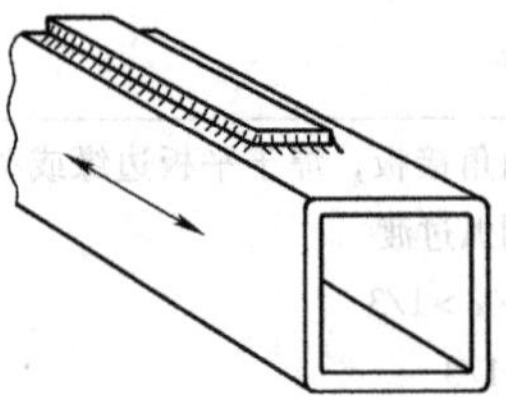	（长）方形空心截面上的加强板端部 板厚 $\delta<25$mm	50
731	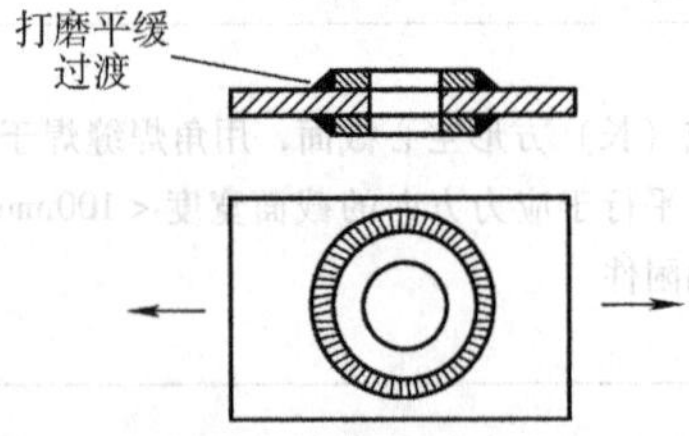	用角焊缝焊上的加强板，打磨平焊缝焊趾 焊趾保持焊态 分析建立在修正的名义应力基础上	 80 71
800	法兰、支管和人孔		
811	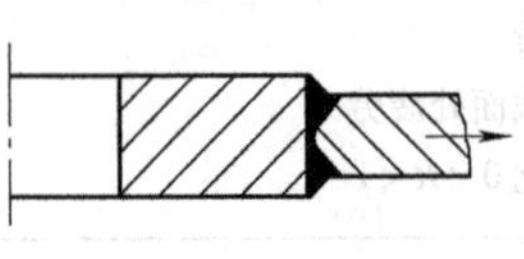	法兰、完全熔透焊缝	71
812	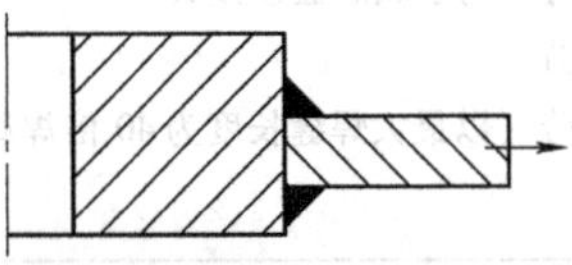	法兰、局部熔透或角焊缝 板焊趾处裂纹 焊缝最大截面处根部裂纹	 63 45

（续）

类别	结构细节	说明	FAT
821	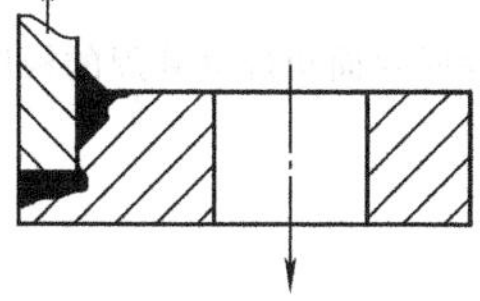	法兰、具有差不多完全熔透的对接焊缝，计算按管中修正的名义应力，有焊趾裂纹	71
822	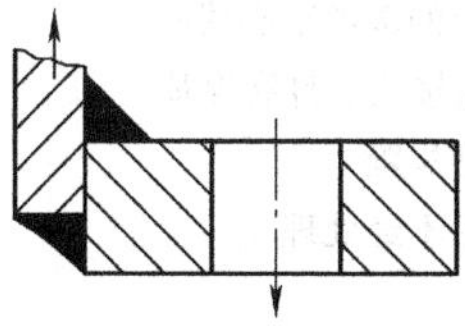	法兰、角焊缝焊接，计算按管中修正的名义应力，有焊趾裂纹	63
831	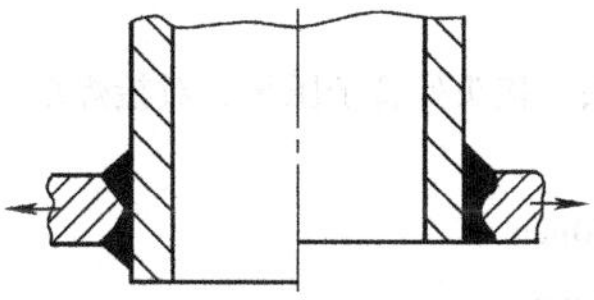	插入平板内的管子或支管，K形坡口对接焊缝 如果管直径大于50mm，需考虑周边应力集中	80
832	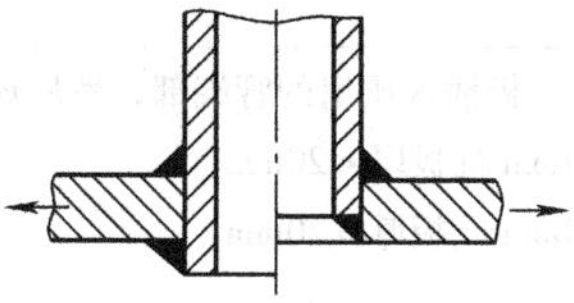	插入平板内的管子或支管，角焊缝 如果管直径大于50mm，需考虑周边应力集中	71
841	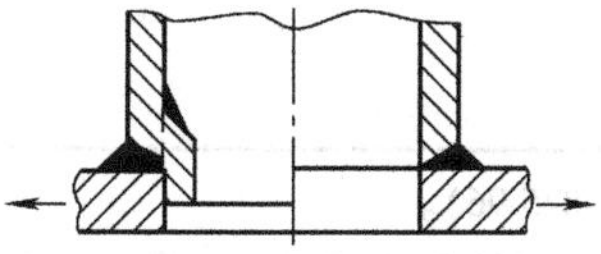	焊于平板上的喷嘴，采用钻孔的方法除去根部焊道 如果管直径大于50mm，需考虑周边应力集中	71
842	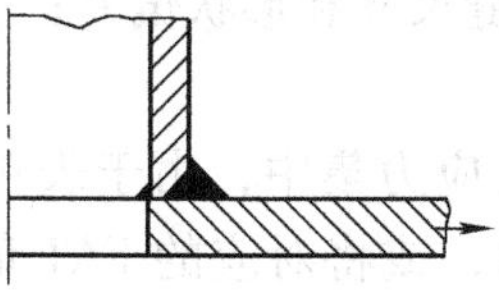	焊于管子上的喷嘴，保留根部焊道 如果管直径大于50mm，需考虑周边应力集中	63
900	管接头		
911	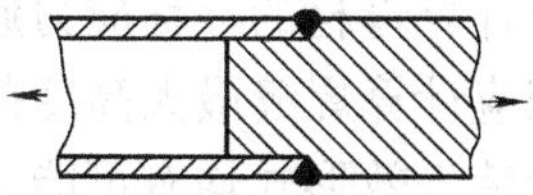	焊后不经过处理的圆形空心截面与实心轴对焊接头	63
912	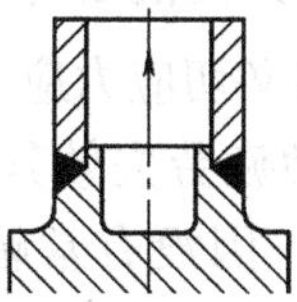	用单面对接焊施焊的构件与圆形空心截面接头，底部留有钝边 有根部裂纹	63

（续）

类别	结构细节	说明	FAT
913	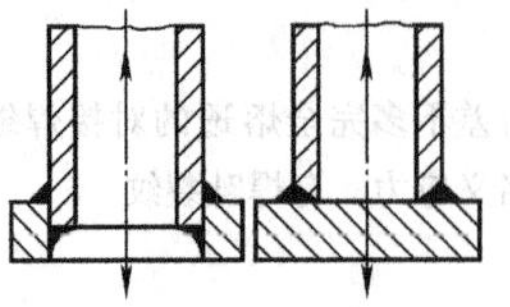	用单面对接焊或双面角焊缝施焊的构件与圆形空心截面接头 有根部裂纹	50
921	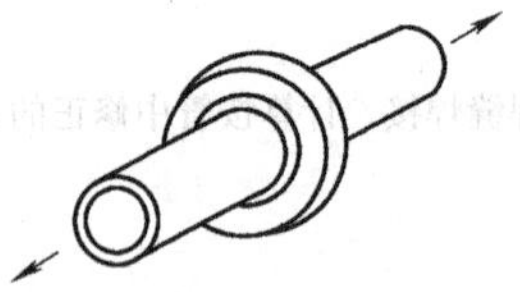	在圆盘上焊接的圆形空心截面 K形坡口对接接头、打磨焊趾 角焊缝、打磨焊趾 角焊缝、焊后不经处理	 90 90 71
931	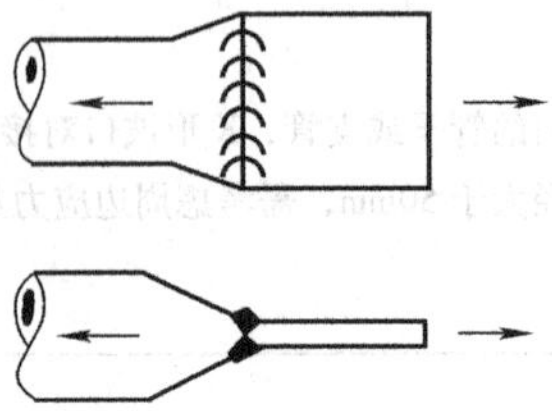	管-板接头，接头处管子压平、对接焊缝（X形坡口） 管径＜200mm 板厚＜20mm	71
932	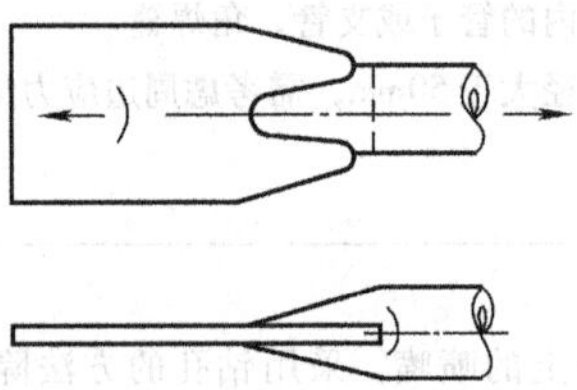	管-板接头，板插入压扁的管端部，然后焊合 管径＜200mm且板厚＜20mm 管径＞200mm或板厚＞20mm	 63 45

① 见ⅡW疲劳推荐计算图表（国际焊接学会ⅩⅢ委-1539-96/ⅩⅤ委-845-96）。

表4-3中所示出的FAT值是根据试验研究定出的，因此它自然地纳入了下述事实和影响：焊缝形状所引起的局部应力集中；一定范围内的焊缝尺寸和形状偏差；应力方向；残余应力；冶金状态；焊接过程和随后的焊缝改善处理。

这说明如果构件和接头中还存在其他原因所产生的应力集中，由于表4-3的FAT并未考虑之，因此在疲劳载荷计算中要乘以该应力集中系数，或将对应的FAT值除以该应力集中系数。

再有，一般说来疲劳裂纹产生于焊趾处，然后向母材方向扩展，或产生于焊缝根部然后沿焊缝最大高度截面处扩展。因此对于焊趾处裂纹，应计算母材的标称应力疲劳载荷应力范围，再与表4-3的疲劳强度相比。对于焊缝根部裂纹则应计算焊缝最大高度截面处的标称应力范围。在某些情况下，如角焊缝十字接头，因两种疲劳失效形式均有可能，因此应计算上述两处的名义应力范围。所计算的名义应力范围值应保证在弹性范围内。一般名义应力范围设计值对正应力来说不超过1.5倍屈服强度（R_{eL}），对于名义切应力应不超过$1.5R_{eL}/\sqrt{3}$。

应当说明的是当采用切应力疲劳强度曲线时，通常此种疲劳失效其裂纹扩展是沿0.7K（焊脚）角焊缝截面（最大高度截面）进行的。此时$m=5$，因没有常幅疲劳限，取循环数10^8次为截止限，如图4-21所示。有关数值见表4-4。

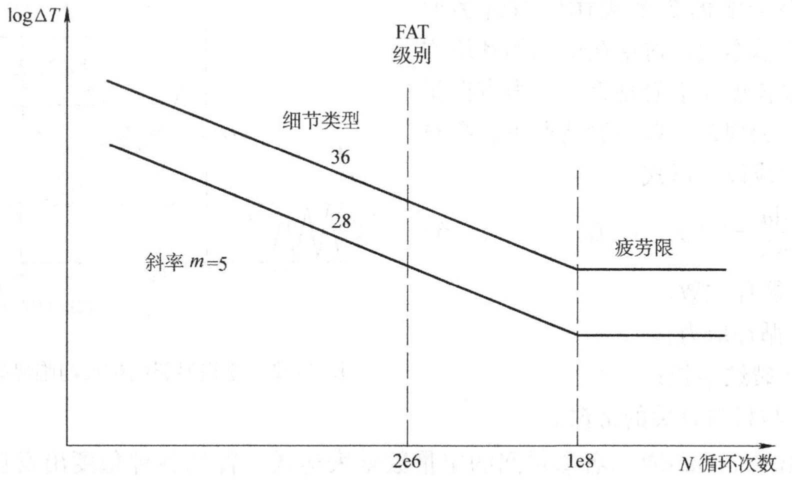

图 4-21 钢结构构件切应力范围的疲劳强度曲线

表 4-4 钢结构构件剪切破坏的疲劳强度

构 件 细 部	FAT 级别	$\log C$（$m=5$ 时）	截止限时的应力范围/MPa
母材、完全熔透的对接焊缝	100	16.301	46
角焊缝，局部熔透对接焊缝	80	15.816	36

4.4 断裂力学在疲劳裂纹扩展研究中的应用

传统的疲劳设计方法假定材料是无裂纹的连续体，经过一定的应力循环次数后，由于疲劳累积损伤而形成裂纹，再经裂纹扩展阶段直到断裂。常规的疲劳计算就是在疲劳试验的大量统计结果上，获得应力-寿命即 $S-N$ 曲线，然后在此基础上利用疲劳图并给以一定的安全系数进行设计和选材，其结果与一定的可靠性，即 $S-N$ 曲线的存活率有关。

另一种疲劳设计方法是在断裂力学的基础上发展起来的。实际构件在加工制造和使用过程中：由于各种原因（如焊接、铸造、锻造等）往往不可避免地会产生这样或那样的缺陷及裂纹。带有裂纹的构件，在循环应力和应变的作用下，裂纹可能逐渐扩展。应用断裂力学把疲劳设计建立在构件本身存在裂纹这一客观事实的基础上，按照裂纹在循环载荷下的扩展规律，估算结构的寿命是保证构件安全工作的重要途径，同时也是对传统疲劳试验和分析方法的一个重要补充和发展。

4.4.1 裂纹的亚临界扩展

一个含有初始裂纹 a_0 的构件，当承受静载荷时，只有在应力水平达到临界应力 σ_c 时（见图 4-22），亦即当其裂纹尖端的应力强度因子达到临界值 K_{IC}（K_c）时，才会发生失稳破坏。假若构件承受一个低于 σ_c 但又足够大的循环应力，那么这个初始裂纹 a_0 便会发生缓慢扩展，当达到临界裂纹尺寸时，会使构件发生破坏。裂纹在循环应力作用下，由初始值 a_0 到临界值 a_c 这一段扩展过程就是疲劳裂纹的亚临界扩展阶段。

关于疲劳裂纹的扩展规律已有许多研究。这些研究基本上是讨论在单轴循环应力作用下，裂纹长度 a 沿着垂直于应力方向扩展速率的理论和规律。在一般情况下，裂纹扩展速率可写成以下形式：

$$\frac{da}{dN}=f\ (\sigma,\ a,\ C) \qquad (4\text{-}6)$$

式中　N——循环次数；

σ——循环应力；

a——裂纹半长；

C——与材料有关的常数。

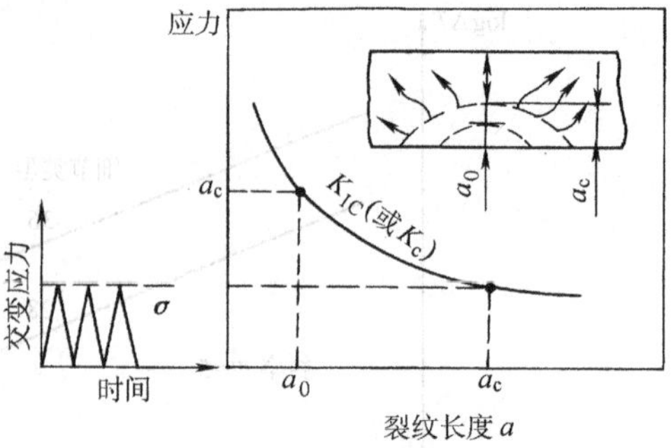

图 4-22　亚临界裂纹扩展与临界裂纹扩展

为了提出一个 da/dN 与各参量间的定量数学表达式，曾从各种角度出发进行了广泛的研究，提出了几种类型理论。目前为大家广泛采用的是帕瑞斯（Paris）提出的关于裂纹扩展的半经验定律。帕瑞斯（Paris）指出：应力强度因子 K 既然能够表示裂纹尖端的应力场强度，那么就可以认为 K 值是控制裂纹扩展速率的重要参量。并由此提出了下述指数规律公式：

$$\frac{da}{dN}=C(\Delta K)^m \qquad (4\text{-}7)$$

式中　ΔK——应力强度因子范围（$\Delta K=K_{max}-K_{min}$）；

C、m——由材料决定的常数。

图 4-23 所示为在不同的加载方式下测定的各种几何形状的 7075－T6 铝合金试样的疲劳裂纹扩展速率。从图 4-23 中可以看出，各试验点都落在一条直线上，这就是说，亚临界裂纹扩展速率不受试件几何形状和加载方式的限制，而直接受应力强度因子范围 ΔK 的控制。

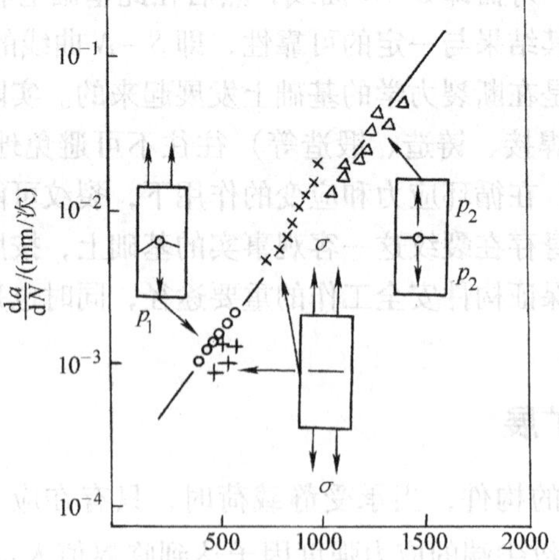

图 4-23　7075－T6 铝合金试样在下列加载方式下 $\frac{da}{dN}-\Delta K$ 的关系

○○○—单独应力加载 $\sigma_{max}=83MPa$　△△△—楔力加载 $p_{2,max}=25.5kN$　＋＋＋—混合加载

但是，Paris 的指数规律公式有两个缺点：首先它未考虑平均应力对 da/dN 的影响，而试验证明平均应力对裂纹扩展速率是有显著影响的；其次是它未考虑当裂纹尖端的应力强度因子趋近其临界值 K_{IC}时，裂纹的加速扩展效应。考虑上述两个因素的影响，福尔曼（Forman）提出了如下修正公式：

$$\frac{da}{dN}=\frac{C(\Delta K)^m}{(1-R)K_{IC}-\Delta K} \tag{4-8}$$

由式（4-8）可见，由于引入了考虑平均应力的应力比 R，它可在任何 R 的载荷条件下更好地描述疲劳裂纹扩展规律。同时式（4-8）还反映出 da/dN 值不仅取决于 ΔK 值的大小，并且它还是材料本身 K_{IC}值的函数，就是说材料的 K_{IC}值越高，da/dN 值越小。

图 4-24 所示为 7075 - T6 铝合金在各种 R 值条件下的 $da/dN-\Delta K$ 的关系。可见在同一个 ΔK 值下，R 值越高，亦即平均应力越高，裂纹的扩展速率也越高。同时亦可看到每条线都有自己单独的“指数规律”关系。但是，如果用 Forman 公式处理图 4-24 所示的五组数据，则得到图 4-25 所示的一条线，其斜率为 4。这说明修正公式具有比 Paris 公式更好的概括性。

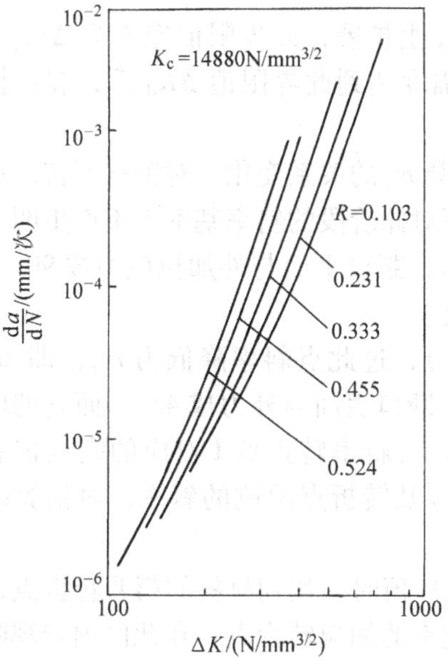

图 4-24 根据 Paris 公式绘制的 7075 - T6 铝合金的 da/dN 与 ΔK 的关系曲线

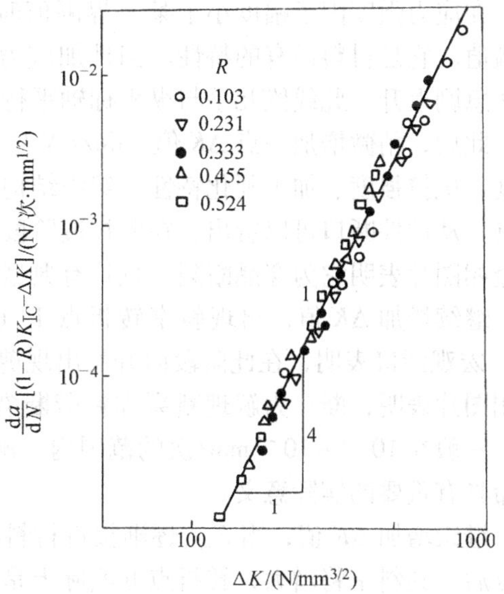

图 4-25 根据 Forman 公式绘制的 7075 - T6 铝合金的$\frac{da}{dN}[(1-R)K_{IC}-\Delta K]$与 ΔK 的关系曲线

4.4.2 疲劳裂纹扩展特性 $da/dN-\Delta K$ 曲线的一般关系

根据裂纹扩展的指数定律，整理各种材料的大量试验数据发现，各种金属材料的指数大约处在 $m=2\sim7$ 的范围内，而其中绝大多数材料的指数 $m=2\sim4$。

进一步研究各种金属材料的 $da/dN-\Delta K$ 在双对数坐标上的关系时，可以发现它们之间的关系在宽广的 ΔK 范围内，并非由一条直线，而是由四条不同斜率的线段组成，其形状如图 4-26 所示。

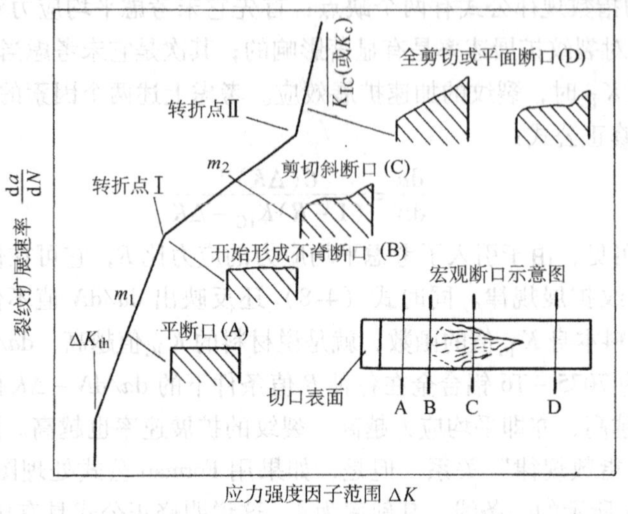

图4-26　金属材料 $da/dN-\Delta K$ 在双对数坐标上的一般关系曲线图

在应力强度因子幅度小于某一界限值时，裂纹不发生扩展，此界限值定义为 ΔK_{th}，即门槛值。它是材料固有的特性。当外加应力强度因子幅度达到此界限值 ΔK_{th} 后，裂纹扩展速率急剧上升，此线段几乎与纵坐标轴平行。

此后，稍微增加一点 ΔK 值，da/dN 与 ΔK 即成指数 m_1 的关系变化。对钢材而言，屈服强度、抗拉强度、加工硬化特性、组织结构以及温度等对此阶段的斜率基本上不产生明显的影响。从试件断口可以看出，在此扩展阶段内为平断口，断口平面与外加拉应力成90°。电子金相图片表明它为穿晶断裂，且具有典型的疲劳辉纹。

继续增加 ΔK 值，出现斜率转折点Ⅰ（见图4-26），过此点斜率降低为 m_2，即 $m_2 < m_1$。宏观断口表明，在此阶段内开始出现剪切斜断口，断口表面与外力成45°。而它的电子金相图片表明，断口为解理断裂和疲劳断裂的混合型。与斜率转折点Ⅰ对应的裂纹扩展速率，一般在 $10^{-3} \sim 10^{-4}$mm/次的范围内。测定转折点以及转折点两侧的斜率，对估算疲劳寿命具有重要的实际意义。

继续增加 ΔK 值，当 K_{max} 逐渐接近材料的 K_{IC}（K_c）值时，达到材料的第Ⅱ转折点，过此点后，其斜率将增大，转折点Ⅱ实际上是裂纹扩展速率的加速转变点。在此区内宏观断口为全剪切断口。

对于大量的抗拉强度小于1000MPa的钢材及其对接接头的 da/dN-ΔK 试验曲线进行回归分析，得到参数 C、m 和 ΔK_{th}，见表4-5。

表4-5　焊接接头用钢及其对接焊接接头参数回归分析结果

构造细节	试验数量	平均曲线		
		$C(\times 10^{11})$	m	ΔK_{th}(MPa $\sqrt{m}$)
母材	1075	1.54	2.75	3.45
焊接接头	2477	1.54	2.75	2.38
母材	—	2.69	2.75	2.82
焊接接头	—	2.30	2.75	2.06

由表4-5可见，对于不同抗拉强度的钢材及其对接接头，除 ΔK_{th} 不同外，C 和 m 为常数。由此可得 $da/dN-\Delta K$ 的设计曲线和参数 C、m 和 ΔK_{th}（见表4-6）。

表4-6 $da/dN-\Delta K$ 设计曲线参数

项目	$C(\times 10^{11})$	m	$\Delta K_{th}(\mathrm{MPa}\sqrt{m})$
安全设计曲线	2.7	2.75	2.0
平均设计曲线	$C(\times 10^{11})$	2.75	2.9

有关 C、m 和 ΔK_{th} 的数值：在缺少试验得出 C、m 和 ΔK_{th} 时，国际焊接学会IIW XIII - 1539 - 94/XV - 845 - 94推荐采用下述 C、m 和 ΔK_{th} 值来表征 $da/dN-\Delta K$ 的关系曲线：

对于钢材：$C=3\times10^{-3}$，$m=3$，$\Delta K_{th}=(190\sim144)R$，但 ΔK_{th} 不低于 $62\mathrm{N/mm}^{-3/2}$；

对于铝接头：$C=8.1\times10^{-12}$，$m=3$，$\Delta K_{th}=(63\sim48)R$，但不低于 $21\mathrm{N/mm}^{-3/2}$，式中，$R=K_{min}/K_{max}$。

4.4.3 疲劳裂纹扩展寿命的估算

在进行构件的疲劳裂纹扩展寿命估算时，其基本数据就是材料（或构件）的裂纹扩展速率。该速率通常是以Paris公式和Forman公式来表示的。对它们求定积分，便可得到疲劳裂纹的扩展寿命。即

$$\int_0^N dN = \int_{a_0}^{C_0} \frac{da}{C(\Delta K)^m} \tag{4-9}$$

$$\int_{a_0}^{C_0}\left[\frac{(1-R)K_c-\Delta K}{C(\Delta K)^m}\right]da \tag{4-10}$$

式中 a——初始裂纹尺寸；

a_c——临界裂纹尺寸；

N_c——从初始裂纹尺寸 a_0 扩展到失稳断裂，即到达临界裂纹尺寸 a_c 时的寿命（循环次数）。

对于无限大板中心穿透裂纹的情况，可将 $\Delta K=\Delta\sigma\sqrt{\pi a}$ 代入式（4-9）积分，得到疲劳裂纹的扩展寿命。

当 $m\neq2$ 时：

$$N=\frac{1}{C}\times\frac{2}{m-2}\times\frac{a_0}{(\Delta\sigma\sqrt{\pi})^2}\ln\frac{a_c}{a_0} \tag{4-11}$$

当 $m=2$ 时：

$$N=\frac{1}{C}\times\frac{1}{(\Delta\sigma\sqrt{\pi})^2}\ln\frac{a_c}{a_0} \tag{4-12}$$

4.5 低周疲劳

在工程中许多构件，在较高应力、应力循环次数少的情况下也经常发生疲劳断裂，例如，风暴席卷海船壳体，常年阵风吹刮桥梁、飞机发动机涡轮盘和压气机盘、飞机起落架、压力容器以及一些热疲劳件等。材料在循环载荷作用下，疲劳寿命为 $10^2\sim10^5$ 次的疲劳断

裂称为低周疲劳。低周疲劳循环应力较高，往往接近或超过材料的屈服强度，因而是在塑性应变循环下引起的疲劳断裂，所以也称为塑性疲劳或应变疲劳。

4.5.1 表征低周疲劳的滞后回线

低周疲劳时，由于构件设计的循环许用应力比较高，加上实际构件不可避免地存在应力集中，因而局部区域会产生宏观塑性变形，致使应力应变之间不呈直线关系，形成如图4-27b所示的滞后回线。

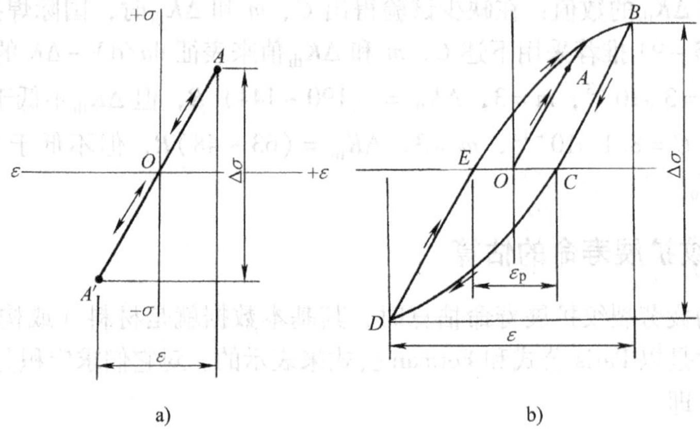

图4-27 循环载荷下的应力－应变关系

a）弹性范围 b）塑性范围内的应变

在图4-27b中，开始加载时，曲线沿*OAB*进行，卸载后反向加载时，由于包申格效应，在较低的压应力下屈服；至*D*点卸载后再次拉伸，曲线沿*DE*进行。经过一定周次（通常不超过100周次）循环后，就达到如图4-27所示的稳定状态的滞后回线。图中$\Delta\varepsilon_t$为总应变幅，$\Delta\varepsilon_p$为塑性应变幅。

高周疲劳因应力较低，不产生宏观塑性变形，只在高应力部位产生局部微观滑移变形，故应力应变关系为一直线，如图4-27a所示。

4.5.2 循环硬化与循环软化

低周疲劳是在恒应变幅（塑性应变幅或总应变幅）下进行试验的。材料承受恒定应变幅循环加载时，循环开始的应力应变滞后回线是不封闭的，经过一定周次后才形成封闭滞后回线。材料由循环开始状态变成稳定状态的过程，与其在循环应变作用下的形变抗力变化有关。这种变化有两种情况，即循环硬化、循环软化。若材料在恒定应变幅循环作用下，随循环周次增加，应力（形变抗力）不断增加，即为循环硬化，如图4-28a所示；若在循环过程中，应力逐渐减小，则为循环软化，如图4-28b所示。不论是产生循环硬化的材料，还是产生循环软化的材料，它们的应力应变滞后回线只有在循环周次达到一定值后才是闭合的，此时即达到循环稳定状态。对于每一个固定的应变幅，都能得到相应的稳定滞后回线。

将不同应变幅的稳定滞后回线的顶点连接起来，便得到一条如图4-29所示的循环应力、应变曲线。

图4-29中还用虚线画出40CrNiMo钢的单次拉应力应变曲线，比较循环应力应变曲线与

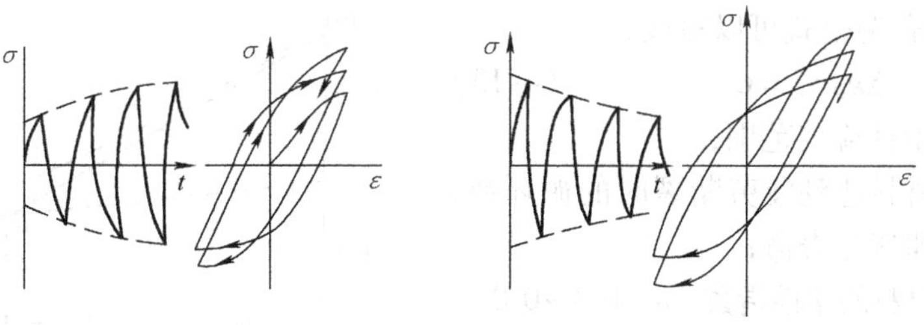

a) b)

图4-28 低周疲劳初期的 σ_t 曲线与 σ_ε 曲线

a）循环硬化 b）循环软化

单次应力应变，可以判断循环应变对材料性能的影响。例如，40CrNiMo 钢的循环应力应变曲线低于它的单次应力应变曲线，表明这种钢具有循环软化。反之，若材料的循环应力应变曲线高于它的单次应力应变曲线时，则表明该材料具有循环硬化现象。

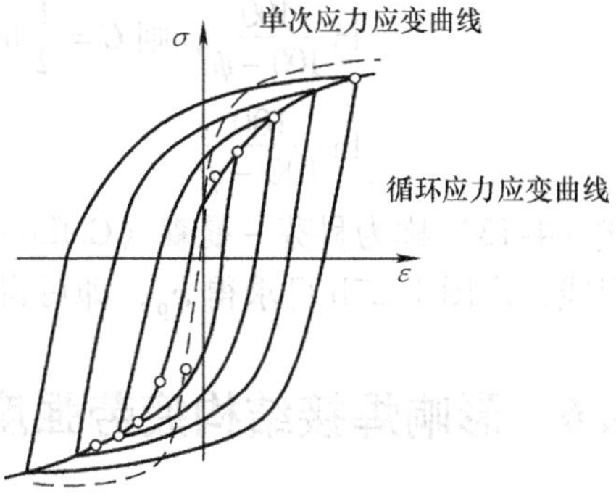

图4-29 40CrNiMo 钢的循环应力应变曲线

材料产生循环硬化还是循环软化取决于其初始状态、结构特征以及应变幅和温度等。试验发现，循环应变对材料性能的影响与它的 $\frac{R_m}{\sigma_{0.2}}$ 有关。材料的 $\frac{R_m}{\sigma_{0.2}}>1.4$ 时，表现为循环硬化，而 $\frac{R_m}{\sigma_{0.2}}<1.2$ 时，则表现为循环软化，$\frac{R_m}{\sigma_{0.2}}$ 比值在 1.2 ~ 1.4 之间的材料，其倾向不定，但这类材料一般比较稳定。也可用形变强化指数 n 来判断循环应变对材料性能的影响，当 $n<0.1$ 时，材料表现为循环软化，当 $n>0.1$ 时，材料表现为循环硬化或循环稳定。

4.5.3 $\Delta\varepsilon_t-N$ 曲线

对塑性材料作一系列的对称循环试验，用双对数坐标作塑性应变幅 $\Delta\varepsilon_p/2$ 与寿命 N_c 的关系曲线，得如图4-30所示的直线1。在疲劳强度试验中，因为在弹性范围内，可以用应力与寿命直接表示。为了与直线相比较，将应力幅 σ_a 用 $\Delta\varepsilon_e/2=\sigma_a/E$ 的关系换成应变幅，如图4-30中的直线2所示。

进一步分析可以看出，图4-30所示的曲线1是塑性应变幅与载荷循环次数的关系曲线（在双对数坐标上是直线），即低周疲劳的 $S-N$ 曲线，曲线2是在弹性范围内由应力幅与载荷循环次数的关系曲线转化而来的，是高周疲劳的 $S-N$ 曲线。这两线的交点 P，表示低周疲劳与高周疲劳的分界点（过渡寿命点）。在 P 点的右侧，弹性应变起主导作用，在 P 点的左侧塑性应变起主导作用。或者说，P 点的右侧为高周疲劳区，P 点的左侧是低周疲劳区。

在图4-30中还根据试验数据，画出了总应变幅 $\Delta\varepsilon/2$（弹性应变幅与塑性应变幅之和）与载荷循环次数的关系曲线3。由图4-30可以看出：在 P 点的左侧，曲线3与低周疲劳的直线1逼近；在 P 点的右侧，曲线3与高周疲劳的直线2逼近。当材料强度提高时，P 点左移；材料的韧度提高时，P 点右移。

低周疲劳的普遍公式可以写成：

$$\Delta\varepsilon_{\mathrm{P}} N_{\mathrm{c}}^{a} = C \tag{4-13}$$

式中 $\Delta\varepsilon_{\mathrm{p}}$——塑性应变范围；

N_{c}——材料达到疲劳断裂时的循环数，即疲劳寿命；

a——材料的塑性指数，$a=0.3\sim0.8$；

C——与静拉伸断裂应变 ε_{f} 有关的常数，$\varepsilon_{\mathrm{f}}>C>\varepsilon_{\mathrm{f}}/2$，由于 ε_{f} 与断面收缩率 ψ 有关，即 $\varepsilon_{\mathrm{f}}=\ln\dfrac{100}{100-\psi}$，则 $C=\dfrac{1}{2}\ln\dfrac{100}{100-\psi}\sim\ln\dfrac{100}{100-\psi}$。

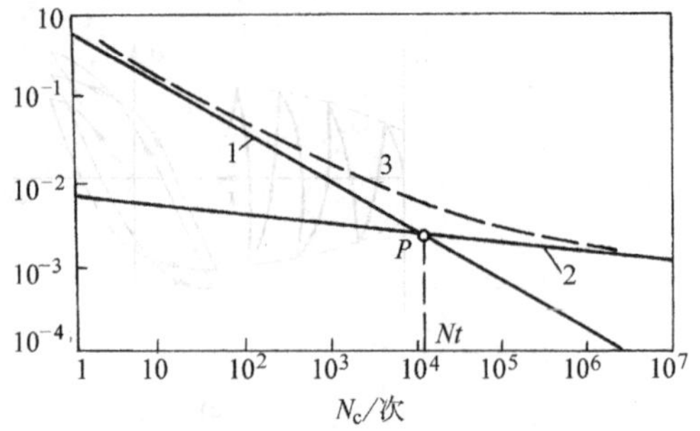

图4-30 对称循环总应变幅与循环次数的关系

1—$\Delta\varepsilon_{\mathrm{p}}/2-N_{\mathrm{c}}$曲线 2—$\sigma_{\mathrm{a}}-N_{\mathrm{c}}$曲线

3—总应变幅 $\Delta\varepsilon/2-N_{\mathrm{c}}$曲线

式（4-13）称为科芬－曼森（Coffin－Manson）公式。若参量 a 及 C 已知，能画出材料的滞回线，由图4-27b 可求得 ε_{p}，即可得到疲劳寿命 N。

4.6 影响焊接结构疲劳强度的因素

影响母材疲劳强度的因素（如应力集中、截面尺寸、表面状态、加载情况等）同样对焊接结构的疲劳强度有影响。除此之外，焊接结构本身的一些特点，如接头部位近缝区性能的变化、焊接残余应力等也可能对焊接结构的疲劳强度产生影响。弄清单因素的具体影响，对提高结构的疲劳强度是有益的。

4.6.1 应力集中的影响

结构的疲劳强度，在很大程度上取决于结构中的应力集中情况。在焊接结构中，不合理的设计、不合理的接头形式和焊接过程中产生的各种缺陷（如未焊透、咬边等）是产生应力集中的主要原因，因此它们也是降低结构动载强度的主要因素。所以确定合理的结构形式，选择适当的焊接接头，采用良好的焊接工艺是提高焊接结构动载强度的有效措施。

1. 各种焊接接头对疲劳强度的影响

焊缝及各种接头形式对疲劳强度的影响见表4-7。

表4-7 焊缝及各种接头形式对疲劳强度影响的试验结果

接头形式	母材	对接接头			（十字）T形接头			搭接接头						铆接
		加工后去除余高	余高为2mm	余高为5mm	不开坡口	开坡口焊透	开坡口焊透并加工焊趾平滑过渡	只有侧面角焊透	正面角焊缝焊脚尺寸比为1:1	正面角焊缝焊脚尺寸比为1:2	正面角焊缝焊趾加工成圆滑过渡	正面角焊缝焊脚尺寸比例为1:3.8，并且加工焊趾成圆滑过渡（盖板加厚一倍）	所谓加强盖板对接①	
$\dfrac{\sigma_{\mathrm{W}}}{\sigma_{\mathrm{B}}}$（%）	100	100	98	68	53	70	100	34	40	49	51	100	49	65

注：σ_{W}—焊接接头疲劳强度；σ_{B}—母材疲劳强度。

① 指对于对接接头强度不放心，在外面又加盖板进行所谓“加强”的对接接头。

(1) 对接接头　对接接头与其他形式的接头相比，其疲劳强度最高。因为在这种接头中，形状的变化程度较小，应力集中系数最低。

对接接头的疲劳强度主要取决于焊缝向基本金属过渡的形状。过大的余高和过大的基本金属与焊缝金属间的过渡角 θ 都会增加应力集中，使接头的疲劳极限下降。图 4-31 所示为对接接头的过渡角 θ 以及过渡圆弧半径 R 对疲劳极限的影响。

图 4-32 所示为焊缝未经机械加工的低碳钢及低合金锰钢对接接头的疲劳极限。图 4-33 所示为焊缝经过机械加工的低碳钢及低合金锰钢对接接头的疲劳极限。由图 4-33 可见，由于对焊缝表面进行了机械如工，应力集中程度大大降低，从而使对接接头的疲劳极限相应提高。但是这种表面机械加工的成本很高，在一般情况下，是没有必要的。尤其是带有严重缺陷和不用封底焊的焊缝，其缺陷处或焊缝根部的应力集中要比焊缝表面的应力集中情况严重得多。所以在这种情况下焊缝表面的机械加工是毫无意义的。

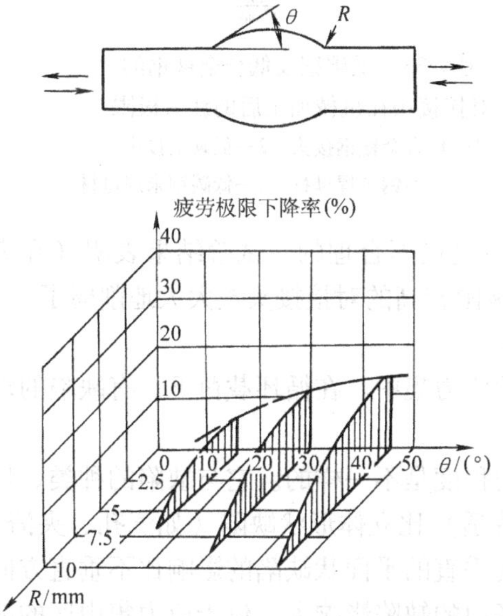

图 4-31　过渡角 θ 以及过渡圆弧半径 R 对对接接头疲劳极限的影响

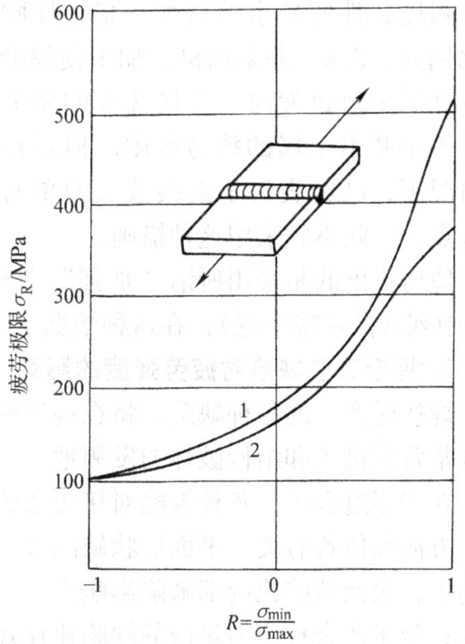

图 4-32　未经机械加工的低碳钢及低合金锰钢对接接头的疲劳极限

1—低合金锰钢　2—低碳钢

(2) T形和十字接头　在许多焊接结构中，T形和十字接头得到了广泛的应用。这种接头中，由于在焊缝向基本金属过度处有明显的截面变化，其应力集中系数要比对接接头的应力集中系数提高。因此T形和十字接头的疲劳极限都低于对接接头的疲劳极限。

表 4-7 中T形和十字接头疲劳极限的试验结果表明：不开坡口的十字接头由于在焊缝根部形成了严重的应力集中，所以破坏从焊缝根部开始，破坏面通过焊缝，其疲劳极限值最低。构件边缘开坡口是保证焊接接头沿构件厚度上完全焊透的主要措施，这样可以改善接头中的应力分布条件，降低接头中的应力集中，因此，这种接头的疲劳极限值比不开坡口时为高，破坏时一般是由焊缝向基本金属过渡处即焊趾部位开始。如果在焊趾处进行加工，使其为圆滑过渡，接头的疲劳极限会进一步提高，并与基本金属的疲劳极限相当。

(3) 搭接接头　表 4-7 中搭接接头的疲劳试验结果表明：搭接接头的疲劳极限是最低

的，在许多情况下，甚至低于铆接接头的疲劳极限。仅有侧面焊缝搭接接头的疲劳极限最低，只达到基本金属的34%。铆接尺寸为1∶1的正面焊缝的搭接接头其疲劳极限虽然比只有侧面焊缝的接头稍高一些，但数值仍然是很低的。正面焊缝焊脚尺寸为1∶2的搭接接头，应力集中稍有降低，因而其疲劳极限有所提高，但是这种措施的效果不大。即使在焊缝向基本金属过渡区域进行表面机械加工也不能显著地提高搭接接头的疲劳极限。只有当盖板的厚度比按强度条件所要求的增加一倍，焊脚尺寸比例为1∶3.8，并采用机械加工使焊缝向基本金属平滑过渡时，搭接接头的疲劳极限才等于基本金属的疲劳极限。但是在这种情况下，已经丧失了搭接接头简单易行的特点，因此不宜采用这种措施。

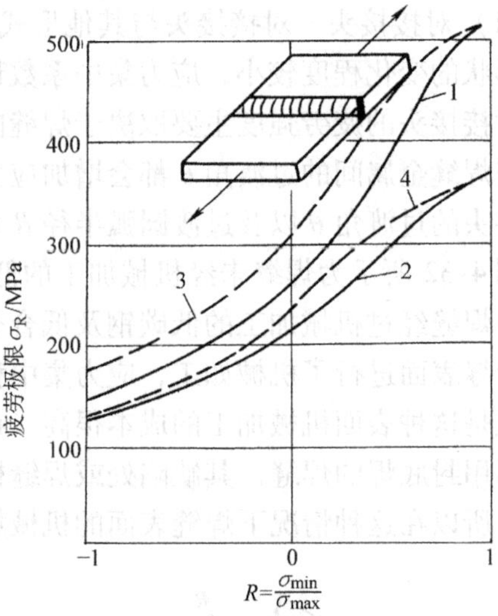

图4-33　低碳钢及低合金锰钢的对接接头在机械加工后的疲劳极限
1—低合金锰钢接头　2—低碳钢接头
3—低合金锰钢未焊母材　4—低碳钢未焊母材

值得提出的是采用所谓“加强”盖板的对接接头是极不合理的。试验结果表明（在表4-7中列入搭接接头栏）：在这种情况下，原来疲劳极限较高的对接接头被大大地削弱了。

2. 焊接工艺缺陷对疲劳强度的影响

焊接时产生的各种缺陷，将在构件中引起很大的应力集中。在循环载荷下，有缺陷的焊缝区常常是接头和结构破坏的发源地。

在焊接过程中，各种缺陷对接头疲劳强度影响的程度是不一样的。它与缺陷的种类、尺寸、方向和位置有关。平面形状缺陷（如裂纹、未焊透）比立体形状缺陷（如气孔、夹渣）影响大，表面缺陷比内部缺陷影响大，与作用力方向垂直的平面状缺陷的影响比不垂直方向的大；位于残余拉应力场内的缺陷比在残余压应力场内的缺陷影响大，位于应力集中区的缺陷（如焊趾裂纹）比在均匀应力场中同样缺陷的影响大。图4-34和图4-35所示为几种典型缺陷在不同位置和不同载荷下的影响。由图中可见，A组的影响比B组的影响大。

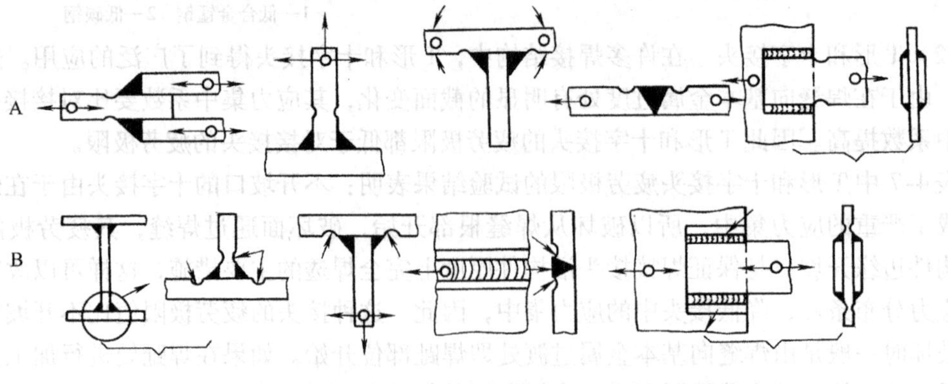

图4-34　咬边在不同方向的载荷作用下对疲劳强度的影响

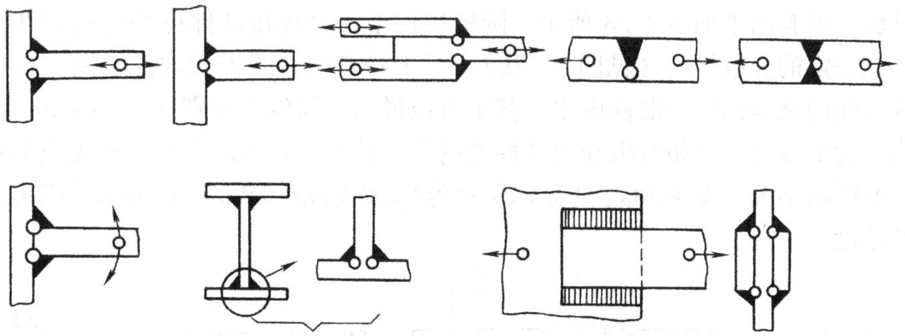

图4-35 未焊透在不同载荷作用下对疲劳强度的影响

由于不同的材料具有不同的缺口敏感性，同样尺寸的缺陷对不同材料焊接结构疲劳强度的影响并不相同。图4-36所示为未焊透对五种材料疲劳极限的影响。由图中可见，随着未焊透的增加，疲劳极限迅速下降。以12Cr18Ni9Ti奥氏体钢的下降幅度为最大，尽管这种材料在静载和冲击载荷下有较好的韧性。

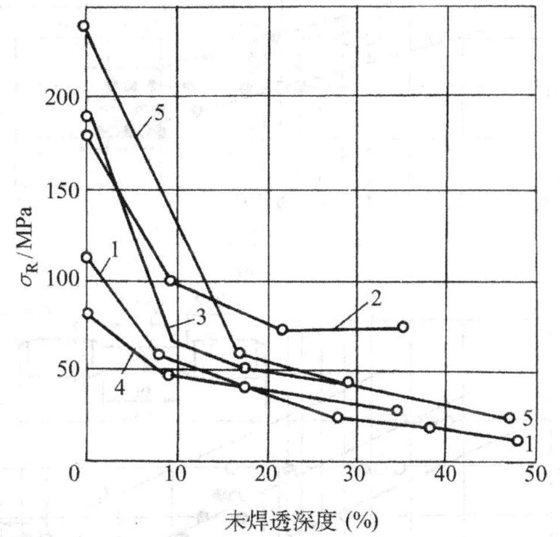

图4-36 未焊透深度的百分比对疲劳极限的影响

1—防锈铝合金（LF）自动氩弧焊 2—30CrMnSiA埋弧焊
3—12Cr18Ni9 Ti自动氩弧焊 4—2A12（LY12）自动氩弧焊
5—低碳钢埋弧焊

4.6.2 近缝区金属性能变化的影响

焊接过程中近缝区金属性能变化对焊接接头疲劳强度的影响也是人们所关注的问题。

对于低碳钢焊接接头，大量研究表明，在常用的热输入下焊接，热影响区和母材的疲劳极限基本接近，即低碳钢近缝区金属力学性能的变化对接头的疲劳强度影响较小。只有在非常高的热输入下焊接（在生产实际中很少采用），才能使焊接热影响区对应力集中的敏感性下降（见图4-37），其疲劳极限可比母材高得多。

低合金钢的情况比较复杂。在热循环作用下，热影响区的力学性能变化比低碳钢大。有人用低合金钢（C 0.12%，Mn 0.65%，Si 0.75%，Cr 0.75%，Ni 0.57%，Cu 0.40%，R_{eL} =400MPa，R_m =570MPa）作焊接接头疲劳试验，试件采用圆棒及平板两种。圆棒为不开缺口的光滑试件，熔合区之一位于试件中心。平板试件的两侧开有缺口，缺口的顶端位于熔合区上。圆棒试件做弯曲疲劳，平板试件做拉伸脉动疲劳试验。同时还进行了两组母材试件

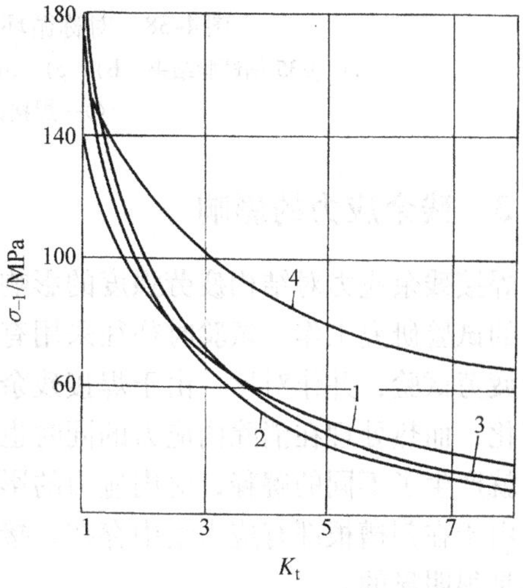

图4-37 疲劳极限σ_{-1}与应力集中的关系

1—母材 2~4为不同冷却速度下焊接热影响区的情况：
2—1000℃/S 3—28℃/S 4—6.8℃/S

的疲劳试验，试验结果如图4-38所示。圆棒试件不论是焊接试件还是母材试件，它们的疲劳强度都在一定的分散带内（见图4-38b）。对于具有缺口的板状试件来说，有焊缝和无焊缝的试件之间的试验结果分散性更小，甚至可以说二者间没有差别（见图4-38c、d）。由此可以看出，化学成分、金相组织和力学性能的不一致性，在有应力集中或无应力集中时都对疲劳强度的影响不大。图4-38a、d分别所示为Q235钢和10Mn2Si钢的试验结果，它们也证明上述的结论。

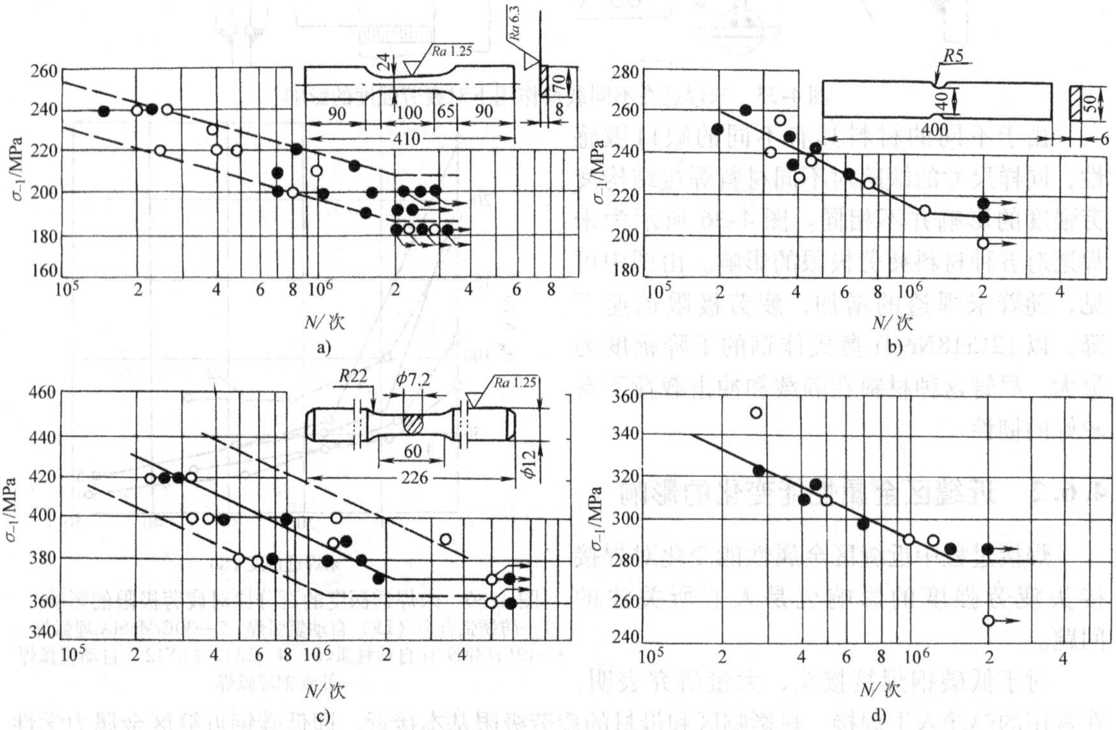

图4-38　对称循环下母材和热影响区的疲劳强度

a）Q235钢试验结果　b）、c）15CrNiSiCu钢试验结果　d）10Mn2Si钢试验结果

○—焊接试件　●—无焊缝试件

4.6.3　残余应力的影响

焊接残余应力对结构疲劳强度的影响是人们广泛关心的问题，对于这个问题人们进行了大量的试验研究工作。试验时往往采用有焊接应力的试件和经过热处理消除内应力后的试件进行疲劳试验，并作对比。由于焊接残余应力的产生往往伴随着焊接热循环引起的材料性能的变化，而热处理在消除内应力的同时也恢复或部分恢复了材料的性能。因此，对于试验的结果就产生了不同的解释，对内应力的影响也有了不同的评价。但是对有刻槽试件的研究表明，由于在刻槽根部有应力集中存在，接头中的残余应力不易调匀，所以它们对疲劳强度的影响是很明显的。

下面通过几个具体试验研究的结果来说明焊接残余应力对疲劳强度的影响。

1. 采用不同焊接顺序获得不同焊接应力分布试件的对比试验

图4-39所示为两组都带有纵、横向焊缝的试件。A组试件先焊纵向焊缝，后焊横向焊

缝。B组试件先焊横向焊缝，后焊纵向焊缝。在焊缝交叉处，A组试件的焊接拉应力低于B组。两组试件在对称应力循环下的疲劳试验结果如图4-39所示。从图4-39可以看出A组的疲劳强度高于B组。这个试验没有采用热处理来消除内应力，排除了热处理对材料性能的影响，比较明确地说明了内应力的作用。

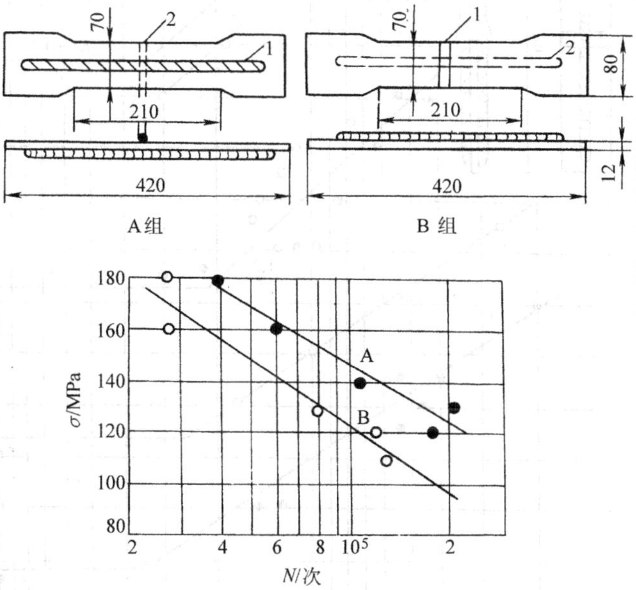

图4-39 利用不同焊接次序调整试件焊接应力的疲劳强度对比试验结果

2. 在不同应力比下内应力的影响

试验采用14Mn2低合金结构钢，试件有一条横向对接焊缝，并在正反两面堆焊纵向焊道各一条。一组试件焊后作消除内应力热处理，另一组未经热处理，然后进行疲劳强度对比试验。疲劳试验采用三种应力比$R=-1$，0，0.3。试验结果如图4-40所示。由图4-40可见，在对称循环交变载荷下（$R=-1$）消除内应力试件的疲劳极限接近130MPa，而未消除内应力的仅为75MPa。在脉动循环载荷下（$R=0$）两组试件的疲劳极限相同，为185MPa。而当$R=0.3$时，经热处理消除内应力的试件的疲劳极限反而略低于未热处理的试件。

产生上述现象的原因是：在$\sigma_{min}/\sigma_{max}$值较高时，例如在脉动循环载荷下，疲劳强度较高，在较高的拉应力作用下，内应力较快地得到释放，因此内应力对疲劳强度的影响就减弱；当$\sigma_{min}/\sigma_{max}$增大到0.3时，内应力在载荷作用下，进一步降低，实际上对疲劳强度已不起作用。而热处理在消除内应力的同时又消除了焊接过程对材料疲劳强度的有利影响，因而疲劳强度在热处理后反而下降。这个有利影响在对称循环交变载荷试件里并不足以抵消内应力的不利影响，在脉动循环载荷试件里正好抵消了残余内应力的不利影响。由此可见，焊接内应力对疲劳强度的影响与疲劳载荷的应力循环特征有关。在$\sigma_{min}/\sigma_{max}$值较低时，影响比较大。

3. 内应力在有应力集中试件内的影响

上述试验所用的试件，应力集中比较低。下面介绍两组应力集中比较严重的试件的试验

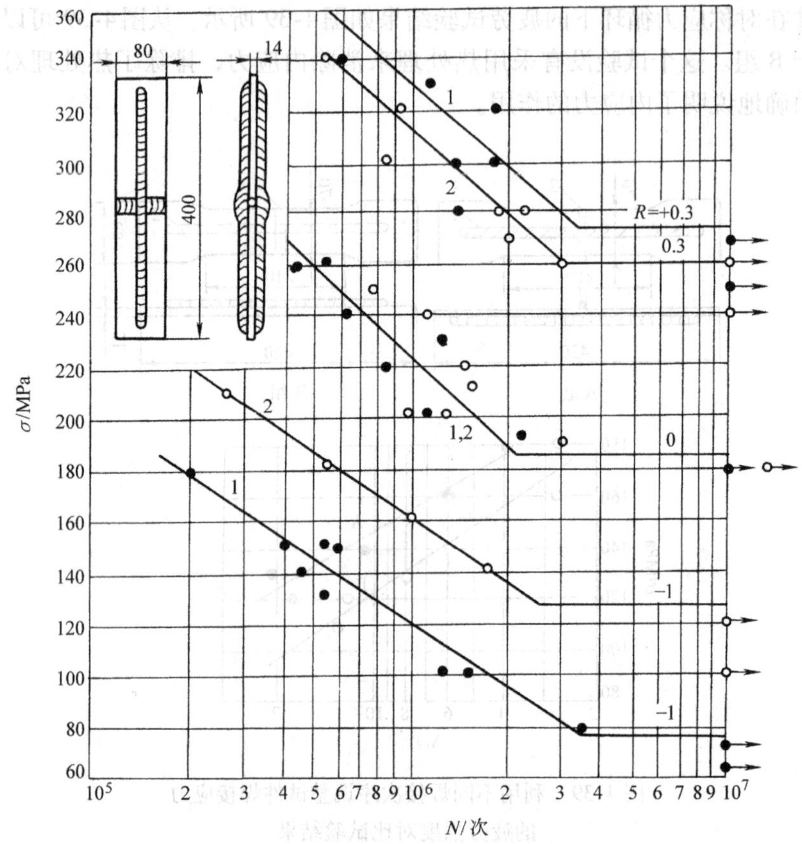

图 4-40 带有交叉焊缝试件的焊态与经过热处理消除内应力的疲劳强度对比
1—焊态（●） 2—焊后经过热处理消除内应力（○）

结果。试件带纵向短肋板，具有较高的应力集中系数（两组试件的应力集中严重程度不同）。一组试件焊后经过消除应力热处理，另一组试件不作热处理，两组试件均作脉动载荷疲劳强度试验，其结果如图 4-41 所示。由图 4-41 可见，消除内应力后试件的疲劳强度均高于未经热处理的试件。在这个试验中，内应力的作用在脉动载荷下仍有反映。说明内应力的影响在应力集中较高时更大。

4.6.4 其他因素的影响

1. 材料性质的影响

当无应力集中时，材料的疲劳强度与屈服强度成正比，对于光滑试件，材料的疲劳极限随着材料本身强度的增加以约为 50% 的比率增加。所以屈服强度较高的低合金钢比低碳钢具有更高的疲劳极限。但是由于高强度钢对应力集中非常敏感，当结构中有应力集中时，高强度低合金钢的疲劳强度下降得比低碳钢快，当应力集中因素达到某种程度时，两种钢的疲劳极限相同或相差无几，如图 4-42 所示，横坐标表示不同钢种的抗拉强度，而纵坐标则表示各种情况下的疲劳极限。

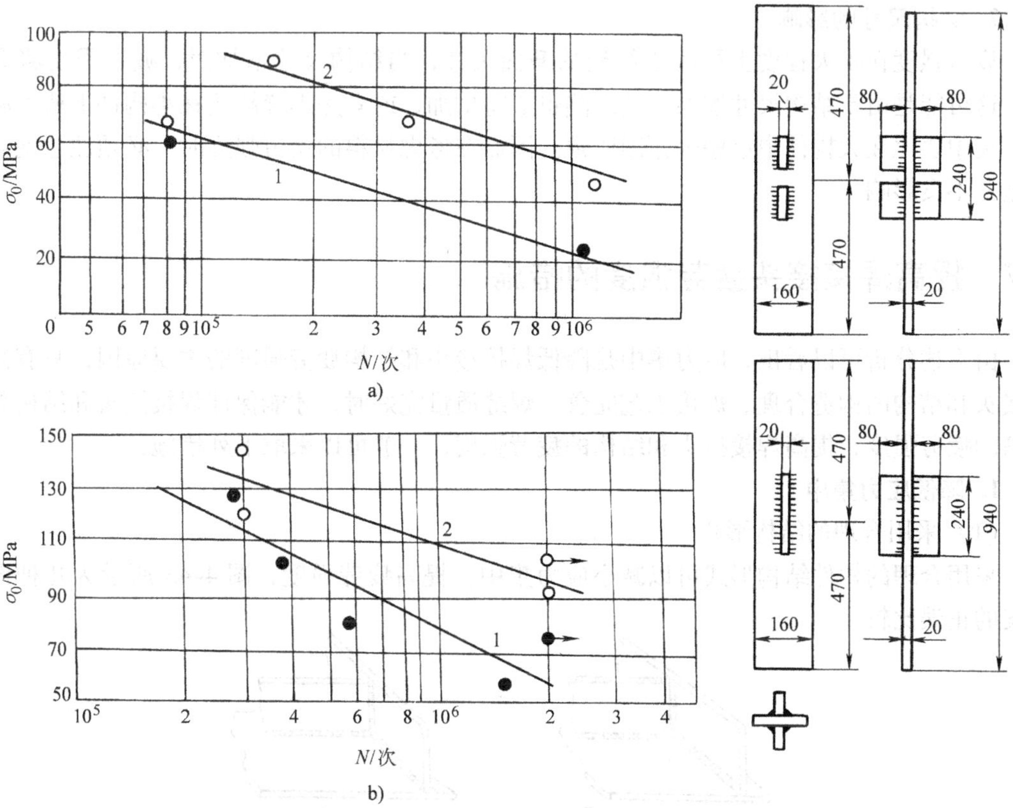

图 4-41　带纵向短肋板试件在脉动循环载荷下的疲劳强度
a）纵向短肋板中间有缺口　b）纵向短肋板无缺口
1—焊态　2—焊后热处理

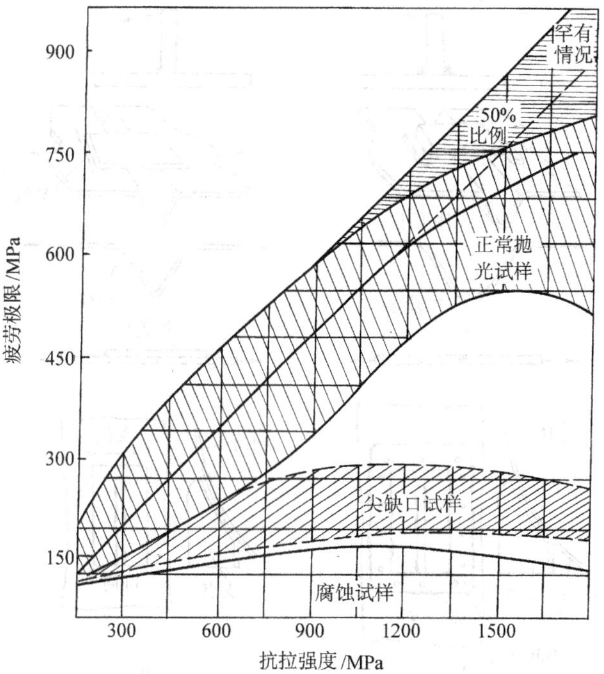

图 4-42　不同钢种疲劳极限和抗拉强度之间的关系

2. 结构尺寸的影响

疲劳强度在很大程度上取决于结构的截面尺寸，当结构尺寸增加时，疲劳强度将会降低，这可能是由于结构尺寸增加，其缺陷也必将增加，或者是焊缝缺陷在小构件上所引起的应力集中要比在大构件中小些等原因所致。因而在考虑材料的疲劳强度时，必须注意绝对尺寸这一不良影响。

4.7 提高焊接接头疲劳强度的措施

由上述分析可以看出，应力集中是降低焊接接头和结构疲劳强度的主要原因，只有当焊接接头和结构的构造合理、焊接工艺完善、焊缝质量完好时，才能保证焊接接头和结构具有较高的疲劳强度，提高焊接接头和结构的疲劳强度，一般可以采取下列措施：

1. 降低应力集中

(1) 采用合理的结构形式

采用合理的构件结构形式可以减小应力集中，提高疲劳强度，图4-43所示为几种设计方案的正误比较。

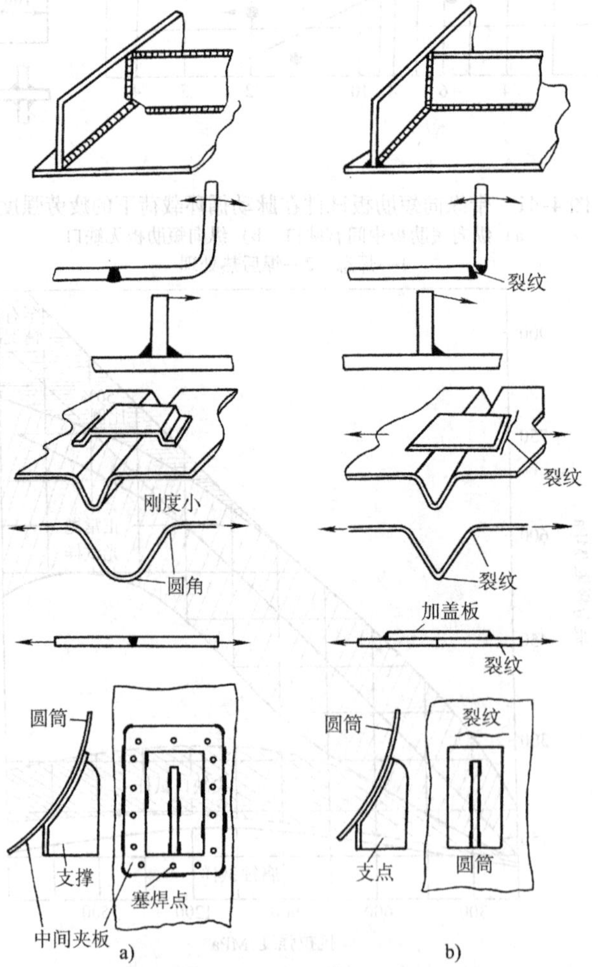

图4-43 几种设计方案的正误比较

a）推荐的设计方案 b）力求避免的设计方案

（2）尽量采用应力集中系数小的焊接接头

凡是结构中承受交变载荷的构件，都应当尽量采用对接接头或开坡口的T形接头，搭接接头或不开坡口的T形接头，由于应力集中较为严重，应当力求避免采用。

图4-44所示为采用复合结构把角焊缝改为对接焊缝的实例。

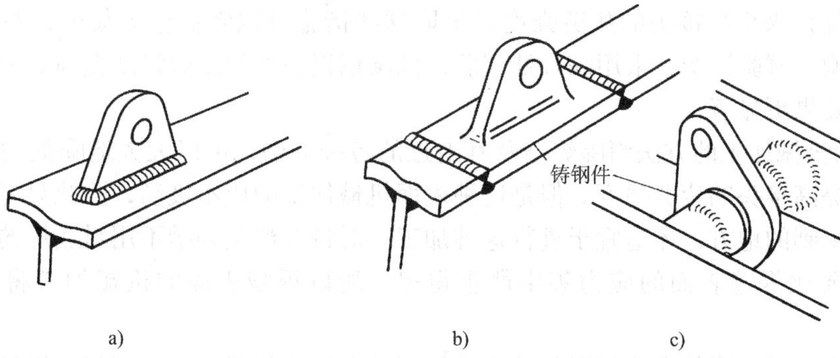

图4-44　结构中采用铸钢件，改角焊缝为对接焊缝的实例

a）角焊缝连接　b）、c）改用对接焊缝连接

还应当指出的是，在对接焊缝中只有保证连接件的截面没有突然改变的情况下传力才是合理的。图4-45所示为为了增强一个设计不好的底盘框架的“垂直角”部，（见图4-45a中的*A*点，其为不可避免要破坏的危险点），于是把一块三角形加肋板对焊到这个角上（见图4-45b）。这种措施只是把破坏点由A点移至焊缝端部B点，因为在该处接头形状突然改变，仍存在严重的应力集中。在这种情况下，最好的改善方法是把两翼缘之间的垂直连接改用一块曲线过渡板，用对接焊缝与构件拼焊在一起，如图4-45c所示。

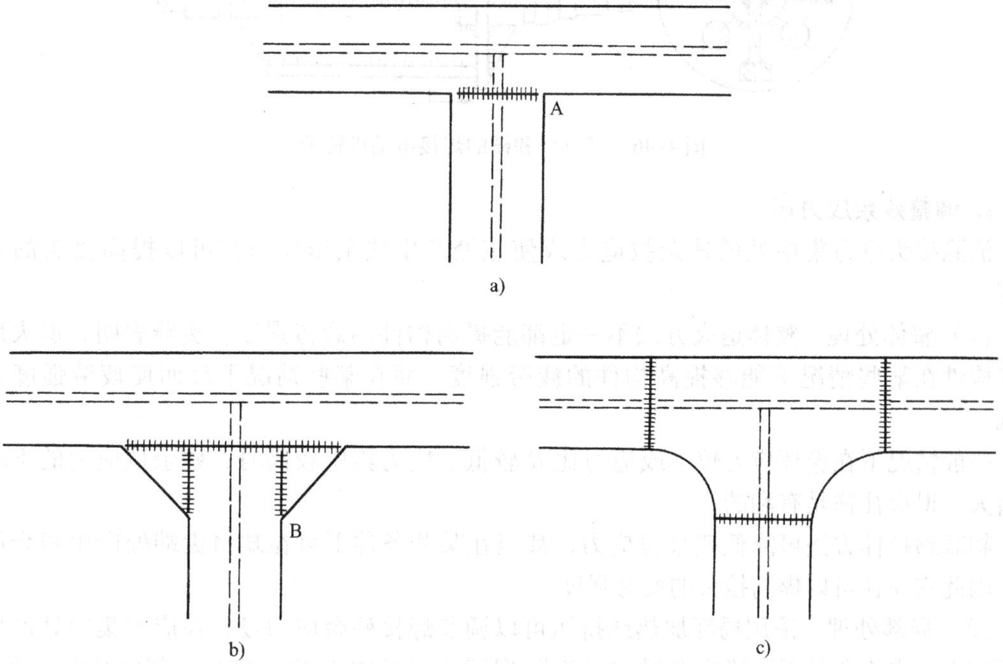

图4-45　焊接框架角部设计的改善

a）A角有严重应力集中的设计　b）小改进，B角仍有严重的应力集中

c）减小应力集中，使焊缝远离应力集中区的改进方案

（3）采取妥善的工艺措施

1）虽然对接焊缝一般具有较高的疲劳强度，但如果焊缝质量不高，其中存在严重的缺陷，则疲劳强度值将下降很多，甚至低于搭接焊缝，这是应当引起注意的。

当采用角焊缝时，须采取综合措施（机械加工焊缝端部、合理选择角接板形状、焊缝根部保证熔透等）来提高接头的疲劳强度，采取这些措施可以降低应力集中，并消除残余应力的不利影响。试验证明，采用综合处理后，低碳钢接头处的疲劳强度提高3~13倍，对于低合金钢，效果更显著。

2）用表面机械加工的方法消除焊缝及其附近的各种刻槽，可以大大地降低构件中的应力集中程度，提高接头的疲劳强度。但是这种表面机械加工的成本极高，因此只有在真正受益和确实能加工到的地方，才适宜于进行这种加工。对带有严重刻槽不用封底焊的焊缝，其根部应力集中要比焊缝表面的应力集中严重得多，所以焊缝表面的机械加工将变得毫无意义。

另外，采用电弧整形的方法可以代替机械加工的方法使焊缝与母材之间平滑过渡。这种方法常采用钨极氩弧焊在焊接接头的过渡区重熔一次，它不仅可使焊缝与母材之间平滑过渡，而且还减少了该部位的微小非金属夹杂物，从而提高了接头的疲劳强度。

3）有些试验证明，在某些情况下，可以通过开缓和槽使力线绕开焊缝的应力集中处来提高接头的疲劳强度。图4-46所示为带有缓和槽的焊接电动机转子。

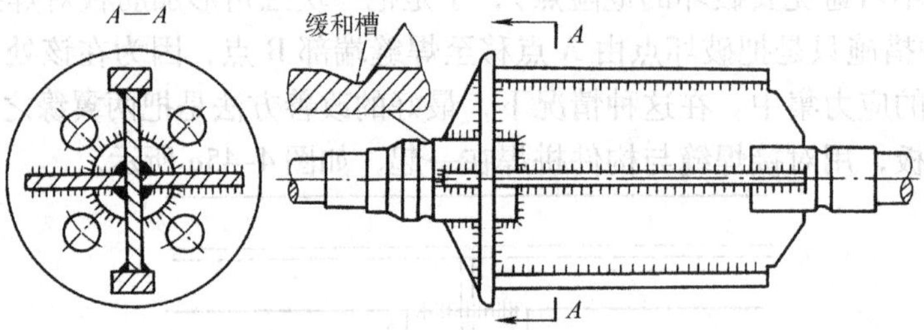

图4-46 带有缓和槽的焊接电动机转子

2. 调整残余应力场

消除接头应力集中处的残余拉应力或使该处产生残余压应力都可以提高接头的疲劳强度。

（1）整体处理 整体退火方法不一定都能提高构件的疲劳强度。实践表明，退火后的焊接构件在某些情况下能够提高构件的疲劳强度，而在某些情况下反而使疲劳强度有所降低。

一般情况下在循环应力较小或应力比 R 较低、应力集中较高时，残余拉应力的不利影响增大，退火往往是有利的。

超载预拉伸方法可降低残余拉应力，甚至在某些条件下可在缺口尖端处产生残余压应力，因此它往往可以提高接头的疲劳强度。

（2）局部处理 采用局部加热或挤压可以调节焊接残余应力场，在应力集中处产生残余压应力。表4-8是不同研究者对“盖板”型试件（见图4-47）进行局部加热前后在 2×10^6 次循环时取得的疲劳极限。图4-48所示为古利（Gurney）和弗雷帕克（FrePka）从单一节点板试件获得的 $S-N$ 曲线。从表4-8和图4-48上均可看到局部加热后提高试件疲劳强度的效果。尤其是在高循环周次即长寿命时疲劳强度提高得更显著。

表4-8 2×10^6次循环时“盖板”型试件（见图4-48）在局部加热前后取得的疲劳极限 （单位：MPa）

研究者	单节点板			双节点板		
	原焊接状态	局部加热	增量（%）	原焊接状态	局部加热	增量（%）
Puchner	79	196	150	—	—	—
Gurney 和 Frepka	69	170	145	62	178	187
Moortga	—	—	—	74	18	144
Nachor	—	—	—	133	226	70

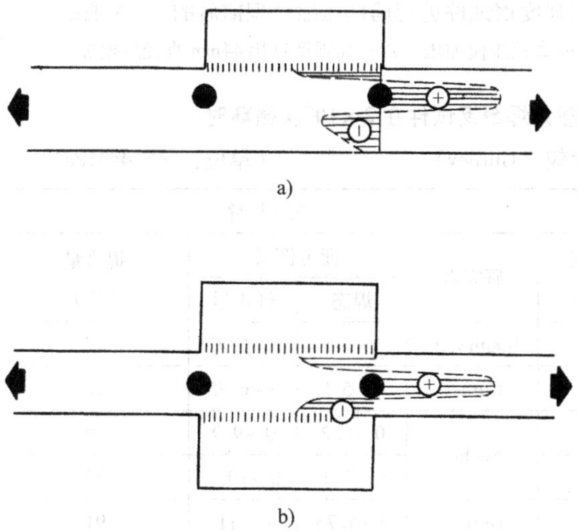

图4-47 “盖板”型试件局部加热的位置
a）单节点板试件 b）双节点板试件

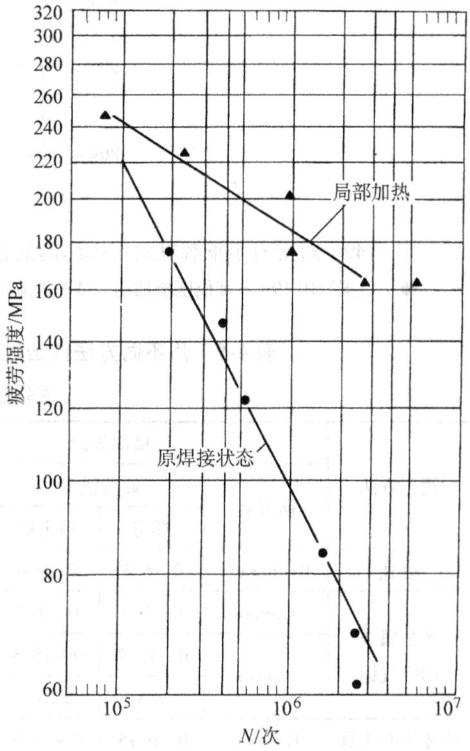

图4-48 局部加热对单节点“盖板”型试件疲劳强度的影响

图4-49所示为带有不承载纵向角焊缝的低碳钢与高强度钢试件进行局部压缩处理前后的$S-N$曲线。在原焊接状态时两种钢的$S-N$曲线没什么区别，而经压缩处理后，高强度钢比低碳钢提高疲劳强度的效果更显著，在2×10^6次循环时相应的提高量对两种钢分别是109%与74%。

（3）表面强化处理 表面强化处理作为一种冷作加工，是用风动工具操作的锤头锤击焊缝表面，或用小钢丸喷射（即喷丸处理）焊缝区等。经过这样处理后，不但形成有利的表面压应力，而且使材料局部加工硬化，从而提高了接头的疲劳强度。表4-9给出了用不同方法锤击硬化后，带有不承载角焊缝的低碳钢试件在2×10^6次循环时的疲劳极限比较。

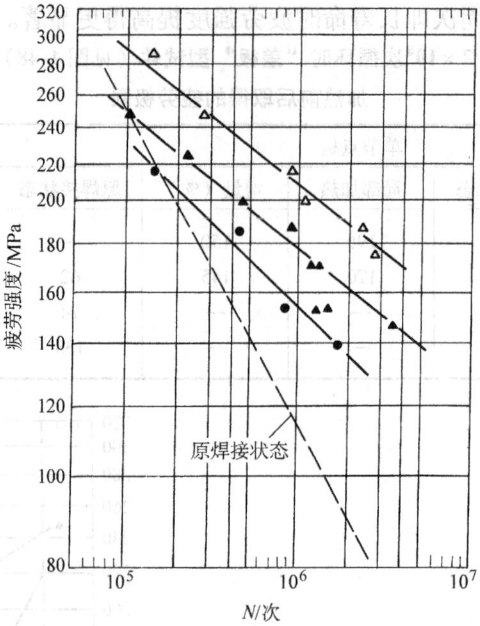

图 4-49 对带有不承载纵向角焊缝的低碳钢与高强度钢试件进行局部压缩处理前后的 $S-N$ 曲线

●—低碳钢用 19mm 直径压模加压 ▲—低碳钢用 44mm 直径压模加压 △—高强度钢用 44mm 直径压模加压

表 4-9 用不同方法锤击过的非承载角焊缝钢试件在 2×10^6 次循环时疲劳极限的比较（Gurney） （单位：×5.44MPa）

锤击方法	横向焊缝				纵向焊缝			
	研究者	疲劳极限		提高量（%）	研究者	疲劳极限		提高量（%）
		焊态	锤击后			焊态	锤击后	
喷丸	Braithwaite	0~6.5	0~9.0	39	Braithwaite	0~7.5	0~8.75	17
多金属线的空气锤	Gurney	0~7.0	0~9.5	36	Gurney	0~5.5	0~6.75	22
	Nacher	0~12.7	0~15.3	20	Nacher	0~8.2	0~9.9	20
		9.5	±10.8	14		0~7.1	0~10.8	52
整体实心工具	Harrison	0~6.75	0~12.5	85	Gurney	0~5.75	0~11	91

3. 特殊保护措施

大气及介质侵蚀往往对材料的疲劳强度有影响，因此采用一定的保护涂层是有利的。例如在应力集中处涂上含填料的塑料层是一种实用的改进方法。

4. 几种改善疲劳强度方法的比较

带有不承载横向角焊缝的低碳钢试件改善方法的比较如图 4-50 所示。由图 4-50 可见，超载预拉伸方法明显地比撞击硬化或“全磨削”的效果差些，而 TIG 修整对疲劳强度的很大改善将成为一个非常吸引人的方法。

究竟什么改善方法是最满意的，还要决定于结构受到作用的应力水平。如果应力低而循环次数多，则调整残余应力方法中的任何一个都可能是最有利的，但如果应力高而循环次数又相当少时，采用局部机加工方法将会得到满意的结果。在典型的工作加载条件下，当作用

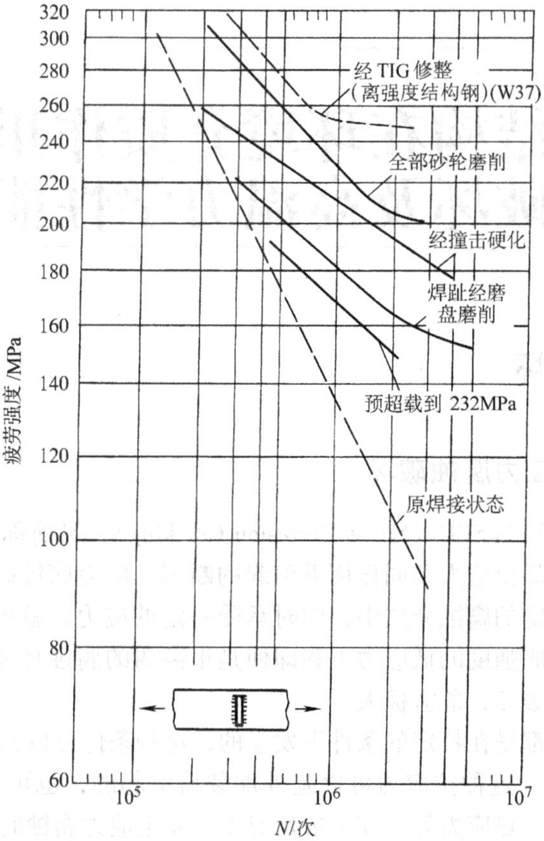

图4-50　带有不承载横向角焊缝的低碳钢试件改善方法的比较

在接头上的加载系列包含有高低两种应力的时候，采用焊趾磨削和TIG修整而不用调整残余应力的改善方法会更好些。

第5章 焊接结构在环境介质作用下的破坏及高温力学性能

5.1 应力腐蚀破坏

5.1.1 应力腐蚀及应力腐蚀破坏

应力腐蚀破坏常简写为SCC（Stress Corresion Cracking），又简称为应力腐蚀，它是指材料或结构在腐蚀介质和静拉应力共同作用下引起的断裂。应力腐蚀破坏是一个自发的过程，只要把金属材料置于特定的腐蚀介质中，同时承受一定的应力，就可能产生应力腐蚀破坏。它往往在远低于材料屈服强度的低应力下和即使是很微弱的腐蚀环境中以裂纹的形式出现，是一种低应力下的脆性破坏，危害极大。

应力腐蚀破坏一般都是在特定的条件下发生的，这些条件可以归纳为：

（1）有拉应力存在　这种拉应力可以是外加载荷引起的，也可以是残余应力，例如焊接残余应力、装配应力、热应力等。在一般情况下，发生应力腐蚀时的拉应力都很低，如果没有腐蚀介质的共同作用，该构件可以在该应力水平下长期工作而不发生断裂。

（2）发生应力腐蚀的环境总是存在腐蚀介质　这种腐蚀介质一般都很弱，如果没有拉应力同时作用，材料或构件在这种介质下的腐蚀速度很慢。

产生应力腐蚀的介质一般都是特定的。也就是说，每种材料只对某些介质敏感，而这些介质对其他材料可能没有明显作用。如黄铜在氨气中，不锈钢在具有氯离子的腐蚀介质中都容易发生应力腐蚀。但反过来，不锈钢对氨气、黄铜对具有氯离子的介质就不敏感。表5-1列出了工业上常用金属材料相应的应力腐蚀敏感介质。

表5-1　常用金属材料与发生应力腐蚀的敏感介质

材料	环境介质
低碳钢和低合金钢	NaOH溶液、沸腾硝酸盐溶液、海水、海洋性和工业性气氛
高强度钢	海水、雨水、H_2S溶液、氯化物水溶液、HCN溶液
奥氏体不锈钢	酸性和中性氯化物溶液、海水、海洋大气、潮湿空气（湿度90%）、严重污染的工业大气
铝合金	潮湿空气、海洋和工业大气、NaCl、水银等
镍基合金	熔化的氢氧化物、HF、水蒸气、含有微量的O_2或Pb的高温水、熔化铅等
铜合金	氨蒸气、含氨气体、含氨离子的水溶液
钛合金	发烟硝酸、300℃以上的氯化物、潮湿空气及海水等

（3）一般只有合金才会产生应力腐蚀，纯金属不会发生这种现象　合金也只有在拉应力及特定的腐蚀介质联合作用下才会发生应力腐蚀破坏。图5-1所示为应力腐蚀产生条件示

意图。

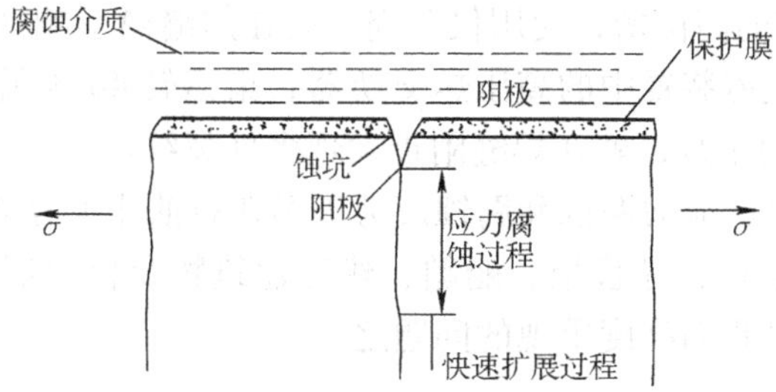

图5-1 应力腐蚀产生条件示意图

5.1.2 焊接结构的应力腐蚀破坏

1. 焊接结构的应力腐蚀

由于焊接过程中的不均匀加热等因素，使得焊接结构存在残余应力，其拉伸残余应力和腐蚀介质共同作用，就可导致焊接结构的应力腐蚀破坏。

钢制压力容器和其他焊接结构，由应力腐蚀导致的破坏现象相当普遍，造成的后果也相当严重。而由焊接残余应力引起的结构应力腐蚀破坏事故占绝大多数，可达80%左右。并且绝大多数破坏是发生在焊缝附近，特别是焊接热影响区中。另外，弧坑、打弧及电弧擦伤等部位都会诱发应力腐蚀开裂。现场组装焊缝、未经消除应力处理的修补焊缝也是发生应力腐蚀开裂最严重的区域。显然，焊接残余应力和组装时的拘束应力提供了应力腐蚀开裂的应力条件，而焊接缺陷又助长了应力腐蚀开裂的发生。

2. 焊接结构的应力腐蚀破坏事例

应力腐蚀破坏是危害最大的腐蚀形态之一，它是一种灾难性腐蚀。因为它是一种事先不易察觉的脆性断裂，即它使金属结构等突然破坏，会引起各种不幸事故，如爆炸、火灾、环境污染等。据统计，美、英原子能容器及系统配管破坏事故1/3以上是由应力腐蚀引起的，据德国一家大化工厂统计，1968—1972年间，在全部设备的腐蚀破坏事故中，应力腐蚀破坏超过总数的1/4。在日本，1965—1975年间化工设备所发生的破坏事故中有近半数属于应力腐蚀破坏。我国的各类球罐，从1975—1979年所发生的20起球罐破坏事故中，有40%是由应力腐蚀引起的。下面是几个典型事例。

美国西弗吉尼亚州和俄亥俄州之间的一座桥梁，于1967年12月的一天突然塌陷，当时正在过桥的车辆连同行人坠入河中，死亡46人。事后由专家检查发现，钢梁因应力腐蚀和腐蚀疲劳的共同作用，产生了裂纹而断裂。据认为，引起应力腐蚀的环境是大气中含有微量的SO_2或H_2S。美国路易斯安那州的输气管线和沙特阿拉伯东部阿卜凯克油田的油井管线，分别于1965年3月和1977年9月，由于管道应力腐蚀破裂泄漏汽油而发生大火，死亡多人，并造成巨大损失。1962年2月日本川崎工厂，一台容积为2000m^3，材料为HT80，板厚为16.5mm的球罐，投产后仅20天就在环缝上产生了应力腐蚀裂纹。此外还有一台500m^3，采用HT70制造的球罐，用了仅12天就由应力腐蚀引起了破裂。它们都是在H_2S介质里引起的应力腐蚀。

我国北京某厂用8mm厚的Q345（16Mn）钢板制作了一台ϕ2500mm×5070mm的NaOH

储罐，使用仅32天就发生了破裂，经多次补焊，越补越裂，最后报废。上海某化工厂用12mm厚的锅炉钢板制作的高位槽，使用仅2周，就在焊缝热影响区部位破坏。南京某化肥厂由法国引进的大型合成氨装置中的高压热交换器管束运转40天就发现泄漏。天津某厂的$1000m^3$球罐也只使用了两个月，就在焊缝附近发现多处裂纹。

由以上事故例子可见，应力腐蚀和腐蚀疲劳破坏在石油化工容器，管道、桥梁、贮罐及其他焊接结构，如海洋平台、导管架、船舶、建工建筑物及核容器等上都会经常发生。因此，应力腐蚀破坏也应是我们高度重视的问题之一。

5.1.3 应力腐蚀断裂的机理及断口特征

1. 应力腐蚀断裂的过程

应力腐蚀断裂的过程也是一种裂纹成核及长大的过程。如果金属材料的表面没有预先存在的裂纹或其他缺陷，并被氧化膜覆盖，则应力腐蚀断裂过程如图5-2所示。首先，金属材料在拉应力及腐蚀介质的共同作用下，金属表面的氧化膜局部受到破坏，即氧化膜局部穿透，然后在腐蚀介质的继续作用下，氧化膜局部穿透处形成腐蚀坑孔，其本身就是一种形核及长大的过程，当应力腐蚀裂纹长大到足够的长度且应力并未松弛时，将产生失稳扩展，剩余的部分以很高的速度（约为1/3声速）断裂。在发生快速断裂之前，应力腐蚀裂纹究竟扩展到什么程度，取决于应力的大小及材料的断裂韧度。环境介质对于最终的快速断裂并无影响。

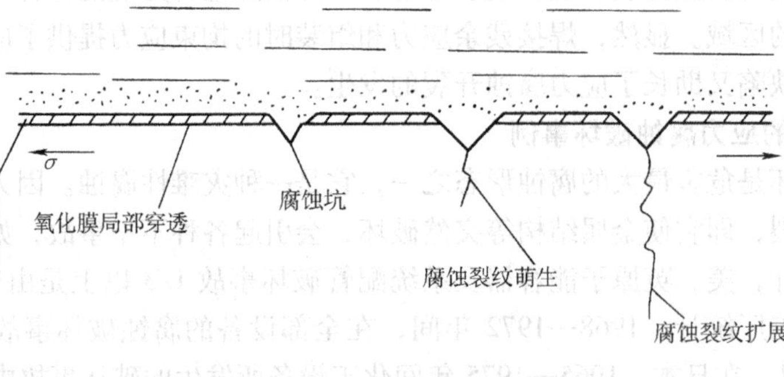

图5-2 应力腐蚀断裂过程示意图

应力腐蚀断裂过程可归纳为四个阶段：

1）氧化膜破裂。

2）形成腐蚀坑孔。

3）应力腐蚀开裂裂纹的形核及长大。

4）最终断裂。

2. 应力腐蚀断裂的机理

由于影响应力腐蚀的因素众多而复杂，迄今还没有得出一个完整的断裂机理。一些人认为，不可能有一个适应各种体系的统一的理论，对每一种“材料－环境”的特定体系都各有其特定的机理。又有一些人认为，每一体系既会有其特性，也必有其共性，有必要将其共性总结归纳为一项统一的规律，这也是完全可能的。相信不久会得出最后满意的结果。

关于应力腐蚀断裂的机理有着多种理论，它们虽然都能解释应力腐蚀中的某些现象，但没有一种理论可以解释所有的应力腐蚀断裂的现象。以下介绍一种为多数人接受的应力腐蚀机理，即保护膜破坏机理：

这是较早的一种应力腐蚀机理，认为产生应力腐蚀是电化学反应起控制作用。当应力腐蚀敏感的材料置于腐蚀介质中，首先在金属的表面形成一层保护膜，它阻止了腐蚀进行，即所谓“钝化”。由于拉应力和保护膜增厚带来的附加应力使局部地区的保护膜破裂，破裂处基体金属直接暴露在腐蚀介质中，该处的电极电位比保护膜完整的部分低，而成为微电池的阳极，产生阳极溶解。因为阳极小阴极大，所以溶解速度很快，腐蚀到一定程度又形成新的保护膜，但在拉应力的作用下又可能重新破坏，发生新的阳极溶解。这种保护膜反复形成和反复破裂的过程，就会使某些局部地区腐蚀加深，最后形成孔洞。而孔洞的存在又造成应力集中，更加速了孔洞表面附近的塑性变形和保护膜破裂。这种拉应力与腐蚀介质共同作用形成应力腐蚀裂纹。图 5-3 所示为用这种理论解释应力腐蚀开裂的示意图。

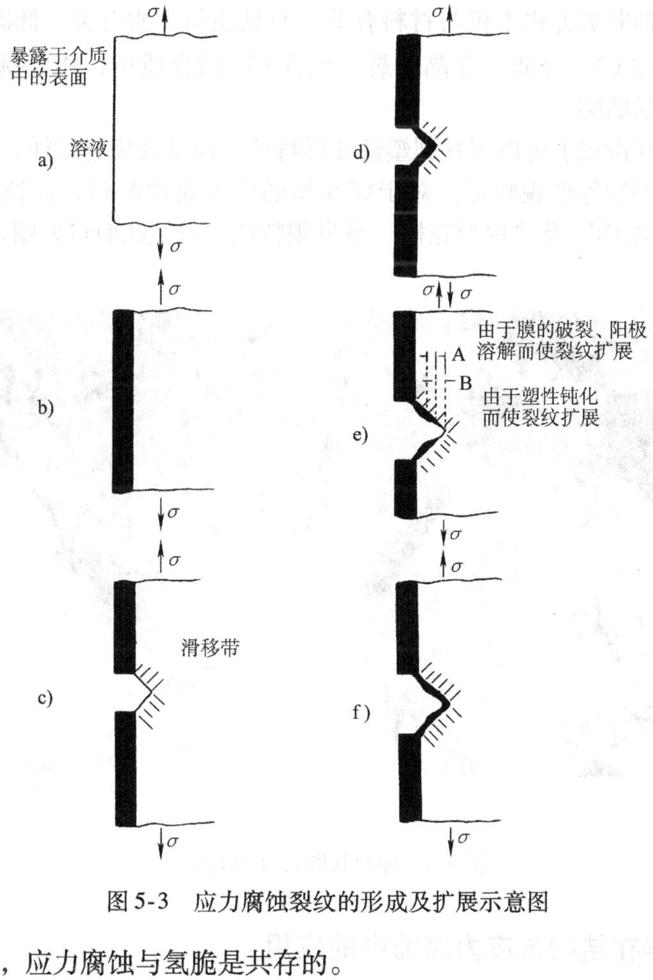

图 5-3　应力腐蚀裂纹的形成及扩展示意图

在很多情况下，应力腐蚀与氢脆是共存的。

3. 应力腐蚀断裂的断口特征

应力腐蚀断裂的断口特征比较复杂。它与材料的晶体结构、力学性能、合金成分、热处理状态、环境气氛、温度以及应力状态有关。它大多呈现脆性断口，有时也可看到延性断口，而破断方式既可是晶间的，也可是穿晶的。

（1）应力腐蚀断口的宏观特征 应力腐蚀裂源常常发生于金属材料的表面，由于电化学作用在裂源处形成腐蚀坑。在一般情况下，应力腐蚀裂源经常是多源的，这些裂纹在扩展的过程中发生合并，形成台阶或放射状条纹等形貌。裂纹的扩展部分具有明显的放射条纹，其汇聚处为裂源，其放射方向为裂纹的扩展方向。

应力腐蚀断口的宏观形貌呈现脆性断口特征，裂纹以裂源为中心，呈弧形向外扩展，最终断裂部分为撕裂或剪切唇断裂形貌。由于腐蚀介质的作用，在断口上可以看到腐蚀特征或氧化现象，断口表面具有一定的颜色，通常呈现黑色或灰黑色。而最终断裂部分具有金属光泽，很少看到腐蚀或氧化现象发生。

（2）应力腐蚀断口的微观特征 应力腐蚀的断裂方式可能是穿晶的，也可能是沿晶的，这将由材料与腐蚀环境来决定。

低碳钢及低合金钢的应力腐蚀断口大部分是沿晶开裂的，裂纹沿着大致垂直于拉应力的晶界延伸。应力腐蚀断裂方式不仅与材料有关，而且还与介质有关。低碳钢在 NO_3^- 介质中呈现晶界断裂，而在 CN^- 介质中穿晶断裂。在含 Cl^- 的介质中，铬不锈钢呈现沿晶开裂，奥氏体不锈钢为穿晶断裂。

应力腐蚀断口在微观上可以观察到塑性变形特征，即呈现韧窝花样。另外，显微断口还具有腐蚀坑及二次裂纹等形貌特征。对于穿晶型的应力腐蚀断口，往往具有“块状花样”“泥状花样”“河流花样”及“扇形花样”等形貌特性，泥纹状断口如图5-4所示。

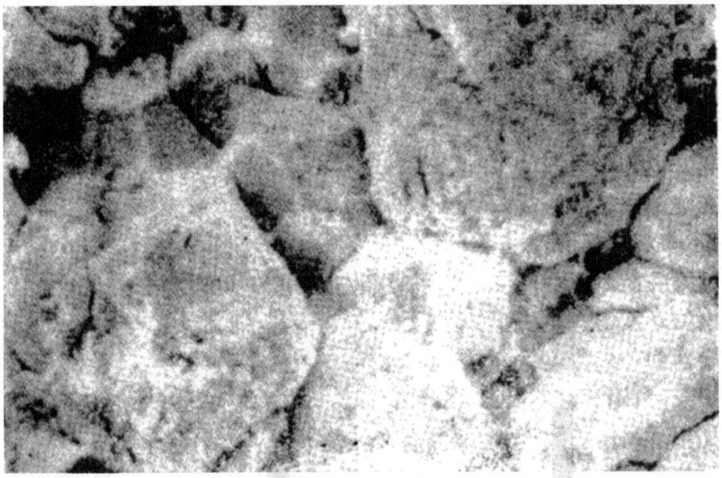

图5-4 泥纹状断口（铝合金）

5.1.4 断裂力学在结构抗应力腐蚀中的应用

测试材料的抗应力腐蚀性能，传统上通常是用光滑试件在应力和腐蚀介质时共同作用下，依据发生断裂的延迟时间来判断的。并用它研究合金元素、组织结构以及介质等对材料应力腐蚀敏感性的影响。但是，试验表明，一些按传统试验方法得出的结论往往与实际情况发生矛盾，即用上述方法确定的对相应介质来说是钝化的材料，而用该材料制成的构件在工作中有时却发生应力腐蚀破坏。出现这种情况的原因是由于用光滑试件测定的应力腐蚀断裂时间，包含有裂纹源的生核孕育阶段和裂纹的扩展阶段两部分。前者约占断裂总时间的 90% 左右，后者约占 10%。而实际构件一般都不可避免不同程度地存在着裂纹或类似裂纹的缺陷。用传统试验方法确定的对应力腐蚀是免疫的材料，只能说明该材料在应力腐蚀条件下不产生裂纹源，但并不能反映出已有裂纹的构件在应力腐蚀条件下裂纹是否扩展。因此，用常规的研究方法不能反映带裂纹的金属构件抗应力腐蚀的性能。

断裂力学方法在应力腐蚀中的应用大约是在 20 世纪 60 年代中期提出的。该方法弥补了使用光滑试件的传统应力腐蚀试验方法的不足，而且具有一系列优点和工程实用价值。所以，这一方法一经提出，很快被广泛地采用，并得到了发展。与传统的试验方法相比，其优点是：

1）采用断裂力学方法对构件抗应力腐蚀性能的评定是测定材料在某种环境中能够诱发应力腐蚀开裂的界限应力强度因子 K_{ISCC} 及裂纹在介质中的扩展速率 da/dt 等，可直接应用于构件的选材和设计。而且由于试验有预先制备的尖锐裂纹而不需经过蚀坑阶段，消除了与蚀坑相联系的一些易变因素的影响，因而数据分散性小。

2）使用光滑试件的应力腐蚀试验周期很长。蚀坑的形成阶段通常需要半年甚至更长时间，而用带有尖锐裂纹的试件可节约近 90% 以上的时间。

3）由于人为制造的预裂纹具有整齐的几何形状，便于通过断裂力学手段进行应力分析和精确计算，可得到定量的结果。

4）采用预制裂纹试件进行试验，所得的结果是安全可靠的。

当然，预制裂纹的应力腐蚀试验尚不能完全代替光滑试件的应力腐蚀试验。预制裂纹应力腐蚀试验也不完全适用于所有材料。因此应将这两种方法适当地结合起来，互相补充，这样方可对材料进行更全面的评定。

1. 断裂力学在应力腐蚀中应用时的评定指标

裂纹尖端的应力场可以用应力强度因子来描述。受应力腐蚀作用的材料也存在着一个临界应力强度因子，只不过由于腐蚀介质的作用，其值很小。又由于应力腐蚀断裂是一种与时间有关的延迟性断裂，所以可以用裂纹扩展速率 da/dt 来描述应力腐蚀裂纹的扩展。

实践证明，在拉应力和腐蚀介质的共同作用下，材料发生延迟断裂的时间 t 与应力强度因子 K_I 之间有如图 5-5 所示的关系。

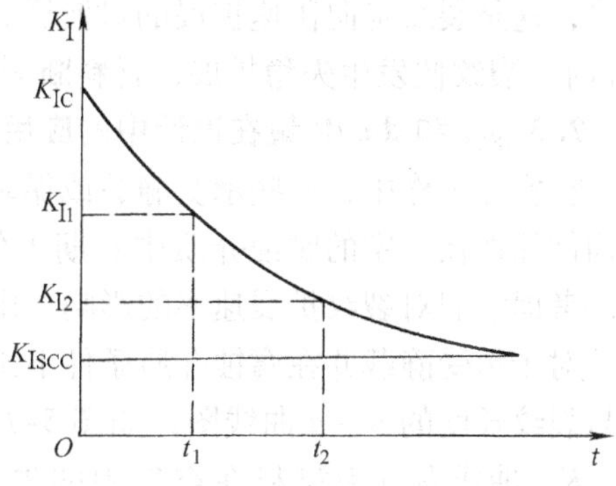

图 5-5　应力强度因子 K_I 与延迟断裂

随着裂纹尖端当裂纹尖端应力强度因子 K_I 降低，相应地发生延迟断裂的时间就延长。当应力强度因子 $K_I = K_{IC}$ 时，立刻发生断裂；当 K_I 为 K_{I1} 时，必须经过 t_1 时间后，由于裂纹扩展，裂纹尖端 K_I 达到 K_{IC} 时才发生断裂；当 K_I 为 K_{I2} 时，必须经过 t_2 时间才发生断裂；K_{I1} 表示经过 t_1 时间后，发生断裂的初始应力场强度因子。当 K_I 降低到某 一定值后，材料就不会由于应力腐蚀而发生断裂，即材料有无限寿命。此时的 K_I 就称为应力腐蚀的临界应力强度因子，或称应力腐蚀门槛值，并以 K_{ISCC} 表示。对于一定的材料在一定的介质下，K_{ISCC} 为一常数。当然，试验测定 K_{ISCC} 时，不可能试验无限长时间，一般可做出 $K_I - t$ 曲线的渐近线，即 K_{ISCC}。但也有的材料在相当长时间内并未获得稳定的如 K_{ISCC}（1000h 后），随时间的延长还有更低的 K_{ISCC}，因此应针对不同材质，确定合理的试验时间，并谨慎使用 K_{ISCC} 试验数据。

K_{ISCC} 既然是材料性能的一个指标，因此就可以用它来建立材料发生应力腐蚀断裂的判据。当裂纹尖端的应力强度因子 K_I 大于材料的 K_{ISCC} 时，材料就可能发生应力腐蚀而导致破坏，其开裂的判据为：

$$K_I \geqslant K_{ISCC}$$

$$\sigma \geqslant \frac{K_{ISCC}}{Q\sqrt{\pi a}}$$

式中 K_I——裂纹尖端的应力强度因子；

K_{ISCC}——应力腐蚀临界应力强度因子；

a——裂纹半长；

Q——应力强度因子系数，由构件的形状和尺寸，裂纹的形状和尺寸，裂纹所在的位置和载荷形式等决定。

当裂纹尖端的 $K_I \geqslant K_{ISCC}$ 时，裂纹就会随时间而扩展。单位时间内裂纹的扩展量称为应力腐蚀裂纹扩展速率，用 $\mathrm{d}a/\mathrm{d}t$ 表示。试验证明，$\mathrm{d}a/\mathrm{d}t$ 为裂纹尖端应力强度因子的函数，即：$\frac{\mathrm{d}a}{\mathrm{d}t}=f(K_I)$。

在 $\mathrm{d}a/\mathrm{d}t$ 与 K_I 的坐标平面上，两者的关系曲线又称裂纹长大动力学曲线，如图 5-6 所示。曲线一般由三段组成：第一阶段——当 K_I 刚超过 K_{ISCC} 时，裂纹经过一段孕育期后，突然加速扩展；第二阶段——曲线出现水平段，$\mathrm{d}a/\mathrm{d}t$ 与 K_I 几乎无关，因为这一阶段裂纹尖端变钝，裂纹扩展主要受电化学过程控制，第三阶段——裂纹长度已接近临界裂纹尺寸，$\mathrm{d}a/\mathrm{d}t$ 明显地依赖于 K_I，$\mathrm{d}a/\mathrm{d}t$ 随 K_I 的增大而加快，这是裂纹走向快速扩展的过渡区，当 K_I 达到 K_{IC} 时，裂纹便发生失稳扩展，材料断裂。

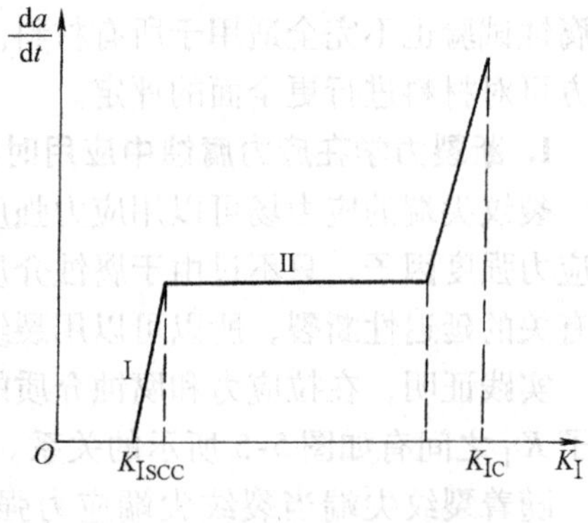

图 5-6 $\frac{\mathrm{d}a}{\mathrm{d}t}$ 与 K_I 的关系曲线

2. K_{ISCC} 和 $\mathrm{d}a/\mathrm{d}t$ 量在设计中的应用

在实际工作中，一些承受静载或循环载荷（腐蚀疲劳）以及同时承受静载和循环载荷的构件往往在一定的腐蚀介质中长期工作，这就需要根据承受载荷的形式和工作介质的性质，考虑它们对裂纹扩展速率的影响，由此估算构件的安全工作载荷及其寿命。

对于承受静载并在腐蚀介质条件下工作的构件，可根据材料的 K_{IC} 和 K_{ISCC} 得出名义应力与裂纹长度的 $\sigma - a$ 曲线图，如图 5-7 所示。图 5-7 由 K_{IC} 和 K_{ISCC} 二曲线分隔成三个区域，K_{IC} 曲线右方为材料在空气中的失稳断裂区 K_{IC} 和 K_{ISCC} 二曲线之间为介质开裂区；K_{ISCC} 曲线左方为裂纹非扩展区域或称无应力腐蚀断裂区。

若构件的设计静应力水平为 σ（见图 5-7 水平虚线所示），则构件在空气中发生失稳断裂的临界裂纹长度为a_c，这就是说，即使构件上存在着比a_c小的裂纹，在空气中工作也不会发生突然的脆性破坏。若此临界值a_c，能够用一般的无损检测方法很容易地探测出来，则所确定的应力水平在工作中是安全的。

若构件是在湿空气或其他腐蚀介质中工作，并且初始裂纹尺寸大于或等于a'_0（见图5-7），那么在静应力和介质的共同作用下，该初始裂纹a'_0将会发生缓慢的亚临界扩展，当裂纹长度达到a_c时便发生破坏。由初始裂纹a'_0扩展至a_c所经历的时间即构件寿命，可根据da/dt与K数据估算，若估算的裂纹扩展寿命t不能满足设计规范要求，则必须考虑或者改换具有更低的da/dt和K_{ISCC}更高的材料，或者降低静载荷水平，或者减小允许存在的初始裂纹尺寸等，以期达到设计规范的要求。

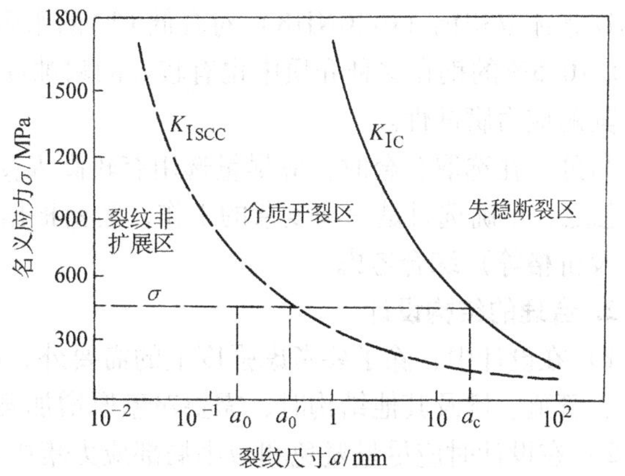

图5-7　根据4343钢的K_{IC}和K_{ISCC}［w（NaCl）3.5%］做出的$\sigma-a$曲线图（$\sigma_s=1540$MPa）

如将构件上允许存在的初始裂纹尺寸限制在$a_0 < a'_0$，从图5-7上可以看到，这种裂纹处在非扩展区，即构件具有无限的使用寿命。但对高强度钢来说，这种初始裂纹尺寸一般小于0.2mm，用一般无损检测方法难以探测出。此外，在制造和检验中这种小裂纹的漏检概率也是比较大的，所以建立在无限寿命基础上的设计往往不切合实际，并且有时是冒险的。

如上所述，静载荷下裂纹尺寸只要满足$a_0 < a'_0$条件，或者说构件裂纹尖端的应力强度因子只要满足$K_I < K_{ISCC}$，裂纹就不再扩展。但是在交变载荷情况下（属于腐蚀疲劳问题），即使应力强度因子幅度的最大值K_{max}低于材料的K_{ISCC}，即$K_{max} < K_{ISCC}$，裂纹仍然发生扩展，在一般情况下腐蚀介质中的da/dN比空气中的da/dN高几倍到几十倍。因此，这里应根据材料在特定介质中的da/d$N-\Delta K$关系，［$\mathrm{d}a/\mathrm{d}N=C(\Delta K)^m$］用积分的方法来计算腐蚀介质中的疲劳裂纹扩展寿命。

5.1.5　防止焊接结构产生应力腐蚀的措施

应力腐蚀破坏是危害最大的腐蚀形态之一，它不仅造成经济上的大量损失，还经常引起灾难性事故，因此，有必要采取防护措施，尽量避免和消除应力腐蚀破坏。

1. 正确选材

由于引起应力腐蚀的腐蚀介质随着材料的种类不同，对材料引起应力腐蚀的程度也有所不同。因此防止和减轻腐蚀危害的最常用的也是最重要的方法是针对特定腐蚀环境选择合适的金属材料。选材时应尽量采用耐应力腐蚀性好、价格适宜的金属与介质的组合。可能时也可选用非金属或非金属衬里保护。

对于低碳钢和低合金钢；抗拉强度相同的材料，w(C)为0.2%时比w(C)为0.4%时的耐蚀性好，添加Ti可增加耐蚀性；在材料中添加Al、Mo、Nb、V、Cr等元素有改善耐蚀性的效果；P、N、O是有害于耐蚀性的元素，S的影响不大。目前桥梁等所使用的高强度螺栓就体现了以上结论。

对于不锈钢来说，在含 Cl^- 的溶液中，奥氏体不锈钢耐应力腐蚀最差，18Cr18Ni2Si［w(C)为0.06%］钢在高 Cl^- 溶液中耐蚀性较好，而在低 Cl^- 溶液中耐蚀性则不好。而奥氏体铁素体双相钢（Cr20NJ18）对含低 Cl^- 的水则有较好的耐应力腐蚀性，w(Ni + Cu)大于 φ(F) >0.5%的钢在这种介质中也有较好的耐蚀性。在奥氏体钢中加入少量的 Mo 或 Cu，可增大其耐应力腐蚀性。

另外，在选取合金时，应尽量选用有较高 K_{ISCC} 的合金，以提高构件抵抗应力腐蚀的能力。总之，正确选材是一项复杂的工作，需要根据许多因素（如物理力学性能、材料供应情况以及价格等）综合考虑。

2. 合理的结构设计

1）在设计中，除了要考虑强度上的需要外，同时还要考虑耐腐蚀的需要。在设计压力容器、管道、槽及其他结构时，需要对壁厚增加腐蚀（当然这只是一般腐蚀）裕度。

2）在设计时应尽量避免和减小局部应力集中，尽可能地使截面过渡平缓，应力分布均匀。可以采用流线型设计，将边、缝、孔等置于低应力区或压应力区，并避免在结构上产生缝隙、拐角和死角，因为这些部位容易引起介质溶液的浓缩而导致应力腐蚀破坏。图5-8所示为结构上的改进示例。

3）设计时，如果对槽、容器等采用焊接不用铆接，对施焊部位用连续焊而不用断续焊，则可以避免产生缝隙，增加结构抗应力腐蚀的能力。

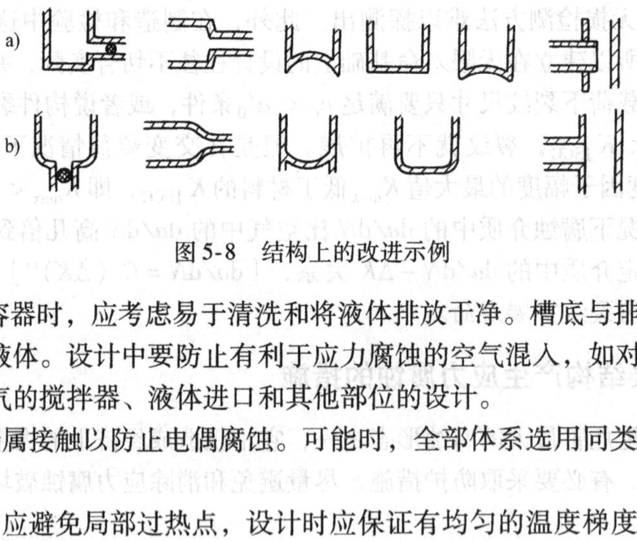

图5-8 结构上的改进示例

4）设计槽及容器时，应考虑易于清洗和将液体排放干净。槽底与排液口应有坡度，使其放空后不至积留液体。设计中要防止有利于应力腐蚀的空气混入，如对于化工设备，特别要注意可能带进空气的搅拌器、液体进口和其他部位的设计。

5）避免不同金属接触以防止电偶腐蚀。可能时，全部体系选用同类材料，或将不同材料之间绝缘。

6）换热操作中应避免局部过热点，设计时应保证有均匀的温度梯度。因为温度不均会引起局部过热和高腐蚀速率，过热点产生的应力会引起应力腐蚀破坏。

综上所述，设计时要避免不均匀和多样性。不同的金属、气相空间、热和应力分布不均匀以及体系中各部位间的其他差别，都会引起腐蚀破坏。因此，设计时应努力使整个体系的所有条件尽可能地均匀一致。

3. 消除和调节残余应力

表5-2列出了对不锈钢设备按应力种类统计的应力腐蚀破坏事故数。由表5-2可知，因焊接和加工时的残余应力所引起的事故是应力腐蚀破坏事故总数的80%以上。所以在机械

设计和施工时，应尽可能地减小残余应力，以防止应力腐蚀破坏事故的发生。

表 5-2　按应力种类统计应力腐蚀破坏事故（不锈钢设备）

<table>
<tr><th>应力类别</th><th>设备类别</th><th>应力种类</th><th>事故数</th><th>合计</th><th>比率（%）</th></tr>
<tr><td rowspan="16">残余应力</td><td rowspan="6">在设备内部
或外部管道</td><td>焊接残余应力</td><td>9</td><td rowspan="16">92</td><td rowspan="16">81.4</td></tr>
<tr><td>拉伸矫正残余应力</td><td>17</td></tr>
<tr><td>弯曲加工残余应力</td><td>12</td></tr>
<tr><td>扩管加工残余应力</td><td>5</td></tr>
<tr><td>波纹管成形残余应力</td><td>6</td></tr>
<tr><td>安装机械时的固定残余应力</td><td>2</td></tr>
<tr><td rowspan="3">塔槽本体</td><td>焊接残余应力（因去掉衬里）</td><td>13</td></tr>
<tr><td>衬里施工残余应力</td><td>7</td></tr>
<tr><td>成形加工（热加工或冷加工）</td><td>4</td></tr>
<tr><td rowspan="7">其他的机器零件</td><td>焊接残余应力</td><td>6</td></tr>
<tr><td>冷轧及压力加工残余应力</td><td>4</td></tr>
<tr><td>弯曲加工残余应力</td><td>2</td></tr>
<tr><td>切削加工残余应力</td><td>1</td></tr>
<tr><td>铆钉加工及螺栓加工残余应力</td><td>1</td></tr>
<tr><td>冲孔或剪切残余应力</td><td>2</td></tr>
<tr><td>锻造残余应力</td><td>1</td></tr>
<tr><td rowspan="3">外应力</td><td colspan="2">操作时因内外温度差所引起的热应力</td><td>15</td><td rowspan="3">21</td><td rowspan="3">18.6</td></tr>
<tr><td colspan="2">操作时反复加热、冷却所引起的热应力</td><td>4</td></tr>
<tr><td colspan="2">操作时的工作应力</td><td>2</td></tr>
<tr><td colspan="3">合计</td><td colspan="2">113</td><td>100</td></tr>
</table>

1）采用合理的施焊工艺降低残余应力，并在加工过程中避免由于装配不当等所造成的局部应力。

2）采用热处理方法减小或消除残余应力。对于一般的焊接钢结构采用消除应力退火处理即可。而对奥氏体不锈钢在 550～850℃ 的热处理会降低耐蚀性，所以希望至少加热至 870℃以上，如果可能，应采取加热至 1050℃并急冷的固溶处理。对于容易引起回火脆性的钢，例如 800MPa 级的高强度钢，进行消除应力退火虽然会恶化焊接区的断裂韧度，但是减小残余应力具有防止应力腐蚀裂纹的效果。对于氢脆型的高强度钢，热处理消除应力的办法无助于防止破裂。

总的来看，热处理消除应力是一项有效的、普遍的防止应力腐蚀的措施，但是也有不便之处，尤其是对大型结构。另外一些复杂结构是由具有不同线胀系数的不同材料组合成的，也不宜同时加热，对于这些结构可以采用局部热处理或利用感应加热处理等。

3）调节残余应力场使构件表面产生压应力。如果热处理消除残余应力实行起来很困难，可以采用喷钢丸等机械方法使构件表面造成压应力场，以提高构件抗应力腐蚀的能力。

4. 控制电位——阴极和阳极保护

使金属在介质中的电位远离应力腐蚀断裂的敏感电位区域，从而完成电化学保护。

如一台不锈钢换热器，管外系含有 Cl^- 的水，因积存在花板与管子间隙之中，引起了不锈钢管的应力腐蚀破坏，在不锈钢花板上面加一层较厚的碳素钢板，碳素钢提供了牺牲阳极的阴极保护作用，用了三年，未发现不锈钢管破裂（见图5-9）。以往未加碳素钢表层时，则在使用1～9个月内即破裂。

但应注意，对于高强度钢或其他对氢脆敏感的材料，采用阴极保护或阳极保护均无效，有时反而会促进破坏。

5. 用镀层或涂层隔离环境

良好的涂层可以使金属表面和环境隔离开来，从而避免产生应力腐蚀。一般涂层总含有微孔，在强腐蚀性介质中不安全，但产生应力腐蚀的环境通常是温和的环境，如含 Cl^- 的水。涂层的存在不仅大大增加了溶解阻力，也使金属表面局部破裂的可能性减小。如输送热溶液的不锈钢管子，外表面用石棉层绝热，由于石棉层中有 Cl^- 浸出，引起不锈钢的受热表面破裂，若不锈钢外表面涂上有机硅涂料后，就不再破裂。对于高强度钢可用聚氨酯或加有缓蚀剂（如铬酸盐）的环氧树脂涂料作隔离层，如对于含铬的质量分数为5%的铬钢采用高温镀铝层，在工业大气和海洋大气中使用效果良好。

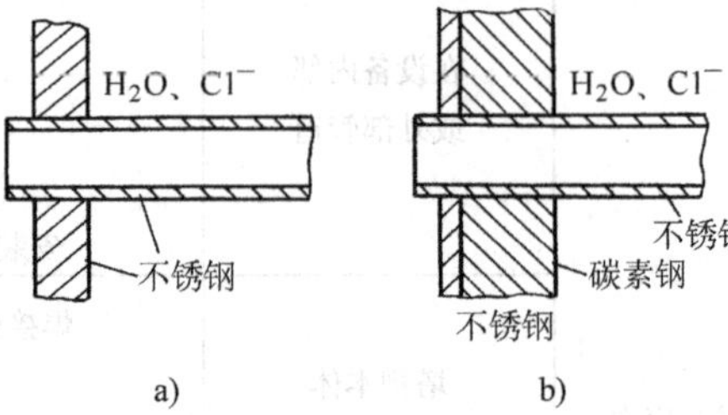

图5-9 防止不锈钢换热器管应力腐蚀破坏的结构实例

a）容易造成应力腐蚀破坏的结构

b）不锈钢管得到保护的结构

6. 控制和改善环境

改变介质条件可以减小或消除材料对应力腐蚀断裂敏感性。主要方法是减少或消除助长应力腐蚀断裂的有害化学离子。例如，奥氏体不锈钢换热器在高温密闭下操作，如果将循环冷却水中含氧和 Cl^- 量控制在百万分之一以下，则可以避免应力腐蚀，为了防止炼油厂中铬镍不锈钢设备受连多硫酸的应力腐蚀，当设备停产时可用碱液洗涤，然后充氮，这样就可以防止产生连多硫酸（硫化物与氧作用产生）。另外通过净化水的处理，可以降低冷却水与蒸汽中的 Cl^- 含量，这对预防不锈钢的应力腐蚀断裂是有效的。

降温常常也是有效的。但对潮湿气体，如 H_2S 的湿气，应使温度保持在露点以上，以避免水分冷凝。

此外，在介质环境中加缓蚀剂也可以降低金属材料的腐蚀速率。

5.2 氢脆

由于氢和应力的联合作用而导致金属材料产生脆性断裂的现象，称为氢脆断裂（简称氢脆）。

5.2.1 氢脆的类型及特征

1. 内部氢脆与环境氢脆

在任何情况下氢对金属性能的影响都是有害的。由于氢在金属中存在的状态不同以及氢与金属交互作用性质的不同，氢可通过不同的机制使金属脆化。

根据引起氢脆的氢的来源不同，氢脆可分成两大类，即内部氢脆与环境氢脆。前者是由于金属材料在冶炼、锻造、焊接等加工过程中吸收了过量氢而造成的；后者是在应力和氢气氛或其他含氢环境介质联合作用下引起的一种脆性断裂。如储氢的压力容器中出现的高压氢脆。

2. 氢脆断口特征

内部氢脆断口往往出现“白点”，如图5-10所示。白点又有两种类型：一种是在钢件中观察到纵向发裂，在其断口上则呈现白点。这类白点多呈圆形或椭圆形，而且轮廓分明，表面光亮呈银白色，所以又叫作“雪斑”或发裂白点，如图5-10a所示。这种白点实际上就是一种内部微细裂纹，它是由于某种原因致使材料中含有过量的氢，因氢的溶解度变化（通常是随温度降低，金属中氢的溶解度下降），过饱和氢未能扩散外逸，而在某些缺陷处聚集成氢分子所造成的。一旦发现发裂，材料便无法挽救。但在形成发裂前低温长时间保温，则可消除这类白点。

另一种白点呈鱼眼型，它往往是某些以材料内部的宏观缺陷如焊接气孔、夹渣等为核心的银白色斑点，其形状多数为圆形或椭圆形。圆白点的大小往往同核心的大小有关，即核心越大，白点也越大，白点区齐平而略为下凹，图5-10b所示为以焊接缺陷（气孔）作为核心的鱼眼型白点。

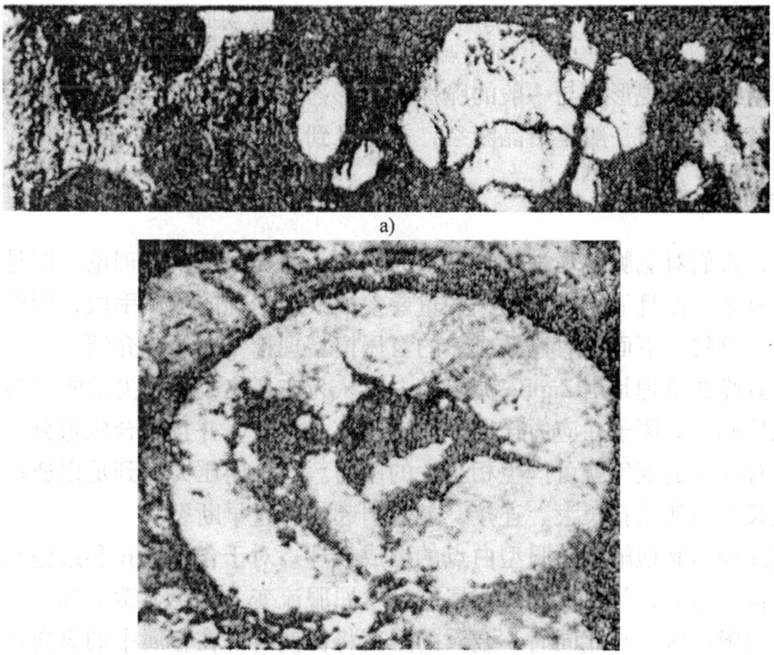

a)

b)

图5-10　氢脆白点

a）发裂型白点（箭头所示）　b）鱼眼型白点

产生鱼眼白点，除氢和缺陷因素外，还必须有一定的条件，即应有一定的塑性变形量和一定的形变速度。如果经过去氢处理或消除鱼眼核心——缺陷，白点就不能形成；小于一定的塑性变形量，或用高的应变速率（如冲击），都不会产生这类白点，所以它是可以消除的，故又叫可逆氢脆。这类氢脆一般不损害材料的强度，只降低塑性。

内部氢脆断口的微观形态，往往是穿晶解理型或准解理型花样。图5-11所示为白点与白点外围交界处的电子显微镜照片。可见，在白点区是穿晶解理断裂，而白点外则为微孔聚集型断裂。

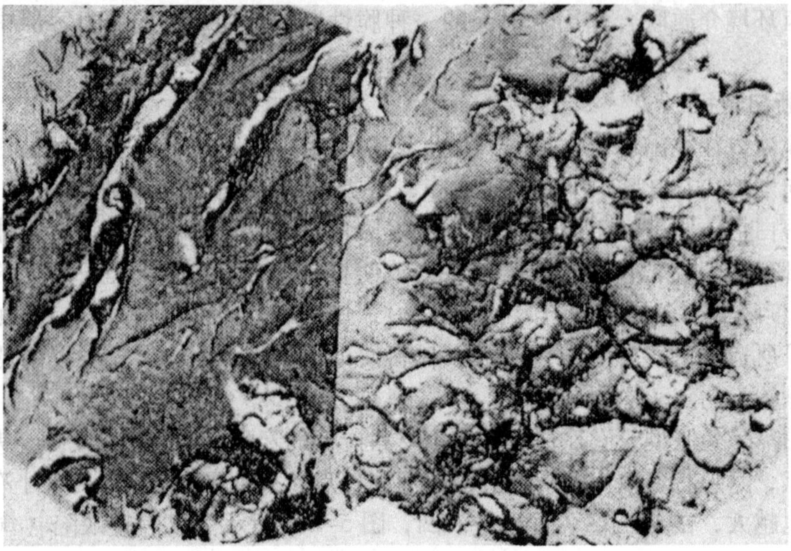

a) b)

图5-11 白点区与外围交界处的微观形貌

a）白点区 b）外围交界处

环境氢脆断口的宏观形态与一般的脆性断口形态相似，有时可见到一些反光的小刻面，其微观形态比较复杂，但一般是沿晶断裂，并可见到二次裂纹。

5.2.2 氢脆机理

长期以来，人们对氢脆机理进行了大量的研究，并提出了多种理论。但是由于氢对钢的性能影响十分复杂，而且氢脆过程的一些重要参数缺乏精确的测试手段，所以对氢脆机理的看法仍然存在着分歧。下面仅对比较成熟的氢压模型理论作一简单介绍。

早期解释氢脆的机理是由Zapffe提出的，他认为在裂纹或缺口尖端的三向应力区内，形成了很多微孔核心，氢原子在应力作用下向这些核心扩散，并且结合成氢分子，由于微孔核心很小，只要有很少的氢气就可产生相当大的压力。这种内压力大到足以通过塑性变形或解理断裂使裂纹长大或使微孔长大、连接，最后引起材料过早断裂。

氢压模型能较圆满地解释鱼眼型白点的形成机理。对于含有气孔和过饱和氢的材料，在承受足够大的拉应力时，气孔周围的金属将发生屈服流变，产生显微空洞。这样就形成了易于捕捉氢的潜伏脆性区。与此同时，金属的形变将促使溶解在金属中的氢向该区进行扩散和转变，因为这些空洞都是微米级尺寸，所以氢扩散沉淀在其中将产生巨大的压力。在外加应力的共同作用下，显微空洞区将爆炸成局部脆断区，在拉伸断口上就显示出以气孔为核心的鱼眼型白点。

5.2.3 影响材料氢脆的外部因素

1. 温度的影响

氢脆多发生在温度为-100~150℃之间，因为温度太低，氢不易扩散和集结。而温度太高，氢又能自由地向大气中扩散而减少材料中的含氢量，因而不会发生氢脆。一般来说，氢脆最敏感温度是室温。例如，低碳钢在H_2S介质中发生氢脆最敏感的温度是0~50℃当温度超过80℃时，便不会产生氢脆了。

但是已经发现，有些钢即使在-196℃时，也会发生氢脆。

加热能使材料在冶炼或加工过程中所吸收的氢向外扩散。因此，材料在焊接、锻造等以后加热去氢，能有效地预防构件发生内部氢脆。

2. 氢浓度的影响

金属发生氢脆时，不一定要求氢气氛或介质有很高的浓度。例如，当氢的含量小于0.0001%（重量）时，就可能引起高强度钢的氢脆。

3. 置放时间的影响

对于产生鱼眼型白点的内部可逆氢脆，能否出现白点还与置放时间有关。构件焊接后立刻拉断，因氢尚来不及扩散到缺陷区内，故不会产生白点。但当构件自然置放足够长时间后（具体时间因材料不同而异），氢气又可能已从金属内部逸出，因而也不会产生白点。

5.2.4 应力腐蚀开裂和氢脆的关系

应力腐蚀和氢脆的关系十分密切，除内部氢脆（白点）外，通常应力腐蚀总是伴有氢脆，它们总是共同存在的。因此，一般很难严格地区分到底是应力腐蚀，还是氢脆造成的断裂。就断口形态而言，应力腐蚀断口的微观形态与氢脆断口的微观形态也十分相似。因此，从断口形态上来区分应力腐蚀和氢脆是十分困难的。

从化学反应式来看，应力腐蚀是阳极溶解控制过程，如铁在水溶液中的应力腐蚀化学反应式如下：

$$Fe \rightarrow Fe^{+} + 2e^{-} \tag{5-1}$$

而氢脆则是阴极控制过程，即溶液中的氢离子在阴极产生吸氢和放氢的过程，其反应式为

$$H^{+} + e^{-} \rightarrow [H] \tag{5-2}$$

$$[H] + [H] \rightarrow H_2 \uparrow \tag{5-3}$$

其氢分子在阴极放出，但是阴极的［H］也可能不形成H_2，而跑入金属内部，使结合力降低，造成氢脆。

表5-3列出应力腐蚀和氢脆的异同点，可见它们既有相同之处，又有不同的地方。

表5-3 应力腐蚀和氢脆的相互比较

应力腐蚀	氢脆
裂纹从表面开始 裂纹分叉，有较多的二次裂纹 裂纹源区有较多的腐蚀产物覆盖着 裂纹源可能有一个或多个。不一定在应力集中处萌生裂纹源 一般为沿晶断裂，也有穿晶解理断裂 必定要有拉应力（或残余拉应力）作用 只在合金中发生，纯金属不发生应力腐蚀 一种合金只对少数特定化学介质敏感，浓度可以很低 无应力时，合金对腐蚀环境可能是惰性的 与材料的轧制方向无关 阴极保护能明显减缓应力腐蚀开裂	裂纹从内部开始 裂纹几乎不分叉，有二次裂纹 腐蚀产物较少 裂纹源可能是一个或多个。多在三向应力区萌生裂纹源 多数为沿晶断裂，也可能出现穿晶解理或准解理断裂 内部氢脆不一定要有拉应力作用 合金和纯金属均可能发生 只要在含氢的环境或在能产生氢的情况（如酸洗、电镀下都能发生） 必须含有氢，强度越高，所需的含氢量越低 对轧制方向敏感 阴极保护反而促进高强度钢的氢脆倾向

5.3　焊接接头的高温性能

5.3.1　蠕变及蠕变曲线

材料在高温下的性能和常温下性能有很大区别，因此不能用常温下的性能指标来推论高温下性能的好坏。在高温下，各种金属材料的强度下降，塑性提高。高温下金属力学行为的一个重要特征就是发生蠕变。蠕变是指金属材料在长时间的恒温、恒应力（即使应力小于该温度屈服强度）作用下缓慢地产生塑性变形的现象。蠕变可以在任何温度范围内发生，不过高温时，形变速度高，蠕变现象更明显。因此，对一些高温条件下长时间工作的构件，如化工设备、锅炉、汽轮机、高温管道及其他热机部件，因蠕变导致的变形、断裂和应力松弛等就会导致失效。低碳钢及其焊接接头在350℃以上工作时，才会出现比较明显的蠕变现象，而低合金耐热钢及其焊接接头则在450℃以上才会发生蠕变。

材料的蠕变过程可用蠕变曲线来描述。典型的蠕变曲线如图5-12所示。

图中 oa 线段为试样刚加上载荷后所产生的瞬时应变 ε_0，是外加载荷引起的一般变形，从 a 点开始随时间延长而产生的应变属于蠕变变形。图中 $abcd$ 曲线即为蠕变曲线。

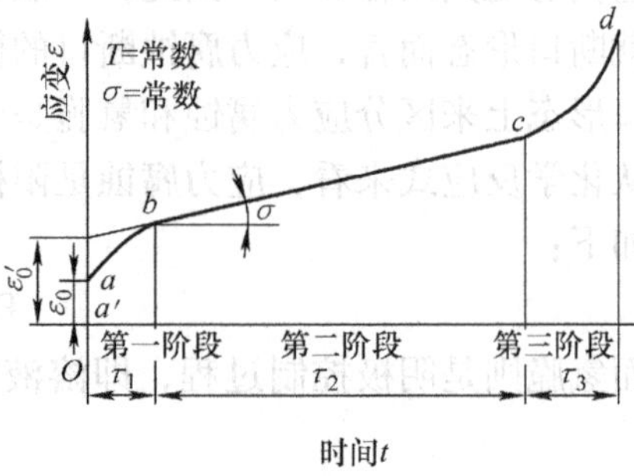

图5-12　典型的蠕变曲线

蠕变曲线上任一点的斜率，表示该点的蠕变速率（$\dot{\varepsilon}=\frac{d\varepsilon}{dt}$），按蠕变速率的变化情况，蠕变过程可分为三个阶段：

第一阶段 ab 是过渡蠕变阶段。这一阶段开始的蠕变速率很大，随着时间的延长，蠕变速率逐渐减小，到 b 点蠕变速率达到最小值。

第二阶段 bc 是恒速蠕变阶段。这一阶段的特点是蠕变速率几乎保持不变，因而通常又称为稳态蠕变阶段。一般所指的蠕变速率，就是以这一阶段的变形速率 $\dot{\varepsilon}$ 表示的。

第三阶段 cd 是加速蠕变阶段。随着时间的延长，蠕变速率逐渐增大，直至 d 点产生蠕变断裂。

不同材料在不同条件下的蠕变曲线是不同的，同一种材料的蠕变曲线也随应力的大小和温度的高低而异。在恒定温度下改变应力，或在恒定应力下改变温度，蠕变曲线的变化分别如图5-13所示。由图可见，当应力较小或温度较低时，蠕变第二阶段持续时间较长，甚至可能不产生第三阶段。相反，当应力较大或温度较高时，蠕变第二阶段将很短，甚至完全消失，试样将在很短的时间内断裂。

5.3.2　高温蠕变性能

1. 蠕变极限

蠕变极限是根据蠕变曲线来定义的，一般有两种表示方法。

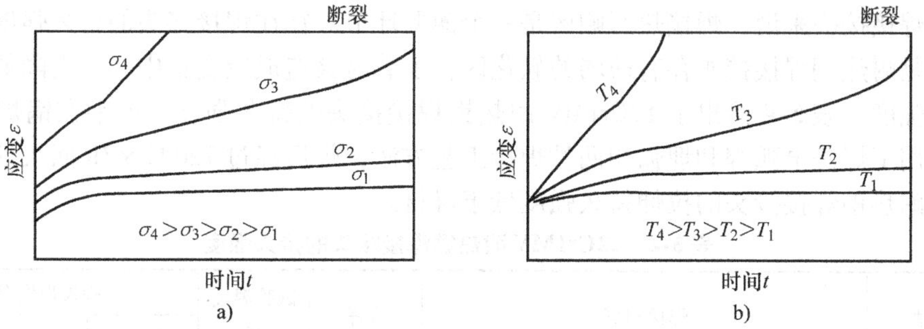

图5-13　应力和温度对蠕变曲线的影响

a）温度恒定　b）应力恒定

一种是$\sigma_{\dot{\varepsilon}}^{T}$（MPa）：表示在规定温度（$T$）下，引起规定的蠕变速率$\dot{\varepsilon}$（单位为%/h）的应力值。例如$\sigma_{1\times10^{-5}}^{600}=60$MPa表示在600℃温度下，蠕变速率为$1\times10^{-5}$%/h的蠕变极限为60MPa。蠕变速率是根据构件的服役条件来确定的，在电站锅炉、汽轮机和燃气轮机设备中，通常规定蠕变速率为1×10^{-5}%/h或1×10^{-4}%/h。

另一种是在给定温度（T）下和规定的使用时间t（h）内，发生一定量蠕变伸长率（δ,%）的应力值，以符号$\sigma_{\delta/t}^{T}$（MPa）表示。例如，$\sigma_{1/10^5}^{600}=100$MPa，就表示材料在600℃温度下，10万h后伸长率为1%的蠕变极限为100MPa。试验时间及蠕变伸长率的具体数值也是根据构件的工作条件来规定的。

2. 持久强度

由蠕变而导致的断裂称为蠕变断裂或持久断裂。持久强度是材料在规定的蠕变断裂条件下，即在给定的温度和规定时间（一般指构件设计寿命）内，发生断裂的应力值，以σ_{t}^{T}（MPa)来表示。持久强度是钢材所具有的一种固有特性，例如，某材料在700℃承受30MPa的应力作用，经1000h后断裂，则称这种材料在800℃、1000h的持久强度为30MPa，写成$\sigma_{10^3}^{800}=30$MPa。

在高温下工作的焊接构件的设计寿命过去为10万h，现在已延长到20万h，甚至更长，所以需要根据相应时间的持久强度进行设计。

对在高温下受力的焊接构件来说，在一般情况下，蠕变极限很少用来作为焊接接头强度设计的依据，而蠕变断裂强度或持久强度则是焊接接头强度设计的主要依据。

影响钢材和焊缝金属持久强度的主要因素一般与材料的合金元素、晶粒度、微观组织等有关。其中晶粒的大小对金属材料高温性能的影响很大。即当使用温度较低时，细晶粒钢有较高的抗蠕变能力；当使用温度较高时，粗晶粒钢及合金有较高的蠕变抗力与持久强度。但是晶粒太大会使持久塑性和冲击韧度降低。为此，热处理时应考虑采用适当的加热温度，以满足晶粒度的要求。对于耐热钢及合金来说，随合金成分及工作条件的不同有一最佳晶粒度范围。例如，奥氏体耐热钢及镍基合金，一般以2~4级晶粒度较好。

在耐热钢及合金中晶粒度的不均匀会显著降低其高温性能。这是由于在大小晶粒交界处出现应力集中，裂纹就易于在此产生而引起过早的断裂。

另外有些合金元素如：铬、钼、钒、钨、铌等合金元素能阻碍位错运动，故对于提高持久强度有益。

对于焊接接头来说，焊接热影响区是一个薄弱环节。往往焊接接头的持久强度要低于母材。尤其是耐热钢焊接接头存有薄弱的软化区，承载时会造成应变集中，从而降低了焊接接头的持久强度。表5-4给出了12Cr1MV耐热钢焊接接头的持久强度。该钢在锅炉集箱环缝焊接时采用了焊条电弧焊和埋弧焊两种焊接工艺方法，焊后经过720℃ ×3h 回火处理。由表可见，该耐热钢焊接接头的拉伸持久强度低于母材。

表5-4 12Cr1MV耐热钢焊接接头的持久强度

工艺方法	焊接材料	取样	试验温度/℃	持久强度/MPa	
				10^4h	10^5h
焊条电弧焊	5515 - B2 - V 焊条	焊缝	540	159	123
		焊接接头	555	113	94
埋弧焊	H08CrMoV 焊丝 +350 焊剂	焊缝	550	—	90
		焊接接头	550	—	110
	E5515 - B2 - V 焊条打底 H08CrMoV 盖面	焊接接头	540	129	105
				116	95
母材			540		128

第6章 焊接结构设计概论

6.1 焊接结构的设计特点

焊接结构是金属结构中一种最主要的结构形式，如钢结构、船舶壳体、锅炉及压力容器、起重机金属结构，以及工程机械、动力机械、汽车拖拉机、铁路车辆等结构都是焊接结构。它们大多依据有关的规程规范进行设计。

6.1.1 焊接结构设计的内容

所谓焊接结构的设计，是要决定结构的形状、尺寸和构成，确定其制造技术条件及所采用的材料，这在很大程度上影响或决定了其制造工艺。焊接结构的整个设计过程是创造性的劳动过程，是根据使用性能要求来进行的，它包括的内容有：

1）选择结构的材料，包括制造结构的材料种类和规格。

2）确定结构的形式，进行结构强度、刚度、稳定性及其他需要进行的计算（这种计算是在力系分析基础上进行的）。

3）进行结构的细节设计、焊接的设计和计算。

4）绘制施工图，规定产品的技术条件、工艺要求等。

5）最后还要编制设计计算说明书，其中包括设计结构的构造合理性和技术经济先进性的论证。

6.1.2 焊接结构设计的基本要求和遵循原则

设计的焊接结构要满足实用性、安全性、工艺性和经济性等方面的要求。

1）焊接结构应满足使用性能的要求，即达到委托方预期的功能要求和效果；

2）使所设计的结构在工作时，包括运输、安装、调试过程都应是安全和便利的；

3）要求设计的结构便于制造，包括焊前和焊后（焊前预加工、焊后处理）以及良好的焊接性、焊接和其他工艺或工序（如检验、涂饰）的可达性，便于实现机械化和自动化生产，与之相应则能降低成本。

4）应重量轻、节省材料、便于运输、安装和维修保养，既节省基础投资，还降低运输费用。

5）外形应尽可能美观。

满足上述要求通常应从以下几个方面入手，这也是设计应遵循的原则：

1）合理地选择材料的种类。材料的种类不同，强度等级和性能就有差别，工艺性能也不同。所选材料强度与性能，包括塑性、韧性、耐磨性、耐腐蚀、耐高温（抗蠕变，抗热疲劳等）应能满足结构使用性能的要求；加工性能，如材料的冷热加工，包括焊接性都能满足加工要求；尽量避免选用制造时需要附加工序或工艺要求的材料，如需要预热、缓冷或后热，工艺方法也有特殊限制等，这样就会增加制造成本。结构中有特殊性能要求的部位可选特种材料，其余按一般要求选用普通材料，以节约成本。

2）设计焊接结构时应大量采用标准件、通用件和型材，包括标准型材和异型材，并且规格越单一越好。采用型材可使结构表面光洁平整，质量均匀可靠，还可减少备料和焊接工作量（焊缝减少），相应还可以减少焊接应力与变形。

3）合理地设计结构形式，即按结构工作条件根据强度、刚度要求，并充分考虑焊接结构的特点，而不受铆接、铸、锻结构的影响，以理想受力状态决定设计结构的几何形状和尺寸；还要使设计结构结合工厂条件，有可能采用便宜的、普通的、高效率和高质量的焊接方法来完成，除焊接工艺以外的各工艺、工序上都能尽量选择高质、高效的机械化和自动化方法来完成以便取得较高的经济效益。这意味着尽量采用简洁明快的结构构造形式，采用最简单和最合理的接头形式，并且种类越少越好，减少短而不规则的焊缝和避免不易加工的空间曲面结构。

4）合理地布置焊缝。例如对称布置焊缝、避免焊缝交叉、密集，重要的工作焊缝要连续，次要的联系焊缝可用断续焊缝，这有利于焊接施工和减少焊接工作量，便于控制焊接应力和变形。

5）施工方便并考虑改善工人劳动条件，便于生产组织和管理。设计结构时就要考虑到日后施工的诸多问题，如如何有利于划分结构构件、部件、制造分段，以便合理地划分生产组织，进行高效的生产管理；又如可达性问题，保证各种施工必需的操作空间问题，将装配、焊接工作量集中在工厂进行，减少工地焊接量，扩大埋弧焊、气体保护焊的工作量，减少焊条电弧焊的工作量等。

总之，设计结构要有良好的工艺性（这通常是指以最合适和最少的原材料、能源——电力、压缩空气，水、煤气、氧气等和工时消耗，获得最佳质量指标的综合性能）。只有设计的结构有良好的工艺性，较高的技术—经济指标，产品质量好，价格低，才具有竞争力。

6.2 焊接结构常用的设计方法

这里不涉及产品从立项（通常是经过市场调研—撰写报告—决策—报批等）到分段设计（通常分为初步设计、技术设计和施工图设计）、新产品试制到产品定型生产的全过程，而仅讨论设计阶段具体的焊接结构的设计与计算问题。

(1) 许用应力法 又称为常规设计方法、安全系数设计法。它是目前最常用的结构设计方法，如压力容器、锅炉、起重机金属结构和焊接机器零件等都采用这种设计方法。按许用应力法进行设计是基于弹性失效准则来建立结构强度条件的。例如压力容器国家标准规定，对压力容器考虑了三种失效形态：强度失效、刚度失效和稳定失效。三种失效均按弹性及弹性—理想塑性范围内的应力—应变量给予判断。即对容器中任一点的应力，都按平面力系解法将其归结为单向屈服的关系，或用第一强度理论（最大主应力理论）、或用第三强度理论（最大切应力理论）计算出最大主应力或差值应力（三个主应力中最大与最小的差值），并将其限制在许用应力之下。即得到焊接容器结构设计的强度条件：

$$\sigma < [\sigma]$$

式中，σ 对压力容器来说，是其在各种载荷下，用平面力系（不考虑三维应力）解法得出的最大应力。这些应力包括与外载相平衡，分布范围大，沿容器壁厚均匀分布的一次薄膜应力和沿壁厚线性分布的一次弯曲应力。此外，由于设计原因，如容器存在局部不连续，局部薄膜应力将要增大；还由于容器内外壁的温度差，热膨胀不同导致的或焊接残余应力产生的，它们构成自平衡力系的所谓二次应力；以及由于应力集中（如存在焊接缺陷）、交变的热应力等原因产生的附加在一、二次应力上的增量，即所谓的峰值应力。总之一些容器或构件除有总体一次薄膜应力（外载荷引起的最大应力）之外，还存在一次局部薄膜应力、一次弯曲应力、二次应力、峰值应力以及它们的组合，应当采用极限分析和安定性分析准则建立强度条件。但国家标准，包括《压力容器》GB/T 150.1～150.4—2011；《水管锅炉》GB/T 16507.2～16507.4—2013 规定，对这些应力的影响，可通过限制元件结构的某些相关尺寸，或用应力增大系数、形状系数等形式予以考虑，把这些局部应力控制在许用应力范围内，这样的处理办法使标准简单、易行，便于推广应用。式中的许用应力 $[\sigma]$ 是针对已有成功使用经验的材料，按其力学性能除以相应的安全系数得出的。考虑到作用在起重机上的载荷分三类，即基本载荷、附加载荷和特殊载荷；在结构设计中根据具体机器的工作条件，有时只考虑基本载荷，有时则要考虑基本和附加载荷，有时要考虑基本、附加和特殊载荷或考虑基本和特殊载荷，这即称为载荷的不同组合，分别为组合Ⅰ、Ⅱ、Ⅲ。

实际上常规设计方法除按强度条件——即上述按工作应力小于等于许用应力外，有时还要满足刚度条件——即工作变形要小于等于许用变形。如起重机金属结构除控制应力外，还要求控制结构的刚度，其中又分为静态和动态刚度。静态刚度以规定载荷作用于指定位置时，结构某处的静态弹性变形，如桥式起重机（门式及装载桥）当满载时，规定主梁跨中静挠度 f_L 应满足：

$$f_L \leqslant L/1000 \text{（或根据工作级别为 } L/800\text{、}L/600 \text{ 等）}$$

式中，L 为起重机的跨度，其他类型的起重机也有相应的规定。而动态刚度是表征起重机作为振动系统的动态抗变形能力（以起重机满载，钢丝绳悬吊相当于额定起升高度时，系统在垂直方向的最低阶固有频率——简称满载自振频率）来表示。一般起重机仅核算结构静态刚度，如果系统的振动影响了起重机生产作业情况，才需验算动态刚度。

表 6-1 给出了钢材（螺栓材料除外）许用应力的取值。

表 6-1 钢材（螺栓材料除外）许用应力的取值

材料	许用应力/MPa 取下列各值中的最小值
碳素钢、低合金钢	$\frac{R_m}{2.7}$，$\frac{R_{eL}}{1.5}$，$\frac{R_{eL}^t}{1.5}$，$\frac{R_D^t}{1.5}$，$\frac{R_n^t}{1.0}$
高合金钢	$\frac{R_m}{2.7}$，$\frac{R_{eL}\ (R_{P0.2})}{1.5}$，$\frac{R_{eL}^t\ (R_{P0.2}^t)}{1.5}$，$\frac{R_D^t}{1.5}$，$\frac{R_n^t}{1.0}$
钛及钛合金	$\frac{R_m}{2.7}$，$\frac{R_{P0.2}}{1.5}$，$\frac{R_{P0.2}^t}{1.5}$，$\frac{R_D^t}{1.5}$，$\frac{R_n^t}{1.0}$

（续）

材料	许用应力/MPa 取下列各值中的最小值
镍及镍合金	$\frac{R_{m}}{2.7}$，$\frac{R_{P0.2}}{1.5}$，$\frac{R_{P0.2}^{t}}{1.5}$，$\frac{R_{D}^{t}}{1.5}$，$\frac{R_{n}^{t}}{1.0}$
铝及铝合金	$\frac{R_{m}}{3.0}$，$\frac{R_{P0.2}}{1.5}$，$\frac{R_{P0.2}^{t}}{1.5}$
铜及铜合金	$\frac{R_{m}}{3.0}$，$\frac{R_{P0.2}}{1.5}$，$\frac{R_{P0.2}^{t}}{1.5}$

安全系数的取值应综合考虑材料的性能、规定的检验项目及检验批量、载荷及其附加的裕度、设计计算方法的精确程度、制造工艺和装备及产品检验水平、质量管理、操作水平等来确定，并且要经过实践的考验。近十几年，从国外引进的石油化工容器所用的安全系数取值与这些国家较先进的技术与严格的质量要求相适应。最近我国借鉴引进技术设计的大中型石油化工容器和高压容器的安全系数（$n_b \geqslant 3.0$，$n_s \geqslant 1.6$）和国外相近。

上述许用应力设计方法所用的参量，如载荷、强度（许用应力）、几何尺寸等都看成确定的量，所以又称为定值设计法，这种方法表达式简单明了，使用方便，已沿用很长时间，积累了丰富的经验，至今仍是许多行业采用的设计方法。但这种方法的缺点在于将许多不确定的随机变量当作定值，为保证安全往往选取高的安全系数和低的许用应力，结果造成材料的不经济和不合理的使用，因而近年发展了可靠性－概率论和数理统计为基础的设计方法。

（2）以概率论为基础的极限状态设计法

1974年以来实施的《钢结构设计规范》规定采用许用应力法进行设计，但其许用应力是以结构的极限状态（强度、刚度、稳定性）为根据，对各种影响因素进行数理统计，并结合我国工程实践，进行多系数分析而求出单一安全系数决定的许用应力，是一种半概率、半经验的极限状态计算法。以后修订颁布的《钢结构设计规范》以概率论为基础的极限状态设计法，其中设计的目标安全度是按可靠指标校准值的平均值上下浮动0.25进行总体控制的。现行的《钢结构设计规范》GB 50017—2003遵照《建筑结构可靠度设计统一标准》GB 50068继续沿用以概率论为基础的极限状态设计法。考虑到大多数载荷及由它引起的应力和材料的抗力本质上是随机的，即是随时间和空间而变动的随机变量。因而结构工作的可靠性（安全性、适用性和耐久性的统称）也是随机的。简单地说我们希望设计结构的材料抗力大于应力，即抗力与应力之差应大于或等于零。因抗力与应力是随机的，则此差可大于或等于零，也可能小于零，定义该值大于或等于零的概率为结构可靠度。如果已知了应力和抗力的随机变量分布函数，则利用概率论的数学方法可以计算出结构可靠度。如果选择确定了结构的最优可靠度，达到设计结构在技术上可靠，在经济上节省，这就是所谓的概率设计法。但由于多种原因，包括缺乏各种形式载荷、材料性能、结构构件抗力的全部统计数据，许多参数的随机分布仅是近似正态分布等，还难于完全用可靠指标进行设计。目前仍是近似的概率设计法，采用分项系数表达式进行结构设计计算，但设计的目标安全度指标不再允许下浮0.25，即设计各种基本构件的目标安全度指标不得低于校准值的平均值。规范对于连接（例如焊接连接—焊接接头）的计算规定亦满足以概率论为基础的极限状态设计法的要求。关于钢结构疲劳计算，由于疲劳极限状态的概念不确切、各有关因素研究不够，仍引用传统的许用应力设计方法，但将过去以应力比概念为基础的疲劳强度设计改为以应力幅为准的疲劳强度设计。下式即为分项系数表达式进行结构设计计算式：

$$r_R R_K \geqslant r_S S_K$$

式中 R_K和S_K——材料抗力R和载荷效应S的标准值；

r_R和r_S——按概率设计法（包括可靠指标、变异系数、均值和标准差等）决定的分项系数。

例如在承载能力极限状态（指结构或构件达到最大承载能力或达到不适于承载的变形状态）进行强度和稳定性设计时，设计表达式为：

$$r_0(\sigma_{Gd} + \sigma_{Q1d} + \Psi_c \sum_{i=2}^{n} \sigma_{Qid}) \leqslant \sigma_f$$

式中 r_0——结构重要性系数，应按结构体的（如1、2、3级）安全等级结构设计工作寿命并考虑工程经验，按GB 50068《建筑结构可靠度设计统一标准》规定采用；

σ_{Gd}——恒载（如自重）的设计值Gd在结构截面或连接中产生的应力；

σ_{Q1d}——第一个变载的设计值$Q1d$在结构和连接中产生的应力；

Ψ_c——变载组合系数，按GB 50009《建筑结构载荷规范》选取；

σ_{Qid}——第i个变载荷设计值Qid在结构和连接中产生的应力；

σ_f——结构构件和连接的强度设计值。

此外，恒载和变载的设计值可表示为：

$$G_d = r_G G_k;$$

$$Q_{id} = r_{Qi} Q_{ik};$$

$$Q_{1d} = r_{Q1} Q_{1k}$$

式中 r_G——恒载分项系数，按GB 50009规定；

G_k——恒载标准值；

r_{Qi}，r_{Q1}——第i或第1个变载分项系数，按GB 50009规定选；

Q_{ik}，Q_{1k}——第i或第1个变载标准值。

强度设计值σ_f可表示为

$$\sigma_f = \frac{1}{r_R}\sigma_{fk}$$

式中 r_R——抗力分项系数；

σ_{fk}——材料（如焊缝则指焊缝金属）的强度标准值。

表6-2和6-3为GB 50017—2003标准规定的强度设计值（钢材和焊缝的）。

除承载能力极限状态（即达最大承载能力或不能承载的变形）外，还可按正常使用的极限状态，此时虽可能未到承载能力极限，但已不能正常工作，如达到某项规定（例如变形值）的极限，此时设计表达式可写作：

$$f = f_{Gk} + f_{Q1k} + \Psi_c \sum_{i=2}^{n} f_{Qik} \leqslant [f]$$

式中 f——结构或构件中产生的变形值；

f_{Gk}——恒载标准值在结构或构件中产生的变形值；

$f_{Q1k} \sim f_{Qik}$——第1个～第i个变载标准值在结构或构件中产生的变形值（第1个变载标准值产生的变形最大）；

$[f]$——结构或构件的许用变形值，如梁的许用挠度等。

表6-2 钢材的强度设计值 （单位：MPa）

钢号	厚度或直径/mm（铸钢号）	抗拉、压和弯 σ_f	抗剪 τ_f	端面承压（刨平抵紧）σ_{fed}
Q235	≤16	215	125	325
	>16～40	205	120	
	>40～60	200	115	
	>60～100	190	110	
Q345	≤16	310	180	400
	>16～35	295	170	
	>35～50	265	155	
	>50～100	250	145	
Q390	≤16	350	205	415
	>16～35	335	190	
	>35～50	315	180	
	>50～100	295	170	
Q420	≤16	380	220	440
	>16～35	360	210	
	>35～50	340	195	
	>50～100	325	185	
铸钢件	（ZG200～400）	155	90	260
	（ZG230～450）	180	105	290
	（ZG270～500）	210	120	325
	（ZG310～570）	240	140	370

注：表中厚度系指计算点的钢材厚度，对轴心受拉和轴心受压构件系指截面中较厚板件的厚度。

表6-3 焊缝强度设计值 （单位 MPa）

焊接方法和焊条型号	构件钢材		对接焊缝				角焊缝
	钢号	厚度或直径/mm	抗压 σ_{fe}^{w}	焊缝质量为下列等级时 σ_{fi}^{w}		抗剪 τ_{f}^{w}	抗拉、压和剪 τ_{fi}^{w}
				一、二级	三级		
埋弧焊和E43型焊条电弧焊	Q235	≤16	215	215	185	125	160
		>16～40	205	205	175	120	
		>40～60	200	200	170	115	
		>60～100	190	190	160	110	

（续）

焊接方法和焊条型号	构件钢材		对接焊缝				角焊缝
	钢号	厚度或直径/mm	抗压 $\sigma_{\mathrm{fe}}^{\mathrm{w}}$	焊缝质量为下列等级时 $\sigma_{\mathrm{fi}}^{\mathrm{w}}$		抗剪 $\tau_{\mathrm{f}}^{\mathrm{w}}$	抗拉、压和剪 $\tau_{\mathrm{fi}}^{\mathrm{w}}$
				一、二级	三级		
埋弧焊和E50型焊条电弧焊	Q345	≤16	310	310	265	180	200
		>16~35	295	295	250	170	
		>35~50	265	265	225	155	
		>50~100	250	250	210	145	
埋弧焊和E55型焊条电弧焊	Q390	≤16	350	350	300	205	220
		>16~35	335	335	285	190	
		>35~50	315	315	270	180	
		>50~100	295	295	250	170	
	Q420	≤16	380	380	320	220	220
		>16~35	360	360	305	210	
		>35~50	340	340	290	195	
		>50~100	325	325	275	185	

注：1. 埋弧焊的焊丝和焊剂，应保证其熔敷金属的力学性能不低于GB/T 5293《埋弧焊用碳钢焊丝和焊剂》和GB/T 12470《低合金钢埋弧焊用焊剂》相关规定。

2. 焊缝质量应符合GB 50205《钢结构工程施工及验收规范》的规定。其中厚度<8mm对接焊，不应用超声探伤定焊缝质量等级。

3. 对接焊缝在受压区的抗弯设计强度取 $\sigma_{\mathrm{fe}}^{\mathrm{w}}$，受拉区取 $\sigma_{\mathrm{fi}}^{\mathrm{w}}$。

4. 表中厚度同表6-3注。

用焊缝（折减）系数办法加以考虑，焊缝系数见表6-4。其他采用许用应力法进行设计的焊接结构如起重机金属结构、焊接机器结构等，也是将母材许用应力加以折减作为焊缝（接头）的许用应力进行设计计算的。

表6-4 焊缝（折减）系数

接头及焊缝形式	检测要求	焊缝系数
双面焊或相当于双面焊的全焊透焊缝	100%无损检测	1.00
	局部无损检测	0.85
单面焊对接焊缝，焊缝根部有紧贴基本金属的垫板	100%无损检测	0.90
	局部无损检测	0.80

6.3 焊接接头和结构细节设计

6.3.1 焊接接头

焊接结构是由许多部件、元件、零件用焊接方法连接而成的，因此焊接接头的性能，质量好坏直接与焊接结构的性能和安全性、可靠性有关。多年来焊接工程界对焊接接头进行了广泛的试验研究，这对于提高焊接结构的性能和可靠性，扩大焊接结构的应用范围起了很大作用。

1. 焊接接头的基本类型

用主要的焊接方法如熔焊（包括电渣焊）、压焊和钎焊都可制成焊接结构。用这些焊接方法连接金属结构形成不可拆的连接接头——焊接接头，分别形成熔焊接头、压焊接头和钎焊接头，从而构成焊接结构。但应用最广泛的是熔焊，这里重点介绍熔焊接头。

（1）熔焊接头　熔焊接头由焊缝金属、熔合线、热影响区和母材所组成。而焊缝金属是填充材料和部分母材熔化后凝固而成的铸造组织。熔焊接头各部分的组织是不均匀的，性能上也存在差异。这是由于以上四个区域化学成分和金相组织不同，并且接头处往往改变了构件原来的截面和形状，出现不连续，甚至有缺陷，形成不同程度的应力集中，还有焊接残余应力和变形，大的刚度等都对接头的性能有影响，结果使接头不仅力学性能不均匀，而且物理、化学性能也存在差异。为保证焊接结构可靠地工作，希望焊接接头具有与母材相同的力学性能，有些情况下还希望获得相同的物理和化学性能，如导电、导磁、抗腐蚀性能和相同的光泽和颜色等。

就焊缝金属而言，往往形成柱状晶铸造组织，一般较母材的强度高且硬，而韧性下降。对于高强度钢，采用适当的工艺措施，如预热、缓冷或采用合适的热输入也可获得要求性能的焊缝金属。一般来说，焊缝金属强度相对母材强度可能要高或低，前者称为高匹配，后者称为低匹配。

宽度不大的热影响区，由于焊接温度场梯度大，各点的热循环大不相同，造成了组织和性能的不同。这种差别和被焊金属的组织成分、焊接热输入有关。特别要指出的是经过焊接热循环后发生的“动应变时效”（热应变时效）会使接头性能恶化。将钢材、铝材等经预应变后，会产生变脆的“时效”现象，这种预应变及时效都是在低温（室温）下发生的，通常称为“静应变时效”。而焊接热影响区经焊接热循环后会产生热应变，焊接的高温加速了时效脆化，所以“动应变时效”大大降低了接头的性能，要注意防止。

熔焊的焊缝主要有对接焊缝和角焊缝，以这两种焊缝为主体构成的焊接接头有对接接头、角接接头、T形（十字）接头、搭接接头和塞焊接头等。

电渣焊接头是熔焊接头中重要的一种接头。当焊件厚度大于30mm时即可以考虑采用电渣焊接头，特别是大断面的焊缝，例如焊件厚度大于60mm，则电渣焊比电弧焊接头效率要高。常用电渣焊接头的基本形式如图6-1所示，各种形式电渣焊接头尺寸见表6-5。当工件采用电渣焊时要使工件位置做到焊缝由下至上，即适于垂直位置焊接的焊缝。电渣焊焊缝由焊接材料和母材边缘被高温的渣池熔化堆积而成，因而焊缝的内外侧应该有挡块，电渣焊适于大和特大焊接截面的焊件，如厚壁压力容器、大直径的轴、大厚度的管道、大机器件的拼焊等。电渣焊的焊件焊后通常要经正火—回火或高温退火热处理，以消除大焊接热输入造成的宽热影响区、粗晶粒、高残余应力的不良影响。

电子束焊接接头是熔焊接头中一种特殊的接头。它是利用聚焦的高速电子流轰击焊件，使电子动能转化为热能而熔化焊接接头的焊缝区而进行的熔焊。其特点是可焊接各种特殊的金属，大厚度，焊缝的深宽比大（可达25:1）。按其特点应用于核反应堆元件，航空、航天设备中的某些特殊金属、超高强度钢及耐热合金零件的焊接。由于电子束直径细、焊接能量集中，焊接时不加填充金属，形成了电子束焊接头的一些特点。这种接头也有对接、角接、T形接和搭接形式。还有一种类似于电渣焊的叠接的端接形式，只是焊件是贴紧的。

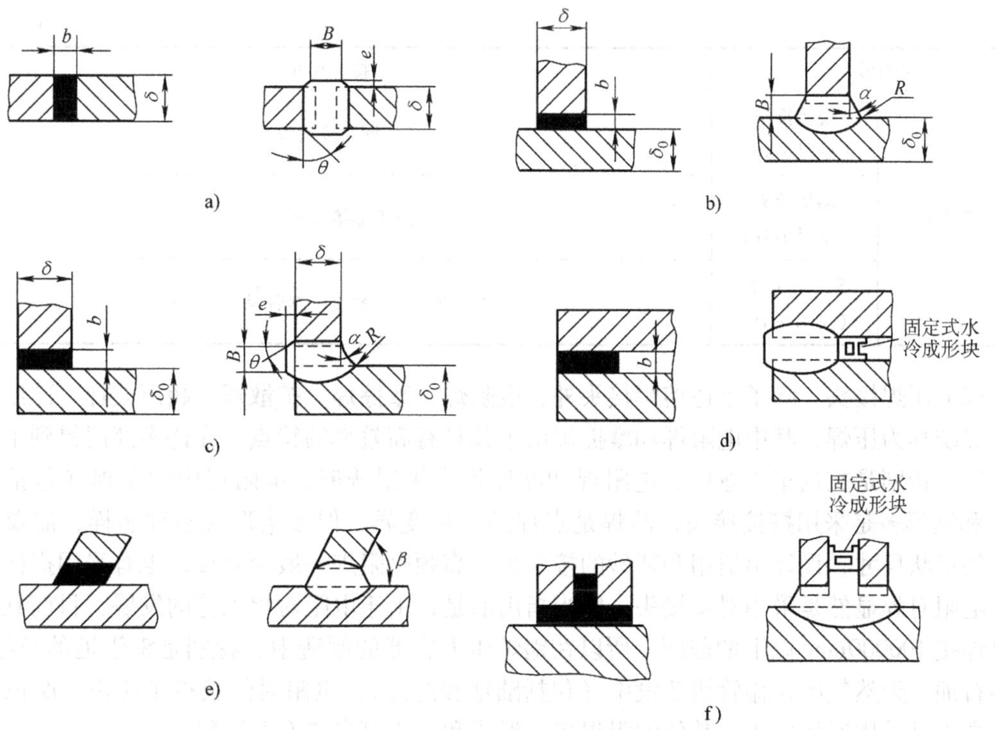

图6-1 电渣焊接头基本形式

a）对接接头 b）T形接头 c）角接接头 d）叠接接头 e）斜接接头 f）双T形接头

表6-5 电渣焊接头尺寸

接头形式		接头尺寸					
常用接头	对接接头（见图6-1a）	δ	50～60	60～120	120～400	>400	
		b	24	26	28	30	
		B	28	30	32	34	
		e	2±0.5				
		θ	45°				
	T形接头（见图6-1b）	δ	50～60	60～120	120～200	200～400	>400
		b	24	26	28	28	30
		B	28	30	32	32	34
		$δ_0$	≥60	≥δ	≥120	≥150	≥200
		R	5				
		α	15°				
	角接接头（见图6-1c）	δ	50～60	60～120	120～200	200～400	>400
		b	24	26	28	28	30
		B	28	30	32	32	34
		$δ_0$	≥60	≥δ	≥120	≥150	≥200
		e	2±0.5				
		θ	45°				
		R	5				
		α	15°				

（续）

接头形式		接头尺寸
特殊接头	叠接接头（见图6-1d）	同对接接头
	斜接接头（见图6-1e）	同T形接头 $\beta>45°$
	双T形接头（见图6-1f）	两块立板应先叠接，然后焊T形接头

（2）压焊接头　除了上述熔焊接头外，电阻焊、摩擦焊、扩散焊、超声波焊、冷压焊和爆炸焊统称为压焊，其中电阻焊和摩擦焊由于其具有高效率的特点，在许多部门得到了广泛的应用。特别是在汽车工业中，电阻焊和摩擦焊应用很普遍，电阻焊中的点焊（包括滚点焊）和缝焊多是采用搭接接头，凸焊是点焊的一种变异，但接头形式多种多样，需要根据焊件的形状尺寸，设计出适用和巧妙的接头来。高频电阻焊一般为对接，也有采用搭接接头的。电阻对焊显然是采用对接接头，应当指出的是，由于电阻对焊工艺的发展，目前其已经可以焊接100000mm^2以上的截面，所以在锅炉压力容器的制造中，特别是钢管道的环缝中，例如石油、天然气的长输管线建设中（包括陆地和海洋），电阻对焊获得了应用。摩擦焊接头通常也是采用对接接头。其他的阻焊接头形式和应用可参考有关资料。

（3）钎焊接头　钎焊接头也有多种类型，但基本类型只有对接接头和搭接接头两种。

2. 熔焊坡口形式的选择

熔焊坡口形式根据其形状，可分三类，即基本型，如I形、V形和单V形、U形和单U形等；还有就是特殊型，如卷边的、带垫板的、锁边的和塞焊、开槽焊等；组合型，顾名思义这是上述各型组合而成，绝大多数都是这种组合型的坡口。坡口形式通常根据工厂条件、工艺要求等考虑以下问题来决定。

1）工厂的加工条件。例如采用双V形、Y形、单边V形、双单边V形、V形、I形等坡口可用气割、等离子弧切割，当然也可用金属切削方法加工。但双U形、带钝边U形、带钝边J形、U形、Y形坡口一般需用刨边机加工（最近也有采用气割加工U形坡口的报道），效率较热切割低。

2）可达性的好坏。采用Y形、带垫板Y形、带垫板V形、UV形、带钝边的U形等坡口的接头，施焊时，一般可不需翻转，对内径较小的容器或管道，以及不便翻转的结构，为避免仰焊及不能从内侧施焊，则可采用这种坡口和焊缝形式。

3）减小焊接材料的消耗量，一般熔敷金属量小，焊接材料（焊条、焊丝和焊剂、保护气体）消耗也小，也节省加工时间。同样板厚，Y形比双Y形坡口的熔敷金属量增加最大可达50%，双U形或UY形则更加节省熔敷金属，因此对于大厚度的焊接接头，多采用这种较经济的坡口。

对于不适于电渣焊、电子束焊的特厚件焊缝还采用窄间隙焊。

4）考虑焊接变形与应力。例如单面焊可能引起角变形和焊缝根部的严重焊接残余应力，此时要考虑材料（母材）特点，采用适当的工艺和坡口形式，以便获得合格的接头。

应该指出，无论是对接焊缝还是角焊缝，其焊缝表面都可以是凹陷的、凸起的或是平齐的，后者有时通过加工来达到。而角焊缝除了上述三种等边角焊缝外，还有三种不等边角焊缝，图6-2所示直角焊缝的四种形式，除三种等边平的、凹的和凸的直角焊缝外（见图6-2a～c），还有平的不等边直角焊缝（见图6-2d）。焊脚尺寸 K 为角焊缝的特征尺寸，角焊缝的焊脚尺寸为焊缝内接等腰直角三角形的直角边，如图6-2所示。

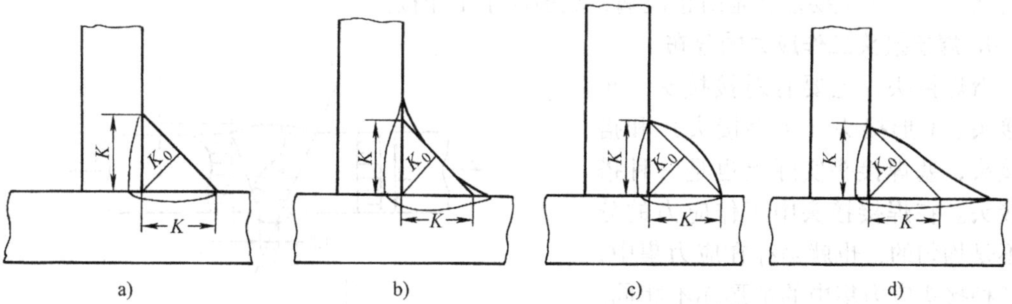

图6-2 直角焊缝的截面形状

a）平齐等边角焊缝 b）凹陷等边角焊缝 c）凸起等边角焊缝 d）平齐不等边角焊缝

3. 工作接头、联系接头和密封接头

前述焊接接头的基本类型主要是根据采用的焊接工艺来区分的。实际上也是根据焊接结构焊缝的承载状况来分的。焊接结构的焊缝又可以按直接承受载荷与否，分为承载焊缝和非承载焊缝，习惯上又称为工作焊缝和联系焊缝，如图6-3所示。前者将结构中的作用力由一个零件传至另一个零件，焊缝和零（构）件串联在一起，这种焊缝必须进行强度计算。后者

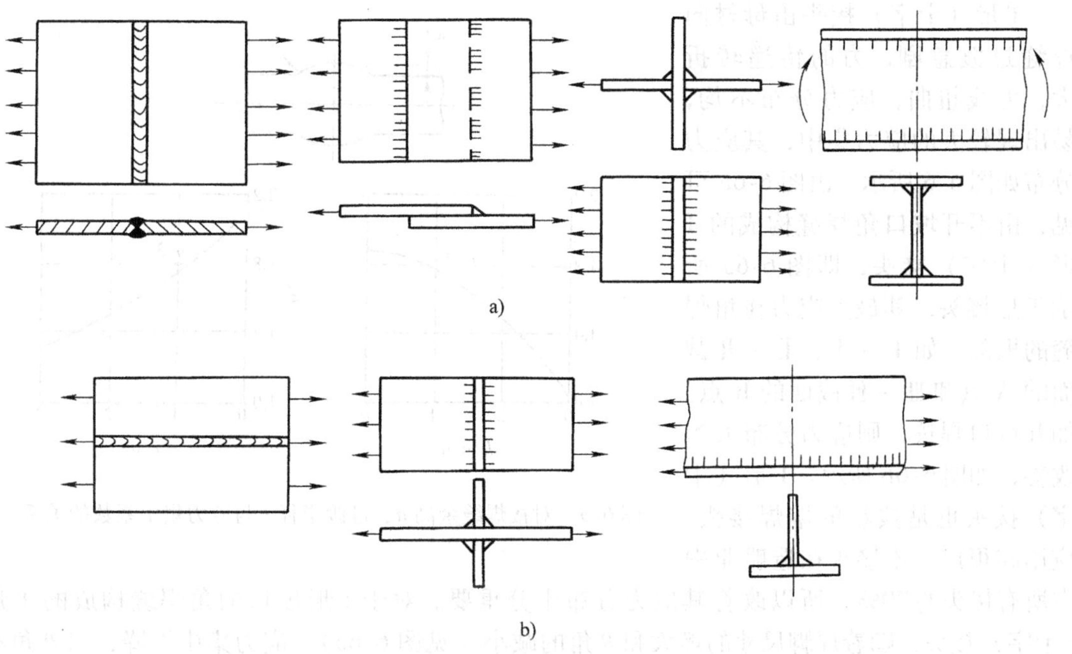

图6-3 承载焊缝和非承载焊缝

a）承载焊缝 b）非承载焊缝

的焊缝和零（构）件并联在一起，与零（构）件一起同时受力和变形，焊缝即使破坏，一般也不会影响整个结构的安全工作，传递作用力不是焊缝的主要任务，通常可不进行强度计算。但严格讲，应该认为是整个接头，除焊缝外，还有熔合线、热影响区等承担（串联或并联）直接作用载荷或不直接承受载荷（并联），所以有资料提出了工作接头、联系接头和密封接头。后者主要任务是防止泄漏，故多属于工作接头。

4. 焊接接头工作应力的分布

熔焊接头，主要有对接接头、角接接头、T形接头（十字接头）和搭接接头，塞焊接头实际上也是一种搭接接头。在焊接接头中工作应力的分布不是均匀的，也就是存在应力集中，而各种接头应力集中的情形亦不相同。其中对接接头应力集中最小，形式最简单，力的传递也较少转折，故是最合理的、典型的焊接接头形式。即使如此，对接接头如果出现较大的余高和过渡处圆弧半径较小，则应力集中将增大，图6-4所示为对接接头中应力的分布。图6-5所示为应力集中系数 K_σ 随余高 h 和过渡圆弧半径 r 变化而变化的情形。

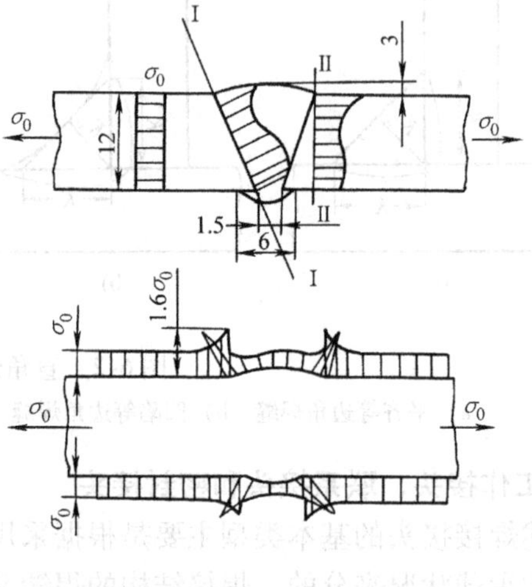

图6-4 对接接头中应力的分布

T形（十字）接头由母材向焊缝过渡急剧，力的传递转折大，力线扭曲，应力分布不均，易出现较大的应力集中，其应力分布如图6-6所示。由图6-6a可见，由不开坡口角焊缝构成的T形（十字）接头，即图6-6a所示T形接头，其最大应力在角焊缝的根部，如Ⅰ－Ⅰ、Ⅱ－Ⅱ截面的A点和Ⅲ－Ⅲ截面的B点。如开坡口焊透，则应力分布大为改善，如图6-6b所示。T形（十字）接头也是典型的熔焊接头，应用亦很广，该接头在造船业中占所有接头的70%，所以改善其应力分布十分重要。对于I形坡口的角焊缝构成的T形（十字）接头，随着焊脚尺寸的增大和 θ 角的减小（见图6-6a），应力集中下降，当 θ 角小于或大于45°，即属图6-2d的不等边角焊缝时，只有长边顺着力线方向（即 $\theta<45°$），才会改善应力分布不均的状况。

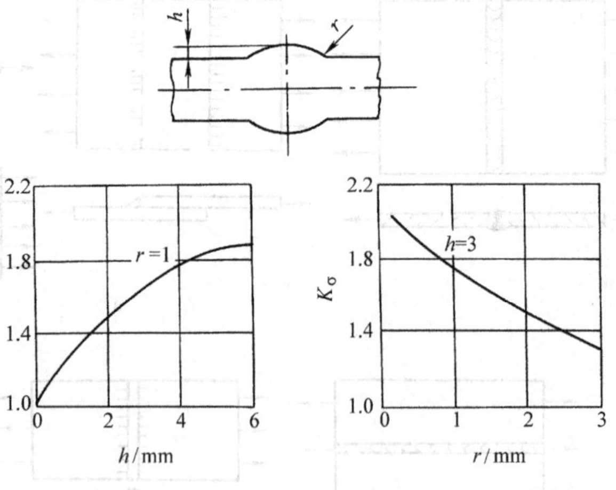

图6-5 对接焊缝余高 h、过渡半径 r 与应力集中系数的关系

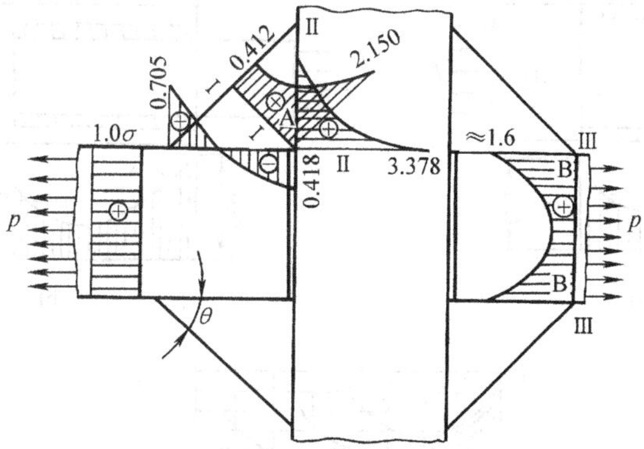

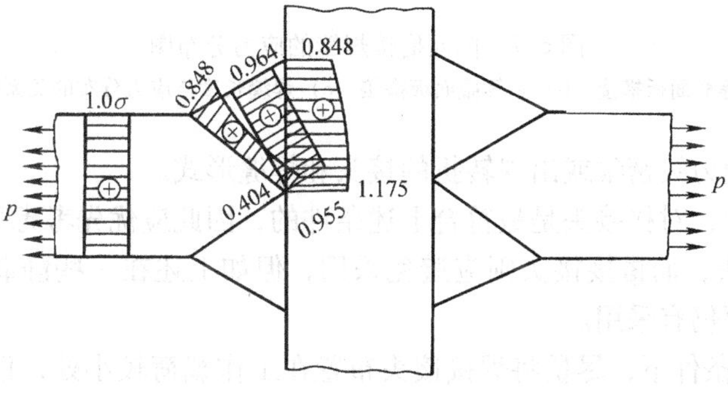

图6-6　T形（十字）接头的应力分布

a）由I形坡口的角焊缝构成的接头　b）开K形坡口角焊缝构成的接头

由角焊缝构成的搭接接头，其应力分布很不均匀，它不是理想的结构接头形式，在动载和低温时尤其应避免采用。但由于采用搭接接头，装配工作十分简便，焊前准备工作简单，构件收缩量小，故在一些受静载的建筑结构中和用薄板制造的储罐结构中仍被采用。应该指出：搭接接头又可分为正面搭接和侧面搭接，搭接接头中不仅存在角焊缝横截面上应力分布不均的情形（和T形接头角焊缝类似），而且正面和侧面搭接焊缝中的应力分布也不同，侧面搭接焊缝沿焊缝长度的应力分布不均，如图6-7所示。该图是仅有侧面搭接焊缝的情况，A_1、A_2表示搭接板的截面积，曲线为切应力τ_x的分布。由图6-7c可见，当焊缝长度增加，应力分布不均加剧，中段几乎不受力，故一些标准规定了承载搭接焊缝（侧面搭接）的长度。

6.3.2　焊接接头的设计和焊接结构细节的设计

1. 焊接接头的设计特点

优良的接头设计是防止结构破坏的条件之一。实际受力十分复杂的接头，进行设计应考虑以下问题：

1）焊接结构应该优先采用接头（焊缝）形式简单、应力集中小、不破坏结构连续性

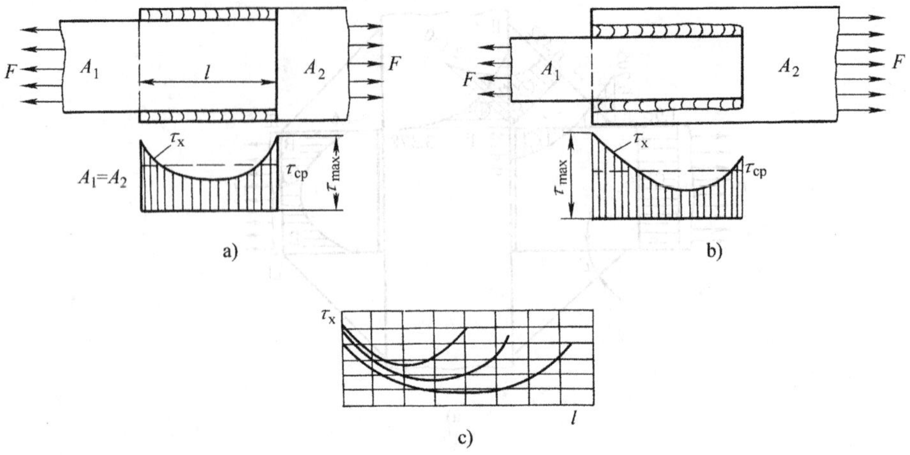

图 6-7　侧面搭接焊缝的应力分布图

a）等截面板搭接　b）不等截面板搭接　c）焊缝长度与应力分布的关系曲线

的，即不使或很少使力线密集或出现转折的接头和焊缝形式。

上述熔焊接头中，对接接头是最符合上述条件的，因此应优先考虑采用，其次应考虑采用T形（十字）接头，而搭接接头则应避免采用，但如上述在一些静载的，不是很重要的结构中为了施工方便仍有采用。

2）在有可能的条件下，尽量将焊接接头布置在工作载荷较小处，以及构件几何尺寸和形状不变的地方。

3）角焊缝的焊脚尺寸不宜过大，搭接角焊缝不宜过长。如前所述，应力分布沿角焊缝截面是不均匀的，截面越大，应力分布不均匀的程度越大，故大截面的角焊缝承载能力低。而焊接材料与工时消耗却随焊脚尺寸成平方地增加。在搭接接头中，正面角焊缝的刚度大于侧面角焊缝，实际强度也大，所以具有正侧面角焊缝的联合搭接角焊缝中的应力分布不均。侧面角焊缝沿焊缝长度方向的应力分布亦不均，故对重要的结构、变形能力差的接头，尤其要注意。

4）钢板在厚度方向上（Z向）性能差。因此组成T形（十字）接头，如要在厚度方向上传递外力，应选用Z向钢。

5）焊接接头刚度大，焊缝未达屈服前变形量很小，故对于作为铰接点的接头（如桁架的节点）可能产生高的附加应力，此时应采取诸如减小焊接截面、改变焊缝位置等措施来增加接头的柔性。

6）充分考虑制造厂的条件，提高设计接头的工艺性。如使焊接结构的接头种类少，采用的焊接方法种类少，接头尺寸单一；施工时的可达性好，包括焊接时的可达性和焊接完成后的可检验性（如射线探伤便于布片，超声探伤有合适的探头移动范围等）；施焊性好等等。

7）计算接头时不考虑应力分布不均及焊接残余应力，下面还要介绍到这种计算是作了一些假定和简化的。而对于工作条件苛刻，如在低温或动载下或接头刚度大的场合，则要适当考虑这些因素。而对于在腐蚀环境下工作的焊接结构的接头，接头的细节设计也需要特殊考虑。

2. 焊接接头静载强度的计算

（1）以许用应力法为基础的计算

1）对接接头强度的计算：图6-8所示为典型对接接头及其受力情况，可按表6-7的公式进行计算。由计算公式中可以看出，计算不考虑接头中的应力集中（应力分布不均），也不考虑焊接残余应力，并认为工作应力沿焊缝是均匀分布的。从图6-8a可以看出，当不同厚度的两板对接，厚度差（$\delta-\delta_1$）超过规定值时，需在厚板上削出斜面，斜面长 $L>3(\delta-\delta_1)$，也可两面削出斜面。

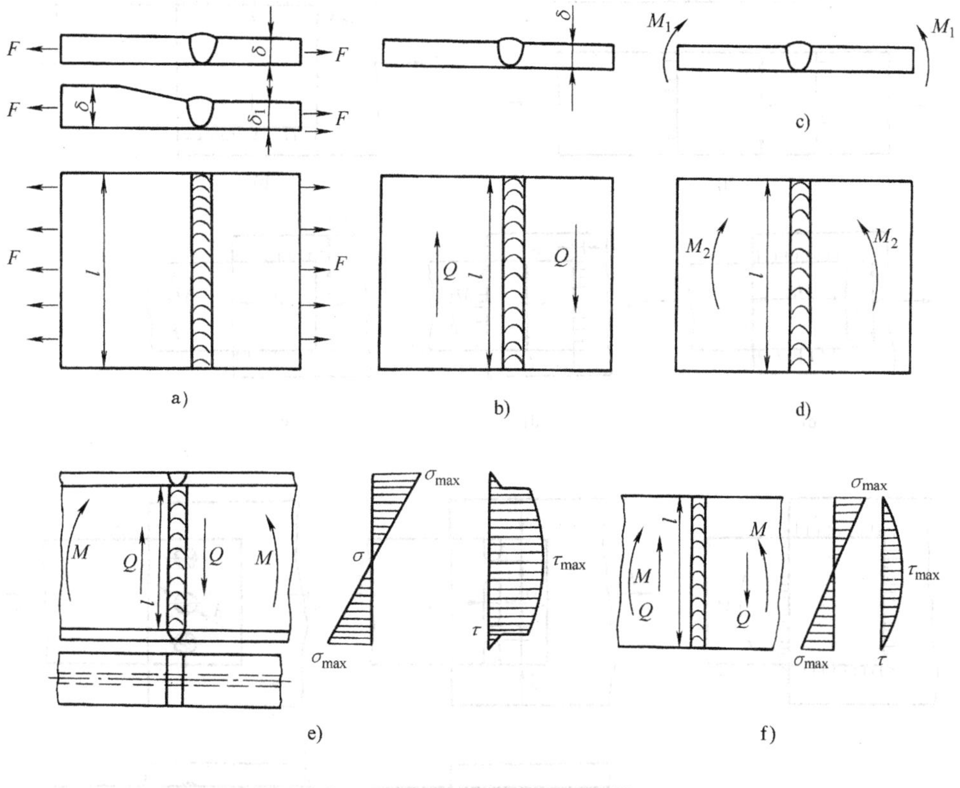

图6-8　典型对接接头的受力情况

a）承受正应力　b）承受切力　c）承受面外弯矩　d）承受面内弯矩
e）工字梁对接承受切力和弯矩　f）板对接承受切力和弯矩

2）搭接接头强度的计算：图6-9所示为典型的搭接接头及受力情况，这里还列出了塞焊和电铆焊搭接接头（见图6-9g、h），除此以外，搭接接头都是角焊缝组成的，和对接接头强度计算主要是验算对接焊缝的强度一样，搭接接头强度计算则主要是计算角焊缝的强度。在搭接角焊缝的计算中进行了下述假定：

第一，对于此种角焊缝的形状（见图6-2）都将内接等腰直角三角形的高即 K。作为计算厚度，不计及焊缝的凸凹度，也不考虑熔深的差别，这样 $K_0\approx0.7K$，K 为焊脚尺寸。当熔深较大，如埋弧焊时，可考虑 $K_0\approx0.8K$，甚至等于 K。

第二，角焊缝一律按计算截面，即计算厚度（习惯称喉厚）截面处受切应力破坏来计算，即使接头承受弯矩，抵抗弯矩产生的应力亦假定为切应力，见表6-7中，式（6-12）、式（6-15）、式（6-17）等等。

第三，不考虑正、侧面角焊缝上应力的差别和焊缝上应力分布的不均，这给计算带来了方便。由于侧面搭接焊缝随焊缝长度的增加，应力不均匀程度增大，上述计算规定限制了计算焊缝的长度。

第四，限制角焊缝的最小焊脚尺寸，一般不应小于4mm，当板厚小于4mm，则焊脚尺寸可与板厚相同。图6-9所示为各种搭接接头强度的计算见表6-6的相关部分。

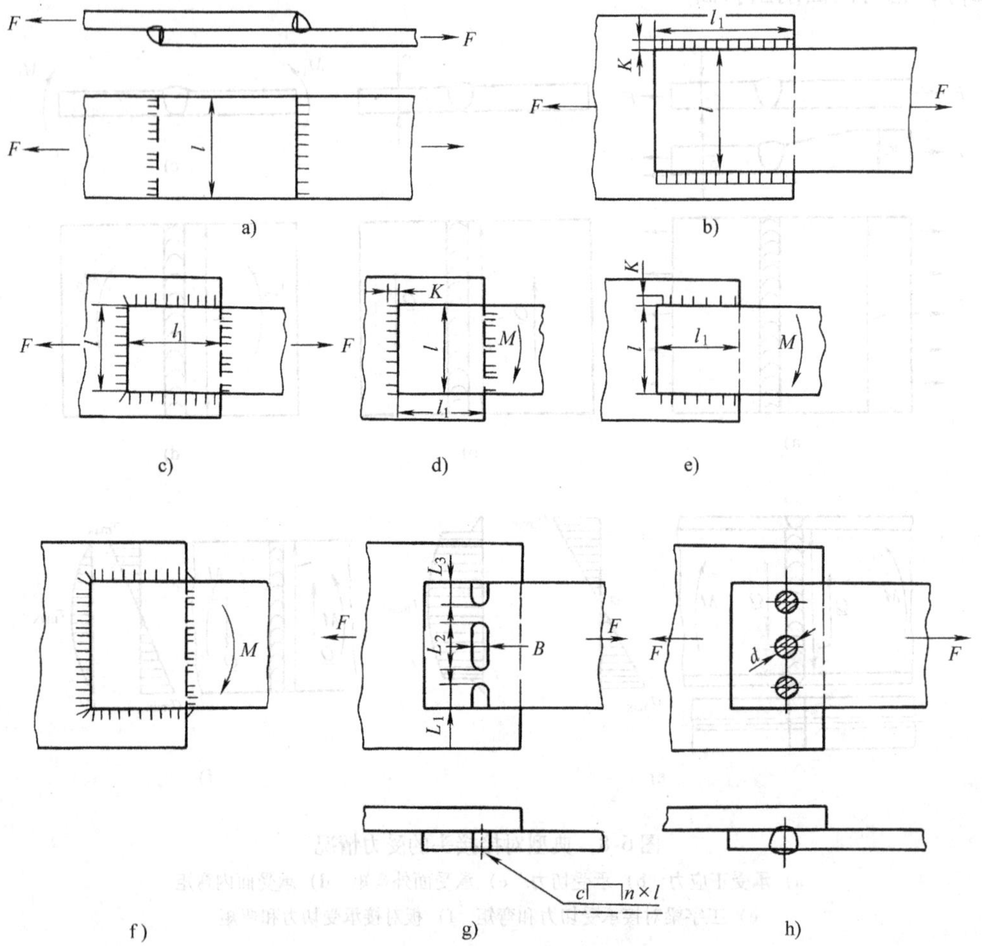

图6-9 角（塞）焊缝构成的搭接接头及其受力

a)、b)、c）分别为正面、侧面、联合搭接，均承受拉（压）力

d)、e)、f）分别为正面、侧面、联合搭接，均承受面内弯矩

g)、h）分别为塞焊和电铆焊搭接接头，均承受拉（压）力

3）T形接头强度的计算：如图6-6所示，T形接头和十字接头可以由角焊缝构成（见图6-6a)，这种接头会产生应力集中，也可以由对接焊缝，如K形坡口（见图6-6b）焊缝构成，后者应力集中要小得多。表6-7所列包括了两种焊缝的强度计算。可以看出，角焊缝的强度计算与搭接角焊缝的强度计算是一样的，而后者又和对接焊缝强度的计算相同。应该

表6-6 熔焊接头静载强度的计算（许用应力法）

接头形式	受力条件	计算式	公式编号
对接接头	受拉、压力（见图6-8a）	$\sigma=\dfrac{F}{\delta_1 l}\leqslant[\sigma_W]$ 式中 $[\sigma_W]$——焊缝许用应力（MPa）	（6-1）
	受切力（见图6-8b）	$\tau=\dfrac{Q}{\delta l}\leqslant[\tau_W]$ 式中 $[\tau_W]$——焊缝许用切应力（MPa）	（6-2）
	受弯矩 平面外（见图6-8c）	$\sigma=\dfrac{M_1}{W}=\dfrac{6M_1}{\delta^2 l}\leqslant[\sigma_W]$ 式中 W——抗弯截面模量（cm^3）	（6-3）
	受弯矩 平面内（见图6-8d）	$\sigma=\dfrac{M_2}{W}=\dfrac{6M_2}{l^2\delta}\leqslant[\sigma_W]$	（6-4）
	同时承受正应力和切应力，如工字梁腹板对接焊缝（见图6-8e）。对于矩形截面的构件由于最大正应力与最大切应力不在同一点（见图6-8f），故按式（6-6）和式（6-7）分别验算	$\sigma_z=\sqrt{\sigma^2+3\tau^2}\leqslant1.1[\sigma_W]$ 式中 σ——弯矩产生的正应力 $\sigma=M/W$ 式中 τ——切力 Q 产生的切应力 $\tau=\dfrac{QS_W}{\delta J_W}$ 式中 S_W——计算焊缝以上面积对中性轴的静矩 J_W——焊缝计算截面的惯性矩 1.1——考虑最大折算应力 σ_z 只在局部出现，而将设计强度适当提高的系数	（6-5） （6-6） （6-7）
搭接接头	受拉（压）力的正面搭接焊缝（见图6-9a）	$\tau=\dfrac{F}{2K_0 l}\leqslant[\tau_W]$ 式中 K_0——角焊缝计算厚度	（6-8）
	受拉（压）力的侧面搭接焊缝（见图6-9b）	$\tau=\dfrac{F}{2K_0 l_1}\leqslant[\tau_W]$ 静载时，当 $l_1<60K$，按 l_1 代入式（6-9）计算，当 $l_1>60K$ 时，l_1 按 $60K$ 代入计算 动载时，当 $l_1<40K$，按 l_1 代入式（6-9）计算，当 $l_1>40K$ 时，l_1 按 $60K$ 代入计算	（6-9）
	受拉（压）力的正，侧面联合搭接焊缝（见图6-9c）	$\tau=\dfrac{F}{2K_0(l_1+l)}\leqslant[\tau_W]$ $\tau=\dfrac{F}{2(l_1K_{0侧}+lK_{0正})}\leqslant[\tau_W]$	（6-10） （6-11）
	受弯矩的正面搭接焊缝（见图6-9d）	当 $l>l_1$ 时 $\sigma=\dfrac{M}{W_W}=\dfrac{3M}{K_0 l^2}\leqslant[\tau_W]$ 当一条焊缝时，$W_W=K_0l^2/6$ 当 $l\leqslant l_1$ 时 $\tau=\dfrac{M}{K_0 l l_1}\leqslant[\tau_W]$	（6-12） （6-13）

（续）

接头形式	受力条件	计算式	公式编号
搭接接头	受弯矩的侧面搭接焊缝(见图6-9e)	当 $l \geqslant l_1$ 时 $\tau=\dfrac{M}{K_0 l l_1} \leqslant [\tau_W]$	(6-14)
		当 $l<l_1$ 时 $\tau=\dfrac{3M}{K_0 l_1^2} \leqslant [\tau_W]$	(6-15)
	受弯矩的联合承载搭接焊缝(见图6-9f)	$\tau=\dfrac{M}{\dfrac{1}{3}K_0 l^2+K_0 l l_1} \leqslant [\tau_W]$	(6-16)
		如果正面焊缝只有一条，则 $\tau=\dfrac{M}{\dfrac{1}{6}K_0 l^2+K_0 l l_1} \leqslant [\tau_W]$	(6-17)
	切力 Q 和弯矩 M 共同作用时的正面、侧面和联合搭接焊缝	用式(6-8)~(6-11)计算 Q 产生的切应力 τ_Q，用式(6-12)~式(6-17)计算 M 产生的切应力 τ_M，当 τ_Q 与 τ_M 同向，则合成应力 $\tau_W=\tau_Q+\tau_M \leqslant [\tau_W]$ 当 τ_Q 与 τ_M 垂直，则合成应力 $\tau_W=\sqrt{(\tau_Q+\tau_M)} \leqslant [\tau_W]$	
	开槽塞焊，承受拉(压)力(见图6-9g)	$\tau=\dfrac{F}{mB\sum L} \leqslant [\tau_W]$ 式中 m——系数，$1 \leqslant m \leqslant 0.7$ $\sum L$——槽的总长(mm) B——槽的宽度(mm)	(6-18)
	电铆焊承受拉(压)力(见图6-9h)	$\tau=\dfrac{F}{\dfrac{\pi}{4}d^2 nm} \leqslant [\tau_W]$ 式中 m——系数，同上 d——焊点直径 n——焊点数	(6-19)
T形接头	受压力的角焊缝T形接头(见图6-10a)	$\sigma=\dfrac{F}{2lK_0} \leqslant [\sigma_W]$	(6-20)
	受拉力的角焊缝T形接头	$\tau=F/2K_0 l \leqslant [\tau_W]$	(6-21)
	受平行于焊缝的集中力 F 的角焊缝(见图6-10b)接头相当于承受弯矩 $M=Fl$ 和切力 $Q=F$	$\tau_Q=\dfrac{F}{2K_0 h}$ $\tau_M=\dfrac{M}{2\dfrac{K_0 h^2}{6}}=\dfrac{3Fl}{K_0 h^2}$ 则合成应力 $\tau_W=\sqrt{\tau_Q^2+\tau_M^2} \leqslant [\tau_W]$ τ_Q 和 τ_M 方向如图6-10b所示	(6-22)

（续）

接头形式	受力条件	计算式	公式编号
T形接头	受垂直于焊缝的集中力 F 作用的角焊缝 T 形接头（见图 6-10c），接头相当于承受弯矩 $M=Fh$ 和切力 $Q=F$	$\tau_Q=F/2K_0 l$ $\tau_M=\frac{M}{W}=\frac{Fh}{\frac{l[(\delta+2K_0)^3-\delta^3]}{6(\delta+2K_0)}}$ 各符号及 τ_Q 和 τ_M 方向如图 6-10c 所示，则合成应力 $\tau_W=\sqrt{\tau_{Q}^2+\tau_{M}^2}\leqslant[\tau_W]$	(6-23) (6-24)
	受平行于焊缝的集中力 F 的作用的开坡口（对接）焊透焊缝，相当于承受弯矩 $M=Fl$ 和切力 $Q=F$ （见图 6-10d）	$\tau_Q=F/\delta h$ $\sigma_M=6Fl/\delta h^2$ 则折合应力 $\sigma_z=\sqrt{\sigma_M^2+3\tau_Q^2}\leqslant1.1[\sigma_W]$ 如果集中力偏斜 α 角，则 $M=pl\cos\alpha$ 垂直切力 $Qv=F\cos\alpha$ 水平切力 $Qh=F\sin\alpha$ $\tau_{QV}=\frac{F\cos\alpha}{\delta h}$，$\tau_{QH}=\frac{F\sin\alpha}{\delta h}$ $\sigma_M=\frac{6Fl\cos\alpha}{\delta h^2}$ 则折合应力为 $\sigma_z=\sqrt{(\sigma_M+\tau_{QH})^2+3\tau_{QV}^2}\leqslant1.1[\sigma_W]$	(6-25) (6-26)
	当半径为 R 圆柱用不开坡口角焊缝焊到垂直平板上时，如果圆柱承受弯矩 M 如果圆柱承受弯矩 M	$\tau=4M(R+K_0)/\pi[(R+K_0)^4-R^4]\leqslant[\tau_W]$ 当 $R\gg K_0$ 时 $\tau=M(R+K_0)/\pi K_0R^3\leqslant[\tau_W]$ $\tau=2M(R+K_0)/\pi[(R+K_0)^4-R^4]\leqslant[\tau_W]$ 当 $R\gg K_0$ 时 $\tau=M(R+K_0)/2\pi K_0R^3\leqslant[\tau_W]$	(6-27) (6-28)

表 6-7　焊接接头焊缝按极限状态设计法的强度计算公式

焊缝和接头形式		焊缝及受力情况	计算式	公式编号
对接焊缝	对接接头	如图 6-8 所示为熔透的对接焊缝，受拉力 F	$\sigma=\frac{F}{\delta_1 l}\leqslant\sigma_{fi}^{w}$ 式中　σ_{fi}^{w}——焊缝的强度设计（抗拉和抗弯）值，见表 6-3	(6-29)
		熔透的对接焊缝，受压力 F	$\sigma=\frac{F}{\delta l}\leqslant\sigma_{fe}^{w}$ 式中　σ_{fe}^{w}——焊缝的强度设计（抗压）值，见表 6-3	(6-30)
		如图 6-8b 所示，熔透的对接焊缝，受剪力 Q	$\tau=\frac{1.5Q}{\delta l}\leqslant\tau_{f}^{w}$ 式中　τ_{f}^{w}——焊缝的强度设计（抗剪）值，见表 6-3	(6-31)
		如图 6-8d 所示，熔透的对接焊缝，受面内弯矩 M	$\sigma=\frac{6M_2}{l^2\delta}\leqslant\sigma_{fi}^{w}$ 式中　σ_{fi}^{w}——焊缝的强度设计（抗拉和抗弯）值，见表 6-3	(6-32)

（续）

焊缝和接头形式		焊缝及受力情况	计 算 式	公式编号
对接焊缝	对接接头	如图6-8e，f所示同时承受正应力和切应力，当正应力和切应力均较大，如e图则需验算折合应力。否则进行分别验算。当承受轴心力的板件用斜焊缝时，焊缝与作用力夹角 θ 符合 $\mathrm{tg}\theta \leqslant 1.5$ 时，可不计强度	由弯矩 M 和轴力 p（图中未绘出）产生的正应力 $\sigma = \frac{M}{W} + \frac{F}{A} \leqslant \sigma_{fi}^{w}$ 式中 W——焊缝截面抗弯截面模量；A—焊缝截面面积 由剪力 Q 产生的切应力 $\tau = \frac{QS_w}{\delta J_w} \leqslant \tau_{f}^{w}$ 式中 S_w——计算应力处以上焊缝截面对中性轴的静矩 J_w——焊缝计算截面对中性轴的惯性矩 折合应力 $\sigma = \sqrt{\sigma^2 + 3\tau^2} \leqslant 1.1\sigma_{fi}^{w}$	(6-33) (6-34) (6-35)
对接焊缝	T形接头	当工字形截面的梁和同样截面的柱相正交，并由对接焊缝连接，承受梁传来的剪力 Q 和弯矩 M	正应力 $\sigma = M/W \leqslant \sigma_{fi}^{w}$ 切应力 $\tau = \frac{Q}{\delta l} \leqslant \tau_{f}^{w}$ 折合应力 $\sigma = \sqrt{\sigma^2 + 3\tau^2} \leqslant 1.1\sigma_{fi}^{w}$	(6-36) (6-37) (6-38)
直角焊缝	搭接接头	如图6-9a所示的正面搭接	当 F 力与焊缝垂直时 $\tau = \frac{F}{K_0 l} \leqslant \beta_f \tau_{fi}^{w}$ 式中 K_0——角焊缝计算厚度，取0.7K(焊脚尺寸) β_f——正面角焊缝强度设计值的增大系数；静载或间接承受动载的结构，$\beta_f = 1.22$；直接承受动载的结构 $\beta_f = 1.0$，其他符号同前	(6-39)
直角焊缝	搭接接头	如图6-9b所示的侧面搭接	当 p 力与焊缝平行时 $\tau = \frac{F}{K_0 l_1} \leqslant \tau_{fi}^{w}$	(6-40)
直角焊缝		如图6-9c所示的联合搭接	$\tau = \frac{F}{K_0(\beta_f \sum l + \sum l_1)} = \frac{F}{2K_0(\beta_f l + l_1)} \leqslant \tau_{fi}^{w}$ 式中 K_0——角焊缝的计算厚度，通常两角焊缝的焊脚 K 是相同的，否则取小焊脚进行计算，其他符号同前	(6-41)
直角焊缝	T形接头	如图6-10b所示的用直角焊缝构成的T形接头，如果承受除向下的集中力 F 之外，还作用有水平集中力 F_1	$\tau_{M,P_1} = \frac{F_1}{\beta_f K_0 2h} + \frac{M}{\beta_f W} = \frac{F_1}{\beta_f K_0 2h} + \frac{3Fl}{\beta_f K_0 h^2}$ $\tau_p = = \frac{F}{K_0 2h}$ 式中 τ_M，F_1，τ_p——共同作用侧 $\tau = \sqrt{\tau_{M,P_1}^2 + \tau_p^2} \leqslant \tau_{fi}^{w}$	(6-42)

注：1. 如图6-12所示的T形接头斜角角焊缝，当 $60° \leqslant \alpha \leqslant 135°$ 时，斜角焊缝的强度按式(6-39)式(6-40)式(6-42)计算，但取 $\beta_f = 1.0$，计算厚度 $K_0 = K\cos\frac{\alpha}{2}$（根部间隙≤1.5mm）或 $K_0 = \left[K - \frac{间隙值}{\sin\alpha}\right]\cos\frac{\alpha}{2}$（1.5mm＜间隙值≤5mm）。

2. 如图6-11所示部分焊透的对接和T形对接与角接组合焊缝的强度亦按角焊缝的计算式(6-39)、式(6-40)、式(6-42)计算，在垂直焊缝长度方向上的压力作用下，取 $\beta_f = 1.22$，其他受力情况取 $\beta_f = 1.0$，K_0 的选取：V形坡口（见图6-11a），当 $\alpha \geqslant 60°$ 时 $K_0 = s$，当 $\alpha < 60°$ 时 $K_0 = 0.75s$。单边V形和K形坡口（图6-11b、c），当 $\alpha = 45° \pm 5°$ 时 $K_0 = s - 3$。U形和J形坡口（见图6-11d、e），取 $K_0 = s$。

3. 焊接梁与柱相交，如开坡口焊透，才用式(6-38)；否则视为直角角焊缝，则适用式(6-42)，并假定腹板竖直角焊缝用力。如工字截面柱在梁的盖板处布置了加强肋，此时认为盖板焊缝亦用力。

指出，T形接头承受压力（见图6-10a）时，由于立板可与盖板抵紧，承受压力能力大为提高，可用式（6-20）进行强度计算。很多情况下，集中力既不平行、又不垂直于焊缝，可以将作用力分解成两部分，分别进行强度计算，如图6-10d及表6-6中式（6-26）。

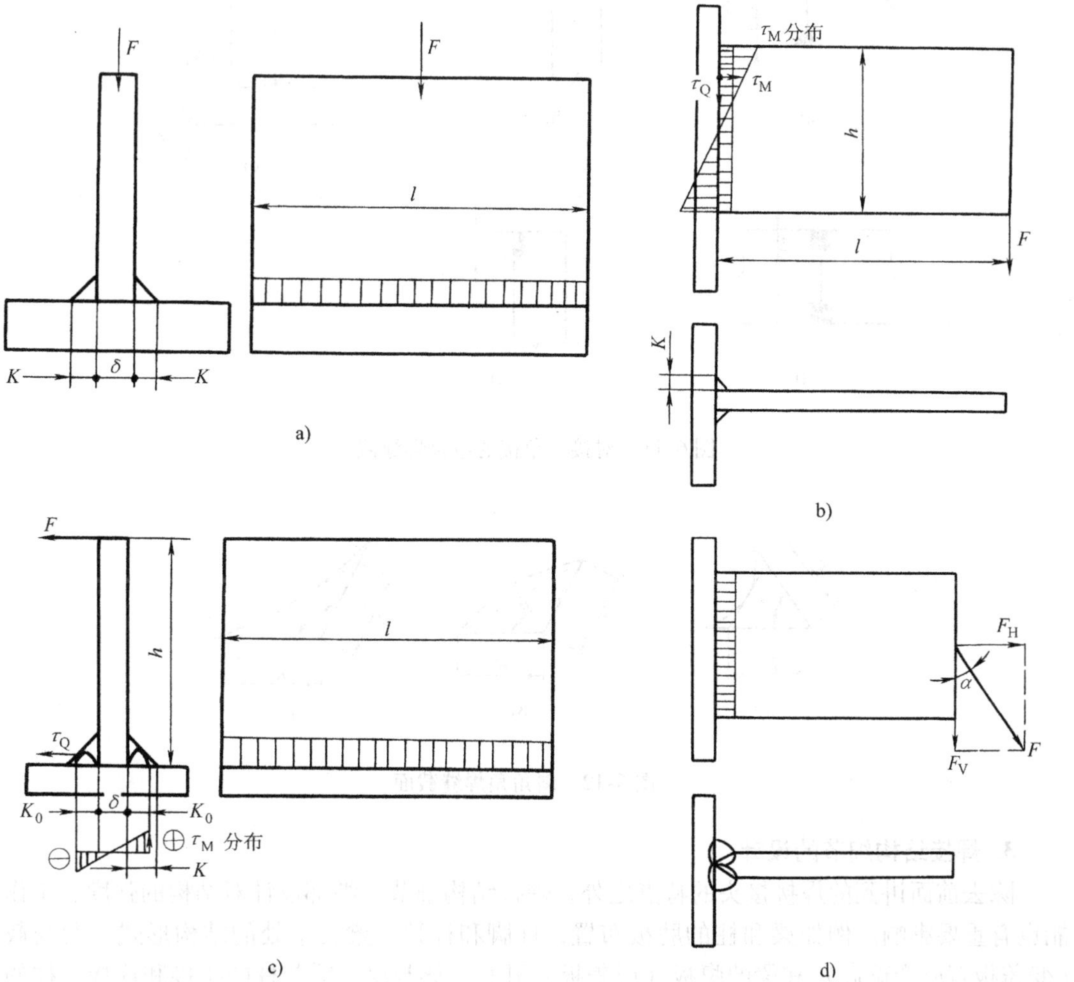

图6-10 T形接头及受力图

a）T形接头承受压力 b）T形接头承受F力产生面内弯矩和切力

c）T形接头承受F力产生垂直面的弯矩和切力 d）T形接头承受任意方向的F力

（2）极限状态设计法焊缝连接的计算 根据GB 50017—2003《钢结构设计规范》，采用焊接连接时，对于对接接头、T形接头、角接头和搭接接头上的焊缝，采用了对接焊缝、直角角焊缝、对接与角接的组合焊缝（见图6-11）和斜角角焊缝（见图6-12）等形式。焊缝则应根据结构的重要性、载荷特性、焊缝形式、工作环境以及应力状态等情况选用是否熔透和不同质量等级，如承受疲劳构件的对接焊缝均应焊透且焊缝质量为Ⅰ、Ⅱ级；虽不计疲劳，但要求与母材等强的，也要求焊透，并应不低于Ⅱ级的焊缝质量；重级工作制的吊车梁、起重量>50t的中级工作制的吊车梁，腹板与盖板间的角焊缝，要求开坡口焊透等。

焊缝强度的计算公式见表6-7。

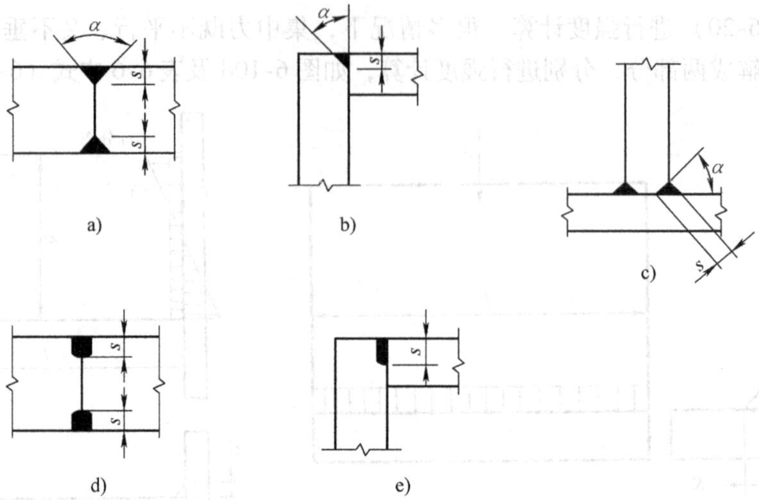

图6-11 对接与角接的组合焊缝截面

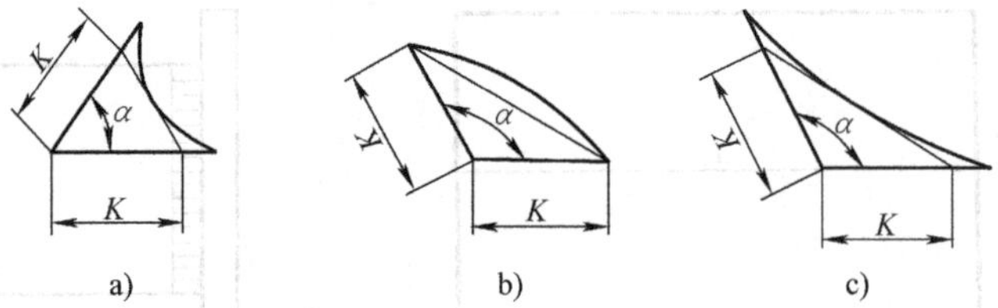

图6-12 斜角角焊缝截面

3. 焊接结构细节的设计

除去前面讲到的焊接接头的特点之外，焊接结构细节、细部设计对结构的强度、工作性能也有重要影响。例如梁和柱的肋板布置，柱脚和柱顶、梁支承处的结构形式，梁变截面（变盖板宽或变梁高）和梁的腹板（或盖板）开孔，梁与梁、梁与柱的拼接和连接，柱的缀条、缀板（格构柱）的连接，桁架杆件的截面形式，节点的布置，焊接容器的支承形式，接管和开孔等等。这些细节、细部和它们的焊接接头有些需要进行设计计算，有些则不需要或难于用常规的方法进行计算。前几章里已经说明焊接接头、结构细节对结构强度有着重大的影响，例如按欧洲钢结构协会的观点，影响疲劳强度的因素除公称应力幅的大小外，首推特定结构构件的细节类型，由结构细节类型确定疲劳评估中使用的疲劳强度曲线，因为细节类型决定了结构细节的局部应力集中，最大不连续性的尺寸和形状、应力方向、冶金效应、残余应力，还可能影响形成疲劳裂纹的形状，某些情况下还影响了焊接工艺和焊前、焊后的处理要求。这里我们仅提出细节设计应注意的一般问题，重要细节的设计在有关章节内介绍。设计焊接结构细节时应注意以下几点：

1）结构细节应简洁，过渡圆滑，使力线分布均匀。

2）结构细节应尽量不增加结构的拘束度，不出现截面突然变化和三轴应力

3）焊缝布置应尽量分散，相邻间隔大，避开应力集中的最大部位、高应力应变区等。

第7章 梁、柱和桁架类焊接结构的设计与生产

7.1 焊接梁、柱和桁架的结构特点、用途和种类

焊接梁、柱和桁架均是运用最多的焊接结构之一，又常常是组成复杂结构的基本构件。

7.1.1 焊接梁

焊接梁主要工作在横向弯曲载荷下（可以在一个主平面受弯，也可以在两个主平面内受弯），有时还可承受弯扭的联合作用。是焊接钢结构中最主要的一种构件形式，是组成各种建筑钢结构的基础。例如，可用组合梁来组成桥梁及栈桥主梁；用梁组成格栅制作工厂的工作平台（如炼钢平台、采油平台等）的基础；用梁制作高层建筑钢结构的楼层盖等。焊接梁还是机器构件的主要组成部分，例如组成起重运输机械的主体金属结构，像桥式起重机的桥架（大车架）和小车架等。

1. 焊接梁的截面

焊接梁的截面最简单的是两块板、三块板和四块板组合成的T形、工字形和箱形梁。故按其截面形式可分为箱形截面梁、工（H）形截面梁和管形截面梁等。但用得最多的是工形和箱形截面梁，由于这种梁的截面结构简单，设计和制造省时间，通用性好，故其是组成桥式起重机主梁截面的主要形式，如图7-1j、k、l、p、q所示。大多数焊接吊车梁都采用工形截面，如图7-1b所示，如将腹板做成带折线的梁（见图7-1r），则在接近工形截面梁抗弯刚度条件下，可获得较工形截面梁更优的抗扭刚度和减振性能。箱形截面还具有水平刚度及抗扭刚度较工字截面高，制成起重机的桥架、机构安装及检修都较为方便等优点，已用其制成5~80t系列起重机金属结构。图7-1p所示为大吨位起重机采用的偏轨箱形梁截面；而图7-1q所示为充分利用箱形梁抗扭刚度大而设计的单主梁结构，这种截面形式大大节约了钢材，国内已设计生产了5~50t系列的单主梁起重机；图7-1m所示是型钢和钢板拼焊成的单腹板主梁；图7-1i、n、o所示为管形截面主梁结构，用作桥架的主梁或安装电动葫芦小车的门式起重机结构的主梁。图7-1f、g、h则是用于车辆（列车及汽车）的中梁或大梁；T形梁、工字梁及型钢拼焊的梁则大量用于房屋钢结构及工业建筑钢结构。

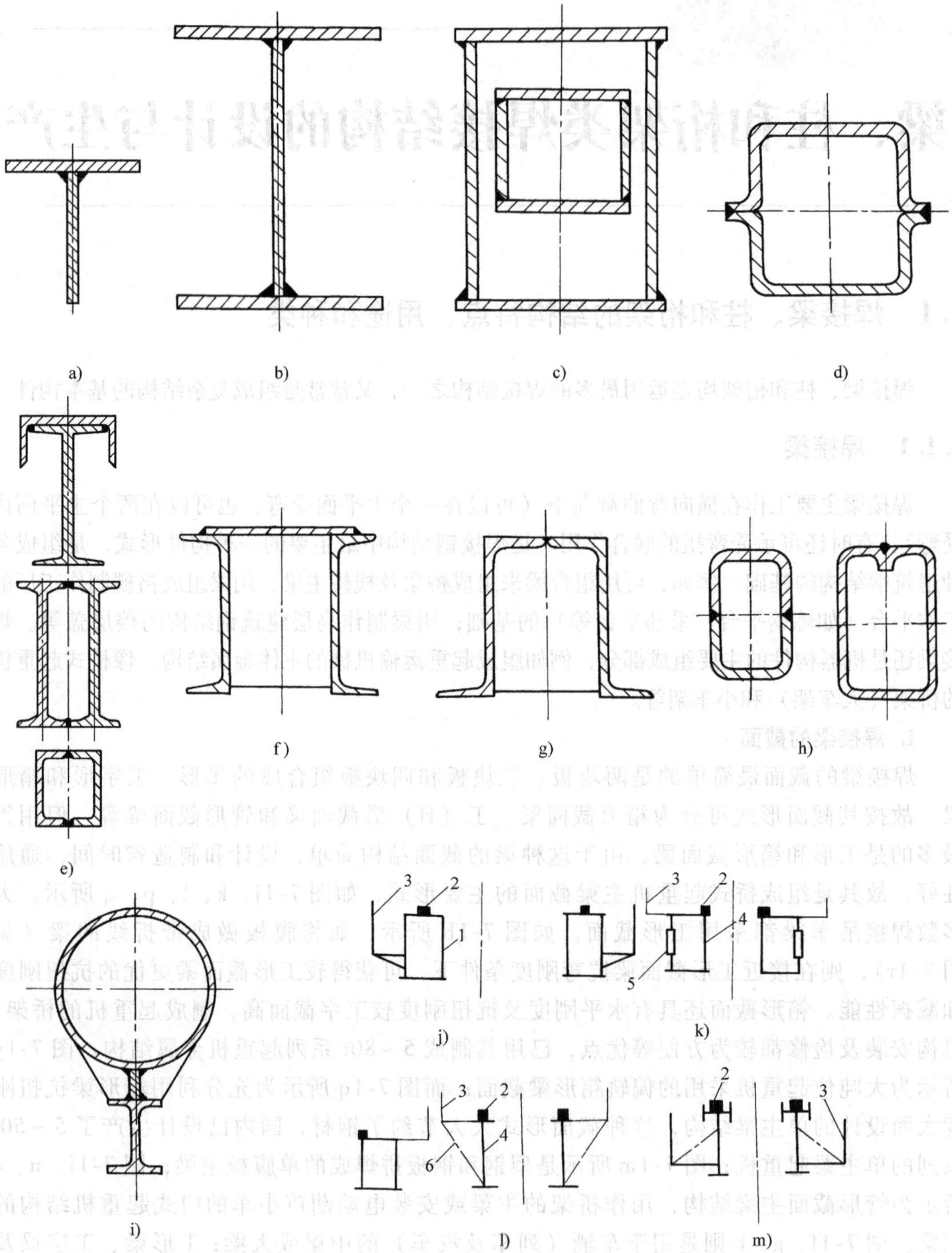

图 7-1 梁的截面形状

a）T 形梁 b）工字梁 c）箱形梁 d）Π 形冲压件组合梁 e）槽钢、工字钢组合梁
f）槽钢加盖板组合梁 g）Z 形钢组合梁 h）冲压构件组合梁 i）圆管与工字钢组合梁
j）~ m）各种桥式起重机梁截面简图

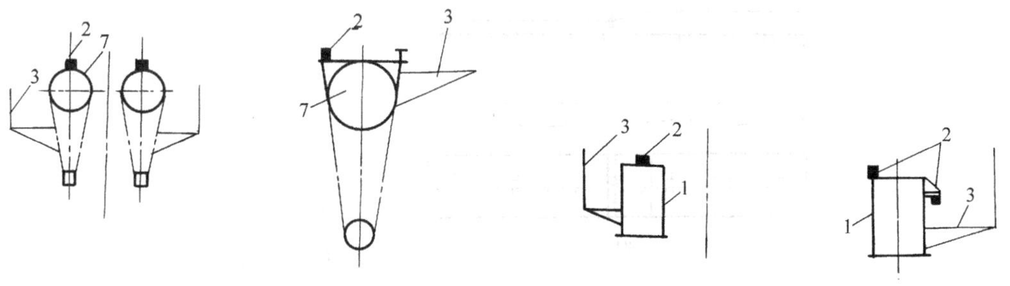

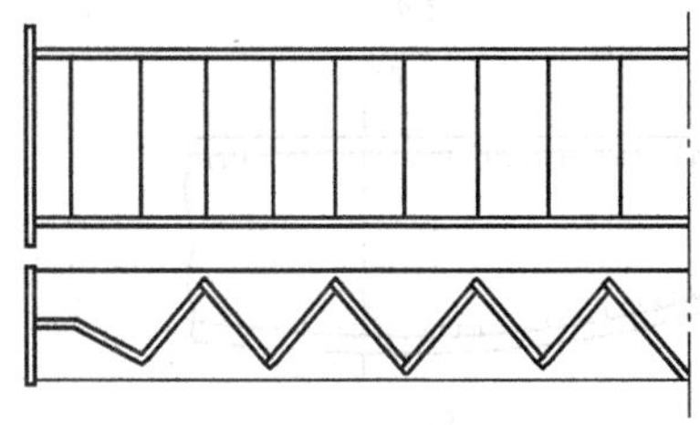

图7-1　梁的截面形状（续）

n）~q）各种桥式起重机梁截面简图　r）腹板为折线形的梁

1—箱形主梁　2—轨道　3—走台　4—工字主梁　5—空腹梁　6—斜撑　7—管形主梁

2. 变截面梁

由于焊接梁上的载荷分布不均，相应梁的截面也要改变。但当载荷不十分大，跨度（梁长）也不大时，则可根据梁的最大载荷选择截面，并且使全长保持不变。大载荷、大跨度的重型梁，如冶金工厂的重型吊车梁、桥式起重机的主梁等，为节省材料，减轻自重，则设计成变截面梁，图7-2b、c所示是用于桥式起重机主梁所采用的鱼腹梁和曲腹梁（箱形梁和工字梁），但后者由于施工不便，已很少采用，而分级的鱼腹梁随分级的增加，材料更节省，但制造费用提高，故一般分1~2级。图7-2d所示则是盖（翼）板厚度变化的变截面梁，多用于重型且梁上无移动载荷的梁。另外还有改变盖板宽度的变截面梁，但目前很少用。

为了充分发挥钢材性能，减轻梁的重量，也可做成异种钢组合梁。如受力较大的盖（翼）板采用强度较高的钢材，而腹板可采用强度较低的钢材。

将轧制工字钢或H形钢（宽翼板）沿腹板波折线切开（见图7-3a），再错位焊拼接起来（见图7-3b），焊成空腹梁-蜂窝梁。这种梁提高了承载能力（梁高增加了），腹板孔洞又可供管道通过，是一种经济合理的构造形式，在国内外获得广泛应用。按图7-3c所示的虚线切开，稍加修改再拼焊成楔形梁（见图7-3d），则可承受跨中的较大弯矩。

焊接梁的另一个特点是在梁承受局部载荷处（如支承处）和承受集中载荷处布置加强肋，桥式起重机主梁，由于上盖板上铺有供小车行走的轨道，传递起重载荷的集中力，故梁

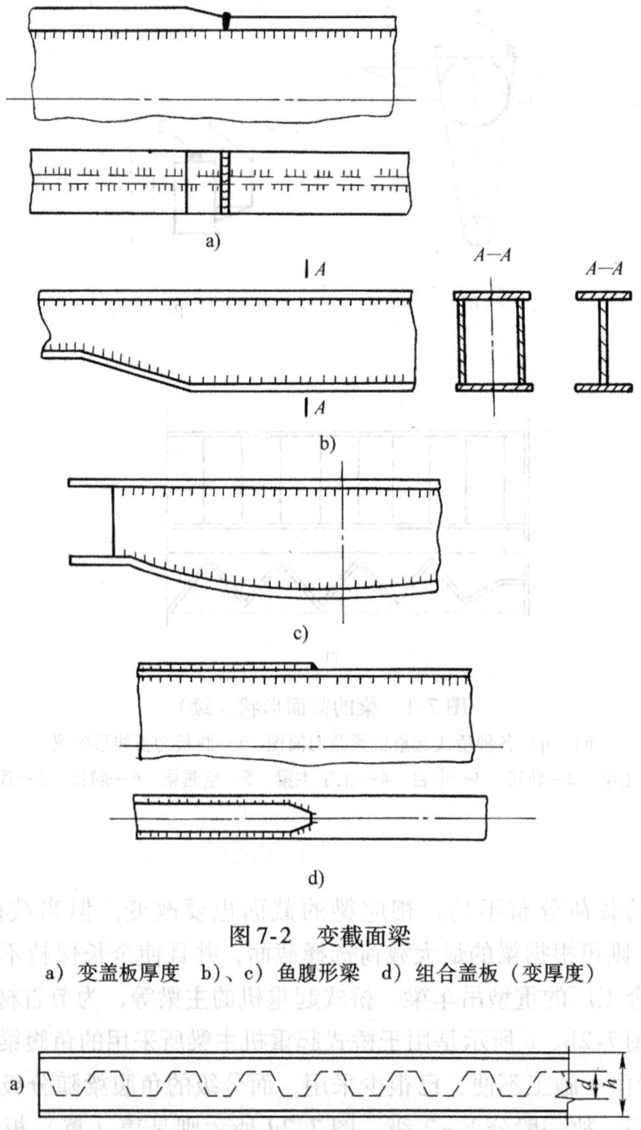

图 7-2 变截面梁

a）变盖板厚度 b)、c）鱼腹形梁 d）组合盖板（变厚度）

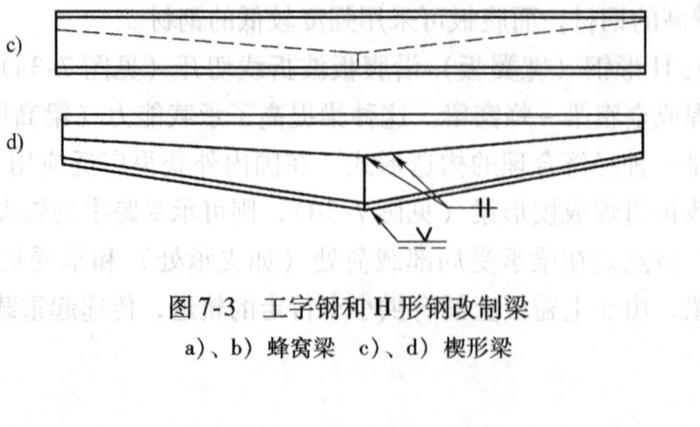

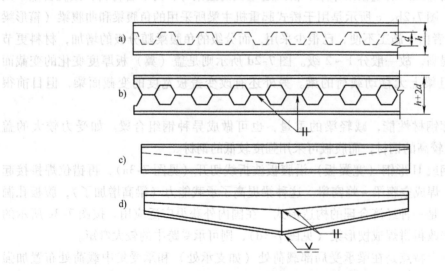

图 7-3 工字钢和 H 形钢改制梁

a)、b）蜂窝梁 c)、d）楔形梁

内布置有大小横向肋板，供合理地传递该集中力，不致使上盖板弯曲。此外，还具有提高构件抗局部失稳，提高梁的抗扭刚度、水平刚度及整体稳定性的作用，如其上的大肋板、水平加强肋等都起这种作用。图7-4则是架在车间柱子（牛腿）上供车间桥式起重机行走的焊接吊车梁的结构图，其中图7-4a所示为承受5～75t载荷的吊车梁，图7-4b所示为能够供载重300t起重机行走的吊车梁截面图，应特别注意其构造细节。后面介绍典型工字梁的加强肋布置和构造细节，还给出了支承处的构造。

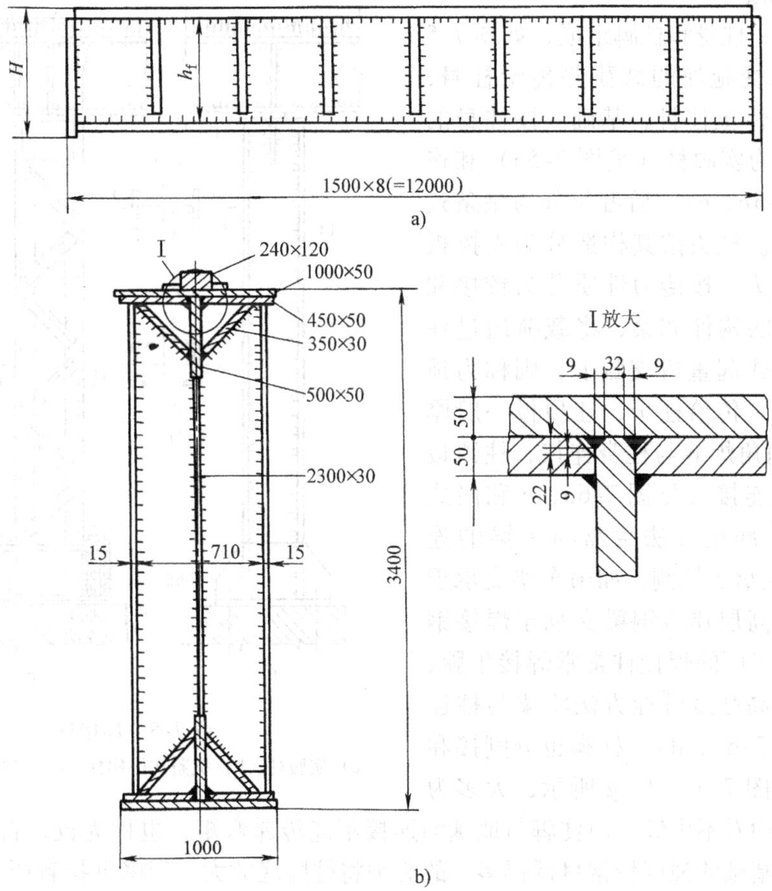

图7-4　焊接吊车梁的结构示意图
a）5～75t的吊车梁　b）300t吊车梁的截面图

7.1.2　焊接柱和桁架

柱是主要承受压力的构件。根据压力载荷通过轴心或不通过轴心，则分别称为轴心受压柱和偏心受压（又称压弯）柱。焊接柱广泛应用于机器结构和建筑工程结构，如起重机的臂（支撑臂）、门式起重机的支腿、自升式钻井船的桩腿、支承梁和桁架等金属结构或建筑工程结构。将直杆（二力杆）连接起来形成的格构式结构即为桁架。

当桁架的节点是采用焊接将直杆（二力杆）连接起来形成的格构式结构，即为焊接桁架。焊接桁架大多数作为梁工作，承受横向弯曲载荷。桁架结构中的大部分杆件只承受轴心力。桁架梁与实腹式受弯构件相比，其材料得到充分利用，重量轻，节省钢材，加之运输和安装十分方便，制造时易于控制变形等优点，故在大跨度、小载荷结构上使用十分普遍，例如用于栈桥梁、门式起重机主梁、桥式起重机主梁、塔式起重机的臂架和屋顶桁架等的一般桁架，以及用于桥梁钢结构的大型桁架，这些桁架作为梁使用，而用作塔桅结构和海洋石油钻采平台的导管架等的大型桁架也可以作为梁使用，但主要是作柱用，且承受纵向压力或压弯载荷。

1. 柱的构成

柱由柱头、柱身和柱脚组成，如图7-5所示。柱头承受施加的载荷并传给柱身，然后再将载荷传至柱脚、基础。按柱身的构造可把柱分为实腹柱（见图7-5a）和格构柱（见图7-5b、c），后者又分为缀条式和缀板式两种。柱头按其构造分为支撑板传力和支托传力，按传力性质分为铰接和半刚接。柱上的构件如梁，将载荷通过柱顶板（如在门式起重机支腿上，则称为顶部矩形法兰盘）传给柱子，柱顶板一般厚16~30mm，用角焊缝与柱身连接，柱顶板与梁则由螺栓连接（见图7-6a、c和门式起重机支腿顶部矩形法兰盘与主梁的连接）。有时梁支承于柱侧，如吊车梁支承于柱侧牛腿上、高层建筑钢梁支承于焊接钢柱侧。因此，工厂的焊接柱常常焊接牛腿，并采用焊接或高强度螺栓方法将梁与柱连接起来（见图7-6b、d）。柱脚也分刚接和铰接两种，如图7-6e、f、g所示，大多为铰接；虽然图中看不出铰，但柱脚与地基的连接不能传递弯矩，也称为铰，否则称为刚接。此外由于水泥基础的强度较钢材低得多，故必须将柱脚底放大，以降低接触压力。受力较小时，可用角焊缝将柱端直接焊到底板上（见图7-6e），为增加底板刚度，可采用加肋的办法（见图7-6g），图7-6f采用了靴梁形式的柱脚，目的是将柱端载荷通过垂直角焊缝传给靴梁，靴梁再通过水平角焊缝均匀传给底板。

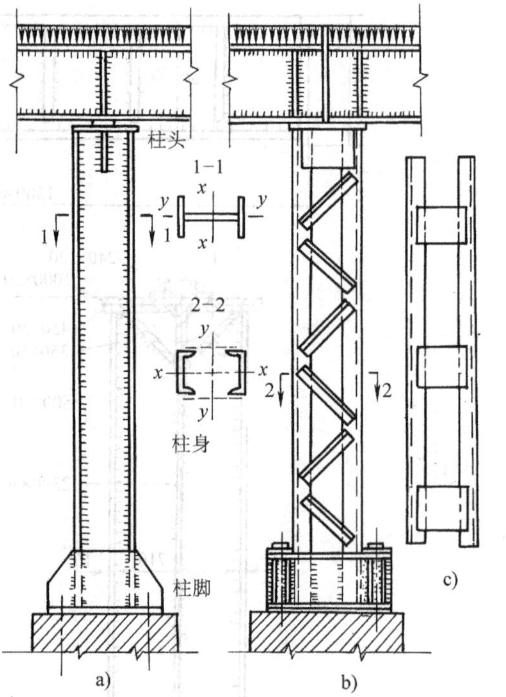

图7-5 焊接柱
a）实腹柱 b）缀条式格构柱 c）缀板式格构柱

2. 桁架基本杆件

桁架的二力杆，或受拉、或受压，常称为拉杆或压杆，这些杆件的连接点称为节点。大多数情况下，载荷作用于节点，杆件都是轴心拉杆或轴心压杆，若节点间还有载荷作用，则受到节点之间载荷作用的杆件就属于压弯或拉弯构件，绝大多数桁架由三角形单元构成，如图7-7（除图7-7b以外）所示。图7-7b所示为由无斜杆刚性节点的矩形单元构成的桁架，称为空腹（桁）架，其节点是能承担弯矩的扩大节点，其杆件也较粗大，常用作起重机主梁，亦称空腹梁。固定载荷可作用于桁架的上部，如图7-7a、c、h所示，也可作用于桁架

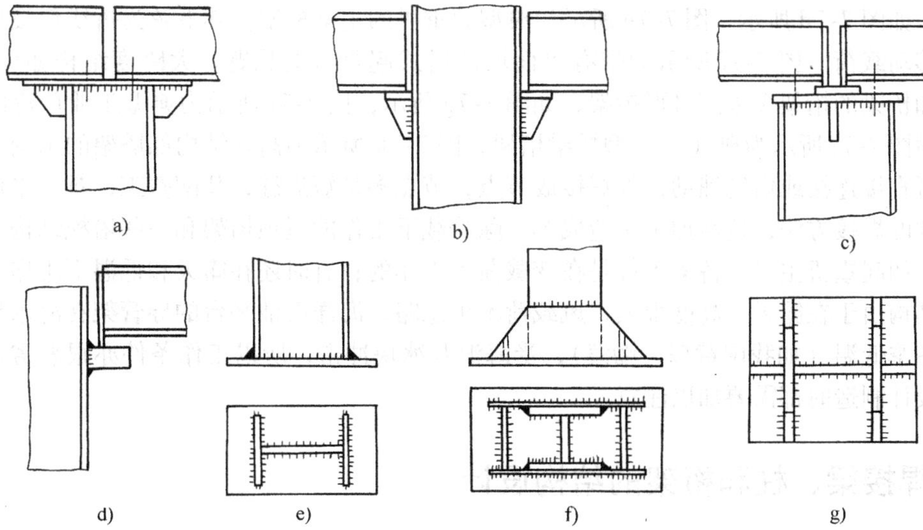

图7-6　柱头和柱脚

a)、c) 支承板传力的柱头　b)、d) 柱侧的牛腿　e)、g) 底板传力的柱脚　f) 靴梁传力的柱脚

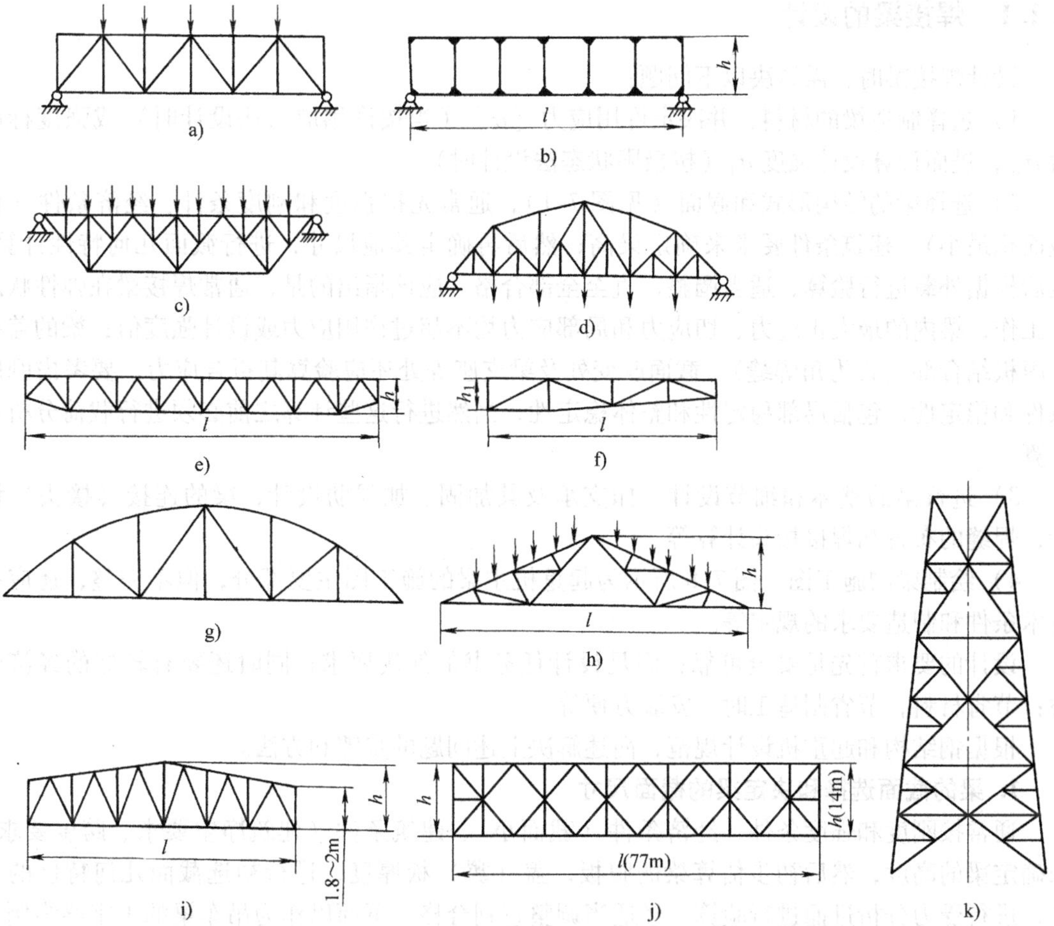

图7-7　几种桁架示意图

a)、c)、d)、j) 桥梁桁架　b) 空腹起重机桁架　e)、f) 起重机桁架　g) 屋顶及桥梁桁架　h)、i) 屋顶桁架　k) 塔架

的下部，如图7-7d所示。图7-7e所示为典型起重机的主梁桁架，其下弦为折线鱼腹形，上部承担移动载荷。图7-7f所示为带有单面坡的塔式起重机的悬臂。大跨度结构如厅、堂、馆、库和桥梁的桁架多采用弓形桁架，如图7-7g所示，图7-7i所示为典型工业厂房的屋顶桁架，而图7-7j所示为典（大）型桥梁桁架，图7-7k所示为高耸结构如塔架的示例。桁架的杆件可直接连接或借助辅助元件焊接成节点，节点多是短焊缝，装配费工，难于采用自动化和高效的焊接方法，这增加了制造成本。除静载下工作的屋顶桁架和一些塔桅结构外，许多桁架，如起重机主梁、桥梁等都是在变载荷下工作的；有时还在露天和低温下工作，如那些高耸结构由于在露天，高度很大，风载荷不可忽略，海洋石油平台的导管架在海水环境下工作，冬季低温（如我国黄海、渤海），受海浪及冰块冲击，所以工作条件亦很恶劣，这些在结构设计制造时都需要加以注意。

7.2 焊接梁、柱和桁架的结构设计

本书简要介绍梁、柱和桁架结构设计的步骤、内容，以及有关构造细节。

7.2.1 焊接梁的设计

设计焊接梁时，需解决以下问题：

1）选择制造梁的材料，并决定许用应力［σ］（当按许用应力法设计时）或强度标准值 σ_{fk}，进而计算设计强度 σ_f（按极限状态法设计时）。

2）选择梁的结构形式和截面（见图7-1），通常先按强度和刚度条件、经济条件（使截面积最小）、建筑条件要求来确定梁高；然后再确定其他尺寸，进行截面几何特性计算，最后根据外载进行验算，适当调整，直至全部合格。应该指出的是，通常焊接梁在弹性状态下工作，梁内的最大正应力、切应力和局部应力均不超过许用应力或设计强度值；梁的盖板和腹板结合部（常为角焊缝）、截面改变处及梁支座等处还应验算其折合应力，要考虑刚度条件和稳定性，包括局部稳定性和整体稳定性，当然进行这些计算之前必须进行载荷分析和计算。

3）进行梁的整体和细节设计，如支承及其加固、加强肋设计，梁的连接（接头）设计，焊缝的布置和焊接接头计算等。

4）绘制梁的施工图。图7-8所示为起重机主梁的施工图主要部分，但不完整，还应有技术条件和制造要求的规定等。

设计的要求首先是安全可靠；满足设计任务书的使用要求；同时还要有较好的经济效益：节省材料，节省制造工时，安装方便等。

根据钢结构和起重机设计规范，简述解决上述问题的步骤和方法。

1. 梁的截面选择和决定梁的截面尺寸

通常按刚度和强度条件、经济条件（截面小）、建筑条件（建筑净空要求、跨度要求）来确定梁的高度，然后初步估算梁的腹板，盖（翼）板厚度，进行初选截面几何特性的计算，进行受力分析进而进行验算，经适当调整直到合格。下面以作为吊车梁的工字梁为例来介绍。

（1）梁高的确定　按经济高度有经验公式

$$h = 7\sqrt[3]{W_x} - 30 \text{ 或 } h = 1.3 \sim 1.4\sqrt{\frac{W_x}{\delta_f}};h = \sqrt{\frac{W_x}{\delta_f}} \tag{7-1}$$

式中　h——梁截面的经验高度（cm）；

W_x——梁在垂直截面内的抗弯模数（抵抗矩）(cm^3)，式（7-1）第一式 $W_x = 1.2M_{max}/\sigma_f$；对于第二式（吊车梁）$W_x = M_{max}/\sigma_f$；对于第三式（箱形梁）$W_x = M_{max}/[\sigma]$；

δ_f——腹板的厚度（cm）。实际计算时，第二式系数对于不变截面焊接梁可取 1.2；焊接吊车梁取 1.35。最后式子适用于箱形梁。

按刚度要求的最小梁高可根据容许挠度 [f] 来确定

$$h_{min} = 0.6\sigma_f \frac{l}{[f]} \times 10^{-6} \tag{7-2}$$

式中　h_{min}——梁截面的最小高度（cm）；

σ_f——钢材抗弯的强度设计值（MPa），见第6章表6-3；

l——梁的跨度（cm）；

[f]——受弯构件的允许挠度，按 GB 50017—2003（见表7-1），查表决定最小梁高（见表7-2）。

表7-1　受弯构件的允许挠度

构件类别	容许挠度	
	[f]	[f_1]
吊车梁和吊车桁架		
1）手动吊车和单梁吊车（包括悬挂吊车）	$l/500$	
2）轻级工作制桥式吊车	$l/800$	
3）中级工作制桥式吊车	$l/1000$	
4）重级工作制桥式吊车	$l/1200$	
手动或电动葫芦的轨道梁	$l/400$	
有重轨（重量等于或大于38kg/m）轨道的工作平台梁	$l/600$	
有轻轨（重量等于或大于24kg/m）轨道的工作平台梁	$l/400$	
楼盖和工作平台梁、平台板		
1）主梁或桁架（包括设有悬挂起重设备的梁和桁架）	$l/400$	$l/500$
2）抹灰顶棚的梁	$l/350$	$l/350$
3）除以上以外的其他梁（包括楼梯梁）	$l/250$	$l/300$
4）平台板	$l/150$	
屋盖檩条		
1）无积灰的瓦楞铁和石棉瓦屋面	$l/150$	
2）压型钢板、有积灰的瓦楞铁和石棉瓦屋面	$l/200$	
3）其他屋面	$l/200$	
墙架构件		
1）支柱		$l/400$

（续）

构件类别	容许挠度	
	$[f]$	$[f_1]$
2）抗风桁架（作为连续支柱的支撑时）		$l/1000$
3）砌体墙横梁（水平方向）		$l/300$
4）压型钢板、瓦楞铁和石棉瓦墙面的横梁（水平方向）		$l/200$
5）带玻璃窗的横梁（垂直和水平方向）	$l/200$	$l/200$

注：l——受弯构件跨度。

$[f]$——固定和可变载荷标准值产生挠度。

$[f_1]$——可变载荷产生挠度。

表7-2　简支钢梁的最小高度 h_{min}

$[f]/l$	$l/1000$	$l/800$	$l/750$	$l/700$	$l/600$	$l/500$	$l/400$	$l/350$	$l/300$	$l/250$	$l/200$
h_{min}/l	$l/6$	$l/7.5$	$l/8$	$l/8.5$	$l/10$	$l/12$	$l/15$	$l/17$	$l/20$	$l/24$	$l/30$

注：1. 表中所列值仅适于Q235钢，对于其他钢号的梁，表中值应乘以 $R_{eL}/235$，R_{eL} 为所用钢材的屈服强度。对Q235、Q345、Q390钢则分别取 $R_{eL}=235\text{MPa}$、345MPa、390MPa。

2. 直接承受动力作用和冲击作用的焊接梁，尚应满足动刚度要求，梁的高度应满足：$h \geqslant l/18$。

初选梁高应大于 h_{min}，并接近梁的经济高度 h，而小于建筑净空尺寸，符合建筑法规的要求。

（2）决定截面其他尺寸　薄一些的腹板比较经济，但不利于抗局部失稳。故有腹板厚度的经验公式

$$\delta_f = 7 + 3h_f/1000 \tag{7-3}$$

该值应不小于抗剪的要求，即假定最大切应力为腹板平均切应力的1.2倍，则

$$\delta_f \geqslant 1.2Q_{max}/h_f\tau_f \tag{7-4}$$

式中　δ_f——腹板厚度（mm）；

Q_{max}——梁内最大剪力（N）；

h_f——腹板高（mm），可认为 $h_f \approx h$；

τ_f——钢材抗剪强度设计值（MPa）。

计算结果应圆整为标准钢板厚度系列。一般 $22\text{mm} \geqslant \delta_f \geqslant 8\text{mm}$；起重机箱形梁 δ_f 一般 $\geqslant 8\text{mm}$，吊车梁（工字梁 δ_f 为6～10mm；重型梁 δ_f 可达12～18mm，一般不超过22mm。

盖板厚度 δ 和宽度 B 的选定

$$B = (1/3 \sim 1/5)h \tag{7-5}$$

用压板固定轨道的无制动结构吊车梁，$B \geqslant 320\text{mm}$；有制动结构吊车梁，$B \geqslant 360\text{mm}$。当根据盖板和腹板的几何尺寸计算 W_x 时，可得盖板截面积 $A_1(B \times \delta)$

$$A_1 = (W_x/h_f) - (\delta_f h_f/6) \tag{7-6}$$

可确定 δ 或按GB 50017—2003防止盖板局部失稳要求确定 δ

$$\frac{B}{\delta} \leqslant 15\sqrt{\frac{235}{R_{eL}}} \tag{7-7}$$

焊接梁尽量用单层盖板，避免选用图7-4b复杂的形式。当必须用两层时，外层板厚应为内层板厚的0.5～1倍。

初步选定梁的截面后各部分尺寸还需进行下述验算。

（3）梁截面的验算　梁截面的验算包括强度验算、稳定性验算和刚度验算。

强度验算可按以下公式进行：

1）正应力计算：初选截面确定 δ、B、δ_f、h_f、A_1 等参数之后，可计算截面几何特性：

$$A = 2A_1 + KA_f = 2\delta_B + 1.2\delta_f h_f$$

式中　A、A_f、A_1——初选截面梁的截面积，腹板的截面积 $A_f = \delta_f h_f$；A_1 为一个盖板截面积；

K——考虑腹板上有加强肋的系数，工形梁和箱形梁取为1.2。

其他符号同前。

初选截面梁对水平（x）轴的截面模量：

$$W_x = \frac{2J_x}{h} = \frac{\delta_f h_f^2}{6} + A_1 \frac{h_1^2}{h}$$

式中　J_x——梁截面对水平（x）轴的惯性矩；

h——全梁高，$h = h_f + 2\delta$；

h_1——上下盖板中心距，其他符号同前。

正应力，单向受弯

$$\sigma = M_{xmax} / W_x \gamma_x \leqslant \sigma_f \tag{7-8}$$

式中　M_{xmax}——对水平轴的最大弯矩；

γ_x——截面塑性发展系数，对工字截面，相对 x 轴 $\gamma_x = 1.05$，y 轴 $\gamma_y = 1.20$；对箱形截面则有 $\gamma_x = \gamma_y = 1.05$。

其他符号同前。

当水平和垂直面内皆有弯矩作用

$$\sigma = \frac{M_{xmax}}{W_x \gamma_x} + M_{ymax}/W_y \gamma_y \leqslant \sigma_f \tag{7-9}$$

式中　M_{ymax}——对垂直轴的最大弯矩；

γ_y——截面塑性发展系数，见式（7-8）中 γ_x 的解释。

其他符号同前。

切应力 τ，对工字形（箱形）梁，最大切应力在腹板中部：

$$\tau = QS/J_x \delta_f \leqslant \tau_f \tag{7-10}$$

式中　Q——计算截面的剪力；

S——计算切应力处以上截面对中性轴的面积（静）矩；

τ_f——抗剪设计强度。

其他符号同前。

2）局部压应力计算：当梁的上盖板作用沿腹板平面的集中载荷，如工字梁上的轮压，且该处又未设置加强肋，腹板高度上边缘所承受的局部压应力（如盖板与腹板并未靠紧，则该压力大部分将通过角焊缝传递）如下

$$\sigma_c = \psi F/\delta_f Z \leqslant \tau_f \tag{7-11}$$

式中　σ_c——局部压应力；

F——集中力；

ψ——考虑工作制度，集中力的增大系数，重级工作制吊车梁 $\psi = 1.35$；对其他

梁$\psi=1.0$；

Z——集中载荷在腹板上边缘假定的分布长度：

$$Z=\alpha+5h_{y}+2h_{R} \tag{7-12}$$

α——集中载荷沿梁跨度方向的支承长度，对钢轨上的轮压可取50mm；

h_{y}——自梁顶面到腹板上边缘的距离；

h_{R}——轨道高度，梁顶无轨道时$h_{R}=0$。

焊接梁中，常常最大弯矩和剪力在同一部位，在腹板上边缘处同时受有较大正应力和切应力与局部压应力，则应按折合应力进行验算

$$\sqrt{\sigma^{2}+\sigma_{c}^{2}-\sigma\sigma_{c}+3\tau^{2}}\leqslant\beta\sigma_{f} \tag{7-13}$$

式中　σ、σ_{c}、τ——分别为腹板上边缘同一点同时产生的正应力、局部压应力、切应力。σ_{c}、τ按式（7-11）、式（7-10）计算；σ则按式（7-14）进行计算

$$\sigma=M_{x}y/J_{x} \tag{7-14}$$

y——计算应力处至梁的中性轴的距离；

β——强度设计值的增大系数，当σ与σ_{c}同号或无σ_{c}时取1.1，异号时取1.2。

3）刚度的验算：首先设计梁受载荷后的挠度f应当小于许用挠度，即所谓静刚度。

$$f\leqslant[f] \tag{7-15}$$

式中　f——考虑了全部载荷（集中的和均布的）后计算得出的挠度（根据力学条件计算）；

$[f]$——许用挠度，可见表7-1。

在进行吊车梁和起重机梁的设计验算时，吊车梁与主梁除验算垂直平面内的挠度外，还需验算水平平面内的挠度。该许用值由有关标准规定。

4）动刚度验算：对高速运行的起重机和要求精确运行的起重机，都要验算空载的自振周期，称为动刚度验算，空载自振周期T可用下式计算

$$T=2\pi\sqrt{M_{q}/K}\leqslant[T] \tag{7-16}$$

式中　M_{q}——起重机桥架的换算质量，对于桥式起重机M_{q}（$N\cdot s^{2}/cm$）由下式计算

$$M_{q}=(0.5ql+F)/g$$

q——主梁自重均布载荷；

l——跨度；

F——小车重量；

g——重力加速度；

K——桥架垂直平面内的刚度，对于桥式起重机有：

$$K=\frac{96EJ_{x}}{l^{3}}$$

$[T]$——许用自振周期，对于桥式起重机$[T]=0.2\sim0.3s$。

对于其他类型起重机（如门式起重机、挠性支腿门式起重机、装卸桥等），M_{q}、K等可查有关手册。

5）稳定性验算：梁的稳定性验算包括整体稳定性和局部稳定性验算。按GB 50017—2003符合下列条件，可免去整体稳定性的验算：有刚性铺板密铺在梁的受压盖板上，并与之牢固相连，能阻止受压盖板侧向位移（阻止梁截面扭转）；工字形截面简支梁受压盖板自

由长度 L 与其宽度 B 之比不超过表 7-3 的规定。

表 7-3　工字形截面简支梁不需计算整体稳定性最大 L/B 值

钢　号	跨中无侧向支承点的梁		跨中有侧向支承的梁不论载荷作用何处
	载荷作用在上盖板	载荷作用在下盖板	
Q235	13.0	20.0	16.0
Q345	10.5	16.5	13.0
Q390	10.0	15.5	12.5
Q420	9.5	15.0	12.0

注：1. 其他钢号的梁不需计算整体稳定性最大 L/B 值，应取 Q235 钢的数值乘以 $\sqrt{235/\sigma_s}$。

2. 跨中无侧向支承点的梁 L 为其跨度，对跨中有侧向支承点的梁，L 取受压盖板侧向支承点的距离。

不符合上述条件的箱形截面简支梁，满足 $h/B_。\leqslant 6$，且 $L/B_。\leqslant 95\ (235/\sigma_s)$，也可以不计算整体稳定性，式中 $B_。$为箱形梁两腹板之距离。

6）整体稳定性计算：在最大刚度主平面内受弯曲时

$$\frac{M_{xmax}}{\varphi_b W_x}\leqslant\sigma_f$$

在两个主平面内受弯的 H 形钢或工字形截面梁：

$$\frac{M_{xmax}}{\varphi_b W_x}+\frac{M_{ymax}}{\gamma_y W_y}\leqslant\sigma_f \tag{7-17}$$

式中　M_{xmax}、M_{ymax}——绕 x 和 y 轴（垂直和水平面）的最大弯矩；

W_x、W_y——按受压盖板计，毛截面对 x、y 轴的抵抗矩；

φ_b——梁的整体稳定性系数可按规范计算和查表确定；其他符号同前。

（4）局部稳定性计算和加强肋的设计　梁的腹板过高过薄，盖板过宽过薄都可能导致在受压区、腹板切应力作用区产生波浪状屈曲－局部失稳。局部失稳后，梁内应力重新分布，导致梁的强度、整体稳定性、刚度下降，故要布置加强肋加以防止，并进行验算。根据计算和工程设计经验，规范对梁的加强肋布置规定如下：

当$h_f/\delta_f\leqslant 80\ \sqrt{235/\sigma_s}$，无局部压应力（$\sigma_c=0$）可不设置加强肋；$\sigma_c\neq 0$，可按构造要求设置加强肋。

当$h_f/\delta_f>80\ \sqrt{235/\sigma_s}$，则应如图 7-8 所示设置横向加强肋，其中，当受压盖板扭转受到约束（如连接有刚性铺板、制动板或焊有钢轨时）在$h_f/\delta_f>170\ \sqrt{235/\sigma_s}$ 或$h_f/\delta_f>150\ \sqrt{235/\sigma_s}$，而受压盖板扭转未受到约束，或按需要，应在弯曲应力较大的区格内的受压区增加配置纵向加强肋，必要时还应在受压区配置短加强肋，如图 7-8 中主梁的水平加强肋和小肋板。任何情况下h_f/δ_f均不应超过 250。

梁的支承（支座）处和上盖板受有较大固定集中载荷处，亦要布置加强肋并应计算其稳定性，如图 7-8g、h 所示。规范和有关参考资料规定了加强肋间距的计算方法和腹板稳定性的简化计算方法。

2. 梁的细节设计

梁的截面设计通过验算最后确定后，要进行包括细节设计在内的其他设计问题，如支承加强肋细节，除以上介绍通过计算已经确定了加强肋的配置，但构造细节也十分重要；变截面梁在变截面处的构造；梁的其他构造要求和接头设计等，通过设计计算仔细确定后，都要反映到设计计算书和梁的施工（工作）图中。

根据规范，加强肋宜在腹板两侧成对布置，也允许单侧配置，但支承加强肋和重级工作制吊车梁不应单侧布置。横向加强肋间距 a 不小于 $0.5h_f$ 并不大于 $2h_f$。当没有配置纵向加强肋时，双侧布置的横向加强肋尺寸：

$$b_j \geqslant h_f/30 + 40;\ \delta_j \geqslant b_j/15 \tag{7-18}$$

单侧布置时：b_j应大于式（7-18）的 1.2 倍，厚度不应小于宽度的 1/15。

式中 b_j、δ_j——加强肋的宽度和厚度。

同时配置有纵、横向加强肋时，横向加强肋除满足式（7-18）外，其截面对梁的纵轴（z 轴）的惯性矩 $j_z \geqslant 3h_f\delta_f^3$，纵向加强肋对垂直轴（$y$ 轴）的惯性矩应满足：

当 $a/h_f > 0.85$ $\quad J_y \geqslant (0.25 - 0.45a/h_f)(a/h_f)^2 h_f \delta_f^3$

当 $a/h_f \leqslant 0.85$ $\quad J_y \geqslant 1.5h_f\delta_f^3$ (7-19)

式中 a——横向加强肋的间距。

短加强肋的最小间距为 0 $7h_1$（h_1 为短加强肋的高）；其宽度为b_j的 0.7～1.0 倍；厚度不小于短加强肋宽度的 1/15。

图 7-8 所示为典型工字吊车梁加强肋布置和构造细节。可以看出，横向加强肋最好不与梁的受拉下盖板焊接，如图 7-8a、b、c 和 d 所示，这将使受拉的下盖板中没有横向焊缝，不致因为焊接残余应力而降低结构的疲劳强度。但是横向加强肋与上下盖板的焊接，可提高梁结构的抗扭刚度。故有图 7-8c 和 d 所示形式，将加强肋与上下盖板间刨平抵紧（或与下盖板间加垫板），只焊接加强肋与上盖板及与垫板间的焊缝，下盖板上是没有焊缝的；而图 7-8 e、f 是使加强肋与下盖板间焊缝呈纵向的，可用角钢切去一角，也可用钢板拼成 T 形做加强肋，如图 7-8b 和图 7-8n 所示。图 7-8i、j、k 所示为各种型钢作加强肋的例子。为避免焊缝交叉，应该将横向加强肋切出一角，使盖－腹板间角焊缝得以通过，切角应该这样设计：其宽约为 1/3 肋板宽，但不大于 40mm；高约为 1/2 肋板宽，但不大于 60mm。图 7-8l、m、n 所示为鱼腹形吊车梁变高转折处的设计，此处下盖板不允许断开，且最好圆弧过渡；图 7-8m 则表示了横向加强肋用纵焊缝与下盖板的连接（同图 7-8e）。图 7-8n 所示为重型吊车（300t）梁支座和腹板加固的情形，支座处用了 3 根支承加强肋，该处腹板还用两块 40mm 厚的补板塞焊焊在 50mm 厚的腹板上，以增加刚度和强度。图 7-8g、h、n 所示的支承加强肋应按其承受的支座反力或集中载荷，并假定由加强肋和附近的腹板联合承担来进行稳定性计算：

$$N/\phi A \leqslant \sigma_f \tag{7-20}$$

式中 N—支座反力或集中载荷；

ϕ——轴心受压杆由长细比决定的稳定系数，可查规范决定；

A——支承处加强肋及每侧 $15\,\delta_f\sqrt{235/\sigma_s}$，如图 7-8g、h 中阴影线的面积。

支承端面还要进行承压力的验算，是考虑到支承加强肋刨平抵紧于盖板（见图 7-8g）或柱顶（见图 7-8h）的情况计算的：

$$\sigma_{cd} = \frac{N}{A_{cd}} \leqslant \sigma_{fcd} \tag{7-21}$$

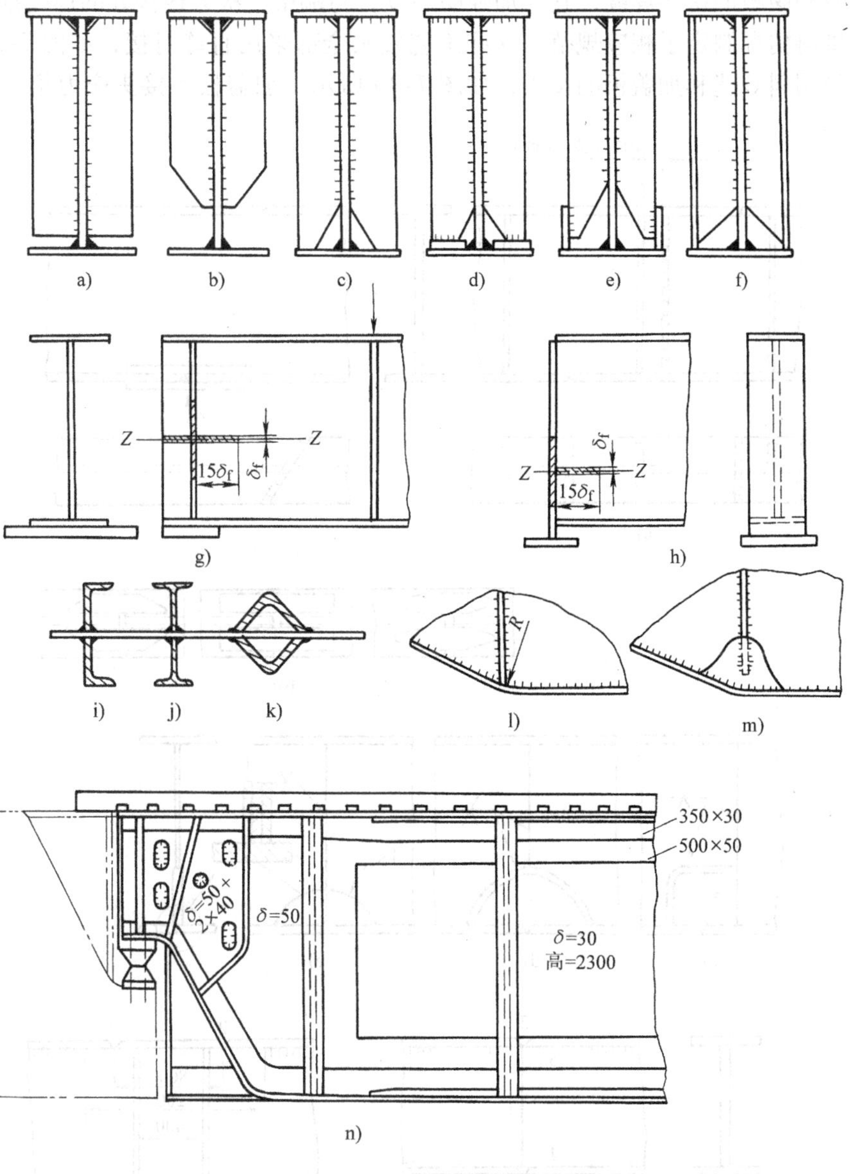

图 7-8　典型工字梁的加强肋布置和构造细节

a）~f）横向加强肋布置图　g）~h）支承与支座处加强肋配置阴影线面积为承受集中力的计算面积

i）~k）型钢加强肋的例子　l）、m）变截面梁变截面处加强肋的配置

n）300t 吊车梁支承（连接）处的构造细节

式中　σ_{cd}——支承端面承压应力；

N——支承加强肋承受的支座反力或集中载荷；

A_{cd}——端面承压面积，即支承加强肋与盖板或柱顶的接触面积；

σ_{fcd}——钢材端面承压（刨平抵紧）强度设计值。

之所以要进行焊接梁的接头设计，是因为当原材料的尺寸不够时，钢板需要进行拼接；由于运输限制，焊接梁常常要到工地进行拼接。

生产厂进行钢材拼接形成工艺接头，工艺接头位置由钢材尺寸决定，但为避免焊缝密集的梁的盖板和腹板的拼接焊缝，它与加强肋焊缝，与端梁、次梁连接处的焊缝都应错开。各厂都根据供料情况制定了相应规范。这些工艺接头全部采用直缝对接，如图7-9a所示。个别情况也采用斜焊缝和加盖板的接头，如图7-9b所示。加盖板的接头应力集中严重，应优

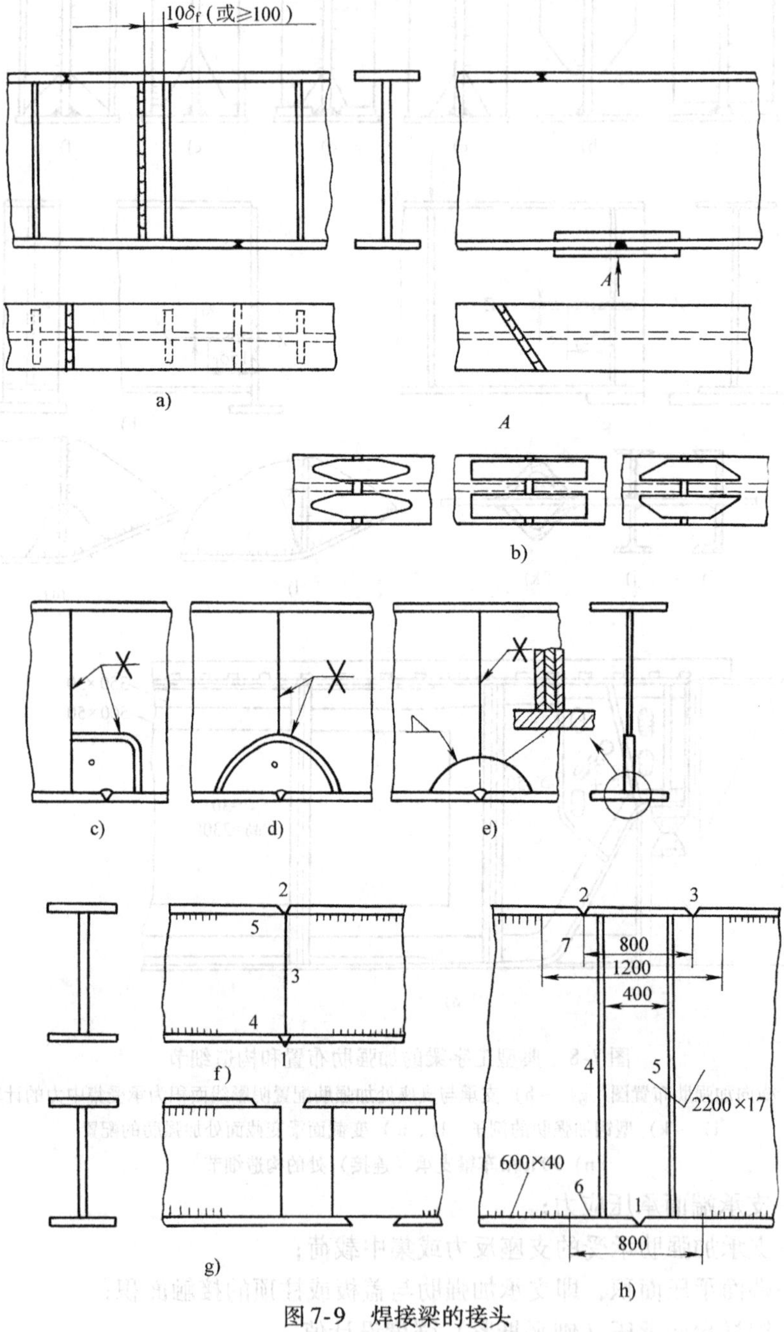

图7-9　焊接梁的接头

a）直缝对接接头　b）斜焊缝和盖板的接头（并非同时兼有）

c）~e）腹板加强的工艺接头　f）工地拼接的接头

g）、h）工地拼接接头焊接顺序图

1~7为焊接顺序

先考虑采用先进的焊接工艺和材料提高接头的质量，以便用直焊缝，甚至斜焊缝（如焊缝设计强度有较大折减条件下，斜焊缝可补充计算焊缝强度的不足）来做拼接焊缝。应尽量避免采用加盖板的接头，为此要求采用引弧板焊透的对接焊缝，引弧板切去后应打磨平整。图7-9c、d、e所示为采用腹板上加盖板或局部加厚的办法来提高工艺接头强度的，据介绍，这种接头有较高的疲劳强度。图7-9f、g、h所示为梁在工地上拼接的接头，其中f为在同一截面断开，g、h为错开的情况。这种条件下，应注意焊接顺序（如图中的数字）对焊缝质量有很大影响。

焊接接头的设计与计算，除以上梁的接头和拼板的工艺接头外，梁的盖板与腹板、加强肋与盖板、腹板间的焊缝绝大多数采用连续角焊缝来完成。梁的盖板与腹板间的角焊缝是主要的工作焊缝之一。一般情况下采用不开坡口的角焊，当采用埋弧焊或CO_2气体保护焊时，可获得较大的熔深。承受动载荷的重要结构（见图7-4b）要求开坡口，个别情况下还要求焊透。除部分横向加强肋和纵向加强肋有时采用断续角焊缝外，支承加强肋和大部分横向加强肋都采用连续角焊缝，施焊时，不宜在加强肋下端起弧和落弧。重级工作制的吊车梁的受拉盖板，应用精密切割加工边缘，如果采用手工切割或剪切下料则应用刨边机全长刨边。

当腹-盖板的角焊缝为开坡口焊透的条件下，可进行焊缝切应力的校核，但对腹板拼接焊缝进行校核，以中部（最大应力处）进行：

$$\tau_Q = QS/J_x\delta_f \leqslant \tau_{fi}^w \tag{7-22}$$

式中 S——盖板截面（角缝以上）对中性轴（x轴）的静矩；

Q——计算截面剪力；

$J_x\delta_f$——对中性轴的惯性矩和腹板厚；

τ_{fi}^w——角焊缝的强度设计值。

当采用I形坡口的角焊缝时：

$$\tau_Q = QS/2K_0J_x \tag{7-23}$$

式中 K_0——角焊缝的计算厚度，$K_0=0.7K$，埋弧焊$K_0\approx0.8\sim1K$，K—焊脚尺寸。

对支承处和承受集中力处的加强肋、腹板与盖板角焊缝，如前式（7-11）所述，该集中力F由长度为Z的焊缝传递：

$$\tau_F = \Psi F/2K_0Z \leqslant \tau_{fi}^w \tag{7-24}$$

式中 K_0——角焊缝的计算厚度，$K_0=0.7K$，埋弧焊$K_0\approx0.8\sim1K$，K—焊脚尺寸；其他符号同式（7-11）和式（7-12）。

验算折合应力（考虑同时作用集中力F和剪力Q）：

$$\tau = \sqrt{\tau_Q^2+\tau_F^2} \leqslant \tau_{fi}^w \tag{7-25}$$

由式（7-23）、（7-24）、（7-25）可以导出焊脚尺寸K的计算，假定$K_0=0.7K$则

$$K \geqslant (1/1.4\,\tau_{fi}^w)\sqrt{\left(\frac{QS}{J_x}\right)^2+\left(\frac{\psi F}{Z}\right)^2} \tag{7-26}$$

式中各符号同式（7-23）和式（7-24）。

3. 起重机箱形主梁的计算示例

（1）设计资料及说明　桥式起重机，具有两箱形主梁，桥架结构的截面如图7-1j所示。

起重量 $Q=20\mathrm{t}$、跨度 $l=22.5\mathrm{m}$，中级工作制，小车轨距 $B_g=2\mathrm{m}$，小车轮距 $B_1=2.4\mathrm{m}$，大车轮距 $K=4.1\mathrm{m}$，主材为 Q345 钢（16Mn）。

设计双箱形梁的桥式起重机主梁时，一般应设计负载较大的一根；设计时须参考同类起重机，了解其构造和优缺点，估算固定载荷亦参考同类产品的尺寸。

（2）主梁载荷及其组合的计算　起重机桥架主梁承受的载荷主要有：固定载荷、移动载荷、水平惯性载荷及大车运行歪斜产生的车轮侧向载荷等。

固定载荷主要是自重产生的载荷，实际上有均布和集中两种。主梁、轨道、走台和拉杆等组成的半个桥架结构自重，以及走台上如果安装集中驱动的大车运行机构，则该机构的长传动轴系统的重量都属于均布载荷。设计前不知道自重大小，故需参考同类产品初步估计，或利用图 7-10 所示国产桥式起重机半个桥架结构重量（不包括端梁）曲线，由设计资料 $l=22.5\mathrm{m}$，起重量 $Q=20\mathrm{t}$ 查得总自重 $G_q=9.6\mathrm{t}$，故自重均布载荷 q_1 为

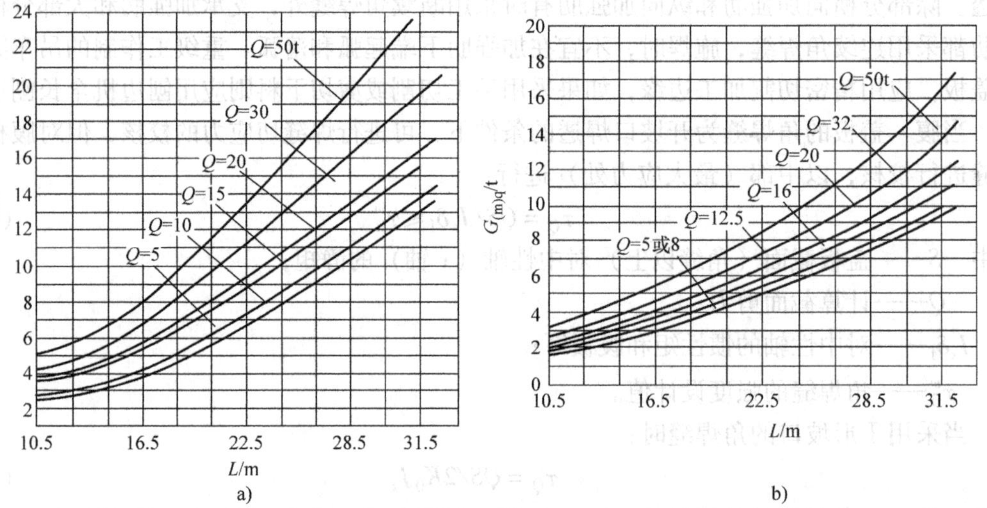

图 7-10　锥形梁桥架结构重量

a）曲线适合中级工作制；重级工作制的吊钩及电磁盘桥式起重机应增大 5%，抓斗起重机则据吨位增大，5t 增大 5%，10t 增大 10%，15～20t 增大 25%（据大连起重机厂，吊钩式起重机统计）

b）上海起重机厂起重机系列的统计

$$q_1=G_q/l=9.6\times9807\mathrm{N}/22.5\times10^{-2}\mathrm{cm}\approx42\mathrm{N/cm}$$

本设计桥式起重机采用集中驱动，运行系统产生均布载荷（如分别驱动则无此均布载荷），其大小可由表 7-4 查得：

$$q_2=0.082\mathrm{t/m}\approx8\mathrm{N/cm}$$

则均布载荷为

$$q=q_1+q_2\approx42\mathrm{N/m}+8\mathrm{N/m}\approx50\mathrm{N/cm}$$

驱动部件产生的固定集中载荷仍可查表 7-4，有 $G_2=1.0\mathrm{t}$。

固定集中载荷中还有司机室重量 $G_o\approx1\sim1.5\mathrm{t}$，取为 1.3t，作用位置距梁一端约为 $l_0=2.8\mathrm{m}$。

由于起重机运行轨道不平造成桥架和主梁的振动，从而引起集中的和均布的固定载荷产

表7-4　大车运行机构估计重量

起重量/t	集中驱动		分别驱动	
	均布重量q_1/(t/m)	集中重量 G_2/t	一套机构重 G_2/t	重心位置 l_2/m
5	0.06~0.065	0.7	0.45	1.5
10	0.065~0.07	0.75	0.45	1.5
15,15/3	0.07~0.075	0.85	0.5	1.5
20/5	0.08~0.085	1.0	0.5	1.5
30/5	0.09~0.10	1.2	0.8	1.5
50/5	0.012~0.015	2.0	0.8	1.5

生动力(振动)加载作用,也应估计在固定载荷中。动力加载作用可在原集中的和均布的固定载荷之上乘一个冲击系数k来考虑,k与运行速度有关,可由资料表查出。本例取$k=1.1$,则有集中载荷:

$$G'_2=1.1G_2\text{kN}=10.78\text{kN}$$
$$G'_0=1.1G_o\text{kN}=14.02\text{kN}$$

均布载荷:

$$q'=1.1q=1.1\times50\text{N/cm}=55\text{N/cm}$$

移动载荷即小车轮压。包括小车自重,起重量和起升机构起动的惯性力。后者用一个动力系数ϕ来考虑,ϕ值可查表7-5来确定,有

$$F=F_{xi}+\phi F_{zQ} \tag{7-27}$$

式中　F_{zQ}——起重载荷量,20(t);

F_{xi}——小车自重,在缺乏现有数据的情况下,可由经验公式决定,有关经验公式如下:

吊钩式　$F_{xi}=0.35\,F_{zQ}$

电磁盘式　$F_{xi}=0.45\,F_{zQ}$

抓斗式　$F_{xi}=F_{zQ}$

ϕ——动力系数,本例取$\phi=1.2$。

则每个轮子上的轮压为

$$F_1=F_2=\frac{F}{4}=(F_{xi}+\phi F_{zQ})/4$$

小车自重产生的轮压还可由现有产品近似估算。表7-6中列出的数据是一概略值,乘以动力系数才可作为小车轮压。

$$F_1=\phi F'_1=1.2\times71.58\text{kN}=85.9\text{kN}$$

$$F_2=\phi F'_2=1.2\times65.70\text{kN}=78.8\text{kN}$$

水平惯性载荷,起重机桥架运行时的起动或制动,小车运行时的起动或制动,将分别产生垂直作用于主梁和沿主梁轨道方向作用于端梁的水平惯性载荷。

垂直主梁的惯性载荷包括两部分:一是桥架质量引起的,以均布载荷方式作用于主梁上;二是满载起重小车的质量引起的,以集中力方式作用在跨度中间,通过小车轮与轨道侧向接触传给主梁。两部分载荷都不超过主动车轮与轨道的摩擦力。该惯性力可用质量与起动、制动加速度之乘积求得,也可用动力系数加以考虑。因车轮和轨道的滑动摩擦系数约为

0.14，按最危险情况，水平惯性载荷为各垂直载荷的1/10～1/7。

表7-5 动力系数ϕ值

起重机种类	工作类型			
	轻级	中级	重级	特重级
桥式和门式起重机	1.1	1.2	1.3	1.4（1.6）
装卸桥	—	—	1.3	1.4～1.6
门座起重机	1.1	1.3	1.4	1.5
塔式起重机	1.1	1.2	1.3	—
汽车和轮胎起重机	—	1.2	1.3	—
浮式起重机	—	1.3	1.4	—

表7-6 桥式起重机小车的轮压概略值

吊具型式	主起重量/t	轮压/kN		轮距/mm
		F'_1	F'_2	B_v
吊钩式	5	20.59	17.65	1100
	10	36.28	35.30	1400
	15	54.91	55.89	2400
	20	71.58	65.70	2400
	30	107.87	104.92	2700
	50	171.61	166.70	3850
电磁盘式	5	20.59	17.65	1100
	10	39.22	38.24	1500
	15	53.93	52.95	1700
	20	84.33	83.35	2950
	30	119.63	90.22	3150
抓斗式	5	25.50	24.52	2300
	10	52.95	43.15	2900
	15	87.27	70.60	3500
	20	104.92	90.22	4000
简图	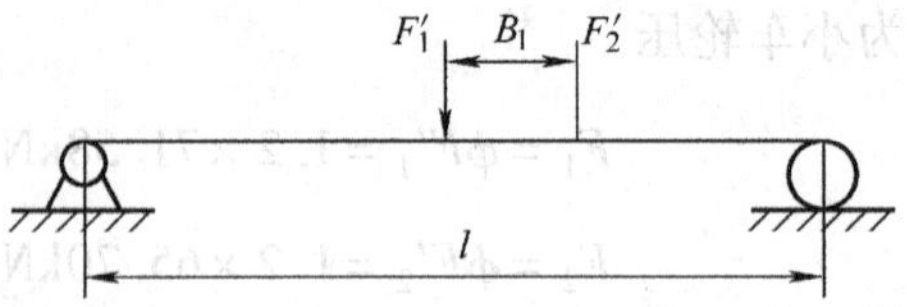			

故水平均布载荷：

$$q_{sh}=\frac{q}{10}=\frac{50}{10}\text{N/cm}=5\text{N/cm}$$

水平集中载荷：

$$F_{sh}=\frac{F_1+F_2}{10}=\frac{85.9+78.8}{10}\text{kN}=16.5\text{kN}$$

载荷的组合，设计计算中使用的载荷，称为载荷的组合。上述载荷并不都同时出现，考虑各种载荷出现的概率，按对结构最不利的情况，把可能出现的载荷组合起来进行结构设计。按许用应力法进行的载荷组合见表7-7。

表7-7　桥式起重机主梁和端梁的载荷组合

载荷种类 \ 载荷情况		主梁		端梁		
		Ⅰ	Ⅱ	Ⅰ	$Ⅱ_a$	$Ⅱ_b$
垂直载荷	桥架自重	G_1	KG_1	G_1	G_1	KG_1
	小车自重	F_{xi}	F_x	F_{xi}	F_{xi}	F_{xi}
	起升载荷	$\varphi' F'_{ZQ}$	φF_{ZQ}	$\varphi' F_{ZQ}$	φF_{ZQ}	φF_{ZQ}
水平载荷	大车起、制动时惯性载荷	—	q_{sh}，F_{sh}	—	—	—
	小车起、制动时的惯性载荷	—	—	—	F'_{sh}	—
	大车运行歪斜时的侧向载荷	—	—	—	—	S

表中Ⅰ类载荷组合是供进行疲劳设计用的正常载荷的组合。计算最大应力σ_{max}时，小车处在自重及等效起升载荷F'_{ZQ}作用下，此时小车所在位置导致该计算部位发生最大应力的载荷；计算最小应力σ_{min}时，则取空载小车且距跨度一端1/4部位的最小应力。见表7-7，等效起重量：

$$F'_{ZQ} = \varphi' \psi_1 F_{ZQ}$$

式中　ψ_1——等效系数0.75～0.9；

φ'——计算等效载荷时的动力系数，$\varphi' = (1+\varphi)/2$。

但中级和轻级起重机金属结构不进行疲劳计算。

表7-7中Ⅱ类载荷组合是起重机工作状态下的最大载荷，用于结构件的静强度计算。

表7-7中端梁的水平载荷F'_{sh}是小车制动时产生的顺轨道作用的载荷，而S是大车运行啃轨（歪斜）时的侧向载荷，它以力偶形式作用在一侧端梁的两个车轮上。

根据主梁载荷及其组合，在假定主梁为简支梁（见表7-6中简图所示）时，进一步可以作出如图7-11所示的主梁载荷计算图，其中图7-11a所示为承受垂直载荷的情形，而图7-11b所示为承受水平载荷的情形。

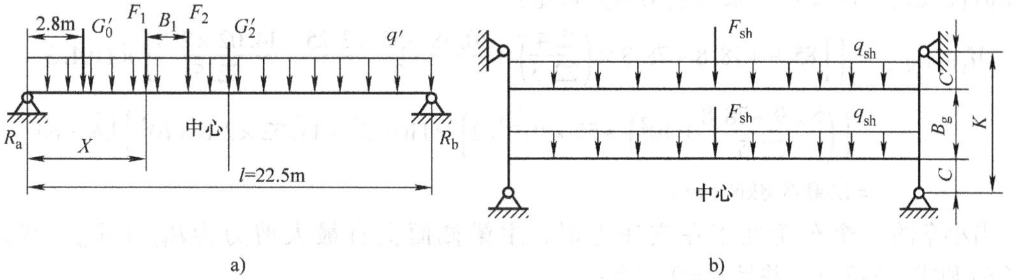

图7-11　主梁载荷计算图

a）垂直载荷　b）水平载荷

按图7-11a所示求支座反力R_a，其包括两部分：

固定均布和集中载荷引起的支座反力：

$$R_{Ga}=\frac{q'l}{2}+\frac{G'_2}{2}+\frac{G'_0(l-l_0)}{l} \tag{7-28}$$

则主梁距左支座 x 处由固定载荷引起的弯矩为：

$$M_G=\frac{q'l}{2}x-\frac{q'x^2}{2}+\frac{G'_2}{2}x+\frac{G'_0(l-l_0)}{l}x-G'_0(x-l_0) \tag{7-29}$$

移动载荷F_1、F_2引起的支座反力为：

$$R_{Fa}=F_1\frac{l-x}{l}+F_2\frac{l-(x+B_1)}{l} \tag{7-30}$$

式中，x 为集中载荷F_1距支点的距离，在此集中载荷下的截面有最大弯矩。

移动载荷在 x 截面的弯矩为：

$$M_F=R_{Fa}x=F_1\frac{l-x}{l}x+F_2\frac{l-(x+B_1)}{l}x \tag{7-31}$$

由移动载荷和固定载荷共同作用引起距支座 x 处的截面的弯矩为：

$$M_{(F+G)}=\left(F_1+F_2-F_2\frac{B_1}{l}+\frac{G'_2+q'l}{2}-\frac{G'_0l_0}{l}\right)x-\left(\frac{F_1+F_2}{l}+\frac{q'}{2}\right)x^2+G'_0l_0 \tag{7-32}$$

为寻求最大弯矩截面，将上式对 x 求导，并令其为零：

$$\frac{dM_{(F+G)}}{dx}=0$$

可解得：

$$x=\frac{\left(F_1+F_2-F_2\frac{B_1}{l}+\frac{G'_2+q'l}{2}-\frac{G'_0l_0}{l}\right)}{2\left(\frac{F_1+F_2}{l}+\frac{q'}{2}\right)} \tag{7-33}$$

代入上述各值可计算得最大弯矩截面的 x：

$$x=\frac{85.9+78.8-78.8\times\left(\frac{2.4}{22.5}\right)+\frac{10.78+55\times2.25}{2}-(14.02\times2.8)/22.5}{2\times\left[\frac{85.9+78.8}{22.5}\times10^2\right]+55\times10^{-3}}\text{cm}\approx1101.3\text{cm}$$

将此值代入式（7-32）可求得主梁最大弯矩：

$$\begin{aligned}M_{(F+G)\max}&=\left\{\left[85.9+78.8-78.8\times\left(\frac{2.4}{22.5}\right)+\frac{10.78+55\times2.25}{2}-\frac{14.02\times2.8}{22.5}\right]\times1101.3-\right.\\&\left.\left[\left(\frac{85.9+78.8}{22.5}\times10^2\right)+55\times10^{-3}/2\right]\times1101.3^2+14.02\times2.8\times10^2\right\}\text{kN}\cdot\text{cm}\\&=126058.8\text{kN}\cdot\text{cm}\end{aligned}$$

当小车的一个车轮处于左支座上时，主梁截面上有最大剪力为$R_{Fa}+R_{Ga}$，代入式（7-28）和式（7-30），并且 $x=0$ 则有：

$$\begin{aligned}Q_{(F+G)\max}&=F_1+F_2\frac{l-B_1}{l}+\frac{q'l}{2}+\frac{G'_2}{2}+\frac{G'_0(l-l_0)}{l}\\&=\left(85.9+78.8\times\frac{22.5-2.4}{22.5}+\frac{55\times2.25+10.78}{2}+\frac{14.02\times(22.5-2.8)}{22.5}\right)\text{kN}\\&=235.8\text{kN}\end{aligned}$$

如前所述，作用于主梁的水平惯性载荷是由桥架及载重小车制动时产生的，它们分别为q_{sh}及F_{sh}，如图7-11b所示。计算水平方向的弯矩时，可以认为桥架是一个超静定的钢架结构（见图7-11 b），最大弯矩可按下式决定

$$M_{(sh)max}=\frac{F_{sh}l}{4}\left(1-\frac{l}{\gamma}\right)+\frac{q_{sh}l^2}{24}\left(3-\frac{2l}{\gamma}\right) \tag{7-34}$$

式中　$\gamma=l+\frac{8c^3+B_g^3}{3K^2}\times\frac{J_y}{J'_y}$，$c=\frac{K-B_g}{2}$

K——大车轮距；

B_g——小车轨距；

J_y、J'_y——分别为主梁和端梁对垂直轴的惯性矩。

作为简化计算，可令

$$M_{(sh)max}=0.1M_{(F+G)max}$$

则有

$$M_{(sh)max}=12605.88\text{kN}\cdot\text{cm}$$

（3）初步确定主梁截面尺寸　确定梁高，按经济高度的经验公式（7-1）有：

$$h=\sqrt{\frac{w_x}{\delta_f}}=\sqrt{\frac{M_{(F+G)max}}{[\sigma]\delta_f}}$$

式中　$M_{(F+G)max}=126058.8\text{kN}\cdot\text{cm}$

$[\sigma]$——许用应力，有$[\sigma]=\sigma_s/n=310/1.5\text{N/mm}=206.67\text{N/mm}$

δ_f——主梁腹板厚度，一般起重机箱形主梁该值不超过8mm，轻型主梁可取$\delta_f=6\text{mm}$，重型梁δ_f方可达12～18mm。本例取$\delta_f=6\text{mm}$，δ_f代入上式计算得到梁高

$$h=\sqrt{\frac{M_{(F+G)max}}{[\sigma]\delta_f}}\text{mm}\approx10.08\times10^2\text{mm}$$

一些规范还推荐

$$h/l=1/14\sim1/18$$

可选

$$h=l/18=22500/18\text{mm}\approx1250\text{mm}$$

按刚度要求，可用式（7-2）计算最小梁高，考虑到按表7-1查得允许挠度$[f]=l/500$，Q345（16Mn）钢的$\sigma_f=295\text{N/mm}$则有

$$h_{min}=0.6\sigma_f l\frac{l}{[f]}\times10^{-6}=0.6\times295\times22500\times500\times10^{-6}\text{mm}=1991.25\text{mm}$$

显然，该值较大，它适合吊车的箱形梁，而不适合两主梁的起重机。这样，考虑到加工，最后选定

$$h=1180\text{mm}$$

计算腹板厚度，可按经验公式：

$$\delta_f=\sqrt{h_f}/11 \tag{7-35}$$

式中　h_f——腹板高，可取$h_f=0.9h=0.9\times1180\text{mm}\approx1062\text{mm}$故有

$$\delta_f=\sqrt{1062}/11\text{mm}=2.96\text{mm}$$

此计算的壁厚太小。按经验公式：

$$\delta_f = 7 + 0.005h_f = 7\text{mm} + 0.005 \times 1062\text{mm} = 12.31\text{mm} \tag{7-36}$$

则有箱形梁两腹板厚度各取为6mm。

计算盖板尺寸的选用，箱形梁作为桥式起重机的主梁是考虑到箱形梁有较高的水平刚度、较高的整体稳定性，按此要求主梁两腹板内壁的间距 B_0 不能太小，一般取为：

$$B_0 \geqslant h/3 \text{ 且 } B_0 \geqslant l/50 \tag{7-37}$$

由于两腹板间布置有肋板，B_0必须大于施焊所需最小距离350～400（mm），则

$$B_0 \geqslant h/3 = 1180/3\text{mm} \approx 393.3\text{mm} \text{ 并有 } B_0 \geqslant l/50 = 22500/50\text{mm} \approx 450\text{mm}$$

按照箱形梁外角缝的要求，盖板宽度为

$$B_{ga} = B_0 + 2(h_f + 10) \text{或} B_{ga} = B_0 + 2(h_f + 20) \tag{7-38}$$

则 $$B_{ga} = 482 \sim 502\text{mm}$$

取盖板宽度为 $$B_{ga} = 500\text{mm}$$

在确定了盖板宽度之后，箱形梁受压盖板的厚度可按局部稳定条件的经验公式决定。如对Q235钢有受压盖板的厚度$\delta_{ga} \geqslant B_0/60$，对Q345（16Mn）钢有$\delta_{ga} \geqslant B_0/50$，故盖板厚度$\delta_{ga} = 450/50\text{mm} = 9\text{mm}$，取为10mm。则箱形主梁截面尺寸已经全部确定，如图7-12所示。可以计算主梁截面的几何特性如下：

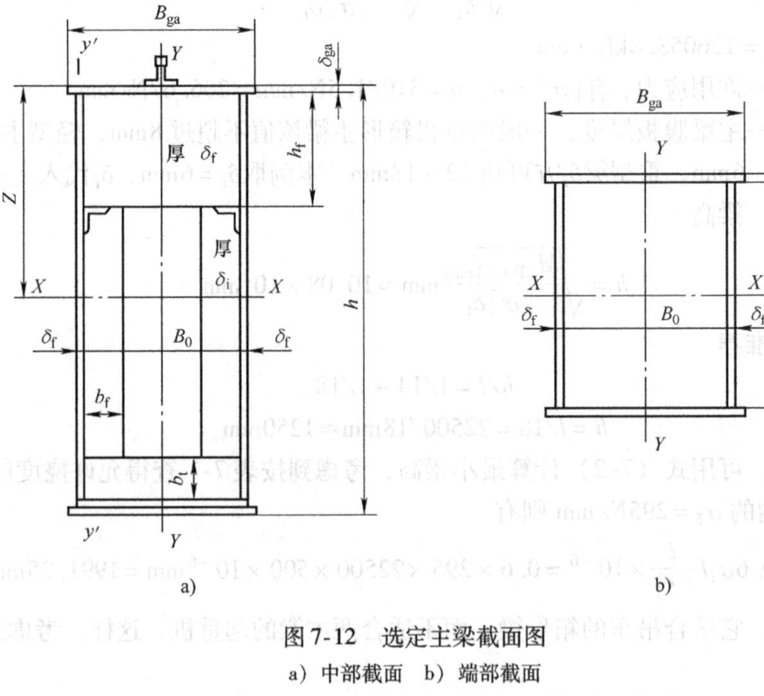

图7-12 选定主梁截面图

a）中部截面 b）端部截面

$B_{ga}=500$，$\delta_{ga}=10$，$h_f=1150$，$\delta_f=6$，$B_0=448$，$Z=58.5$，

$h_d=580$，纵加强肋角钢63×6

主梁截面积：$A = 2\delta_f h_f + 2\delta_{ga}B_{ga} = (2\times6\times1150 + 2\times10\times500)\text{mm}^2 = 23800\text{mm}^2$

中性轴至梁最外边缘距离 $Z = (2\delta_{ga} + h_f)/2 = (2\times10 + 1150)/2\text{cm} = 58.5\text{cm}$

对x轴和y轴的惯性矩J_x和J_y为：

$$J_x = (1/12)(2\delta_f)h_f^3 + (2/12)B_{ga}\delta_{ga}^3 + 2B_{ga}\delta_{ga}(z-\delta_{ga}/2)^2$$
$$= [0.0833\times2\times6\times1150^3 + (1/6)\times500\times10^3 + 2\times500\times10\times(585-5)^2]\text{cm}^4$$
$$= 488495.2\text{cm}^4$$
$$J_y = \{(1/12)(2\delta_{ga})B_{ga}^3 + (2/12)h_f\delta_f^3 + 2h_f\delta_f[(B_0+\delta_f)/2]^2$$
$$= 0.0833\times2\times10\times500^3 + (1/6)\times1150\times6^3 + 2\times1150\times6\times[(448+6)/2]^2\}\text{cm}^4$$
$$= 91947.4\text{cm}^4$$

箱形梁的抵抗矩（抗弯截面模数）W_x 和 W_y 计算如下：

$$W_x = J_x/Z = 488495.2/58.5\text{cm}^3 = 8350.4\text{cm}^3$$
$$W_y = J_y/B_{ga}/2 = 91947.4/50.0/2\text{cm}^3 = 3677.9\text{cm}^3$$

（4）主梁的设计验算　在确定箱形主梁的截面尺寸之后，便可按照表7-7中第Ⅱ类载荷的组合情况进行强度、刚度和稳定性的验算。

主梁端部截面的确定：为了减轻梁的重量和节省钢材，箱形主梁应该做成等强度梁，即腹板的下边缘和下盖板应该做成抛物线形的鱼腹梁，但因制造困难，故通常是中部截面不变，两端成梯形向上倾斜，到主梁的两端部梁高减小到h_d（见图7-12b）。逐渐减小的距离（梯形的高）为c，据经验

$$c = (1/5\sim1/10)L \quad （通常\ c=2\sim3\text{m}） \tag{7-39}$$
$$h_d = (0.4\sim0.6)h \tag{7-40}$$

取 $c=2\text{m}$；$h_d=600\text{mm}$，则端部腹板高度$h'_d=580\text{mm}$。

这样，由垂直和水平最大弯矩$M_{(F+G)\max}$和$M_{(sh)\max}$产生的主梁跨中截面的正应力分别为

$$\sigma_{(F+G)\max} = \frac{M_{(F+G)\max}}{W_x} = \frac{126058.8}{8350.4}\text{MPa} = 150.96\text{MPa}$$
$$\sigma_{(sh)\max} = \frac{M_{(sh)\max}}{W_y} = \frac{12605.88}{3677.9}\text{MPa} = 34.27\text{MPa}$$

故水平和垂直弯矩同时作用时，在主梁上下盖板中引起最大正应力为

$$\sigma_{\max} = \sigma_{(F+G)\max} + \sigma_{(sh)\max} = (150.96+34.27)\text{MPa} \approx 185.23\text{MPa} < [\sigma]$$

（Q345 钢$[\sigma]$约为225MPa）故安全。

主梁最大剪力作用在支座处，因此主梁最大剪应力的校核应在支座处进行。主梁支座处最大剪应力应在支座主梁的腹板中部：

$$\tau_{\max} = \frac{Q_{(F+G)\max}S}{J_{xd}\times2\delta_f}$$

式中　S——主梁端部截面对水平（x）轴的静矩；

$$S = \frac{2h'_d\delta_f}{2}\times\frac{h'_d}{4} + B_{ga}\delta_{ga}\left(\frac{h'_d}{2}+\frac{\delta_{ga}}{2}\right) = \left[\frac{2\times580\times6}{2}\times\frac{580}{4} + 500\times10\left(\frac{580}{2}+\frac{10}{2}\right)\right]\text{cm}^3 = 1979.6\text{cm}^3$$

J_{xd}——主梁端部截面对x轴的惯性矩；

$$J_{xd} \approx W_{xd}\times\frac{h_d}{2} = \left(\frac{h'_d\delta_f}{3}+B_{ga}\delta_{ga}\right)h'_d\times\frac{h_d}{2} = \left[\left(\frac{580\times6}{3}+500\times10\right)\times580\times\frac{600}{2}\right]\text{cm}^4 = 107184\text{cm}^4$$

$$\tau_{\max} = \frac{235.8\times10^3\times1979.6\times10^3}{107184\times10^4\times2\times0.6\times10}\text{MPa} = 36.29\text{MPa} < [\tau]$$

（Q345 钢 $[\tau]$ 约为 $[\sigma]/\sqrt{3}=129.9\text{MPa}$）故安全。

（5）主梁稳定性的验算：

1）整体稳定性问题。按表7-3有 $h/B_0=1170/448<10$ 和 $L/B_0=22500/448=50.2<65$，故可以不考虑整体失稳问题。

2）局部稳定性问题。由于 $\dfrac{h_f}{\delta_f}=1150/6=191.7>170\sqrt{\dfrac{235}{\sigma_s}}$，故应配置横向和纵向加强肋。如图7-12所示。横向加强肋之间距 $a\geqslant0.5h_f$，且 $a\leqslant2h_f$；而纵向加强肋至腹板受压边缘的距离 h_1 一般可取 $(0.4\sim0.5)h_c=(0.2\sim0.25)h_f$，式中 h_c 为腹板受压区的高度，在本例中 $h_c=h_f/2$，取 $a=2\text{m}$，$h_1=29\text{cm}$。横向加强肋宽应满足

$$b_j\geqslant\frac{h_f}{30}+40\approx78.3\text{mm}，取\ b_j=80\text{mm}$$

横向加强肋厚

$$\delta_j\geqslant b_j/15\approx5.3\text{mm 取 }\ \delta_j=6\text{mm}。$$

纵向加强肋取6.3mm×5mm的等边角钢，它对 Y' 轴（腹板的垂直轴，如图7-12a所示）的惯性矩为

$$J'_{jy}=J_j+A_je^2 \tag{7-41}$$

式中 J'_{jy}——纵向加强肋对腹板垂直轴 Y' 的惯性矩；

J_j——纵向加强肋（角钢）对本轴惯性矩，由手册查得 $J_j=23.17\text{cm}^4$；

e——由角钢形心至 y' 轴距离，$e\approx6.3-1.74(\text{cm})$；

A_j——角钢截面面积，$A_j=6.143(\text{cm}^2)$。

故 $$J'_{jy}=23.17+6.143\times(6.3-1.74)^2\text{cm}^4=150.9\text{cm}^4$$

按规范当 $a/h_f(=2/1.15=1.74)>0.85$ 时，应满足下式

$$J'_{jy}\geqslant\left(2.5-0.45\frac{a}{h_f}\right)\left(\frac{a}{h_f}\right)^2h_f\delta_j^{\,3}=\left(2.5-0.45\times\frac{2}{1.15}\right)\times\left(\frac{2}{1.15}\right)^2\times1.15\times0.6^3\text{cm}^4$$

$$=129.2\text{cm}^4<150.9\text{cm}^4\qquad 故纵向加强肋满足要求。$$

由于上盖板上作用有集中载荷，故在腹板上需设置短横加强肋，其长度与纵加强肋相连，其间隔 $a_1\leqslant(40\sim50)\delta$，此处 δ 肋板的厚度取为6mm，则 $a_1=240\sim300\text{mm}$，取为250mm，在支座附近同样布置短加强肋。

安置加强肋之后，还应进行局部稳定性验算。通常对于支座处（腹板受剪应力最大，弯曲正应力趋于零）、跨中处（腹板受正应力最大，剪应力趋近于零）及距支座1/4跨度处（腹板同时受弯曲正应力和剪应力）三处，都应对肋板隔开的矩形腹板进行局部稳定性验算。

（6）主梁刚度的验算　包括静刚度和动刚度两个部分。本例不必进行动刚度验算。只进行主梁垂直和水平挠度的计算，验算其是否小于许用值。

主梁在满载小车轮压下，在跨中产生最大垂直挠度，可按下式进行简化计算

$$f=\frac{(F_1+F_2)l^3}{48Ej_x}$$

但按简支梁垂直下挠度的精确计算式进行计算

$$f=\frac{F'_1 l^3[1+\alpha(1-6\beta^2+4\beta^3)]}{48EJ_x} \tag{7-42}$$

式中 $\alpha=\frac{F'_2}{F'_1}=\frac{65.7}{71.58}\approx 0.92$；$\beta=\frac{B_1}{l}=\frac{240}{2250}\approx 0.107$

则有 $f=\frac{71.58\times 2250^3[1+0.92(1-6\times 0.107^2+4\times 0.107^3)]}{48\times 2.06\times 10^4\times 488495.8}\text{cm}\approx 3.12\text{cm}<[f]$

如 Q345 钢选 $[f]=l/700\text{mm}\approx 3.21\text{mm}$

水平刚度按超静定刚架计算，水平挠度

$$f_{sh}=\frac{F_{sh}l^3}{48EJ_y}\left(1-\frac{3l}{4\gamma}\right)+\frac{q_{sh}l^4}{384EJ_y}\left(5-\frac{4l}{\gamma}\right)\leqslant[f_{sh}] \tag{7-43}$$

式中所有符号同式（7-34），如

$$\gamma=l+\frac{8c^3+B_g^3}{3K^2}\times\frac{J_y}{J'_y}=\left(2250+\frac{8\times 105^3+200^3}{3\times 410^2}\times 2\right)\text{mm}=2286\text{mm}$$

$$c=\frac{K-B_g}{2}=\frac{410-200}{2}\text{mm}=105\text{mm}$$

则有

$$f_{sh}=\left[\frac{16.5\times 2250^3}{48\times 2.06\times 10^4\times 91947.4}\times\left(1-\frac{3\times 2250}{4\times 2318}\right)+\frac{5\times 2250^4\times 10^{-3}}{384\times 2.06\times 10^4\times 91947.4}\times\left(5-\frac{4\times 2250}{2318}\right)\right]\text{cm}$$

$$=[0.562+0.196]\text{cm}\approx 0.76\text{cm}<[f_{sh}]$$

如选 $[f_{sh}]=l/2000=1.125\text{cm}$

（7）焊缝的设计和验算　盖板和腹板的连接角焊缝通常开 I 形坡口，平角焊缝的焊脚尺寸 K 不大于腹板厚，如取 $K=6\text{mm}$，则角焊缝计算厚度 $K_0=0.7K=0.42\text{cm}$，如为气体保护焊或自动焊则 $K_0=(0.8\sim 1)K=0.48\sim 0.6\text{cm}$。则支座处在最大剪力 $Q_{(F+G)\max}$ 作用下，角焊缝最大剪应力为

$$\tau_{\max}'=\frac{Q_{(F+G)\max}S'}{J_{xd}\times 2K_0} \tag{7-44}$$

式中 S'——主梁端部上盖板对 x 轴的静矩；

$$S'=B_{ga}\delta_{ga}\frac{h'_d+\delta_{ga}}{2}=[50\times 1\times(58+1)\times 0.5]\text{cm}^3=1475\text{ cm}^3$$

$Q_{(F+G)\max}$ 和 J_{xd} 同前，则有

$$\tau_{\max}'=\frac{235.8\times 10^3\times 1475\times 10^3}{107184\times 10^4\times 2\times 0.48\times 10}\text{MPa}=38.63\text{MPa}<[\tau']$$

$[\tau']$——Q345 焊缝的许用剪应力是将母材的许用剪应力乘以折减系数 0.8 即为 $129.9\times 0.8\text{MPa}=103.9\text{MPa}$

由于最大剪力作用在支座处，而最大弯矩和正应力作用在跨中附近，故略这两应力的折合应力验算。

但集中载荷产生的局部压应力可用式（7-11）进行验算：

$$\tau_F=\sigma_c=\psi F/\delta_f Z\leqslant\tau_f=[\tau']$$

式中 ψ——与工作制度有关的增大系数，此处 $\psi=1.0$；

F——集中力，即最大轮压$F_1=85.9$（kN）；

δ_f——此处应用$2K_0$代入，是假定肋板没有顶紧，集中力都由角焊缝传递；

Z——按类似式（7-12）即集中载荷在腹板上边缘假定的分布长度（按规范有调整）：

$$Z=\alpha+2h_y+2h_R$$

α——集中载荷沿梁跨度方向的支承长度，对钢轨上的轮压可取50mm；

h_y——自梁顶面到腹板上边缘的距离，即盖板厚，本例$h_y=1$(cm)；

h_R——轨道高度，选用轻轨30kg/m，$h_R=107.95$mm

$$Z=(5+2+2\times10.8)\text{cm}=28.6\text{cm}$$

$$\tau_F=\frac{1\times85.9\times10^3}{2\times0.42\times28.6\times10^2}\text{MPa}=35.8\text{MPa}<[\tau']=103.9\text{MPa}$$

τ_F和τ_{max}'都作用在支座附近，且方向相互垂直，故应验算折合应力τ_{zh}

$$\tau_{zh}=\sqrt{\tau_{max}'^2+\tau_F^2}=\sqrt{38.63^2+35.8^2}\text{MPa}=52.67\text{MPa}<[\tau']$$

应该说明，大小横向加强肋在纵向加强肋上部与腹板的焊缝和大小横向加强肋与上盖板的焊缝都是连续角焊缝且$K=6$mm。这些焊缝的验算从略。

最后，还应进行小车钢轨（30kg/m）和小肋板弯曲应力的验算，以钢轨为例，假定小车最大轮压全部由钢轨承受，钢轨假定简支在两小肋板之间，则有

$$\sigma_g=\frac{F_1a_1}{6W_g}$$

式中 a_1——小肋板间距离$a_1=50$（cm）

W_g——轨道对自身水平轴（x）的最小抗弯模量，由相关手册查得$W_g=108(\text{cm}^4)$

则 $\sigma_g=\dfrac{F_1a_1}{6W_g}=\dfrac{85.9\times10^3\times50\times10}{6\times108\times10^4}\text{MPa}=6.63\text{MPa}<[\sigma_g]$ （轻轨的许用应力$[\sigma_g]=196$MPa

小肋板弯曲应力的验算与小车钢轨验算相同，即计算小肋板弯曲力矩：

$$M_j=\frac{F_1B_0}{6}$$

再按小肋板与一段上盖板（宽为16 δ_{ga}）形成T形梁计算其抗弯模量和应力，该计算从略。

7.2.2 焊接柱及桁架的设计

焊接柱的设计和压杆的设计其受力性质和计算方法都是相同的，了解了柱的设计，对桁架中压杆的设计也就掌握了。和设计梁一样，设计柱和桁架的步骤和内容包括：

（1）选择材料 选择制造柱和桁架的钢材、型材、焊材。确定许用应力（当按许用应力法进行设计时）或材料强度标准值、设计强度值。

（2）进行载荷分析和内力计算 对于柱主要是确定轴心压力及弯矩。桁架的载荷及内力分析则比较复杂，对空间桁架一般要分解成独立的平面桁片，忽略各片之间的联系和影响。并假定平面桁架各杆件的轴线都在同一平面内，各杆件轴线在节点处交于一点，而构成桁架的几何图形载荷通常作用在节点上，而作用于节点之间的载荷，则按杠杆原理分解换算

到相邻节点上。由节点载荷来分析各杆件的内力，此时认为节点是理想的铰接点，忽略各点刚性产生的附加应力，杆件皆被认为二力杆（拉杆或压杆）。载荷包括固定载荷、自重载荷（也是一种固定载荷）和移动载荷。可用图解法、数值分析法和力法（用于超静定桁架）计算，桁架上的移动载荷（如起重机的小车轮压）产生的杆件内力要用影响线法来确定。

（3）选择柱和桁架的形式与杆件的截面

按截面有实腹柱和格构柱，按受力条件分为轴心受压和偏心受压柱等，实腹柱常用作工作平台柱，用于无吊车或吊车起重量小（小于 15t）、柱距不大（小于等于 12m）的轻型厂房的框架柱时，常常是等截面柱，如图 7-5a 所示。当然在这种场合也可用格构柱图，如图 7-5b 所示。用于单层厂房更多的是阶形柱，也可用实腹柱（当柱截面高度 $h\leqslant1000$mm 时），当 $h>1000$mm 时，为节约钢材，多用格构柱。格构柱由多个截面组合成柱身截面，如图 7-13h、i、j 和 o 所示，有两肢、三肢和四肢柱。图 7-13 所示为柱的常用截面形式。选择柱的截面形式时，要根据是轴心受压柱还是压弯柱；是轻、中或是重型柱来确定。在布置柱的截面时，应使截面分布尽量远离轴线，以增大柱的惯性矩和回转半径，达到提高柱的刚度和整体稳定性；还要使两个主轴方向的长细比尽可能相同，以便充分利用材料；三要考虑便于和其他构件连接，务必使之简单、省工、省料，另外型钢种类要少。轴心受压柱通常选择对称的截面形式，用得最多的是直接轧制和焊接的 H 形钢，如图 7-13a 所示，这种截面组合灵活，分布合理，并可用高效焊接方法（如埋弧焊）来制造。大型柱则多用型钢来组成组合截面，如图 7-13 f、g、h、i、n 和 p 所示。

图 7-13k 所示为十字截面柱，易于制造和实现稳定性要求，且在同样截面时，比工字截面刚度大；圆形或箱形截面抗扭刚度大，如图 7-13l、m 所示，但圆形截面与其他构件连接困难一些；许多由型钢组成的截面（见图 7-13 b、d、e、f、g、h、i、j、n、p 等）和由冲压件焊成的截面（见图 7-13c），具有结构紧凑、刚度大和外形美观等优点。由型钢组成的格构柱，如图 7-13 h、i、j、o 所示，它们分别由槽钢、工字钢、角钢和钢管构成，然后由缀条或缀板（见图 7-5 b、c 中虚线 ）连接，此种柱截面经济，省钢材，但制造费工时。缀条常用角钢制造（见图 7-5b），并呈三角形布置。大型柱也有用槽钢作缀条的。缀板多采用钢板，缀板格构柱外形整齐，适用于载荷较小的柱。

柱一般是全长等截面的，也可以是变截面的，如前所述阶形柱，其目的是做到等强度、节省钢材并满足构造要求。

（4）桁架　桁架杆件又分为上、下弦杆和腹杆（又分为斜杆和竖杆）。桁架杆件的截面形式如图 7-14 所示。图 7-14a ~ h 常用作上弦杆（压杆）的截面，图 7-14i 所示的单角钢也可作上弦杆，但只能用于刚度要求不严的轻型桁架的非工作截面。双角钢中加垫板（见图 7-14a），是屋顶桁架中常用的截面形式，不仅用于上弦，腹杆和下弦也用。图 7-14c、d、e、f 也可作为下弦杆截面，但应倒过来布置。图 7-14g、h 也同样可作为下弦杆，i、j、k 则表示了同一角钢的不同布置。图 7-14 l ~ p 截面常用作腹杆。图 7-14c、d、m、p 等截面杆件作为上弦杆及腹杆而受压时，要布置加强肋，以防局部失稳。图 7-14g 所示的工字截面用于桥梁桁架。管形截面（见图 7-14h）由于刚度大、风阻小，适于塔桅、栈桥等自重轻的大刚度桁架，以及用大截面的钢管制成特重型桁架，如海上石油钻采平台的导管架等。

选择截面应遵循以下原则：一是同一桁架中所用型钢种类越少越好，最多不超过五种；二是杆件截面宜用宽而薄的型钢，以增加刚度；三是组合截面应用多块垫板（长度为 100 ~

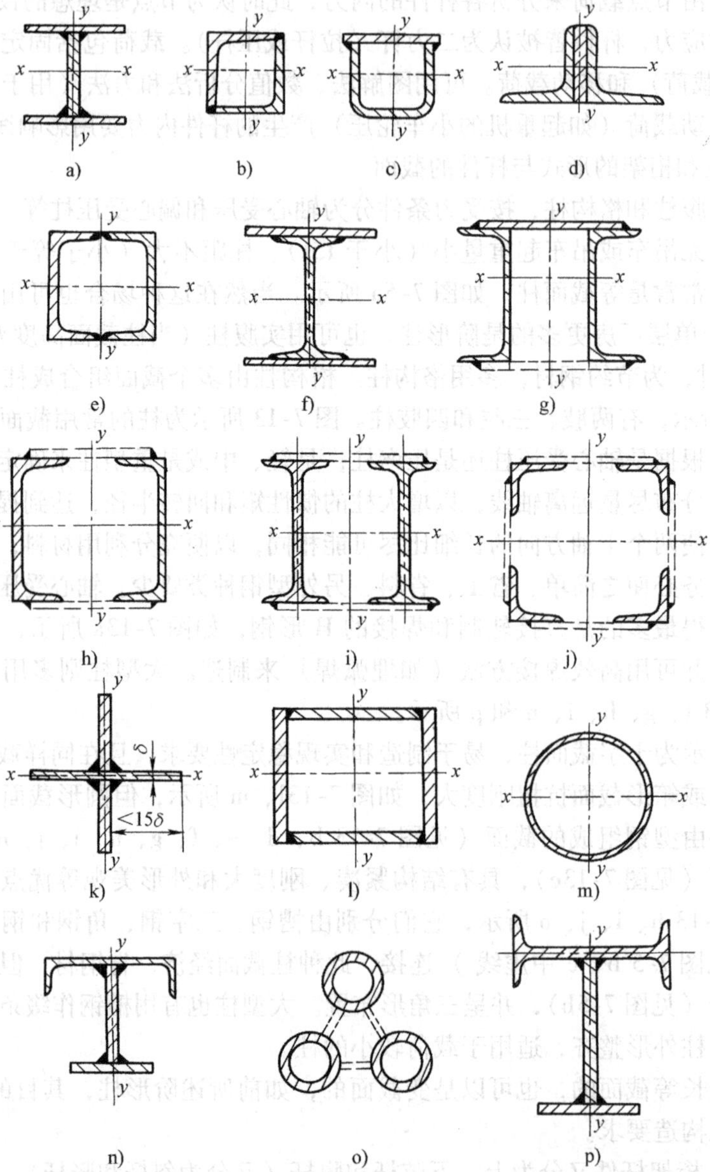

图7-13 柱的截面形式

a）~f）、k）、l）、m）、n）、p） 实腹柱的各种截面

g）、h）、i） 两肢柱 o）三肢柱 j） 四肢柱

150mm）连缀两型钢（角钢、槽钢等），垫板中心距 $l<40r$（压杆）或 $<80r$（拉杆），r 为单件型钢对平行于垫板形心轴的回转半径；四是杆件角钢一般不小于L50×50×5，钢板厚度不小于5mm，钢管壁厚不小于4mm。

（5）验算杆件的强度、刚度、整体稳定性和局部稳定性 根据规范的规定，按轴心受压或偏心受压杆件来进行验算。

（6）构造细节设计 对于柱要设计柱头、柱脚和格构柱的缀条、缀板；对于桁架则要设计桁架的节点、垫板如何布置、加强肋如何布置等；柱和桁架与其他构件的连接；焊缝的

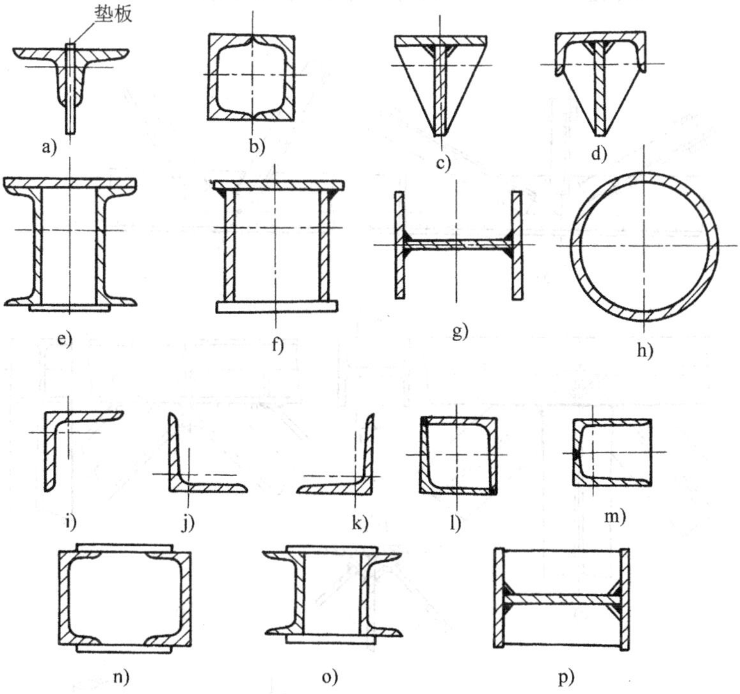

图 7-14 桁架的杆件截面

a)、b)、d)、e) 型钢组成的桁架压杆截面 c)、f) ~h) 钢板拼焊的桁架压杆截面

i) ~k) 单角钢桁架压杆、腹杆及下弦杆 l) ~p) 腹杆截面

计算与布置等。图 7-15 所示为柱及桁架杆件连接焊缝的布置，图 7-16 则表示了桁架常用的节点形式，设计时可参考选用。

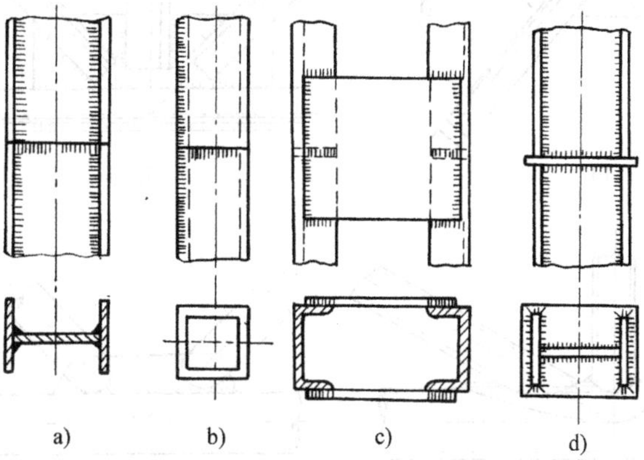

图 7-15 柱及桁架杆件的连接焊缝的布置

a) 工形截面的直接对接 b) 箱形截面的直接对接

c) 格构柱（或杆件）利用缀板实现对接

d) 利用隔板连接柱或杆件

（7）绘制柱和桁架的施工图　图中应有技术条件和要求。

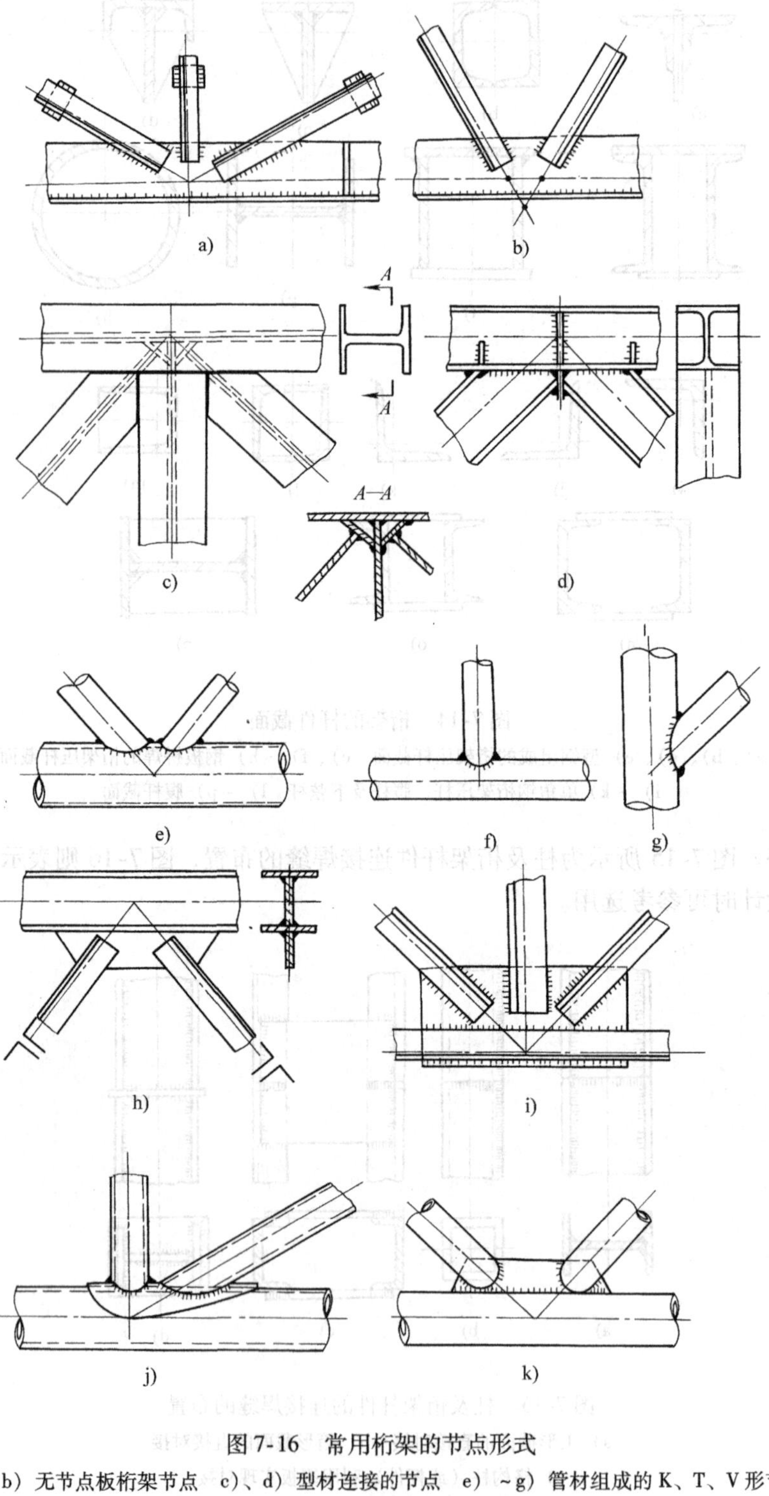

图7-16　常用桁架的节点形式

a)、b）无节点板桁架节点　c)、d）型材连接的节点　e）～g）管材组成的K、T、V形节点

h)、i)、k）节点板节点　j）补板节点

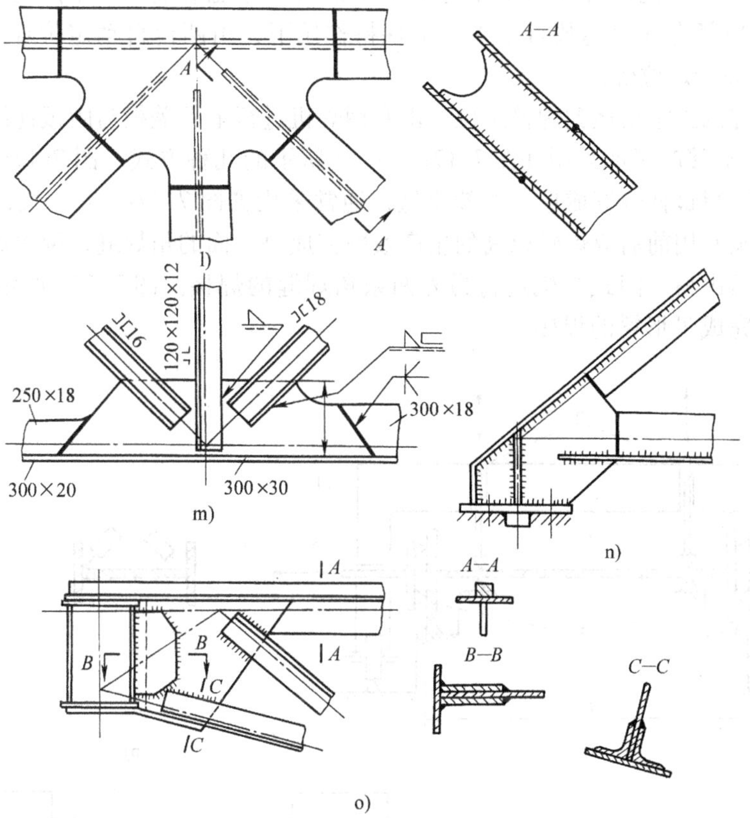

图7-16　常用桁架的节点形式（续）

l)、m）节点板节点　n）屋顶桁架支承处构造细节　o）起重机主梁桁架与端梁连接

7.3　典型焊接梁、柱及桁架的焊接生产

7.3.1　焊接梁的生产

1. 焊接工字（H形）梁的生产

工字梁包括H形梁，是应用最广泛的焊接梁，这种由两块盖板（翼缘板）和一块腹板组成的焊接梁已在国内外许多厂家组织了专业化生产。设计了专门的焊接生产流水线，制造了专用的设备和装备，具有很高的生产率和制造质量，以及相当高的技术经济指标。其中一种流水线的装配和焊接示意图如图7-17所示。装配－焊接之前材料的准备在另外的工作地进行，包括钢板的入库检查；在专门的工位进行不够尺寸的钢板拼接；板宽的自动切割；检验及喷丸处理等。这个准备材料的全部过程也是组成自动化生产流水线，其中有专机若干，例如板宽采用双头自动数控切割机进行加工。半成品钢板用磁盘起重机运到工字梁组装机组上进行组装，并保证工字梁的装配公差（见图7-17a），工字梁的装配公差按《钢结构工程施工质量验收规范》规定，见表7-8。由于采用了液压装置，盖

板位置可以调整，专机还可适用于非对称工字梁（上下盖板宽度不同）及变截面工字梁的装－焊。在顶紧力（可达数百千牛）的保持作用下，由两台自动定位焊专用MAG焊机连续或间断地进行定位焊。

完成定位焊的工字梁运到焊接工位，由专用焊机进行上下盖板与腹板连续角焊缝的埋弧焊或MAG焊，焊接时可能采用如图7-17b、c、d所示的几种方式。图7-17d所示的方式虽与船形位置可获得最佳焊缝成形，但效率低，通常采用如图7-17b、c方式，用两个机头焊接，且每个机头常用前后双焊丝以高的生产效率完成每一面的角焊缝，两角焊缝完成后，梁被自动翻身，再由另一门式焊机进行另外两条角焊缝的焊接。图7-17e所示为一台专用焊机，它也可以完成T形梁的焊接。

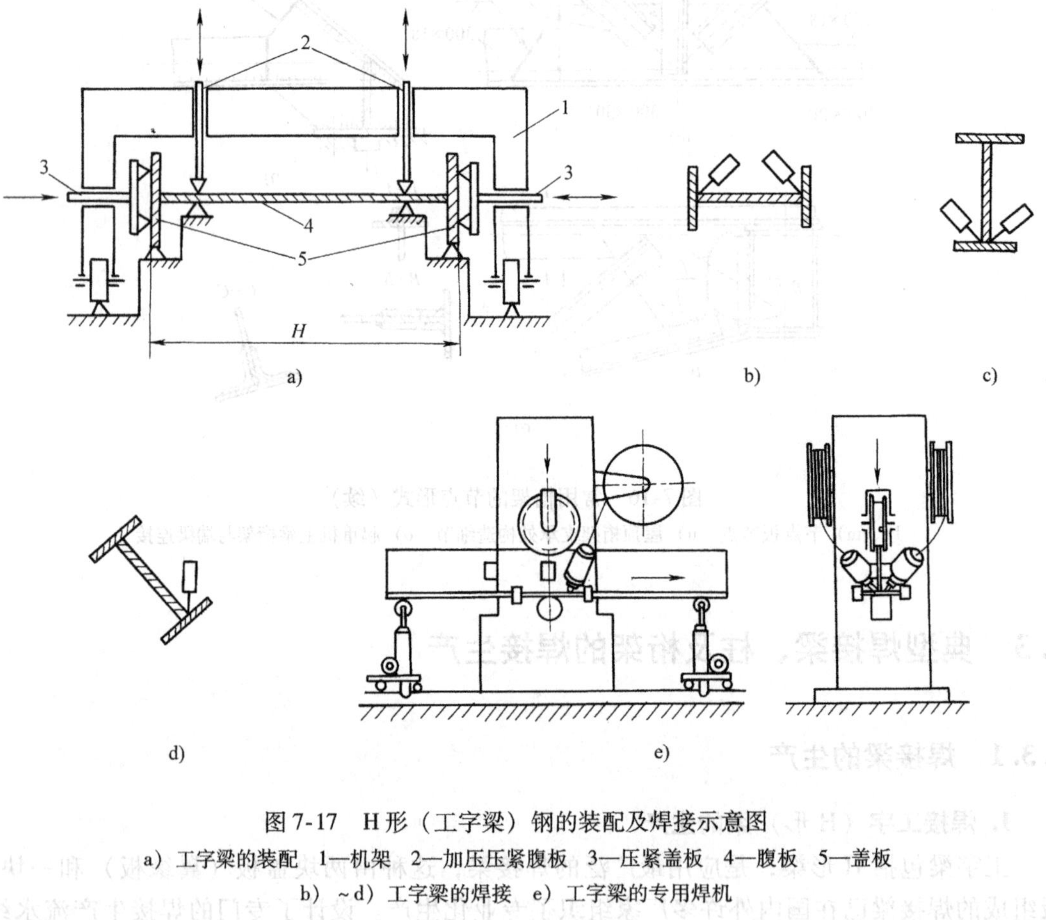

图7-17 H形（工字梁）钢的装配及焊接示意图

a）工字梁的装配 1—机架 2—加压压紧腹板 3—压紧盖板 4—腹板 5—盖板

b）～d）工字梁的焊接 e）工字梁的专用焊机

焊完并检验合格的工字（H形）梁被送到另一工作地，装配肋板并完成其焊接。采用上述工艺焊好的H形钢只需局部清理（对气体保护焊焊缝附近清除焊渣、药皮、飞溅），即可进行涂装。

焊接工字（H形）梁时，盖板（翼缘）的角变形是主要的变形之一，见表7-8。表中所示Δ值不大于$b/100$，且不大于3mm，这种变形可用反变形法，而生产线多用专用矫正机进行矫正。

国外（如美国Thermattool公司）还建成了高频电阻焊生产H形梁的生产线，这种生产

表7-8 焊接H形钢的允许偏差 （单位：mm）

项目		允许偏差	图例
截面高度 h	$h<500$	±2.0	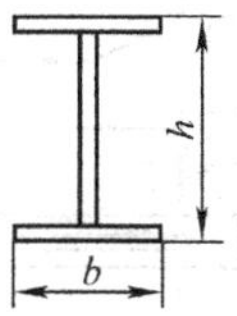
	$500<h<1000$	±3.0	
	$h>1000$	±4.0	
截面宽度 b		±3.0	
腹板中心偏移		2.0	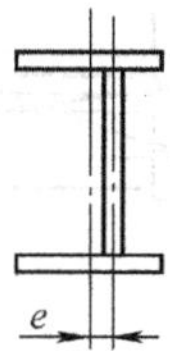
翼缘（盖）板垂直度 Δ		$b/100$ 且不应大于 3.0	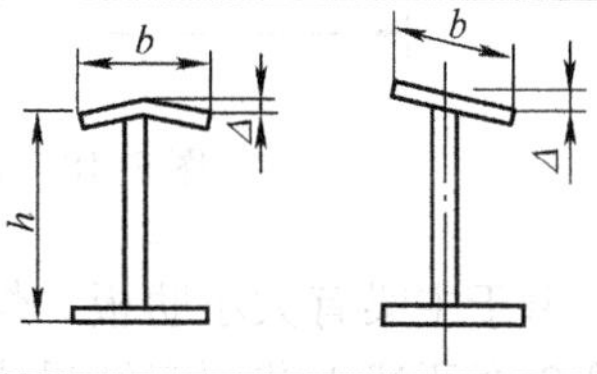
弯曲矢高（受压构件除外）		$l/1000$ 且不应大于 10.0	
扭曲		$h/250$ 且不应大于 5.0	
腹板局部平面度 f	$\delta_f<14$	3.0	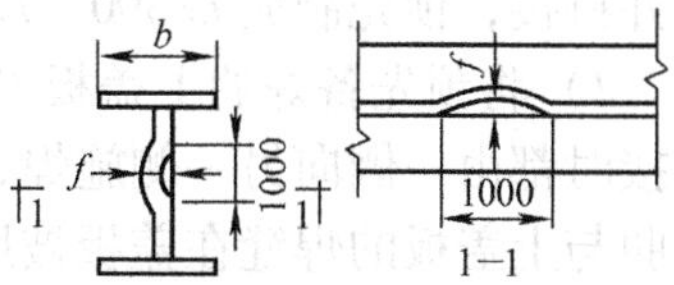
	$\delta_f<14$	2.0	

线生产的H形钢高达100～600mm，翼（盖）板宽达38～305mm，且生产率高，质量稳定。

2. 箱形结构梁的生产

组成桥式起重机桥架的主梁和端梁、大型（重载）的吊车梁广泛采用箱形梁。桥式起重机桥架（包括了主梁）的示意图如图7-18所示。其中f为上挠，$f=L(1)/1000$，对角线偏差$\Delta D=D_1-D_2=\pm5\text{mm}$，主梁腹板斜度$\alpha_1<H/200$，小车轨道的高低差$d<2\text{mm}$，小车轨距偏差$\Delta Bg=5\sim7\text{mm}$（中心部分），端梁向内倾斜$\alpha_2<H_d/200$等，如图7-18所示$f$—上挠；$D_1$，$D_2$—对角线长；$H$，$H_d$—主梁和端梁的梁高。而主梁是最主要的受力元件，其主要技术条件应满足桥架的要求，它由低碳钢－低合金结构钢焊接而成，故材料焊接不存在困难，因此满足技术条件对结构形状的要求就成为工艺分析的目标。主要技术条件除上挠（亦称上拱度）为$L/1000\sim L/700$之外，还有水平旁弯为$L(1)/1500\sim L/2000$，本来主梁是左右对称的，但焊接走台后可能造成旁弯，此外腹板较薄，故规定了波浪变形在受压区（梁的上半部）小于0.7倍腹板厚，受拉区小于1.2倍腹板厚，盖板水平度（相当于表7-8中的Δ）要求小于盖板宽度$B_{ga}/250$；腹板的倾斜误差符合大车架的规定（$\alpha_1<H/200$）等。这些要求是起重机主梁工作时必须具备的，否则起重机就不能正常工作，如造成小车爬坡或卡住，主梁局部乃至整体失稳。

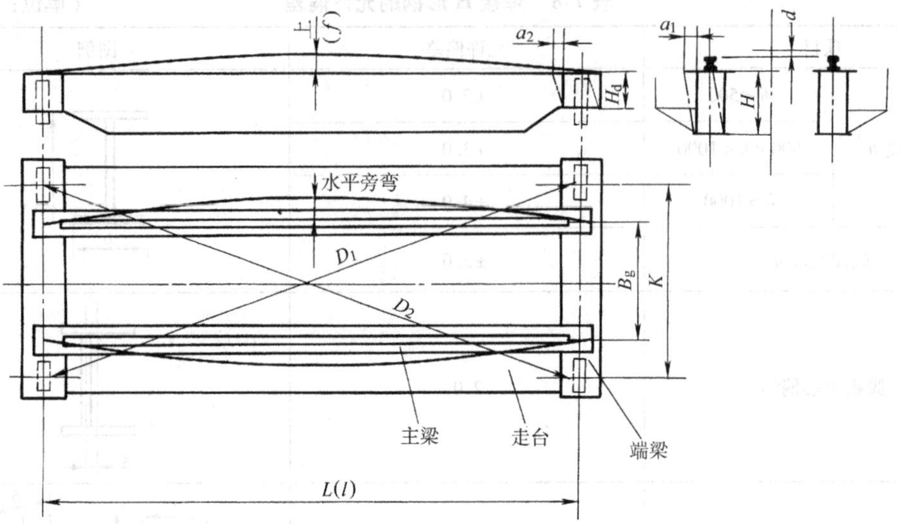

图7-18 箱形结构桥式起重机的桥架及主要技术要求示意图

由于主梁有大小肋板，焊缝上下不对称，焊完后必然造成下挠，此乃控制形状的关键，如第2章所述工艺制定结果应使下挠最小，同时要预制上挠，并在焊接走台之前造成一定水平反向旁弯。目前我国起重机行业主梁的装－焊工艺如下：

1）钢材备料。包括成卷供应的较薄板材的展开、矫平、剪切（或气切）下料，腹板下料并拼接，预先制成$L/300 \sim L/500$的预制上挠。剪切下料并拼接好上下盖板。

2）将预先备好的上盖板置于平台上，用压板固定，装配－焊接大小横向加强肋，注意焊接时都由一侧向另一侧施焊，以造成所需的旁弯；同时使可能造成最大下挠的大小横向加强肋与上盖板的焊缝在盖板被压紧的条件下完成。这样就只有盖板的缩短而无挠曲。

3）装配腹板，使盖板与其贴合严密后实行定位焊，形成有预制上挠的Π形梁，然后向一侧放平，焊接大小肋板与腹板间的角焊缝，先集中焊一侧的，以造成向另一侧的有利旁弯。

4）装配下盖板，控制好盖板和腹板的倾斜度，保证一定的预制上挠，进行定位焊。

5）最后焊接盖板与腹板的四条通长角焊缝。

6）主梁焊接完成后，如有超过规定的挠曲变形，需进行修理，常用火焰矫正变形。

7.3.2 焊接柱和桁架的生产

实腹柱的制造和梁的生产类似，如工字梁也可作工字截面柱，格构柱的制造则与桁架的制造相类似，故这里主要介绍桁架的生产。

桁架产品的焊缝多为短角焊缝，如图7-16、图7-19所示。桁架除杆件拼接（图7-15、图7-19）之外，主要是图7-16所示的节点处的焊缝。图7-16c～g所示为无节点板节点，虽然可减轻桁架重量（减掉节点板重）、节省钢材，但焊缝更短。为了不使焊缝密集，并有足够长的满足强度要求的焊缝，桁架多设置了节点板，如图7-16h、i、k等所示。如图7-19所示杆件拼接也多为角焊缝，除图7-15a、b所示为对接焊缝外，图7-15 c和d所示也采用了角焊缝，或主要是角焊缝来实现杆件的对接，因此，实现桁架的焊接自动化较为困难，目前国内主要采用焊条电弧焊、MAG焊、CO_2气体保护电弧焊来进行桁架的焊接。

桁架的焊接是在结构各杆件装配完成定位焊之后进行的。由于要求桁架杆件装焊后杆件

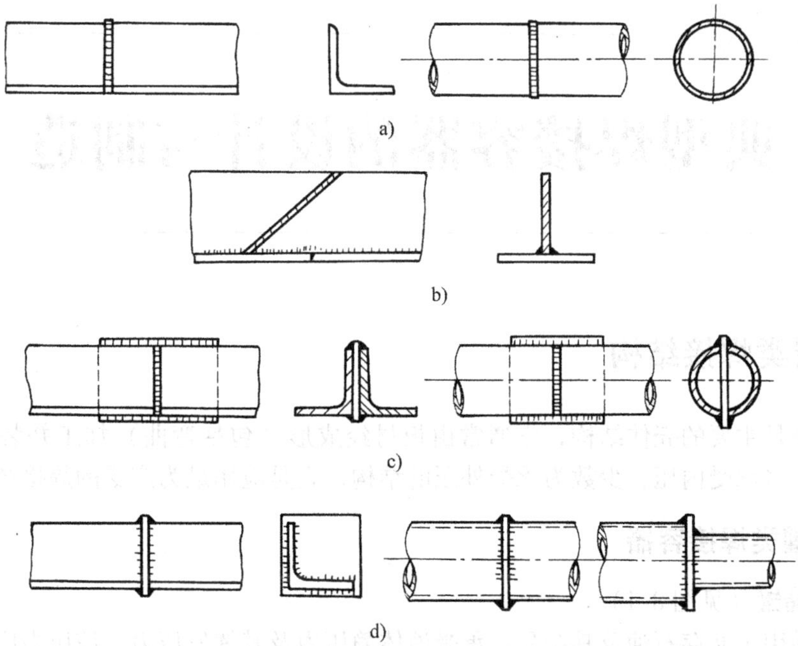

图7-19　桁架杆件的拼接
a)、b) 对接连接　c)、d) 用垫板实现连接

轴线与几何图形重合，在节点处汇交于一点，以免产生偏心矩，故装配要有较高的准确度，桁架装配比较费工，提高桁架的装配速度是提高桁架整个生产率的重要途径。在单件小批生产桁架的条件下，产品尺寸规格经常变动，故多采用划线和仿形装配法，先在平台上划线，桁架各杆件及节点板按划线装配，全部位置合适后卡紧，进行定位焊，然后吊起已定位焊好的半片桁架翻转后，以它作仿模，在对应的位置备置相应的节点板和杆件，卡紧后进行定位焊，这样装配好新的半片桁架，再翻转后装配另一半杆件，整个桁架的装配和定位焊完成后，运往焊接工位，进行全部焊缝的焊接。

对于一些尺寸要求特别严格的部位，如屋顶桁架与柱顶相连接处，穿螺栓的孔要求对齐，因此，这些部位采用了靠模定位器，如图7-20所示，在定位器立柱上固定了桁架支承座，以确保其精确位置。当这类定位器布置较多时，就组成了大批生产时采用的装配模架，这对于提高生产率和产品质量十分有效。但这样成本较高，故单件生产时，经济上划不来。

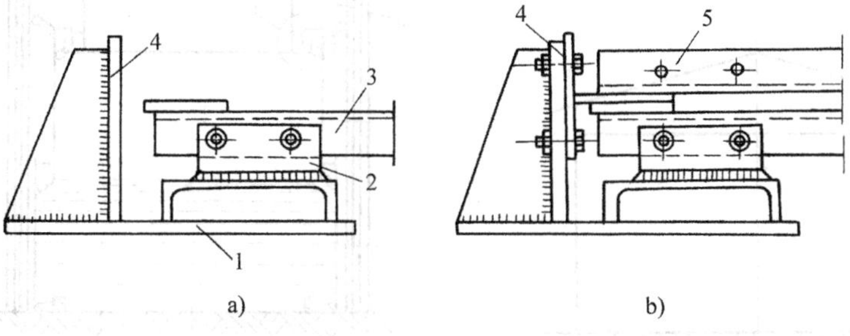

图7-20　固定桁架端部的靠模定位器
a) 定位器结构　b) 在定位器上装配桁架
1—底座　2—定位器　3—靠模　4—定位器立柱　5—装配的桁架

第8章 典型焊接容器的设计与制造

8.1 容器类焊接结构

焊接容器是主要的壳体结构，它通常由板材经成形（包括弯曲）加工并装配－焊接而成。焊接容器多承受内压，少数为承受外压的结构，它是应用最为广泛的焊接结构之一。

8.1.1 储罐类焊接容器

1. 立式储罐（见图8-1）

立式储罐用来储存石油及其制品，承受液体静压力及其挥发压力，该压力应低于罐顶安装的安全阀（溢流阀）开启压力。罐体通常建造在砂质、三合土、沥青或水泥地基之上。储罐的容积目前达200000m^3。由于罐体体积庞大，超过运输界限，故多在工地上建造。也有把制成的部件运到工地上安装的，用这种方法建造储罐有较高的生产率，且质量易于保证。

2. 湿式和干式储气柜

储气柜主要用作城市煤气柜，图8-2所示为湿式储气柜，筒节2是可以伸缩的，用水密封，也有用橡胶圈密封的，故称为湿式储气柜，可动筒节依靠滚轮5在导轨4中的滚动来上下移动。干式储气柜（见图8-3）壳体3是不动的，它与底板1和顶盖4用焊接密闭连接，壳内有上下移动的活塞2保持气体的压力。湿式储气柜容积可达50000m^3，而干式储柜容积可更大一些。

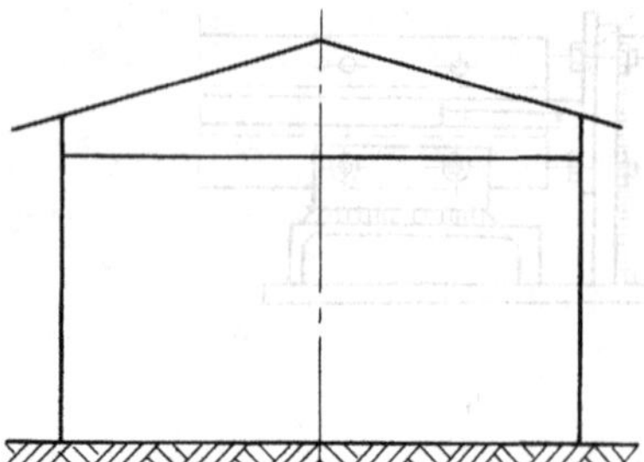

图8-1 立式储罐

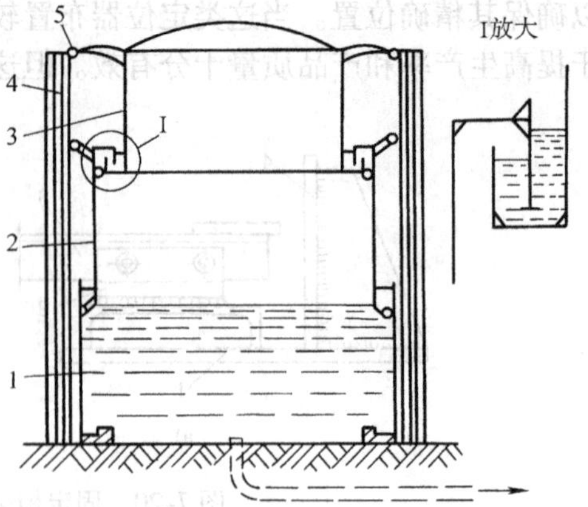

图8-2 湿式储气柜

1—储罐 2—可伸缩的筒节 3—钟形罩 4—导轨 5—滚轮

3. 球罐和水珠状储罐

图8-4所示的球罐和图8-5所示的水珠状储罐常用来储存液化石油气、液化天然气、乙烯、丙烯、氧、氯等气体及化工原料。国内这类容器储存介质的压力已达2.94MPa由于球罐体积庞大，压力较高，又不便焊后热处理，故规定其壁厚一般不超过34mm。日本以厚度不超过36mm为限，选用490MPa级强度钢。设计制造了直径为33m、容积为20000m^3、压力为0.49MPa的巨型球罐。由于球罐和水珠状储罐在同样容积下，最节省材料，工作应力较小，故虽然制造比较复杂，目前仍获得广泛应用。球罐和水珠状储罐现用于储存石油及其制品，可较立式圆柱储罐减少油品的挥发，压力可达0.04~0.06MPa。

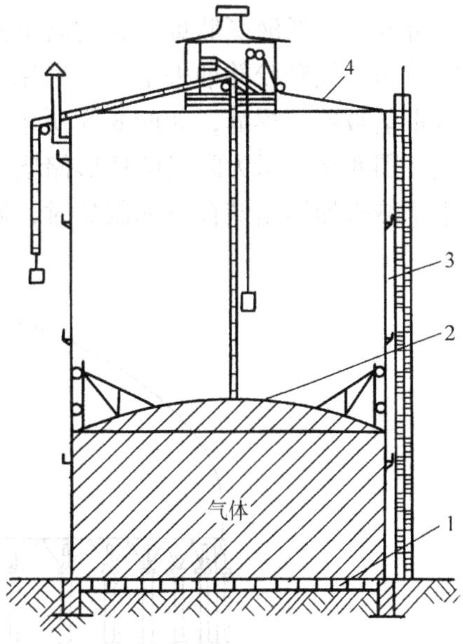

图8-3 干式储气柜

1—底板 2—活塞 3—筒形壳体 4—顶盖

4. 卧式圆柱形储罐

这类储罐的容积大小不一，封头有平底（内压小于0.039MPa）、锥形、圆柱面、椭球面及球面封头多种。图8-6所示为球形封头，直径为3.25m的气体储罐，其壁厚接近34mm。罐车储罐也是典型的卧式圆柱形储罐，它用于运送石油及其制品、酸和水、酒精等，其容积为50~60m^3，直径分别为2 .6m和2.8m。国外已有容积达90~120m^3，直径为3m的卧式圆柱储罐。有时采用双层钢制造运酸的罐车，也有用铝合金

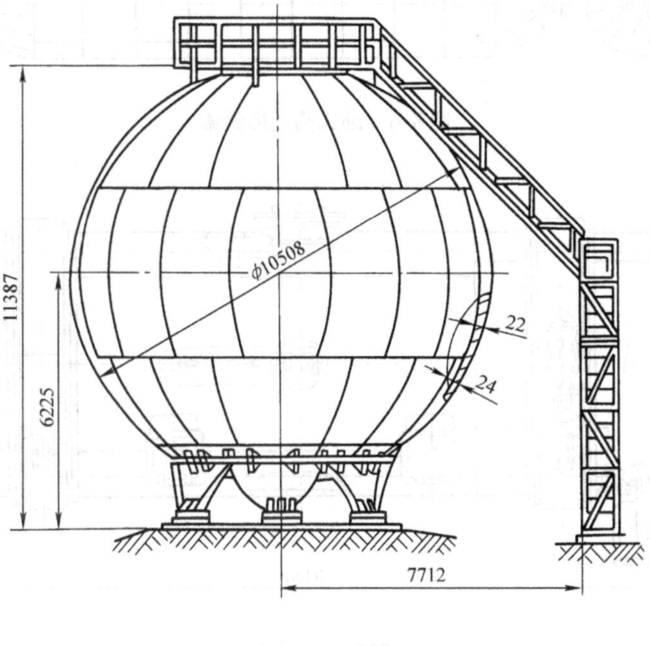

图8-4 球罐

制造罐车储罐的。为了运送液化（石油、天然气、氮气等）气体，采用如图 8-7 所示的双层壳卧式圆柱形液氨储罐，其内筒由铝锰合金制造，用链子固定在 20 钢制外部容器上，两层间填满了气凝胶并抽去空气。家用液化石油气储罐是小型圆柱储罐，其焊缝采用单 V 形坡口带垫板单面焊缝，如图 8-8 所示，该容器的设计压力为 1.57MPa，可储存 50kg 液化石油气。图 8-9 所示为卧式圆柱形储罐，罐壁较薄，为装配方便采用了部分搭接接头，当该储罐用于城市加油站储存石油制品时，通常将该罐埋入地下。

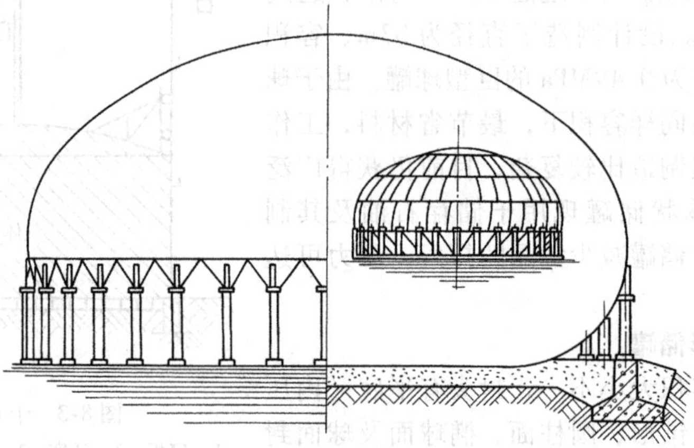

图 8-5　水珠状储罐

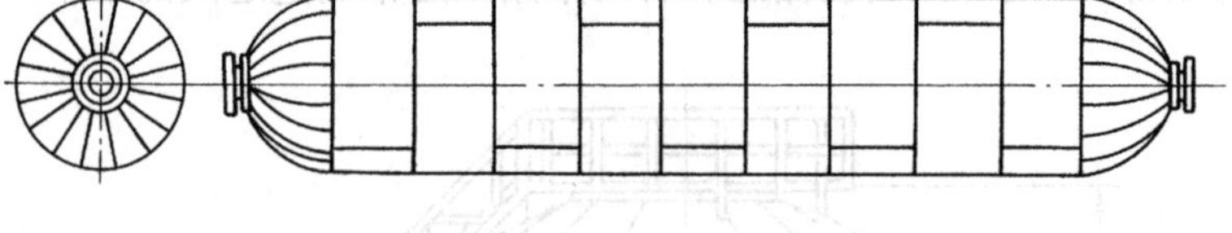

图 8-6　卧式圆柱形储罐

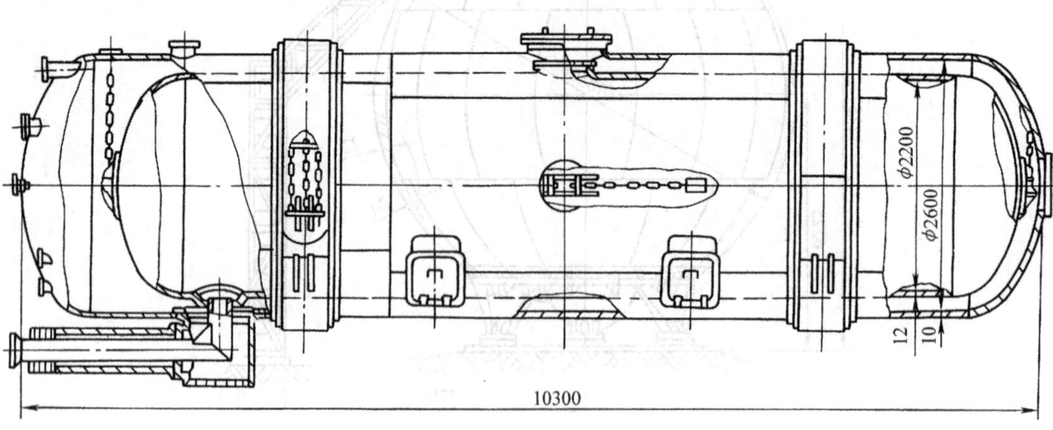

图 8-7　双层壳卧式圆柱形液氨储罐

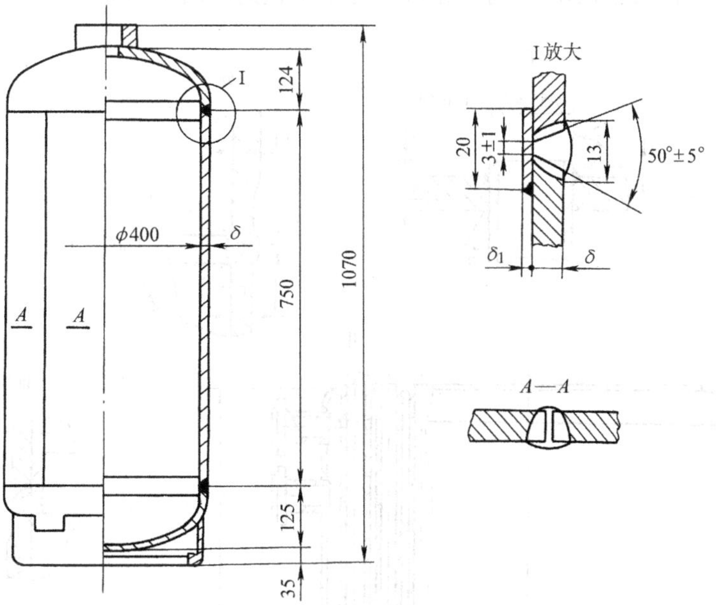

图 8-8　家用液化石油气储罐

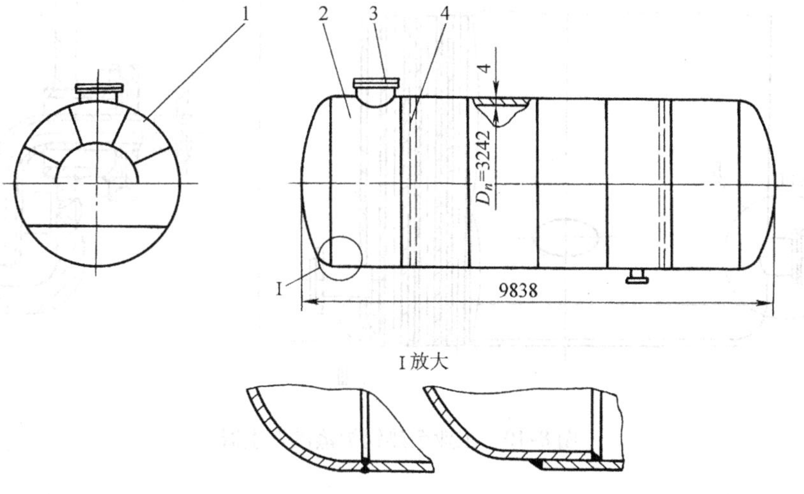

图 8-9　卧式圆柱形储罐

1—封头　2—筒体　3—人孔　4—内部支撑

8.1.2　工业锅炉及电站锅炉锅筒

工业锅炉和取暖锅炉大多是火管或水管锅炉。利用煤气余热的余（废）热锅炉的蒸汽发生器如图 8-10 所示，它是火管锅炉的例子，高温煤气通过两管板间 160 根火管把水加热成蒸汽，工作温度为 164°C，工作压力为 0.59MPa，全部蒸发面积达 $100m^2$，筒体壁厚为

10～14mm，由于制造上的原因，有一条环缝是带垫板的单面V坡口焊缝。

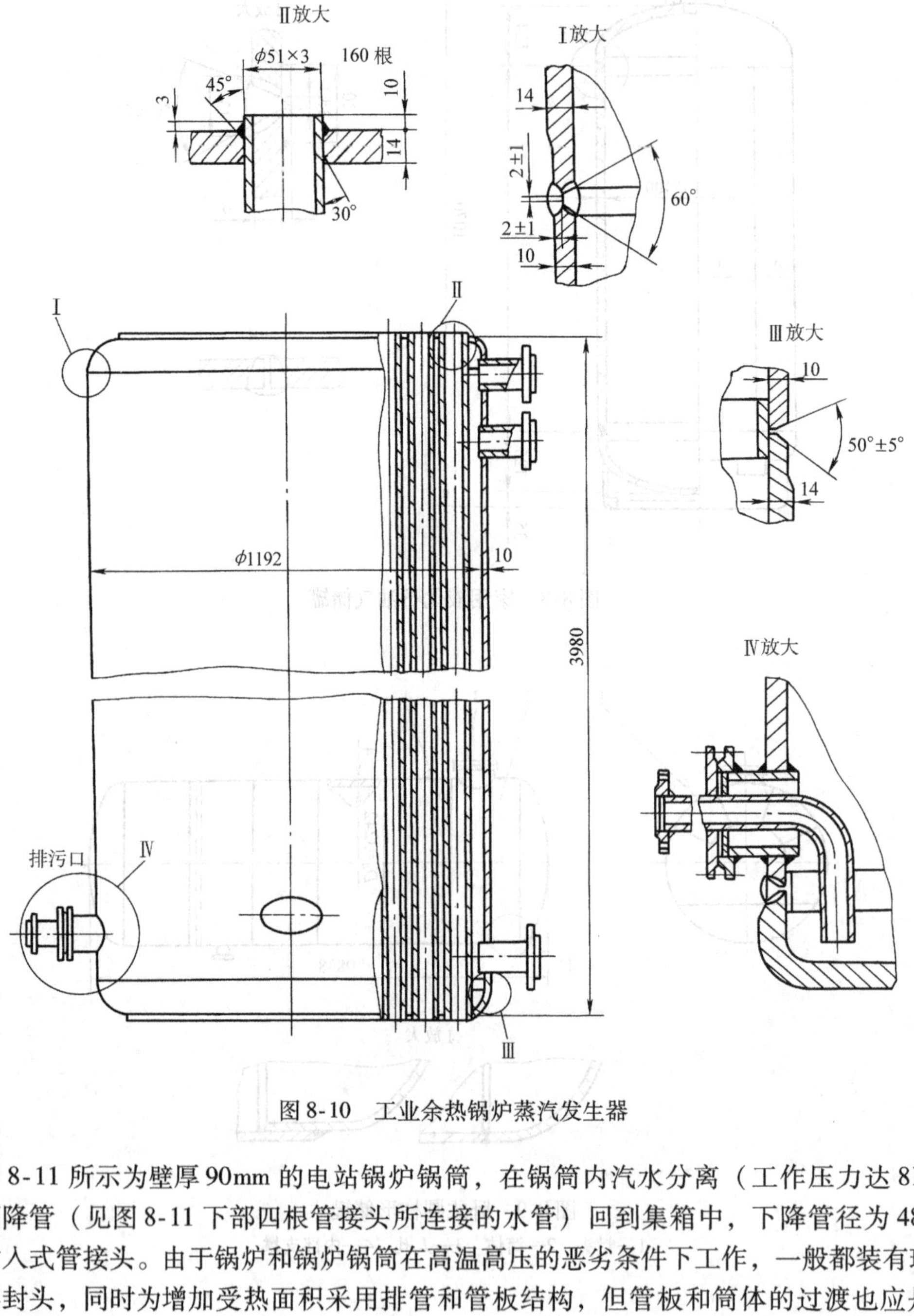

图8-10 工业余热锅炉蒸汽发生器

图8-11所示为壁厚90mm的电站锅炉锅筒，在锅筒内汽水分离（工作压力达8MPa），水从下降管（见图8-11下部四根管接头所连接的水管）回到集箱中，下降管径为480mm，采用插入式管接头。由于锅炉和锅炉锅筒在高温高压的恶劣条件下工作，一般都装有球形或椭球形封头，同时为增加受热面积采用排管和管板结构，但管板和筒体的过渡也应是均匀的。这类容器壁厚可以相当大，制造时除采用常用的锅炉钢外，也可采用低合金结构钢，图8-11所示锅筒的材料是19Mn5，接管材料为20钢。焊接时由于焊接工作量大，且质量要求高，常常采用埋弧焊、电渣焊等工艺来完成。

值得指出的是：上述工业锅炉，尤其是电站锅炉是体积庞大的压力容器，不可能全部建成再运到电站或工地，因而总是在制造厂造好主要的部件，如蒸汽发生器、锅筒、集箱等

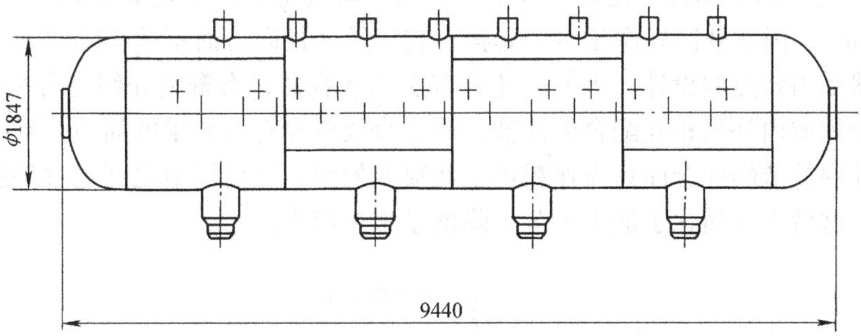

图 8-11　电站锅炉锅筒

后，再运到工地继续安装完成，这样使得一部分重要的焊缝必须在工地较为恶劣的条件下来完成焊接。

8.1.3　化工反应类容器

各种反应釜、反应器（罐）、合成塔及蒸煮球等是石油化工、石油化纤、化肥、造纸等工业的关键设备。

1. 套管式热交换器

如图 8-12 所示，它是圆柱形两端带椭球封头的受内压的壳体，内有排管与管板相连，其内、外壁供不同介质进行热交换，受环境介质、温度和压力作用。同样功能的热交换器还有螺旋板式、（冲压）板式热交换器等多种，其结构互不相同。

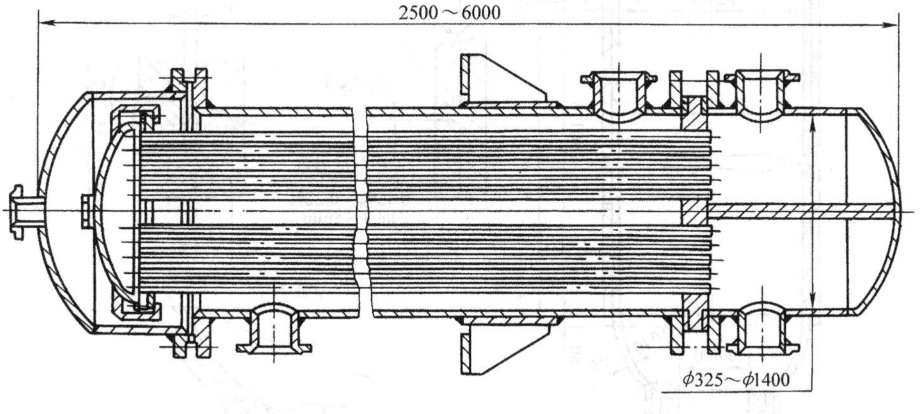

图 8-12　套管式热交换器

2. 加氢反应器

如图 8-13 所示为我国 20 世纪 70 年代制造的加氢反应器，它是一个双层热套式圆柱形受压容器（和目前国内外普遍采用 2.25Cr1Mo 钢制造的单层加氢反应器不同，这种可以通过器壁进行传热的热壁式加氢反应器常采用单层厚壁筒的结构，有时需采用锻 - 焊结构，典型例子是我国一重生产的，总重 930t 的锻 - 焊热壁式加氢反应器），内筒用壁厚 $\delta_n > 85$mm 的 20CrMo9 抗氢钢制造，外筒则用壁厚 $\delta_w \geqslant 75$mm 的 18MnMoNb 低合金结构钢制造。由

图8-13可见，外筒的大部分环缝是不焊接的，内外筒过盈套合（过盈量为0.13%～0.22%D，即3～5mm），因而外筒好像是多个套箍，它只承受径向力而不承受轴向力。这是充分考虑到圆筒容器受力特点的设计。类似的还有多层热套容器，有资料介绍这种采用25～70mm的中厚板，卷焊成内外径相互配合的筒节，热套合成壁厚符合要求的筒节，且根据现行的制造规程，内外层筒节的配合面只需作粗加工或喷丸处理，然后筒节之间通过环缝组焊成符合要求的筒体，这就大大简化了加工工艺，降低了生产成本。

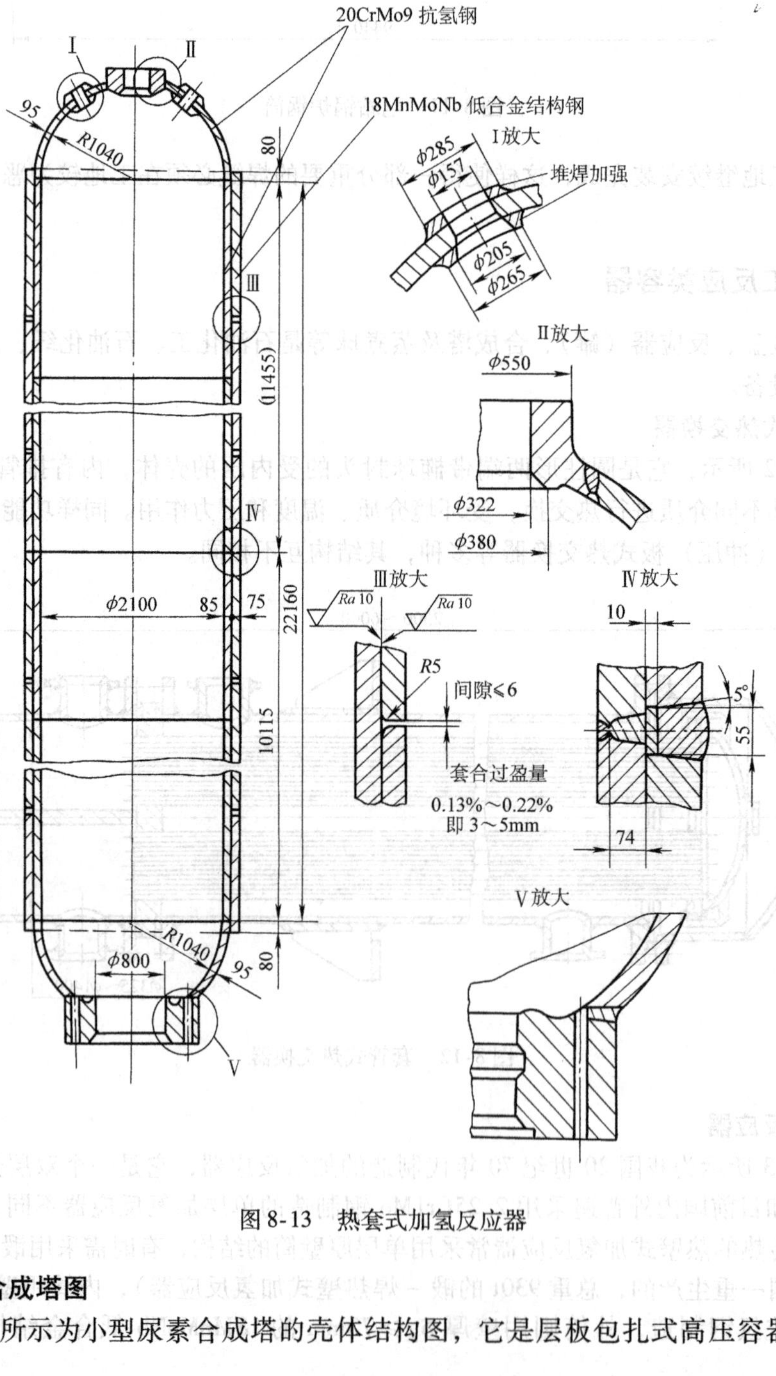

图8-13　热套式加氢反应器

3. 尿素合成塔图

图8-14a所示为小型尿素合成塔的壳体结构图，它是层板包扎式高压容器（内压$p=$

21.57MPa，工作温度 $T=180\sim190°C$）其内筒（13mm 厚）上包扎焊接 13 层（每层板厚为 6mm），层板材质为 Q390（15MnV）钢。为了防止介质的腐蚀，其内筒的内衬筒由超低碳不锈钢 00Cr18Ni12Mo2 制成。为防止合成塔内压力的变动，甚至出现负压时，内衬不致与内筒分离或起鼓，一些合成塔的内筒采用双层钢，或将内衬与内筒用塞焊、爆炸焊等方法连接在一起。图 8-14a 所示的合成塔是小型化肥厂用，容积为 4.5m^3，介质为尿素、氨基甲酸铵等溶液的小型合成塔。图 8-14b 所示为大型尿素合成塔，其工作介质是一样的（尿素、氨基甲酸铵等溶液），工作参数也接近（设计压力 20MPa，设计温度 200°C），但因容积大，产量高，属大型高压容器，由图可见，它是有内衬（316L 超低碳不锈钢，厚 6mm）的单层厚壁

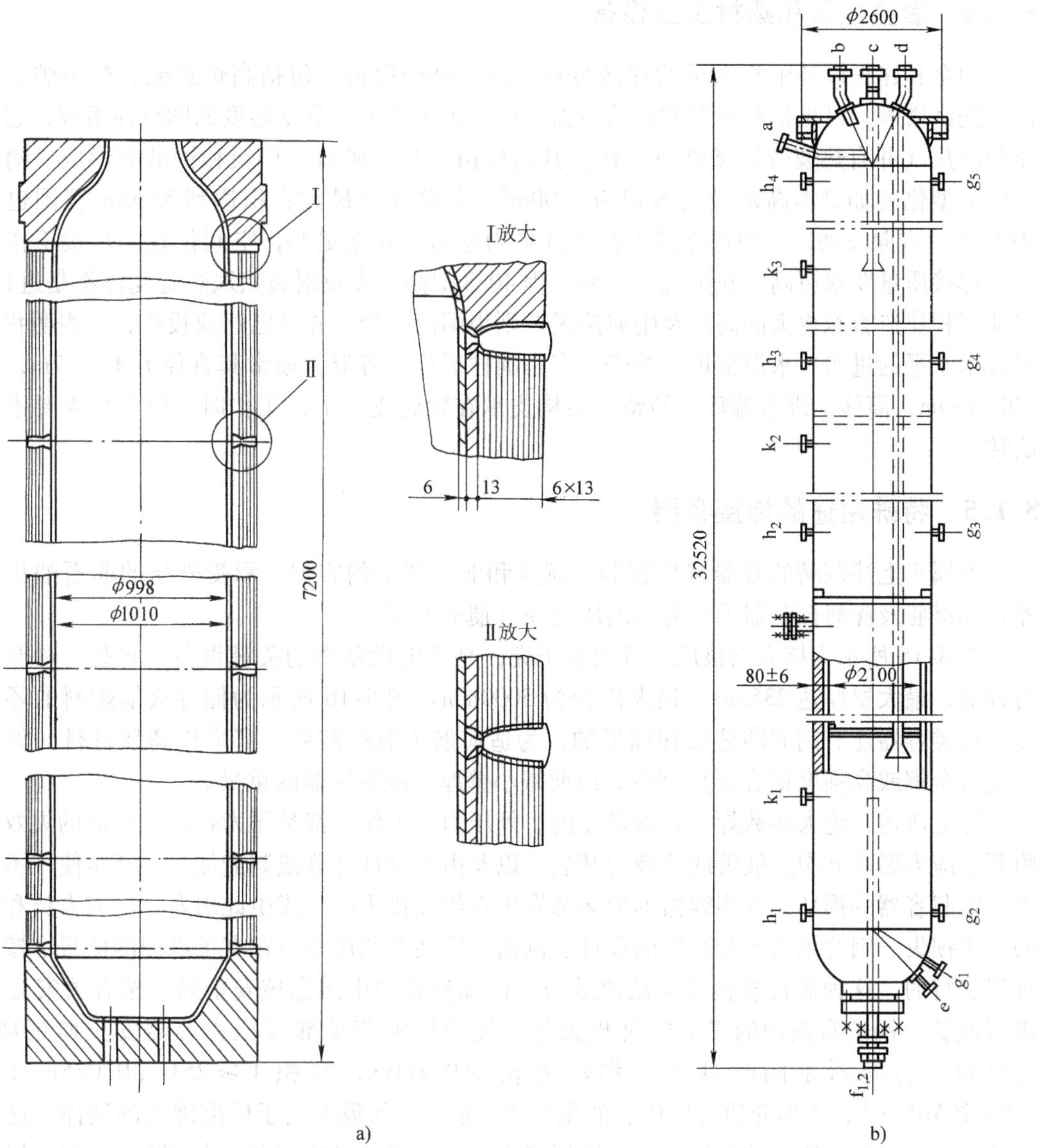

图 8-14　尿素合成塔

a）层板包扎式小型尿素合成塔　b）24 万 t/天尿素合成塔

筒体和两端球形封头、若干接管组成。这里两种高压容器比较可见：前者可用小功率卷板机制造的高压容器，设备投资低；多层筒体的纵缝可错开，有包扎和焊接收缩形成预紧力；厚度小的层板（6mm，甚至13mm厚的内筒）其性能大大优于厚板，特别提高了容器抗脆断性能；如容器内部用耐蚀材料制造，外层仍可用容器用普通碳素钢和低合金钢板制造，节省了贵重的耐蚀钢材。后者是利用钢板卷制筒节（200mm以下，都可以在卷板机上卷制，超过该厚度，宽度超过3.5m，则要采用大型液压机压制，如前述的热壁式加氢反应器）。利用旋压机或液压机冷成形或热成形方法压制所需形状封头，这种制造方法较之锻－焊高压容器设备投资低，制造工艺简单，材料利用率高，生产成本低。

8.1.4 冶金建筑和建材工业设备

冶金和建材设备中有大量的焊接容器。成套高炉设备，包括高炉炉壳、热风炉、除尘器、洗涤塔等，可见都是典型的圆筒容器。如高炉炉壳由多节变锥度的圆锥体组成，它在高压和高热（并有热疲劳）条件下工作，其内压由内村、矿石、焦炭和铁液等形成。随着高炉向大型化（如日本高炉最大容积为5000m^3，苏联高炉最大容积达到5580m^{3}美国也达到3000m^3）方向发展，高炉炉壳的工作条件更为恶劣，壳壁更厚，空间位置的焊接工作量更大，焊接质量要求更高。我国宝钢一期工程4038m^{3}高炉壳及附属热风炉等壳体都是进口的，二期工程建造容积更大的高炉及附属热风炉则为国内配套，并早已建成投产，这表明我国焊接技术水平的进步。水泥窑炉，炉壳大多是圆柱形焊接容器，通常其直径为4.7~7m，长为120~230m，筒体上焊有箍环，使整个结构支承在辊轮支柱上，工作时，整个炉壳要不停地旋转。

8.1.5 特殊用途的焊接容器

不属于上述范畴的容器有核容器、航空和航天器上的容器、承受外压的非石油化工容器，如潜艇及深海探测器承受外压的压力壳（艇壳）等。

图8-15所示为核电站核反应堆的承压壳，是核电设备中的关键设备，它是一种厚壁压力容器，最大壁厚达235mm，最大内径为5000mm。图8-16所示为储存火箭燃料的环形容器，这类容器还有制成圆柱形和球形的，为适应航天航空需要，都采用高强材料（如超高强度合金钢或高强度铝合金）制造，以便减小壁厚、减轻容器的重量。

综上所述，绝大多数焊接容器都在内、外压力下工作，都是压力容器。容器的失效，如脆断、应力腐蚀开裂、疲劳或热疲劳开裂，以及由于设计计算或制造加工，甚至使用不当都可能引起容器的损坏，许多容器的损坏都发生在焊接接头区，或由此引发，造成人员和财产的重大损失。因此绝大多数容器的设计、制造、安装及使用都是在有关部门的监督下按有关规程进行的，这种监督规程具有法律效力。例如核容器由国家核安全局，按有关安全规程进行监督，锅炉有锅炉的安全监督规程等。接受国家劳动部《压力容器安全监察规程》监督的压力容器是同时具备工作压力 $p_g \geqslant 0.1\text{MPa}$，容积 $V \geqslant 25\text{L}$（0.025m^3）、且 $p_g V \geqslant 20\text{MPa} \cdot \text{L}$，工作介质为气体、液化气体、最高工作温度高于标准沸点的液体，这三个条件的容器。但不应是核容器、船上容器和直接受火焰加热的容器（如锅炉）。按此规程规定根据容器压力的渐次增高和介质危害程度的渐次增大，将容器分为一、二、三类。

一类为非易燃、无毒介质的低压容器（$0.1\text{MPa} \leqslant p_g < 1.6\text{MPa}$）、易燃或有毒介质的低

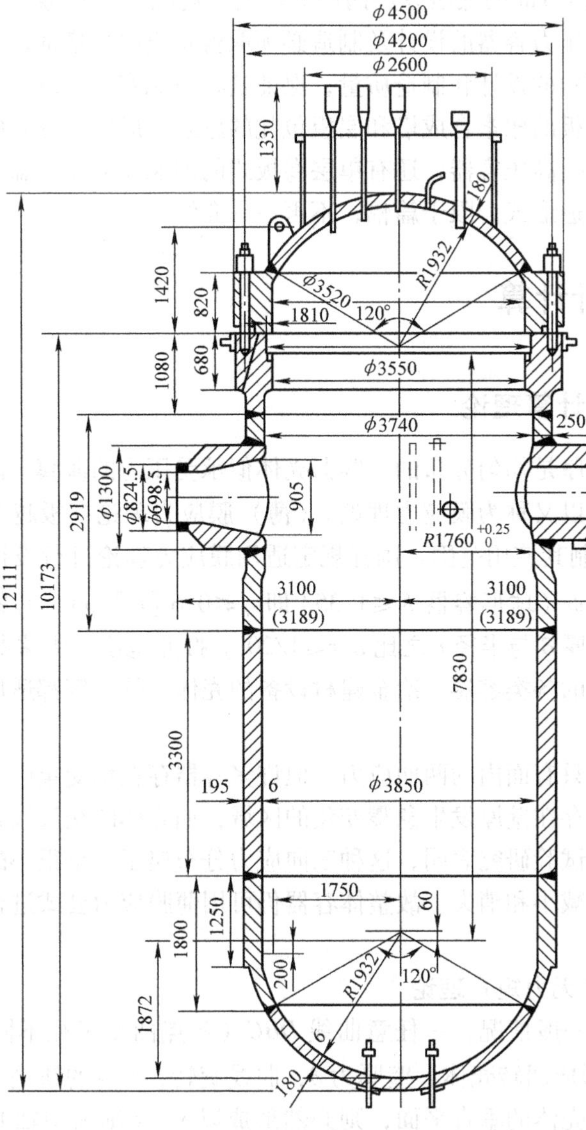

图 8-15　核电站核反应堆承压壳

压分离容器和热交换容器等。

二类则为中压容器（1.6MPa ≤ p_g < 10MPa）、剧毒介质的低压容器、易燃或有毒介质的低压反应容器和储运容器、内径小于 1m 的废热锅炉（低压）。

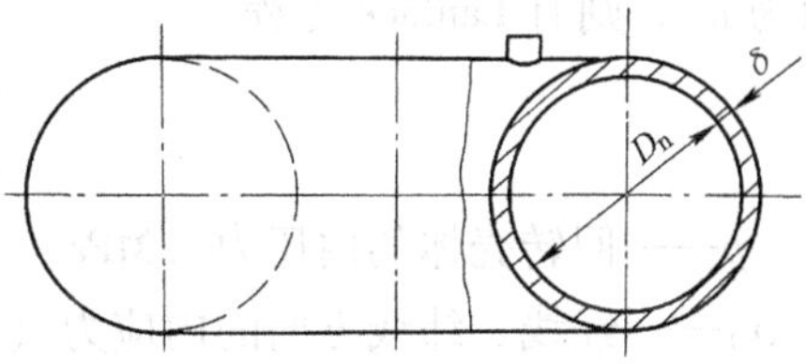

图 8-16　环形火箭燃料箱

三类则指高压或超高压容器（10MPa ≤ p_g < 100MPa），剧毒介质，且 $p_gV \geqslant 0.2\text{MPa}\cdot\text{m}^3$——表明容积较大的低压容器。剧毒介质的中压容器；易燃或有毒介质，且 $p_gV \geqslant 0.5\text{MPa}\cdot\text{m}^3$ 的中压反应容器、$p_gV \geqslant 0.5\text{MPa}\cdot\text{m}^3$ 的中压储运容

器、中压废热锅炉或内径大于1m的低压废热锅炉等。当然规程对于有毒、剧毒、易燃等都有明确规定。一、二、三类压力容器的设计及制造必须取得相应的合格证，才有资格进行其设计和制造，这就保证了容器的设计和制造质量，保证其将来能安全经济地运行。

上述焊接容器的单层卷板的尿素合成塔和层板包扎的尿素合成塔、热套的加氢反应器等均属三类高压压力容器。三类高压容器，还有单层卷板式的加氢反应器、扁平绕带式、绕扳式以及电渣熔成等结构和制造形式。限于篇幅，不再一一介绍。

8.2 焊接容器的设计计算

8.2.1 薄壁容器的设计计算理论

按该理论假定应力沿壁厚是均匀分布的。容器壳体似承受压力的薄膜，薄膜不可能承受垂直于壳体表面的应力，所以又称为膜应力理论。（薄）膜应力理论在板越薄时越精确，通常用内外径比 $K=D_w/D_n$ 限制其使用范围。国标规定适用膜应力理论进行设计计算的圆筒容器 $K\leqslant1.5$ 即 $p_c\leqslant0.4\ [\sigma]^t\phi$（球形容器 $K\leqslant1.353$ 即 $p_c\leqslant0.6\ [\sigma]^t\phi$），有的标准规定 $K\leqslant1.1\sim1.2$，甚至有的规定壁厚 δ 与半径 r 之比 $\delta/r\leqslant1/20$ 。按此范围，大多数储罐、锅炉壳体、大多数化工石油设备中的各类容器、冶金建材设备的壳体、管道等都适用膜应力理论进行设计计算。

薄膜应力理论的壳体板只有面内的两向应力。但许多容器存在承受集中应力的区域，如容器的支承处；还有的容器存在壁厚发生急骤变化的区域，如壳体的交叉接合处，这些地方常处于三向应力的条件下。试验研究表明，这种三向应力分布属于一个很小的区域，离开一段距离之后，三向应力很快减小和消失。故整体容器仍可用薄膜应力公式进行计算，而在局部考虑加强设计。

1. 回转壳体的膜应力（无力矩）理论

如图8-17a所示，作为一般情况，一任意曲线 DBC（各点曲率半径不同，如 A 点处为 r_1）绕回转轴 $x-x$ 旋转，形成回转壳体，壁厚为 δ，曲线旋转，A 点的轨迹为一个圆，在 A 点上，即在轨迹圆上作回转壳体的垂直平面，则必然形成以 $x-x$ 轴为中轴的圆锥面，称轨迹圆为纬线，曲线 DBC 为经线。纬线的曲率半径为 r_2，即圆锥面的母线长，经线的曲率半径 r_1 称为第一主曲率半径，r_2 称为第二主曲率半径，令面内应力沿经线方向为 σ_1，沿纬线方向为 σ_2，则有 Lanlace 方程

$$\frac{\sigma_1}{r_1}+\frac{\sigma_2}{r_2}=\frac{p}{\delta} \tag{8-1}$$

式中 p——回转壳体的内压力（MPa）；

σ_1、σ_2——经线、纬线方向的内应力（MPa）。

利用内力平衡条件，可以导出

$$\sigma_1=\frac{pr_2}{2\delta} \tag{8-2}$$

联立方程式（8-1）和式（8-2）就可以解出各种形状的薄壳应力。

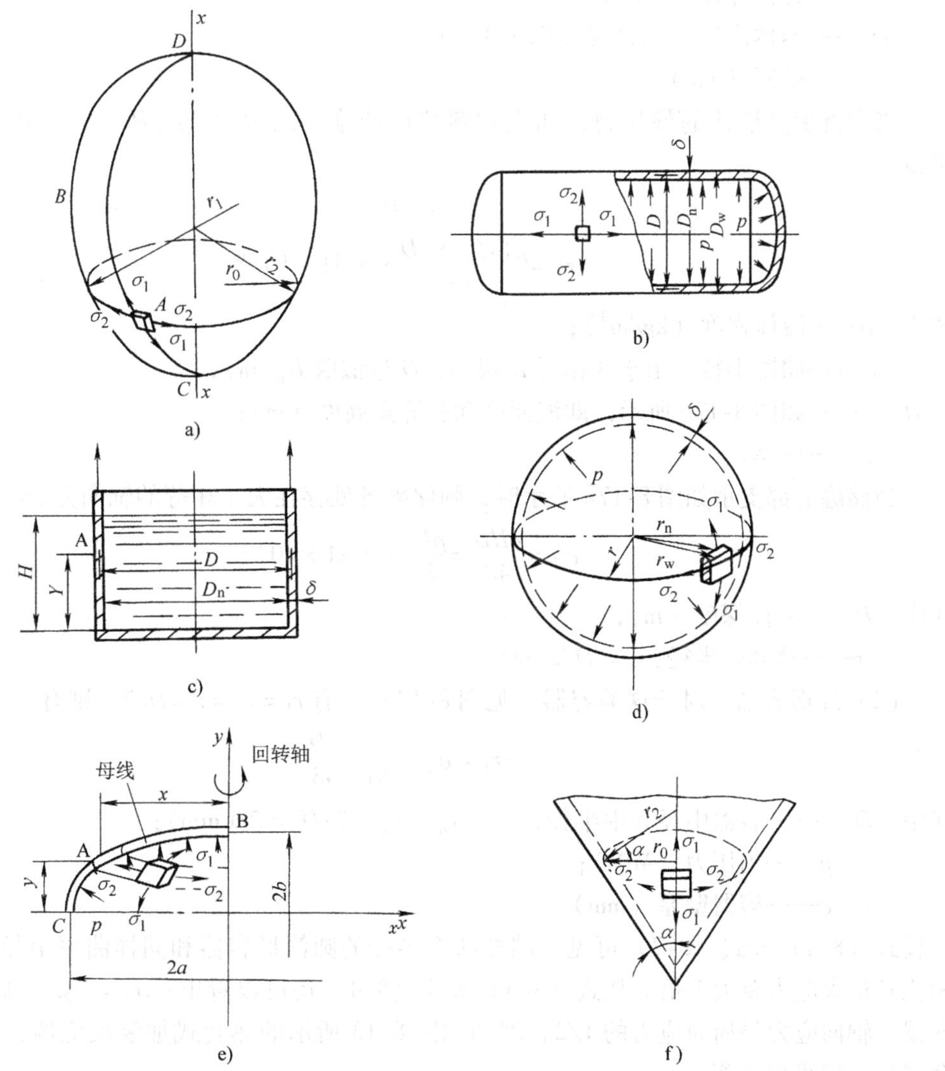

图 8-17 薄壁容器应力理论解释示意图

a）任意回转壳体 b）圆筒内压容器 c）立式承受液体的静压容器 d）球形容器 e）椭球封头 f）锥形容器

2. 各种薄壁容器的应力计算

利用式（8-1）和式（8-2）即可进行各种薄壁容器的应力计算。

（1）圆筒容器 对于圆筒容器有 $r_1=\infty$，$r_2=D/2$，代入式（8-1）和式（8-2）即可解得轴向应力（经向）σ_1，和周向应力（纬向）σ_2

$$\sigma_1=\frac{pD}{4\delta} \tag{8-3}$$

$$\sigma_2=2\sigma_1=\frac{pD}{2\delta} \tag{8-4}$$

式中 p——容器内压力（MPa）；

D——圆筒容器中径（mm），$D=(D_w+D_n)/2=D_n+\delta$；

D_w——容器外径（mm）；

D_n——容器内径（mm）（见图8-17b）；

δ——壁厚（mm）。

当容器承受液体的静压力，如立式圆柱形储罐。此时 $P=\rho(H-Y)$，代入式（8-4）可得

$$\sigma_1=0$$

$$\sigma_2=\frac{\rho(H-Y)D}{2\delta}\times 9.81\times 10^{-6} \tag{8-5}$$

式中 ρ——液体密度（kg/m^3）；

D——储罐中径，由于 δ 相对 D 很小，D 近似取 D_n(m)；

H、Y——如图8-17c所示，即液面高和验算点高度（m）；

δ——壁厚。

当储罐上部支承如图8-17c所示时，则储罐各处存在大小相等的轴向力 σ_1

$$\sigma_1=\frac{\rho HD}{4\delta}=\frac{\rho Hr}{2\delta}\times 9.81\times 10^{-6} \tag{8-6}$$

式中 H——液体深度（m）；

r——储罐内半径，$r=D/2$(m)。

（2）球形容器 对于这类容器（见图8-17d），有 $r_1=r_2=r=D/2$，则有

$$\sigma_1=\sigma_2=\frac{pr}{2\delta}=\frac{pD}{4\delta} \tag{8-7}$$

式中 D、r——容器中径和中半径，$r=(r_n+r_w)/2$；$D=2r$(mm)；

p——内压力（MPa）；

δ——容器壁厚（mm）。

比较式（8-4）和式（8-7）可见：同样曲率半径的圆筒形容器和同样曲率半径的球形容器相比其最大应力要大1倍。从式（8-3）和式（8-4）还可以看出：$\sigma_1=\sigma_2/2$ 即对于圆筒形容器，轴向应力是周向应力的1/2，因而如图8-13所示的热套式加氢反应器，其外层（热套层）环缝可以不焊。

（3）椭球壳 水珠状容器和一些圆筒形容器的椭球状封头，壳上各点的应力是不相等的，图8-17e所示的椭球面封头，可由椭圆曲线回转而成，如果椭圆曲线的长短轴分别为 $2a$、$2b$，则第一、二主曲率半径 r_1、r_2 除与欲测应力点（图中 A 点）的坐标 x、y 有关外，还与 a、b 有关，按规定，标准封头 $a/b=2$，这样使得计算结果简化。一般情况下：

$$\sigma_1=\frac{p}{2\delta}\times\frac{(a^4y^2+b^4x^2)^{\frac{1}{2}}}{b^2} \tag{8-8}$$

$$\sigma_2=\frac{p}{\delta}\times\frac{(a^4y^2+b^4x^2)^{\frac{1}{2}}}{b^2}\left[1-\frac{a^4b^2}{2(a^4y^2+b^4x^2)}\right] \tag{8-9}$$

椭球壳顶点 B 处（见图8-17e）$x=0$，$y=b$，将其代入式（8-8）和式（8-9），可以解得

$$\sigma_1=\sigma_2=\frac{pa^2}{2b\delta} \tag{8-10}$$

而 C 点，$x=a$，$y=0$，代入式（8-8）和式（8-9）可以解得

$$\sigma_1=\frac{pa}{2\delta} \tag{8-11}$$

$$\sigma_2=\frac{pa}{\delta}\left(1-\frac{a^2}{2b^2}\right)$$

按国标标准封头，$a/b=2$，代入式（8-10）和式（8-11），可求得顶点 B 处，底点 C 处的应力

$$\sigma_1=\sigma_2=\frac{pa}{\delta}(B\text{ 点处})$$

$$\sigma_1=\frac{pa}{2\delta}(C\text{ 点处})$$

$$\sigma_2=-\frac{pa}{\delta}(C\text{ 点处}) \tag{8-12}$$

由式（8-12）可以看出，顶点 B 处有最大拉应力。

（4）锥形壳　它是表面为圆锥面的壳体，它很少用来单独制造容器，但可用于制造封头（锥形封头），如化工设备中的收缩器或扩大器，这种结构可用以改变气液速度、固体和黏性物料的投入和卸出。如图 8-17f 所示，锥形壳锥顶角的一半为 α，则 $r_1=\infty$，$r_2=r_0/\cos\alpha$，代入式（8-1）和式（8-2），即可解出

$$\sigma_1=\frac{pr_0}{2\delta}\frac{1}{\cos\alpha} \tag{8-13}$$

$$\sigma_2=\frac{pr_0}{\delta}\frac{1}{\cos\alpha}$$

8.2.2　关于钢制压力容器的设计规定

钢制压力容器受压元件的设计计算代表了焊接容器的绝大多数（除厚壁容器，如圆筒形容器 $K=D_w/D_n>1.5$、球形容器 $K>1.353$ 等，和其他一些特殊条件下的容器外）。如前所述，它们都采用许用应力法进行设计，即用第一强度理论、第三强度理论计算出最大主应力或差值应力，将其限制在许用应力之下和进行适当修正，从而得出设计公式。

1. 圆筒形容器

圆筒容器其最大应力 σ_2 由式（8-4）给出，则

$$\frac{PD}{2\sigma}\leqslant[\sigma]$$

将中径 D 换算成内径 $D_n=D_w-\delta$，则圆筒的计算应力为

$$\sigma^t=\frac{p(D_n+\delta)}{2\delta}\leqslant[\sigma]^t\phi \tag{8-14}$$

则计算壁厚的公式可以写作

$$\delta\geqslant\frac{pD_n}{2\ [\sigma]^t\phi-p} \tag{8-15}$$

式中　p——容器的设计内压力（MPa）；

σ^t——设计温度下的计算应力（MPa）；

D_n——圆筒内径（mm）；

$[\sigma]^t$——设计温度下内筒材料的许用应力（MPa）；

ϕ——纵焊缝的焊缝系数。当环焊缝的系数小于其一半，还应进行轴向应力的验算。

国标规定了多层包扎圆筒 $[\sigma]^t\phi$ 值的计算

$$[\sigma]^t\phi=\frac{[\sigma_i]^t\phi_i\delta_i}{\delta_n}+[\sigma_0]^t\phi_0\delta_0/\delta_n \tag{8-16}$$

式中 $[\sigma_i]^t$——设计温度下多层包扎圆筒内筒材料的许用应力（MPa）；

$[\sigma_0]^t$——设计温度下多层包扎圆筒层板材料的许用应力（MPa）；

ϕ_i——多层包扎圆筒内筒的焊接系数，取 $\phi_i=1.0$；

ϕ_0——层板层的焊接系数，$\phi_0=0.95$；

δ_i，δ_0——多层包扎圆筒内筒的名义厚度（名义厚度即指设计厚度加上钢材厚度负偏差后，向上圆整至标准规格的厚度）和多层包扎圆筒层板层的总厚度（mm）；

δ_n——圆筒的名义厚度；其他符号同前。

2. 球形容器

同样，对于球形容器，根据式（8-7）可以导出计算应力和计算壁厚的公式

$$\sigma^t=\frac{p(D_n+\delta)}{4\delta}\leqslant[\sigma]^t\phi \tag{8-17}$$

$$\delta\geqslant\frac{pD_n}{4[\sigma]^t\phi-p} \tag{8-18}$$

3. 封头设计

（1）椭圆形封头　可利用式（8-10）和式（8-11），并将 a、b 换成封头的内径 D_n、曲面深度 h_n（见图8-18a），考虑到封头边缘与圆筒连接部位的边界效应，增加形状修正系数 K，得出封头的许可压力及计算壁厚。

$$K=\frac{1}{6}\left[2+\left(\frac{D_n}{2h_n}\right)^2\right] \tag{8-19}$$

式中 K——形状修正系数，按式（8-19）计算，对于标准型封头 $K=1$。

$$[p]=\frac{2[\sigma]^t\phi\delta}{KD_n+0.5\delta} \tag{8-20}$$

$$\delta=\frac{KpD_n}{2[\sigma]^t\phi-0.5p} \tag{8-21}$$

由式（8-11）还可以看出，随 a/b 即 $D_n/2h_n$ 的变化，σ_2 的值发生变化，随 h_n 值的减小，σ_2 值由拉应力渐变为压应力，为防止弹性失稳，限制 $D_n/2h_n\leqslant2.6$，并且规定标准封头的有效厚度应不小于封头内直径的0.15%，非标准椭圆封头的有效厚度应不小于内径的0.30%。

（2）锥壳封头　它可以做成无折边的，但由于无折边封头与筒体连接，造成力线的不连续，结果产生局部应力，该应力随锥半顶角 α 的增大而增加，故标准规定 $\alpha\leqslant30°$ 才可以采用无折边结构（见图8-18b）；当 $\alpha>30°$ 时应采用有圆弧过渡段的折边封头（见图8-18c），大端折边封头过渡段的转角半径 r 应不小于封头大端内径 D_n 的10%，且不小于该过渡段厚度的3倍；当 $\alpha>45°$ 时，锥形封头的小端也应采用折边结构，标准对于其转角半

径亦作了相应的规定。标准规定的计算是基于结构体是均匀连续的，因此封头与筒体的连接应采用全熔透的焊缝。对于无折边封头，可由式（8-13）导出锥壳厚度的计算式

$$\delta=\frac{pD_n}{2[\sigma]^t\phi-p}\times\frac{1}{\cos\alpha} \tag{8-22}$$

式中　D_n——如图8-18所示为锥壳大端内径，如果锥壳由同一锥顶角的几个不同厚度锥壳段组成时，D_n分别为各段大端内径（mm）；

α——锥顶半角（°）。

应当指出，上述由膜应力进行的计算常与实际不符，此时控制因素由膜应力转为轴向弯曲应力，属二次应力范围，为计算方便，规范将常用参数范围内电子计算机的计算结果整理成曲线以供设计计算用。

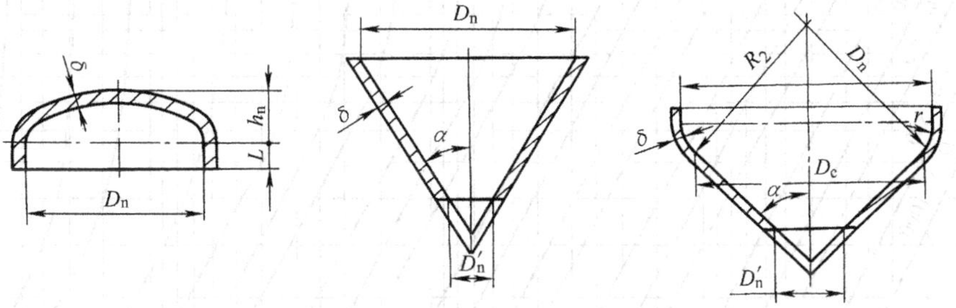

图8-18　椭圆形和锥形封头

a）椭圆形封头　b）无折边锥形封头　c）有折边锥形封头

4. 承受外压容器的设计

上述容器及封头等部件的设计都是在容器承受内压条件下进行的。如果容器承受外压，则薄壁容器将有发生失稳的危险。此时应根据发生失稳的临界（压）应力决定容器的壁厚，例如对于外压圆筒，失稳的临界压力与材料性能、筒体的几何尺寸有关，即有

$$p_{cr}=kE\left(\frac{\delta}{D_w}\right)^3 \tag{8-23}$$

式中　p_{cr}——失稳的临界压力（MPa）；

k——与筒体长 l、直径D_w相关的系数；

δ、D_w——筒体壁厚和外径（mm）；

E——材料的弹性模量（MPa）。

在临界压力p_{cr}下，筒体应力——失稳临界应力 σ_{cr}可近似表示为

$$\sigma_{cr}\approx\frac{p_{cr}D_w}{2\delta}=\frac{k}{2}E\left(\frac{\delta}{D_w}\right)^2 \tag{8-24}$$

当以 A 表示 σ_{cr}/E 时，则由式（8-24）可得

$$A=\frac{k}{2}\left(\frac{\delta}{D_w}\right)^2 \tag{8-25}$$

式（8-25）表明了圆筒的几何尺寸（自由长度 l、外径D_w、壁厚 δ 等）一定，则其所能承受的失稳临界应变（σ_{cr}/E）确定，将此式的结果绘制成设计图表，由 l/D_w与D_w/δ 值查曲线图即可得出 A，图8-19所示为由l/D_w与D_w/δ 值得出的系数 A 示例。由 A 可得 $\sigma_{cr}=AE$，

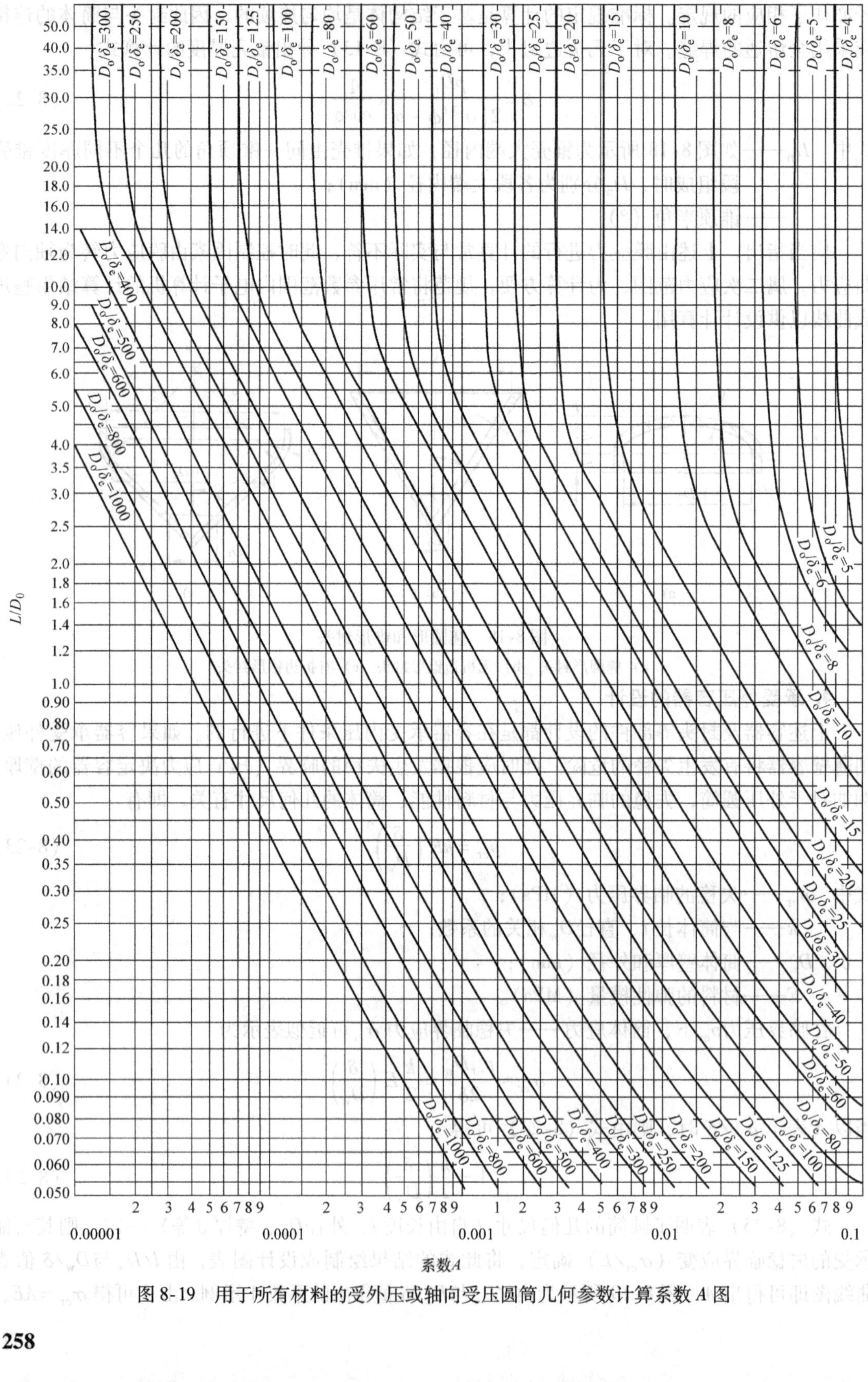

图 8-19 用于所有材料的受外压或轴向受压圆筒几何参数计算系数 A 图

进一步可根据式（8-24）计算临界压力$p_{cr}=\sigma_{cr}\times 2\delta/D_w$。通常控制外压力小于许用压力$[p]$，而$[p]=p_{cr}/m$，$m$ 为稳定安全系数，于是：

$$[p]=\sigma_{cr}\frac{2\delta}{D_w m}=EA\frac{2\delta}{D_w m}$$

如令 $B=2EA/m$，B 由 A 及材料的弹性模量 E、稳定安全系数 m（国标规定了取值的范围）决定，规范将不同材料不同温度下（E 不同）A 与 B 的关系绘成了曲线，由曲线即可速查出 B 值，图 8-20 所示为 16MnR 钢系数 $A-B$ 对应曲线图，这样：

$$[p]=B\delta/D_w \tag{8-26}$$

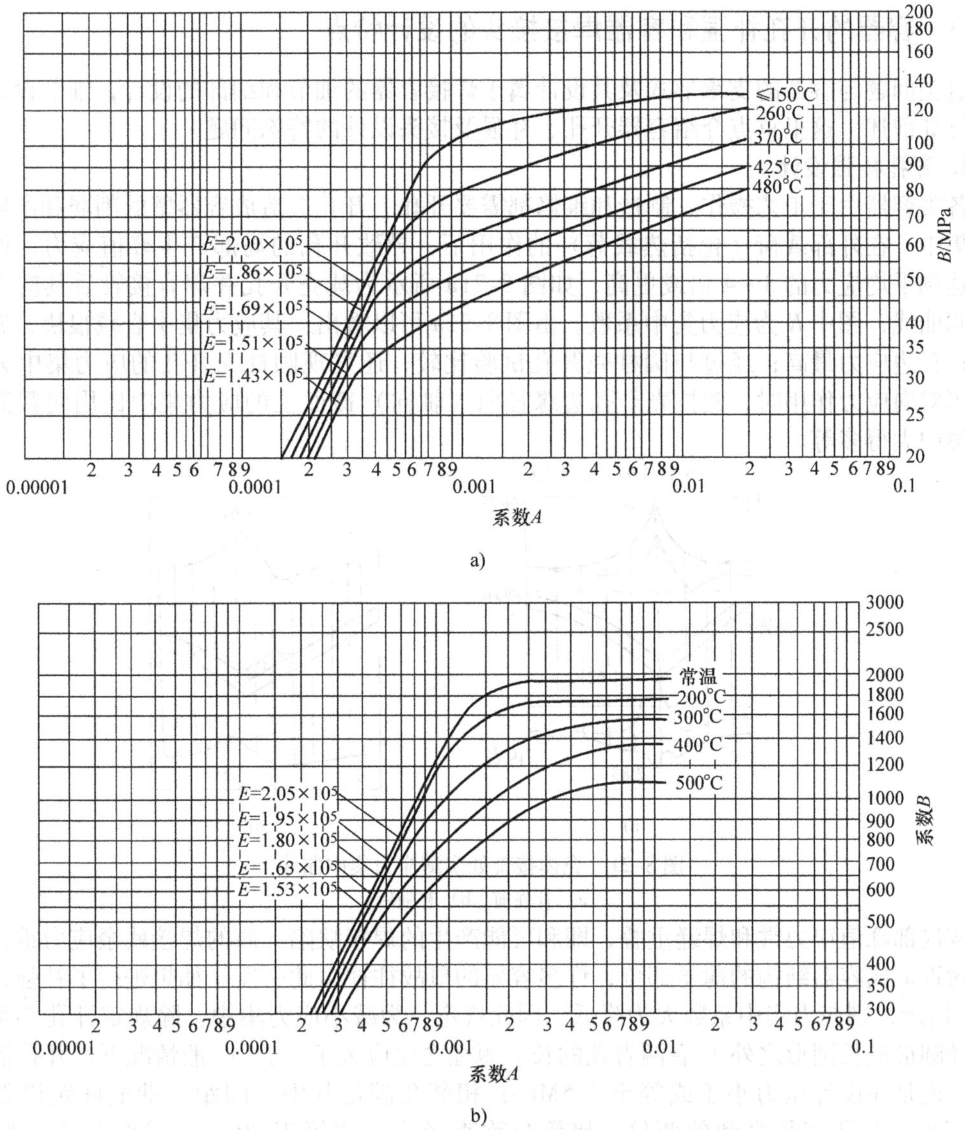

图 8-20　常用 16MnR 钢和低碳钢的系数 $A-B$ 对应示例图

a）Q345（16Mn）钢　b）屈服限 207MPa 钢

若［p］大于实际承受的外压力 p，则结构安全，否则再假定 δ 以及增设加强圈等重新进行试算。详细的设计计算方法，以及外压球壳、受外压的锅炉炉胆（波纹胆和直胆）、火管等的设计计算可参照有关规范进行。

上述从式（8-15）、式（8-18）、式（8-21）、式（8-22）等得到的厚度为容器的计算厚度，考虑到钢材的厚度有偏差，特别是负偏差，需给出厚度附加量。此外容器在介质的腐蚀条件下工作，需根据使用寿命、介质腐蚀性给出腐蚀裕量。这样厚度附加量 C 有两部分：C_1——厚度负偏差附加量；C_2——腐蚀裕量组成，即 $C=C_1+C_2$。

计算厚度与上述厚度腐蚀裕量之和称为设计厚度。当设计厚度加上钢材厚度负偏差之后应向上圆整至钢材标准规格的厚度，这就是图样上注明的厚度，它不小于设计厚度，称为名义厚度。名义厚度减去厚度附加量则称为有效厚度。而上述进行应力验算的公式，见式（8-14）、式（8-17）、式（8-20）、式（8-24）、式（8-26）的壁厚显然应代入有效厚度。

8.2.3 容器的开孔补强和容器焊接接头的设计特点

这类问题与容器的支承形式及其设计属于焊接容器的细节和细部的设计，细节设计的重要性已如前述，这里重点介绍容器开孔、补强及接头设计的特殊问题。

1. 开孔补强设计

各类容器由于工艺操作、制造和维修都需要开孔。开孔会造成容器壁的削弱和产生新的应力集中，在外部载荷（包括热载荷）的作用下，导致开孔的局部产生峰值应力，该应力常能达到平均应力的3~4倍或更高，如图8-21a所示为球壳开孔并焊有接管后其应力集中的实测曲线，图中 K 为应力集中系数。由图8-21a可以看出：其应力集中衰减很快，属局部应力；孔边应力最高；经过与圆柱壳开孔试验比较，还发现圆柱壳开孔的应力集中大于球壳，当双向应力作用时，圆柱壳开孔边缘径向（轴向）截面上的应力集中比周向截面上的应力集中大得多等。

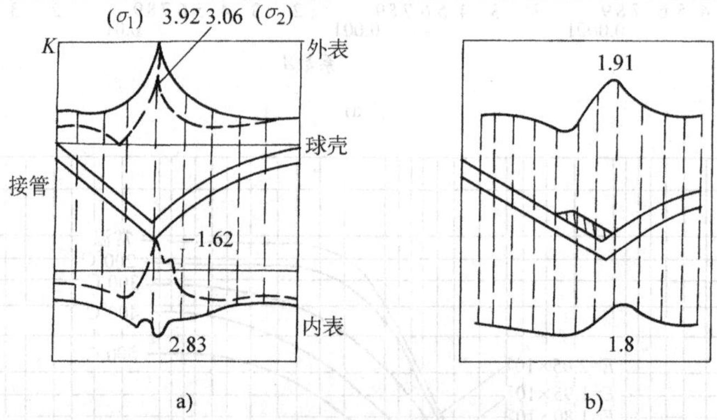

图8-21 壳体接管处实测应力集中曲线

a）补强前 b）补强后

该局部峰值应力常和焊缝重叠，即和可能产生的焊接缺陷、高的焊接残余应力重合，使开孔附近形成容器结构的薄弱部位，许多容器的事故往往由此引发。如果进行了补强，如图8-21b所示，则应力集中系数大为降低。因此规定，为减小应力集中，除规定开孔必须为圆形、椭圆形或长圆形之外（后两者孔的长、短径之比应大于2），一般情况下，开孔需进行补强。但是在设计压力小于或等于2.5MPa；相邻孔满足其中心间距（曲面间距以弧长计算）不小于两孔直径之和的两倍；接管公称直径小于或等于89mm；接管最小壁厚满足表8-1要求才允许不另行补强。

补强形式如图8-22所示，有内加强平齐接管，即补强金属加在接管或壳体内侧，如图8-22h所示；外加强平齐接管，即补强金属在接管或壳体的外侧，如图8-22b、d、f所示；对称加强插入接管，接管的内伸（不同于平齐接管）与外伸部分对称加强，如图8-22a所示；密集补强，补强金属集中地加在接管与壳体的连接处，如图 8-22c、e、g 所示。理论与试验研究表明，密集补强效果最好，其次是插入接管，内加强第三，外加强效果最差。工程上采用何种形式，不仅取决于强度条件，还要依据工艺要求、制造方便、易于施工等综合因素。常用的补强结构有以下几种：

表 8-1　不用开孔补强的接管壁厚条件　　（单位：mm）

接管公称外径	25	32	38	45	48	57	65	76	89
最小壁厚	3.5			4.0		5.0		6.0	

注：1. 钢材标准抗拉强度下限值 $\sigma_b > 540\text{MPa}$ 时，接管与壳体的连接宜采用全焊透的结构形式。

2. 接管的腐蚀裕度为 1mm。

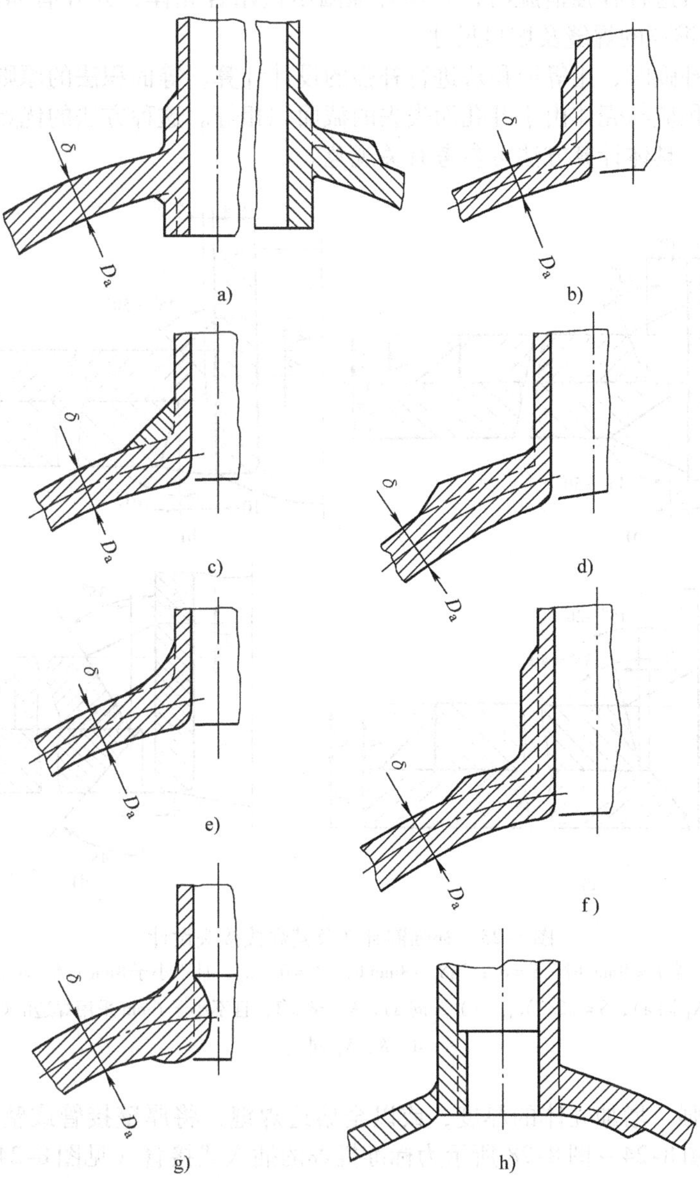

图 8-22　补强结构形式

a）对称加强插入接管　b）外加强平齐接管　c）密集补强，补强金属呈斜面　d）同 b）但是外壳体补强　e）同 c）补强金属呈圆弧面　f）同 b）管和壳体（外）都加强　g）同 c）光滑密集补强　h）内加强平齐接管

（1）补强圈补强 以全焊透或非全熔透焊缝将内部或外部补强件与接管、壳体焊接。这种补强结构（包括其焊接接头的设计）如图 8-23 所示。由图可见补强都采用了搭接接头，补强圈与壳体之间可能会有间隙，导热不佳，可能产生热应力，搭接接头又会产生大的焊接应力和新的应力集中等缺点，可能在焊缝及角焊缝的焊趾处产生裂纹，以及低的动载性能，因此，这种补强形式虽有很长使用历史和使用经验，但现今各国规范都限制了其使用范围。我国标准规定，这种补强形式只能用于钢材抗拉强度 $\sigma_b \leqslant 540\text{MPa}$、壳体名义厚度$\delta_n \leqslant 38\text{mm}$，且补强圈厚度应小于 1.5 倍的壳体名义厚度的条件下。标准还规定，这种补强形式不适用于急剧温度梯度的场合。即使可采用的场合，若条件许可，也推荐以厚壁接管代替补强圈补强。在实行这种补强措施时，要使补强圈尽量贴合壳体，并开有 M10 的信号孔。图 8-23 所示为标准推荐的焊缝及坡口尺寸。

采用补强圈补强时，用等面积法进行补强的设计计算。等面积法的原则是在开孔处所加补强材料的截面积应与壳体由于开孔而失去的截面积相等。这种方法的优点是有长期的实践经验，简单易行。具体计算方法可参考有关规范。

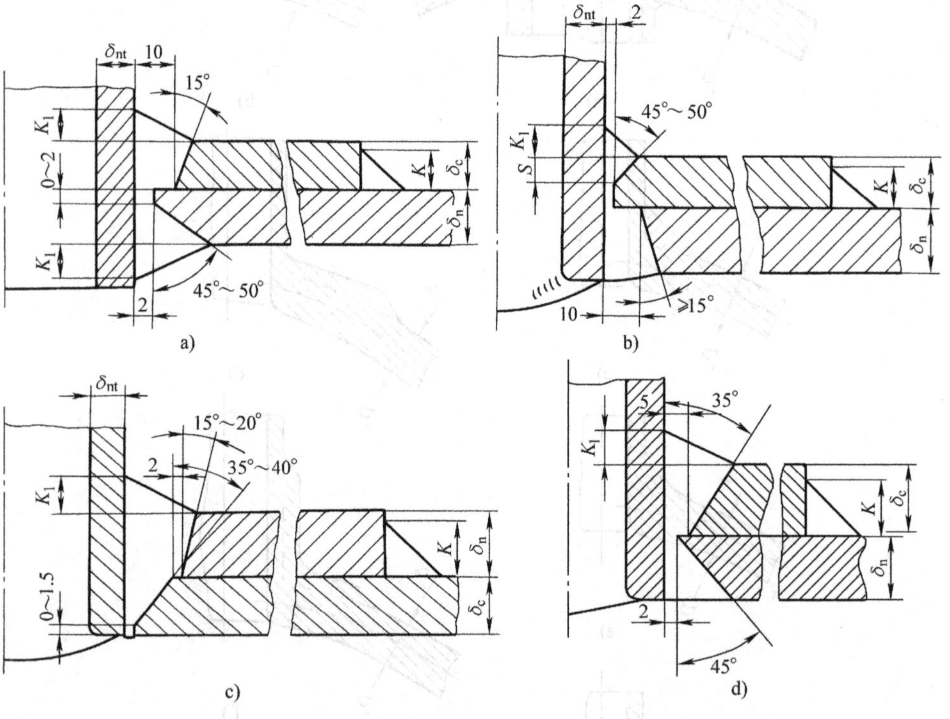

图 8-23 补强圈补强及其焊接接头设计

a）当$\delta_c \leqslant 8\text{mm}$ 时，$K=\delta_c$；当$\delta_c > 8\text{mm}$ 时，$K=0.7\delta_c$，且不小于 8mm；$K_1 \geqslant 6\text{mm}$

b）K，K_1 同 a），$S=(2/3)\delta_{nt}$ c）K 同 a），$K_1 \geqslant \delta_{nt}/3$，且不小于 6mm 采用焊透的焊接工艺

d）K，K_1 同 a）

（2）整体补强 增加壳体的厚度，或以全熔透焊缝，将厚壁接管或整体补强锻件与壳体相焊接而成。图 8-24 ~ 图 8-28 所示为标准推荐的插入式接管（见图 8-24 和图 8-25）、嵌入式接管（见图 8-26）、安放式接管（见图 8-27）和凸缘（见图 8-28）等，其中一些采用了非全熔透的焊缝，如图 8-24 所示，而图 8-25a、b 和图 8-27 也可能非全熔透，除非如图 8-27a、b 进行了镗孔，去除了可能未熔合部分，这些结构不适于急剧温度梯度的场合，当然

也不适于承受动载荷的容器。图 8-26 和图 8-28e 实际上采用的是整体补强锻件。比较图 8-28a、b、c，则 d、e 是用对接焊缝代替角焊缝连接的凸缘。图 8-28f 采用在壳体上堆焊焊层的方法形成小直径的凸缘，总厚度应满足螺纹长度要求。标准还推荐了其他一些结构形式，有些却并不是十分合理的。如前所述，工程采用什么样的补强形式，不但应从强度考虑，还需根据工艺要求，制造简便，方便施工等因素综合考虑进行选择。

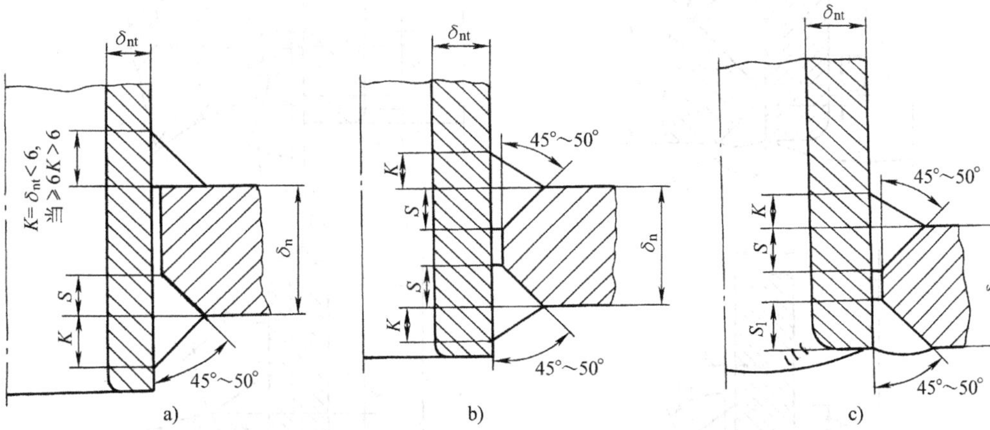

图 8-24　用非全熔透焊缝的插入式接管补强结构及焊接接头的设计

a）单面开坡口的插入式接管　b）双面开坡口的插入式接管　c）内部平头的插入式接管

$K \geqslant \delta_{nt}/2$，且不小于 6mm，$S = 2\delta_{nt}/3$，$S_1 = \delta_{nt}$，当外部开 I 形坡口（$S_1 = 0$）此时 $K = \delta_{nt}$

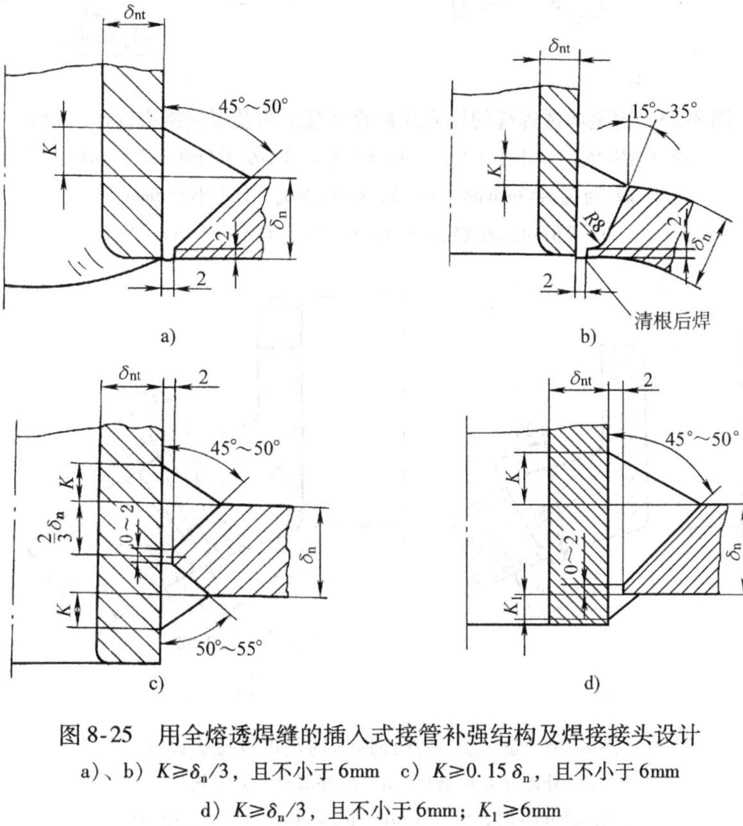

图 8-25　用全熔透焊缝的插入式接管补强结构及焊接接头设计

a）、b）$K \geqslant \delta_n/3$，且不小于 6mm　c）$K \geqslant 0.15\,\delta_n$，且不小于 6mm

d）$K \geqslant \delta_n/3$，且不小于 6mm；$K_1 \geqslant 6$mm

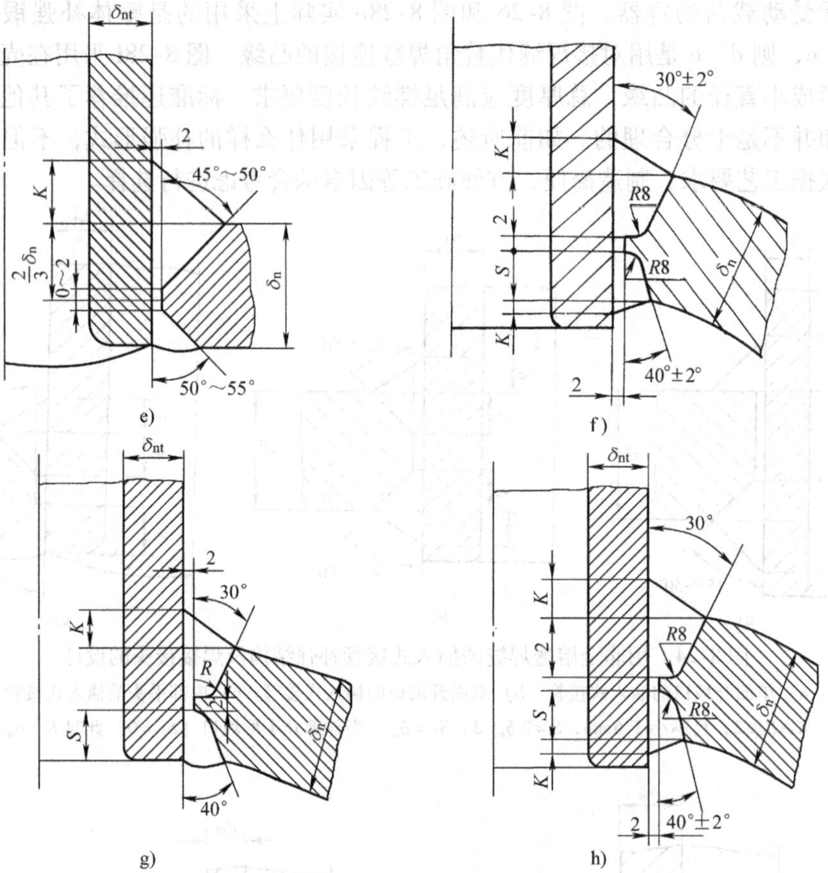

图 8-25 用全熔透焊缝的插入式接管补强结构及焊接接头设计（续）

e）$K\geqslant0.3\delta_n$，且不小于6mm f）$K\geqslant\delta_n$，且不小于6mm；$K_1\geqslant6$mm

g）当 $\delta_n\leqslant50$mm 时，$S=15$，$K=0.36\delta_n$，且不小于6mm

h）S 值同 g 的规定，但 $K=0.15\delta_n$，且不小于6mm

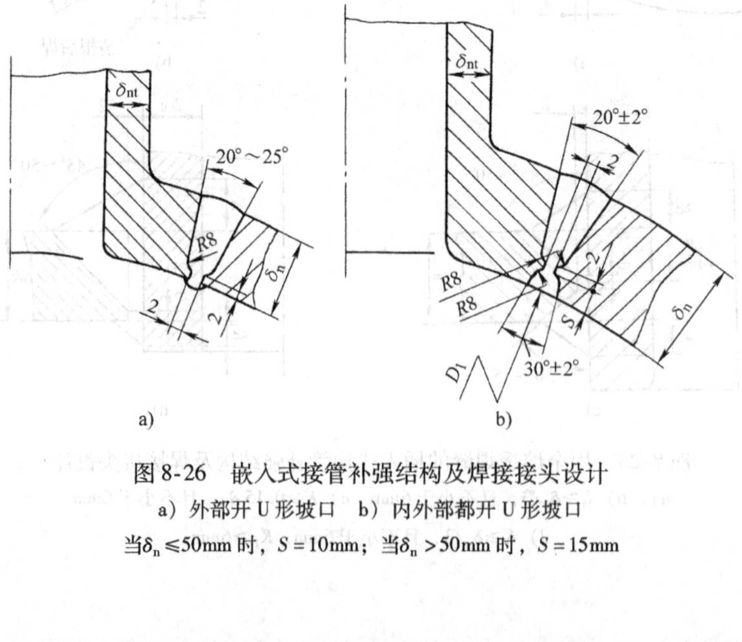

图 8-26 嵌入式接管补强结构及焊接接头设计

a）外部开 U 形坡口 b）内外部都开 U 形坡口

当 $\delta_n\leqslant50$mm 时，$S=10$mm；当 $\delta_n>50$mm 时，$S=15$mm

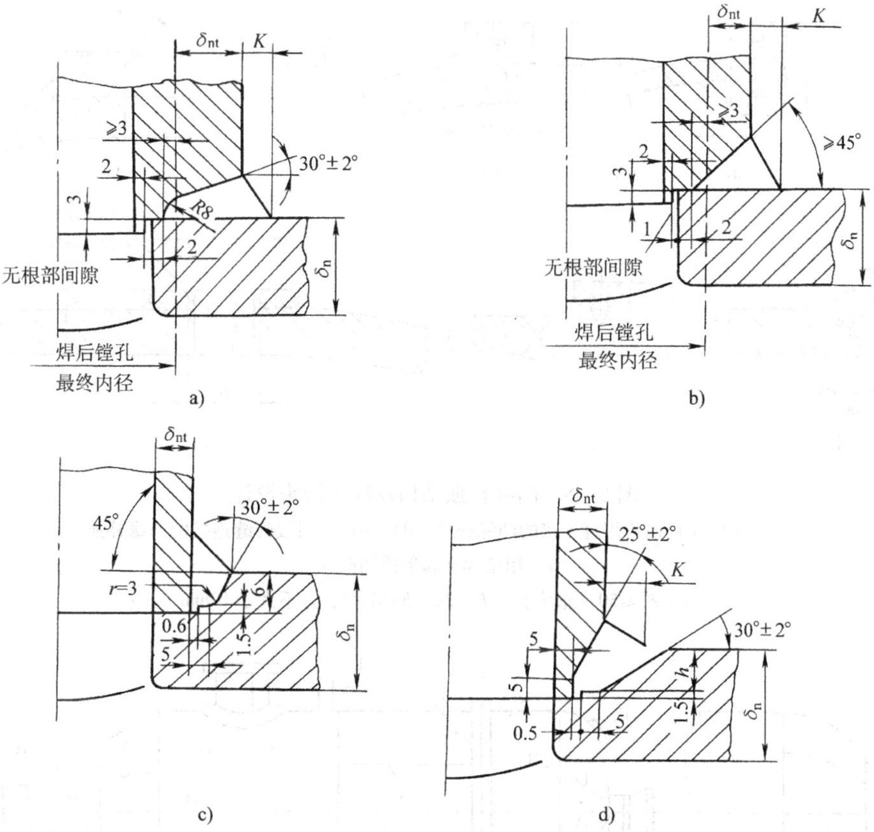

图 8-27　安放式接管补强结构及焊接接头设计

a)、b) 焊后进行镗孔的安放式接管　c)、d) 非全熔透的安放式接管

$K \geqslant \delta_{nt}/3$，且不小于6mm，$h = \delta_{nt}$

采用整体补强时，在满足规定的条件，例如受内压的圆筒、球壳等的径向单个圆形开孔，则可以采用极限分析法进行补强的设计。大多数情况下仍然采用等面积补强法进行设计。

和各国标准一样，我国标准也规定了允许开孔的范围：对于圆筒，当内径$D_n < 1500$mm时，最大开孔直径$d_{max} \leqslant D_n/2$，且$d_{max} \leqslant 520$mm；当$D_n > 1500$mm时，$d_{max} \leqslant D_n/3$，且$d_{max} \leqslant 1000$mm；凸形封头或球壳的最大开孔$d_{max} \leqslant D_n/2$；锥形封头的最大开孔$d_{max} \leqslant D_n/3$，此为开孔中心处锥壳的内径。在椭圆形或碟形封头过渡部分开孔时，其孔的中心线宜垂直于封头表面。

2. 焊接接头（焊缝）设计要点

容器上除接管、开孔需设置焊缝连接外，壳体各部分及支承处也有大量的焊缝，按照规范通常将钢制压力容器、锅炉锅筒、集箱及大直径管道等上的焊接接头和焊缝分为A、B、C、D、E、F六类，如图8-29所示，A类圆柱形筒体的纵向对接、球形容器的径向和纬向对接（包括球形封头的球瓣间对接接头和焊缝）、大直径管的纵向接头（焊缝）、嵌入式接管（锻造节点）与筒体和封头的对接焊缝等。B类为圆柱形筒体、锥形筒节间的环向对接

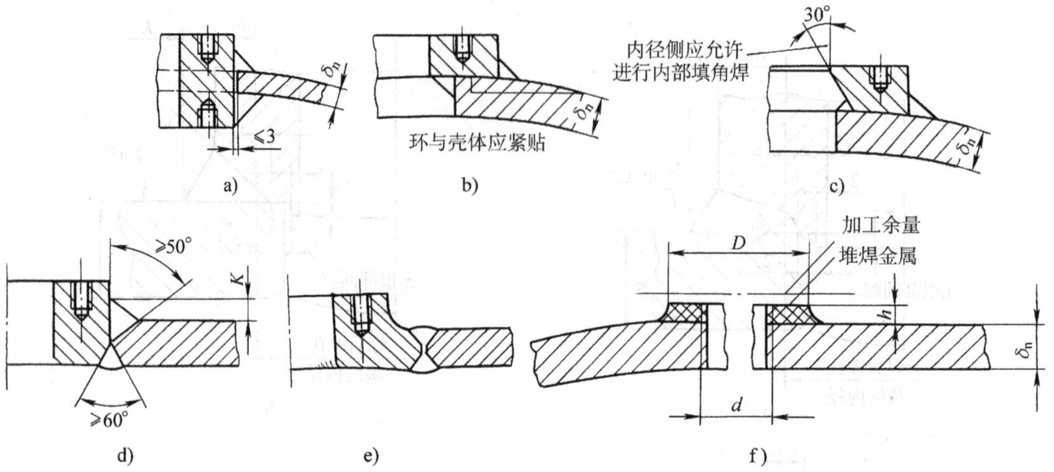

图 8-28　凸缘补强结构及焊接接头设计

a)、b)、c) 用角焊缝连接的凸缘补强　d)、e) 用对接焊缝连接的凸缘补强

f) 用堆焊金属形成的凸缘

$d=\delta_n\leqslant 50$（最大）　$D=2d$　$h\leqslant\delta_n/2$，且不大于10mm

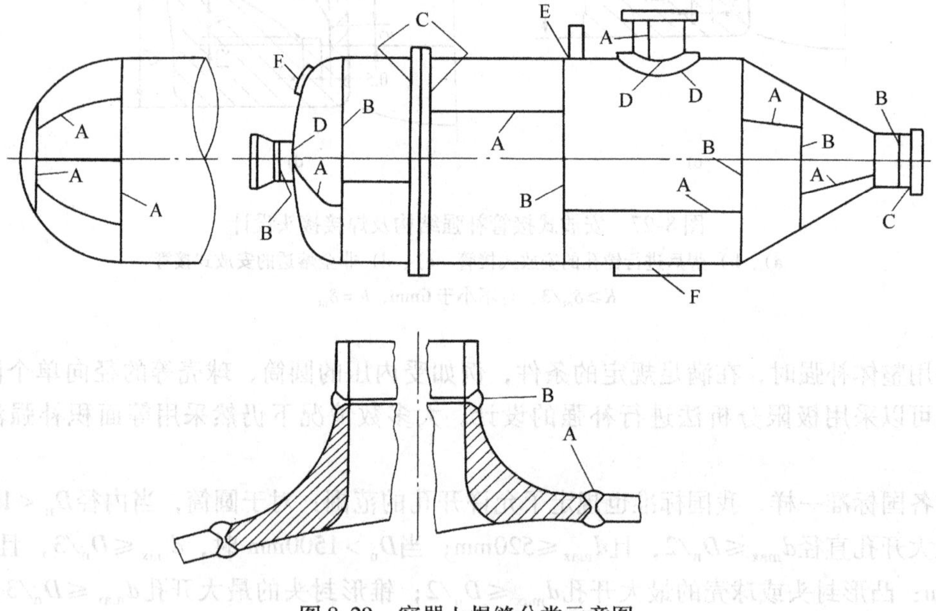

图 8-29　容器上焊缝分类示意图

接头（焊缝）、筒体与封头（除球形封头外各种凸形封头）间环向对接接头（焊缝）。C类平盖、管板与圆柱形筒体非对接连接的接头、法兰与壳体、接管连接接头、内封头与筒体间的搭接接头及多层包扎容器层板间的纵向接头等。D类指接管、人孔、凸缘、补强圈等与壳体（包括筒体和封头）连接的接头。E类为吊耳、支座、支撑等与壳体相连的角接头。F类则指在筒身、封头、接管、管板和法兰表面堆焊接头。如图8-31所示为封头和筒体的连接；图8-31a～d、j为平封头与筒体的接头。图8-30e～g所示为凸形封头与筒体的对接接头，当两者壁厚不同时，厚者（封头或筒体的一面或两面）要加工出过渡的斜边，中心线可偏

移，如图 8-30f（厚者向外偏），也可不偏移如图 8-30g 所示；图 8-30h、i 所示为内压或外压的凸形封头与筒体的搭接接头。图 8-31 为多层容器的筒体 B 类焊缝的连接。图 8-31a、b 所示为多层与单层筒体 B 类焊缝的接头，当单层圆筒需要焊后热处理时，可先堆焊一层厚

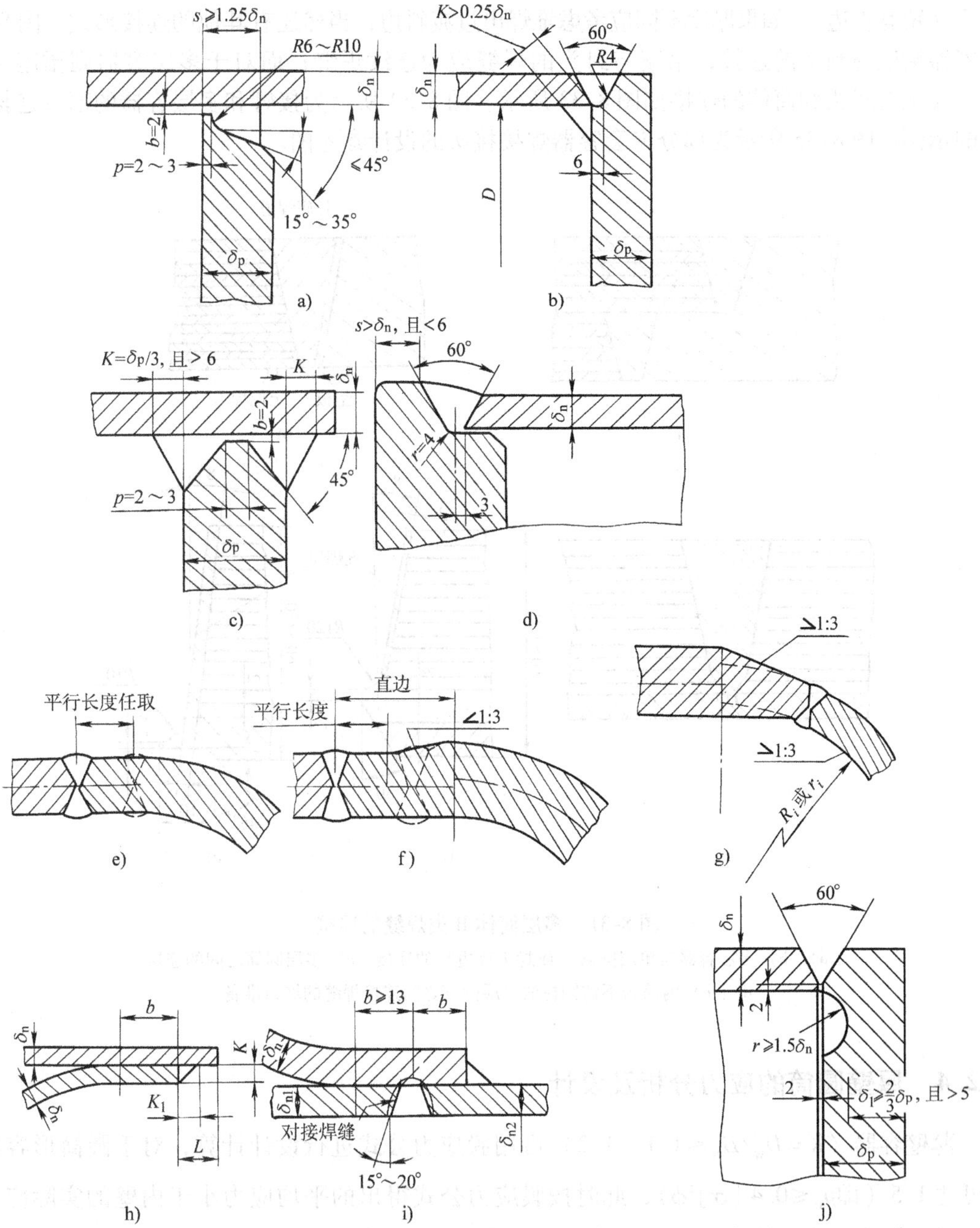

图 8-30　封头和筒体焊接接头设计（壳体厚度≥3mm 的钢制压力容器）

a）~d）、j）平封头和圆筒体的接头　δ_n—筒体厚度　δ_p—封头厚度，封头与筒体间隙≤3mm

e）封头与圆筒等厚度的对接接头　f）封头厚度大于筒体厚度的对接接头，且中心线偏移

g）封头厚度小于筒体厚度的对接接头，且中心线不偏移　h）凸形封头与圆筒的搭接接头，$b \geqslant 3\delta_n$ 且不≥38，

$K \geqslant \delta_n$，$K_1 \geqslant 1.3\delta_n$　i）同 h），$b \geqslant 2\delta_n$，且不≥25$K \geqslant \delta_n$

度等于或大于3mm的打底焊道，然后将单层筒热处理。如图8-31b所示，然后再与多层筒对接，这里堆焊层上再焊接是不需热处理的，这就避免了环缝焊完后，需进行层板容器所不希望进行的热处理，这种接头形式也适于封头与多层圆筒的对接，焊缝应位于切线处或切线以下（留有直边），如果厚度不同应考虑堆焊出过渡斜边，当然还有其他的连接形式。图8-32为容器裙座与封头的连接，裙座与封头的焊缝应为连续焊缝；而对于多层容器则裙座与封头、支承与封头和筒体的连接如图8-33所示。图8-34所示为接管和多层容器的部分连接形式的示例。图8-35所示为部分夹套容器焊接接头的设计参考图。

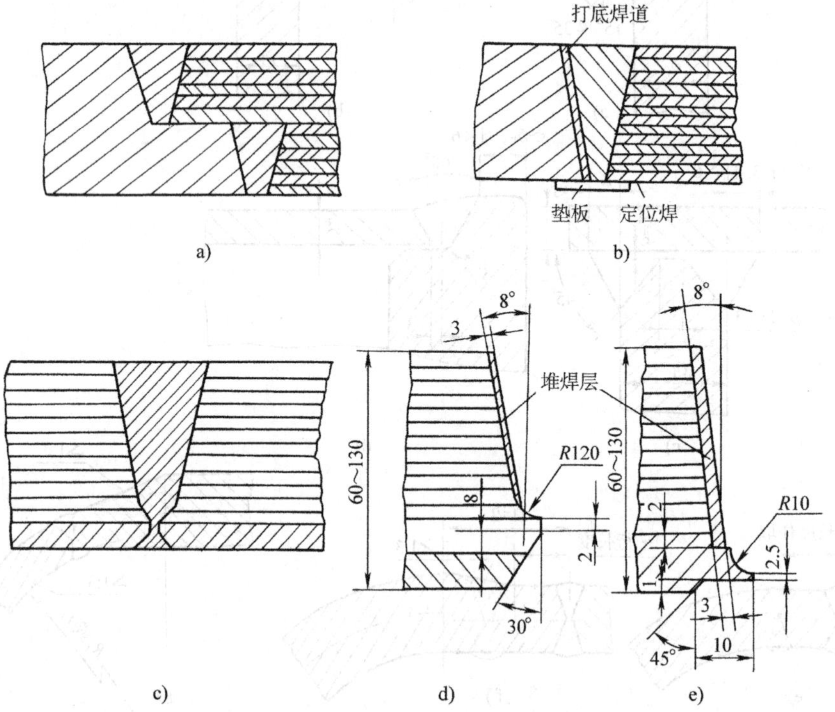

图8-31 多层筒体B类焊缝的连接

a)、b) 多层容器与单层圆筒（或封头直边）的连接 c) 多层圆筒之间的连接

d)、e) 内筒为不锈钢衬的多层圆筒之间连接焊缝的坡口准备

8.2.4 厚壁圆筒的应力分析及设计

薄壁容器（$K=D_w/D_n\leqslant1.1\sim1.2$）可用膜应力公式进行设计计算，对于圆筒形容器，$K$可达1.5（即$p_c\leqslant0.4[\sigma]^t\phi$），此时按膜应力公式得出的平均应力小于内壁的实际应力，内壁的实际应力为平均应力的1.25倍。对于低碳钢容器，查得$n_b\geqslant3.0$，$n_s\geqslant1.6$；水压试验时，压力$p_{sh}=1.25p_g$（工作压力），则筒体内壁表面的最大应力为

$$\sigma_{nmax}=1.25\times1.25\sigma_m=1.56\sigma_m\text{（平均应力）}$$

设计规定$\sigma_m\leqslant[\sigma]=\sigma_s/n_s$，即$\sigma_s\geqslant n_s\sigma_m=1.6\sigma_m$，故$\sigma_{nmax}\leqslant\sigma_s$，即内壁表面最大应力仍小于材料的屈服强度，故仍是安全的。但是另一些高压容器K可能超过1.5，精确计算这

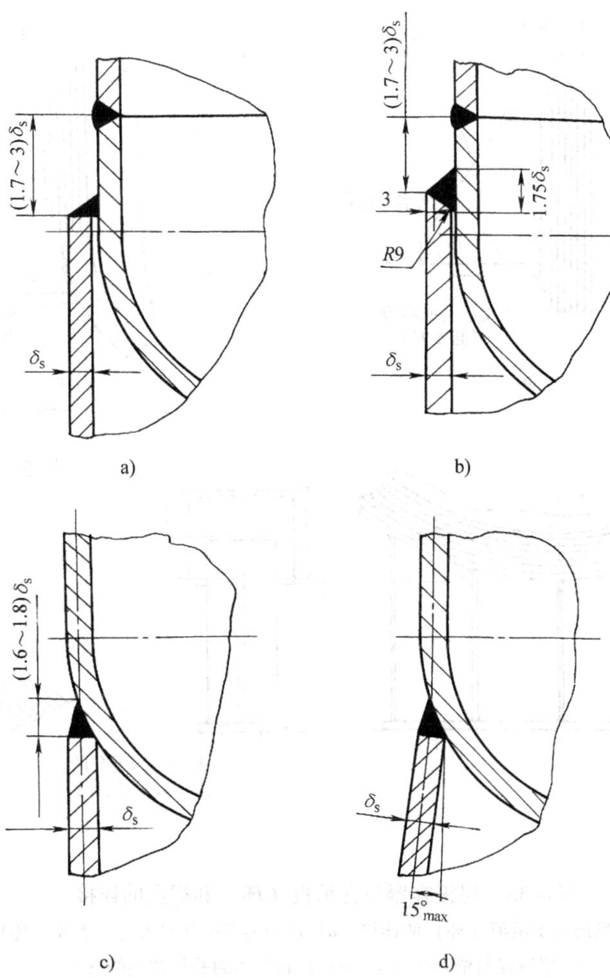

图 8-32　立式容器裙座与封头的连接
a）直裙座与封头直边角焊缝连接
b）直裙座开坡口与封头直边角焊缝连接
c）直裙座与封头曲面角焊缝连接　d）斜（锥形）裙座与封头曲面角焊缝连接

类容器的应力，应采用厚壁圆筒的强度理论和公式。

1. 厚壁圆筒的应力分析

利用材料力学可知，厚壁圆筒在承受内压的条件下，除有轴向力（σ_z）和周向力（切向力σ_t）外，还存在沿厚度方向的径向力（σ_r），这些应力除轴向力σ_z外，还与测点到圆筒中心轴的距离 r 有关，三个方向应力的计算如下

$$\sigma_z = \frac{r_n^2 p}{r_w^2 - r_n^2}$$

$$\sigma_t = \frac{r_n^2 p}{r_w^2 - r_n^2}\left(1 + \frac{r_w^2}{r^2}\right)$$

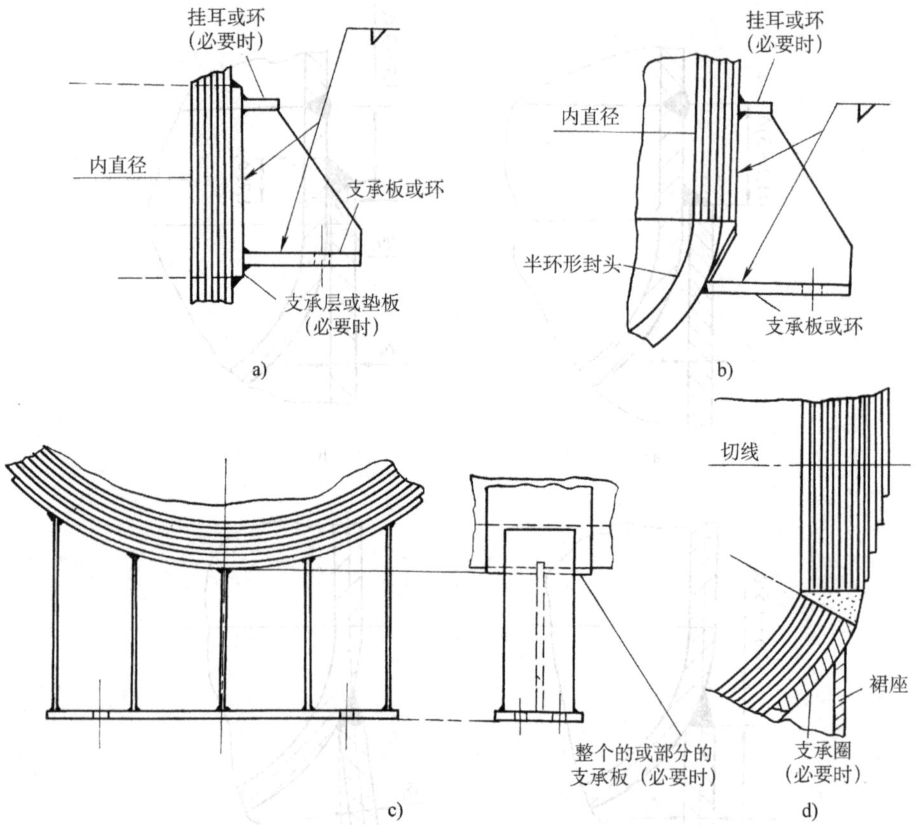

图 8-33　层板容器与支承板（环）和裙座的连接

a）层板容器里层与支承板（环）的连接　b）层板容器壁和封头与支承板（环）的连接

c）层极容器壁卧式支承　d）层极容器封头用裙座的支承

$$\sigma_r = \frac{r_n^2 p}{r_w^2 - r_n^2}\left(1 - \frac{r_w^2}{r^2}\right)$$

式中　p——容器承受的内压力（MPa）；

r_n，r_w——容器的内半径和外半径（mm）。

由于$r_n \geqslant r$，故$r_n/r \geqslant I$，代入σ_t和σ_r计算式，则$\sigma_t \geqslant 2\,\sigma_r$，$\sigma_r \leqslant 0$，代入 $K = D_w - D_n = r_w/r_n$，求外表面应力时再代入 $r = r_w$，则有

$$\sigma_{zw} = \frac{p}{K^2-1};\sigma_{tw} = \frac{2p}{K^2-1}\text{和}\sigma_{rw} = 0$$

求内表面的应力则有

$$\sigma_{zn} = \frac{p}{K^2-1};\sigma_{tn} = \frac{K^2+1}{K^2-1}p\ \text{和}\sigma_{rn} = -p$$

它们沿壁厚的分布情形如图 8-36 所示，由图 8-36 可见，σ_t、σ_r，沿壁厚呈二次曲线分布。

2. 厚壁圆筒的设计计算

大量容器的试验表明，用塑性很好的钢及有色金属制成的容器，从容器开始承受压力到

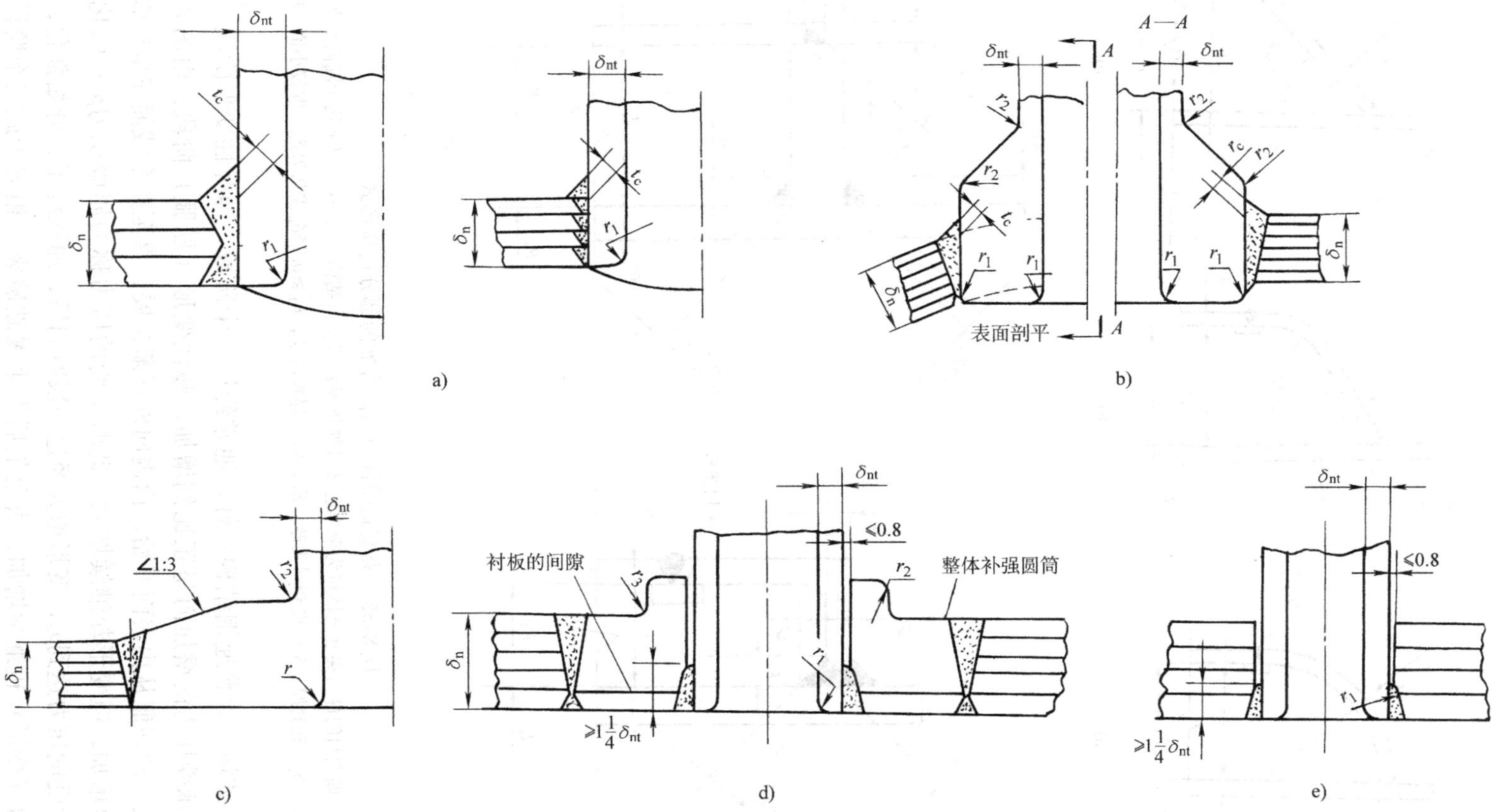

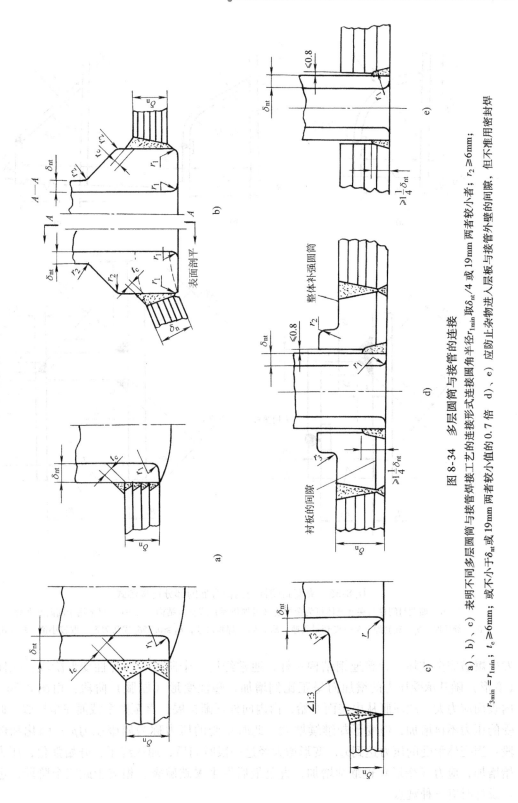

图 8-34 多层圆筒与接管的连接

a)、b)、c) 表明不同多层圆筒与接管焊接工艺的连接形式连接圆角半径$r_{1\min}$取$\delta_{nt}/4$或 19mm 两者较小者；$r_2 \geqslant 6$mm；$r_{3\min}=r_{1\min}$；$t_c \geqslant 6$mm；或不小于δ_{nt}或 19mm 两者较小值的 0.7 倍 d)、e) 应防止杂物进入层板与接管外壁的间隙，但不准用密封焊

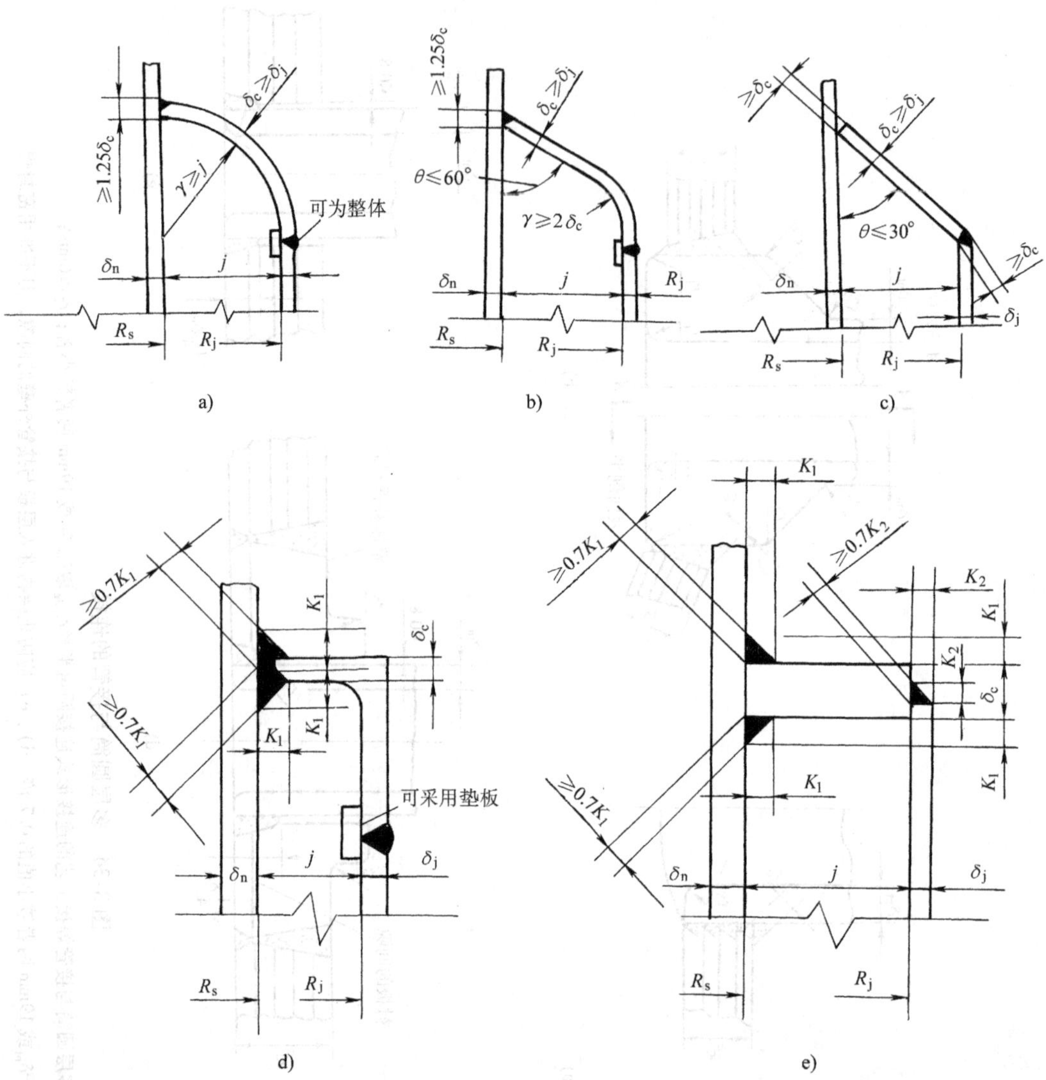

图 8-35　夹套封闭件与内筒容器的部分连接形式

a)、b）如图封闭件与夹套壳体可为全焊透（可加垫板）或整体结构　c）~e）仅适用于圆筒形夹套

δ_n—筒体厚　δ_j—夹套厚　δ_c—夹套封头厚　K_1、K_2—焊脚尺寸，$K_1\geqslant0.75\delta_n$或$0.75\delta_c$，取较小值，$K_2\geqslant\delta_j$

发生爆破完全破坏，和普通钢结构一样，通常经历三个阶段，即弹性变形阶段：壳体应力（变形）随其承受压力的增加而呈正比例增加；塑性变形（屈服）阶段：由图 8-36 可见，内表面应力大，故屈服从内表面开始，由内向外逐渐扩展，直至整个截面完全屈服，此时承受的压力不再增加，但变形却继续增大，此时承受的压力称为屈服压力p_s；强化和爆破阶段：当壳体承受的压力达到p_s，变形增大经过一段时间后，屈服终了，开始强化，压力又开始增加，应力（变形）也继续增加，直至最后发生爆破破裂。相应于此三个阶段，进行容器设计时有三种观点：

（1）弹性失效观点　容器壁上的最大应力达到材料的屈服强度时，在内压条件下，内壁应力超过金属材料的屈服强度，认为容器失效。这是最早也是最常用的强度设计准则，为大多数国家规范所采用，如美国 ASME 规范、德国 AD 规范、日本 JISB 8243 规范以及英国、法国、意大利等国的规范。我国标准中的薄壁容器计算公式即使用弹性失效观点，这是通过控制膜应力小于或等于许用应力，利用第一强度理论进行设计的。对于厚壁筒，已知 σ_r、σ_t、σ_z 三向应力，则可以根据第一强度理论、第三强度理论及第四强度理论计算当量应力 σ_e，令其小于或等于许用应力，从而建立计算公式，见表 8-2。

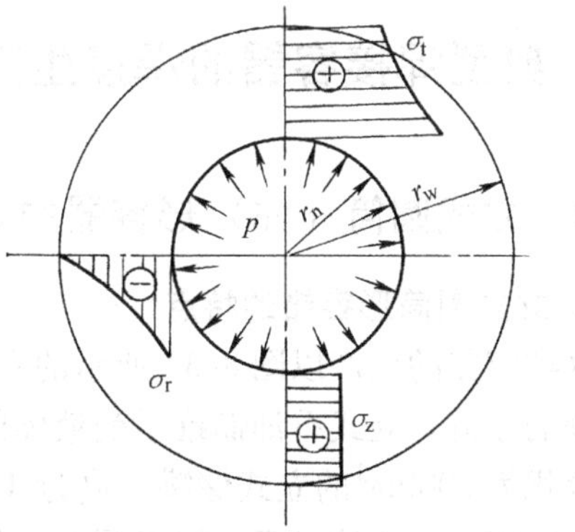

图 8-36　厚壁筒三向应力 σ_r、σ_t、σ_z 沿壁厚分布图

表 8-2　以弹性失效准则建立强度计算公式表

公式名称	当量应力 σ_e	计算壁厚 δ 公式
第一强度理论公式	$\dfrac{K^2+1}{K^2-1}p(\sigma_e=\sigma_t)$	$\dfrac{D_n}{2}\left(\sqrt{\dfrac{[\sigma]+p}{[\sigma]-p}}-1\right)$
第三强度理论公式	$\dfrac{2K^2}{K^2-1}p(\sigma_e=\sigma_t-\sigma_r)$	$\dfrac{D_n}{2}\left(\sqrt{\dfrac{[\sigma]}{[\sigma]-2p}}-1\right)$
第四强度理论公式	$\dfrac{\sqrt{3}K^2}{K^2-1}p(\sigma_e=\sqrt{\sigma_z^2+\sigma_r^2+\sigma_t^2-\sigma_z\sigma_t-\sigma_r\sigma_t-\sigma_z\sigma_r})$	$\dfrac{D_n}{2}\left(\sqrt{\dfrac{[\sigma]}{[\sigma]-\sqrt{3}p}}-1\right)$

（2）塑性失效观点　以塑性失效为破坏准则建立计算公式时，对筒体材料作了理想弹塑性体的假定，然后分别按两种屈服条件得出计算公式，按 Tresca 屈服条件 $p_s=\sigma_s\ln K$ 得出

$$p\leqslant[\sigma]\ln K$$

按 Mises 屈服条件得出

$$p\leqslant 2/\sqrt{3}[\sigma]\ln K$$

式中　p——内压力（MPa）；

$[\sigma]$——许用应力（MPa）；

K——外、内径之比，D_w/D_n。

以上按 Tresca 屈服条件建立的计算式被苏联《高压容器材料、强度计算标准和方法》（暂行技术指导资料）引用为壳体计算式。

（3）爆炸失效观点　筒体屈服之后，发生强化直至爆破失效，以此为准则建立的计算公式被认为有利于发挥钢材的实际承载能力，故日本已广泛用此准则计算容器的壁厚，多层式容器几乎全按此准则设计。考虑材料应变强化的爆破压力 p_b 多为近似公式或经验公式，如 Faupel 公式：

$$p_b=\frac{2}{\sqrt{3}}\sigma_s\left(2-\frac{\sigma_s}{\sigma_b}\right)\ln K$$

此式常用来估计爆破失效试验的爆破压力，并和实际试验的爆破压力比较，以确定容器的安全性。

8.3 典型焊接容器的焊接生产

8.3.1 立式圆筒（柱）形容器的焊接生产

1. 立式圆筒形容器的特点

这类容器的生产以图8-37所示的立式储罐为例。其工地建造方法也适用于湿式和干式储气罐的建造。立式石油储罐承受液体的静压或气体分压，压力不高，板壳薄而容积大。

容积为5000m^3的立式储罐，高近12m，直径达22.7m，用于储存石油及其制品，其焊缝必须密闭。一般情况下，储罐露天工作，在夏季高温下，石油蒸气的压力可能大于液体的静压，而在冬季的低温下（如东北地区可达-40℃），结构存在脆性断裂的危险。这些在储罐设计和制造时都应加以注意，例如注意储罐的选材，通常应采用性能较好的热轧镇静钢，如Q235B、20R和16MnR等。

工艺分析表明这类储罐的基本金属为焊接性能良好的低碳钢和低合金钢，易于保证焊接质量（密闭性要求）。然而其工地的焊接工作量大，这是因为储罐体积庞大，超过铁路运输界限。一般都在工地建造。这种条件下有大量的空间焊缝，而且缺乏机械化装备，大多依靠手工进行切割下料、装配和焊接，甚至部分成形加工的操作。故工人的劳动条件差，生产效率低，且焊接质量不稳定。要获得稳定的、最佳的装配-焊接质量，可通过减少手工操作，改善工人的劳动条件，采用先进的工艺加以解决，以增加工地建造储罐的机械化作业量，也可以采用部分乃至大部分工作量在工厂完成的方法。

2. 立式储罐的工地建造

图8-37所示为立式储罐较为详细的结构图，由图可见，该立式圆筒形容器由底、壁和顶三部分组成。

储罐的底选用4~6mm厚的板搭接而成，板厚不是按工作载荷来选取的，而是按工艺条件选取。由于板薄，全部采用搭接，且常常直接在准备好的地基上（如砂质基础）进行装配焊接，并且仅焊接朝上的一面。考虑到减少焊接的应力与变形，应先从中央板条铺设开始，左右对称地施焊，形成长板条，再由中央向上下两边依次装配焊接相邻的板条，焊接由熟练焊工施焊。大部分焊缝焊两层，双层搭接处要焊三层，并且注意清除层间焊渣。焊接也可由埋弧焊和自动CO_2气体保护焊来完成，此时要特别注意装配间隙，装配时采用定位焊，并使装配间隙小于1mm，这是保证获得满意的焊接质量的前提。此外在工地条件下，还要注意埋弧焊焊剂的烘干、焊丝的除锈，气体保护焊时

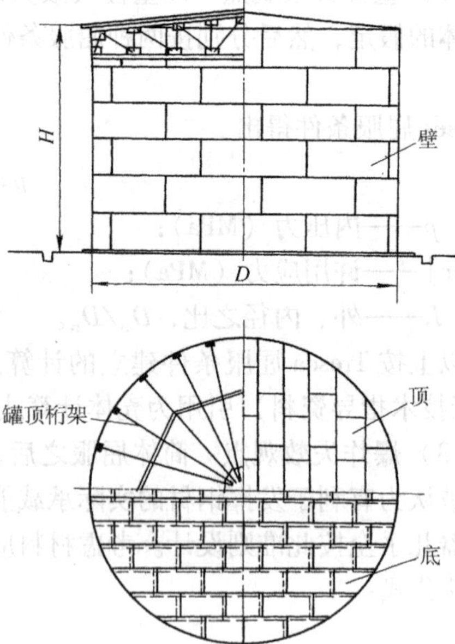

图8-37 立式储罐结构示意图

应注意防风等。焊后质量检查时除进行外观检查外，还应采用着色检验、氨气检验和真空抽气法等进行焊缝质量的检验。

储罐的壁是按储存液体静压确定的壁厚，见式（8-5），此时验算点选取这一筒节距下边缘300mm处，由此而确定Y值：将其代入式（8-5）可得出计算壁厚的公式

$$\delta = \frac{\rho(H-Y)D}{2[\sigma]\phi} 9.81 \times 10^{-3} + C$$

式中 $[\sigma]$——钢材的许用应力（MPa）；

ρ——液体密度［kg/m^3］；

ϕ——焊缝系数；

H、Y——液面高度和验算点高度（m）；

C——壁厚附加量（mm）；

D——容器中径（可近似用内径表示）（m）。

这样各筒节的厚度计算出来各不相同，增加了备料和生产管理的困难，在圆整成供应钢材厚度的同时，有时上下筒节取同一壁厚，为的是减少板厚类型。如5000m^3储罐由下至上壁厚分别取为10mm、8mm、7mm、6mm、5mm、4mm共6种。每节筒壁之间的纵焊缝被设计成对接焊缝，节与节之间的环缝大多采用塔接连接。如5000m^3储罐自6mm厚板以上的筒节之间环缝都采用搭接，搭接焊缝采取两面角焊缝，朝上一面连续焊（平角焊），朝下一面（在容器内部）断续焊（仰焊）。工地的安装顺序一种为自下而上的正装法，如同建造房屋的墙壁一样，先焊最下一节罐筒纵缝和与底板间的环角焊缝，再装配第二节，也是先焊纵缝，再焊两节之间的环缝，接着装第三节……。这种装配焊接方法大多需搭脚手架，并多为高空操作。但有的企业开发了已焊毕罐体内充水，用飘浮在水面上的平台作脚手架，一方面试验了焊缝的致密性，另一方面又有更令工人有安全感的脚手架，此方法已获大量应用。另一种为倒装法，也称为顶（吊）升法、接高法。它也是在已焊好的底板上进行，但先安装罐顶格架并铺设罐顶板（最薄的板$\delta \leqslant 3$mm），罐顶板有1∶20的斜度，全部采用塔接，然后利用桅搭起重设备将罐顶吊升至最上一节高度，装配最上一节罐筒，焊接纵对接焊缝，焊接角钢圈，再吊升装配焊接次上一节罐筒……，直至完成全部罐体的装配焊接。这种装配法不需脚手架，工人在地面操作，有较高的安全感。无论正装或倒装方法都需要多种装配卡具，如定位器和夹紧器等，以便提高装焊质量和效率。国内外研制了多种自动全位置焊接设备，如我国已经引进的焊接100000m^3储罐的自动焊机，这种设备适于正装法，焊机骑行于罐壁上完成自动焊，不仅有高的生产率和优良的焊接质量，而且也改善了焊工的劳动条件。

3. 立式储罐的工厂建造

为了提高建造立式储罐的速度和质量，改在工厂建造可使空间位置焊缝变成平焊位置焊缝，并可大量采用自动埋弧焊和自动气体保护焊，但要解决储罐工厂预制后，超出运输界限的困难，20世纪50年代初，苏联研制出了在工厂完成罐底、壁，并卷制成筒到工地展开完成最后安装焊缝的制造方法，这样做使储罐的埋弧焊工作量大大增加，生产效率也相应提高，并且产品质量也获得改善。为此，苏联还同时进行了一系列的研究工作，如卷曲成筒产生的塑性变形是否对材料韧性发生不良影响、焊缝区在弯曲时是否会变形不均等问题，后来都一一获得了解决。

预制好的板卷运到工地后，按以下顺序进行安装，将几块底板卷在预先准备好的地基上

展开并滚平，焊接几块底板板条之间的搭接焊缝。在完全焊好的底板上立起罐壁卷，焊好的罐壁卷包卷在中心钢骨架（常由工作梯、支撑柱和安装桅杆等组成）上，用卷扬机或拖拉机依靠钢缆牵引将其展开，其下部由定位焊在罐底上的挡块定位，并进行定位焊。上部展开后，将罐壁与罐顶元件固定，然后焊接罐壁的对接焊缝，焊接罐壁和底边板（底板边缘的一圈板，为使角焊缝在较自由的状态下焊接，底边板和中心底板之间的焊缝先不焊）的角焊缝。然后再焊接底边板同中心底板之间的焊缝。在这种条件下，罐顶板和部分骨架组成可以通过运输界限的构件，到工地再组装焊成罐顶，减少了工地安装和焊接罐顶的工作量。

这种预制成卷以便在工厂制造大型储罐的方法在苏联获得了广泛的运用，如卧式石油储罐、高炉系统的空气加热器、煤气储罐和洗涤塔等。

8.3.2 卧式圆筒容器的焊接生产

各式罐车的储罐、各种卧式圆柱形储罐、工业废热锅炉、锅筒、套管式热交换器、工业锅炉的炉体等一类圆筒容器，都有类似的生产工艺，其特点是体积适合在工厂里制造（比立式储罐小得多），结构上也都由封头（绝大多数为椭球、球面、碟形封头等凸形封头，少部分为锥形、圆柱形和平盖形封头）和圆筒形筒体两部分组成，部分的结构有管板及排管。

各种封头（包括平盖）多是利用数控、半自动或手工（氧乙炔焰或等离子弧等）切割下料，板拼焊后要进行冲压（冷冲压或加热冲压）成形，检验合格后还要在回转台装置上完成裕量切割和坡口加工，有一部分在端面车床上加工坡口。目前在一些工厂里组织了专业化封头制造，例如旋压封头厂，此时坯料在专门的旋压机上，一边旋转，一边被辗压逐渐形成所需形状的封头。平盖封头和管板的加工类似，它们大多折边，但是管板在加工完成后要钻孔，也有一些管板是焊成了带管板的筒体后再打孔。

筒体板料在划线后，可利用剪床下料，在大型数控切割机获得广泛应用的条件下，也常用热切割下料。加工时，先加工出坡口（如用刨边机刨削，在广泛应用数控切割条件下，通常都采用一次切割出带质量优良坡口的板料），随后在三辊或四辊弯板机上滚圆成形。如果用三辊弯板机加工筒体板边时出现直边，可以预弯，或用数控卷板机滚圆，也可以先把带直边的筒体焊接好后，再校圆加以改正。筒体板一般沿轧制方向滚圆，因为周向应力较大，而轧制方向性能较好。这样，筒体长度为板宽方向，故筒体常需数节筒节拼焊而成，筒节在拼接时常采取两种装配焊接顺序：

1）先拼焊好各个筒节，再装配焊接各筒节的环焊缝，此时由于焊缝处于空间位置，故常采用滚轮架、焊机移动架、焊接操作机等工艺装备来实现埋弧焊。

2）先在平台上装配焊接全部纵向和横（环）向焊缝，此时焊缝全部处于平焊位置，易于实现自动化，焊完所有焊缝后一次滚圆，焊接总纵缝，因此方案有较高的生产率和较优良的质量，但必须有长辊弯板机。

图8-38所示的小型工业废热锅炉的锅筒，前面提到的双层壳卧式圆柱形液氨储罐以及工业废热锅炉蒸气发生器，锅炉锅筒等都是采用第1）种方式生产的。

最后装配焊接两封头。装配焊接封头时，一般是先装配焊接一端的封头，以便于实现该环缝的自动埋弧焊。一端封头装焊完后再装配最后的封头，该封头内部一般用焊条电弧焊打底，外部挑根埋弧焊，也有的采用内部粘贴软垫。外部用埋弧焊单面焊双面成形来完成最后的环焊缝。这种方式是我国生产中厚板容器常用的生产工艺。

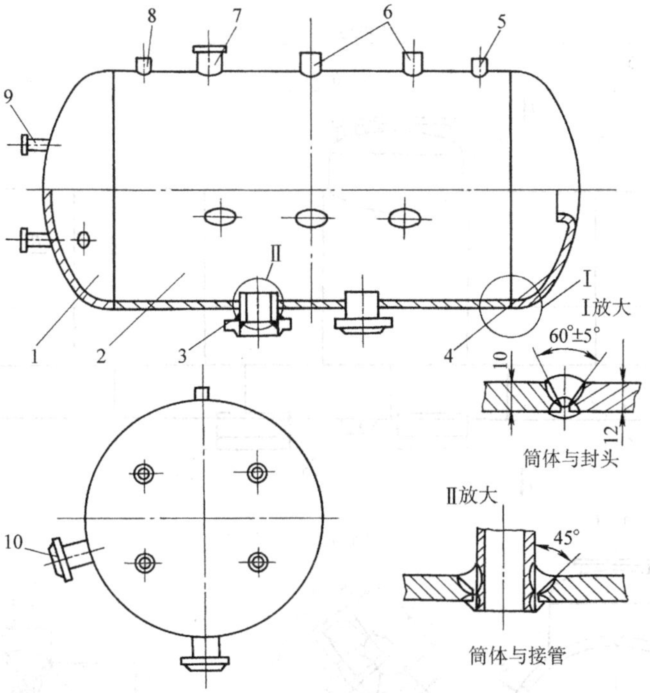

图 8-38 工业废热锅炉锅筒

1—左封头 2—筒体 3—下水管口 4—右封头

5~8—阀座 9—水位表座 10—进口座

如图 8-39 所示：油罐车的罐体是采用第 2）种方式制造的，该油罐车罐体的筒体上板是由 8mm 厚的板在平台上拼焊后一次滚圆而成的，而 11mm 厚的底板为了排油方便要预制下挠，它是由一条条滚圆好的板在胎具上装配定位焊后构成未焊接环缝的底板，它与上板组成筒体，再自动焊底板环缝，然后，焊接上板和底板之间的纵缝，最后装配焊接端板（封头）。为了实现该生产工艺。专门设计制造了超长三辊卷板机，为了提高端板装配效率，实现快速装配，可以使用如图 8-40b 所示的封头装配装置。而图 8-40a 则是装配环缝所用的装置，装配的筒节支承在滚轮支座 6 上，基座装置小车 5 沿轨道 7 送进，而弓形悬臂上的两个抵柱 12、13 与液压缸 10、11 对齐焊缝，边部液压缸 2 顶紧焊缝间隙，然后施以定位焊，转动筒体逐点完成定位焊。

国内目前还有数条螺旋管生产线，可生产输油、气、水的螺旋管。大直径螺旋管可以作为贮罐圆筒体。螺旋圆筒体的装配焊接工艺过程如图 8-41 所示，其焊接是用自动 CO_2 气体保护焊完成的，施焊时采用旋转筒体并实现纵向送进，即螺旋送进，而焊接机头不动的方式来实现连续自动焊接。当管长达到规定长度后，启动气切工具切断筒体，检验合格的筒体送到下一工位装配焊接封头、内部支撑、人孔和各种阀座，最后进行整体密闭性试验。

8.3.3 核容器和加氢反应器等厚壁圆筒的焊接生产

如图 8-15 和图 8-13 所示的这类压力容器都是大型厚壁圆筒形容器，图 8-15 是核反应堆压力容器，对于 600MW 核电站来说，该容器总长 12.11m，摘去上盖的长度为 10.17m，

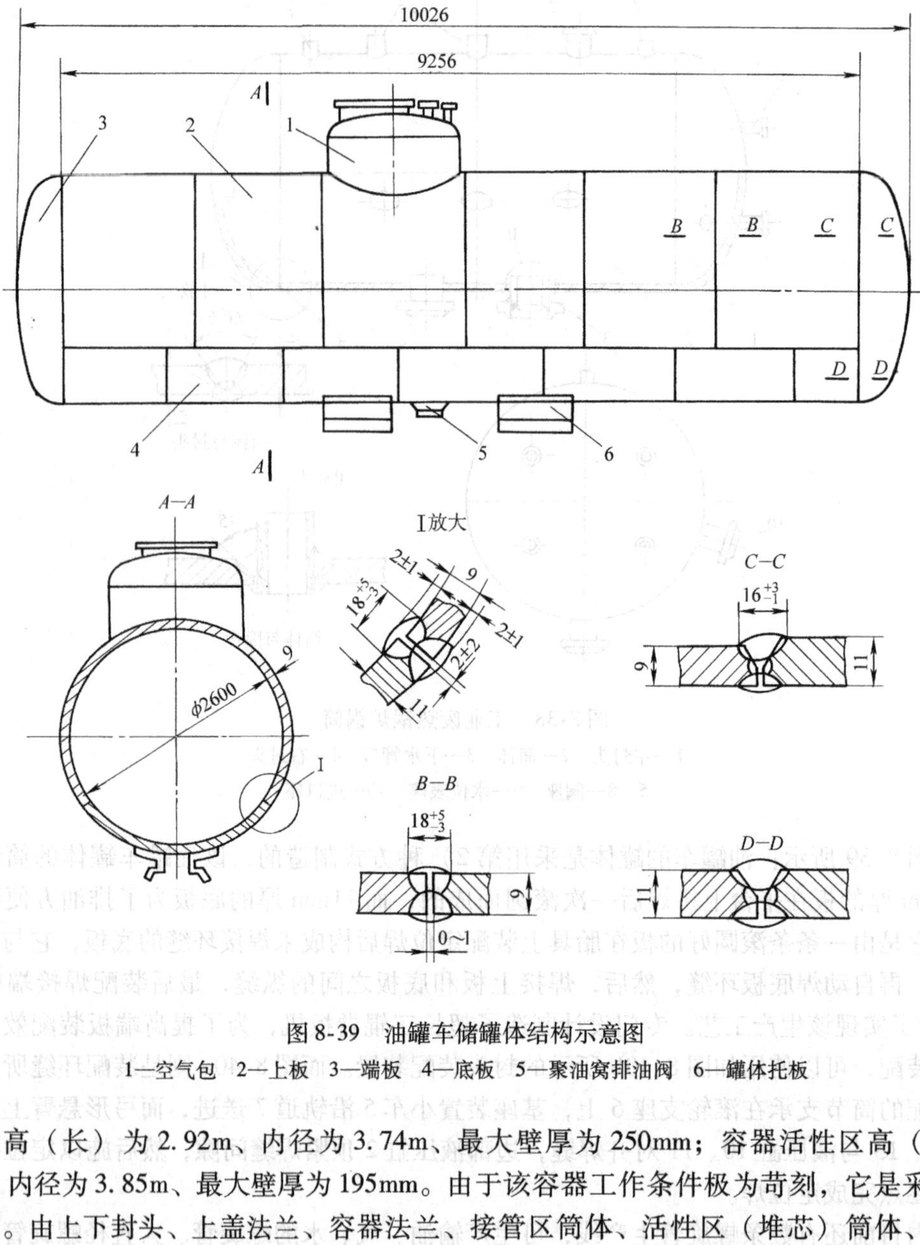

图 8-39 油罐车储罐体结构示意图

1—空气包 2—上板 3—端板 4—底板 5—聚油窝排油阀 6—罐体托板

接管区高（长）为 2.92m、内径为 3.74m、最大壁厚为 250mm；容器活性区高（长）为 3.3m、内径为 3.85m、最大壁厚为 195mm。由于该容器工作条件极为苛刻，它是采用锻－焊结构。由上下封头、上盖法兰、容器法兰、接管区筒体、活性区（堆芯）筒体、过渡段筒体等锻造毛坯，经机加工，再由 5 条环缝连接起来而构成，环缝采用窄间隙埋弧焊。壳体材料为 SA508－3MnNiMo 低合金钢并在内壁（包括接管处）堆焊厚达 6mm 的 E308L 型铬镍不锈钢层，采用带极（60mm×0.5mm 带）埋弧堆焊，堆焊前内壁焊有过渡层（E309L 型高铬镍不锈钢）。接管处因内壁直径较小，则需采用专用小直径内孔堆焊装置，可采用窄带埋弧堆焊，或钨极氩弧焊、熔化极气体保护焊。

特别要介绍的是厚壁容器环缝的窄间隙焊工艺，这种先进的焊接工艺是在厚壁压力容器厚度越来越大，使用条件日益苛刻，因而对焊缝质量要求越来越高的条件下，采用普通的埋弧焊或电渣焊很难满足这种厚壁高压容器的特殊技术要求，而开发的可焊接坡口深 40mm 以

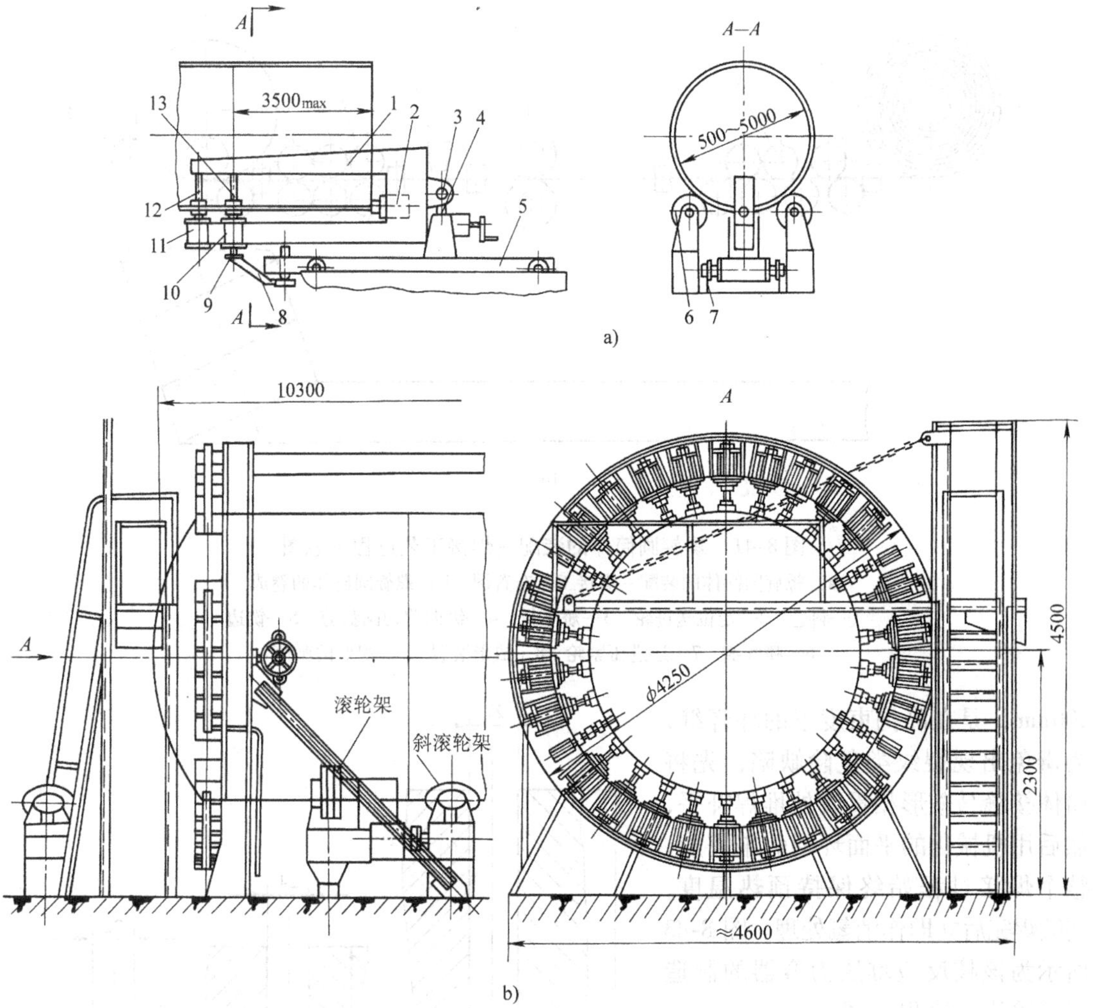

图 8-40　罐体环缝及端板（封头）的装焊装置

a）罐体（圆筒）环缝的液压装焊装置　b）罐体端板（或封头）的装配装置

1—弓形悬臂　2—边部液压缸（控制装配间隙）　3—回转轴　4—支承

5—基座装置小车　6—滚轮支座　7—支座移动滚轮轨道　8—不动的调整支柱　9—支杆

10、11—液压缸　12、13—抵柱

上，采用 I 形坡口的，通常采用多层单焊道或多层双焊道，能够自动脱渣的埋弧焊方法。可见窄间隙焊关键是需要专用的窄间隙自动埋弧焊机和能够自动脱渣并保证焊缝质量的焊剂，我国于 20 世纪 80 年代就引进了瑞典 ESAB 窄间隙焊机并自行开发高韧性和良好脱渣性的焊剂（609 焊剂），采用如图 8-42 的窄间隙坡口，成功地进行了热壁（非热套单层厚壁压力容器）加氢反应器（壁厚达 234mm）、分离器（壁厚 100～160mm）、核容器（壁厚达 309mm）的环缝焊接，焊缝一次探伤合格率在 99.5% 以上。焊缝性能达到国外先进水平。采用窄间隙给工厂带来巨大经济效益：节省焊接工时、焊丝、焊剂 40% 以上，并且焊缝无返修。

另一个制造难点是大直径接管与筒体的连接。此处采用全焊透插入式接管、壁厚达

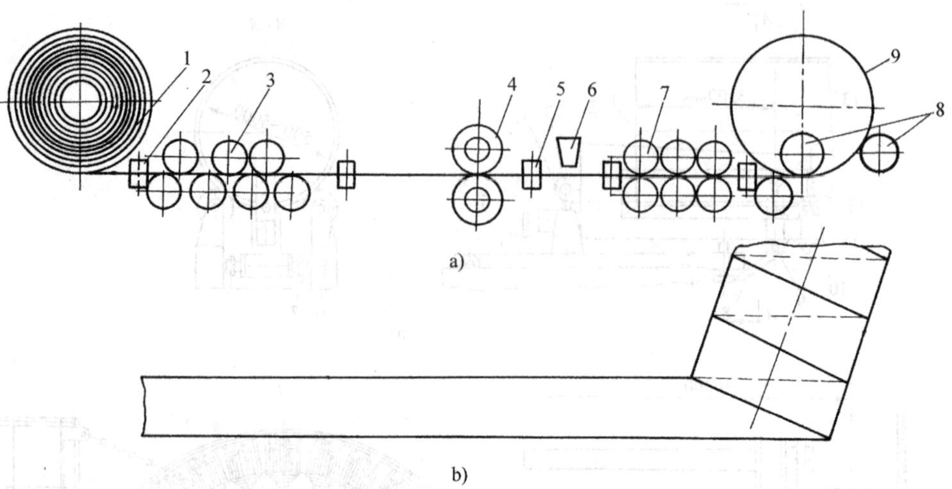

图8-41 螺旋圆筒体的装配－焊接工艺过程示意图

a）螺旋圆筒体的装配－焊接工艺布置图 b）螺旋圆筒体的卷成

1—料卷 2—定位送进轮 3—矫平机 4—纵向剪切圆盘剪 5—铣边 6—喷气嘴 7—送进压紧轮 8—成形装置 9—焊好的圆筒

200mm，是在高拘束度下的环焊缝，为避免出现裂纹类危险缺陷，先将筒体接缝马鞍形相贯线处堆焊补平，然后用机械化的平面环形焊来完成，整个焊接过程始终保持预热温度，连续焊完后立即作消氢处理。图8-43所示为该核反应堆压力容器的制造工艺路线（流程）图。

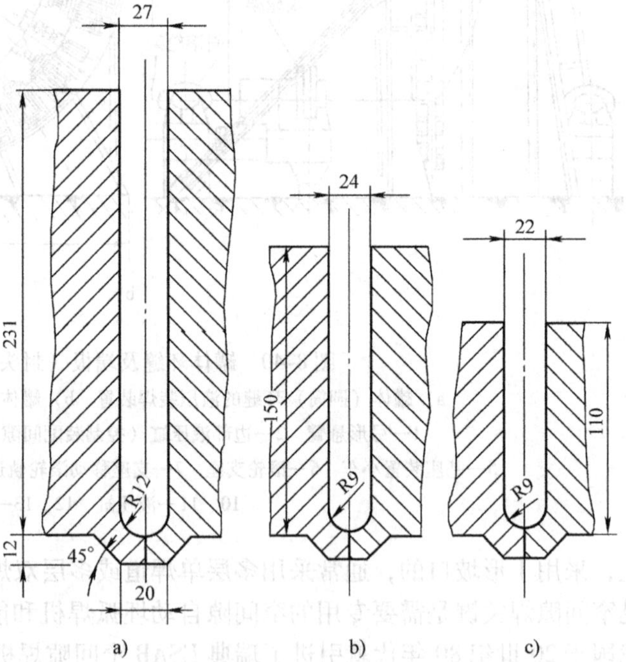

图8-42 窄间隙焊坡口

a）最初采用的坡口 b）、c）在a）基础上改进的坡口

图8-13所示加氢反应器的外筒好似套箍，因此内外筒之间采用过盈套合。具体制作时，先将内筒分两截焊接完成后，进行外表面加工（按新的标准可以不加工），外筒节焊完后进行内表面的加工，加工后外筒节壁厚不小于75mm，内筒节壁厚不小于85mm，并有0.13%～0.22%D的过盈量（约3～5mm），外筒加热到900℃以上的高温下进行内外筒的套合。由于反应器工作介质为油、氢、硫化氢，故如前所述，内筒采用20CrMo9抗氢钢制造，外筒则用18MnMoNb低合金结构钢制造。带有封头的两筒节完成热套后，再焊接对接环焊缝，如图8-13所示的Ⅳ局部放大图。

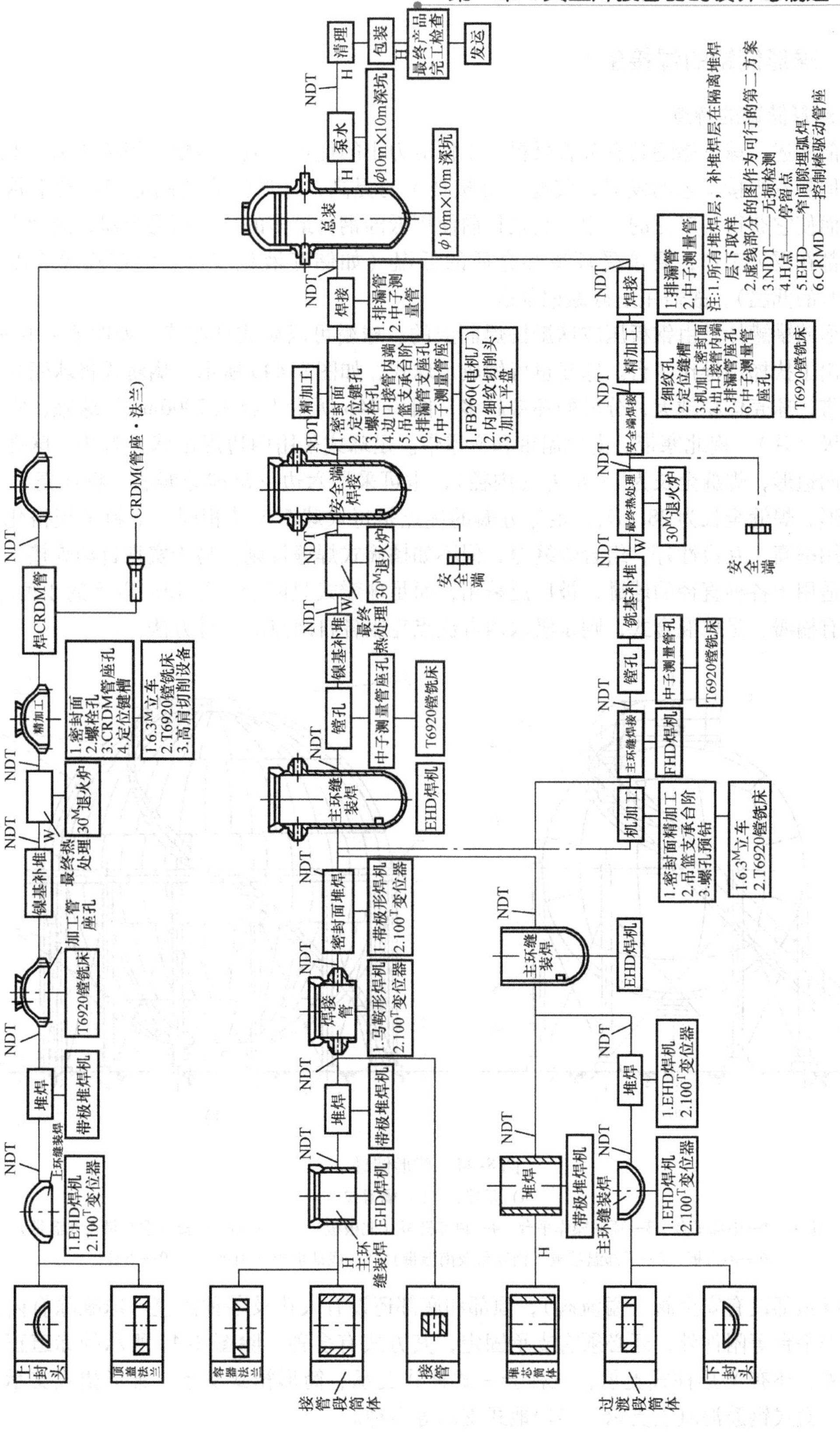

图 8-43　核反应堆压力容器的制造工艺路线（流程）图

8.3.4 球形储罐的焊接生产

1. 球形储罐的特点

如前所述，球形储罐具有节省材料、工作应力小的优点，但其装配－焊接比圆筒形储罐困难。但随着焊接工艺的发展，装配－焊接技术的提高，球形储罐的制造变得越来越容易了，从而使它获得了广泛的应用。它是目前使用低温钢材最多的一种压力容器，因为大型球形储罐都在露天工作，要承受环境和介质的低温（如储存液化气体、储存乙烯等需要承受－35℃的低温），故需用耐低温钢制造。

球形储罐罐体是由钢板压成球瓣拼焊而成的，球瓣可以做成橘瓣式，如图8-44b所示，图中示出了扶梯和操作平台。球瓣也可做成足球式，如图8-44a所示。橘瓣式将球壳分成若干个环带，球壳体积越大，分成的环带越多，图8-44b所示为容积2000m^3的球罐，它可分成南北极（片）、南北寒带、南北温带和赤道带。足球式采用四边形足球分瓣法，球壳分为若干块四边形，焊缝全长为17.8D_n（内径）；也可采用六边形足球分瓣法，将球壳分为48块六边形，焊缝全长为28.8D_n，足球分瓣的优点是每块球瓣尺寸相同，下料可规格化，材料的利用率高，互换性好，组合焊缝短，但不如橘瓣式焊缝规则，易于实现自动焊接，因而橘瓣式适用于各种直径的球罐，被广泛采用，而足球瓣式只限于直径13m以下的小型球罐。此外尚有橘瓣、足球混合式，则是吸取两者优点克服各自缺点的一种方法。

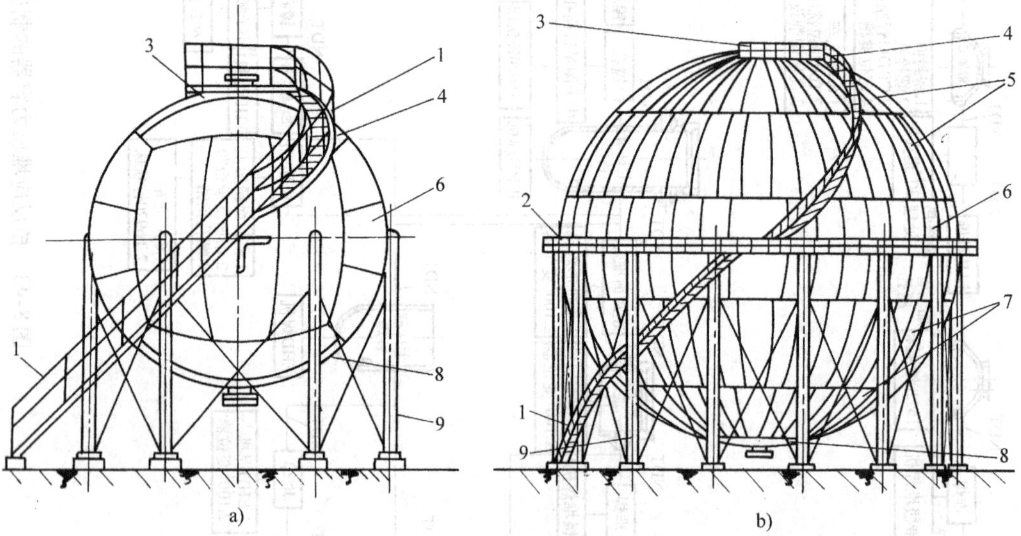

图8-44 球形储罐

a）足球式 b）橘瓣式

1—扶梯 2—中部平台 3—顶部操作平台 4—顶部极板（北极板） 5—上部温带板（北寒带及北温带） 6—赤道板 7—下部温带板（南寒带及南温带） 8—底部极板（南极板） 9—支柱

球罐顶部设有安全阀（溢流阀），顶部和底部还设有人孔及各种阀座。球罐除有内外扶梯、操作平台等附件外，还必须有支承固定，其方式有多种，除图8-44所示的赤道正切柱式支承外，还有V形柱式支承、三柱会一式柱式支承、筒形裙式支承、锥形裙式支承、锥底支承、盒式钢筋混凝土支承、半埋地式支承等多种。

由于球罐的容积加大，可以减少球罐的个数，节省占地，节省钢材，故如前所述采用不热处理最大厚度设计球罐，并随材料强度级别的提高，可设计的不用热处理球罐的容积增大。表 8-3 为日本的资料，我国也生产了 490～588MPa 级别的调质钢或正火钢供制造球罐用，这样可望获得较高的经济效益。但随球罐体积的增大在工厂制造的可能性减小。目前国内 $200m^3$ 以下的球罐才在工厂制造，大于这个容积的多在工地建造。

表 8-3　低碳钢和高强度钢制造球罐占地与材料消耗的比较

比较参数＼钢材	低碳钢 SM41B	高强度钢 HW50 588MPa 级（60kgf 级）	高强度钢 HW70 785MPa 级（80kgf 级）
$V=4000m^3$ 需球罐个数	16	3	1
每罐容积/m^3	2500	13333	40000
球罐直径/m	16.84	29.43	42.44
球罐板厚/mm	37	34	38
钢材总重/t	4140	2180	1690
投影总面积/m^2	3560	2084	1410
钢材重/总面积	3.45/2.52	1.29/1.45	1/1

2. 球罐的工地建造

下面举例说明球罐的工地建造，图 8-44b 所示为容积 $2000m^3$，介质为丁烯和丁二烯的球形储罐，其内径 $D_n=15.7m$，板厚 $\delta=25mm$ 和 28mm（赤道带）两种，设计压力 $p=0.69MPa$，工作压力 $p_g=0.64MPa$，水压试验压力 $p_{sh}=1.03MPa$，气密试验压力 $p_q=0.72MPa$，总自重 162t。支承在 12 根立柱上，水压试验时（注水后）球罐总重 2200t，设计温度为常温。

该球罐按《钢制焊接球形储罐技术条件》制造，该技术条件对球壳从钢板的检查、球瓣成形（曲率及几何尺寸允差）、球壳组装、焊后变形（如装配间隙、错边量、焊后角变形、直径误差等）和焊接质量等都做出了严格规定。根据上述要求，为保证球罐的制造质量，采取了如下工艺工序和技术措施：

1）原材料逐张、逐块进行复验，超声探伤符合压力容器用钢板探伤标准三级，钢材的力学性能及化学成分也都必须符合有关标准和规定。

2）为防止球瓣片加工脆化，在冷压成形之前应对其进行低温（550～580℃）回火，并一次下料切割出坡口。

3）球瓣片冲压后，应逐块进行坡口的磁粉探伤，以便发现切割或冲压产生的微裂纹。

4）球瓣逐块进行严格的形状检查合格后，在工厂预装配，留好间隙并编号，以防止在工地因间隙不合格而采用强制装配，增加焊接的应力与变形。

5）每两块球瓣在工厂先行焊接，以减小工地的焊接量。球瓣的焊接在球形焊接夹具上进行，在凹形夹具上焊内焊缝，在凸形夹具上焊外焊缝，并采用装配马和圆弧形加强板进行定位焊，以减小焊接变形，焊后检查，如有超标变形可用水压机进行矫正。

6）在工地装配成各球带后，开始焊接，除用上述装配马和圆弧形加强板进行定位焊外，在球内还要安装中心轴并连接各片拉杆，用螺栓调整使球板固定在中心轴四周。

7）焊接时为了防止应力过大而产生裂纹或氢致裂纹，应采取预热及后热措施，并在第一层或第一、二层采用逆向分段焊，焊接用的焊条应烘干。

8）球带上的全部纵缝每条同时由两名焊工施焊，全部球带之间的环缝也分段对称由焊工同时施焊以减小应力。

9）焊完一面，反面拆除装配马及圆弧形加强板、清除焊根并用砂轮磨光后，进行工序间的质量检查，如采用磁粉探伤方法检查，焊缝质量合格后方可继续施焊。焊缝全部焊完并进行后热后，停留24h以上，方进行100%的对接焊缝的超声探伤和X射线探伤，以防漏检延迟裂纹。水压试验前后，进行焊缝表面的磁粉检测。

球罐的其他焊缝，包括支柱与赤道带连接的焊缝，人孔、接管等的连接焊缝等也要采用同样的工艺措施。另外由于工地建造时，自然条件如风、雨等对施工有影响，工人常在高温、高空下作业，这些严酷的劳动条件应加以注意和改善。工人的劳动安全需切实加以保障，使工人操作时有安全感，这也是提高焊接质量的重要措施。球罐的装配焊接工艺路线如图8-45所示。按此工艺路线，焊接顺序为：赤道外纵缝，南北温带外纵缝，赤道带与南北温带的上下外环缝；北寒带内纵缝，南北寒带外纵缝，南北寒带和温带之间的外环缝；赤道带内纵缝，南北温带内纵缝，赤道带与南北温带的上下内环缝；南寒带内纵缝，南北寒带和温带之间的内环缝，南北极外环缝，南北极内环缝。

焊前采用丙烷喷管预热，把火焰对准焊缝中心，从施焊的反面加热，待坡口两侧50mm内的温度高于100℃时开始施焊，层间温度应控制在100℃左右。控制焊接热输入在10～15kJ/cm之内。立、仰、平焊采用多道摆动多层焊，而横焊则采用多道不摆动多层焊。焊接完毕，继续用火焰加热0.5h后缓冷，冷至常温24h后做全焊缝超声探伤。

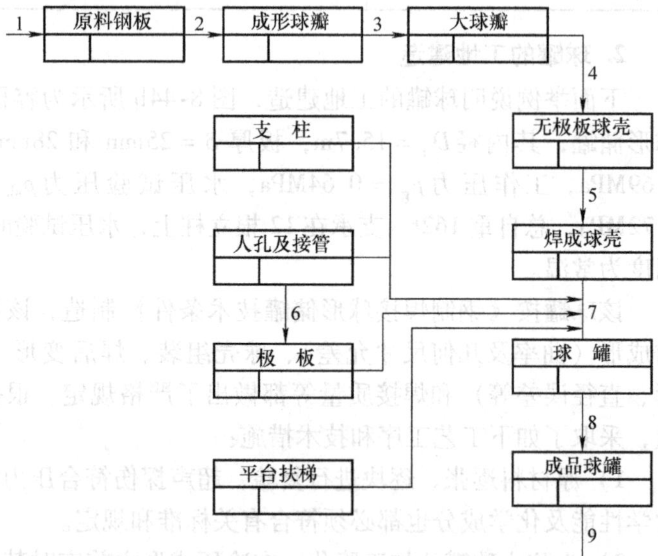

图8-45 球罐装配焊接工艺路线

1—原料超声检测及复验 2—回火后下料，冷压成形，坡口磁粉检测 3—在工厂试装台上两两装焊 4—矫正并在工地装配，安装脚手架 5—焊接 6—往极板上装配－焊接 7—检测后装焊备件 8—水压试验及验收 9—成品涂饰

3. 球罐的工厂制造

上述工地建造法缺点是自动化、机械化程度较低，制造出球罐的质量及生产率受自然条件影响。而在工厂建造可克服这一影响并提高自动化水平。例如内径为7.1m、壁厚为34mm、容积为200m^{3}的球罐就采用了工厂制造方法。这种由三个球带（南北极和赤道带）构成的球罐，制造时先焊接内缝，后焊接外缝，内环缝采用焊条电弧焊，而外部清根预热后，进行埋弧焊，埋弧焊在滚轮支座上用焊接变位机进行，先焊纵缝，后焊环缝。球体焊完检验合格后，从水路运到工地并安装和焊接附件，因此工厂及使用工地都应紧邻水路运输线。

第9章 汽车和列车车身结构的生产

9.1 汽车车身焊接结构的特点

9.1.1 概论

汽车制造业作为我国经济的支柱产业，改革开放以来获得巨大的发展。我国的汽车工业从无到有，由小到大，从引进到自主创新，已获得很大发展，2011 年我国生产和销售汽车1800 多万辆，已经稳居生产和销售汽车的第一大国。

汽车按其用途可分为轿车、客车、货车、专用车等；按动力形式可分为活塞内燃机汽车、燃气轮机汽车、电动汽车、太阳能汽车等；按燃料又可分为汽油车、柴油车、天然气或液化石油气车、混合动力车等；还可按驱动形式（前驱、后驱、四驱）、行驶机构等进行分类。此外，各类用途的汽车还可按总载重量、大小、级别高低分类，如货车有微型、轻型、中型和重型货车；客车有微型、轻型、中型、大型和特大型客车；特别是轿车可分为微型、普通级、中级、中高级和高级轿车，以及两厢车、三厢车；2 门、3 门、4 门、5 门车；直背式和斜背式车等。

汽车，特别是轿车作为一种重要的交通运输工具已经走进寻常百姓家。作为一种高科技产品，它的零件数以万计，其产量、需要量和保有量巨大，轿车工业的发展无疑带动着其他相关行业的发展。轿车工业的发展水平反映了国家经济发展和人民生活水平，是国家科技水平和文明程度的标志之一。各国汽车工业发展的历程与实践证明，汽车整车生产能力的提升，主要取决于车身（车体）的生产能力，汽车的更新换代、改型改装、产品促销等往往都取决于车身，特别是轿车的发展更是取决于车身的技术水平。轿车车身的质量占整车质量的 40%~60%。车身是技术密集和劳动密集相结合的产品。

9.1.2 车身的功用及其结构特点

1. 车身功能

1）汽车车身应为驾乘人员提供良好、舒适的乘坐和工作环境，使其免受振动、噪声、废气以及风、沙、雨、雪等恶劣气候的影响。在运载货物时，应保证货物完好无损，装卸方便。

2）车身结构还应保证行车安全，通过安全设计和在车身内设置的安全装置为乘员提供安全保护措施。万一撞车，车身应能够有效地吸收冲击能，使对乘员的伤害最小，从而减轻事故程度。

3）车身是发动机、底盘（包含悬挂系统）的承载和连接部件，其可形成空气阻力，因此其又是通过合理设计减少空气阻力的关键。车身应该设计美观，尤其是轿车的造型直接影响人们的感受、环境和生活，甚至影响购买欲望。

2. 结构特点

由于汽车使用功能具有多样性，车身的设计、结构和制造均有其自身的特点，设备投资高，技术难度大，所以国内外汽车企业都投入了大量的人力、物力进行汽车车身的研究与开发。

汽车车身结构包括车身壳体、车前钣金件、车门、车窗、车身外部装饰件和内部装饰件、座椅以及通风、空调装置等，在货车和专用汽车上还包括货箱和其他装置。轿车、客车的车身是一个薄壳封闭体，是各种冲压件和复盖件用多种焊接方法，包括电阻焊（点焊、缝焊、对焊、凸焊等）、熔焊（焊条电弧焊、CO_2 焊、氩弧焊、气焊）、摩擦焊、高能焊（电子束焊、激光焊）及钎焊等连接成的薄壳构筑物，所以它必然受到质量和空间的限制。汽车，特别是轿车的发展趋势是：轻量化，控制电子化，设计制造计算机化，动力多样化（降低排放污染、提高燃油经济性，绿色环保），产品个性化（多品种、小批量），生产世界化等。

汽车轻量化主要是结构合理，包括结构设计合理（如采用前轮驱动、超轻和高刚度结构等），材料选用合理（如使用密度小、强度高的轻质材，能减薄材料又不降低其刚度和强度的高强度钢和新材料）。如前所述，没经涂饰的车身—白车身质量占轿车总质量的40%～60%，因此减少白车身的质量对降低汽车的总质量及降低汽车功耗有十分重要的作用。

9.1.3 汽车车身设计的特点

1. 汽车车身设计要求

1）汽车车身设计涉及面广，远远超出一般机械产品的范围，因此车身设计人员需要有坚实的理论基础和丰富的实践知识，要考虑节能、环保和安全三大主题。

首先，车身设计应使其具有良好的性能，包括安全可靠性、操控方便性、合理的乘用舒适性，即车身设计一方面要使车身轻量化，另一方面又要保证其具有足够的强度和刚度，以保证运行中的可靠性，这涉及结构力学、计算数学和计算机等方面的知识，以及国家有关汽车安全性法规和有关标准，如安全带和安全气囊的配置、方向盘的防撞击软化结构、车身客厢部的骨架加强、吸能保险杠等。车身设计还应满足人机工程学要求，使驾乘人员乘坐舒适，操作轻巧、方便。车身设计还涉及车身造型艺术，内部装饰与造型应使乘员方便、可靠，色彩协调，使人宁静和舒适，取暖、通风、防振、隔音、密封、照明等满足人们对乘坐环境的要求。

2）汽车车身设计有别于汽车的其他总成还在于车身不仅是一个产品，还是一件精致的艺术品，它以其优雅的雕塑形体、内外装饰及悦目的色彩使人获得美的享受，反映时代的风貌、民族特色和独特的企业形象。

3）车身的外形设计应满足空气动力特性的要求。由于目前汽车，特别是轿车车速已经得到很大提高，空气阻力已成为提高车速、降低能耗的重要因素。业界对此十分重视，进行了大量的试验研究，使其日臻完善，并由此得到减小空气阻力的措施。

4）车身的结构设计应有独特的要求。汽车车身的零件众多、结构复杂，一般普通白车身由400～500个冲压件焊接组成，设计要符合冲压和焊接工艺的要求，应该做到制造容易，维护和拆装方便。要运用标准化、系列化、通用化的设计方法，进行合理的车身分块，结构处理要使得容易焊接，如尽量满足采用双面点焊要求，避免单面点焊，以保证车身强度，适应现代化生产和机器人焊接的要求。汽车经常需要维护和保养，故需使经常维护和保养的零部件、总成的可及性、易损件拆卸、更换和维修容易。

车身零部件的加工除涉及冲压、各种形式的焊接外，还有涂装、电镀和塑料成型等。汽车的整备质量较大，设计人员对钢铁、铝、玻璃、油漆等材料的性能和用途应非常熟悉，以便实现轻量化设计。汽车车身受载复杂，有驱动、制动、转弯等惯性力，路面反作用力，发动机作用力等总成载荷；汽车车身边界复杂，不同的悬架种类在不同情况下对车身产生不同的约束和支承，因此，设计计算一般无法获得车身强度、刚度和模态的解析解，故现代汽车车身结构分析方法常采用数值模拟和试验分析方法，即用有限元分析方法和电测法。这是数值分析模型验证的主要手段。此外，在车身设计时还要满足防振降噪、碰撞安全性、金属材料缓蚀性等结构设计，这也常要进行试验验证。

2. 汽车车身的设计方法（程序）

由于车身结构不同于一般机械，它主要由复杂的空间曲面组成，故难以用一般机械制图法表现出来。车身设计发展已经超过百年，设计方法亦不断进步和完善，近年来计算机辅助设计和造型方法被广泛采用。汽车车身设计方法可分为传统和现代车身设计方法。

（1）传统车身设计方法　这种方法要提供刻有网格线的车身图样、三维的车身模型等。该方法基本上分为初步设计和技术设计两个阶段。

初步设计阶段包括了车身总布置草图设计，应绘制1∶5车身外形尺寸控制和内部尺寸布置图。在此基础上绘制同样比例的彩色效果图，有时还要绘制内部彩色效果图，力求逼真，并且要多个图进行比较，选出理想的车身外形和内部设施、内饰。在此基础上，雕塑1∶5的油泥模型，检查车身外形是否美观、匀称，是否合乎设计思想，工艺上是否可行，并可以进行外形修正。

技术设计包括：

1）绘制1∶1的黑板线框图，这是为了观察汽车外形轮廓，以便对不合理部分做适当修改。

2）制作1∶1的油泥外部模型和1∶1的车身内部模型，这是为了增加真实感，并将它作为确定车身的主要依据。

3）绘制车身主图板。主图板是绘制车身零件1∶1的总图板，是表示车身主要轮廓结构的图板。主图板上不标注尺寸，但要精确地设计车身各零件的配合关系，必要时还应做运动校核。主图板是制造第一辆样车进行零件结构设计和总成设计的依据，也是制造模具的参考图。因此，主图板一定要尺寸精确、线条清晰。钣金件的连接关系往往是焊点布置表示，要选择几个主要截面来进行结构设计，如选取前风窗玻璃和门柱、前风窗玻璃与顶盖、前下门柱、车门门柱、顶盖与车门、顶盖与侧围和后围、驾驶室轴线截面作为主要截面。图9-1所示为货车驾驶室及主要断面图，图9-2所示为轿车白车身骨架图，包括侧车身各部断面图。

主图板要有纵横方向均为200mm的坐标线，坐标线的零线选取如下：

① 高度方向的零线取车架纵梁上平面；或者在无车架时以地板边梁上表面作为高度零线。

② 宽度方向取汽车的纵向对称中心线作为零线。

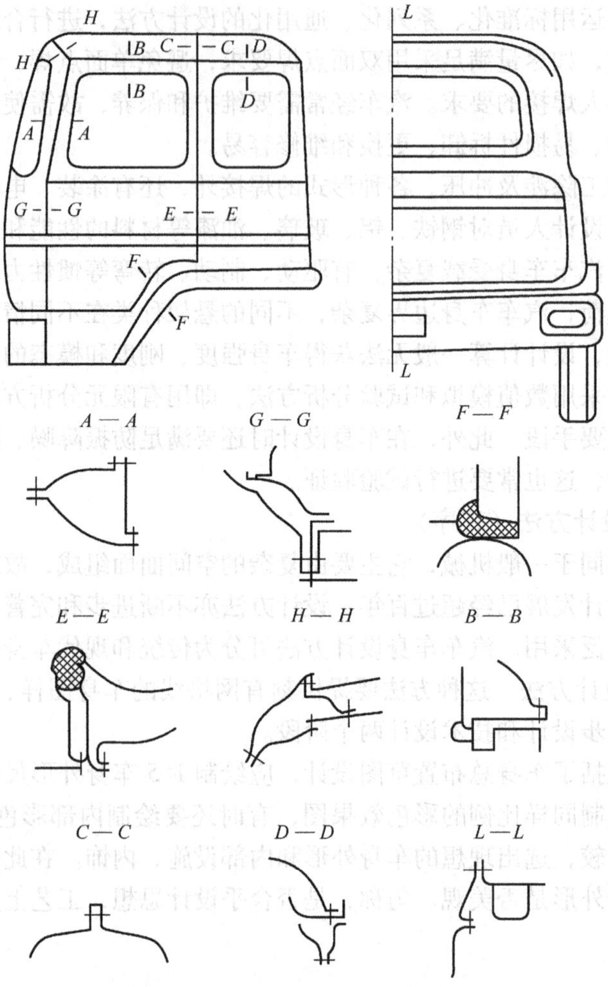

图9-1 货车驾驶室及主要断面图

③ 长度方向取过前轮中心的垂线作为零线。

为了保证车身零件的制造装配精度，对坐标网格线的精度都有很高的要求。由于车身具有大型复杂的空间曲面，因此必须用三维坐标来表示。为了确保尺寸精度，主图板通常以1:1的比例进行绘制。由于制造冲模的需要，主图板上的轮廓均以零件的内表面为依据，即与实物差一板厚。

4）绘制车身内外零件图，其图形和尺寸可以从主图板上取下。在零件图上标注尺寸时，以与主图板相同的坐标线为基线，零件上的尺寸按零件内表面标注，相互连接的零件一般标注连接表面的尺寸。对于在工作图上表示不出来而且有主模型的零件，可在图上注明“所有未注明的零件内表面尺寸应根据主模型”。标注曲线尺寸时，要视曲率大小确定标注的疏密度。

5）样车试制。试制样车可以发现问题并检验其工艺性。样车试制完毕即可评定外形，进行道路试验。修改图样后，再进行第二轮试制。

6）主模型制作。这是因为图样样板不能表示全部车身表面，所以要建立立体模型，为制造和焊接创造方便条件。车身文件必须有主图板、工作图样、样板和主模型，而且必须保

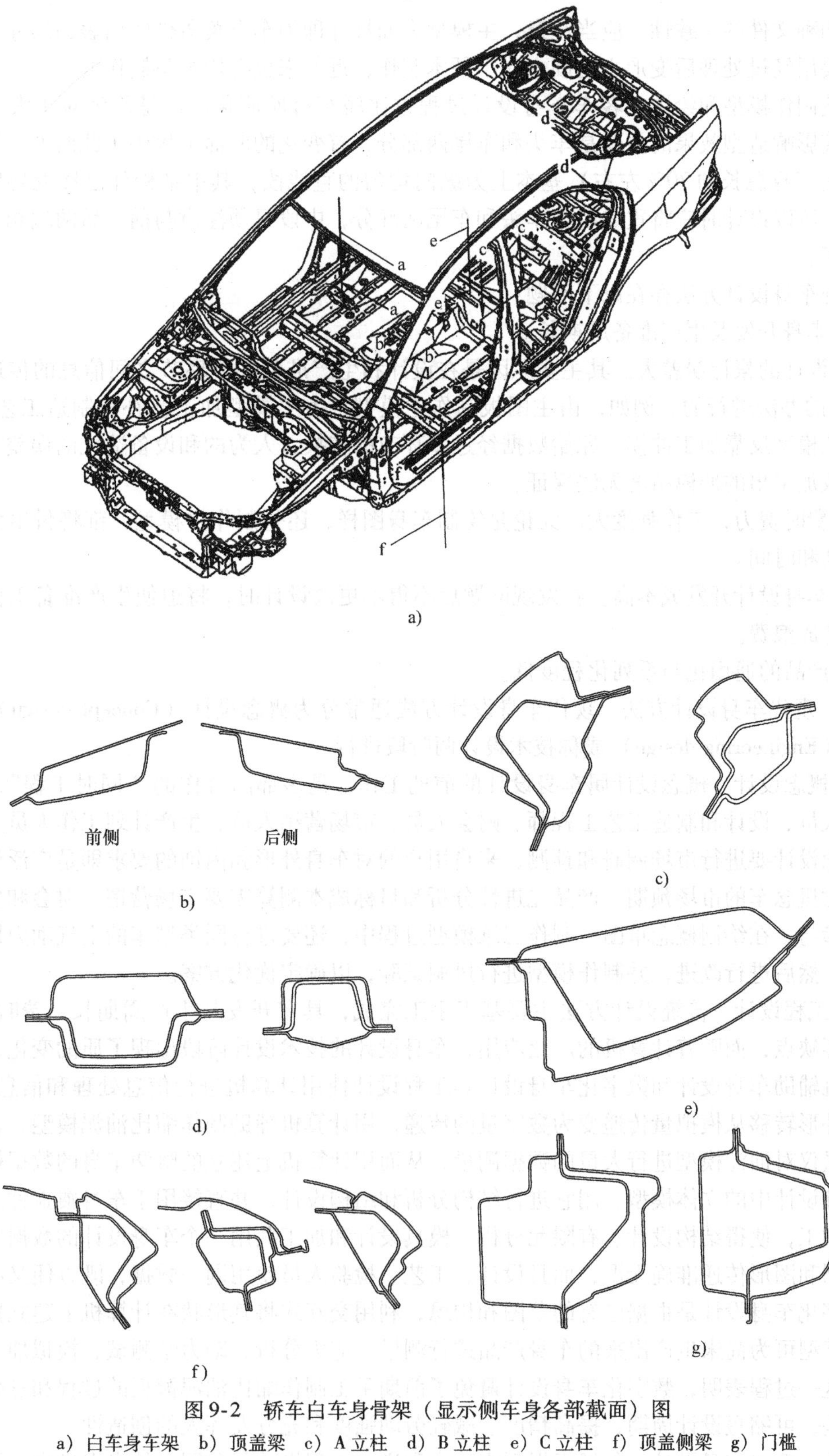

图 9-2　轿车白车身骨架（显示侧车身各部截面）图

a）白车身车架　b）顶盖梁　c）A 立柱　d）B 立柱　e）C 立柱　f）顶盖侧梁　g）门槛

证上述四种文件的一致性。应当注意，主模型表面尺寸即为车身覆盖件的内表面尺寸。主模型一定要用经过处理后变形小的硬木或半硬木制作，近年来也有用塑料制作的。

即使制作模型和绘图，客车车身设计过程也比轿车有所简化。这是因为对于大客车来说，直接影响造型效果的主要是车头和车尾两部分，有变化的曲面都集中于此两处，而车身中段（占车身总长的70%左右）基本上为纵向均匀的直线段，其中结构件已接近规格化和系列化，所以设计时应将重点放在车头和车尾两部分，中段只须注意与前、后两端相互协调就可以了。

传统车身设计方法存在以下问题：

1）车身开发及生产准备周期长。

2）设计的累计误差大。其主要原因是在设计和生产准备各个环节之间信息的传递是靠“移形”的办法进行的。例如，由主图板制作主模型，由主模型加工艺补充制造工艺模型，再由工艺模型反靠加工冲模，原始数据经过多环节的转换，人为的和设备造成的误差在所难免，导致加工出的冲模精度无法保证。

3）费时费力，工作强度大。无论是绘制车身图样，还是制作主模型，都将付出大量的艰苦劳动和时间。

4）车身设计开发成本高。在发现问题后不得不更改设计时，将迫使生产准备工作大量返工而造成浪费。

5）产品的通用化与系列化程度低。

（2）现代车身设计方法　现代车身设计方法通常分为概念设计（Concept design）和工程设计（Engineering design）或称技术设计两阶段进行。

1）概念设计。概念设计属车身设计的前期工作，是多部门合作的“同时工程”，由高级管理人员、设计和制造工艺工程师、财会人员、市场营销人员、生产计划工作人员共同参与。概念设计要进行市场调研和预测，来自用户的对车身外形和内饰的要求即是广泛调研的结果。对概念车的市场预期、产品先进性分析和目标成本测算需要市场营销、财会和生产计划人员参与。在绘制概念草图、制作三维模型过程中，还要进行同类型车的空气动力性能试验分析，然后进行改进，并制作模型进行风洞试验，以确定优化方案。

2）工程设计。传统设计方法主要基于手工完成，具有开发与生产周期长、费时费力、成本高等缺点，而随着计算机的广泛应用，车身设计的技术设计阶段出现了质的变化，如采用计算机辅助车身设计和数字化车身设计。工程设计使用计算机进行信息处理和信息传递，将车身外形转移从模拟量传递变为数字量的传递，用计算机辅助制作缩比油泥模型，再用三坐标测量仪对油泥模型进行大量的数据测量，从而用计算机上建立的雕塑车身的数据模型代替了传统设计中的立体模型。用它进行结构分析和结构设计，并直接用于车身覆盖件的模具设计和加工，使得结构设计、有限元分析、模具设计和加工共用一个车身设计的数据库，可确保数据和图形传递准确无误，而且设计、工艺、检验人员使用同一数据，既方便又准确。

数字化车身设计是根据已有的草图和构思，利用交互式将其形状在计算机上建立数学模型。此模型可为尚未生产出来的车身产品进行测量、应力分析、动力学测试、模拟加工和演示等。这一过程表明，数字化车身设计避免了前期手工制作缩比油泥模型的过程和三坐标测量的误差，可缩短设计周期、提高精度、减轻劳动强度和充分发挥人的创造性。

此外，现代车身设计还包括虚拟现实技术和逆向工程设计。我国在技术引进中，要想从国外获得全套资料，包括产品图样、技术文件、制造工艺等几乎是不可能的，但在引进样车并进行复制的基础上改进和创新，是应对市场竞争日趋激烈并提升我国汽车制造业水平的重要途径。这就要用到逆向工程，即以原产品实物为模型，进行数据采集和处理，建立 CAD 模型，对原型产品进行分析、修改、完善、再设计等的一系列创新设计过程。所得新模型经过加工，快速地制造模具，便可得到更先进的产品。采用逆向工程进行产品仿制时一定要有创新，否则将涉及产品知识产权的侵权，需要特别注意。另外，对已经设计并由造型师制作出油泥模型的，也可以用三坐标测量仪测取生成模型的数字化数据，建立 CAD 模型。这是逆向工程应用的另一情况。

9.1.4 汽车车身的结构特点

前面已提及车身结构的一般特点，下面将主要讨论轿车车身（车体）的主要结构。它们主要是由钢板和各种冲压件组成的焊接结构。车身按其主要结构分为承载式（见图9-3）和非承载式（见图9-4）。前者是没有车（骨）架，将发动机和悬架等底盘部件直接安装在车身上，以薄板构成为主，由薄板冲压件、骨架、底板、内外蒙皮、车顶等焊接而成的刚性框架结构。和后者相比，该结构可实现轻量化和较高的车身刚度，整体弯曲和扭转刚度好，车室内地板低，空间大，车辆高度尺寸减小，有助于提高车辆行驶稳定性和上下车方便性。车身以薄板为主制造具有工艺性好、效率高、适合大批量生产的特点，当发生碰撞时，车身有均匀受载、扩散载荷和吸能能力，车身局部变形对车室内影响相对较小，提高了安全性。缺点是路面和发动机噪声易传入车身内，影响舒适性，车身损坏后修复难度大。有的轿车为提高抗噪声及抗振动性能采用了副车架，从而便于发动机和动力传动系统安装，改善了安装点应力和车身刚度，副车架通过软垫直接连接到车身上。

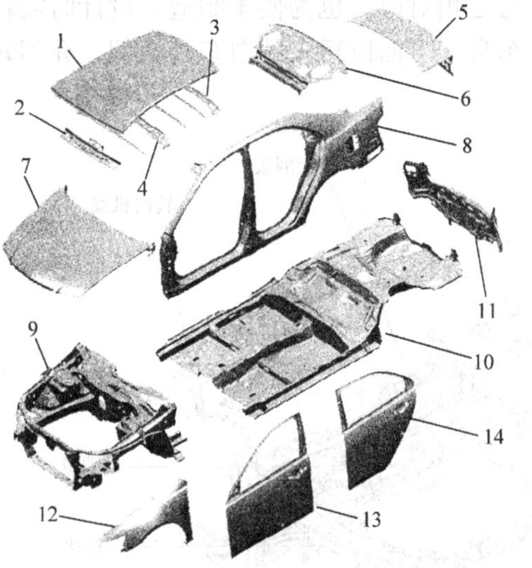

图9-3 承载式无车（骨）架车身

1—顶盖 2—前风窗上横梁 3—后风窗上横梁
4—顶盖中顶加强板（顶盖主梁、顶盖副梁） 5—行李厢盖
6—后上隔板 7—发动机盖 8—侧围板 9—前车身
10—下车身 11—后围板 12—前翼子板 13—前门 14—后门

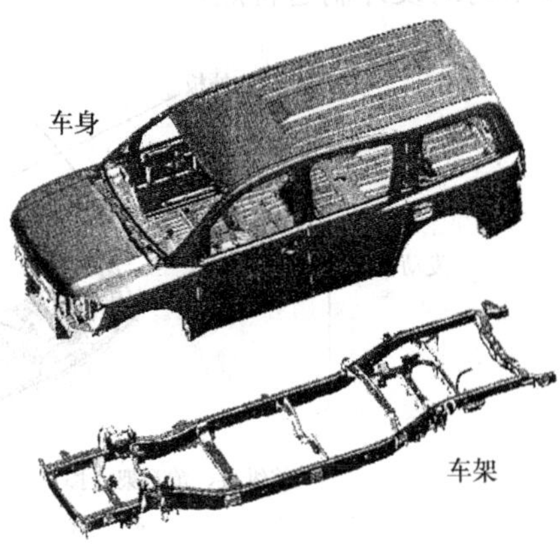

图9-4 非承载式带车（骨）架车身

有车（骨）架的非承载式车身，其相对独立的车架与车辆总长相同，为较厚钢板焊制，轿车的底盘总成（如发动机、悬架、传动、驱动和转向等）都安装在车架上，而车身用弹簧或橡胶垫弹性固定在车架之上，并且只承载人员和行李。车身和车架的这种连接使路面和发动机的振动和噪声较不易传入车身内，提高了乘坐舒适性。因为车身和骨架是可分离的，所以为车身的改进设计、改装和维修都带来便利。缺点是车的重量加大，高度增高，对整车的能耗、行驶稳定性有不利影响，且需要大型的车架生产设备。

介于两者之间的是半承载式车身，它也用车架，故属有车（骨）架的车身，只是其与车身（和非承载式车身基本相同）采用刚性连接，如采用焊接或固定螺栓连接。

从图9-3可见，一般白车身包括：前车身，包括发动机罩盖、前围板、前翼子板、前纵板、前纵梁、前悬架支撑、转向机梁等（见图9-5）；下车身，包括车身地板（前地板和后地板）、前加强板、前下梁、前下副梁、侧底框和后底框、后下加强板等（见图9-6）；侧车身，包括侧底框、后翼子板、立柱、立柱的上下梁等，常将顶篷放在其中，如图9-7所示，其中图9-7b所示为侧车身的整体冲压件；后车身，指车室后部的车身，一般指行李舱部位，所以常见的所谓三厢、两厢车这部分结构有所不同。如图9-8a所示，三厢车车室和行李舱是隔开的，由座椅后支架、后上隔板、后围板、车身后板和后加强板等构成。座椅后支架、后上隔板、行李舱上板等是后部车身的重要横向隔板，连接左右后立柱、左右车身侧板、地板等，对增加车身的扭转刚度起重要作用，后围板也是提高行李舱刚度的重要构件，是连接左右后翼子板的隔板，是行李舱重要构件，也对提高车身刚度有重要作用。图9-8b所示为两厢车的后车身，它没有连接左右车身侧板的构件，车室和货箱不隔开，有时是用非钢板（如塑料或硬纸板）隔开，所以要确保开口的抗扭转刚度，往往设计闭合截面的开口周围结构。当然对具体车型，许多结构细节还是有差别的。

前面将轿车白车身分成了几个主要部分，与之相对应，也为便于制造，设计时需将其分为零件、合件、分总成、总成，然后装焊成白车身。下面以轿车的白车身为例，介绍轿车焊接结构的设计制造特点。

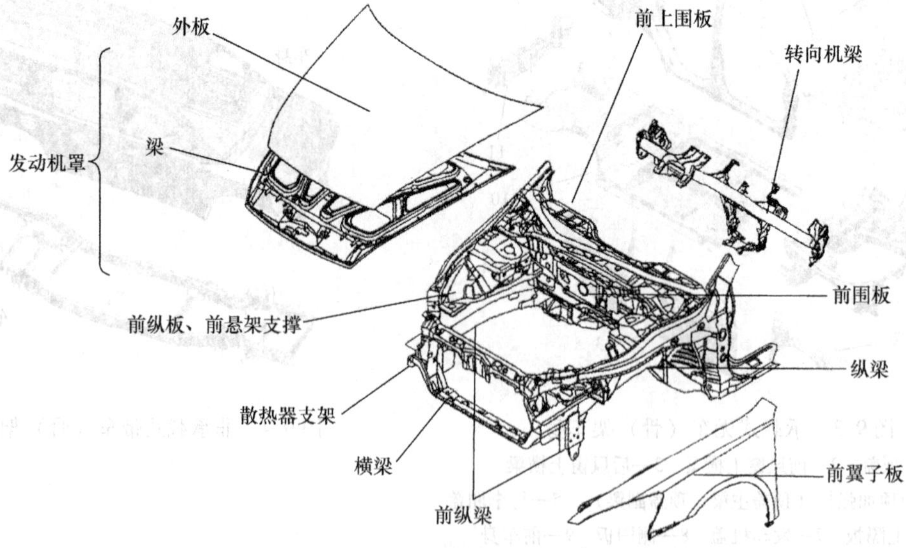

图9-5　前车身结构图

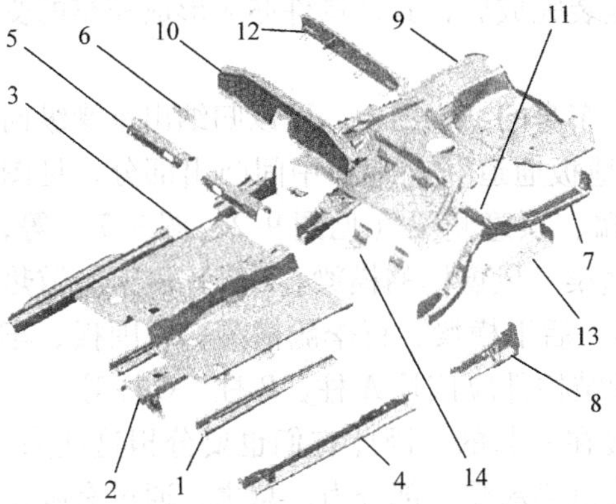

图 9-6　承载式下车身的结构

1—前下梁　2—前加强板　3—前地板
4—侧底框　5—前下副梁　6—前密封支架
7—后侧梁（后下梁）　8—后底框　9—后地板
10—中间副梁　11—后副梁　12—后下横梁
13—后下加强板　14—前座椅安全带固定器

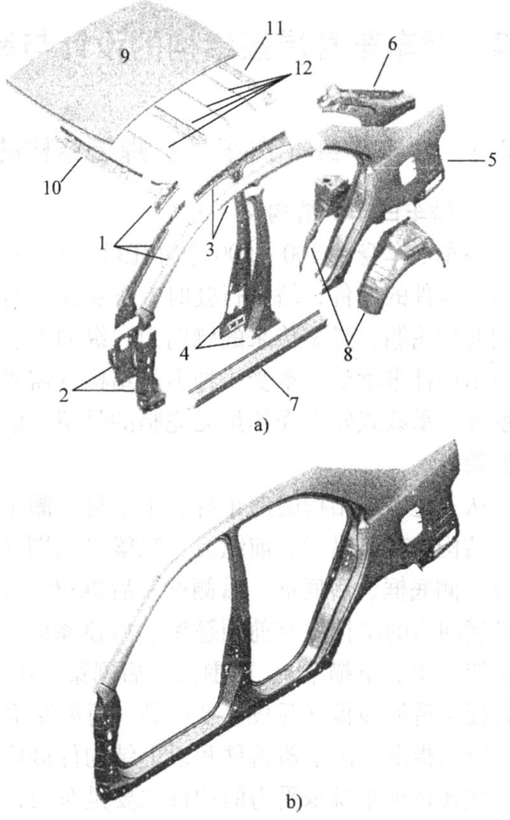

图 9-7　四门轿车侧车身结构

a）侧车身总成　b）大型整体冲压件
1—前立柱上梁　2—前立柱下梁　3—顶侧梁
4—B 立柱　5—后翼子板　6—后立柱内板
7—侧底框　8—后轮罩　9—顶篷
10—前顶篷梁　11—后顶篷梁　12—顶篷横梁

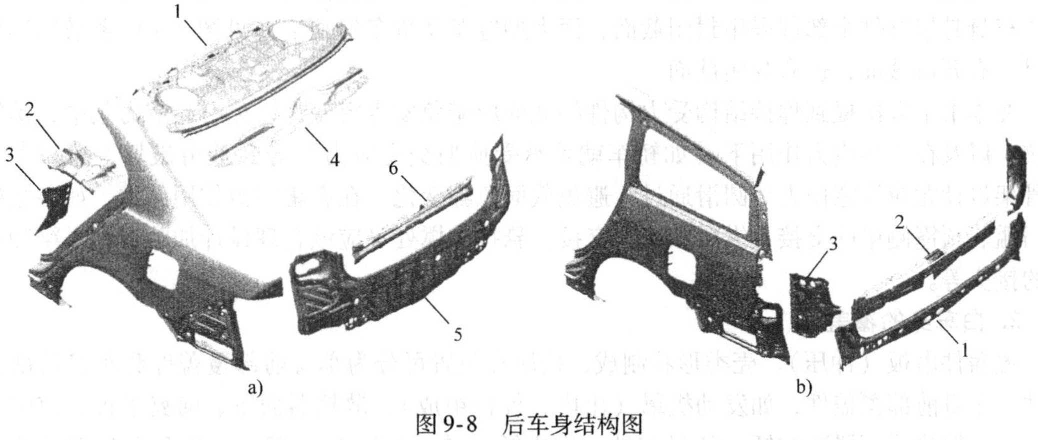

图 9-8　后车身结构图

a）三厢车结构　1—后上隔板　2—后侧板　3—座椅靠背支架　4—后围板　5—车身后板　6—后加强板
b）两厢车结构　1—后围板　2—后加强板　3—C 立柱下板

9.2 轿车车身焊接结构的设计与制造

9.2.1 轿车车身（白车身）焊接结构的设计特点

1. 轿车白车身结构件

轿车白车身由400~500个冲压件焊接而成，实际上主要是结构件和覆盖件。结构件是支撑覆盖件的构件，轿车行驶时，车身在垂直方向受自重、乘员、货物的重力作用，同时还受到通过轮胎、悬架传来的侧向力、纵向力、惯性力及空气阻力的作用，这些力都由车身的承力结构件来承受。承受多种力的结构件需要有足够的强度和刚度，并形成连续的完整的受力系统。承载式轿车壳体虽无完整的骨架，但壳体组装完成后，其结构件亦应形成完整的受力框架。

从上述轿车结构的前车身、下车身、侧车身和后车身的结构图中，可以归纳出承受纵向力的结构件有前纵梁、前纵板、纵梁（见图9-5）、地板通道（前地板中间凸出部分，见图9-6）、侧底框、后底框、后侧梁、后纵梁、左右门槛、顶篷侧梁（见图9-2、图9-7）等，承受横向力的结构件有前顶篷梁、后顶篷梁、顶篷横梁、风窗框的横梁、（前）横梁、散热器支架（上、下横梁）、前围板、后副梁、中间副梁、后下横梁、行李舱横梁、后围板、车身后板、后加强板（见图9-8）等，而承受垂直力的结构件应该是A柱、B柱、C柱等。

应当指出，由于覆盖件和以上结构件最后是焊接在一起的，因此它们也要分担这些力。非承载式轿车车身承受力的构件主要是车架，但车身也要承受一部分力。总之，通过有限元分析来确定最佳尺寸时，首先要满足强度要求，还必须进行合理的刚性分配，注意与造型相吻合，用最佳的截面形状取得最大截面系数，还要考虑和相邻部件、内护板、门锁、铰链、限位器等的安装和工作要求等。

轿车结构件多是薄壁杆件，杆件的弯曲和扭转惯性矩决定了杆件的刚度。一般情况下，在截面积和壁厚保持不变的条件下，虽然封闭截面杆件的抗弯性能不高于开口截面杆件，但其抗扭转刚度要大得多，这对提高整车身的抗扭转性能有重要作用。从图9-2可以看出，承载式车身骨架杆件全部都采用封闭截面，而大型客车及货车驾驶室（见图9-1）多采用异型钢材，有开口截面，也有封闭截面。

在本书中多次提到焊接结构受力构件的截面应避免发生突变，以免引起应力集中，诱发裂纹，以及在交变应力作用下（如轿车就是承受典型交变应力）导致疲劳破坏，故轿车车身骨架设计尤应注意使力线圆滑通过，避免截面急骤变化，在有集中力作用部位，如各立柱和门槛、顶篷侧梁的交接，纵梁和横梁交接，悬挂支撑处等应该合理设计加肋板、纵梁和横梁的接头等。

2. 白车身的覆盖件

覆盖件由板（冲压）、壳类形状制成，按所在位置可分为车身前部覆盖件和车身后部覆盖件。车身前部覆盖件，如发动机罩（由内、外板组成）、散热器面罩、前翼子板、前围上盖板等。散热器面罩装在轿车的最前端，构成轿车“脸面”的一部分，应和车身整体造型一致，除保护散热器不受冲击，满足其通风散热要求外，还是重要的装饰件，并随车型变化，即使是同一车型，随车型改款，其形状、材料、外表装饰也都在改变。前翼子板由0.5~

0.8mm厚高强度钢板拉延成型，前部与灯具配合，上部与发动机罩配合，后部与前门和车身配合，显然也是轿车的“脸面”部分。前围上盖板只在部分轿车上才有，布置在发动机罩后部，与其共同组成前部车身上表面。车身顶盖是车身顶部大尺寸的覆盖件，其作用不言而喻，除了遮风避雨，当汽车翻转时还可保护乘员安全，故对其内支撑、内饰及其刚度要求都是非常高的。车身后部覆盖件主要包括后翼子板、后盖（或行李舱盖）或后舱背门（如两厢车）等。这些覆盖件形成车身尾部外形，其形状应该完全符合造型要求，做到表面光滑，线条流畅。

9.2.2 轿车白车身的制造特点

如前所述轿车白车身是由薄钢板冲压件组成的焊接结构。其中冲压成型需要高精度的模具，如大型覆盖件就是由大型模具和大型冲压机械制造的。冲压零件经过检验及适当的处理后便可进行装配及焊接。下面就以承载式白车身（POLO两厢）为例，简述这一过程。

按零件、合件、分总成、总成装焊成白车身的过程如图9-9所示。从图中可以看出，该车身的平台零件由散热器、前轮罩、前纵梁、前地板、后地板、后轮罩、后围板组成。该平台零件如图9-10所示。这些零件和分总成一般先由若干个冲压零件装焊而成，然后装焊成地板总成。同样，由侧框外板、门槛腹板、侧框上板、侧框内板、侧框后部加强板等组成了侧框总成，该总成零件如图9-11所示。这两个总成再装焊成车顶各横梁、车顶，形成白车身骨架。作为承载结构，应该具有足够的强度、刚度和稳定性。白车身骨架设计为框架结构，由前纵梁、后纵梁和门槛组成下部纵梁，由前上纵梁和侧框上板组成上部纵梁由A柱、地板横梁、散热器横梁和车顶前横梁组成前部横梁系统，由B柱、车顶中横梁和座椅横梁组成中部横梁系统，由C柱、后地板横梁和车顶后横梁构成后部横梁系统，从而形成稳固的白车身骨架梁系统，如图9-12所示。实际上，在图9-2中已经显示出了一个三厢轿车的白车身骨架，可见两者很相似，但也有些不同，一个是从前向后绘制的三维图，且为三厢轿车，另一个是从后向前绘制的三维图，且为两厢轿车。在白车身骨架的基础上，安装（焊接）各外挂件，如发动机盖、前翼子板零件、四门和后盖等，最终组成白车身。仍以POLO（两厢）为例，平台零件都为镀锌钢板冲压而成，厚度为1.0～2.5mm，加强板可以达到4.0mm。零件间采用电阻点焊连接，有采用翻边（15～18mm）进行搭接的，也有直接搭接的（见图9-13），其中大多为单排点焊，焊点间距为15～20mm，也有采用2、3排点焊结构的，如减振器安装板与轮罩板的连接，但焊点间距仍为15～20mm。对于承受正面撞击力和保证车身抗扭能力的前纵梁，需由U形的内侧板（厚1.5mm）和盖板（厚1.2mm）点焊而成，并且采用变断面，翻边相同（翻边15～18mm），焊点加大（5mm左右），间距拉开（20～30mm）；而后纵梁则由U形板材（厚1.5mm）构成。为提高强度，在左、右纵梁间用一U形横梁（厚1.5mm）形成点焊搭接结构。

侧框总成是外观零件，又是承受侧向撞击、决定车身整体弯曲刚度的重要部件。门安装在侧框总成上。设计侧框零件时，要考虑可加工性、外形、强度等因素，同时考虑成本因素，所以侧框零件可采用如图9-11所示的各独自加工的零件焊接在一起，构成侧框总成。也可以如图9-7b所示采用大型整体冲制零件。侧框总成零件采用双面镀锌钢板，厚度一般为1.0～1.5mm，加强板可达到3.0mm。一般侧框总成零件间采用点焊连接，零件上有翻边，同样，翻边一般为15～18mm，零件之间可采用单排点焊搭接结构，焊点距离为15～20mm。

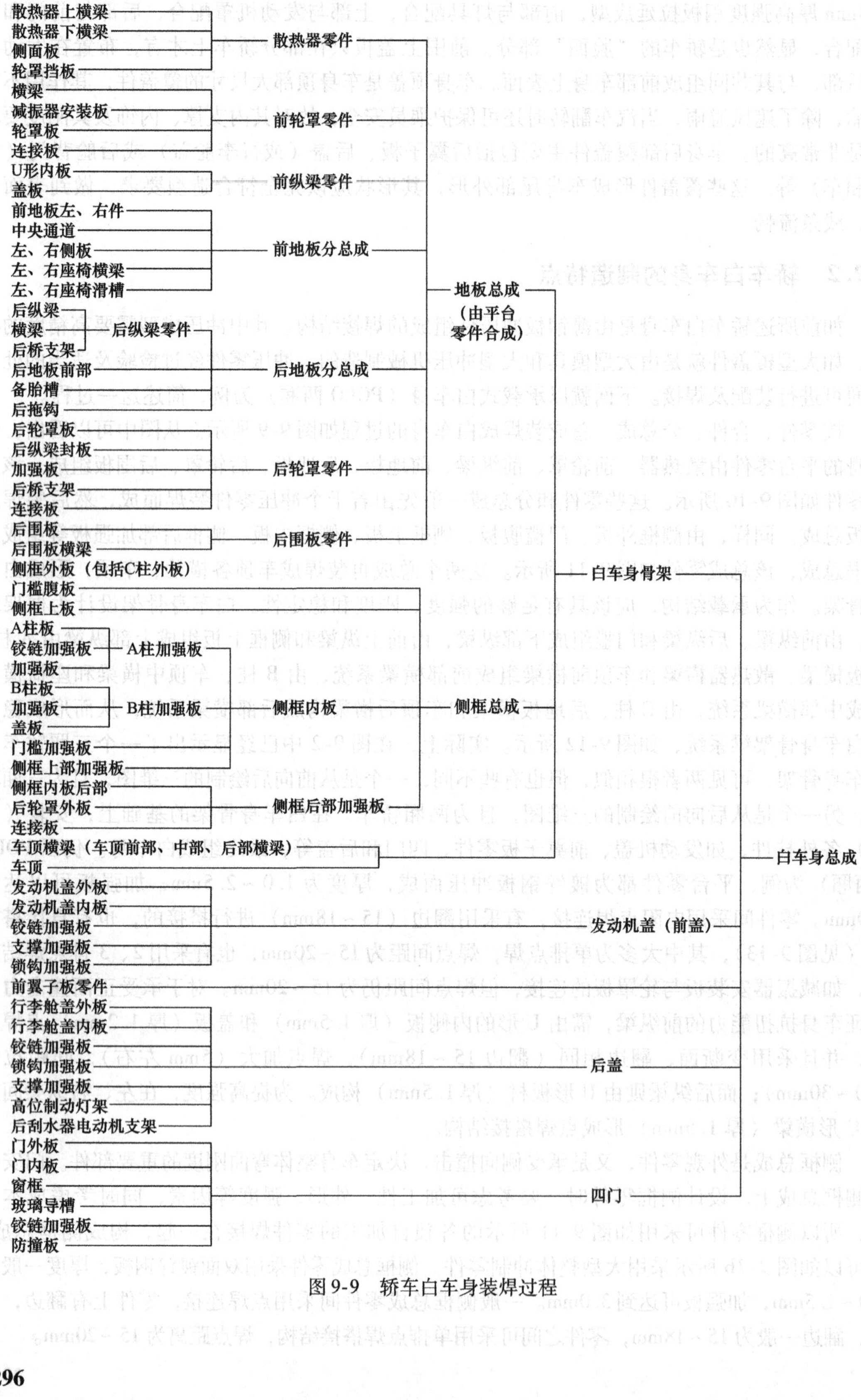

图 9-9 轿车白车身装焊过程

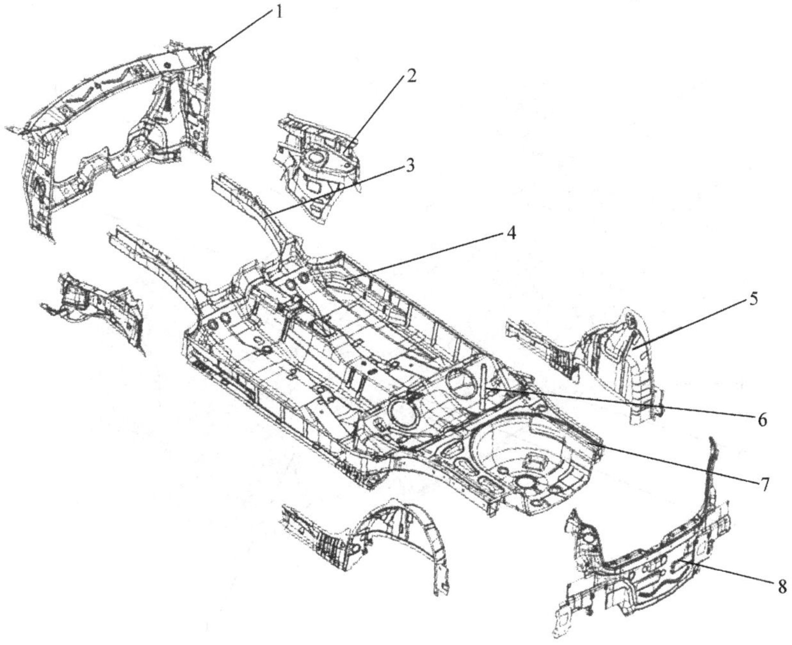

图9-10 POLO两厢轿车平台零件示意图

1—散热器 2—前轮罩 3—前纵梁 4—前地板 5—后轮罩 6—后地板 7—后纵梁 8—后围板

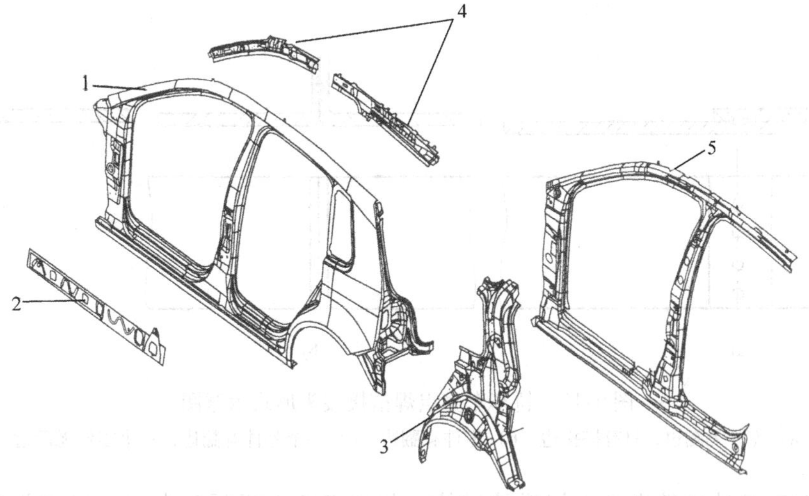

图9-11 POLO两厢轿车侧框总成零件示意图

1—侧框外板 2—门槛腹板 3—侧框后部加强板 4—侧框上板 5—侧框内板

应指出，A柱和B柱是侧撞时承受冲击力和分解冲击力的主要零件，要求有足够的强度和力分解能力，故A柱和B柱板厚为1.2mm，加强板厚为1.5mm，铰链加强板厚为3.5mm。A柱侧面板厚为1.5mm，B柱盖板厚为1.0mm。除各零件间采用搭接形式、焊点均布外，前门和后门则通过上下两个铰链安装在A柱和B柱上，以螺栓螺母的形式连接。在A柱和B柱上焊有带螺母的铰链加强板，A柱的铰链加强板以点焊连接在侧面与A柱加强板上，而B柱的铰链加肋板则与加肋板采用弧焊连接。

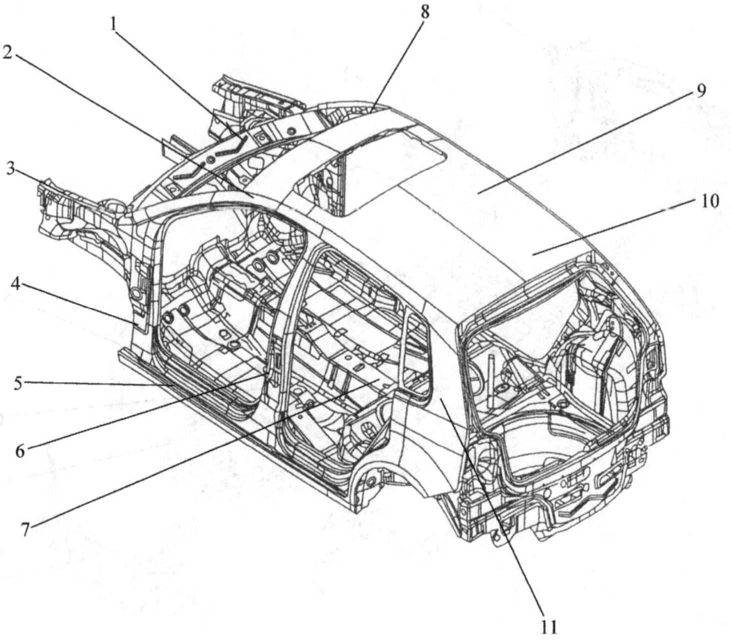

图9-12 POLO两厢轿车白车身骨架结构示意图

1—散热器横梁 2—侧框上板 3—前上纵梁 4—A柱 5—门槛 6—B柱 7—地板 8—车顶前横梁 9—车顶 10—车顶后横梁 11—C柱

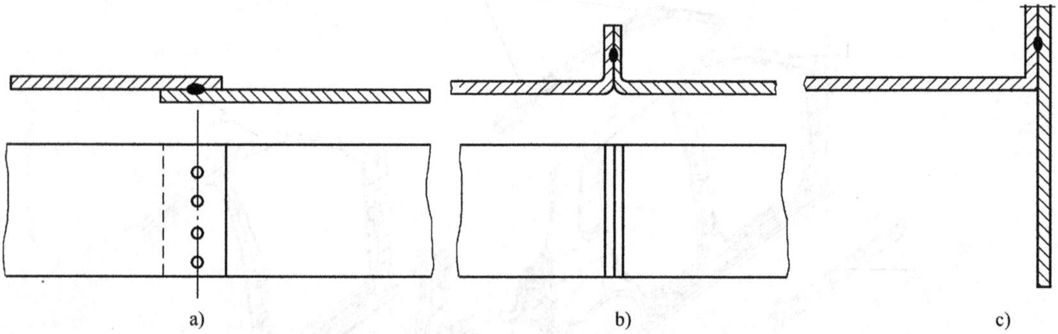

图9-13 轿车车身点焊搭接接头形式示意图

a）零件无翻边，只有搭接边 b）零件有翻边 c）一个零件有翻边，一个零件无翻边

上述的白车身外挂件也是点焊搭接结构。仍以POLO两厢车为例，门和盖是外观零件，要求防腐，所以门和盖的外板都采用双面镀锌钢板。前盖又称为发动机盖板，如图9-5所示（图中示为“发动机罩”），后盖又称为行李舱盖板。前后盖都是由前、后盖外板（板厚为0.8mm），前、后盖内板（见图9-5中注为“梁”，厚为1.0mm），铰链加肋板，前、后盖锁钩加肋板（板厚为1.2mm），以及后盖的支撑加肋板等所组成。前、后盖的内板和外板通过折边连接，采用均布点焊搭接，外部圆滑过渡、美观，并当发生碰撞时能够保护行人。门总成由门外板、门内板、窗框、玻璃导槽、铰链加肋板、防撞板等组成。同样，内板（厚为1.0mm）和外板（厚为0.8mm）通过折边连接，焊点均布，外部圆滑过渡，并当发生碰撞时能够保护行人。防撞板与内板采用点焊或弧焊连接。防撞板与外板间涂有支撑胶，窗框和

防撞板组成防撞骨架，以防止（或减小）侧面碰撞时门的变形。

以上介绍的主要是采用电阻点焊工艺加工白车身，这也是现代汽车制造业车身加工用得最多和最广泛的焊接工艺。考虑到电阻点焊的可靠性和牢固性，通常采用的是两层板的电阻点焊，尽量少用三层板的电阻点焊，如 0.8mm + 1.0mm，1.0mm + 1.0mm，1.0mm + 1.2mm，1.0mm + 1.5mm，1.0mm + 2.5mm 等，即二层板厚差小于 2.5mm，如 1.0mm + 3.5mm 则不采用。三层板的电阻点焊则采用 1.0mm + 1.5mm + 1.0mm，如厚度差大于 2mm 则不采用，如 0.8mm + 1.5mm + 3.0mm。如最厚的板厚超过 3.5mm 或 4.0mm 则采用凸焊和弧焊。另外，在某些点焊焊钳难以到达的部位，或是要求强度高的部位，如防撞板的焊接、保险杠支架的焊接，以及要求密封的部位，仍采用弧焊连接，包括塞焊、搭接焊和对焊。但因弧焊变形较大，影响车身制造精度，故尽量减少和避免采用。如果点焊困难，又不想采用弧焊，还可采用凸焊形式，在加肋板上冲出凸点，可以比较牢固地焊在车身上。装配各种总装零件的螺母就是采用凸焊焊在车身上。与其类似，为了装配各种总装零件，如线束、地毯、仪表盘、发动机、座椅前桥、后桥、油箱等，车身上采用螺栓焊焊接了很多螺栓，一部整车上有 20 多种共 300 多只螺栓，它们的长度、直径、螺纹、处理方式等都各不相同。

为提高竞争力，各国汽车制造厂商及科研部门都在积极探索和开发新工艺、新材料，从而减轻车身重量，节约能源，降低成本，提高车身整体性能，减少环境污染等。激光焊因其具有高能密度，可减小热影响区、热变形、焊缝高强度，能精确控制能量输出，方便异种金属焊接，并使焊接装置与焊件无机械接触，降低对工件的污染，因此亦得到应用。激光焊接可取代点焊和弧焊，使车型设计更为简单，不必考虑可达性问题，并且焊缝更美观，基本没有热变形，更加节约材料，缩短焊接翻边（一般点焊翻边需要 15 ~ 18mm，而激光焊只需要 10mm），车身强度和刚度更高，零件间结合更紧密。

激光焊接从 1966 年开始用于汽车工业，进入 20 世纪 80 年代后，激光焊接在汽车工业中的应用逐步形成规模，国外各大汽车生产厂商都先后把激光焊接引入汽车制造中。我国的上海大众汽车有限公司于 1999 年在上海 PASSAT 轿车的制造中首次引入了激光焊接技术。

上海大众汽车有限公司和一汽大众汽车有限公司的车身上都采用双面镀锌钢板，两层或三层板间激光焊接。板材之间的间隙必须保证 0.1 ~ 0.2mm，如果间隙过大，能量无法集中于板材，会产生板材未熔化问题，如果间隙过小，高温下产生的锌蒸气无法排出，只能通过熔池排出，会产生大量气孔。

激光钎焊采用 cusi3 填料。它能有效补偿由于高温下锌层蒸发而引起焊缝及附近区域的耐蚀性下降。激光钎焊属于高温钎焊，钎料的熔点高于 900℃，钎焊焊缝外观好。采用激光钎焊焊接车顶的轿车不需要密封饰条，而且强度和刚度高，体现了高新技术的作用。目前国产轿车采用激光钎焊焊接车顶的有奥迪、宝来、POLO 和 Touran 等。

9.3　铁路车辆焊接结构的特点

9.3.1　铁路车辆的分类

用以在铁路上运动并运输人员和货物的结构物统称为铁路车辆。由此可见，铁路车辆主要分为两大类：客车和货车。

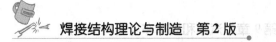

客车包括一般旅客列车，如硬座车、软座车、硬卧车、软卧车、餐车、行李车等，特殊的有公务车（组成专列）、发电车、试验车、医务车、邮政车及各种军用列车等。

货车分为专用和通用两大类，如平（板）车、敞车、棚车、冷藏车和罐车等都是属于通用货车，而专用货车有专门装运集装箱的集装箱平车（用得很多）、装运矿石等的自翻车、装运水泥的搅拌车、有盖漏斗车、敞盖漏斗车、立罐车、家畜车、专用（重大机电设备、火箭等航天装备）运输车等。

9.3.2 一般铁路车辆的组成

各种铁路车辆，无论是客车或是货车大多由以下几部分组成：车体（包括车底架、侧墙、端墙、车顶、车门和车窗等）、车钩及缓冲装置、行走部分（包括转向架、减振器、轴承与车轮）、制动装置及内部设备等。除冷藏车、保温车和特殊用途车辆外，货车大多没内部设备。

全焊结构的车辆即指车体（包括底架、侧墙、端墙、车顶、车门和车窗等）是全焊结构的。全焊的客车体如现代客车（提速客车）是整体承载（即下面提到的共同承担载荷）的，由车顶盖、侧墙、内外端墙、带车门和车窗的侧墙等预先装配及焊接好的大尺寸构件进行装配及焊接，而车底架和钢地板也焊接在一起，最后两者装配及焊接成为一个封闭的车厢。车顶盖、侧墙、端墙等大尺寸构件皆由格栅骨架及外蒙皮构成，骨架有纵（横）向杆件和立柱，如图9-14a所示。骨架由Z形冲压型材组焊而成，外蒙皮是厚度为2.5mm（1.5～4mm）的钢板。为增加外蒙皮的刚度，常将蒙皮板冲压起棱，如图9-14b所示。特别要提及的是面积较大并开有较多窗户的侧墙，它是骨架和蒙皮组焊成的平面板架钢结构，承担着部分载荷，又是车体的外露部分，外表必须美观和平整（提速客车侧墙不起棱），焊接引起波浪（翘曲）变形不仅破坏外形美观，而且降低其抗压稳定性，因此最佳的蒙皮和骨架连接是采用电阻点焊。

作为侧壁和底架共同承载的敞车也是典型的全焊钢结构车体。这个全焊车体没有顶盖，侧墙和端墙由5mm以上厚度的钢板制成的专用冷弯型钢柱（撑、梁）和同样厚度的墙板焊成，如图9-15所示。图9-15a所示为敞车侧墙结构图，它是一个桁架式侧墙。图9-15b所示为敞车端墙结构图。端墙承受车辆运行时由货物施加的纵向惯性力，为防止其受惯性力变形，端墙由角柱、端板、横带、上端缘（和侧墙的上侧梁结合）等组焊而成。后面将要提到的作为货车的一种敞车的底架较客车要稍简单，但其地板比较厚（8mm），它上面要焊接侧柱和枕柱、角柱等的补强座，使之和底架形成一整体。

槽车车体是一卧式圆筒容器。除无中梁的罐车外，槽车的底架是单独制作的，它没有中部侧梁、小横梁等，所以最简单。

车体的基础是底架，其结构如图9-16所示。图9-16a所示为客车车体的底架。它由中梁1、侧梁2、主横梁3、枕梁5、小横梁4、端梁7、过台端梁9、过台侧梁8及端梁对角撑6等组成。底架中部截面最大的并沿纵向中心线贯通的底架中梁如同“脊梁”，其作用不言而喻。除中梁外，其截面其次就是枕梁，如对货车（如敞车）而言，它和中梁正交中心安装有上心盘供往转向架上的心盘座安装。

底架上需蒙上钢地板或钉上木地板。底架的中梁由轧制工字梁或乙型钢组成，主横梁、

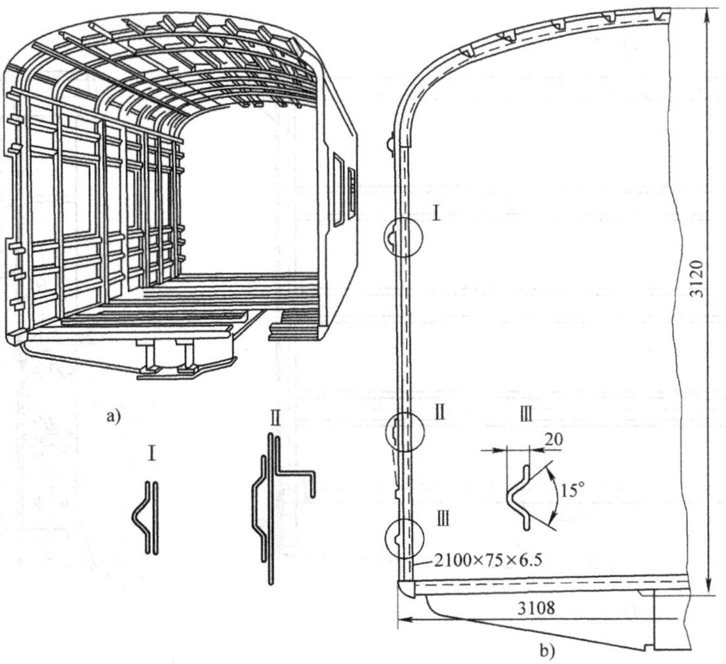

图 9-14　全焊客车车体结构示意图

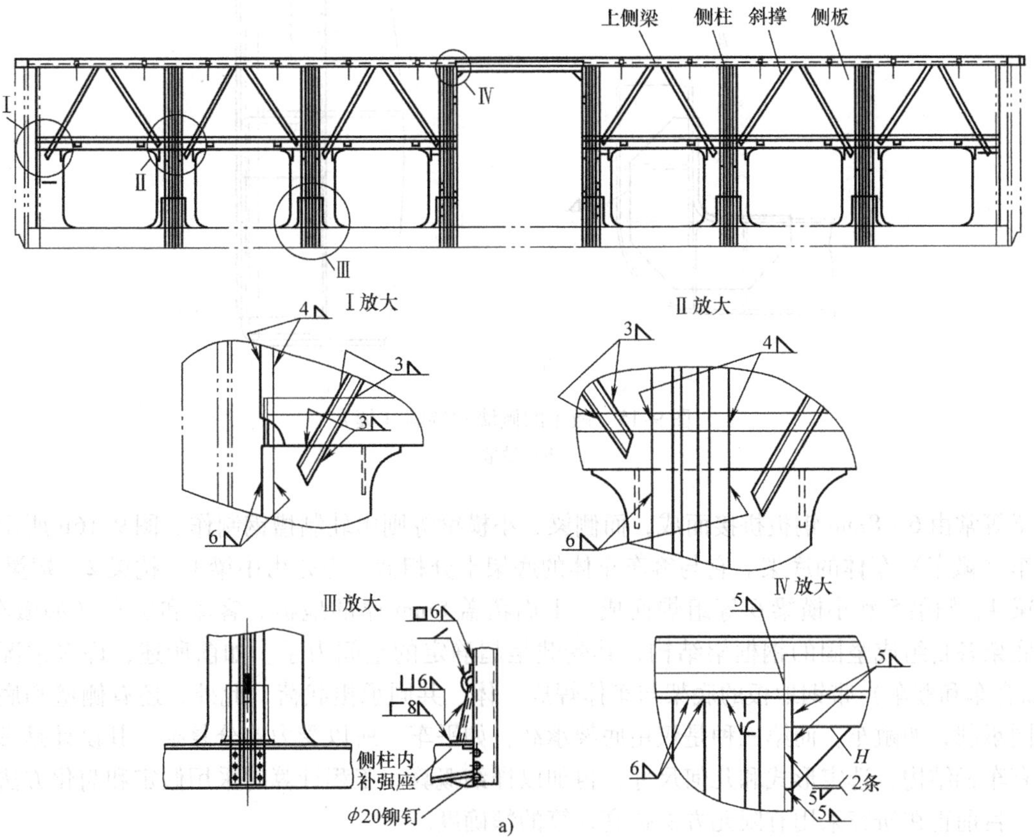

图 9-15　敞车的侧墙和端墙

a）侧墙

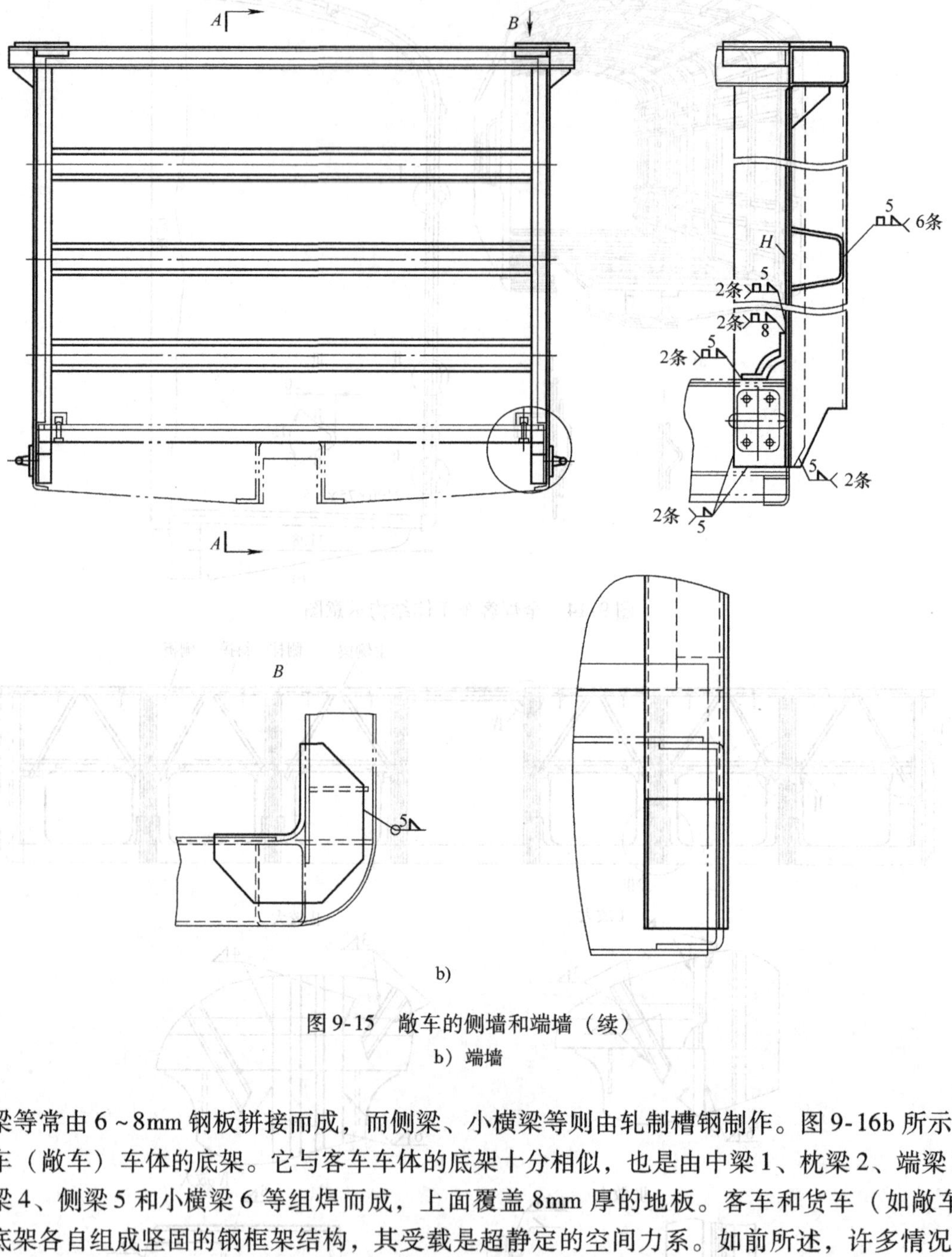

图9-15 敞车的侧墙和端墙（续）
b）端墙

枕梁等常由6～8mm钢板拼接而成，而侧梁、小横梁等则由轧制槽钢制作。图9-16b所示为货车（敞车）车体的底架。它与客车车体的底架十分相似，也是由中梁1、枕梁2、端梁3、横梁4、侧梁5和小横梁6等组焊而成，上面覆盖8mm厚的地板。客车和货车（如敞车）的底架各自组成坚固的钢框架结构，其受载是超静定的空间力系。如前所述，许多情况下（如客车和棚车）带钢地板的底架与车体焊成一体，共同承担载荷，此外，还有侧壁和底架共同承载，如敞车。而第三种是仅由底架承载，如平车，所以受力十分复杂，其设计是参考原有车辆结构，选定形式和几何尺寸，再加以详细概算。工程计算时采用假定和简化方法进行。目前正在研究采用有限元方法提高计算的精确度。

底架是车辆的基础，故在底架上装有车钩及缓冲装置、行走部分、制动装置及内部设备等，客车及某些货车上还装有各种附属设备，如给水、取暖、空调－通风、车电照明、液压

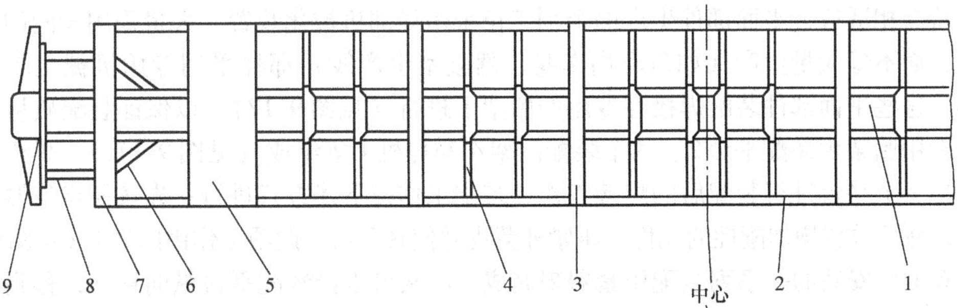

a)（地板未绘出）

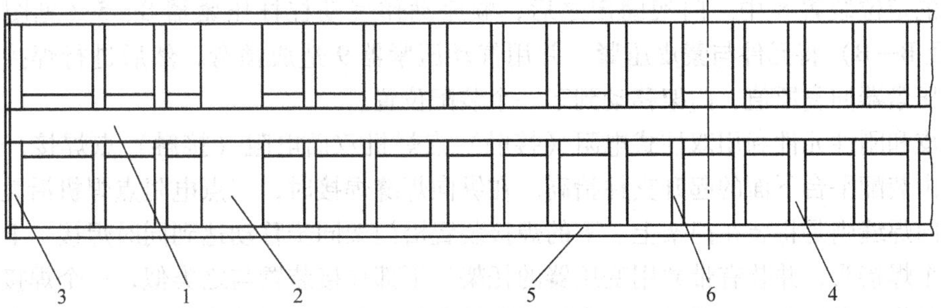

b)（地板未绘出）

图9-16　车辆底架结构

a）客车底架　b）货车底架

站等。整个底架连同上部的车体通过心盘安装在可在轨道上行驶的转向架上，故其传递列车的各种载荷。而铁路车辆作为在轨道上运行的结构物，它承受整车，包括旅客、货物、车体本身以及列车行进中的各种动载荷，如牵引载荷、制动载荷、振动载荷，故保障旅客及运输货物的安全是铁路车辆设计和制造的首要目标。

采用焊接结构的车辆钢结构已经由普通碳素结构钢的钢结构发展成采用耐候钢的全焊钢结构，部分车辆结构采用了不锈钢焊接结构，从而提高了车辆的使用寿命，延长了检修周期。采用的板材主要有耐候钢09CuPCrNi－A、Q450NQR1等，不锈钢TCS345等，高强度可焊结构钢WEL－TEN780A、DIL－LIMAX690T、HG785E等。近年来随着车辆设计轻型化的要求，个别车型采用了铝合金。

9.4　客车和动车组的焊接结构及制造特点

目前我国客车（包括提速客车和地铁）车体是全焊结构，如前介绍它由多个平面板架结构（侧墙、车顶、内外端墙等）相互组焊并与底架装配－焊接成一个整体。这些平面板架结构是由纵、横杆件组成骨架，横向杆件闭合成环，以便保持车厢的横截面形状。平面板架结构再焊接成整体结构强度高、刚性大（整体刚性大且车厢表面平整、局部稳定性高），且相对重量轻。

目前我国客车车体广泛采用粗丝半自动 CO_2 气体保护焊焊接，这与该产品为成批生产、产品多为短焊缝相适应。

客车车体分成平面部件（平面板架结构）装配焊接的。如前所述，通常分为顶盖、侧墙、内外端墙和门墙等部件，这些平面部件最好是采用点焊和缝焊连接。与其成批（小批）

生产的特点相适应，平面部件生产的个别工位采用局部机械化装置，大量采用车间的起重运输设备，而不像大量生产（如汽车白车身、驾驶室生产线）那样采用专用机械化装备和运输工具。这些平面部件装配焊接在专用的胎架上进行（见图9-17），以保证装配质量和便于焊接。专用胎架由装配平台2、两个装配门架4和焊机1等组成（见图9-17a）。焊机从一个平台到另一个平台进行装配后的焊接工作、装配工作按下述方式进行：先按照定位器铺设外蒙皮板，然后放置增加刚性的元件，压紧外蒙皮并使其预弯，此项工作由门架1（见图9-17b）的支架6上所安装的一系列装配压紧器来完成。门架可以沿装配平台纵向移动，移到设计规定的位置将其固定。固定门架时用定位气缸装置2，它将带销子的机构7插入轨道下面的工字钢中的定位装置8中。门架固定之后，顺序动作气动杠杆压紧器8、5（见图9-17b中A—A及B—B）将元件与蒙皮压紧，并用气动压紧器9造成预弯，然后进行焊接。焊接完毕，各压紧器回复原值，门架移动到下一个装配位置。

蒙皮和刚性元件利用双柱式电阻（接触）点焊机双面电阻（接触）点焊接，焊好的平面构件由装配平台下面的起升支柱抬高。在纵向焊缝焊接时，三点电阻点焊机沿轨道纵向移动；横向焊缝则是将装在门架上、下的焊接装置沿门架同步移动达到同时焊接。上部焊接装置有三个焊接头，并装有带共用变压器的托架，下部焊接装置与之类似，三个焊接头中同时有两个工作。无论沿纵向或横向，依据点焊缝布置，每两个焊接头轮流工作。焊完工件，起升支柱下降，焊机通过。

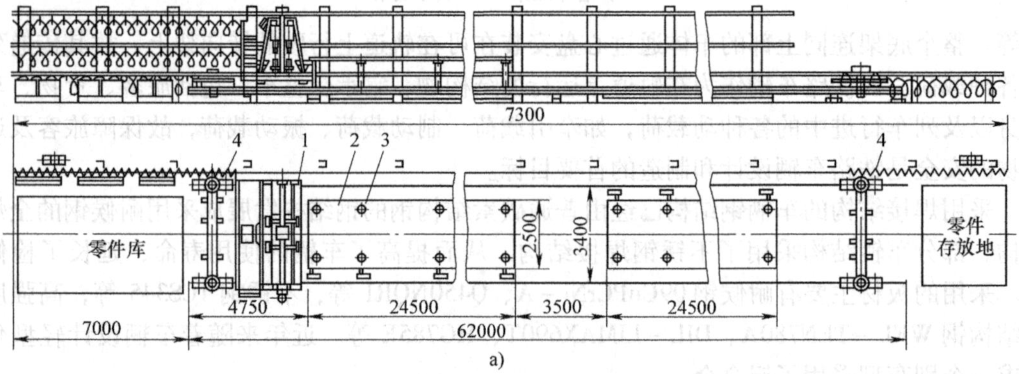

a)

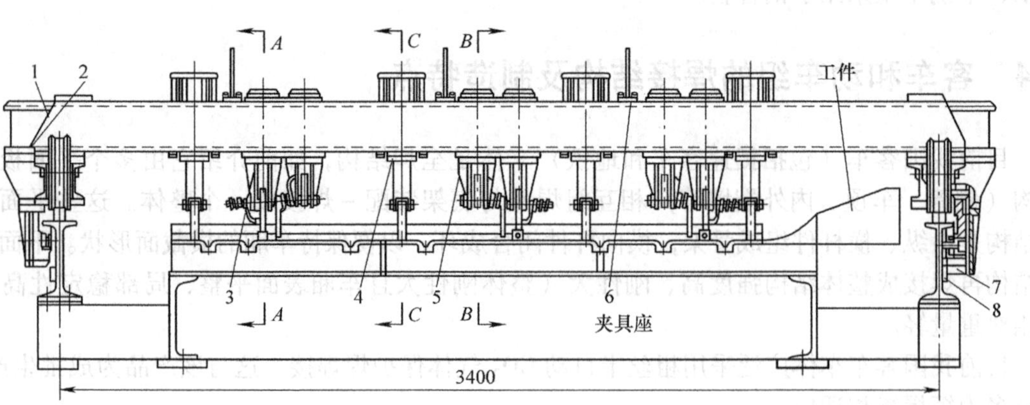

b)

图9-17 机械化装配-焊接客车平面（平板）构件的装置

与平面构件不同，顶盖是槽形并带有Z形截面刚性元件的构件，也可在流水线上生产。其蒙皮的拼接是在弧形装配台上进行的，按定位器位置先放置中部板，再放置两边弧形板，其搭接直焊缝是在铜垫板上用带气动压紧器的门架压紧之后，由电弧焊接完成。在弧形装配台上，完成四种不同结构形式的顶盖装配和焊接。弧形顶盖安装在弧形铜排上，由气动压紧器压紧，铺放了蒙皮之后，将其用单面电阻焊（成对电极）焊上刚性骨架。焊机安装在弧形门架上，按定位销确定门架的位置之后，顺序焊接。并且顶盖部件的装配焊接可互不干扰同时进行。

9.5 铁路货车焊接结构的设计与制造

图9-15所示为敞车的侧墙和端墙结构，敞车是铁路通用货车的一种，该图所示是C70型敞车，它借鉴了C62A、C62B、C64敞车的侧壁承载结构形式，并是铁道车辆的主型车辆。

这里以C62A型金属敞车全焊结构的车体和底架为典型，介绍其装配焊接工艺过程。

9.5.1 敞车车底架的结构特点与焊接生产

相对于侧墙和端墙，敞车的底架要复杂得多，如图9-15b所示，这由底架的结构和其技术条件所决定。底架的技术条件与由焊缝位置（决定于结构条件）不对称所引起的变形产生了矛盾，必须采用适当的工艺措施才能满足要求。

底架的结构如图9-16b所示，是一带蒙皮即地板的框架（图中未示出地板），由中梁1、端梁8、小横梁6、枕梁2、横梁4、侧梁5、前后从板座、上心盘等以及冲击座、上旁承、脚蹬、绳栓、左右侧门搭扣、副风缸与降压气室吊架等底架零附件（图中未能示出）装配焊接而成，装配焊接好的底架框架上铺设地板。

中梁是底架的脊柱，传递全部牵引力，冲击力和将底架上承受的全部垂直载荷通过上心盘传给转向架。中梁结构如图9-18所示，由图可见，中梁由两根Z型钢和隔板、下盖板和中间垫板等连接而成。中梁以中心线对称，全长为12486mm，两心盘中心距为（8700±7）mm。技术条件规定了前后从板座距离差，不平行度（这是安装挂钩及缓冲装置所必需的）及其对下平面的不垂直度（两者都不大于1mm），特别要求中梁有25～30mm的上挠，全长旁弯不大于6mm，每米不大于2mm等。

枕梁结构如图9-19所示，它由两腹板和枕梁隔板组成，共有四件，左右对称。图9-19中示出了枕梁和中梁、侧梁的连接及小肋板的位置。

横梁和枕梁结构类似，但为单腹板。

端梁由钢板冲压成Γ形，再焊上盖板，形成F截面而成。

其余零件由槽钢、钢板冲压件和铸钢件组成。

最后组装成底架框架，上面装配焊接地板。焊完地板后，底架应有适当上挠，至少应为平面。此外，还有长度、对角线、旁弯等偏差要求。

地板及钢板冲压件采用耐候钢09MnCuPTi，其他型材为Q235钢，少量零件采用铸钢ZG15，ZG25制造。

工艺分析表明：由于底架左右对称，可以预计为保证侧梁旁弯（全长不大于6mm，每

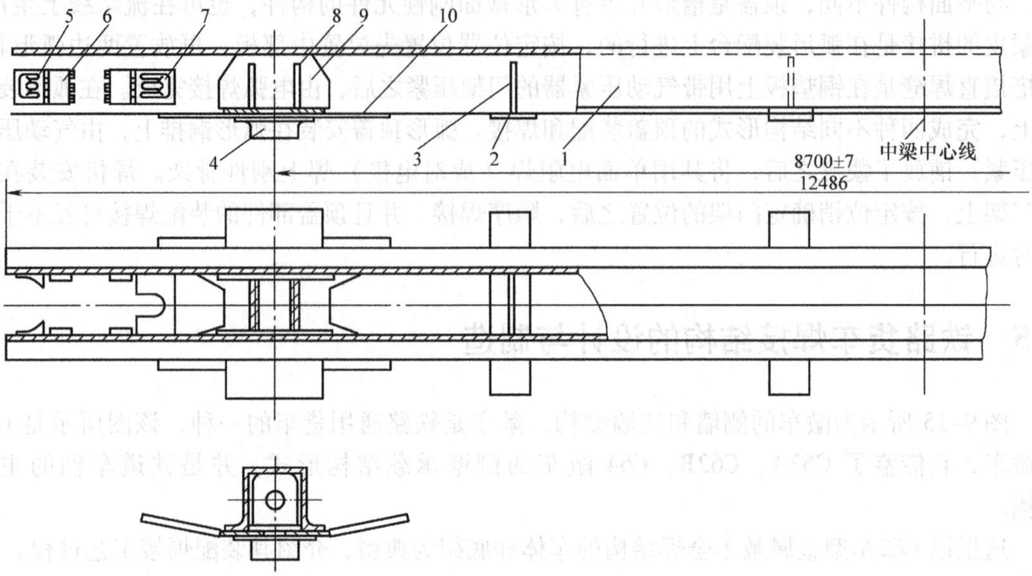

图 9-18 底架中梁

1—中梁Z型钢 2—横梁下盖板（中） 3—（横梁处）隔板 4—上心盘 5—前从板座 6—中间垫板 7—后从板座 8—（枕梁处）隔板 9—补强板 10—（枕梁处）下盖板

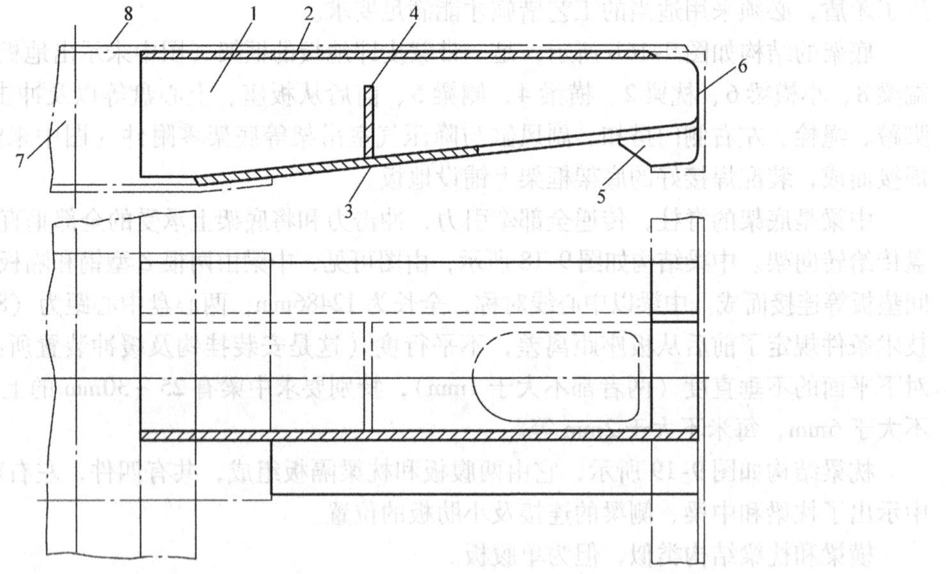

图 9-19 枕梁结构和中梁、侧梁的连接

1—腹板 2—上盖板 3—下盖板 4—枕梁隔板 5—小肋板 6—侧梁 7—中梁 8—地板

米旁弯不大于3mm），对角线偏差（≤10mm）、同一横断面中梁与侧梁的高低差（不大于6mm）、中梁应高于侧梁等要求，当采用合适的夹具进行装配时，焊接后达到这些要求困难不大。但要保证地板平直（不允许有下挠），却因底架有大量焊缝在中心线以上而有很大困难，必须采用控制变形的措施。如采用分部件的装配焊接工艺，大量采用夹具并加以反变

形，在部件及总装配焊接过程中都进行这样的控制，才能获得满意的产品。

底架生产分为端梁、横梁、枕梁、侧梁、中梁等部件生产线及总装生产线。这些部件除中梁外都很简单，但为满足大批生产敞车的要求，端梁、枕梁和横梁各有一条生产联动线，并最后与中梁生产线汇合，制成敞车底架。图9-20所示为底架的装配－焊接系统图。

由图9-20可见，中梁生产按以下步骤进行：中梁Z型钢调直下料，Z型钢装配，Z型钢之间内纵缝的焊接、装配各种零件（心盘座和从板座等），焊接、钻孔和铆接、最后焊接外纵缝、隔板和其他先行工序未能完成的焊缝。上述有关中梁的形状尺寸要求，特别是上挠的要求应特别注意。由于在中梁部件生产时，Z型钢对接纵缝处于中梁的上部，焊接变形将造成中梁下挠。故需在装焊夹具及机械装置帮助下才能达到上挠的要求。

中梁的装配在专用的装配夹具上进行。夹具可保证两Z型钢的距离，对口处的间隙、错边，以及两Z型钢翼板的水平度。内纵缝的焊接在另一个焊接夹具中进行。焊接夹具中的液压装置使中梁在施行埋弧焊前有60～70mm上挠反变形。装配枕梁下盖板、心盘座、隔板等零件也是在专用夹具上进行的，以保证各零件间的位置准确。两上心盘的位置公差（中心距为8700mm±7mm）及平行度要求是比较严格的，故采用液压升降装配夹具装配上心盘。为提高钻孔效率，采用14台单机组成的多头钻，加工出116个孔。采用油压铆接心盘座和从板座，使有较高效率和较低噪声。焊接隔板等零件是在双柱式焊接翻转机上进行的，将各焊缝转到方便位置施焊，并由夹具保证中梁有20～25mm反变形。底架生产线共采用了外纵缝焊接、隔板焊接、上心盘装配、心盘座焊接、零件装配、内纵缝焊接、Z型钢装配等近10个翻转机和带有装配夹具的固定装置。

底架总装配焊接按以下步骤进行：

① 在底架装配夹具上装配并点定焊各梁零件。大型装配夹具多为气动夹具，它们保证底架有30mm上挠、全长12500mm±5mm、全宽2900mm±2mm，对角线差小于8～12mm，侧梁旁弯小于6mm。

② 用CO_2气体保护半自动焊焊接各梁及其附件相互连接的正面平焊缝和立焊缝。

③ 在专门夹具上采用液压压紧及推撑装置装配地板，可保证装配好的底架有50～60mm上挠度，并使地板与各梁贴合紧密。

④ 在CO_2气体保护专用自动焊机上焊接地板正面焊缝。

⑤ 在底架焊接大型翻转机上，装配各零件并焊接底架反面所有焊缝。

⑥ 检查装配焊接质量，送敞车总装配。

9.5.2 敞车墙体的结构特点与焊接生产

敞车是由墙体和底架共同承载的货车结构。其结构如图9-15所示，虽然图中所示为C70型敞车，但C62A与其类似。它同样有两扇侧墙和两扇端墙。侧墙有310个零件，焊缝总长约为241m，端墙有95个零件，焊缝总长约为78m。全部焊缝都采用CO_2半自动气体保护焊，全部焊缝按所选择焊丝直径采用统一的焊接参数。

侧墙和端墙全部由冲压的非标准型钢和钢板拼焊而成。例如端墙由角柱和端墙壁（端板）搭接而成。它是一个片状结构，两面都有搭接角焊缝。为使端板有足够的刚度，端墙布置有起加强肋作用的横带。原设计横带为冲压件，后用槽钢代用，C70敞车采用冷弯新型帽型钢作为横带。端墙上部还有上端缘，有用槽钢焊接的篷布护铁。而C70采用140mm×

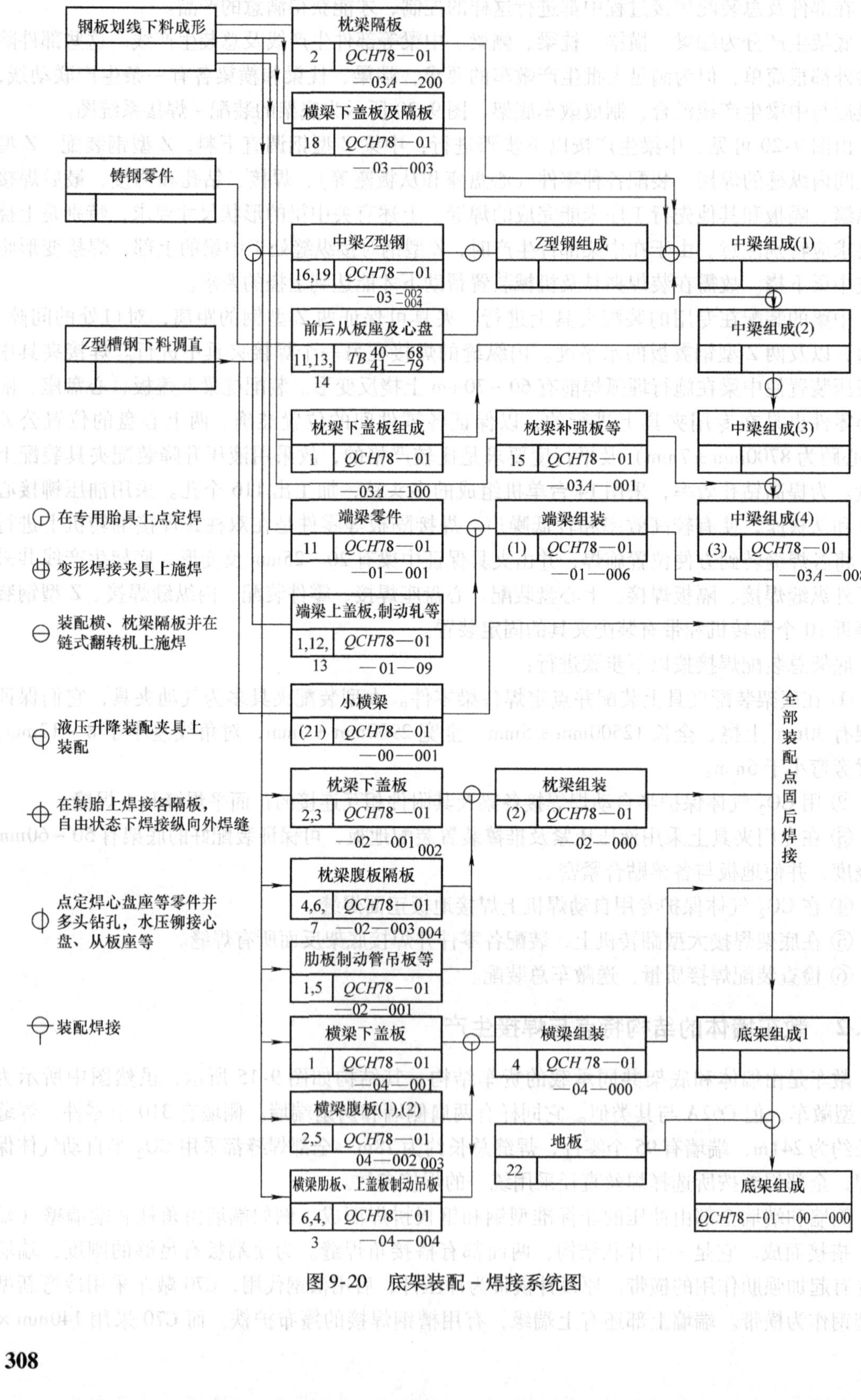

图9-20 底架装配－焊接系统图

100mm×4mm的冷弯矩形钢管作上端缘。端墙尺寸要求严格，其两角柱内侧横向尺寸为2900mm±2mm。

侧墙构造较复杂。它采用了桁架式结构，由侧柱、横柱（与底架横梁相对应）、枕柱（与底架枕梁相对应）、门柱等钢板冲压型钢、若干加肋板、斜撑角钢，侧柱连铁（槽钢）、上侧梁（槽钢）、上侧板等组成。侧墙焊成后，通过端墙角柱与端墙相连，底部通过侧柱内补强座、枕柱内补强座等与底架相连。

为了保证焊件的尺寸精度，提高装配焊接效率和施焊质量，采用专门的带有定位器、压紧器的双柱式装配焊接翻转机，一次将零件全部装配和定位焊，然后翻转，使焊缝转到合适的位置进行焊接（大部分焊缝采用下行焊接）。

装配－焊接完成的侧墙、端墙并往带有金属地板（8mm厚）的底架上装配－焊接，然后以此为基础装配车钩及缓冲装置，将整车坐在转向架上，就成为敞车成品车。

第10章 复合结构及焊接机器件的生产

10.1 复合结构及焊接机器件的结构

10.1.1 复合结构及其优越性

采用各种不同的工艺过程，如铸造、锻造、冲压及轧制型材、制成各种金属毛坯，期间或最后采用焊接方法连接而成的结构，叫作复合结构。

由于复合结构对不同工作条件和不同承载要求的部位不同，可分别采用不同工艺方法和金属毛坯制造，这既充分满足了结构使用条件的要求，充分利用了材料的性能，又减少加工裕量，节约贵重金属。复合结构改善了结构制造条件，使整铸、整锻十分困难的结构化整为零，使毛坯制造变得容易，减少缺陷产生的危险，保证质量优良，并使整个产品制造周期大为缩短。

基础建设和装备制造业需要的新型重型机器结构（如大型锻压机床、大型水轮发电机，高压锅炉及容器，冶金设备等）在已有生产条件下采用整铸、整锻件来制造十分困难；在非工业化的发展中国家要采用这种需要有强大的工业基础才能实现的制造工艺，有些是不可能的。例如20世纪70年代在天津工业基础条件下，欲制造6000t（59000kN）自由锻造水压机，当时天津的铸锻能力是不可能完成其主要件的铸（其中一件重215t，当时不具备如此重大铸钢件的铸造能力）、锻（如该水压机立柱直径为745mm，长为16375mm，需6000t锻造水压机才能整锻出来）加工的，而采用复合工艺就顺利完成了该项产品的制造任务。20世纪60年代初我国制造的1.2万t自由锻造水压机、7.25万kW水轮机主轴、1200mm薄板轧机机架以及大型水轮机转轮等也都是采用复合工艺制造的。

采用复合工艺制造的汽车传动轴和后桥如图10-1所示，桥盒3与法兰盘1、轴肩法兰4、轴套5都是用不同材料制造的，是充分利用不同材料性能并节约贵重金属的典型例子，还有各种复合工艺制造的金属工具。

上述7.25万kW水轮机主轴采用复合工艺制造，可作为复合结构节约钢材的典型例子。原工艺需用104t钢锭，经自由锻造成60t重的毛坯，这样有近一半钢材变成氧化皮和料头，毛坯再加工成工件重仅30.6t，即有20多吨钢料变为切屑，总共损失近70t。如果采用铸钢法兰盘（12t）和锻造轴（24t），经粗加工后，组装焊接。焊后精加工成件重24t。即损失12t左右钢材，这仅是整锻方式的1/6。

复合结构的设计应慎重选择结构材料和焊前加工工艺，以保证复合结构满足各项工作性能要求，选择适当的结构形式（包括合理分部件和零件，合理布置焊缝，以及选择先进的焊接工艺方法），以保证复合结构有良好工艺性（劳动量小、易机械化和自动化），并且有

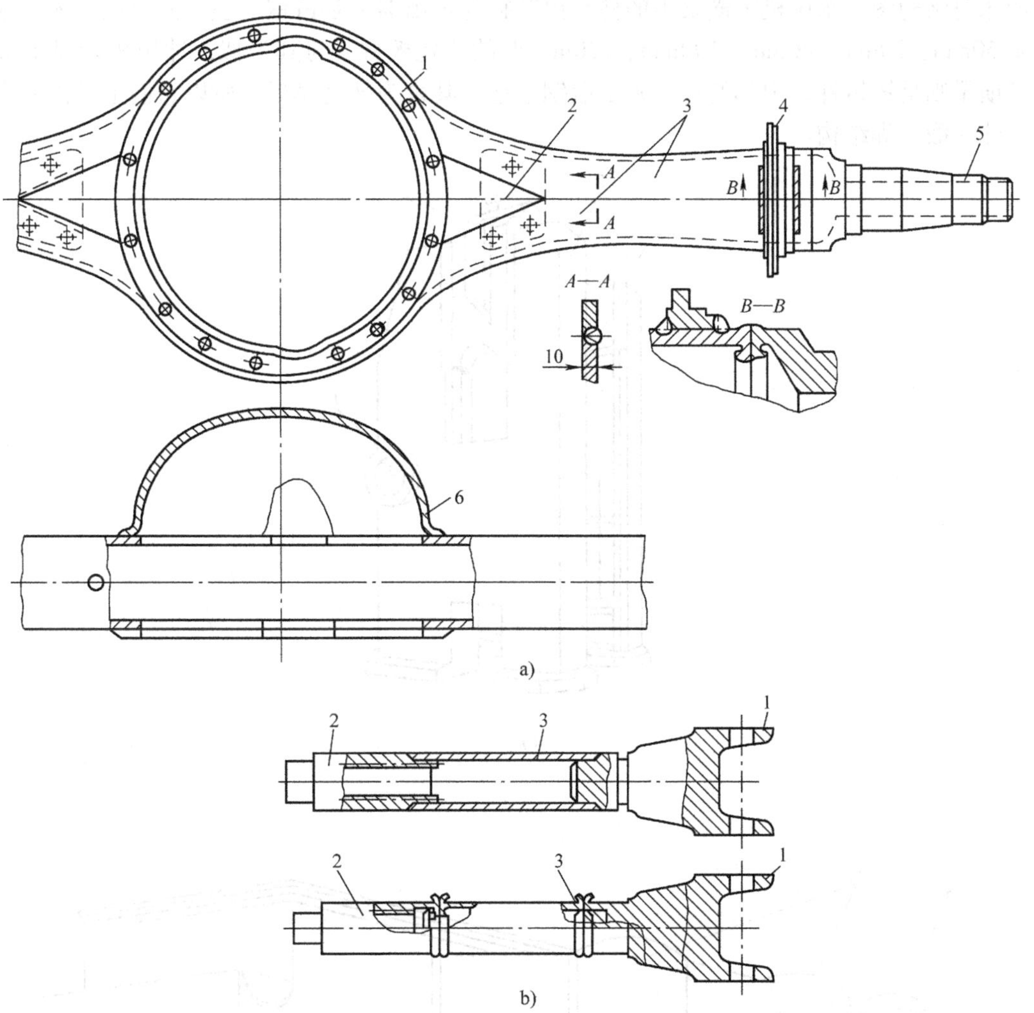

图 10-1　复合工艺制造的汽车传动轴和后桥
a) 后桥　b) 传动轴

高的产品质量，发挥用小型设备加工大型机器的特点。

复合结构按其制造工艺可分为：铸－焊、锻－焊、铸－锻－焊、铸－轧制－焊、锻－轧制－焊等结构，按其材料可分为轧材（冲压及锻钢）－铸钢结构、堆焊复合结构等。

10.1.2　复合结构及焊接机器件的特点

焊接机器件大多数为复合结构，故复合结构的特点和设计注意问题同样适用于焊接机器件。

由轧制材料焊接制造的机器件应用十分普遍，如各种机器的基座、大型卷扬机的鼓筒、大型齿轮、巨型减速器的箱体、大型轴类零件、冲（锻）压机的床身等。桥式起重机的小车架及类似的机器框架即由轧制（型材）拼焊而成。许多巨型机器的基础－床身主要由轧制（型材）、铸件和锻件（作部分）零件经焊接而成，如图 10-2 所示为铸－轧－焊锻压机床的床身结构图。水压机下横梁中的柱套提升缸与顶出器座是铸钢毛坯，而组成梁体的板材则是50mm、70mm、80mm、100mm、120mm厚的热轧板材。与其类似，冲压机床身上部的巨型横梁则是铸钢件，中部的管子则是锻钢毛坯，其余为轧制厚板，所以它们也是铸-焊和铸-轧-锻-焊结构。

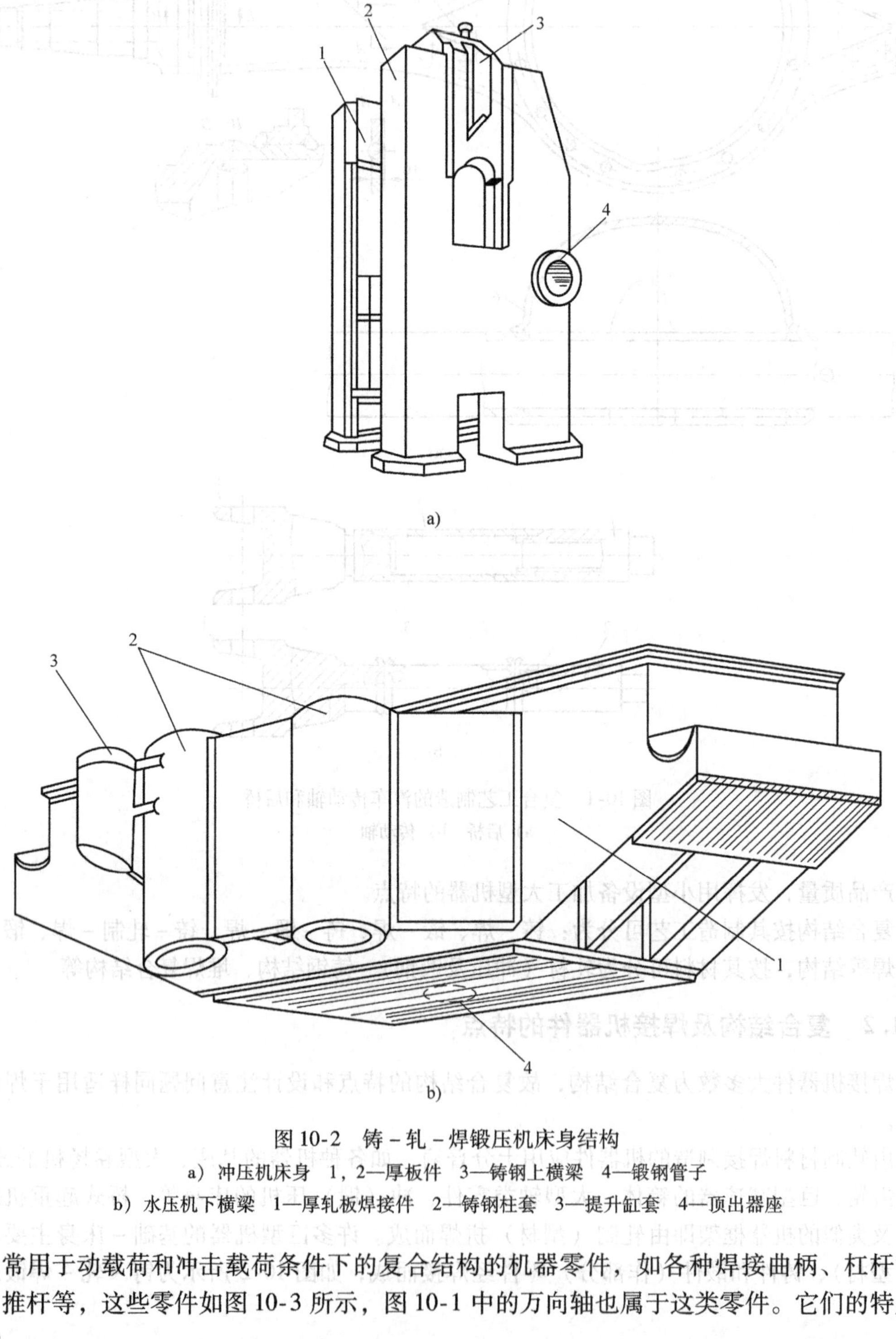

图10-2　铸-轧-焊锻压机床身结构

a）冲压机床身　1，2—厚板件　3—铸钢上横梁　4—锻钢管子

b）水压机下横梁　1—厚轧板焊接件　2—铸钢柱套　3—提升缸套　4—顶出器座

常用于动载荷和冲击载荷条件下的复合结构的机器零件，如各种焊接曲柄、杠杆、拉杆、推杆等，这些零件如图10-3所示，图10-1中的万向轴也属于这类零件。它们的特点是

大都由锻件焊接而成，和巨型复合结构（如机器的床身、大型锻压机床的梁）不同，它尺寸不大而需要量大，通常成批大量生产。与使用要求和生产特点相适应，多为冲压或模锻的毛坯与轧制的板材、型材（如钢管采用高效的 CO_2 气体保护焊、埋弧焊、电阻焊或摩擦焊等方法制成），并且常常组成自动流水线生产。除一部分焊后精加工，要求尺寸精度较高和需改善组织性能的零件需要进行焊后热处理外，有许多是不经过热处理的。

巨型复合结构的机器床身、锻造水压机的梁，系由厚大铸钢（锻钢）件毛坯、特厚的轧材拼焊而成，它们的大多数焊缝是采用电渣焊、窄间隙焊和埋弧焊等熔焊方法完成的，焊接边缘开 X、K、双 U 或直边（电渣焊、窄间隙焊）坡口并且熔透，如图 10-4 所示，其中有电渣焊接头，当有圆筒和直板焊接时，可采用图 10-4g 所示形式的电渣焊接头。如果是铸钢毛坯，改为图 10-4f 所示的形式，在筒体上铸出接头焊接的凸台，使焊缝避开了应力集中处。有时限于尺寸，也可布置成如图 10-4h 所示的形式，部分载荷由肩或凸台、类似榫及销子的结构承担，结合部应经过机加工，配合紧密。

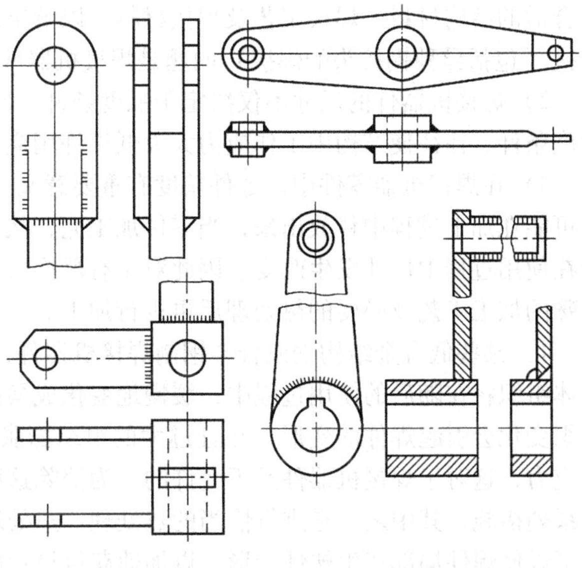

图 10-3 焊接的推杆、拉杆和曲柄

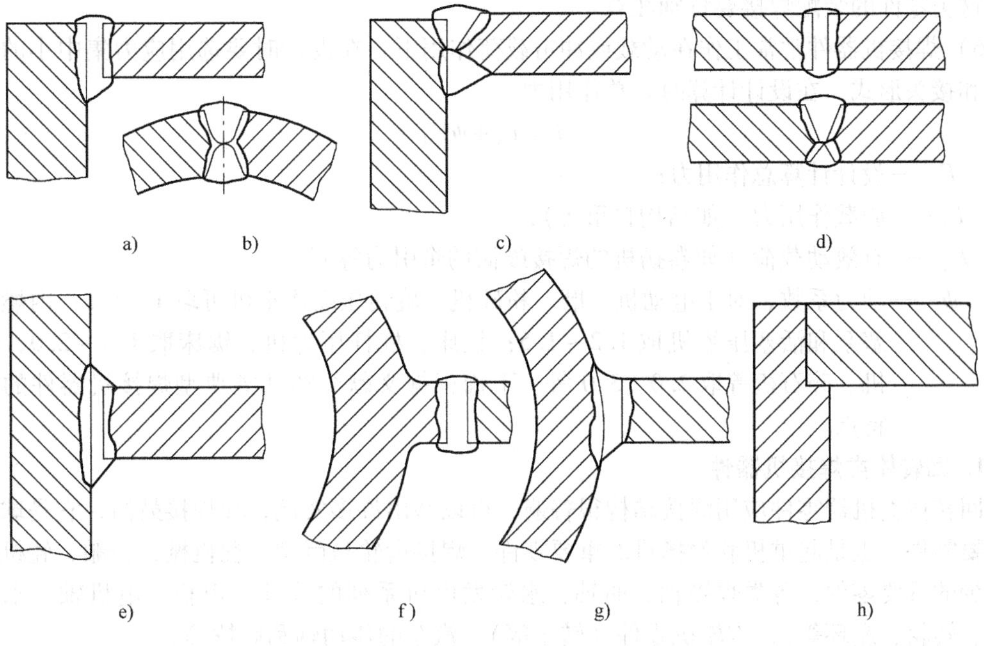

a) b) c) d) e) f) g) h)

图 10-4 大厚度复合结构的焊接接头

10.1.3 某些复合结构焊接机器件的设计

进行焊接机器件的设计，应该考虑以下问题：

1）焊接机器件所用材料比一般焊接结构所用材料种类多，不仅采用低碳钢、普通低合金结构钢，而且还采用不同热处理状态下的合金钢，以满足焊接机器件的各种要求。因此选择合适的结构材料、焊接工艺及焊接材料，以解决复杂的合金钢、铸钢及低合金结构钢等的焊接（包括异种钢接头的焊接）问题是焊接机器件设计首先要考虑的问题。

2）焊接机器件的尺寸不仅决定于强度条件，而且取决于刚度条件。许多场合下满足了刚度条件，往往使结构中工作应力大大低于许用应力。

3）在焊接机器零件中，零件精度有重要意义。而焊接结构中存在焊接残余应力，该应力可能在加工过程中释放出来，当零件加工完，从夹具中取出时，形状尺寸发生变化，也可能在使用过程中尺寸发生改变。因此对于有严格尺寸要求的焊接机器件，通常需在焊后采取特殊的加工工艺及必要的热处理后再进行加工。

4）某些低合金结构钢或合金钢制焊接机器件，焊后产生过冷奥氏体组织，这种过冷奥氏体组织将在随后的使用过程中，缓慢地变化成马氏体。这种在焊缝金属及近缝区中发生的组织变化会引起焊件的变形，并且过大的组织膨胀（奥氏体转变为马氏体）会引起很大的拉应力，这对于焊接机器件是不允许的。为消除这种有害的现象，需对上述焊接机器件采取一系列措施，其中之一是进行恰当的热处理。热处理不仅可以降低或消除焊接残余应力，而且可以使焊件局部产生塑性变形，以加速获得稳定的金相组织，从而获得稳定的构件尺寸和性能。

5）某些焊接机器件采取先加工后装配焊接的办法制造，并且焊完后不再进行机加工，因此这类零件的装配焊接要特别注意。

6）焊接机器件常常工作在动载或冲击载荷作用下，在设计时要选用应力集中小的结构形式和接头形式。在设计计算时，总作用力

$$F = F_j + \psi F_d \tag{10-1}$$

式中 F——设计计算总作用力；

F_j——静载作用力（如结构自重等）；

F_d——有效动载荷（如卷扬机的焊接鼓筒的牵引力等）；

ψ——动力系数，对于电动机、磨、粉碎机、旋转压缩透平机可取1~1.1；内燃机活塞泵和活塞压缩机取1.2~1.5；拉床、杠杆压力机、锯床取1.5~2.0，锻压机、碎石机等取2.0~3.0等。下面根据文献介绍几类典型焊接机器件的设计特点。

1. 回转体类焊接机器件

回转体类机器零件应用焊接结构很普遍，可以举出许多实例，如焊接鼓筒，它是球磨机的主要零件，也是起重机和卷扬机的重要零件；焊接齿轮是巨型工程机械、船舶、轧机中不可缺少的重要零件，各类焊接轴、曲轴，水轮发电机系列的零件（电机、电机轴、水轮机主轴、转轮、座环等），汽轮机零件（转子等）；汽车的传动轴和后桥等。

图10-5所示为焊接鼓筒的结构示例。焊接鼓筒的轴可以连通成一体，也可以分开。小直径的鼓筒可以铸成，用作起重卷扬的鼓筒时，鼓筒表面加工了钢丝绳缠绕的沟槽，在钢丝

绳的压力下，鼓筒可能失稳破坏。此时钢板卷制的鼓筒内部可以设置肋板，少数情况下焊接鼓筒由型钢骨架外蒙钢板构成。鼓筒的底（两端）板和鼓筒的焊缝是主要受力焊缝，可以采用图10-5d～f的接头形式。挖掘机用巨型鼓筒，如图10-5j所示，其两端为铸钢法兰盘，中部由厚钢板卷焊而成，焊缝采用电渣焊完成。

如钢丝绳拉力为P，在筒体中产生压缩载荷为N（见图10-5g），该力作用在宽为d，厚为s的截面上（见图10-5中h），产生压缩应力为

$$\sigma = P/ds \tag{10-2}$$

按弹性理论，鼓筒发生失稳的临界压力q_{cr}，可表示为（见图10-5中i）

$$q_{cr} = \frac{3EJ}{R^3} \tag{10-3}$$

式中 E——弹性模量；

J——单位截面对截面重心轴的惯性矩，$J = \frac{1}{12}ds^3$；

R——筒体外半径。

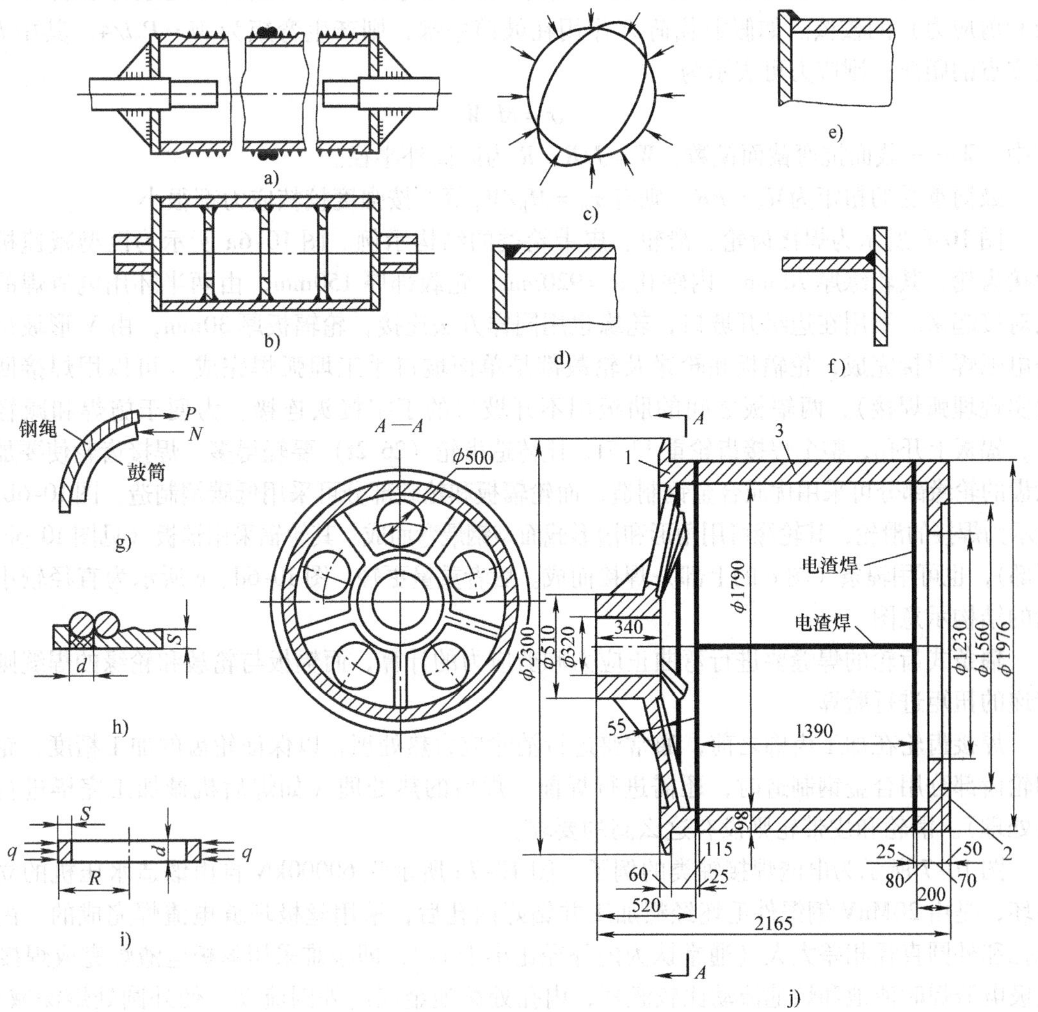

图10-5 焊接鼓筒

q_{cr}相当于鼓筒筒体承受的外压力，圆柱形筒体直径为$2R$，则筒体承受的周向力N（见图10-5g）为

$$N = q_{cr}R = P_{cr}$$

将上式代入式（10-3）则有

$$\frac{P_{cr}}{R} = \frac{3Eds^3}{12R^3}$$

即临界拉力P_{cr}为

$$P_{cr} = \frac{Eds^3}{4R^2} \tag{10-4}$$

考虑到2倍安全系数，则容许作用的拉力为

$$P = \frac{Eds^3}{8R^2} \tag{10-5}$$

通常应使计算拉力$P_j < 0.5P_{cr}$，否则鼓筒内部应设置加强肋。

除按鼓筒体压缩稳定计算壁厚之外，鼓筒还应按弯曲力矩及扭转力矩进行强度（正应力和剪应力）的校核。如假定载荷P作用在鼓筒中部，则产生弯矩为$M = Pl/4$。其中l是两支点的距离，则应力可表示为

$$\sigma = M/W$$

式中　W——截面抗弯截面模数，$W = J/R$，R为鼓筒外半径。

鼓筒承受的扭矩为$M_h = PR$，则有$\tau_h = M_h/W_h$等。按强度校核应力都很小。

图10-6所示为焊接齿轮、滑轮、皮带轮类的结构示例。图10-6a所示为巨型减速机的焊接齿轮，其轮缘厚70mm，内轴孔$d = 920$mm；轮毂部厚150mm，由两半环用电渣焊的方法对接起来。不用在边缘开坡口，轮缘也用同样方法连接，轮辐板厚30mm，由V形坡口焊条电弧焊对接完成，轮辐板和轮缘及轮毂都是单面坡口手工埋弧焊完成（可以用焊接回转台实现埋弧焊接），两辐板之间的肋板用不开坡口的丁字接头连接。为便于施焊和减轻重量，辐板上开孔，整个焊接齿轮重13.7t，比铸造齿轮（26.2t）要轻得多。焊接齿轮使要加工轮齿的轮缘部分可采用优质合金钢制造，而轮辐板和轮毂部分可采用低碳钢制造。图10-6b，c所示为焊接的滑轮，其轮缘可用角形和槽形截面型钢煨弯而成。其轮辐采用辐板（见图10-6b、c下部），也可用辐条（图c的上部）焊接而成。后者重量更轻。图10-6d、e所示为直径较小齿轮的结构示意图。

辐条式齿轮的焊缝要进行弯曲正应力和剪应力的计算，而辐板与轮毂和轮缘的焊缝则按传递的扭矩进行验算。

焊接齿轮在加工齿廓之前，通常要进行消除应力热处理，以保证轮齿的加工精度，轮缘和轮齿部分用合金钢制造时，还需进行焊前、焊后的热处理（如焊后机械加工完毕进行调质处理）。滑轮和皮带轮则没有这么高的要求。

图10-7所示为电渣焊接轴类的例子，图10-7a所示为60000kN自由锻造水压机的立柱毛坯，是由20MnV钢锻件毛坯经粗加工并钻好内孔后，采用丝极环缝电渣焊完成的。由于内孔和外圆直径相差太大（通常认为内外径比小于1/4，即很难采用丝极电渣焊完成焊接），丝极电渣焊时渣池和熔池流动比较激烈，内孔处熔池金属向外圆流动，使外圆处熔深减小，可能造成未焊透，电渣焊有很大困难。这类零件比较合理的是由矩形（正方形）断面熔嘴

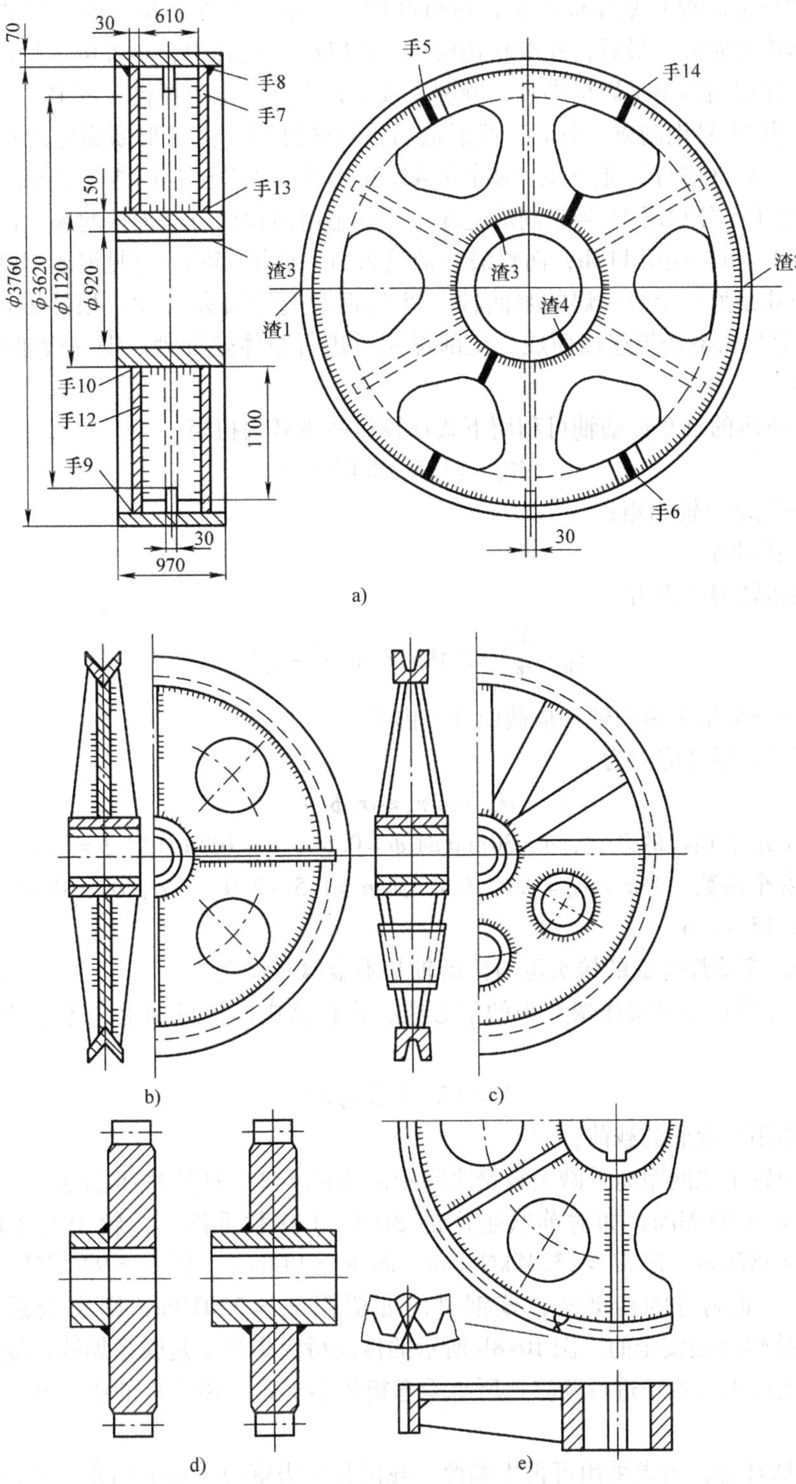

图 10-6　焊接的齿轮、滑轮等的结构

a）图中代号：手—焊条电弧焊（V 形对接）；渣—电渣焊（Ⅱ形对接）

电渣焊（或丝极电渣焊）来完成焊接，再打孔较好。由于工件太长，因而打孔困难，不能用矩形截面焊接来完成。最后，在成功地解决了 ϕ177mm 内孔中，布置可重复使用的环形水冷却铜滑块，并正确调整了焊接参数，顺利完成了该立柱的电渣焊接。图 10-7b 所示为矿井起重机的轴，由 45 号钢制成，分为三段锻造后进行热处理，由矩形断面电渣焊后，再一次热处理。该轴毛坯（锻件）重 53t，轴净重 41.9t。图 c 是水压泵的焊接曲轴，轴头 1、2，拐柄 3、4 和轴颈 5 分别用 45 号钢制成毛坯，用接触电渣焊的方法焊接起来。由于采用电渣焊接，全轴重 1.15t，耗用 112h，而整锻曲轴重 2.5t，消耗 158h。可见锻改焊既节约钢材又降低成本。图 d 是另一个锻－焊的泵曲轴，35 号钢锻造的轴头 1、2，根部轴颈 3，曲柄轴颈 4，曲拐 5 等均由电渣焊连接而成。全部焊完后进行整体热处理。锻－焊轴重 4.22t，而整锻轴重 9.8t。

图 10-1b 所示的汽车传动轴可利用下式计算可能承载的扭矩

$$M_h=(1.5\sim2.0)M_F i \tag{10-6}$$

式中 M_F——发动机输出矩；

i——传动比。

故焊缝承受的扭转剪应力为

$$\tau_h=\frac{M_h}{W_h}=2M_h r_1/[\pi(r_1^4-r_2^4)] \tag{10-7}$$

式中 r_1、r_2——分别为传动轴环形截面外、内半径。

按第三强度理论的折合应力为

$$\sigma_{zh}=2\tau_h\leqslant\sigma_s\phi/n \tag{10-8}$$

式中 ϕ——决定于轴径的系数，$d=30$mm 时 $\phi=0.85$，$d=100$mm 时 $\phi=0.76$；

n——安全系数，当$\sigma_s/\sigma_b=0.6\sim0.85$ 则 $n=1.5\sim2.0$；当$\sigma_s/\sigma_b=0.45\sim0.6$ 则 $n=1.15\sim1.6$。

实践表明，摩擦焊焊成的接头可与传动轴基本金属等强度。

汽车的前（后）桥可看作架起来的空心梁，在板簧中心的截面上，考虑冲击作用的弯矩为

$$M=(2\sim2.5)QB' \tag{10-9}$$

式中 Q——作用于轮胎的载荷；

B'——两轮子之间距离 L 减去板簧之间距离 B 的 1/2，如图 10-8 所示。

设计应力 $\sigma=100$MPa，如对苏联生产的 ЗИЛ－130 载重汽车，轮子上作用载荷 $Q=34.75$kN，$B'=387$mm，则 $M=13.45$kN·m，而 $W=144\text{cm}^3$，则 $\sigma=93.2$MPa。例如采用 17MnSi（17ГС）钢制造的传动桥，该钢材的屈服限$\sigma_s=320$MPa，则安全系数 $n=320/93.2\approx3.43$，故焊缝是安全的。图 10-8b 所示的传动桥纵焊缝 1 是联系焊缝，故需验算的是焊缝 2，可按上述承受弯矩进行验算，所承受弯矩将小于式（10-9）的值。该焊缝采用摩擦焊来完成。

为改善地球环境，力求采用可再生能源，我国是水力资源丰富的国家，建设水电站，要求提供水力发电设备，尤其是大型成套设备。而水力发电设备的核心，是其主机：水轮机、水轮发电机、水轮机主轴、座环、水轮机蜗壳等。上述水力发电设备制造业生产的各个巨型装备，大多为回转体。这些各式各样回转工件中，绝大多数采用复合焊接结构，其中最典型

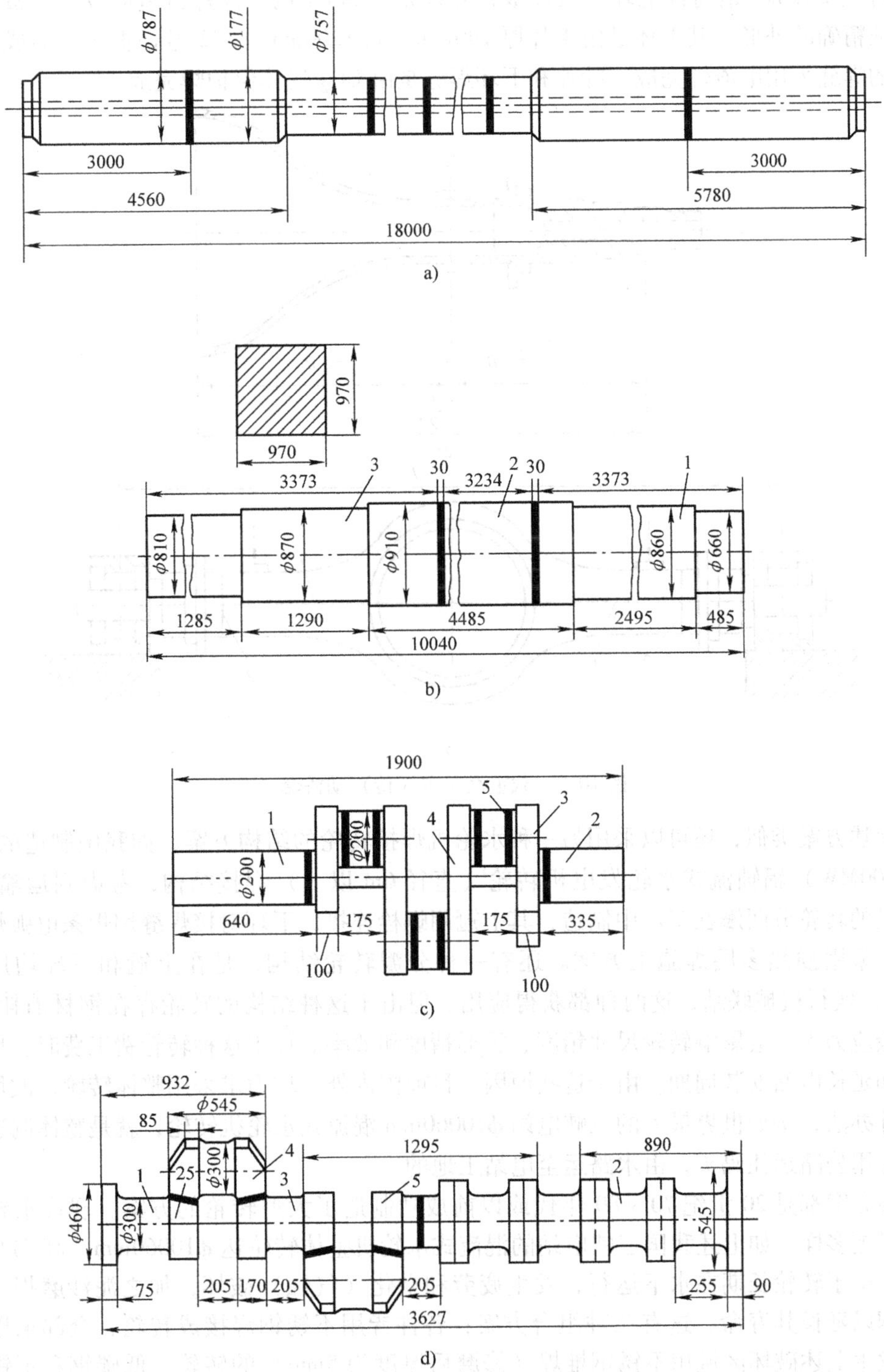

图 10-7　电渣焊完成的轴类零件

的是水轮机转轮，无论其尺寸之大、制造之复杂都具有代表性。图 10-9 所示为直径 8m 以上，由上冠 1、叶片 2 和下环 3 所组成的辐轴流式（混流式）水轮机转轮。上冠由 2 块

500mm 厚的 20MnSi 钢铸件毛坯焊接而成，叶片是 20MnSi 钢一片片铸造而成，比整体铸造易于保证精确的外形。其下环是由 4 片厚 190mm，高 1200mm 的 22 号钢板拼焊而成。叶片和上冠的焊缝采用电渣焊完成，叶片和下环焊缝是由 CO_2 气体保护焊完成。

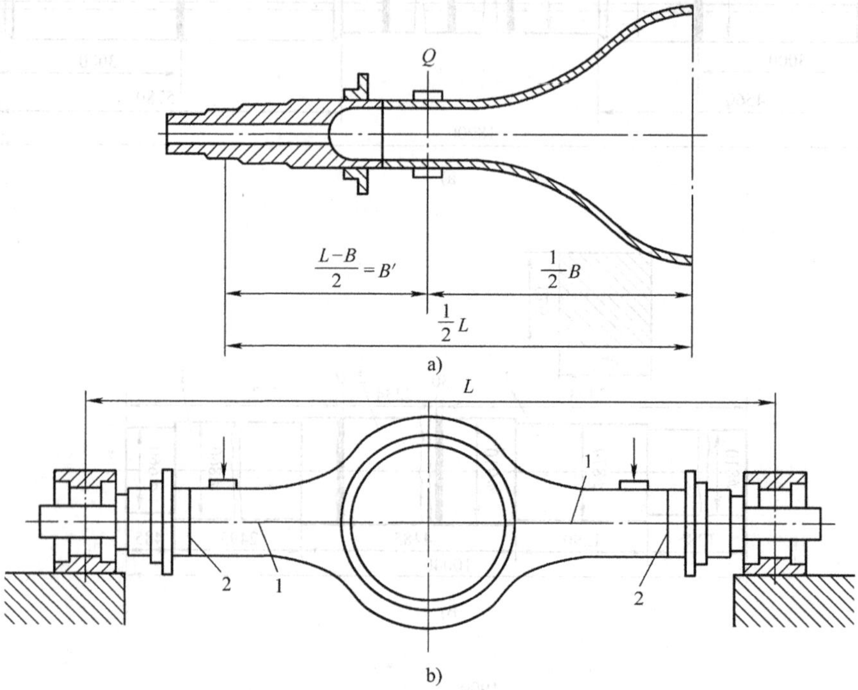

图 10-8 载重汽车主（传）动桥套

与上述方案类似，还可以采用另一种水轮机焊接转轮的结构方案，如我国制造的 30 万千瓦（300MW）辐轴流式水轮发电机转轮（直径 6m 以上）焊接结构，考虑到运输界限，将水轮机的转轮分两瓣在工厂中制造，其上冠用螺栓连接，下环对接焊缝用焊条电弧焊在工地完成，采用预热多层焊施工方案。还有一种分瓣转轮结构，是在上冠和下环均用螺栓（或卡栓）实行机械联结，这两种都获得应用。但由于这种结构的转轮存在钢材消耗量大，焊接残余应力大，会影响转轮尺寸精度、翼形精度和效率。加工这种转轮费工费时，增加制造成本和延长电站安装周期。由于这些原因，目前国内外，均力求采用整体转轮，改用改善运输条件办法，例如世界最大的三峡电站 ϕ10060mm 混流式水轮机转轮，就是整体制造，大件专车专用公路运往码头，由水路运至电站工地的。

上述方案都是 20 世纪 70 ~ 80 年代或以前成功制造了大型转轮的方案。现代水轮机更大，材料更多样。如上述我国三峡电站的混流式水轮机整体转轮达 ϕ10060mm，高 5110mm，重 445t。由于转轮长期在水下运行，发生疲劳和空化（气蚀）破坏，加之泥沙磨损，常采用不锈钢以延长其寿命。这有三种组合方案：各件皆用不锈钢焊接成转轮、全部采用低碳钢，易发生上述破坏区域用不锈钢堆焊（修磨后厚度为 5mm）的转轮、低碳钢和不锈钢制相应零件，实行异种钢焊接成转轮。国内外常用不锈钢为低碳高强马氏体不锈钢（如 0Cr13Ni4 ~ 5Mo—ASTM A743M/CA6NM、0Cr16Ni5Mo）铸钢与（ASTM A240、UNSS145、00Cr13Ni5Mo）钢板；低碳钢为 σ_s280MPa 左右的铸钢和钢板（如 20SiMn、22g）等相当 ASTM A643GrA、SC46；ASTM A516 -70、SM -41 SM50 等。

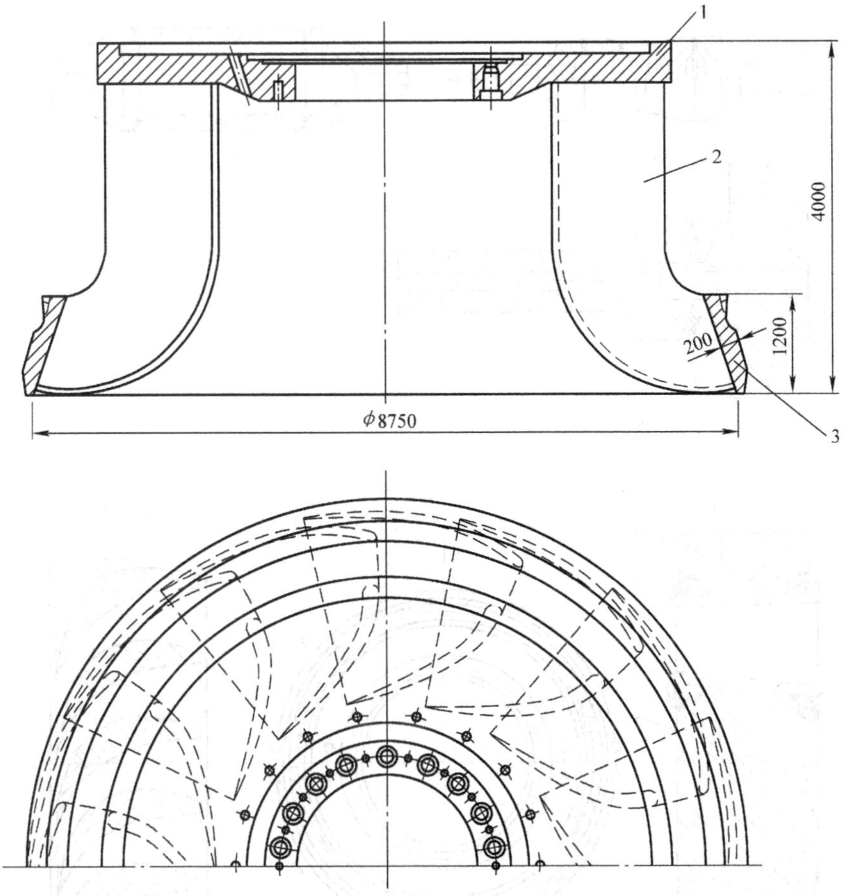

图10-9　辐轴流（混流）式水轮机转轮结构图

1—上冠　2—叶片　3—下环

焊接汽轮机叶轮工作条件也很恶劣，通常工作在550℃的高温和蒸气压力达24MPa下（如目前电网主力的300MW和600MW汽轮机其蒸汽温度为538℃、压力为16.64MPa）。因此这类结构材料选择很重要，低碳钢件只能用于工作温度 $T_g \leqslant 400$℃条件下，$T_g > 400$℃时，则需采用铬钼钢、铬钒钢及奥氏体铬镍钢（12Cr18Ni10Ti），后者是一种热强钢，其焊接性很好。燃气轮机壳本体受热达800℃高温，燃烧时达到1000～1050℃，通常由20X23H18和XH78T合金（苏联标准）制造。为确保安全可靠，材料进行了重熔（如电渣重熔和真空电弧炉重熔）。电弧焊接，焊丝成分接近于基本金属。焊接结构由轧制材料，个别情况下由高温回火材料制成。采用铸造毛坯的焊接结构总是要经过热处理。大多用对接接头只有载荷很小的情况下才允许采用搭接接头。

典型的焊接汽轮机（燃气轮机）主机件有本体（如汽缸、阀门、轴承箱等）焊接叶片隔板及焊接转轮等。辅机部分有低压加热器等，它是按GB 150二类压力容器制造和管理的。图10-10所示为几种焊接汽轮机主机件。有焊接转轮：圆盘类型的（见图10-10a）、鼓筒类型（见图10-10b）和焊上半轴（见图10-10c）的；图10-10d所示为带叶片的围带式隔板，焊接隔板由外缘（环）1，上部和下部箍（围）带2、4，隔板体6及导向叶片3所组成。其制造精度要求很高，叶片间距允差为±0.15mm。通常叶片安装在箍（围）带上凹深2～3mm的槽中，用角焊缝将它们焊在一起，如图10-10e所示。

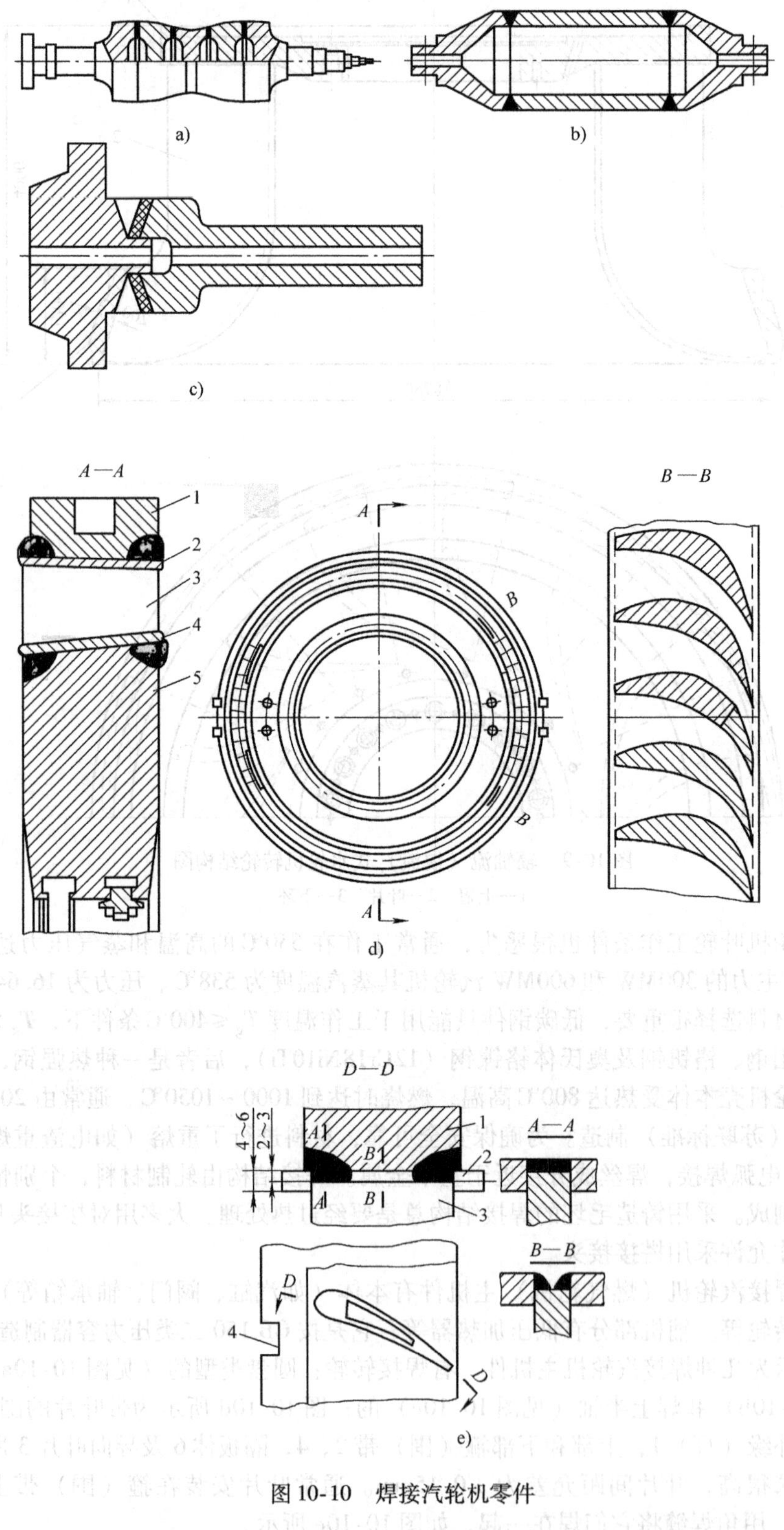

图 10-10　焊接汽轮机零件

焊接汽轮机零件的安全系数 $n=\sigma_s/\sigma_g$ 一般随工件不同而异。圆筒及壳本体 $n=1.65$；焊接转轮 $n=2.30$，焊接隔板 $n=1.65$；叶片 $n=1.25$。焊接转轮的设计可分成内盘、筒体和外盘三个部分，承受的是离心载荷，每部分处在平衡条件下，按各部分之间位移相等（工作时变形）的条件，由静不定方程决定工作应力。

2. 焊接箱、梁体类机器件的结构特点

这类焊接结构的典型例子是减速机壳（齿轮箱）。这类箱体过去多采用铸造结构，铸造箱体比焊接箱体的金属用量几乎大两倍。在大型、单件生产条件下，采用焊接减速器箱体，更具有优越性。

焊接减速器箱体传递由传动轴通过轴承传来的支承力，该支承力大小可由减速器传递的功率计算出的齿轮切向力决定，在蜗轮减速器中还有轴向力。将减速箱壁作为简支梁，绘制其剪力和弯矩图，从而进行强度和刚度的计算。为了防止箱壁发生失稳破坏，可采取多种形式加强肋。为承受蜗轮减速器的轴向力，有的设计了双层壁。

大型锻造机器及大型机床的床身、机架和横梁是这些重型机械的基础件。如图 10-11 所示是 40000kN 冲压机床身（机架）和 60000kN 自由锻造水压机的下横梁的结构示意图。

由图 10-11a 可见冲压机床身外形尺寸为：6355mm × 3200mm × 3600mm，由各不相同的多种类型电渣焊缝和一些 V 形坡口的焊缝连接而成。锻造水压机的下横梁的尺寸为：9820mm × 8300mm × 3000mm，如图 10-11b 所示，它主要由厚 50mm、70mm、80mm、100mm 和 120mm 的热轧 Q235 钢板与 ZG230（20 世纪 70 年代的 ZG15 号）铸钢铸成的 4 个柱套，2 个提升缸套和 1 个顶出器座采用电渣焊焊接而成，大部分为对接电渣焊，采用Ⅱ形坡口，角形和 T 形接头，极少用埋弧焊。

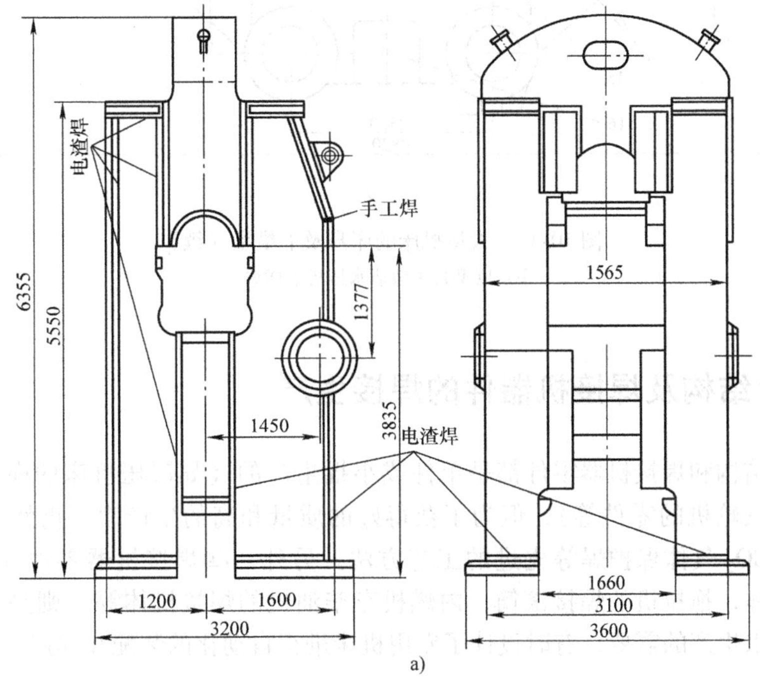

图 10-11　大型机床的床身及下横梁

a）模锻冲压机床床身

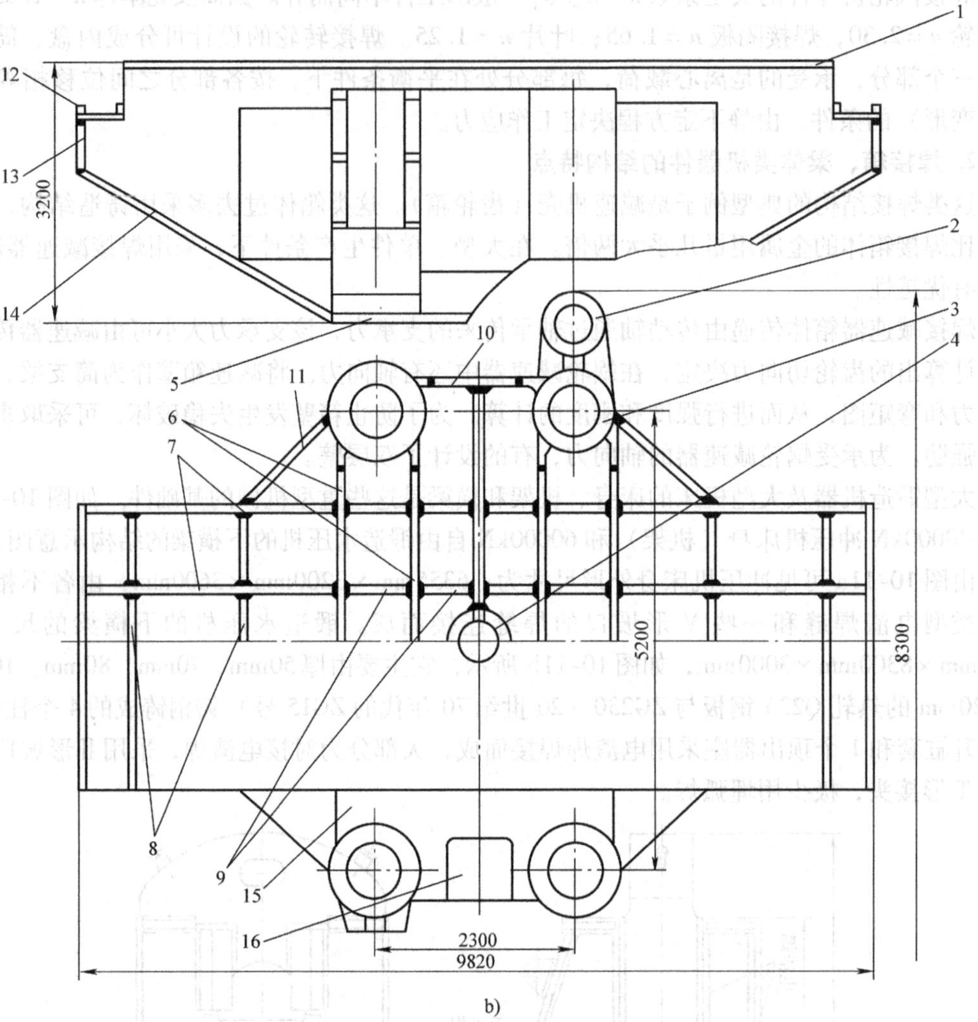

图 10-11 大型机床的床身及下横梁（续）

b）巨型自由锻造水压机下横梁

10.2 复合结构及焊接机器件的焊接生产

许多复合结构和焊接机器零件都是单件或小批生产的（如锻压机床的横梁、床身，水轮机的转轮，汽轮机的零件等），但为了获得好的质量和高的生产率，仍然大量采用电渣焊、埋弧焊、CO_2 气体保护焊等先进的工艺方法。另外一些焊接机器零件（如汽车零件、传动轴、桥壳体，拖拉机的焊接滚筒，内燃机车柴油机的焊接机体等）则是大量或大批生产的，由于流水生产的需要，有时设计了专用机床进行自动化的装配和焊接。

10.2.1 水轮机转轮的焊接生产

图 10-9 所示辐轴流式水轮机转轮的焊接，在 20 世纪 80～90 年代如图 10-12 所示。两

片上冠经加工后，进行电渣焊接，只要能将上冠转至使焊缝处在垂直位置，焊接是没有任何困难的，用此方法上冠铸造毛坯经加工后－外圈未加工－装配，并使之处于垂直位置以便电渣焊，为补偿上下收缩不均匀，对接装配时上部间隙为 50 ~54mm，而下部为 25 ~ 27mm。焊后经过高温回火处理，并继而进行机加工，内表面进行最终的加工，其余仍留有余量。但现在由于铸造技术的进步，已足以整铸出像三峡巨型转轮的 ϕ8340mm，重 115t 的上冠，所以无需采用本处介绍的铸－焊上冠了，但对于低碳钢和低合金钢制上冠，要对整个过流面进行不锈钢（00Cr23Ni13）钢带埋弧堆焊和 ϕ4 焊条电弧堆焊，使堆敷厚度达 5mm。

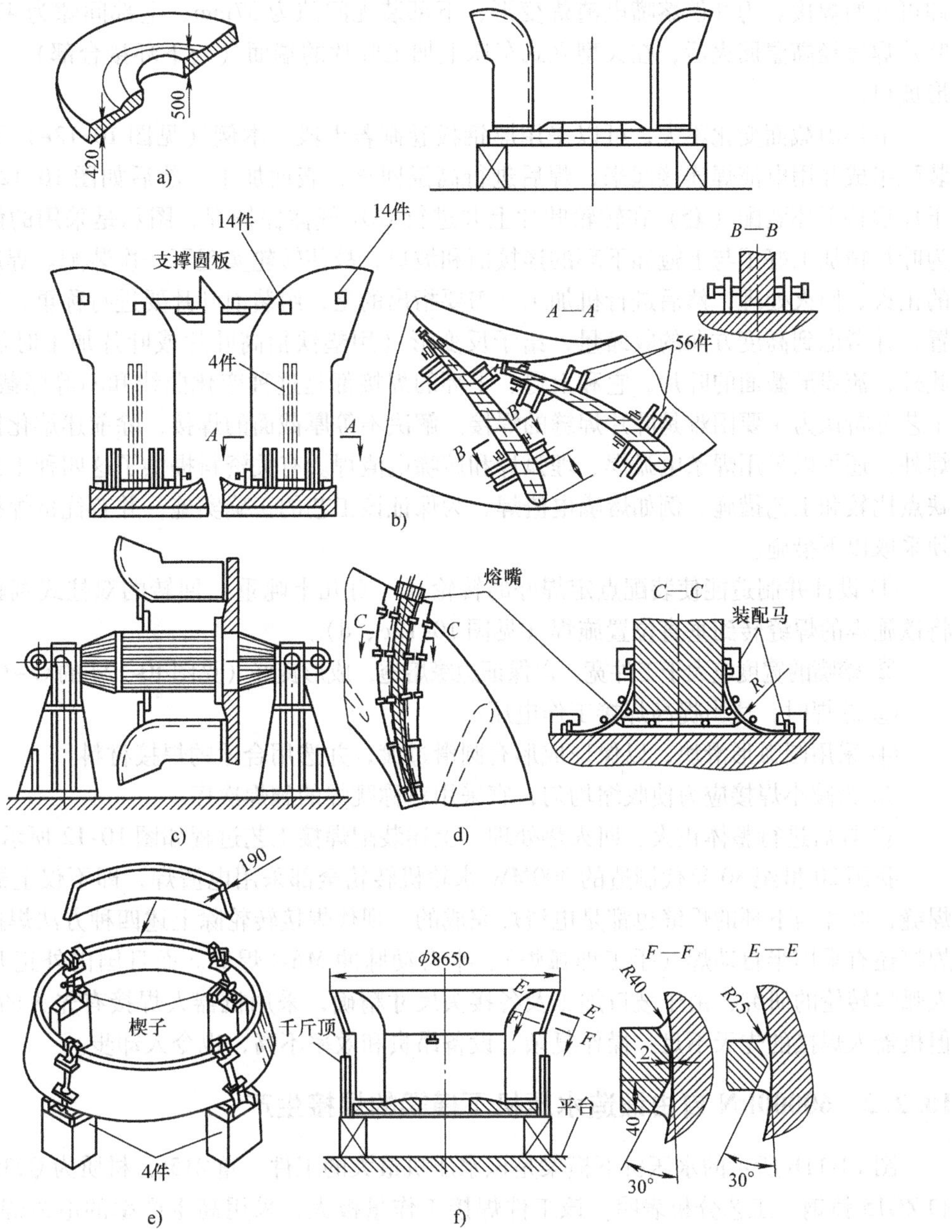

图 10-12　水轮机巨形转轮焊接工艺过程示意图

水轮机叶片是流线形截面，是转轮中最关键的零件，一般每台转轮有13～17个叶片。它各处厚度不等，要求质量上乘，特别是要求翼形高精度。故叶片需多坐标数控铣床或模压加工成形。过大的叶片还要分上下段铸造，后用电渣焊拼焊而成。因为工作环境的要求，铸造的叶片要堆焊不锈钢，而且要控制变形。本例图示的转轮的叶片是用20MnSi铸钢制成，为了提高叶片抗气蚀（空化）破坏的稳定性，在叶片凸面上堆焊一层不锈钢，为保证叶片的尺寸准确，依靠堆焊、切削并用空间成形样板进行检查。表面磨光后，叶片装配并点定于上冠之上（见图10-12b），然后点定装配马，各拉杆、定位器，装上翻转架（见图10-12e），即可开始焊接。为补偿熔嘴电渣焊变形，下部装配间隙为37mm，上部间隙为47mm，转轮叶片焊完经高温回火后，在大型立式车床上加工叶片的端面（与下环接合部），并加工出K形坡口。

下环因截面变化不大，可以采用厚钢板卷制若干段，本例（见图10-12e）下环由四片装配组成并用电渣焊连接起来，焊后进行高温回火，表面加工，然后如图10-12f所示利用千斤顶将下环装配（套）在转轮叶片上并进行CO_2气体保护焊，图示是采用的倒装法，因为叶片精加工好了与上冠和下环的连接面和坡口，故使转轮实现了一次装配。焊后进行最后的正火、回火处理，然后进行机加工。需要指出的是，组装前叶片要进行称重，实行配重布置，并考虑到高度方向的收缩量，给予反变形（用垫铁抬高叶片或叶片加工时加高叶片）。此外，流线形截面的叶片，它和上冠、下环的焊接都是这种变化曲线和不等厚截面的焊接。工艺分析认为主要困难是叶片焊缝的焊接。解决不等厚截面的焊接，除前述熔化极气体保护焊外，还可以采用焊条电弧焊、埋弧焊和熔嘴电渣焊。有关资料提供了这四种工艺方法的优缺点比较和工艺措施。例如熔嘴电渣焊，为保证该工艺的正确实施，并有优良焊接质量，必须采取以下措施。

① 设计并制造能使装配点定焊好的转轮（一百几十吨重）回转的双柱式翻转机，以便将欲施焊的焊缝转到垂直位置施焊（见图10-12c、d）。

② 熔嘴的宽度应大于工件宽，以保证边缘熔透，成形良好（见图10-12d的C－C视图）。

③ 施焊时，适当提高焊接工作电压。

④ 采用圆弧形滑块，以保证成形有圆滑过渡，并选用合适的焊接材料。

⑤ 为减小焊接应力使收缩均匀，宜采用对称跳焊的施焊次序。

⑥ 焊后进行整体正火、回火热处理。上述装配焊接工艺过程如图10-12所示。

我国20世纪80年代制造的300MW水轮机转轮全部采用电渣焊，即不仅上冠与叶片的焊缝，叶片与下环的焊缝也都是电渣焊完成的。现代焊接转轮除上述四种方法焊接外，叶片焊接还有采用半自动焊（手工埋弧焊）、半自动脉冲MAG焊等。而且国内外正开展用机器人弧焊转轮的研究，由于坡口加工及各接头尺寸精确，采用机器人焊接有先天的优越条件，但机器人焊接的先天不足：操作复杂、设备昂贵和效率不高，也令人却步。

10.2.2 60000kN自由锻造水压机下横梁的焊接生产

图10-11b所示的水压机下横梁是该水压机最大的工件，重215t，材质为Q235热轧厚板和ZG15铸钢。工艺分析表明，该工件焊接工作量极大，采用高生产率的电渣焊是合适的。分析图样，可见所有立板之间的焊缝采用电渣焊是容易实现的，而面板1和底板5与各立板之间的T形焊缝工作量亦很大，如要采用电渣焊，则需将这些水平位置的焊缝转到垂直位

置，另一困难是处于正交的 T 形焊缝交点处，如何保持渣池不泄漏，以维持电渣过程稳定。通过在工件上焊接回转轴，将工件置于专门制造的回转架上，从而解决了使焊缝转至垂直位置的要求。通过装配面板和底板时，在与待焊 T 形焊缝相垂直的焊缝之间隙中，加上与立板厚度相同的钢垫块，以防渣池泄漏，用这种方法成功地解决了上面板 1、底板 5 与各立板之间 T 形焊缝的电渣焊困难。由于 4 个柱套及 2 个提升缸套均为铸钢毛坯，经过粗加工后，进行装配焊接，虽然有精加工的裕量，但必须控制中心距的误差，故控制电渣焊变形及采用反变形方法是获得一定误差尺寸的下横梁的重要条件。经过试验，电渣焊的收缩变形及反变形量见表 10-1。由表中可以查得应留出的收缩裕量。例如柱套中心距纵向要求尺寸为 5200mm，柱套凸台和立板对接各有 2 个接头，立板有 4 个丁字接头。查表可得收缩量，$\varepsilon = 2\varepsilon_2 + 8\varepsilon_4 = 2\times4 + 8\times1.5 = 20$mm，装配时留出 28mm 收缩裕量，焊后还剩 7mm 收缩裕量，即实际收缩了 21mm。表中所给出的角变形是因为用丝极电渣焊时，冷却滑块需沿工件滑动，焊机一面不能布置装配定位块，收缩阻力在两面不同，因而发生了角变形。

表 10-1　水压机横梁电渣焊变形类别及反变形量

收缩变形种类	接头形式	收缩变形示意图	反变形示意图	反变形量
电渣焊缝始末端不同收缩量	各种接头	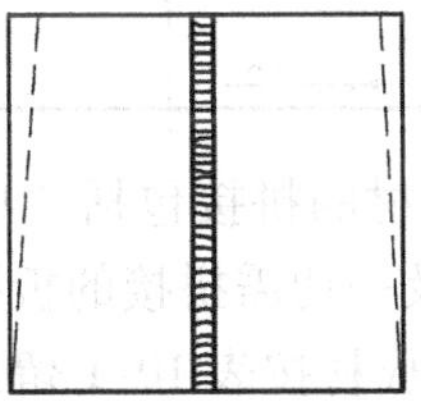	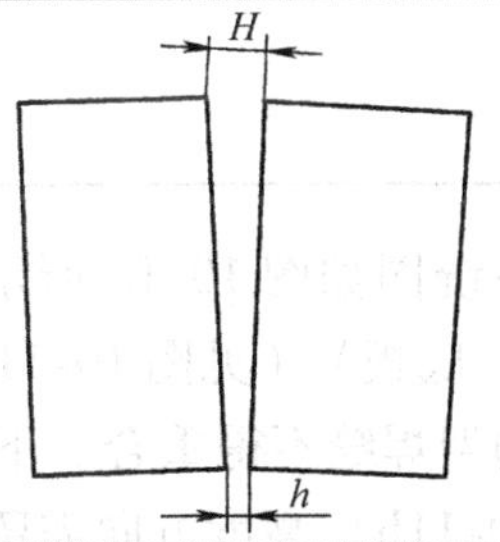	$H-h=1.5\sim2$（mm/m）
横向收缩	对接接头	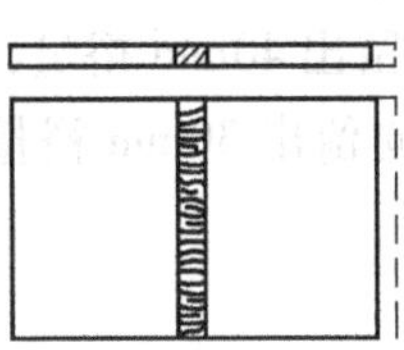	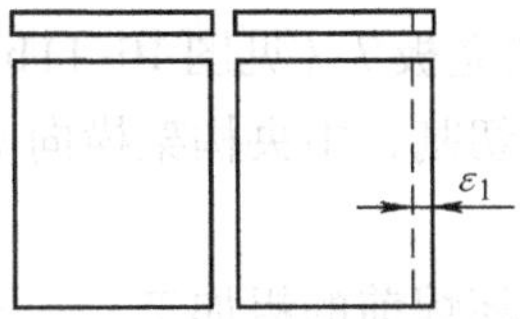	$\varepsilon_1=2\sim4$（mm）
	丁字接头	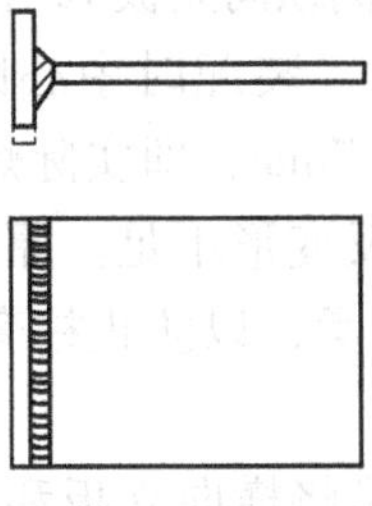	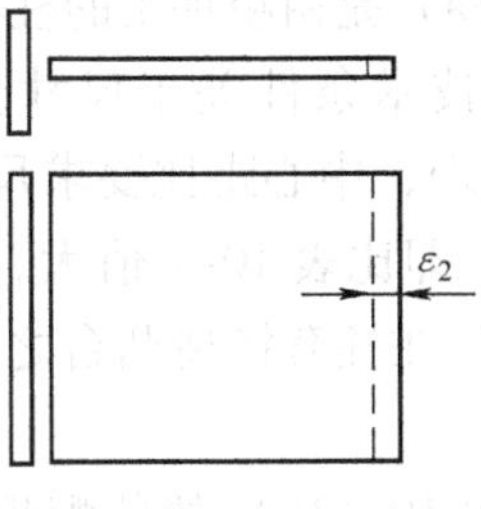	$\varepsilon_2=2\sim3$（mm）
		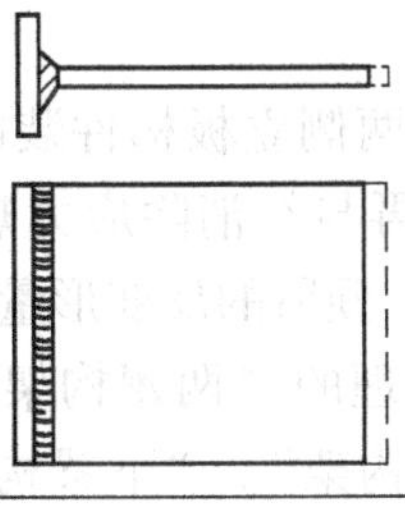	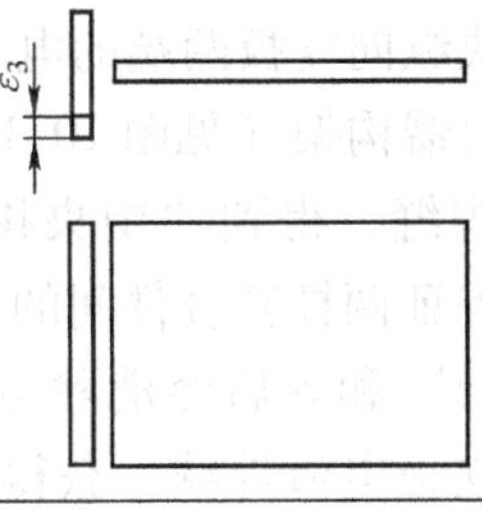	$\varepsilon_3=1\sim1.5$（mm）

（续）

收缩变形种类	接头形式	收缩变形示意图	反变形示意图	反变形量
纵向收缩	各种接头	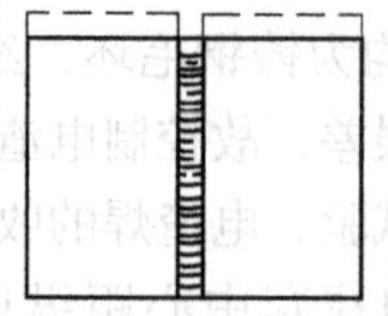	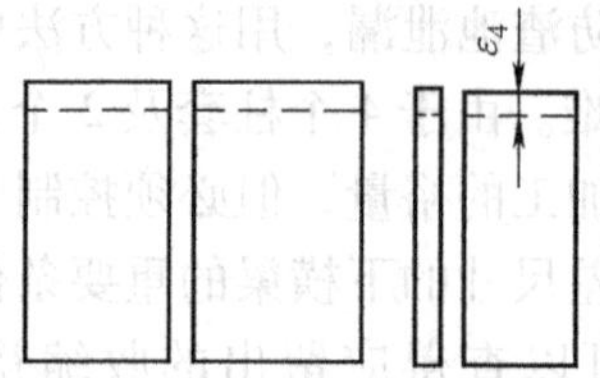	$\varepsilon_4=0.5\sim1$ (mm/m)
角变形	对接接头	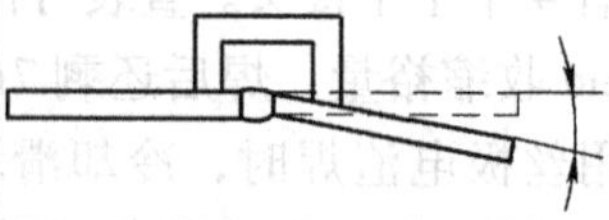	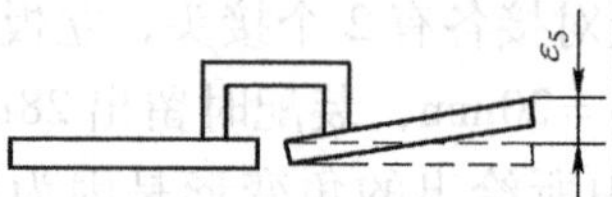	$\varepsilon_5=1\sim1.5$ (mm/m)
	角接头	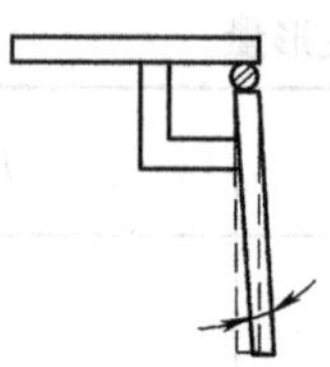	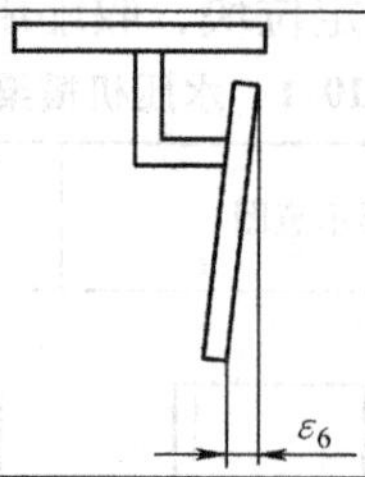	$\varepsilon_6=3\sim4$ (mm/m)

下横梁的装配焊接过程系统图如图10-13所示，板材的拼接包括“中央构架”的横向立板，上下盖板1、5（面板、底板）（见图10-11b）及一切需拼接的板拼板时，焊缝不得在同一平面上，拼接焊缝和构架焊缝不得重合。下料时板材按表10-1留出收缩裕量。如中央构架的纵向立板9（见图10-11b）高度方向需留30mm裕量，而横向按尺寸下料，“两翅构架”（见图10-13d）纵向立板7（见图10-11b）高度方向留出40mm裕量，长度方向留出50mm裕量，并且斜角先不切割，中央构架横向立板高度方向留出30mm裕量，长度方向留出50mm裕量等等。

“铸件准备”指铸钢毛坯焊前的粗加工。

“柱套合件”（见图10-13a）是由粗加工的柱套毛坯与外侧纵向立板10用电渣焊接而成。

为保证柱套中心距符合技术条件关于尺寸公差的要求，装配时中心距比要求尺寸大10mm，焊后经消除应力热处理，中心距比要求尺寸小了6~7mm，即实际焊两条电渣焊缝，共收缩（横向）16mm左右，即比表10-1值大，亦即预留反变形不足。原因是焊缝间隙较大，且工件处于自由状态（只在柱套铸造凸台之间加弹性支承，以防止柱套回转），故收缩量超过预计值。

两侧“立板构件”（见图10-13h）的装配焊接过程，是将横向立板和纵向立板二次装配定位焊，然后同时焊接每块纵向立板两端的电渣焊缝。

将焊好的中央立板与顶出器构架（见图10-13b）同两侧立板构件装配在一起，采用对称跳焊的办法完成8条电渣焊缝，得到“中央构架”。再与经消除应力热处理的“柱套合件”整体合拢，此时要注意保证两柱套合件间的中心距。预留的反变形量如前所述。

将焊好柱套的“中央构架”和焊后经消除应力热处理的“两翅构架”（见图10-13d）合拢，然后焊接它们之间的立板电渣焊缝，获得“下梁构架”。“下梁构架”同时装配上、

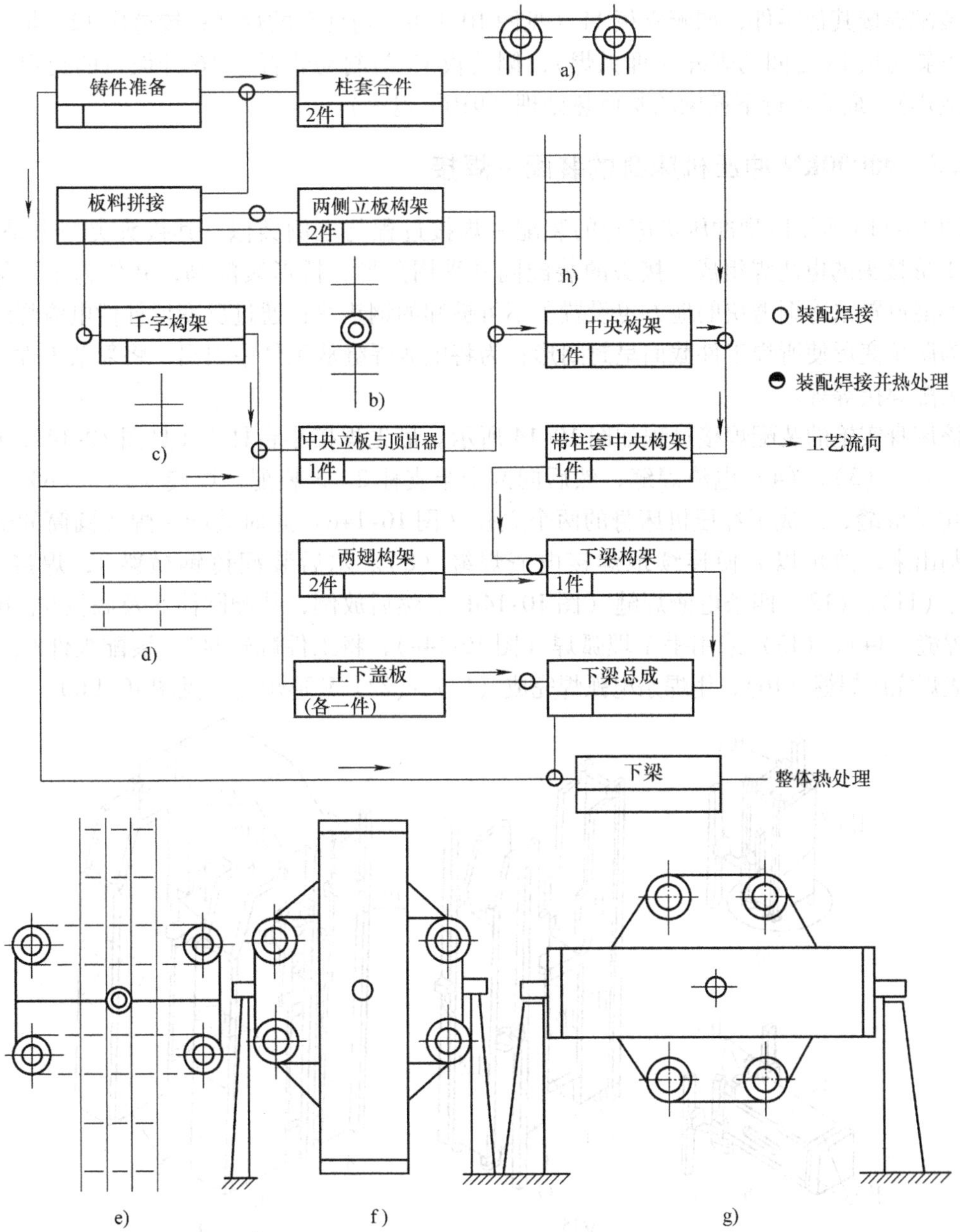

图10-13 下横梁装配焊接过程系统图

下盖（面、底）板，并在“中央构件”的外侧纵向立板上焊上直径为400mm的回转轴，如图10-13f所示。采取加垫块等措施后，用熔嘴电渣焊完成4条10m长的电渣焊缝。由于顶出器左右空间窄小，无法布置水冷铜滑块，因而此处设置了垫铁。与此类似，焊接下盖（底）板与立板的焊缝。随后焊接上、下盖（面、底）板与横向立板的焊缝，此时回转轴处于两翅构架端部，如图10-13g所示，用气割将十字立板处纵向立板与盖板的焊缝（已焊好）割穿，以便实现盖板与横向立板焊缝的连续焊接。

下梁转平后，于工作位置装配提升缸套2（见图10-11b），焊接缸套2与柱套3之间的电渣焊缝。此焊缝比较宽（200mm），因此采用两熔嘴、分阶段引弧造渣的办法完成电渣焊接。装配焊接其他零件，如侧立板11（见图10-11b）与柱套的焊缝；铰链座12，横向端板13，下斜肋板14之间的焊缝（埋弧焊）；侧盖板15与制动装置座16开坡口的角焊缝（熔嘴电渣焊）。最后进行下横梁的整体热处理（910℃退火）。

10.2.3 40000kN冲压机床身的装配－焊接

图10-11a所示巨型冲压机床身的装配－焊接过程与上例类似，其接头类型也是由对、角和T形接头的电渣焊组成；接头的装配同样采用角形、桥形装配马，并作为定位器；在局部不能放置水冷铜滑块的地方也设置了不可拆卸的钢垫块；通过反变形补偿电渣焊缝的收缩；为防角变形使所焊工件截面呈封闭形；为将电渣焊缝从工件中引出，将复杂工件分部件进行装配焊接等等。

该床身实施的装配焊接过程如图10-14所示。最先焊接小台柱1（见图10-14a，b）的（1）、（2）、（3）、（4）电渣焊缝；然后同两个半支柱2、3装配，焊接（5）、（6）、（7）、（8）电渣焊缝，组成了冲压机床身的两个立柱（图10-14c）此时装配－焊接圆筒的缺口尚未切割出来，故可以方便连续地焊接电渣焊缝（8）。尔后装配铸钢横梁4，焊接（9）、（10）、（11）、（12）四条电渣焊缝（图10-14d）。然后放倒，装配圆筒5及底板9、10，其V形焊缝（14）、（15）采用手工埋弧焊（图10-14e）；将工件翻转90°，装配板件6、7、8，用电渣焊完成焊缝（16），用焊条电弧焊完成（17）~（22）V形焊缝（见图10-14f）。

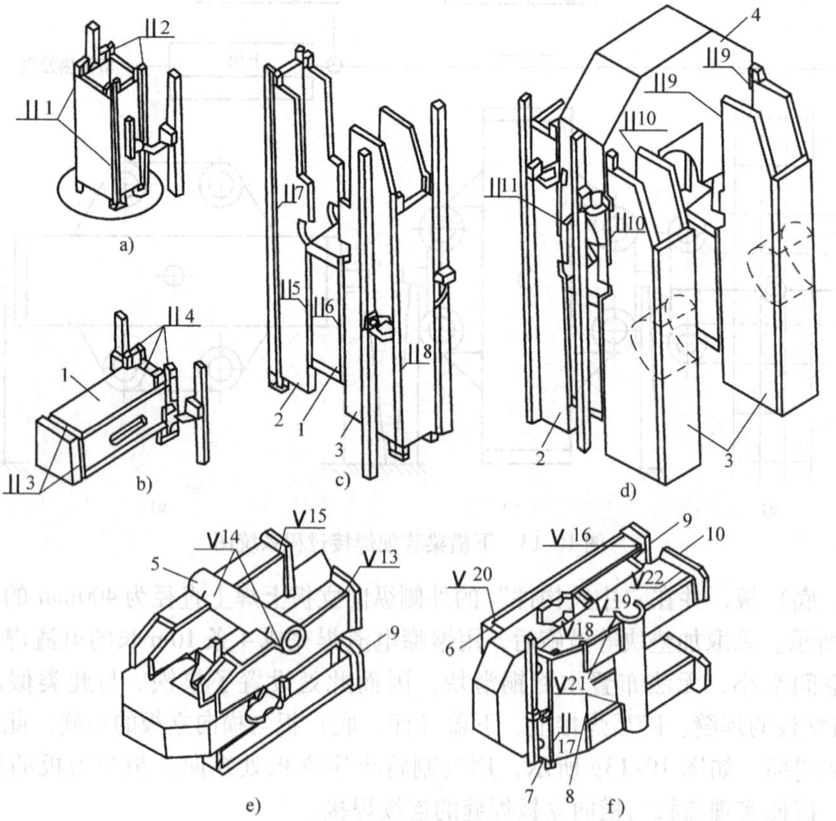

图10-14 冲压机床身装配焊接示意图

10.2.4　4000～7000马力（2.94～5.15MW）柴油机机体和汽车传动桥的焊接生产

4000～7000马力柴油机用作铁路干线动力机车（内燃机车）的主机，属于活塞式中速机。其结构和断面如图10-15所示，为一铸焊复合结构，柴油机气缸呈V字排列，其长×宽×高为3945mm×1385mm×1288mm。机体分上下两部分，其下半部（主轴承座）是机体的主梁，形状复杂，厚薄变化大（20～122mm），为铸钢件（ZG25I＋RE铸钢）。上半部分结构是左右对称的，由Q345（16Mn）钢板构成的多格箱形结构。由左右对称垂直板11和两端垂直板5、19（厚为20mm、22mm），这些板垂直于下部的铸钢件1，并与之焊接，上部与厚73mm左右顶板7相焊接。此外纵向还有外侧板8，中侧板17，内侧板14，中顶板15，隔板9，左、右水平板13，左、右支承板12。由图可见，外、中、内侧板下端和主轴承座相焊接，上部和顶板焊在一起。纵向的各板和垂直板都是正交的，而且各板又是连续的，与机体等长厚为30mm的水平板、中侧板、垂直板（二）和（四）上面都开有槽口；再将左右水平板、支承板和各隔板插入，后用双面角焊缝焊接，这就保证了各垂直板的装配精度和结构的强度。为使重要的焊缝－顶板（左右顶板）与中侧板，内侧板，以及各板与主轴承座之间的焊缝，都成为对接的焊缝，改善接头应力分布，提高疲劳强度。为此还在左右顶板上加工出10mm高的凸台，如图10-16所示。由垂直板和顶板之间为角焊缝，左右内

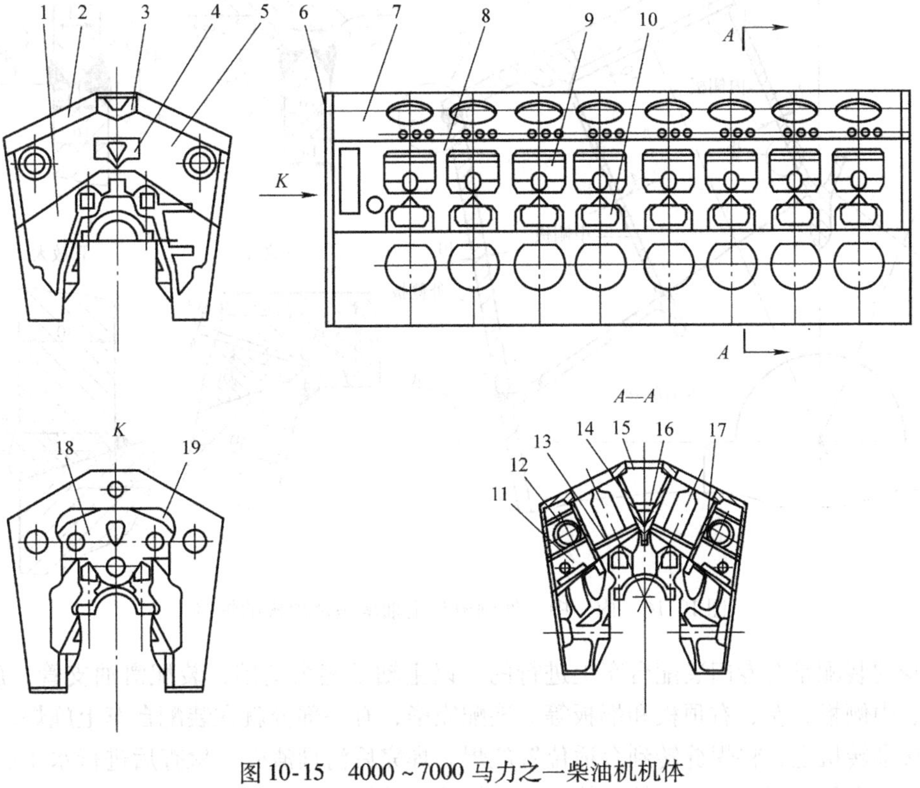

图10-15　4000～7000马力之一柴油机机体

1—主轴承座　2、3—法兰　4—端盖座板　5—垂直板（三）　6—端板　7—左、右顶板　8—左、右外侧板　9—隔板　10—工艺盖板　11—垂直板（二）、（四）　12—左、右支承板　13—左、右水平板　14—左、右内侧板　15—中顶板　16—盖板　17—左、右中侧板　18—座板　19—垂直板（一）

侧板和中顶板，主轴承座之间构成一个空腔，并被隔板9分成两部分，上腔为增压空气稳压腔，下腔为主油道。机身上可安装16个汽缸，分为两排并呈V形布置，安装在左右顶板和左右水平板的圆孔中，并被固定在左右顶板上。故左右顶板及主轴承座，承受主要的冲击载荷，对焊缝质量要求很高。所有钢板牌号皆为Q345（16MnR），它有好的焊接性。

汽车传动轴构造如图10-1所示，比较简单。

以上两个产品可以作为成批（机身）和大量生产的典型示例。

大型柴油机机身焊接结构具有刚度大，重量轻，承受交变载荷性能好，工艺性好等优点，总重4.5t，焊缝总长约334m。对于这种铸－焊框格式箱形复合结构（见图10-15）的工艺分析表明，铸造的主轴承座系探伤合格并经过粗加工的，又是最重的零件，因此可以以它作为基准，以垂直板为支架，从内向外进行装配；所有焊缝中很少规则的长焊缝，而且各种位置都有。为获得高质量高生产率焊缝，应采用先进的焊接工艺方法。本结构是应用CO_2气体保护焊解决的。由于被焊的板件厚度为8～73mm，焊缝截面变化也很大（见图10-16），故采用了短路过渡、颗粒状过渡以及颗粒加潜弧过渡等形式。表10-2是已经用到生产柴油机机身复合结构的CO_2焊接参数表。为进行全位置焊缝焊接，且考虑到该结构是成批生产，因而采用了专门的装配台和双向焊接翻转机。

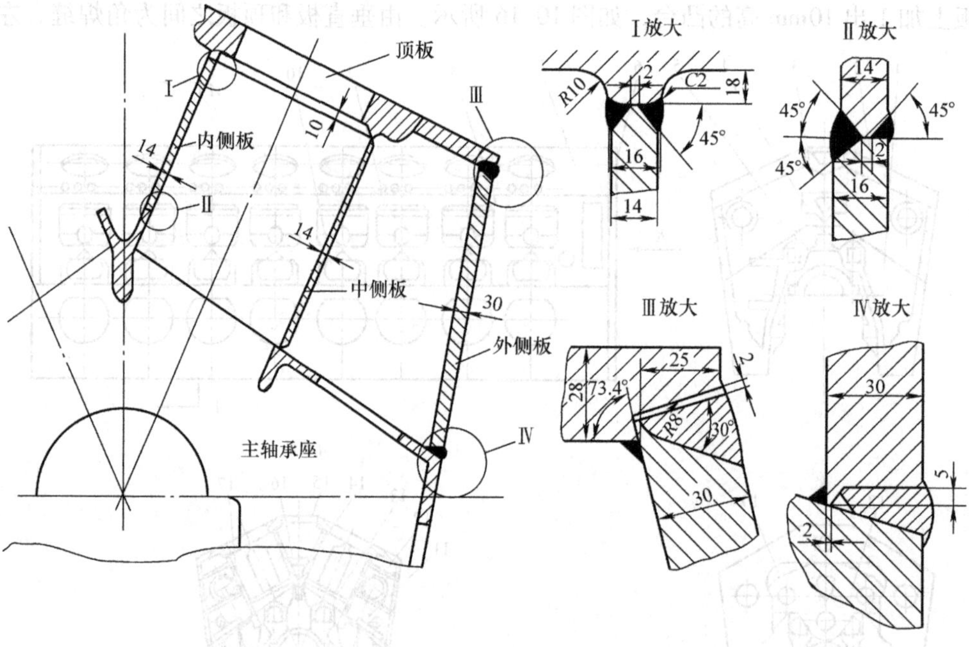

图10-16 内、中、外侧板与主轴承座及顶板的焊接

机身的装配是在专门装配台车上进行的。以主轴承座为基础，装配滑油支管、放水管、左、右、中侧板、左、右顶板和端板等。装配完毕，有一部分就在装配台车上施焊，大部分送到焊接翻转机上，将焊缝转到合适位置施焊。焊完后清理渣壳，检查后进行水压试验，然后再装配左右外侧板、中顶板等，第二次上焊接翻转机。焊接外侧板与垂直板、端板，外侧板与轴承座等焊缝。焊接翻转机是双向的，可以把焊缝转平或转到船形位置施焊。还有一部分焊缝是从翻转机上卸下后施焊的。装配完毕，进行第二次水压试验、煤油检验等。合格后，进行整体消应力热处理（600～650℃）和喷丸处理，最后进行精加工。

表 10-2　柴油机机身 CO_2 保护焊焊接参数

过渡方式	焊丝直径 d/mm	焊接电流 I_h/A	焊接电压 U_h/V	焊接速度 v_h/(mm/min)	过渡值 Q/(dm^3/min)	伸出长度和极性
短路	1.2	150~200	20~24	500~800	10~25	10d，反极性
颗粒	1.6	350~400	36~38	400~500	15~25	10d，反极性
颗粒+潜弧	5	750~850	40~42	300~400	30~40	10d，反极性

由于批量生产，所有装配、焊接水压试验台等的位置都是固定的、专用的。

图 10-1 所示的汽车传动桥是在按节拍组织的流水线上生产的。其装配焊接过程是：在自动化装配台架上装配两个 17MnSi 板热冲压的传动桥盒 3，下一个自动化装置上装配楔形插入板 2，焊缝都是用 CO_2 保护焊完成的。然后自动装配法兰盘 1（35 号钢）和桥盖 6（20 号钢），焊接完毕，装焊轴套法兰 4，最后摩擦焊接轴套 5。吉尔（ЗИЛ）汽车传动桥的流水线共有 8 个工作段，30 个工作位置。

10.2.5　焊接汽轮机（燃气轮机）零件的制造

图 10-10 和图 10-17 所示的汽轮机和燃气轮机零件在很苛刻条件下工作，故对其制造要求很严格，接触高温部分都是由耐热钢（热强钢）制造的。由于尺寸巨大，很难通过铸造或锻造单一工艺方法获得毛坯。所以需由锻造制成相对尺寸不太大的零件，而后组装焊接成所需尺寸的零件，这是汽轮机（燃气轮机）的主要生产方式。图 10-17 所示即是由若干圆盘 4 和轴 3、5 焊接而成的燃气轮机转轮。

在制定产品结构细节和焊接工艺时，在工艺分析中，首先要注意到转轮内部有许多空腔，无法机加工，也无法反面施焊，因此能否单面焊透，是保证产品质量的重要条件之一。这类零件是高速旋转的。其轴向弯曲有极严格的公差要求，否则封闭空腔相对轴向的偏心将引起轴旋转的动不平衡。这种不平衡在高速转动的轮机中引起损坏是不许可的，故必须严格控制焊接转轮的轴向弯曲。由于不可能在焊后利用机加工清除轴向弯曲，所以必须采用精确的装配工艺及合理的焊接工艺。

锻造毛坯，经精加工后，将其精确对中。圆盘间依靠装配凸台对中，用图 10-17 所示的拉杆 1 装配。拉杆上有补偿收缩的弹簧 2，以便在发生焊接收缩时仍有适当的装配夹紧力。单道焊不可能保证整圈焊缝均匀收缩，所以焊缝都是多层焊的。为保证焊缝根部熔透，设计了专门的坡口形式。单面焊使根部熔透的办法很多，例如可采用加垫，但不如图 10-18a 所示的结构形式。这种精确加工的接头坡口形式，由于具有凸台而装配准确，设置的嵌环（厚 2mm）利于减小收缩阻力，这对防止根部裂纹是很重要的。接口下面加工出斜沟槽有利于减小收缩阻力，也有利于防裂，并且可保证超声波检验根部焊缝的有效性。

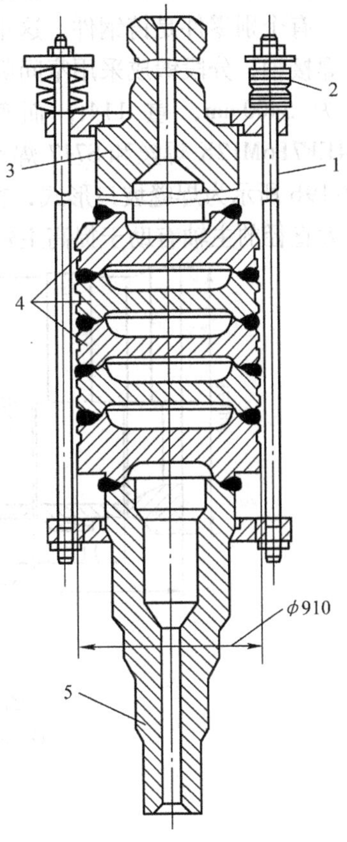

图 10-17　燃气轮机转轮装配-焊接

转轮的第一层焊缝是在工件处于垂直位置施焊的（见图10-18b），工件在焊接回转台2上旋转，同时由2~3把焊枪对称施焊（见图10-18b中4）。打底用钨极氩弧焊。工件处于垂直位置施焊，是为免受重力的影响；对称施焊使变形也对称。打底焊后，用CO_2气体保护焊在同样位置进行以后焊层的填充焊。精确加工的坡口被填充到一定厚度，转轮有了一定刚度后，再将其放至水平位置。坡口的主要部分是在该位置下，工件绕水平轴旋转过程中，利用埋弧焊填满的。该工艺使焊成的转轮弯曲变形在要求范围内（在5m长度内，径向跳动不超过0.5mm）。据新资料，转子焊接仍是上述方法：垂直装配，但坡口虽仍有止口（凸台），但作了简化；首先是采用深坡口窄间隙热丝TIG焊；水平位置采用SAW焊接；热处理采用井式炉整体热处理；焊后检验UT和MT。

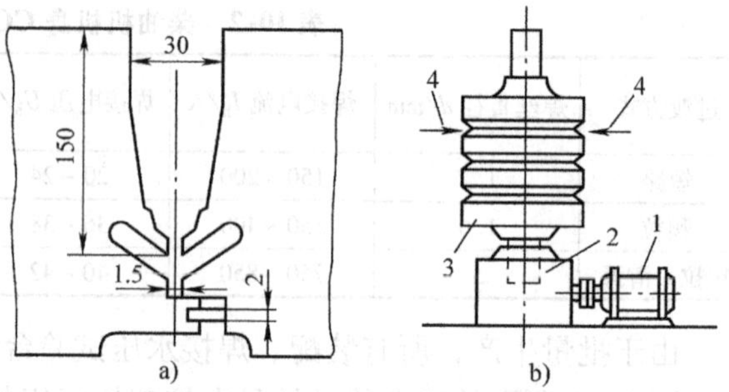

图10-18 转轮焊接示意图

a）转轮轴环缝结构 b）焊接示意图

10.2.6 水轮机主轴的制造

水轮机主轴和发电机主轴形状相似，都是回转体。在大型水力发电机组中，采用大型主轴则多是锻-焊复合结构：采用分段锻成拼焊，或是锻钢件与钢板组焊，甚至全部由钢板组焊，有个别零件是铸钢件。这里介绍三峡大型机组的焊接轴，如图10-19所示。采用了厚壁筒焊接轴，分段锻成采用窄间隙埋弧焊接。轴外径（轴身）为3815mm，壁厚为187.5mm，长为5400mm，重114t，而轴头直径为4178mm，母材为ASTMA668CID锻钢，用Φ4EF7P6M12K焊丝和S717焊剂，并用厚12mm的导电嘴施焊（预热温度为93℃），如图10-19b所示为焊缝坡口形式，在轴的右端的内法兰的里侧作了防应力集中的堆焊。采用如此大直径的主轴有助于提高主轴刚度和抗扭弯能力，并减少振动。

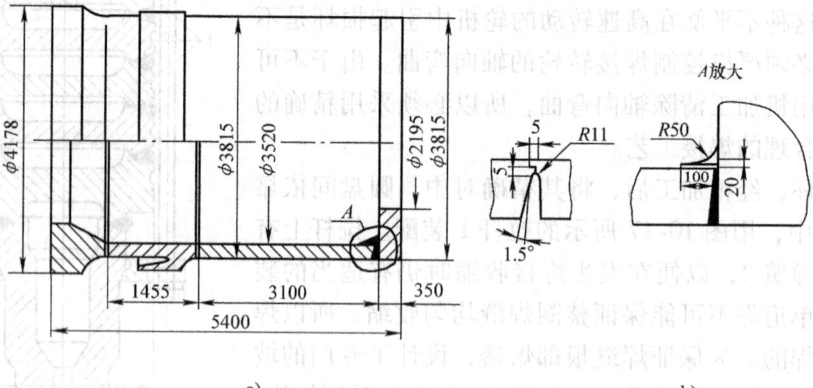

图10-19 三峡机组的焊接水轮机主轴

a）主轴结构和接头形式 b）防应力集中的堆焊

参 考 文 献

[1] 中国焊接学会．焊接手册：第3卷［M］.3版．北京：机械工业出版社，2007.

[2] 史耀武，等．严酷条件下的焊接技术［M］. 北京：机械工业出版社，2000.

[3] 陈祝年．焊接工程师手册［M］. 北京：机械工业出版社，2002.

[4] 中国焊接学会焊接设计与制造专业委员会．焊接结构设计手册［M］. 北京：机械工业出版社，1990.

[5] 国家技术监督局．压力容器安全技术监察规程［S］. 北京：国家技术监督局，1996.

[6] 王俊．压力容器制造质量控制表样册［M］. 大连：大连理工大学出版社，1994.

[7] 贾安东．焊接结构及生产设计［M］. 天津：天津大学出版社，1989.

[8] R. W. Smith. 疲劳裂纹扩展三十年来进展［M］. 顾海澄，泽．西安：西安交通大学出版社，1988.

[9] 徐灏．疲劳强度［M］. 北京：高等教育出版社，1988.

[10] T. R. 格尔内．焊接结构的疲劳［M］. 周殿群，译．北京：机械工业出版社，1988.

[11] 包头钢铁设计研究院，中国钢结构协会房屋建筑钢结构协会．钢结构设计与计算［M］. 北京：机械工业出版社，2003.

[12] 国家质量监督检验检疫总局．GB 50017—2003 钢结构设计规范［S］. 北京：中国计划出版社，2003.

[13] 国家质量监督检验检疫总局．GB 50205—2001 钢结构工程施工质量验收规范［S］. 北京：中国计划出版社，2001.